西门子 S7-1200/1500PLC 编程与调试教程

吴志敏　阳胜峰　詹泽海　张家翔　编 著

中国电力出版社
CHINA ELECTRIC POWER PRESS

内 容 提 要

本书以项目化教学的形式进行编写，共由32个典型项目组成，内容涵盖PLC编程基础、开关量控制、模拟量控制、运动控制、SCL编程、触摸屏综合应用等。项目的选择力求典型、易学、系统，从简入难，浅入深出，实用为主。本书以PLC为主线，综合传感器、变频器、伺服、步进、触摸屏应用，如PLC与编码器的高速检测、PLC与步进或伺服的运动控制、PLC与变频器的综合调速控制、PLC与HMI的综合监控等综合应用。

本书以实用项目为载体，各项目内容均包括准备知识、项目任务、项目分析、项目编程与调试、小结，以及练习与提高。读者通过本书的学习，能快速全面地掌握S7-1200/1500 PLC编程应用技术。

本书可作为高等学校和职业院校电气自动化、机电一体化等相关专业教材，也可供技术培训及在职技术人员自学使用。

图书在版编目（CIP）数据

西门子S7-1200/1500 PLC编程与调试教程/吴志敏等编著．—北京：中国电力出版社，2021.1（2025.2重印）

ISBN 978-7-5198-4856-9

Ⅰ.①西… Ⅱ.①吴… Ⅲ.①PLC技术—程序设计—教材 Ⅳ.①TM571.61

中国版本图书馆CIP数据核字（2020）第146750号

出版发行：中国电力出版社
地　　址：北京市东城区北京站西街19号（邮政编码100005）
网　　址：http：//www.cepp.sgcc.com.cn
责任编辑：王杏芸（010－63412394）
责任校对：黄　蓓　李　楠
装帧设计：赵姗姗
责任印制：杨晓东

印　　刷：北京雁林吉兆印刷有限公司
版　　次：2021年1月第一版
印　　次：2025年2月北京第四次印刷
开　　本：787毫米×1092毫米　16开本
印　　张：26.5
字　　数：655千字
定　　价：88.00元

前　言

PLC（Programable Logic Controller，可编程控制器）在自动化控制系统中应用十分广泛。西门子 S7-1200/1500 PLC 是西门子专为中高端设备和工厂自动化设计的新一代 PLC，提供基于以太网的 PROFINET 通信网络，极短的系统响应时间可大大提高生产效率，与全集成自动化 Portal 软件实现集成。TIA Portal（博途）是西门子最新的全集成自动化软件平台，它将 PLC 硬件组态、软件编程、网络配置，以及上位监控等功能集成在一起，使用方便快捷。

本书以项目化教学的形式进行编写，包括五个部分，分别是基础部分、SCL 编程部分、模拟量控制部分、运动控制部分、综合应用部分，共 32 个典型项目。项目的选择力求典型、易学、系统，从简入难，浅入深出，实用为主。本书以 PLC 为主线，综合传感器、变频器、伺服、步进、触摸屏应用，例如，PLC 与编码器的高速检测、PLC 与步进或伺服的运动控制、PLC 与变频器的综合调速控制、PLC 与 HMI 的综合监控等综合应用等。

基础部分包含 14 个项目，项目包含 S7-1200/1500 PLC 的硬件组态、Portal 软件的编程操作、数据类型、数制与编码、PLC 扫描工作原理、位逻辑指令脉冲指令、定时器、计数器、位逻辑指令、数据转换指令、数学运算指令、比较指令、传送指令、数组与结构、系统与时钟存储器、移位与循环指令、数据块、FC、FB、OB、间接寻址等知识点的编程与应用。

SCL 编程部分包含 3 个项目，用 SCL 编程语言实现特殊的数学算法。

模拟量控制部分包含 6 个项目，通过二阶系统仿真对象 PID 调节项目，可学习 PLC 在未连接实际控制对象的情况下在线调试 PID。通过自编 PID 算法项目可加深对 PID 算法的理解与应用，通过速度 PID 控制与温度 PID 控制项目可学习工业实际项目的编程与调试。

运动控制部分包含 6 个项目，通过这些项目，可学习 S7-1200 PLC 的开环运动控制、闭环运动控制、PTO 相对位置控制、回原点、绝对运动控制、速度控制、命令表运动控制、S7-1200/1500 PLC 与 V90 伺服的通信控制，以及运动控制应用举例定长切割控制等。

综合应用部分包含 3 个项目，主要介绍 S7-1200/1500 PLC 与变频器、触摸屏等的综合应用案例。

本书以实用项目为载体，各项目内容均包括准备知识、项目任务、项目分析、项目编程与调试、小结，以及练习与提高。读者通过本书的学习，能快速全面地掌握 S7-1200/1500 PLC 编程应用技术。

本书由深圳职业技术学院吴志敏、阳胜峰老师统编全稿，詹泽海、张家翔老师对项目进行了具体调试，吴锋、李志斌、师红波等老师参与了项目开发工作与编写。本书在编写过程中得到了山东电子职业技术学院刘文臣老师的支持，在此一并表示感谢！

本书可提供相关教学资料 PPT 及技术咨询。扫描以下二维码，关注微信公众号（跟阳老师学工控），发送 hq1200，即可获取相关资料。限于编写时间和编者水平，书中难免有遗漏与不足之处，恳请广大读者提出宝贵意见。

目 录

项目 1

基于 S7-1200 PLC 的三相异步电动机正、反转控制

知识点 S7-1200 PLC 介绍、PLC 的 I/O 接线、S7-1200 PLC 硬件组态、Portal 软件操作。

本项目为 S7-1200 PLC 使用快速入门项目，通过本项目的学习，可了解 S7-1200 PLC 的产品定位与特点、CPU 集成的功能、S7-1200 PLC 的硬件及模块、博途（Portal）软件的构成与安装；掌握 PLC 的 I/O 接线、S7-1200 PLC 硬件组态及 Portal 软件的基本操作。

准备知识

一、S7-1200 产品定位

西门子 PLC 产品非常丰富，以前有 S7-200、S7-300 和 S7-400PLC，现在又推出了新的 S7-1200、S7-1500 PLC 系列产品。西门子新的 PLC 产品系列如图 1-1 所示。S7-1200 PLC 是一款模块化、紧凑型的控制器，用于简单离散自动控制系统，为独立的控制系统提供解决方案。

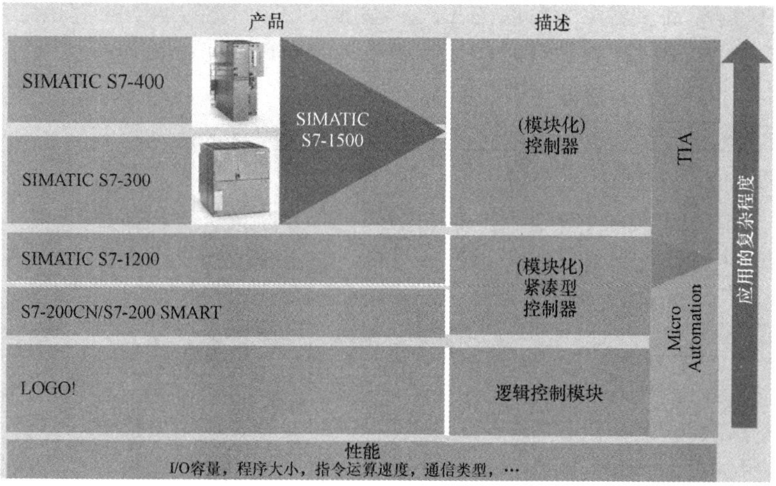

图 1-1 西门子 PLC 产品系列

西门子 S7-1200 PLC 充分满足中小型自动化的系统需求，在研发过程中充分考虑了系统、控制器、人机界面和软件的无缝整合和高效协调的需求，它代表了未来小型可编程控制器的发展方向。西门子 S7-1200 控制器外形如图 1-2 所示。

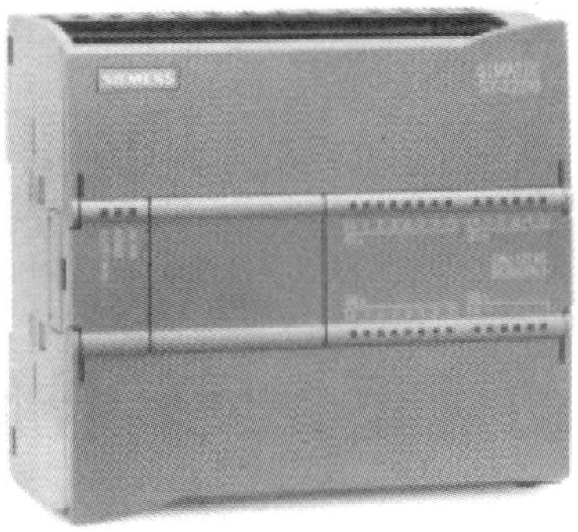

图 1-2　西门子 S7-1200 控制器外形

S7-1200 CPU 是一款强大的控制器，将微处理器（CPU）、一个集成电源、输入和输出集成在一起。CPU 可以根据客户的程序逻辑管理输入信号，并相应地改变输出状态。这些程序逻辑包括计数、定时、复杂的数学操作和与其他智能设备进行通信。西门子 S7-1200 具有集成 PROFINET 接口和集成工艺功能，为各种工艺任务提供了简单的通信功能。

二、集成的技术和诊断

S7-1200 PLC 集成了许多实用的技术和诊断功能。

1. 高速计数器

高速计数器应用于比 OB1 块的执行速度还要快的计数事件。S7-1200 PLC 为了对增量编码器、频率计数或过程事件高速计数的精确监测，支持多达 6 个高速计数器。一些高速计数器允许选择是 CPU 集成输入或是信号板输入。CPU1214C 以上级别的 CPU 都支持 6 路高速计数。

2. 高速脉冲发生器

PLC 通过发高速脉冲可控制步进电动机或伺服电动机。

S7-1200 CPU 支持脉冲宽度调制（PWM）以控制占空比，支持脉冲序列输出（PTO）应用于运动控制指令。S7-1200 PLC 支持多达 4 个脉冲发生器，脉冲发生器可以是 CPU 集成输出或信号板输出。

3. 运动控制

脉冲输出接口可控制步进电动机和伺服电动机。对于“轴”功能块的设置，在 Portal 工程系统中提供了配置、启用和诊断的工具。基于 PLCopen 的运动控制指令是国际公认的运动控制标准，可应用于控制轴和初始化运动任务的用户程序中。

轴运动具有在线调试和诊断工具。可通过控制面板测试轴和驱动功能，实现状态位用于监视轴的运动状态和显示错误信息。运动状态可用于监视轴的运动控制。

4. PID 控制

PID 控制应用于简单的过程控制。在 Portal 工程系统内为“PID 控制器”技术对象提供了配置与调试的工具。趋势显示为设定点提供了一个可视的图形化显示，包括实际值和手动调整值。

在用户程序中使用 PID 指令配置 PID 控制器，拥有手动和自动校正功能，并支持 PID 参数的自整定功能。

5. 网络服务

网络服务用于访问 CPU 和 CPU 进程数据的信息，包括访问标准网页，随时可用个人电脑使用访问。支持用户自定义的网页，可以访问 CPU 内部数据。

6. 数据记录

数据记录用于在连续的日志文件中存储运行时的数据值。在用户程序中可使用 DataLog 指令来建立数据日志文件。数据日志文件存储在 CPU 闪存中，数据以 CSV 格式组织起来。通过使用内建的网络服务器或者取下存储卡，把它插入 PC 机或 PG 中的 SD（Secure

Digital）或者 MMC（MultiMediaCard）卡槽中，就可以从 CPU 内存中复制数据日志文件。

三、S7-1200 PLC 硬件

西门子 S7-1200 PLC 的硬件包括中央处理器单元（CPU）、数字量输入模块、数字量输出模块、数字量输入/直流输出模块、数字量输入/交流输出模块、模拟量输入模块、模拟量输出模块、热电偶和热电阻模拟量输入模块、模拟量输入/直流输出模块、数字量输入信号板、数字量输出信号板、数字量输入/输出信号板、热电偶和热电阻模拟量输入信号板、模拟量输入信号板、模拟量输出信号板、RS 485 模块、RS 232 模块、RS 485 信号板、RS 232 信号板、电源模块等。下面对一些常用的硬件进行介绍。

1. 中央处理器单元（CPU）

西门子 S7-1200 PLC 的 CPU 型号有 CPU1211C、CPU1212C、CPU1214C、CPU1215C 和 CPU1217C，它们的性能如图 1-3 所示。CPU 可以扩展 1 块信号板，左侧可以扩展 3 块通信模块。

型号	CPU 1211C	CPU 1212C	CPU 1214C	CPU 1215C	CPU 1217C
外观					
3 CPUs	DC/DC/DC，AC/DC/RLY，DC/DC/RLY				DC/DC/DC
用户存储器 • 工作存储器 • 装载存储器 • 保持性存储器	 • 50 KB • 1 MB • 10 KB	 • 75 KB • 1 MB • 10 KB	 • 100 KB • 4 MB • 10 KB	 • 125 KB • 4 MB • 10 KB	 • 150 KB • 4 MB • 10 KB
本体集成 I/O • 数字量 • 模拟量	 • 6 点输入/4 点输出 • 2 路输入	 • 8 点输入/6 点输出 • 2 路输入	 • 14 点输入/10 点输出 • 2 路输入	 • 14 点输入/10 点输出 • 2 路输入/2 路输出	
过程映像大小	1024 字节输入（I）和 1024 字节输出（Q）				
位存储器（M）	4096 个字节		8192 个字节		
信号模块扩展	无	2	8		
信号板	1				
最大本地 I/O - 数字量	14	82	284		
最大本地 I/O - 模拟量	3	19	67	69	
通信模块	3（左侧扩展）				
高速计数器 • 单相 • 正交相位	3 路 • 3 个，100 kHz • 3 个，80 kHz	5 路 • 3 个，100 kHz 1 个，30 kHz • 3 个，80 kHz 1 个，20 kHz	6 路 • 3 个，100 kHz 3 个，30 kHz • 3 个，80 kHz 3 个，20 kHz	6 路 • 3 个，100 kHz 3 个，30 kHz • 3 个，80 kHz 3 个，20 kHz	6 路 • 4 个，1 MHz 2 个，100 kHz • 3 个，1 MHz 3 个，100 kHz
脉冲输出	最多4路，CPU本体100 kHz，通过信号板可输出200 kHz（CPU1217最多支持1MHz）				
存储卡	SIMATIC 存储卡（选件）				
实时时钟保持时间	通常为 20 天，40 ℃时最少 12 天				
PROFINET	1 个以太网通信端口， 支持 PROFINET 通信			2 个以太网端口， 支持 PROFINET 通信	
实数数学运算执行速度	2.3 μs/指令				
布尔运算执行速度	0.08 μs/指令				

图 1-3　CPU 型号及性能

2. PLC 的接线

CPU 模式按输出类型可分为继电器输出型（如 CPU1214C，DC/DC/RLY）和晶体管输出型（如 CPU1214C，DC/DC/DC）。继电器输出型不能发高速脉冲，否则输出口容易损坏。

（1）晶体管输出型 CPU 的接线。图 1-4 所示为 CPU1214C DC/DC/DC 的接线图。该 CPU 工作电源为直流 24V，数字量输入信号为直流 24V。输出侧负载电源为直流 5～30V，最大电流为 0.5A，另外集成有 2 路模拟量输入信号。

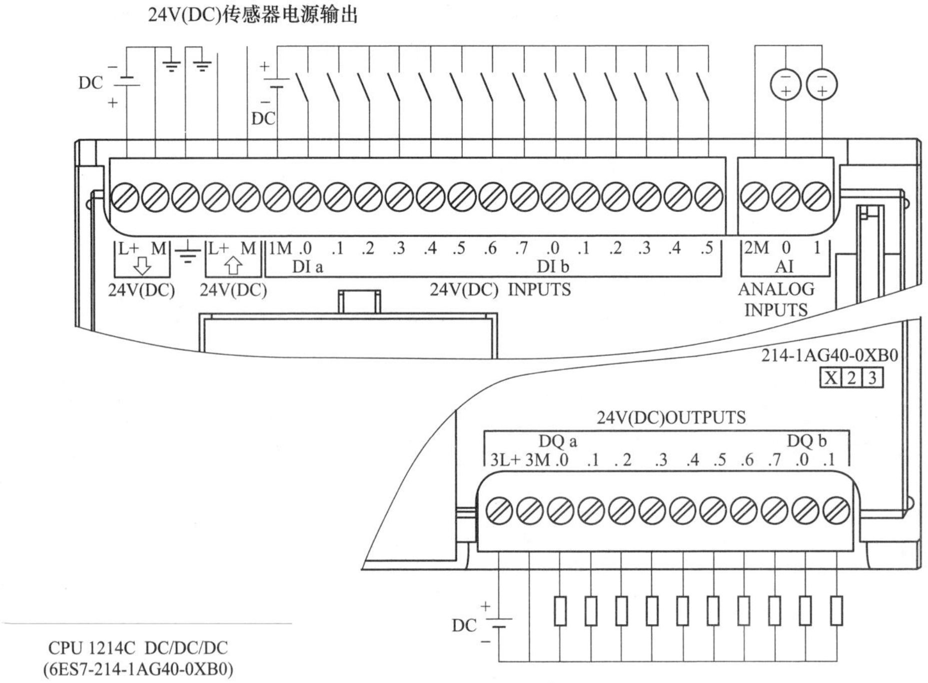

图 1-4　CPU1214C DC/DC/DC 的接线图

（2）继电器输出型 CPU 的接线。图 1-5 所示为 CPU1214C AC/DC/RLY 的接线图。该 CPU 工作电源为交流 220V，数字量输入信号为直流 24V。数字量输出侧负载电源可为交流 5～250V 或直流 5～30V 范围，最大电流为 2A。另外集成有 2 路模拟量输入信号。

3. 数字量输入/直流输出模块

数字量输入/直流输出模块型号众多，图 1-6 所示为 SM1223 DI8X24V(DC)，DQ8X24V（DC）模块的接线图。该模块需外接直流 24V 电源，带 8 个数字量输入信号，8 个数字量直流输出信号。

4. 模拟量输入模块

图 1-7 所示为模拟量输入模块 SM1231 AI4X13 位。该模块需外接直流 24V 电源，可外接 4 路模拟量输入信号，信号可为标准电压或电流信号（差动），可 2 路选为一组。信号范围为±10V、±5V、±2.5V 或 0～20mA。满量程范围为−27648～27648。精度为 12 位+符号位。

5. 热电阻模拟量输入模块

热电阻模拟量输入模块 SM1231 4×16 位的接线图如图 1-8 所示。该模块需外接直流 24V 电源，可外接 4 路热电阻信号，可外接铂（Pt）、铜（Cu）、镍（Ni）、LG-Ni 或电阻。

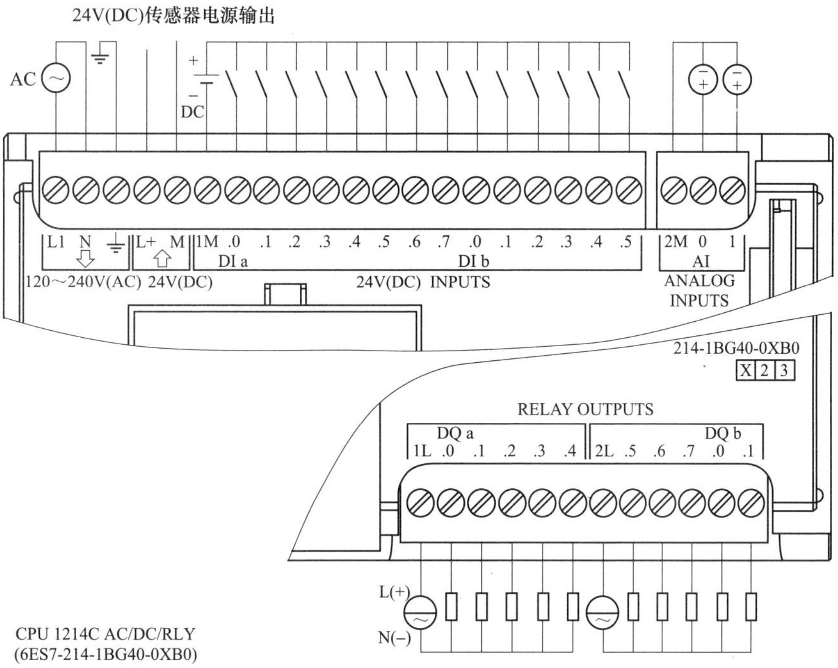

图 1-5　CPU1214C AC/DC/RLY 的接线

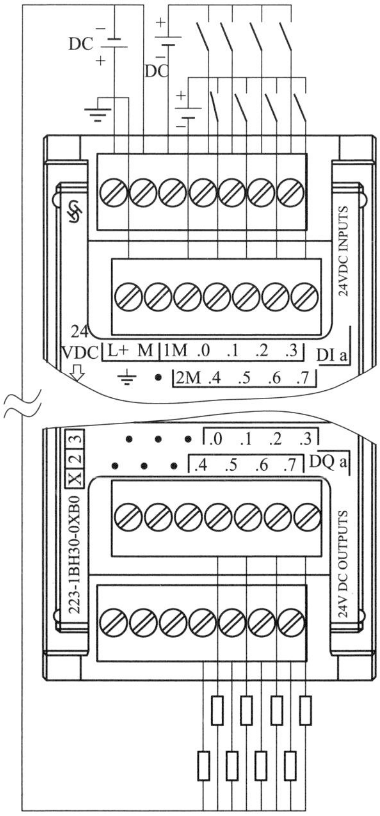

图 1-6　SM1223 模块接线图

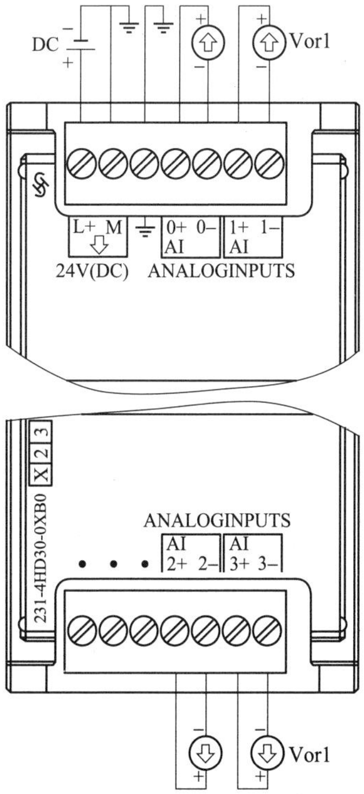

图 1-7　模拟量输入模块 SM1231 AI4X13 的接线

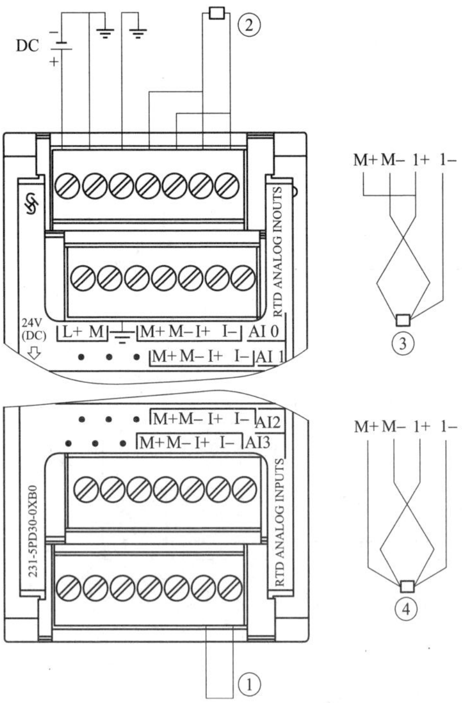

图 1-8　SM1231 4×16 位热电阻模拟量输入模块接线图

6. 热电偶模拟量输入模块

图 1-9 所示为 SM1231 4×16 位热电偶模拟量输入模块的接线图，该模块需外接直流 24V 电源，带 4 路热电偶模拟量输入，可接 J、K、T、E、R、S、N、C、TXK/XK（L），电压范围±80mV。

7. 模拟量输出模块

图 1-10 所示为 SM1232 AQ2×14 位模拟量输出模块的接线图。该模块需外接直流 24V 电源，输出路数为 2。输出信号可为电压或电流，输出范围为±10V 或 0～20mA。精度：电压 14 位，电流 13 位。满量程范围：电压范围为−27648～27648，电流范围为 0～27648。

四、博途(Portal)软件的构成与安装

TIA Portal 是用于组态 西门子 S7-1200、S7-1500、S7-300/400 和 WinAC 控制器系列的工程组态软件。TIA 博途是西门子数字化企业软件套件的重要组成部分，它为全集成自动化的

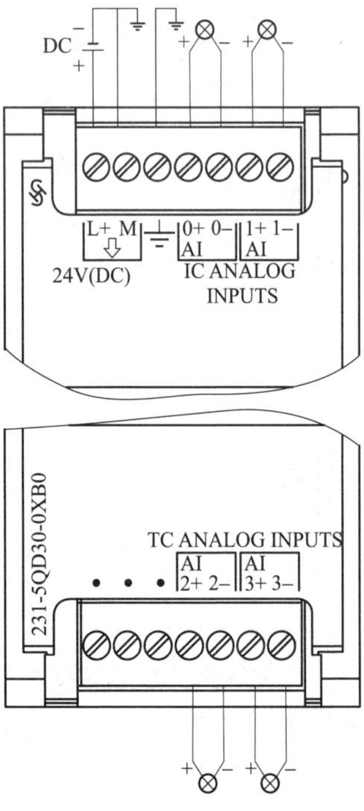

图 1-9　SM1231 4×16 位热电偶模拟量输入模块接线图

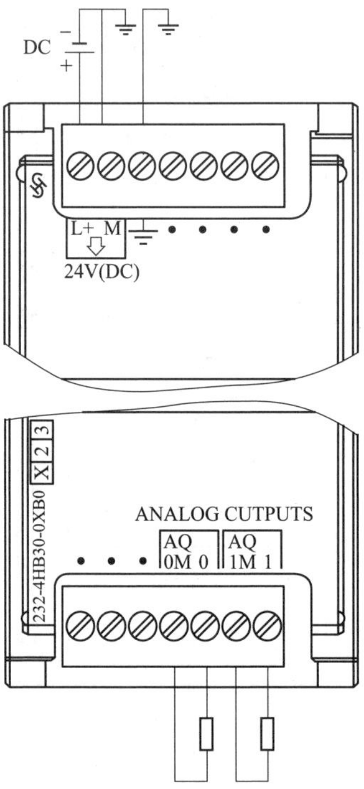

图 1-10　SM1232 AQ2X14 位模拟量输出模块接线图

实现提供了统一的工程平台。除此以外，TIA Portal 还可以将组态应用于可视化的 WinCC 等人机界面操作系统和 SCADA 系统。通过在 TIA 博途软件中集成应用于驱动装置的 Startdrive 软件，可以对 SINAMICS 系列驱动产品配置和调试。结合面向运动控制的 SCOUT 软件，还可以实现对 SIMOTI/ON 运动控制器的组态和程序编辑。

1. TIA Portal 软件构成

TIA Portal 软件包含 TIA Portal STEP7、TIA Portal WinCC、TIA Portal Startdrive 和 TIA Portal SCOUT 等部分，如图 1-11 所示，TIA Portal STEP7 和 TIA Portal WinCC 所具有的功能和覆盖的产品范围如图 1-12 所示。

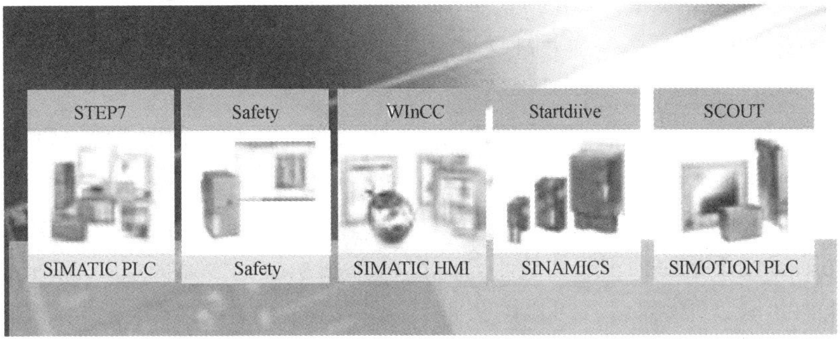

图 1-11　TIA 博途平台

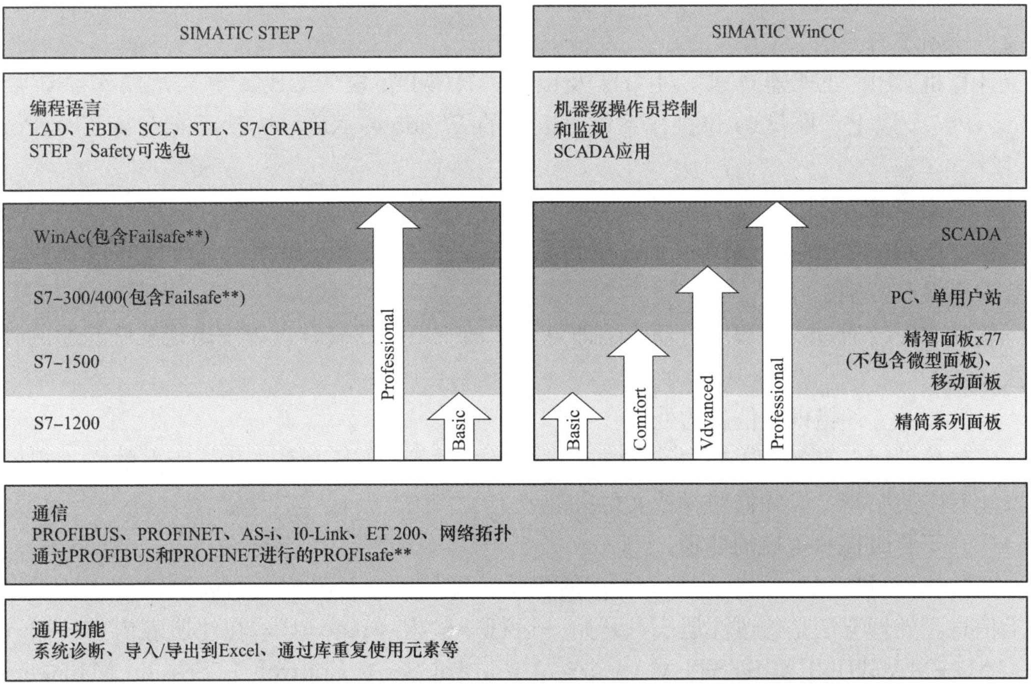

图 1-12　TIA 博途产品版本

对于安全性能有较高要求的应用，可以通过 TIA Portal STEP7 Safety Advanced 选件组态 F-CPU，以及故障安全 I/O，并以 F-LAD 和 F-FBD 编写安全程序。

TIA 博途 WinCC 是用于西门子面板、WinCC Runtime 高级版或 SCADA 系统 WinCC Runtime 专业版的可视化组态软件，它还可以组态西门子工业 PC 以及标准 PC 等 PC 站系统。

WinCC（TIA Portal）有 4 种版本，具体使用取决于可组态的操作员控制系统：

（1）WinCC Basic 用于组态精简系列面板，WinCC Basic 包含在每款 STEP 7 Basic 和 STEP 7 Professional 产品中。

（2）WinCC Comfort 用于组态所有面板（包括精智面板和移动面板）。

（3）WinCC Advanced，用于通过 WinCC Runtime Advanced 可视化软件组态所有面板和 PC。WinCC Runtime Advanced 是基于 PC 单站系统的可视化软件。可以购买带有 128、512、2KB、4KB 以及 8KB 个外部变量（带有过程接口的变量）许可的 WinCC Runtime Advanced。

（4）WinCC Professioal 是用于使用 WinCC Runtime Advanced 或 SCADA 系统 WinCC Runtime Professional 组态面板和 PC。WinCC Professional 有以下版本：带有 512 和 4096 个外部变量的 WinCC Professional 以及“WinCC Professional（最大外部变量数）”。WinCC Runtime Professional 是一种用于构建组态范围从单站系统到多站系统（包括标准客户端或 Web 客户端）的 SCADA 系统。可以购买带有 128、512、2KB、4KB、8KB 和 64KB 个外部变量（带有过程接口的变量）许可的 WinCC Runtime Professional。

2. TIA 博途软件的安装

TIA Portal 目前最新版本为 V16。安装 TIA Portal STEP7 Professional 软件对计算机硬件及操作系统有要求。

计算机 CPU 处理器要求 3.4GHz 及以上，RAM 要求 16GB 或更高。操作系统要求 Windows7 及以上，推荐 64 位操作系统。以前的 Windows XP 系统已不能安装 TIA Portal 软件。

3. 安装步骤

任一产品中都已包含 TIA Portal 平台系统，以便与其他产品集成，所以软件各产品的安装顺序没有区别。

软件的安装通过安装程序自动安装即可。下面主要介绍安装过程中出现某些问题的处理方法。

（1）“ssf 文件错误”信息的处理。

安装软件时，有时会出现“ssf 文件错误”信息。这是因为安装文件所在的文件夹路径中不能有中文字符，必须修路径或文件夹的名。

（2）安装时提示重启的处理。

安装软件时出现重新启动 Windows 的提示。即使重启计算机后再安装软件，还是出现以上信息。处理方法是修改注册表，开始→运行→输入“regedit”，在注册表内“HKEY→LOCAL→MACHINE \ SYSTEM \ Current Control Set \ Control \ Session Manager \ ”中删除注册表值“Pending File Rename Operations”的值。不要重新启动，继续安装，就可以安装程序而无须重启计算机了。

（3）安装许可证密钥。可以在安装软件产品期间安装授权密钥，或者在安装结束后使用授权管理器进行操作。建议把所需要的软件全部安装完后，再一起安装许可证密钥。

五、PLC 用户存储区的分类及功能

PLC 用户存储区在使用时必须按功能区分使用，所以在学习指令之前必须熟悉存储区的分类、表示方法、操作及功能。S7-1200/1500 PLC 存储器区域划分、功能、访问方式及标识符见表 1-1。

表 1-1　S7-1200/1500 PLC 存储器区域划分、功能、访问方式及标识符

存储区域	功能	运算单位	寻址范围	标识符
输入过程映像寄存器（又称输入继电器）(I)	在扫描循环的开始，操作系统从现场（又称过程）读取控制按钮、行程开关及各种传感器等送来的输入信号，并存入输入过程映像寄存器。其每一位对应数字量输入模块的一个输入端子	输入位	0.0～65535.7	I
		输入字节	0～65535	IB
		输入字	0～65534	IW
		输入双字	0～65532	ID
输出过程映像寄存器（又称输出继电器）(Q)	在扫描循环期间，逻辑运算的结果存入输出过程映像寄存器。在循环扫描结束前，操作系统从输出过程映像寄存器读出最终结果，并将其传送到数字量输出模块，直接控制 PLC 外部的指示灯、接触器、执行器控制对象	输出位	0.0～65535.7	Q
		输出字节	0～65535	QB
		输出字	0～65534	QW
		输出双字	0～65532	QD
位存储器（又称辅助继电器）(M)	位存储器与 PLC 外部对象没有任何关系，其功能类似于继电器控制电路中的中间继电器，主要用来存储程序运算过程中的临时结果，可为编程提供无数量限制的触点，可以被驱动但不能直接驱动任何负载	存储位	0.0～255.7	M
		存储字节	0～255	MB
		存储字	0～254	MW
		存储双字	0～252	MD
外部输入寄存器(PI)	用户可以通过外部输入寄存器直接访问模拟量输入模块，以便接收来自现场的模拟量输入信号	外部输入字节	0～65535	PIB
		外部输入字	0～65534	PIW
		外部输入双字	0～65532	PID
外部输出寄存器(PQ)	用户可以通过外部输出寄存器直接访问模拟量输出模块，以便接模拟量输出信号送给现场的控制执行器	外部输出字节	0～65535	PQB
		外部输出字	0～65534	PQW
		外部输出双字	0～65532	PQD
数据块寄存器(DB)	DB 块分为全局数据块和背景数据块，符号寻址优先，非优化的数据块才可绝对地址寻址	数据位	0.0～65535.7	DBX 或 DIX
		数据字节	0～65535	DBB 或 DIB
		数据字	0～65534	DBW 或 DIW
		数据双字	0～65532	DBD 或 DID

PLC 的物理存储器以字节为单位，所以存储器单元规定为字节（Byte）单元。存储单元可以以位（bit）、字节（B）、字（W）或双字（DW）为单位使用。每个字节单位包括 8 个位。一个字包括 2 个字节，即 16 个位。一个双字包括 4 个字节，即 32 个位。

例如：IW0 是由 IB0 和 IB1 两个字节组成，其中 IB0 为高 8 位，IB1 为低 8 位。

在使用字和双字时要注意字节地址的划分，防止出现字节重叠造成的读写错误。如 MW0 和 MW1 不要同时使用，因为这两个元件都占用了 MB1。

项目任务

用 S7-1200 PLC 控制三相异步电动机正、反转为例，来学习 Portal 软件的操作。

三相交流异步电动机正、反转控制需用到正转启动控制按钮一个、反转启动控制按钮一个、停止按钮一个、热继电器一个。控制正、反转用的交流接触器两个，其中一个控制电动机接通正转电源，另一个接通反转电源，注意两个接触器不能同时动作，否则会造成电源短路。主电路如图 1-13 所示，电路连接与电气控制方法相同。

项目分析

PLC 的 I/O 分配如下：

正转启动按钮 SB1：I0.0；

反转启动按钮 SB2：I0.1；

停止按钮 SB3：I0.2；

热继电器过载信号 FR：I0.3；

Q0.0：控制正转接触器线圈通电；

Q0.1：控制反转接触器线圈通电。

PLC 的 I/O 原理图如图 1-14 所示，其中 FR 用动断触点接至 I0.3。

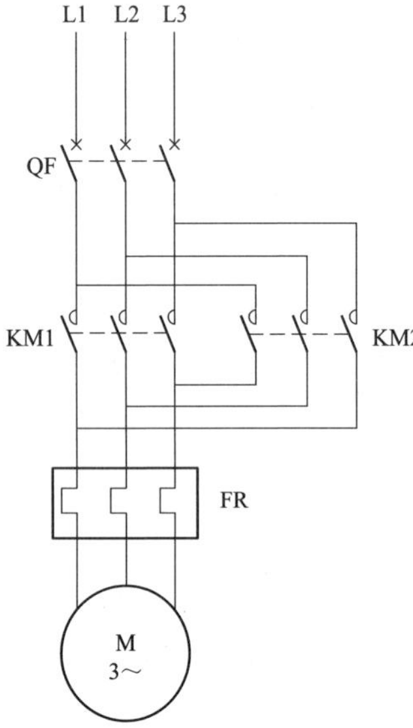

图 1-13　主电路

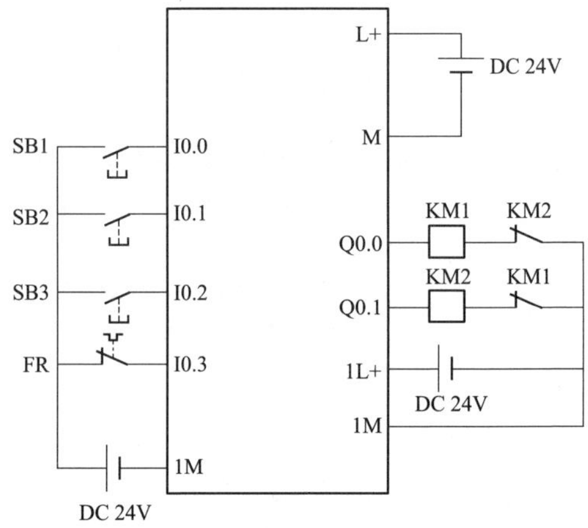

图 1-14　PLC 的 I/O 原理图

项目编程与调试

编程之前，首先设置编程计算机的 IP 地址及子网掩码，然后对 PLC 进行硬件组态、编写程序、下载调试。

一、设置计算机的 IP 地址

把计算机与 S7-1200 PLC 用网线连接后，打开 PLC 的电源。为方便调试 PLC 与计算机的连接，需先设置计算机的 IP 地址及子网掩码。

在计算机桌面任务栏中，鼠标右击网络连接图标，选择打开“网络和共享中心”，如

图 1-15 所示。单击“本地连接”，打开本地连接状态界面如图 1-16 所示，然后单击“属性”按钮，进入图 1-17 所示的本地连接属性界面。

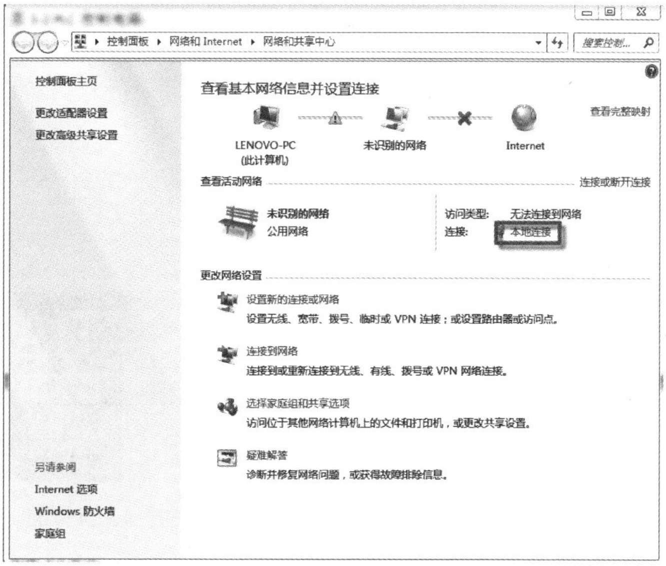

图 1-15　网络和共享中心界面

图 1-16　本地连接状态界面

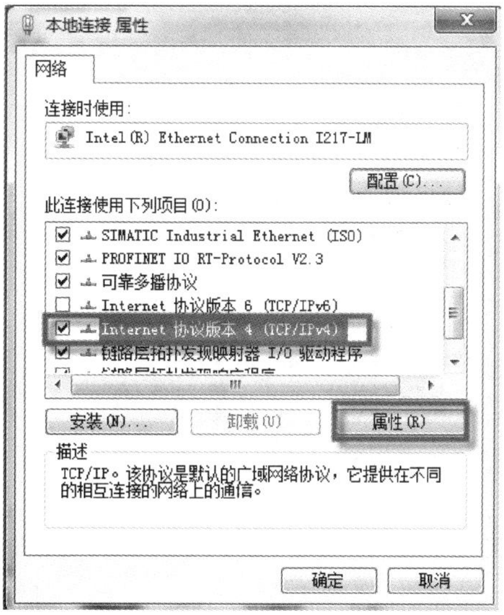

图 1-17　本地连接属性界面

在图 1-17 本地连接属性界面中，选择“Internet 协议版本 4(TCP/IPv4)”，单击“属性按钮”，进入“Internet 协议版本 4(TCP/IPv4)”属性界面，设置 IP 地址和子网掩码，如图 1-18 所示。最后单击“确定”按钮。计算机的 IP 地址即可设置成功。

二、新建项目

双击计算机桌面上的 Portal V16 图标（见图 1-19）进入软件，如图 1-20 所示。单击

“创建新项目”选项，然后输入项目名称，选择项目保存路径，最后单击“创建”按钮就可创建新项目。

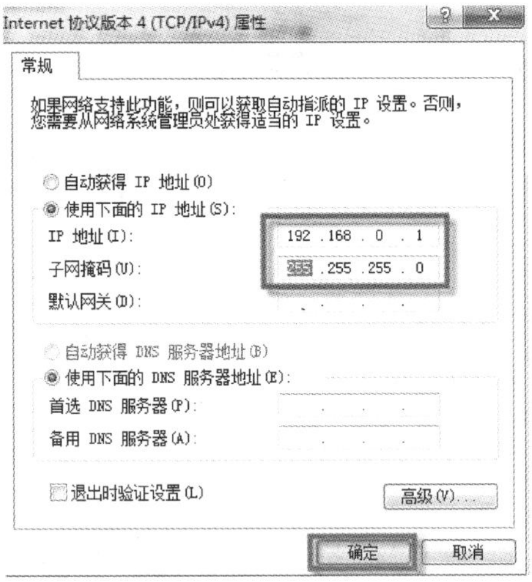

图 1-18　设置 IP 地址

图 1-19　Portal V16 图标

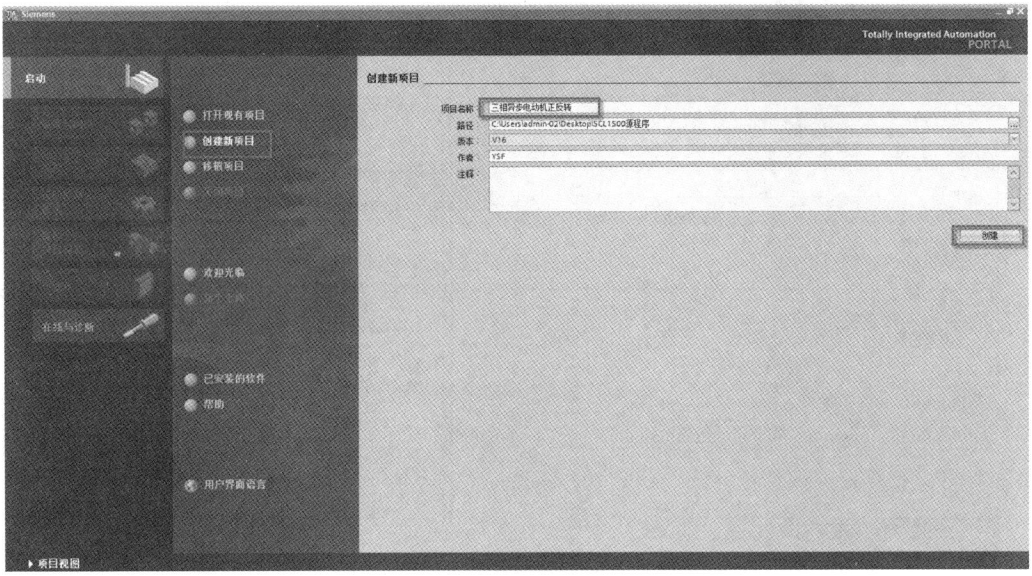

图 1-20　软件界面

创建新项目之后，弹出界面如图 1-21 所示，单击“组态设备”选项进行 PLC 硬件组态。也可操作“项目视图”按钮，进入项目视图界面后对项目进行组态。

注 Portal 视图与项目视图可进行切换。

三、组态硬件

PLC 硬件模块的组态，可在 PLC 离线的状态下进行组态，也可在 PLC 在线连接的状态下进行自动获取。

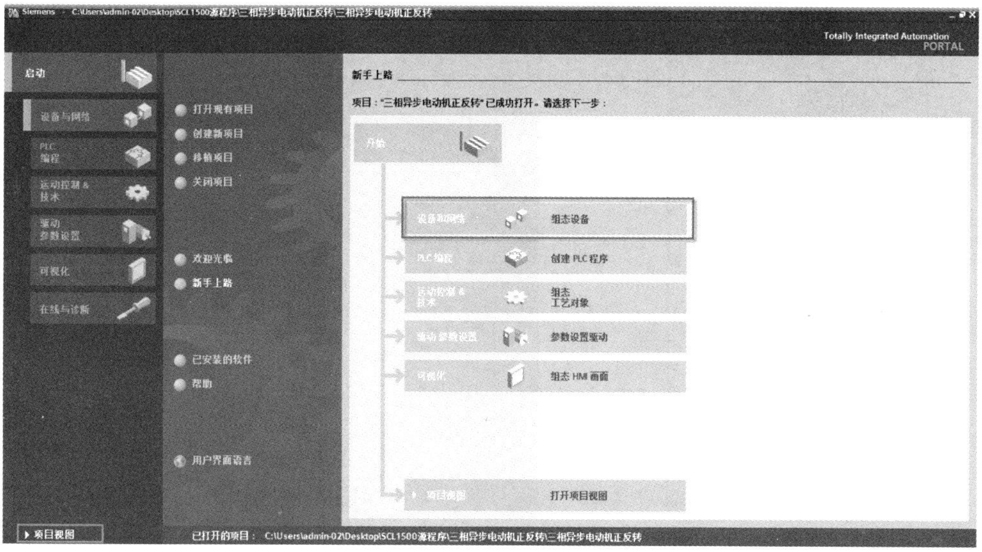

图 1-21　组态设备

1. 自动获取 PLC 模块信息

首先保证 PLC 上电，并且与计算机已进行网络连接。

在项目视图中，双击项目树下的“添加新设备”并选择添加新设备类型为“控制器”，输入设备名称，CPU 选择为“非特定的 CPU1200”订货号，如图 1-22 所示，然后单击“确定”按钮，添加的新设备视图如图 1-23 所示。

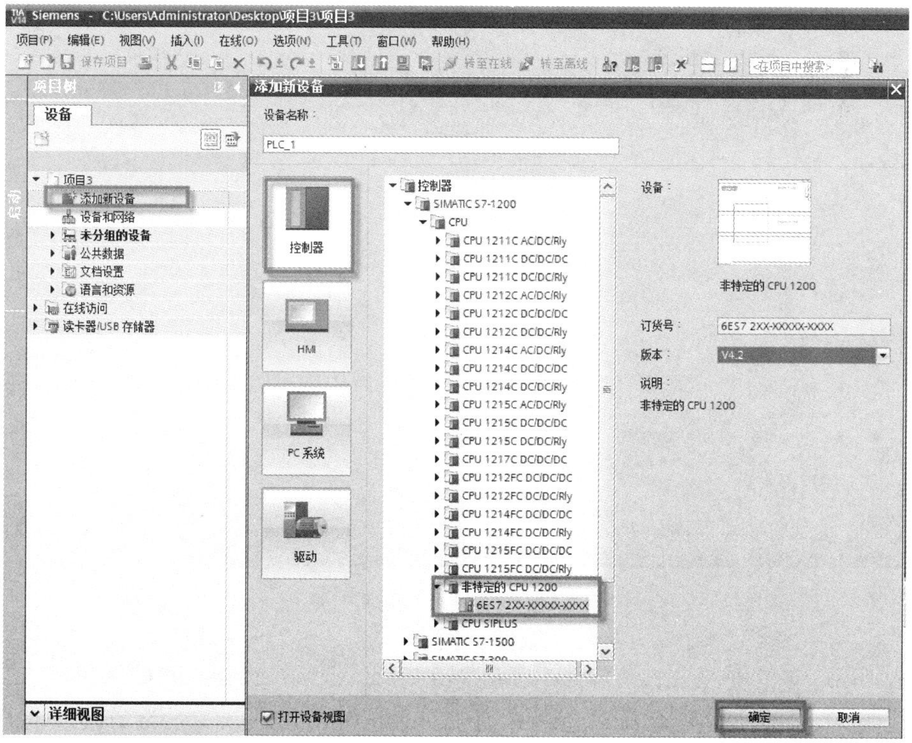

图 1-22　添加新设备

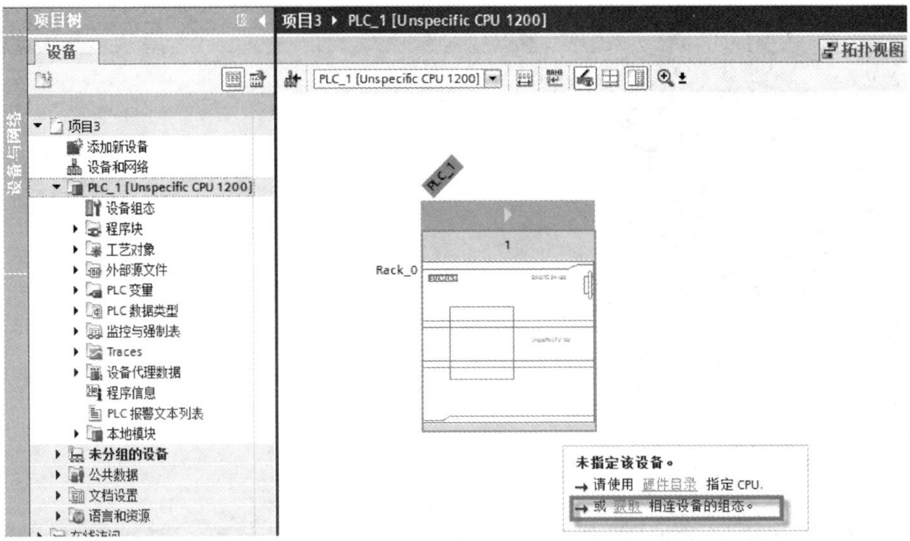

图 1-23　新设备视图

在图 1-23 的设备视图中，单击链接“获取”，进入“PLC _ 1 的硬件检测”界面，如图 1-24 所示。

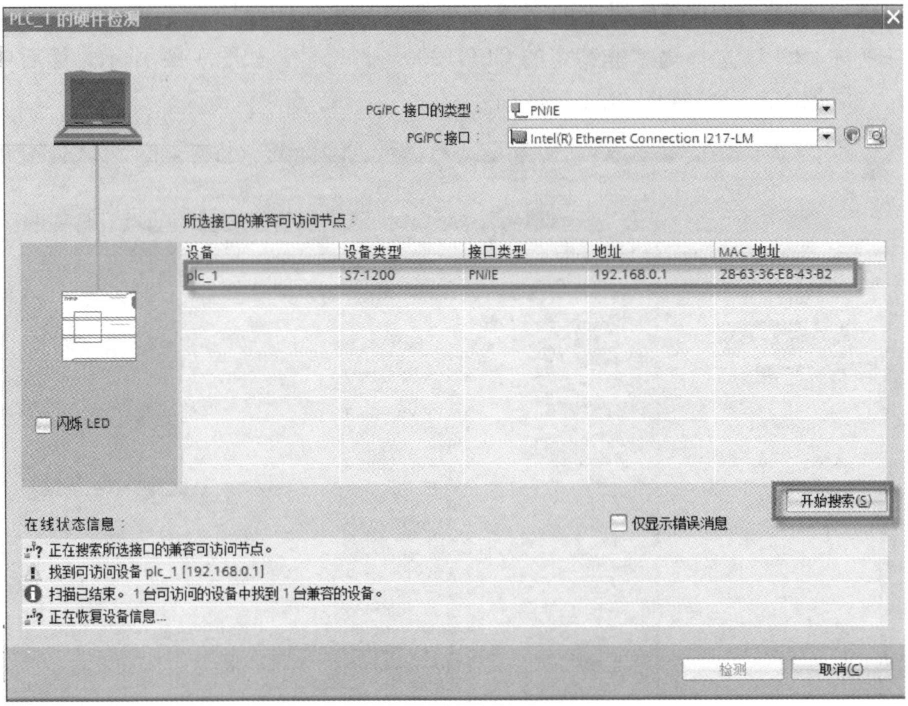

图 1-24　PLC _ 1 的硬件检测

进入 PLC _ 1 的硬件检测界面后，首先单击“开始搜索”按钮，软件就会自动搜索网络中已连接的 S7-1200 PLC，并显示在列表中。如图所示已找到一个设备名为 PLC _ 1 的设备，选中该设备，并单击“检测”按钮。成功获取后的设备视图如图 1-25 所示，该 PLC 的

CPU 为 CPU1214 DC/DC/DC。

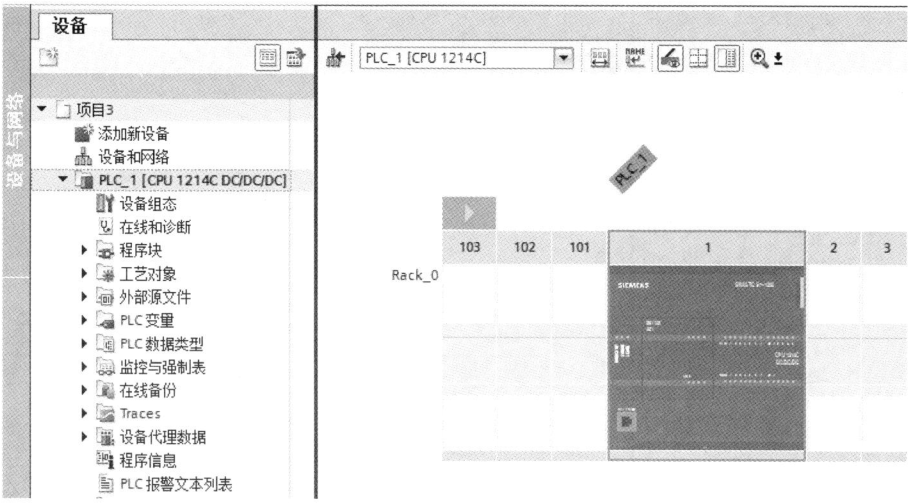

图 1-25　PLC _ 1 的设备视图

2. 离线组态 PLC 模块

在图 1-22 中，双击项目树下的“添加新设备”，并选择添加新设备类型为“控制器”，输入设备名称，CPU 选择为“CPU1214 DC/DC/DC”，订货号：6ES7 214-1AG40-0XB0，并选择版本号，如图 1-26 所示，然后单击“确定”按钮，添加的新设备视图如图 1-27 所示。

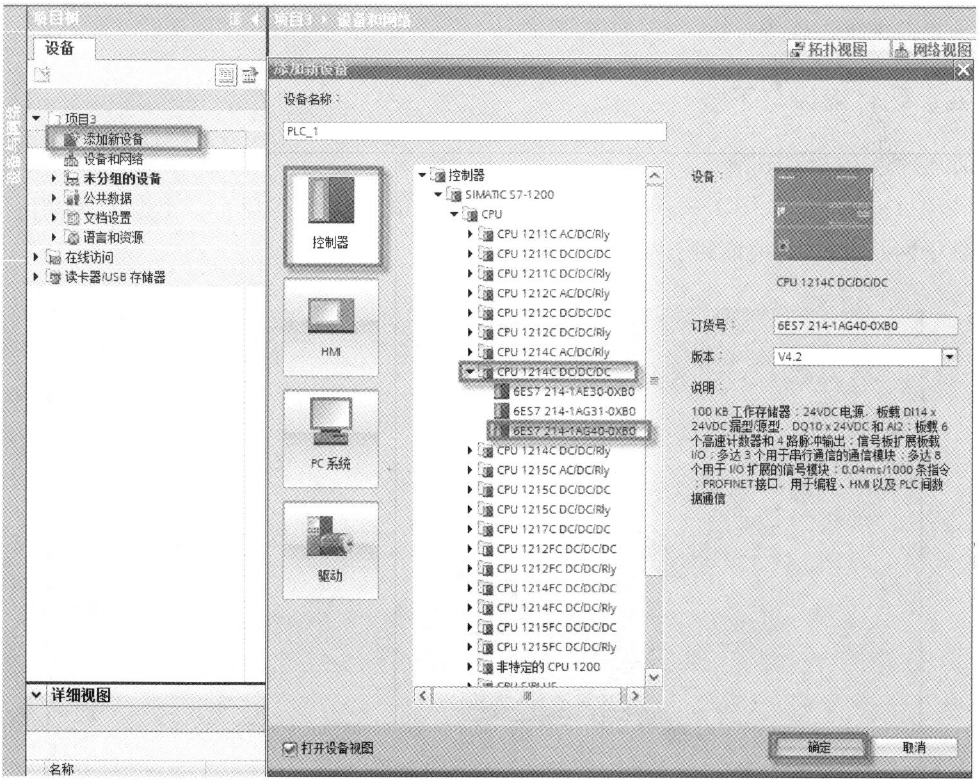

图 1-26　添加 PLC _ 1 设备

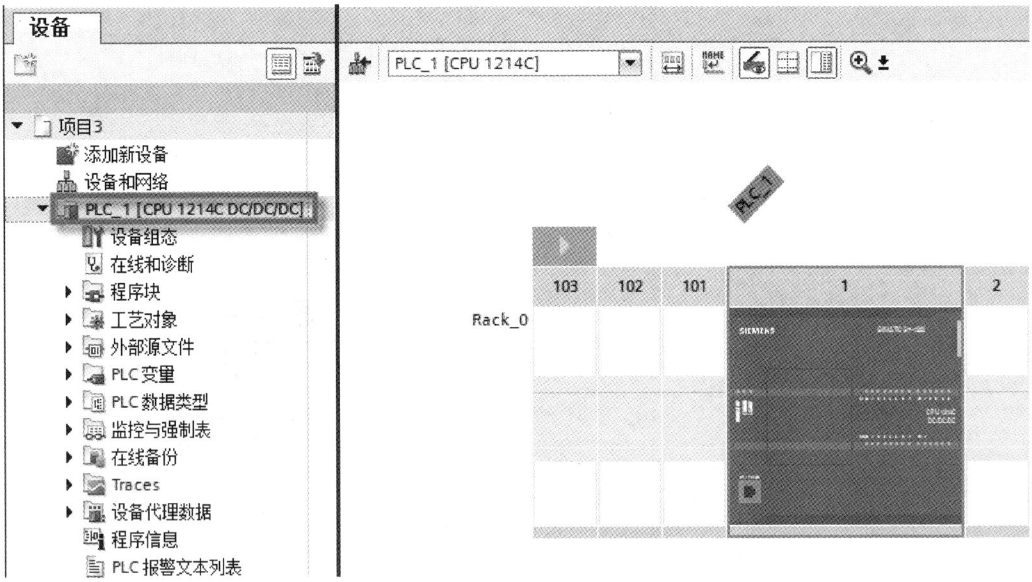

图 1-27　PLC _ 1 的新设备视图

应当注意，模块版本号在实际的硬件模块上无标志，在未知的情况下，可先按软件自动配置。项目下载后，当配置与实际不符合时，PLC 会报错。此时可通过诊断功能查看模块的版本号，再进行修改。

四、硬件编译与下载

1. 设置 CPU 的 IP 地址

在项目视图中，如图 1-28 所示，单击 CPU 模块的以太网接口，在下面的属性窗口中，添加新子网并设置 IP 地址和子网掩码。

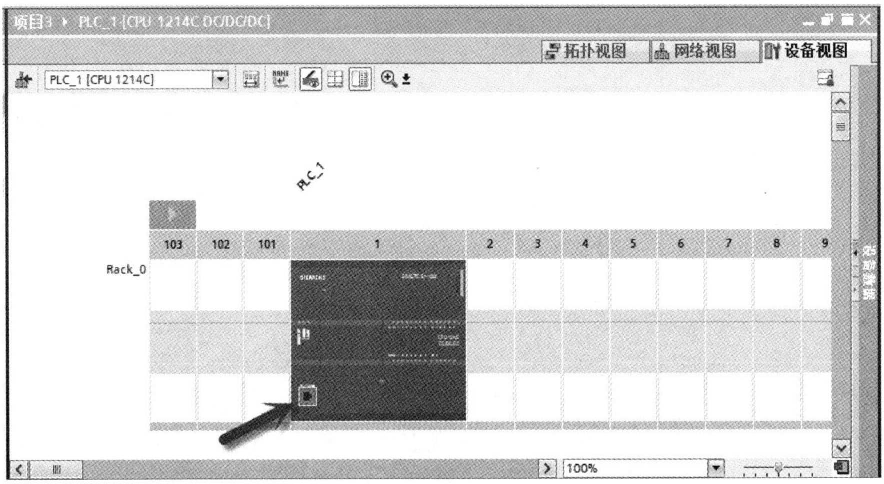

图 1-28　设置 CPU 的 IP 地址

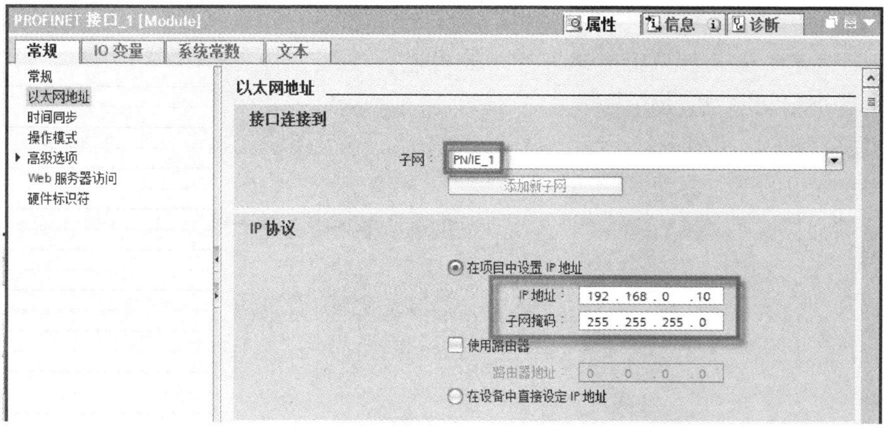

图 1-28　设置 CPU 的 IP 地址（续）

2. 硬件编译

硬件组态或程序块下载之前，先进行编译。如图 1-29 所示，在设备视图中，单击 CPU，然后在工具栏中单击“编译”工具按钮，对硬件组态和程序块进行编译，编译完后，会在信息窗口中输出编译后的结果，如图 1-30 所示。

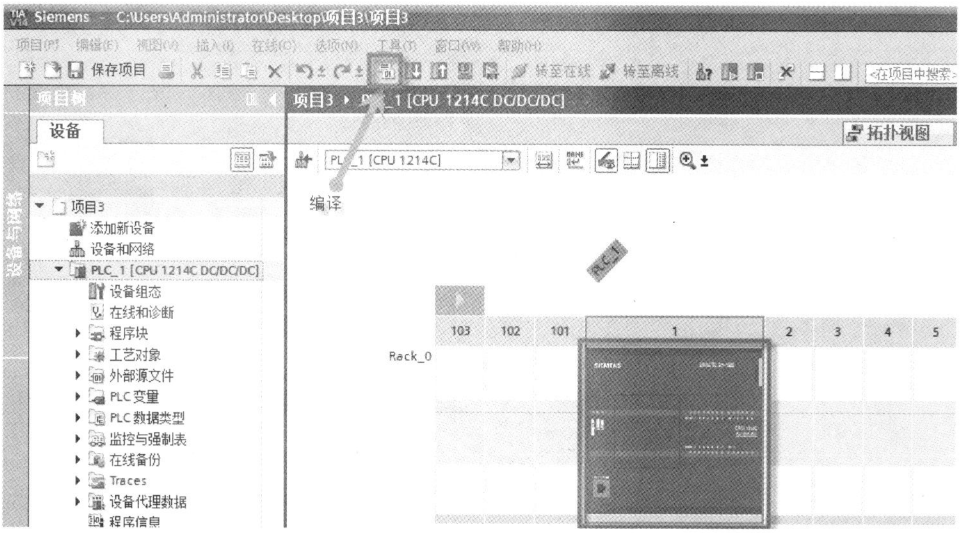

图 1-29　编译操作

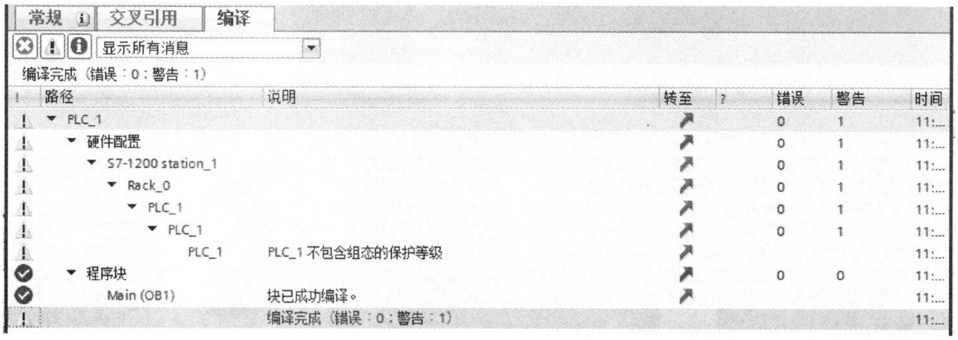

图 1-30　编译输出

3. 下载

把 PLC 上电，并与计算机网络连接，才可进行下载。若是启用在线仿真，可执行菜单“在线→仿真→启动”，启动仿真软件。

在项目视图中，如图 1-31 所示，先选中 CPU，然后单击工具栏中的下载工具按钮，弹出如图 1-32 所示的下载界面。

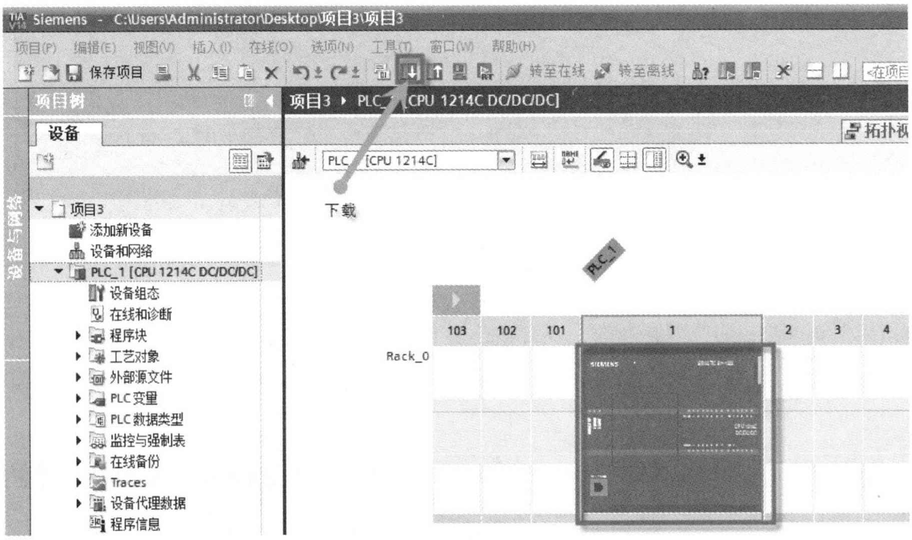

图 1-31 下载操作

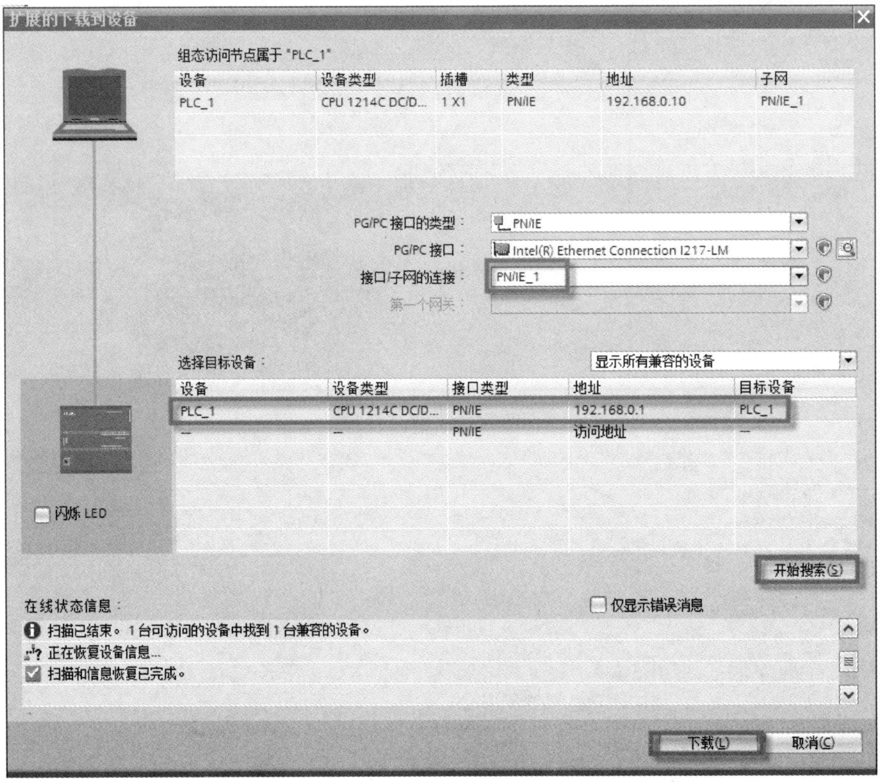

图 1-32 下载界面

在下载界面中，设置 PG/PC 接口的类型、PG/PC 接口及接口/子网的连接。然后单击“开始搜索”按钮，搜索完后，会把搜索到的设备显示在列表中，图 1-32 中搜索到了设备“PLC _ 1”。在列表中选择设备“PLC _ 1”，然后单击“下载”按钮，就可开始下载操作，接着按下载向导操作即可把当前项目下载到名为“PLC _ 1”的设备中。

4. 诊断

下载完成后，单击工具栏中的“转至在线”工具按钮，PLC 显示在线状态如图 1-33 所示。

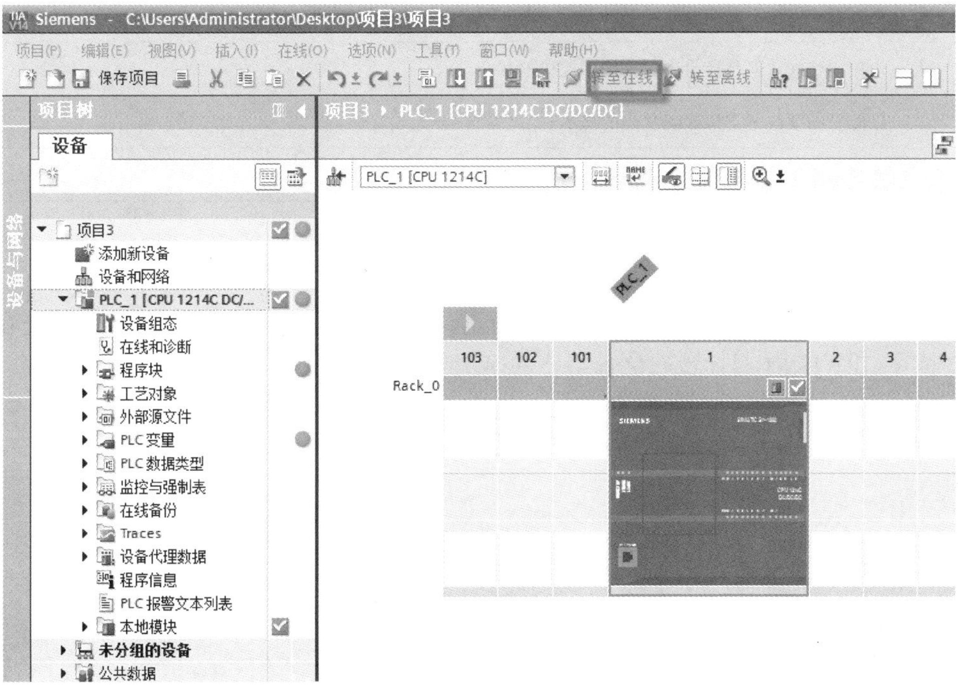

图 1-33　在线监视

在线状态下，图中各种诊断符号图标的含义见表 1-2。

表 1-2　诊断符号图标的含义

符号	含　义
	正在建立与 CPU 的连接
	CPU 无法访问所设置的地址
	已配置的 CPU 与实际现有的 CPU 类型不兼容
	与受保护的 CPU 建立在线连接时，在没有输入正确密码的情况下中断了密码对话
	无故障
	需要维护
	维护请求
	故障

续表

符号	含　义
	模块或设备已禁用
	CPU 无法访问模块或设备（对 CPU 下面的模块和设备有效）
	无可用的诊断数据，因为当前的在线配置数据与离线配置数据不同
	已配置的模块或设备与实际有的模块或设备不兼容（对 CPU 下面的模块或设备有效）
	已配置的模块不支持诊断状态的显示（对 CPU 下面的模块有效）
	连接已建立，但是目前还没有确定模块的状态
	已配置的模块不支持诊断状态的显示
	下游组件中发生故障：至少一个下游硬件零件出现故障

注　组态模块时，需组态模块的订货号和版本号要求与硬件一致。

如果组态的硬件有故障，可对硬件进行在线访问。在项目树下，打开“在线访问→intel (R) ……plc _ 1→在线和诊断”，如图 1-34 所示。在“功能→固件更新”项下，可查看到模块的订货号和固件版本号。比较之前组态的模块参数与该组参数是否对应。

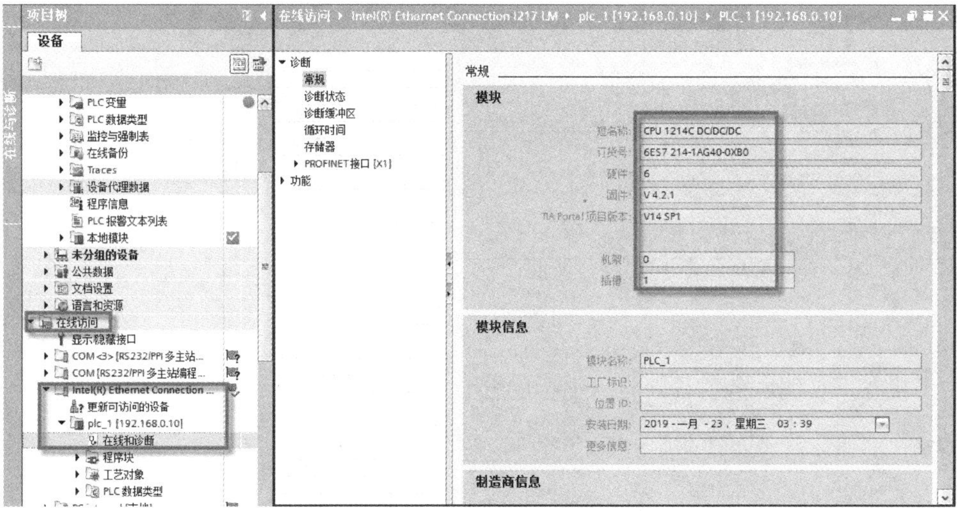

图 1-34　在线访问

五、编写控制程序

硬件组态成功之后，下面介绍 PLC 控制程序的编写。

1. 查看模块的 I/O 地址分配

在 PLC _ 1 的设备视图（见图 1-35）单击“设备数据”图标，显示如图 1-36 所示的设备概览。

在设备概览中，可以查看到 PLC 各模块的 I/O 地址的分配，DI 分配的地址为 IB0～IB1，共 14 位，DO 模块分配的地址为 QB0～QB1，共 10 位。

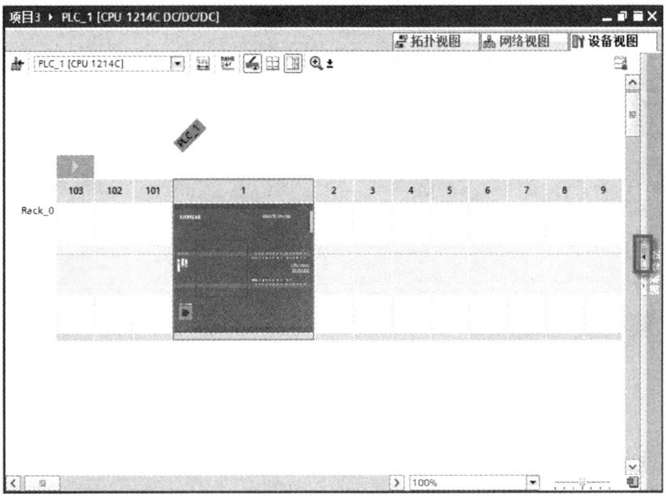

图 1-35　设备视图

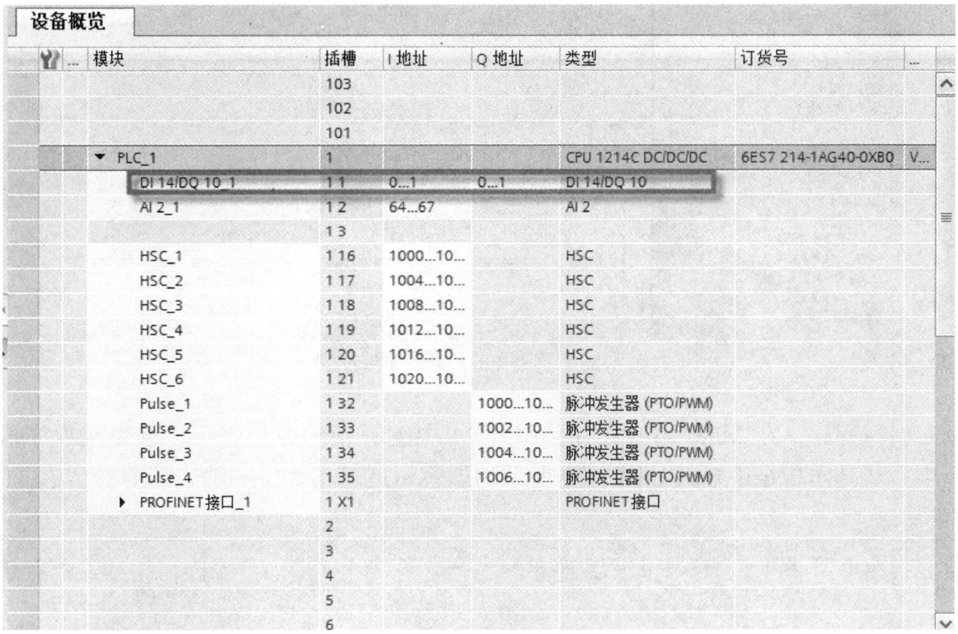

设备概览

模块	插槽	I 地址	Q 地址	类型	订货号	...
	103					
	102					
	101					
▾ PLC_1	1			CPU 1214C DC/DC/DC	6ES7 214-1AG40-0XB0	V...
DI 14/DQ 10_1	1 1	0...1	0...1	DI 14/DQ 10		
AI 2_1	1 2	64...67		AI 2		
	1 3					
HSC_1	1 16	1000...10...		HSC		
HSC_2	1 17	1004...10...		HSC		
HSC_3	1 18	1008...10...		HSC		
HSC_4	1 19	1012...10...		HSC		
HSC_5	1 20	1016...10...		HSC		
HSC_6	1 21	1020...10...		HSC		
Pulse_1	1 32		1000...10...	脉冲发生器 (PTO/PWM)		
Pulse_2	1 33		1002...10...	脉冲发生器 (PTO/PWM)		
Pulse_3	1 34		1004...10...	脉冲发生器 (PTO/PWM)		
Pulse_4	1 35		1006...10...	脉冲发生器 (PTO/PWM)		
▸ PROFINET接口_1	1 X1			PROFINET接口		
	2					
	3					
	4					
	5					
	6					

图 1-36　设备概览

2. 编写变量表

在项目树下，打开“PLC 变量表→默认变量表”，在变量表中输入如图 1-37 的变量。

3. 编写程序块 OB1

(1) 打开 OB1，并添加程序段。如图 1-38 所示，在项目树下，打开“程序块→Main［OB1］”，Main［OB1］为循环扫描的主程序。在 Main［OB1］中编写电动机正反转控制程序。

在 Main［OB1］中默认只有一个程序段 1，在编辑区鼠标右击“程序段 1”，再选择单

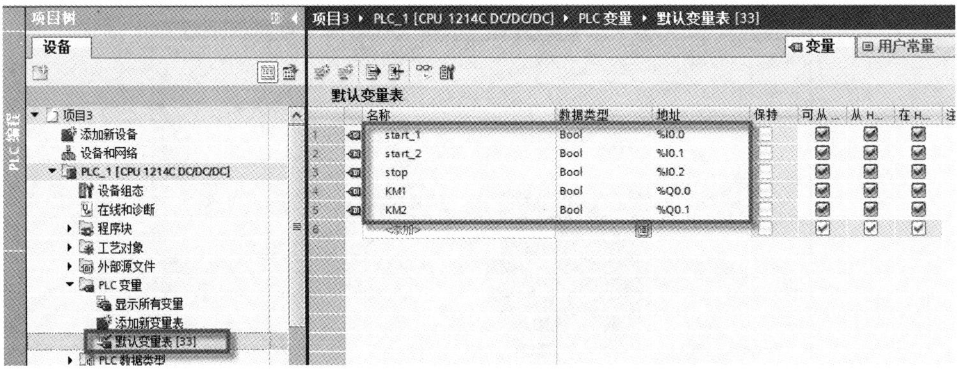

图 1-37　变量表

击“插入程序段”或按快捷键 Ctrl＋R 键，即可添加程序段。

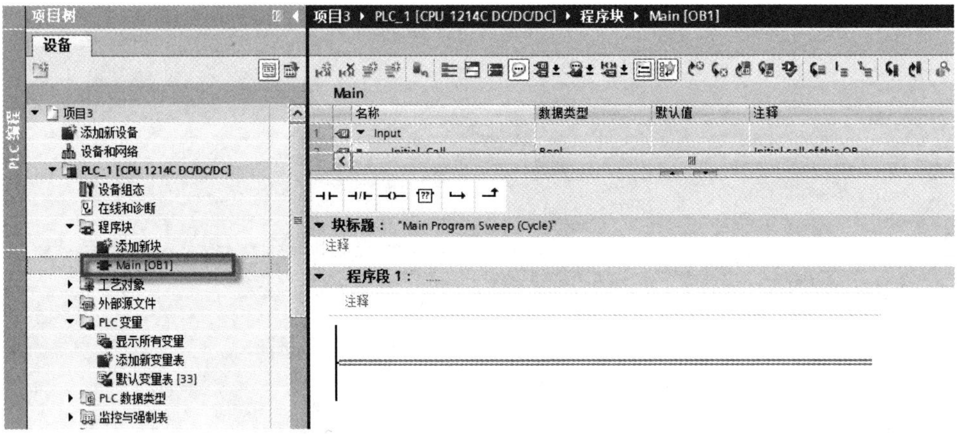

图 1-38　打开 OB1 并添加程序段

（2）编写程序。在 Main［OB1］的程序段 1 中编写正转控制程序。首先在程序段 1 的第一行中，从基本指令中插入如图 1-39 所示的位逻辑运算指令，并输入其变量名称或地址。

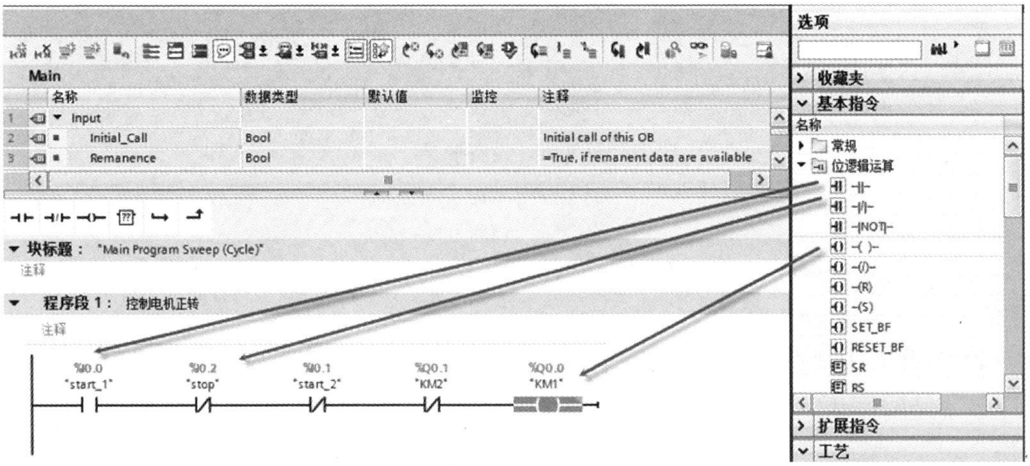

图 1-39　编写程序段 1（一）

然后把光标置于程序段 1 的左侧母线，如图 1-40 所示。再单击“打开分支”工具按钮，如图 1-41 所示，程序段 1 就添加了第二行，如此就可在第二行编写程序。

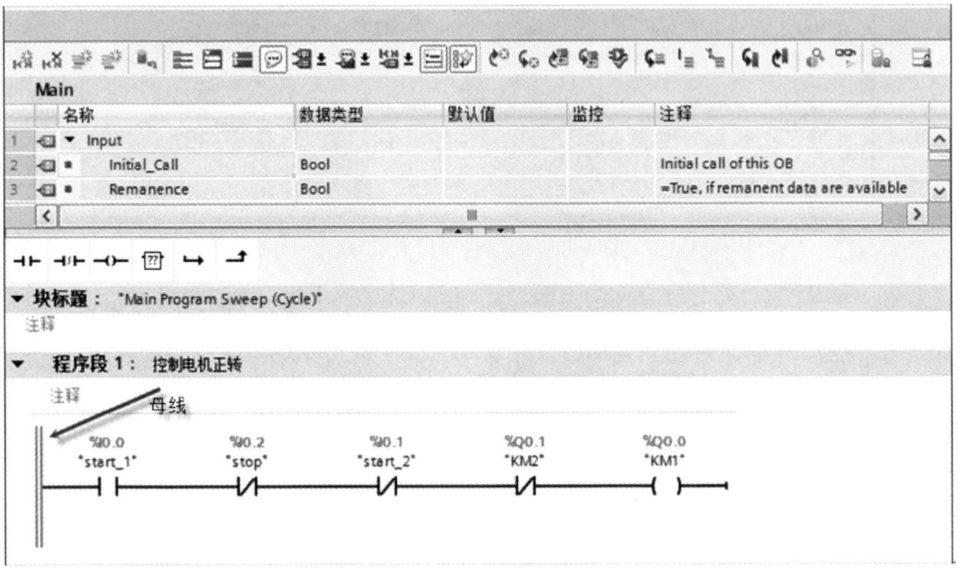

图 1-40　编写程序段 1（二）

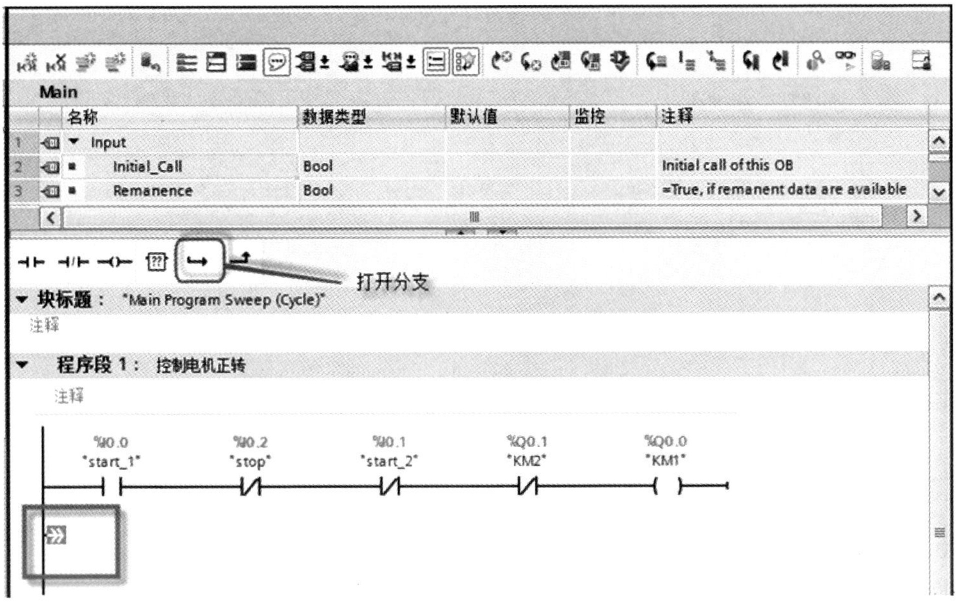

图 1-41　编写程序段 1（三）

在程序段 1 的第二行输入动合触点如图 1-42 所示，并输入其地址或变量名。

现需要把第二行中的 KM1 的动合触点并在 I0.0 动合触点的两端，用鼠标左键按住第二行中的双箭头不松开，拖到第一行 I0.0 动合触点的右端再松开，即可完成此项操作。操作完后的程序段 1 如图 1-43 所示。

用类似的操作方法编写程序段 2，如图 1-44 所示。

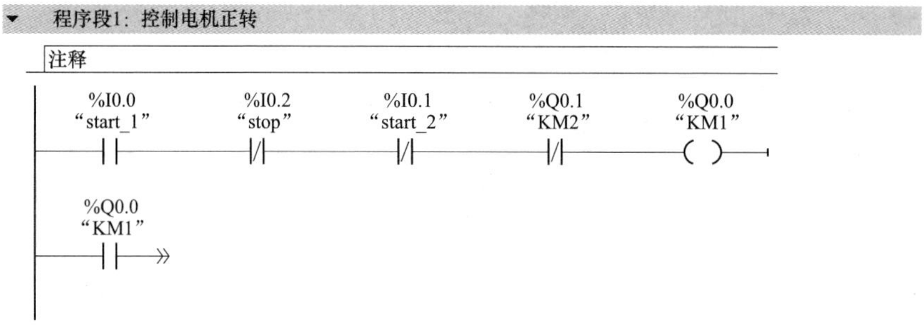

图 1-42　编写程序段 1（四）

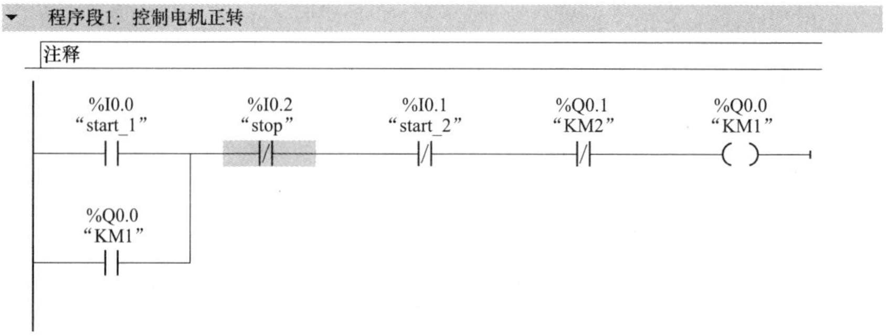

图 1-43　编写程序段 1（五）

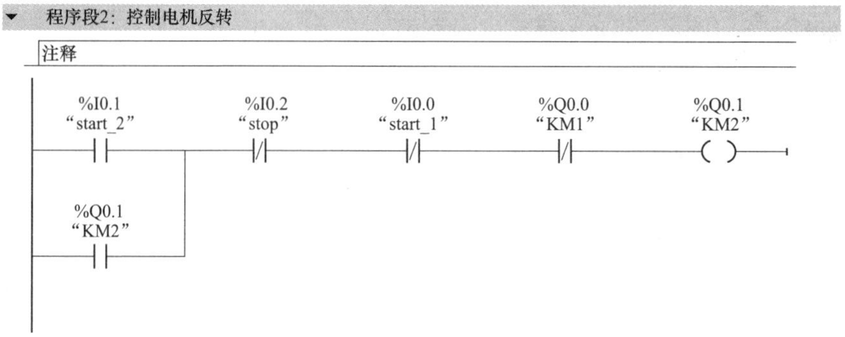

图 1-44　反转控制

六、程序编译、下载与调试

程序块编辑完毕后，操作工具栏中的编译和下载按钮，分别进行程序的编译和下载。

下载后，可启用程序块中的“监控”工具，如图 1-45 所示，即可监控程序块中各触点或元件的状态。

下面通过监控表的方式，对各元件进行监控。如图 1-46 所示，在项目树下，双击“监控与强制表→添加新监控表”，并命名为 motor，并在监控表中输入要监控的变量。这样就可对各个变量的当前值进行监视。

如果 PLC 的各 I/O 信号已进行外部接线，则可通过监控表测试项目的执行情况。

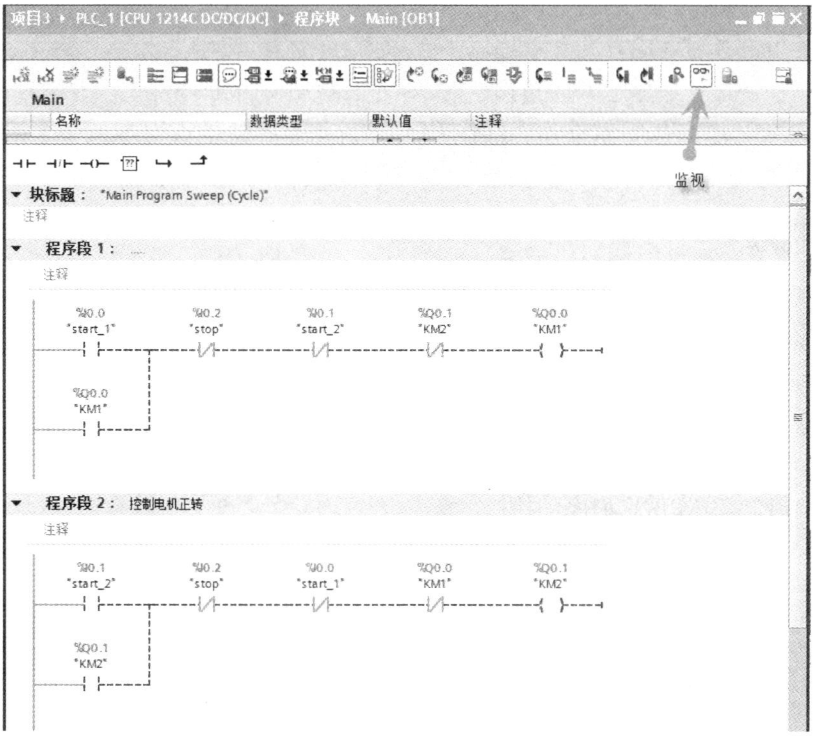

图 1-45　启用监控

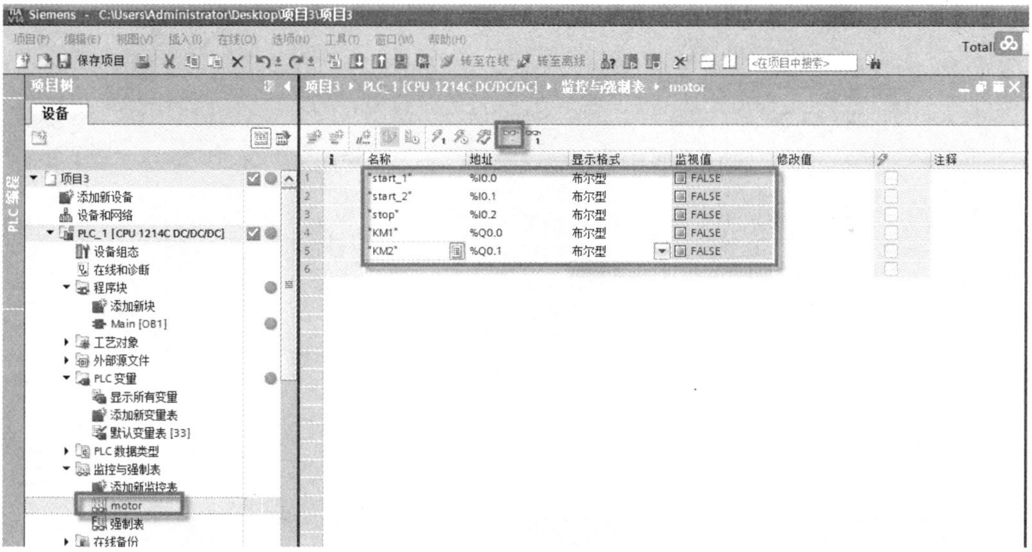

图 1-46　监控表

小　结

本项目通过控制三相异步电动机正反转控制，可熟悉 PLC 的基本应用，熟练掌握

Portal 软件的基础操作、PLC 硬件的组态、程序的编写、下载及监控调试等功能。

通过本项目的学习，应学会和掌握以下知识要点：

（1）根据控制任务，分配 PLC 的 I/O 点，并能绘制 I/O 原理图。

（2）熟练使用 PLC 编程软件，能操作 PLC 硬件组态、变量表组态、程序编写、编译下载、程序监控等功能；

练习与提高

（1）在 PLC 控制三相异步电动机正反转控制项目中，PLC 的 I/O 原理图中已接入热继电器的动断触点，在项目程序中未涉及使用（本应使用）。请把 I0.3 元件编程到程序中，使电动机能实现过载保护的功能。

（2）编程实现两台电动机的顺序控制，要求第一台电动机启动后，第二台电动机才能启动；第一台电动机未启动时，第二台电动机不能启动。请画出 PLC 的 I/O 原理图，并编写 PLC 程序，用 PLCSIM 仿真程序的执行。

项目 2

基于 S7-1500 PLC 的单键启停控制

知识点 S7-1500 PLC 介绍 、S7-1500 PLC 的硬件组成、S7-1500 PLC 硬件组态、PLC 扫描工作原理、位逻辑指令、脉冲指令。

单键启停控制程序在很多机械设备操作时经常看到。例如，控制一个设备的运行，按下按钮，设备运行，再按下该按钮，设备停止，这样就可用一个按钮控制设备的启停。本项目用 S7-1500 PLC 来控制设备的单键启停，来了解 S7-1500 PLC 及其硬件，学习硬件组态、位逻辑指令、脉冲指令和 PLC 扫描工作原理等知识点。

准备知识

一、S7-1500 PLC 介绍

S7-1500 PLC 是模块化的控制，可用于分布式自动化解决方案中，也可用于高端分布式自动化及过程自动化系统解决方案中。

全新的 S7-1500 PLC 带来了标准型、紧凑型、分布式，以及开放式不同类型的 CPU 模块。凭借快速的响应时间、集成的 CPU 显示面板及相应的调试和诊断机制，西门子 S7-1500 PLC 的 CPU 极大地提升了生产效率，降低了生产成本。

西门子 S7-1500 PLC 外形如图 2-1 所示，在 CPU 右侧可配置各种信号模块。

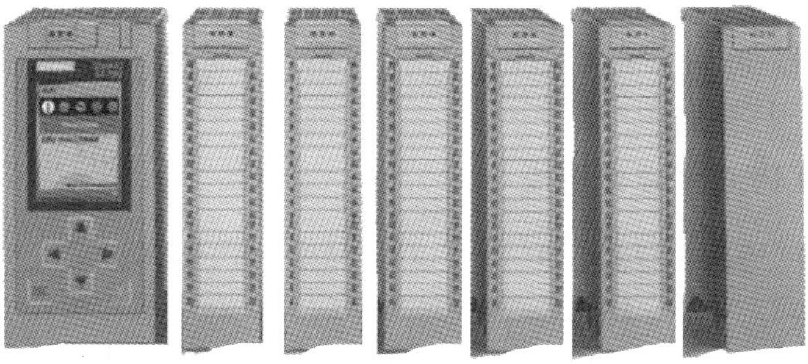

图 2-1 西门子 S7-1500 PLC 外形

西门子 S7-1500 PLC 控制器通过其多方面的革新，以其最高的性价比，在提升客户生产效率、缩短新产品上市时间、提高客户关键竞争力方面树立了新的标杆，并以其卓越的产品设计理念为实现工厂的可持续性发展提供强有力的保障。

西门子 S7-1500 PLC 控制器特点如下：

1. 高性能

CPU 最快位处理速度达 1ns，采用百兆级背板总线确保极短的响应时间。具有强大的通信能力，CPU 本体支持最多 3 个以太网网段，支持最快 125 μs 的 PROFINET 数据刷新时间。

2. 高效的工程组态

西门子 S7-1500 PLC 控制器采用 TIA Portal 统一编程调试平台，程序通用、拓展性强。支持 IEC 61131-3 编程语言（LAD/FBD、STL、SCL 和 Graph）。借助 ODK，S7-1500 PLC 可直接运行高级语言算法（C/C++）。对于 S7-1500F，同一控制器可执行标准和故障安全任务，同一网络可实现标准和故障安全通信。

3. 集成运动控制功能

西门子 S7-1500 PLC 可直接在控制器中对简单到复杂的运动控制任务进行编程（例如，速度控制轴、凸轮传动），可借助 I/O 模块实现各种工艺功能（例如 PTO），S7-1500T 进一步扩充 S7-1500 PLC 产品线，支持高端运动控制功能（绝对同步，凸轮控制）。

4. 开放性

西门子 S7-1500 PLC 集成标准化的 OPC UA 通信协议，连接控制层和 IT 层，实现与上位 SCADA/MES/ERP 或者云端的安全高效通信。通过 PLCSIM Advanced 可将虚拟 PLC 的数据与仿真软件对接。虚拟调试提前预知错误，减少现场调试时间。

5. 集成信息安全

西门子 S7-1500 PLC 集成复制保护和专有技术保护功能，可确保知识产权不受侵犯。保护功能能够防止篡改并抵御网络威胁（身份验证）。

6. 可靠诊断

利用 LED 指示灯，可在现场快速定位错误。发生故障时无须编程就可通过编程软件、HMI、Web Server 等途径快速实现通道诊断。使用标准化的 ProDiag 功能，可高效分析过程错误，甚至在 HMI 中直接查看出现错误的程序段，大大减少调试与生产停机时间。

7. 创新型设计

CPU 自带面板支持诊断、初始调试和维护（变量状态、IP 地址分配、备份、趋势图显示，读取程序循环时间，支持自定义页面，支持多语言）。西门子 S7-1500 PLC 附有智能多功能型 I/O 模块，方便选型与备品备件。

二、S7-1500 PLC 的硬件组成

西门子 S7-1500 PLC 控制器是西门子 PLC 产品家族中的旗舰产品，是为中高端工厂自动化控制任务量身定制，适合较复杂的应用。西门子 S7-1500 PLC 为模块式的 PLC，一个控制系统往往包括电源模块、CPU 模块、各种信号模块、通信模块，以及工艺模块等。S7-1500 PLC所有模块都安装在一个安装导轨上。这些模块通过 U 型连接器连接在一起，因此形成了一个背板总线。S7-1500 PLC 自动化系统最多有 32 个模块，占用插槽 0～31，如图 2-2 所示。

1. 电源模块

西门子 S7-1500 PLC 电源模块分两种类型：负载电源模块（Power Module）和系统电源模块（Power Supply）。

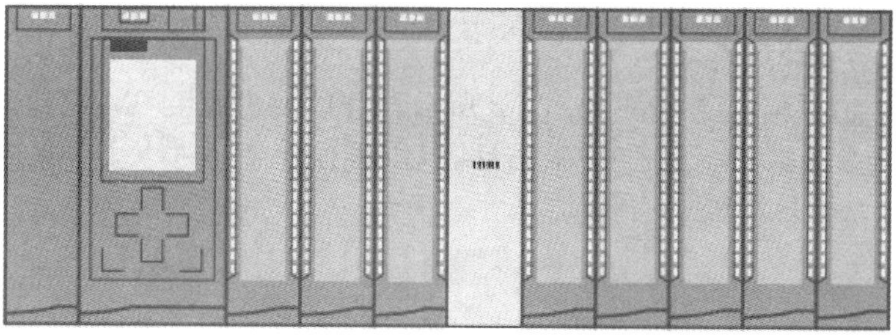

图 2-2　S7-1500 PLC

（1）负载电源模块。负载电源模块（PM）用于为负载供电，通常是 AC120/230V 输入，24V(DC) 输出，通过外部接线为其他模块、传感器和执行器提供 24V(DC) 工作电源。负载电源模块不能通过背板总线向西门子 S7-1500 PLC 及分布式 I/O ET200MP 供电，所以不安装在机架上，可不在 TIA Portal 软件中配置。负载电流电源模块的订货号及参数见表 2-1。

表 2-1　负载电流电源模块

订货号	6EP1332-4BA00	6EP1333-4BA00
简介	PM 70W 120/230V（AC）	PM 190W120/230V（AC）
额定输入电压	120/230V，具有自动切换功能	120/230V 具有自动切换功能
输出电压（DC）	24V	24V
额定输出电流（A）	3	8
功耗（W）	84	213

负载电流电源未连接到 S7-1500 PLC 自动化系统的背板总线，因此，不占用可组态插槽。

（2）系统电源模块。系统电源模块（PS）用于系统供电，通过背板总线向西门子 S7-1500 PLC 及分布式 I/O ET200MP 供电，所以必须安装在背板上。系统电源不能与机架分离，且必须在 TIA Portal 软件中配置。系统电流电源模块的订货号及参数见表 2-2。

表 2-2　系统电流电源模块

订货号	6ES7505-0KA00-0AB0	6ES7505-0RA00-0AB0	6ES7507-0RA00-0AB0
简介	PS 25W 24V(DC)	PS 60W 24/48/60V(DC)	PS 60W 120/230V（AC/DC）
额定输入电压	24V(DC)	24V(DC)、48V(DC)、60V(DC)	120V(AC)、230V(AC)、120V(DC)、230V(DC)
输出功率（W）	25	60	60
与背板总线电气隔离	√	√	√
诊断错误中断	√	√	√

注　√表示支持。

注意：

1）系统电源通常插在插槽 0 中，位于 CPU 的左侧。

2）在 CPU 右侧的插槽中，最多插入 2 个系统电源（电源段）。

（3）系统电源模块配置。

1）机架上没有系统电源 PS。如图 2-3 所示，CPU 的电源由 PM 或其他 24V(DC) 提供，CPU 向背板总线供电，但是功率有限且最大只能连接 12 个模块。如果需要连接更多模块，则需要增加系统电源 PS。

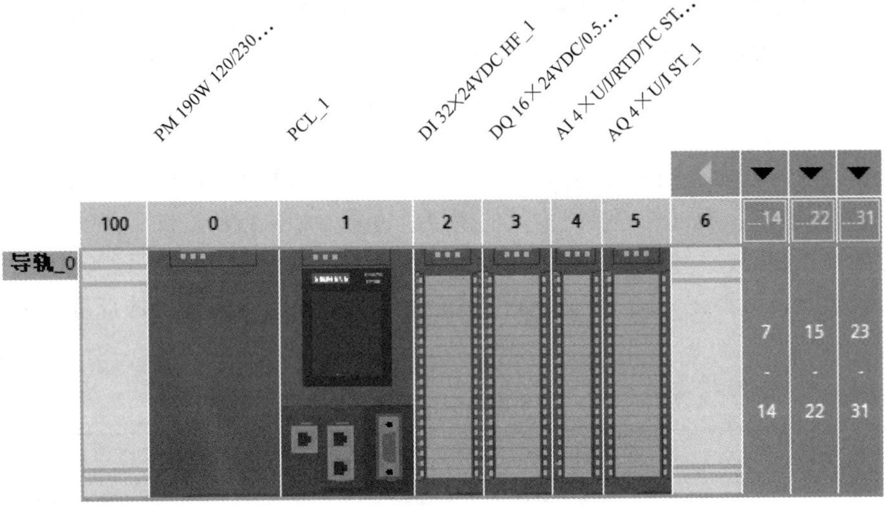

图 2-3　机架上没有系统电源 PS

2）系统电源 PS 在 CPU 左侧。如图 2-4 所示，系统电源 PS 在 CPU 左侧。有两种情况：一种是当 CPU 电源端子没有连接 24V(DC) 电源时，CPU 和 I/O 模块都消耗系统电源 PS 的功率；另一种情况是 CPU 电源端子连接了其他的 24V(DC) 电源，与系统电源 PS 同时一起向背板总线供电，这样向背板总线提供的总功率就是系统电源 PS 与 CPU 输出功率之和，因此第二种情况下 CPU 可连接更多的模块。

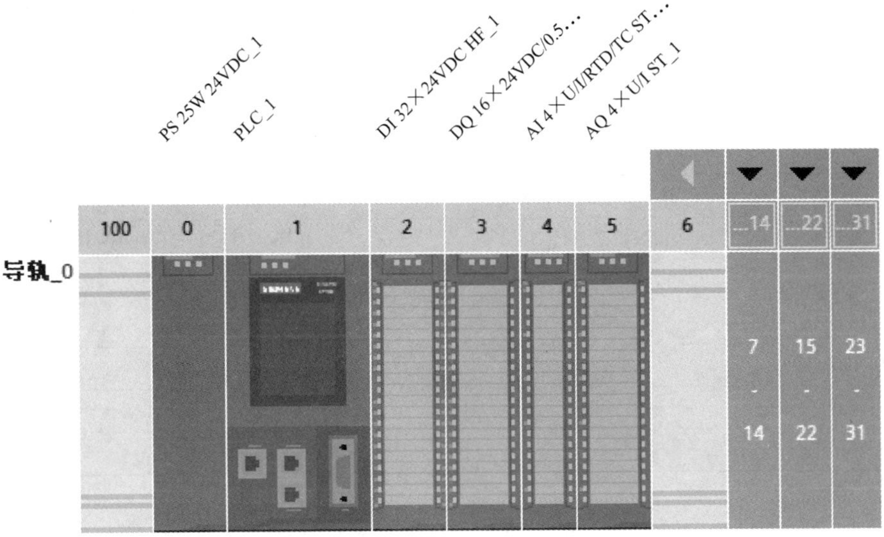

图 2-4　系统电源 PS 在 CPU 左侧

3）机架上插入多个系统电源 PS。如图 2-5 所示，在机架上插入两个系统电源 PS。插槽 0～3 的供电方式与系统电源配置在 CPU 左侧的方式相同。插槽 4 的系统电源 PS 为插槽 5、6 的 I/O 模块供电。

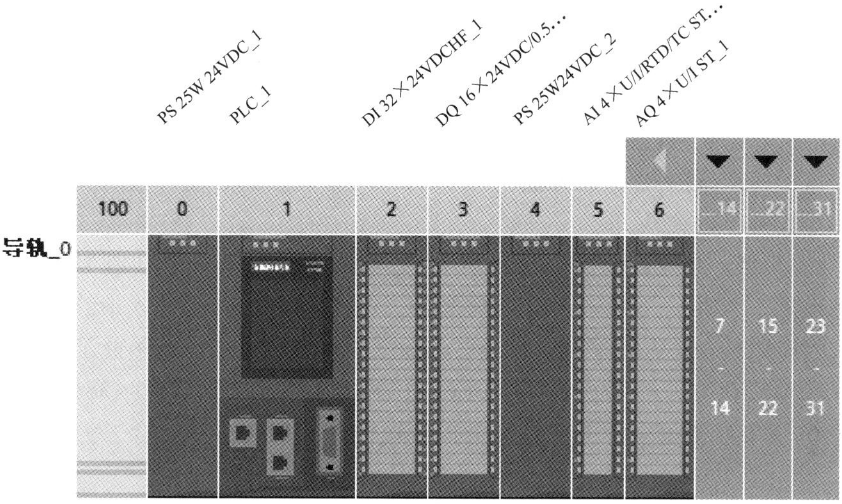

图 2-5　插入多个系统电源 PS

(4) 查看系统电源 PS 的功率分配详细信息。如果系统电源 PS 安装在插槽 0，则功率分配的详细信息在 CPU 的属性中查看。如果系统电源 PS 安装在其他插槽，则功率分配的详细信息在系统电源 PS 属性中查看。例如，图 2-4 中插槽 4 的系统电源 PS 功率分配如图 2-6 所示，两个 I/O 模块共消耗 1.3W，还剩余 23.7W。

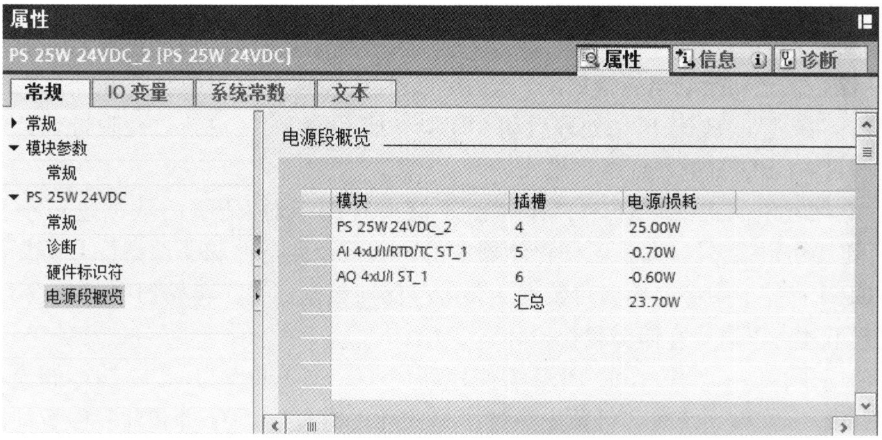

图 2-6　功率分配详细信息

2. S7-1500 CPU 模块

全新的 S7-1500 PLC 包括标准型，紧凑型，分布式，以及其他类型的 CPU 模块。凭借快速的响应时间、集成的 CPU 显示面板以及相应的调试和诊断机制，西门子 S7-1500 CPU 极大地提升了生产效率，降低了生产成本。

（1）S7-1500 CPU 的分类。西门子 S7-1500 CPU 包含了从 CPU1511～CPU1518 的不同型号，CPU 性能按照序号由低到高逐渐增强。

CPU 按功能划分主要有以下几种类型：

1）标准型。标准型 CPU 如 CPU1511、CPU1513、CPU1515、CPU1516、CPU1517、CPU1518 等，具有计算、逻辑处理、定时、通信等 CPU 的基本功能。

2）紧凑型。紧凑型 CPU 如 CPU 1511C 和 CPU 1512C，进一步壮大了西门子 S7-1500 CPU 家族阵容，以其紧凑的工业设计、卓越的性能应用于对空间要求苛刻的场合，尤其是为 OEM 机器制造等领域提供了高性价比解决方案。S7-1500C 控制器基于标准型控制器，集成了离散量，模拟量输入/输出和高达 400kHz（4 倍频）的高速计数功能，还可以如标准型控制器一样扩展 I/O 模块。

3）故障安全型。故障安全型 CPU 如 CPU1515F、CPU1516F 等，在发生故障时可确保控制系统切换到安全模式。西门子 S7-1500F PLC 是 S7-1500 PLC 家族中的一员，用于有功能安全要求的应用场合，它除了拥有普通 S7-1500 的所有特点外，还集成了安全功能，可支持到 SIL3/PL e 安全完整性等级，符合 IEC 61508、IEC 62061、ISO 13849-1、GB 20438、GB 20830 等国际和国内安全标准，将安全技术轻松地和标准自动化合二为一，无缝地集成在一起。

（2）S7-1500 CPU 的操作模式。S7-1500 CPU 的状态主要包含以下 4 种操作模式：

1）停止模式（STOP）。停止模式下系统不执行用户程序。如给 CPU 装载程序，在停止模式下 CPU 将检测所有已经配置的模块是否满足启动条件。如果从运行模式切换到停止模式，CPU 将根据输出模块的参数设置、禁用或激活相应的输出，例如在模块参数中设置提供替换值或保持上一个输出值。通过 CPU 上模式开关、显示屏或 TIA 博途软件可以切换到停止模式。

2）运行模式（RUN）。在运行模式下，CPU 执行用户程序。

3）启动模式（STARTUP）。S7-1500 PLC 的启动模式只有暖启动的模式。暖启动是指将 CPU 从停止模式切换到运行模式的一个中间过程，在这个过程中将清除非保持性存储区域的内容，清除过程映像输出，处理启动 OB 块（如 OB100），更新过程映像输入等。如果启动条件满足，CPU 将进入到运行模式。

4）存储器复位模式（MRES）。存储器复位模式用于对 CPU 的数据进行初始化，使 CPU 切换到“初始状态”，即将工作存储器中的内容以及保持性和非保持性数据删除。复位完成后，CPU 存储卡中保存的项目数据从装载存储器复制到工作存储器中，只有 CPU 处于 STOP 模式下才可以进行存储器复位操作。

（3）西门子存储卡。S7-1500 PLC 需使用西门子 MMC 卡作为 CPU 的存储模块，这是一种与 Windows 文件系统兼容且预先经过了格式化的存储卡。存储卡有多种不同的存储容量，可用于以下用途：

1）数据存储介质，用于传输数据。

2）程序卡。

3）固件升级卡。

由于 CPU 没有集成式装载存储器，因此，要运行 CPU 就必须插入 MMC 卡。为了使用编程设备/计算机写/读西门子存储卡，需要使用常见的 SD 卡读卡器。这样一来，就可以通过 Windows 资源管理器将文件直接复制到西门子存储卡上。

提示：建议仅在 CPU 断电时插拔西门子存储卡。

（4）S7-1500 CPU 的存储器。S7-1500 PLC 的存储器主要分为 CPU 内部集成的存储器和外插的西门子存储卡。CPU 内部集成的存储器又分为工作存储器、掉电保持存储器和其他存储器。外插的西门子存储卡为装载存储器。存储器的示意图如图 2-7 所示。

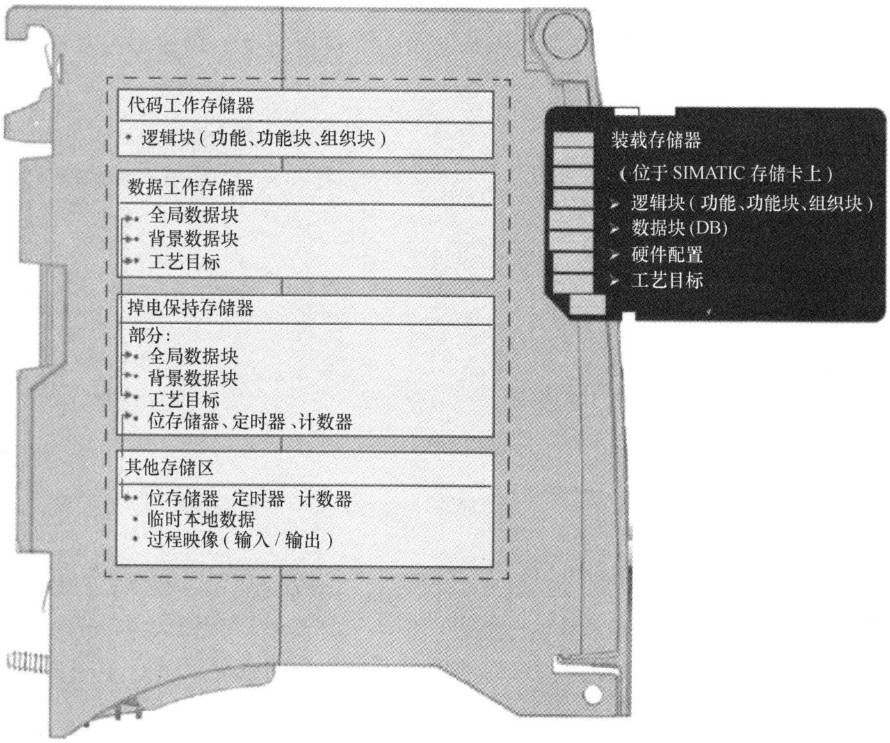

图 2-7　西门子 S7-1500 的存储器

1）装载存储器。装载存储器是非易失性存储器，用来存储逻辑块、数据块、工艺目标以及硬件配置。这些对象在载入 CPU 的过程中被首先保存到装载存储器中。该存储器位于西门子存储卡上。由于西门子存储卡还存储变量的符号、注释信息及 PLC 数据类型等，所以所需的存储空间远大于工作存储器。

2）工作存储器。工作存储器属于易失性存储器，用来保存逻辑块和数据块。工作存储器集成在 CPU 中，不能进行扩展。S7-1500 CPU 的工作存储器分为代码工作存储器和数据工作存储器。代码工作存储器存储的是与进程相关的程序代码（逻辑块）。数据工作存储器存储的是与进程相关的数据块和工艺目标。

工作存储器的空间大小与 CPU 的型号有关，不能扩展，所以选择 CPU 型号时，除了考虑程序处理速度，还要考虑程序的大小。

CPU 暖启动（停止-启动或上电启动）后，保存在工作存储器上的过程值会丢失，变量恢复到初始值。如果需要保持过程值，需要设置变量的保持性。保持性存储器的容量空间与 CPU 的型号相关。

3）掉电保持存储器。掉电保持存储器是一种非易失性存储器，用来在断电时备份特定的数据。在掉电保持存储器中，将会对已定义为需要掉电保持的变量以及运算域进行备份。这些数据在关机或者断电后仍将被保留。

如果操作状态从电源接通切换为启动，或在启动后停止，则其他非保持性存储器将恢复为初始值。通过操作存储器复位、恢复出厂设置，可以删除掉电保持存储器中的内容。

提示：在掉电保持存储器中，同样也会保存一些特定的工艺目标变量。这些变量在存储器复位时不会被删除。

①数据块 DB 的保持性设置。打开数据块，单击“保持”选项，就可以选择需要保持的变量，如图 2-8 所示。

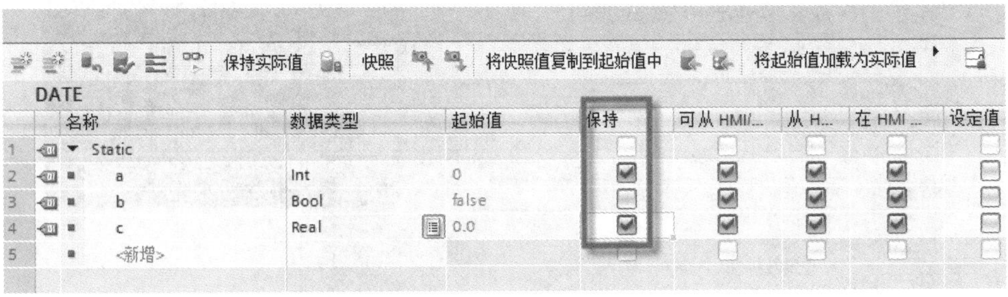

图 2-8　数据块 DB 的保持性设置

注　在优化数据块中，可以将单个变量定义为具有保持性，而在标准数据块中，仅可统一地定义全部变量的保持性。

②位存储器 M、定时器和计数器的保持性设置。如图 2-9 所示，在项目树中选择“PLC 变量”→“显示所有变量”→“变量”标签栏，单击“保持性”按钮设置保持功能，在弹出的对话框中可以增加 M、T、C 保持变量的个数。不同类型的存储区具有不同大小的保持性空间。

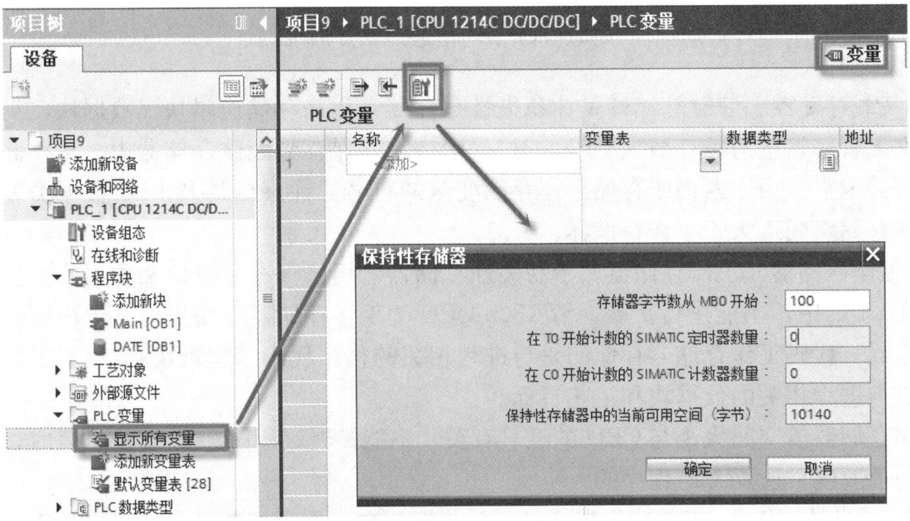

图 2-9　位存储器 M、定时器和计数器的保持性设置

4）其他存储器。其他存储器包括位存储器、定时器和计数器、本地临时数据区及过程

映象，这些数据区的大小与 CPU 的类型有关。

(5) S7-1500 CPU 的过程映像区。用户程序对输入（I）和输出（O）操作数区域寻址时，不会直接从 I/O 模块查询信号状态。它会访问 CPU 的存储器区域，此存储器区域就是过程映像区。过程映像区分为过程映像输入区和过程映像输出区。过程映像输入区（PIPI）始终在处理相关 OB 之前进行读入与更新。过程映像输出区（PIPQ）始终在 OB 结束时输出。

使用过程映像的优点在于，程序循环执行过程中访问的过程映像信号始终一致。如果在程序处理期间输入模块的信号状态更改，那么信号状态会保留在过程映像中。在下一个周期之前，不会更新过程映像。

在 S7-1500 PLC 系统中，整个过程映像被细分为最多 32 个过程映像分区（PIP）。PIP0（自动更新）在每个程序周期中自动更新，并分配给 OB1。可将过程映像分区 PIP1～PIP31 分配给其他 OB。在组态 I/O 模块时进行此分配。

可以将一个过程映像分区分配给每个组织块。这种情况下，过程映像分区会自动更新。PIP0 和等时同步 OB 例外。

(6) S7-1500 CPU 的显示屏（Display）。西门子 S7-1500 CPU 与原有 S7-300/400CPU 比，除了运算速度、性能大幅提高外，在诊断与维护方面也有了很大的提升，使现场调试和维护工程师非常方便地进行操作。

图 2-10 所示为 CPU1516-3PN/DP 的面板图，图中包含 LED 指示灯、显示屏和操作员控制按钮。

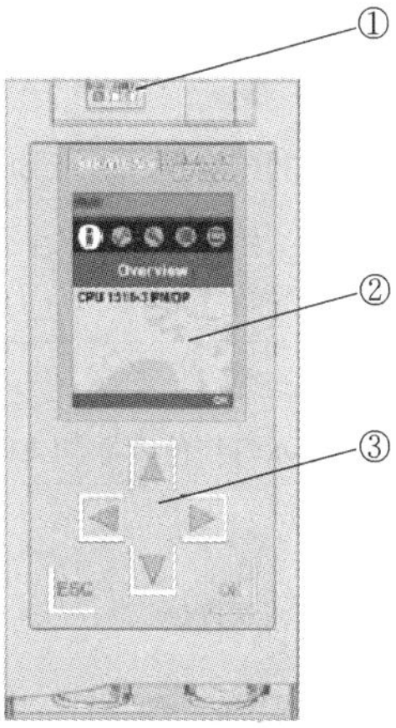

①—指示 CPU 当前操作模式和诊断状态的 LED 指示灯；
②—显示屏；
③—操作员控制按钮

图 2-10　CPU1516-3PN/DP 的面板图

西门子 S7-1500 CPU 上有三个指示灯，用于指示当前的操作状态和诊断状态。表 2-3 列出了 RUN/STOP、ERROR 和 MAINT LED 指示灯各种颜色组合的含义。

表 2-3　CPU 指示灯各种颜色组合含义

RUN/STOP LED 指示灯	ERROR LED 指示灯	MAINT LED 指示灯	含　义
□ LED 指示灯熄灭	□□ LED 指示灯熄灭	□ LED 指示灯熄灭	CPU 电源缺失或不足
□ LED 指示灯熄灭	☼ LED 指示灯红色闪烁	□ LED 指示灯熄灭	发生错误
■ LED 指示灯绿色点亮	□ LED 指示灯熄灭	□ LED 指示灯熄灭	CPU 处于 RUN 模式
■ LED 指示灯绿色点亮	☼ LED 指示灯红色闪烁	□ LED 指示灯熄灭	诊断事件未决

续表

RUN/STOP LED 指示灯	ERROR LED 指示灯	MAINT LED 指示灯	含　义
LED 指示灯绿色点亮	LED 指示灯熄灭	LED 指示灯黄色点亮	设备要求维护。必须在短时间内检查/更换受影响的硬件
			激活强制作业
			PROFIenergy 暂停
LED 指示灯绿色点亮	LED 指示灯熄灭	LED 指示灯黄色闪烁	设备要求维护。必须在短时间内检查/更换受影响的硬件
			组态错误
LED 指示灯黄色点亮	LED 指示灯熄灭	LED 指示灯黄色闪烁	固件更新已成功完成
LED 指示灯黄色点亮	LED 指示灯熄灭	LED 指示灯熄灭	CPU 处于 STOP 模式
LED 指示灯黄色点亮	LED 指示灯红色闪烁	LED 指示灯黄色闪烁	SIMATIC 存储卡中的程序出错
			CPU 故障
LED 指示灯黄色闪烁	LED 指示灯熄灭	LED 指示灯熄灭	CPU 在 STOP 模式下执行内部活动，如 STOP 之后启动
			从 SIMATIC 存储卡下载用户程序
LED 指示灯黄色/绿色闪烁	LED 指示灯熄灭	LED 指示灯熄灭	启动（从 RUN 转为 STOP）
LED 指示灯黄色/绿色闪烁	LED 指示灯红色闪烁	LED 指示灯黄色闪烁	启动（CPU 正在启动）
			启动、插入模块时测试 LED 指示灯
			LED 指示灯闪烁测试

如果出现故障指示灯，可以通过西门子 S7-1500 显示屏（Display）查看详细信息，并可以快速将故障信息定位到一个通道上。

每个西门子 S7-1500 PLC 都标配一个显示屏，按照 PLC 类型的不同有两种尺寸，例如，西门子 S7-1511/1513 CPU 的为 1.36in；西门子 S7-1515/1516/1517/1518PLC 的为 3.4in。西门子 S7-1500 CPU 可以脱离显示屏运行，显示屏也可以在运行期间插拔，而不影响 PLC 的运行。

如图 2-10 所示，西门子 S7-1500 CPU 显示屏带有 4 个箭头按钮，分别为“上”“下”“左”“右”，用于选择菜单和设置，一个 ESC 键和一个 OK 键用于确认和退出。各个主菜单功能说明见表 2-4。进入菜单后可以对各个选项进行查看和设置，选项上有指示图标，这些图标的含义见表 2-5。

3. 信号模块

信号模块 SM（Signal Module）是 CPU 与外部控制设备的接口。通过输入模块把输入信号传送到 CPU 中进行计算和处理，然后将逻辑结果通过输出模块传送到外部的被控设备。

信号主要分为数字量信号和模拟量信号。常用的信号模块有数字量输入模块、数字量输出模块、数字量输入/输出模块、模拟量输入模块、模拟量输出模块、模拟量输入/输出模块等。

表 2-4　　主菜单功能说明

主菜单	含义	说　明
	总览	通过“总览”菜单可以了解 CPU 的属性
	诊断	通过“诊断”菜单可以了解诊断消息、诊断说明，以及中断显示信息。除此之外，还可以了解 CPU 每个接口的网络属性
	设置	在“设置”菜单当中，可以为 CPU 分配 IP 地址，设置日期、时间、时区、运行状态（运行/停止）和保护级别，还有 CPU 复位并恢复出厂设置及显示固件升级状态
	模块	通过“模块”菜单可以了解您系统中所使用的模块。模块可以进行集中和/或分散式安装。分散式模块是通过 PROFINET 和/或 PROFIBUS 与 CPU 相连的。在这里，可以为 CP 设置 IP 地址
	显示屏	在“显示屏”菜单下进行所有与显示屏有关的设置，例如，设定语言、显示屏亮度，以及设定节能模式（节能模式会调暗显示屏，待机模式会关闭显示屏）

表 2-5　　选项图标含义

图标	含　义
	可编辑的菜单项
	在此选择所需语言
	消息位于下一页中
	下一页面下方存在错误消息
	标记的模块不可访问
	浏览到下一页面
	在编辑模式中，可使用两个箭头键进行选择；向下/向上；跳转到选定位置。或选择所需的数字/选项
	在编辑模式中，可使用四个箭头键进行选择； 向下/向上：跳转到选定位置，或选择所需的数字； 向左/向右：向前或向后跳一个格
	报警尚未确认
	报警已确认

信号模块按特性可分为 BA 基本型、ST 标准型、HF 高特性型、HS 高速型四类。BA 基本型模块价格低、功能简单，不需要参数化，没有诊断功能。ST 标准型中等价格，需要参数化，模块具有诊断功能。HF 高特性型功能较多，可以对通道进行参数化，支持通道诊断。HS 高速型用于高速处理的应用，具有最短的延时时间、最短的转换时间，可用于等时

同步。

（1）数字量输入模块。西门子 S7-1500 PLC 的数字量输入模块类型和技术参数见表 2-6，图 2-11 所示为 DI 32x24V(DC)HF 数字量输入模块的接线图。

表 2-6　　　　数字量输入模块类型和技术参数

订货号	6ES7521-1BH00-0AB0	6ES7521-1BL00-0AB0	6ES7521-1BH50-0AA0	6ES7521-1FH00-0AA0
简介	DI 16x24V(DC)HF	DI 32x24V(DC)HF	DI 16x24V(DC)SRC BA	DI 16x230V(AC)BA
输入数量	16	32	16	16
通道间的电气隔离	—	√	—	√
电势组数	1	2	1	4
额定输入电压	24V(DC)	24V(DC)	24V(DC)	120/230V (AC)
诊断错误中断	√	√	—	—
硬件中断	√	√	—	—
支持等时同步操作	√	√	—	—
输入延时 (ms)	0.05～20	0.05～20	3	25

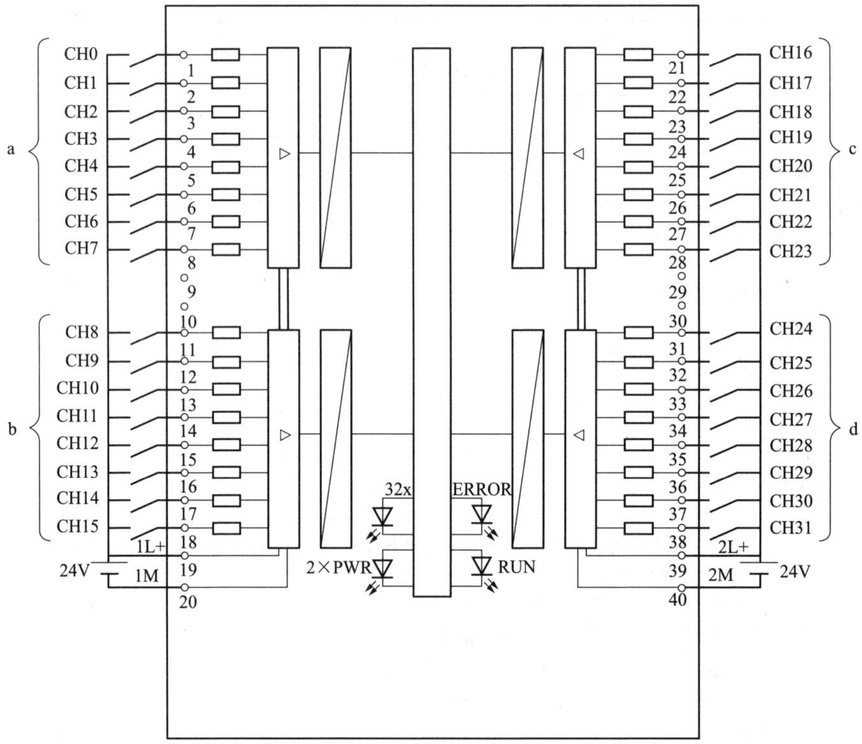

图 2-11　DI 32x24V(DC)HF 数字量输入模块的接线图

（2）数字量输出模块。西门子 S7-1500 PLC 的数字量输出模块类型和技术参数见表 2-7，图 2-12 所示为数字量输出模块 DQ 32x24V(DC)/0.5A HF 的接线图。

（3）模拟量输入模块。模拟量输入模块可将模拟量信号转换为数字信号送给 CPU。例如，压力传感器信号为 0～20mA，通过 AD 转换成数字量信号为 0～27 648，这样 CPU 就

表 2-7　**数字量输出模块类型和技术参数**

订货号	6ES7522-1BH00-0AB0	6ES7522-1BL00-0AB0	6ES7522-1BF00-0AB0	6ES7522-5HF00-0AB0	6ES7522-5FF00-0AB0
简介	DQ 16x24V(DC)/0.5A ST	DQ 32x24V(DC)/0.5A ST	DQ 8x24V(DC)/2A HF	DQ 8x230V(AC)/5A ST	DQ 8x230V(AC)/2A ST
输出数量	16	32	8	8	8
类型	晶体管	晶体管	晶体管	继电器	晶闸管
通道间的电气隔离	√	√	√	√	√
电势组数	2	4	2	16	8
额定输出电压	24V(DC)	24V(DC)	24V(DC)	230V(AC)	230V(AC)
额定输出电流（A）	0.5	0.5	2	5	2
诊断错误中断	√	√	√	√	—
支持等时同步操作	√	√	—	—	—

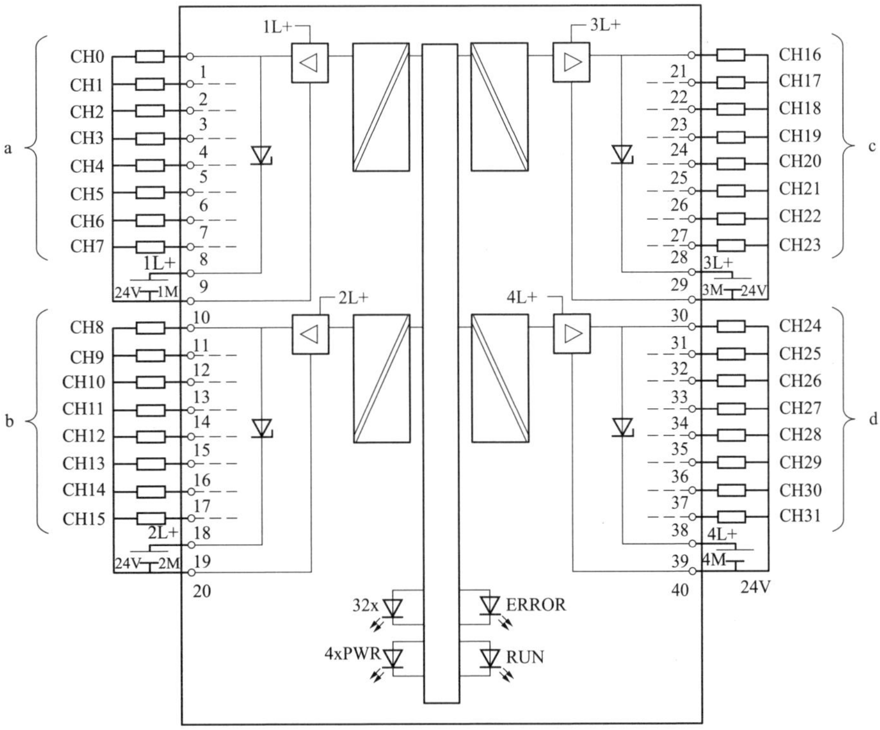

图 2-12　数字量输出模块 DQ 32×24V(DC)/0.5A HF 接线图

可以计算出当前的压力值。西门子 S7-1500 标准型模拟量输入模块为多功能测量模块，具有多种量程。每一个通道的测量类型和范围可以选择，不需要量程卡，只需要改变硬件配置和外部接线。随模块包装盒带有屏蔽套件，具有很高的抗干扰能力。

西门子 S7-1500 PLC 的模拟量输入模块类型和技术参数见表 2-8。

下面以模拟量输入模块 AI 8xU/I/RTD/TC ST 为例，介绍模拟量输入模块连接不同传感器的接线情况。模拟量输入模块 AI 8xU/I/RTD/TC ST 的端子标注含义如下：

U_{n-} /U_{n-}，电压输入通道 n（仅电压）；
M_{n+} /M_{n-}，测量输入通道 n；
I_{n+} /I_{n-}，电流输入通道 n（仅电流）；
I_{cn+} /I_{cn-}，RTD 的电流输出，通道 n；
U_{vn}，2 线制变送器（2WMT）中通道 n 的电源电压；
$Comp^{+}$ /$Comp^{-}$，补偿输入；
I_{Comp+} /I_{Comp-}，补偿电流输出；
L^{+}，连接电源电压；
M，接地连接；
M_{ANA}，模拟电路的参考电位。

表 2-8　　模拟量输入模块类型和技术参数

订货号	6ES7531-7KF00-0AB0	6ES7531-7NF10-0AB0
简介	AI 8xdU/I/RTD/TC ST	AI 8xU/I HS
输入数量	8	8
解决方法	16 位（包含符号位）	16 位（包含符号位）
测量方式	电压、电流、电阻、热敏电阻、热电偶	电压、电流
通道间的电气隔离	—	—
测定电源电压（DC）	24V	24V
输入间的最大电势差（UCM）（DC）	10V	10V
诊断错误中断	√，上/下限	√，上/下限
硬件中断	√	√
支持等时同步操作	—	√
转换时间（各个通道）	9/23/27/107ms	125μs（每个模块，与激活的通道数无关）

1）电压测量的接线。电压测量的接线如图 2-13 所示。模拟量输入模块 AI 8xU/I/RTD/TC ST 共有 CH0～CH7，共 8 个 AI 通道。以 CH0 为例，使用第 3 和第 4 个端子连接。

2）电流信号的连接。电流信号分 4 线制和 2 线制测量方式。无论是 4 线制还是 2 线制测量方式，与模块的连接线都是 2 根，区别在于模块是否供电。例如一个 4 线制仪表，仪表需要 24V 供电，然后输出 4～20mA 信号，那么需要电源线 2 根，信号线 2 根，模拟量输入模块只接收电流信号。如果是一个 2 线制仪表，需要模拟量输入模块提供的 2 根信号线向仪表供电。如果选择 2 线制仪表，输出只能是 4～20mA 信号，这是因为仪表有阻抗。

4 线制电流信号的连接如图 2-14 所示。以 CH0 为例，使用第 2 和第 4 个端子；2 线制电流信号的连接如图 2-15 所示，以 CH0 为例，使用第 1 和第 2 个端子。

3）连接电阻传感器或热敏电阻（RTD）。模拟量输入模块可连接 2、3、4 线制电阻传感器或热敏电阻（RTD）信号，接线如图 2-16 所示。CH0 和 CH1 为一组输入信号，其中第 7 和第 8 端子向传感器提供恒流源信号 IC＋和 IC－，在热电阻上产生电压信号，使用 CH0 通道的第 3 和第 4 端子作为测量端。

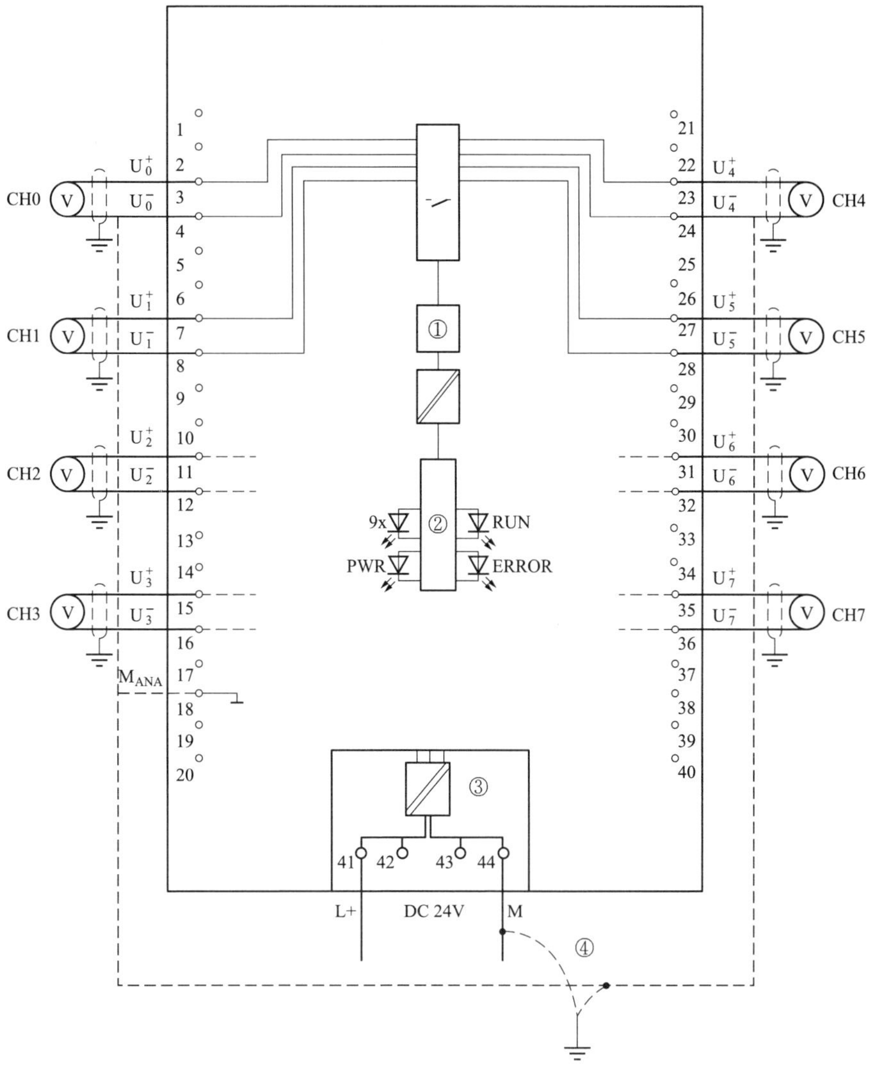

图 2-13 电压测量的接线

①—模数转换器（ADC）；②—背板总线接口；③—通过电源元件进行供电；④—等电位连接电缆（可选）；
CHx—通道或 9 个通道状态（绿/红）；RUN—状态 LED 指示灯（绿色）；ERROR—错误 LED 指示灯（红色）；
PWR—电源 LED 指示灯（绿色）

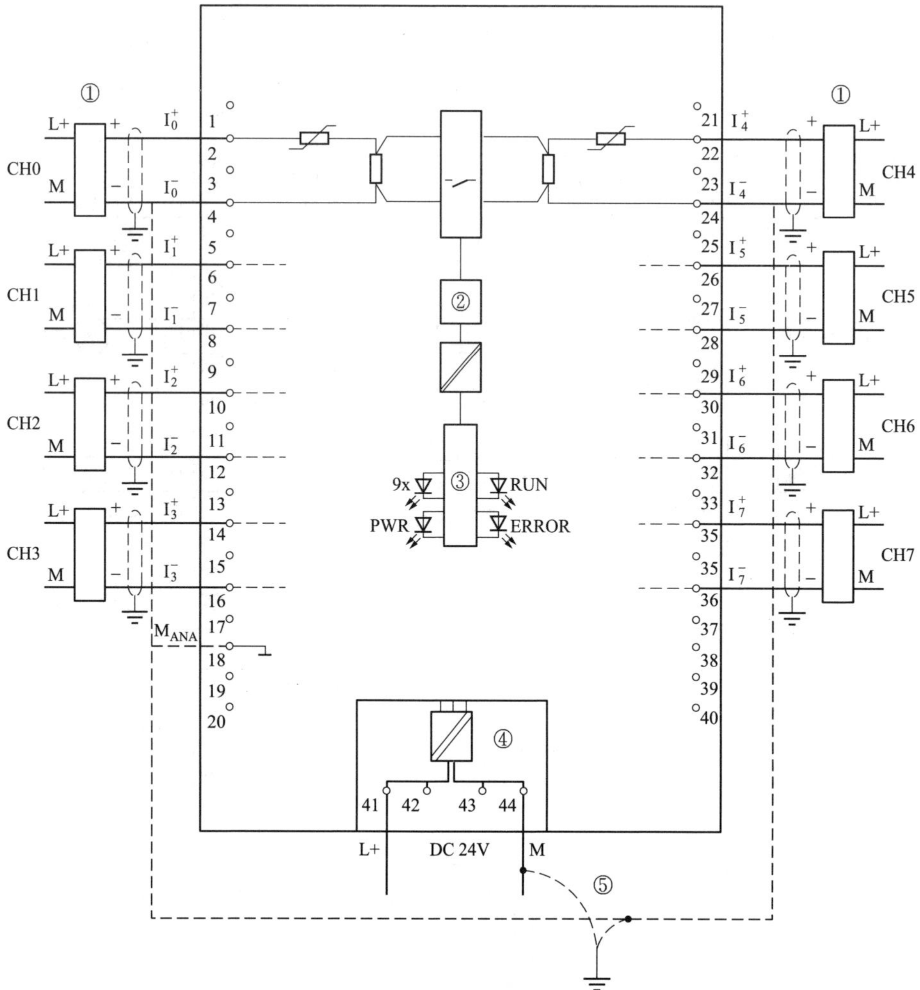

图 2-14　4 线制电流信号的连接

①—接线 4 线制变送器；②—模数转换器（ADC）；
③—背板总线接口；④—通过电源元件进行供电；⑤—等电位连接电缆（可选）；
CHx—通道或 9 个通道状态（绿/红）；RUN—状态 LED 指示灯（绿色）；
ERROR—错误 LED 指示灯（红色）；PWR—电源 LED 指法灯（绿色）

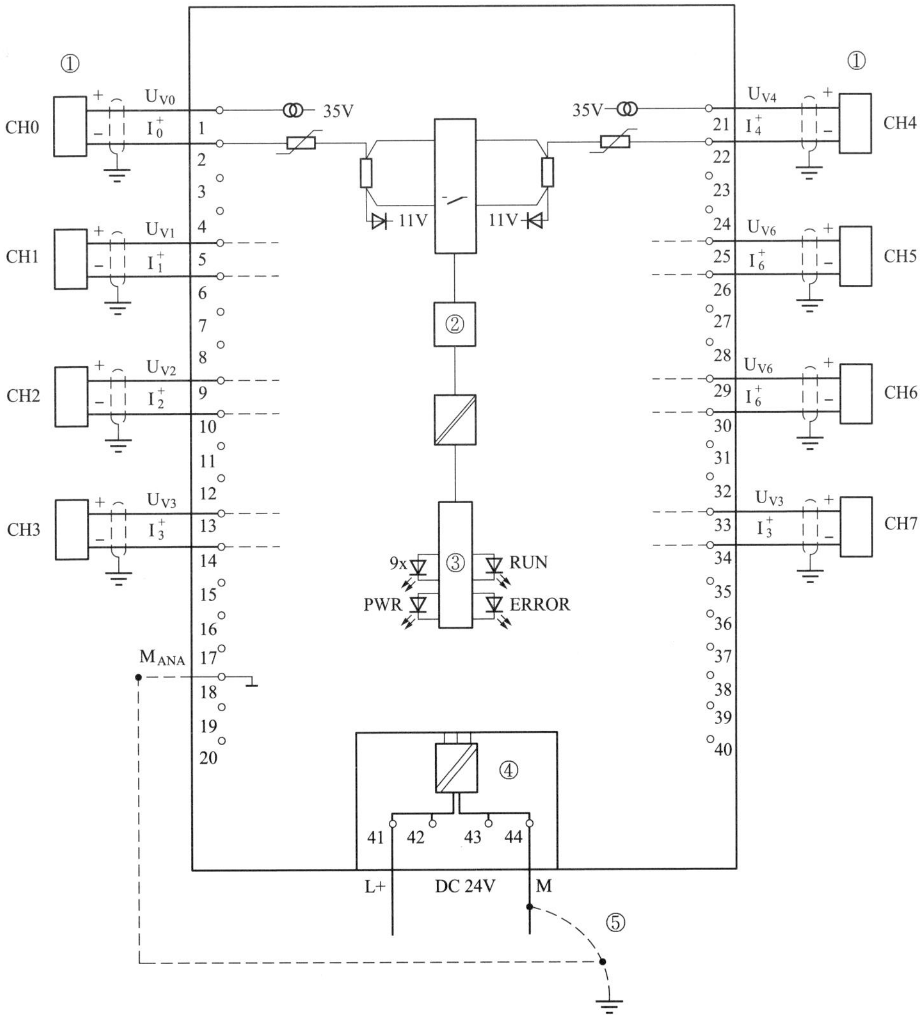

图 2-15　2 线制电流信号的连接

①—接线 2 线制变送器；②—模数转换器（ADC）；

③—背板总线接口；④—通过电源元件进行供电；⑤—等电位连接电缆（可选）；

CHx—通道或 9 个通道状态（绿/红）；RUN—状态 LED 指示灯（绿色）；

ERROR—错误 LED 指示灯（红色）；PWR—电源 LED 指法灯（绿色）

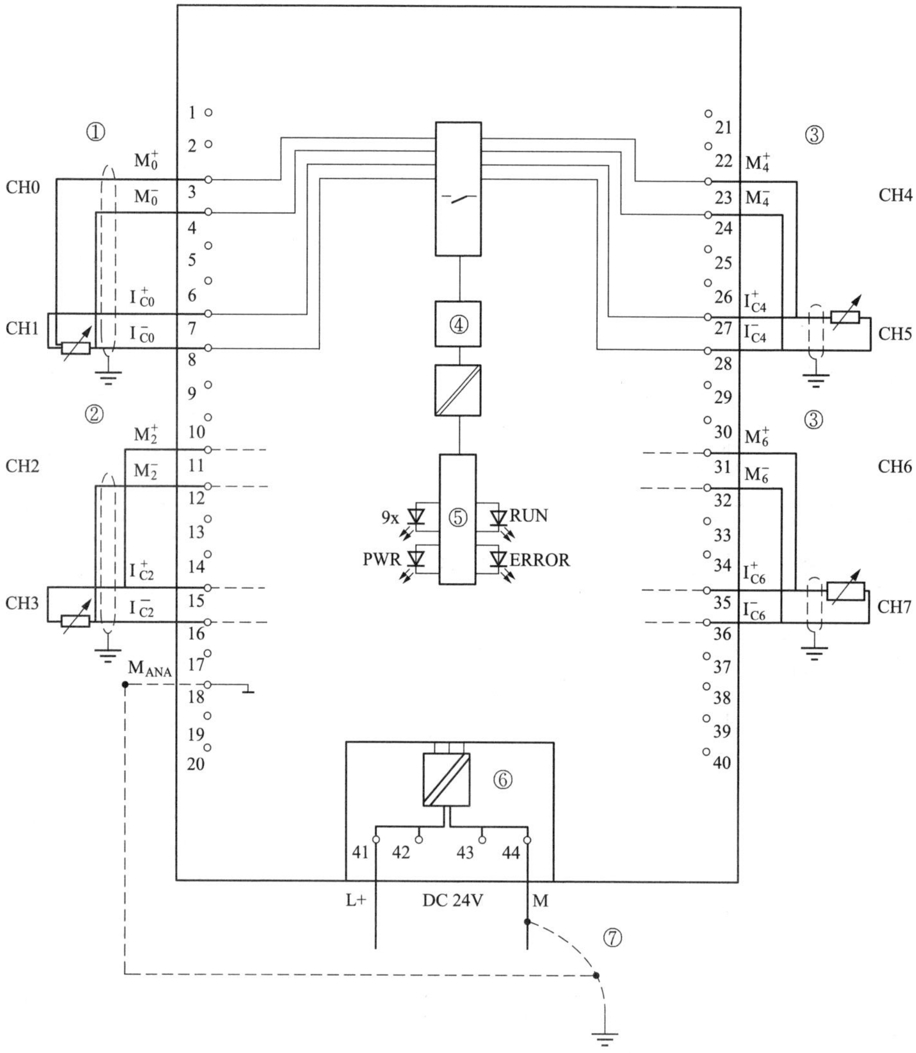

图 2-16　连接电阻传感器或热敏电阻（RTD）

①—4 线制连接；②—3 线制连接；③—2 线制连接；④—模数转换器（ADC）；
⑤—背板总线接口；⑥—通过电源元件进行供电；⑦—等电位连接电缆（可选）；
CHx—通道或 9 个通道状态（绿/红）；RUN—状态 LED 指示灯（绿色）；
ERROR—错误 LED 指示灯（红色）；PWR—电源 LED 指示灯（绿色）

4）连接热电偶。用于外部/内部补偿的非接地型热电偶，以及参考通道上热电阻（RTD）的连接如图 2-17 所示。

通过接地进行内部补偿的热电偶连接如图 2-18 所示。

（4）模拟量输出模块。模拟量输出模块将数字量信号转换为模拟量信号输出到外部的被控设备。以控制变频器输出频率为例，假设模拟量输出模块输出 0～10V 对应变频器的输出频率 0～50Hz，则在模拟量输出模块内部 DA 转换器将数字量信号 0～27648 按线性比例转

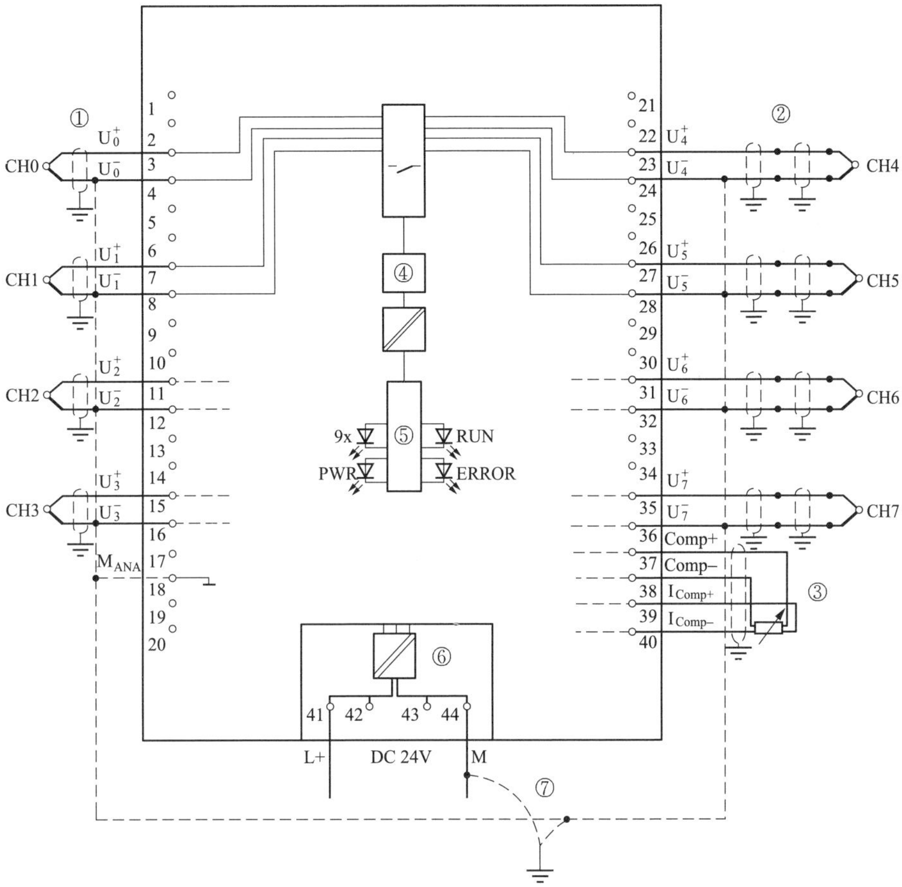

图 2-17　外部/内部补偿的非接地型热电偶，以及参考通道上热电阻（RTD）的连接

①—连接用于内部补偿的非接地型热电偶；②—连接用于外部补偿的非接地型热电偶；
③—参考通道上的热电阻（RTD）接线；④—模数转换器（ADC）；⑤—背板总线接口；
⑥—通过电源元件进行供电；⑦—等电位连接电缆（可选）；
CHx—通道或 9 个通道状态（绿/红）；RUN—状态 LED 指示灯（绿色）；
ERROR—错误 LED 指示灯（红色）；PWR—电源 LED 指示灯（绿色）

换为模拟量信号 0～10V。这样，当模拟量输出模块输出数值 13814 时，它将转换为 5V 信号，控制变频器输出频率为 25Hz。随模拟量输出模块包装盒带有具有很高抗干扰能力的屏蔽套件。

西门子 S7-1500 PLC 的模拟量输出模块类型和技术参数见表 2-9。

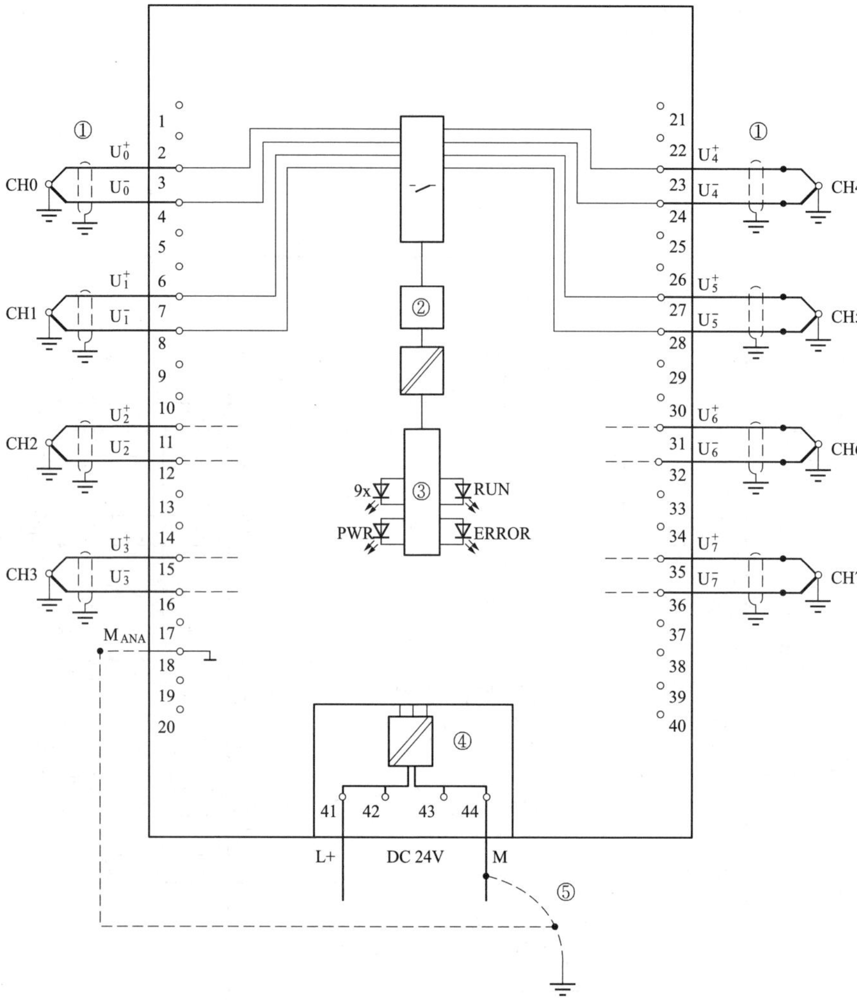

图 2-18　通过接地进行内部补偿的热电偶连接

①—连接已接地连接的内部补偿型热电偶；②—模数转换器（ADC）；
③—背板总线接口；④—通过电源元件进行供电；⑤—等电位连接电缆（可选）；
CHx—通道或 9 个通道状态（绿/红）；RUN—状态 LED 指示灯（绿色）；
ERROR—错误 LED 指示灯（红色）；PWR—电源 LED 指示灯（绿色）

表 2-9　　西门子 S7-1500PLC 模拟量输出模块类型和技术参数

订货号	6ES7532-5HD00-0AB0	6ES7532-5HF00-0AB0
简介	AQ 4xU/I ST	AQ 8xU/I HS
输出数量	4	8
解决方法	16 位（包含符号位）	16 位（包含符号位）
输出类型	电压、电流	电压、电流
通道间的电气隔离	—	—
额定电源电压（DC）	24V	24V
诊断错误中断	√	√
支持等时同步操作	—	√

模拟量输出模块的输出信号可以是电压信号，也可以为电流信号，根据输出信号的不同，接线方式也不同。模拟量输出模块的输出标号含义如下：

QV_n，电压输出通道；

QI_n，电流输出通道；

S_{n+}/S_{n-}，监听线路通道；

L+，连接电源电压；

M，接地连接；

M_{ANA}，模拟电路的参考电位。

1）电压输出的接线。电压输出的连接又分为两线制电压负载和四线制电压负载（对线路电阻有补偿），连接如图 2-19 所示。

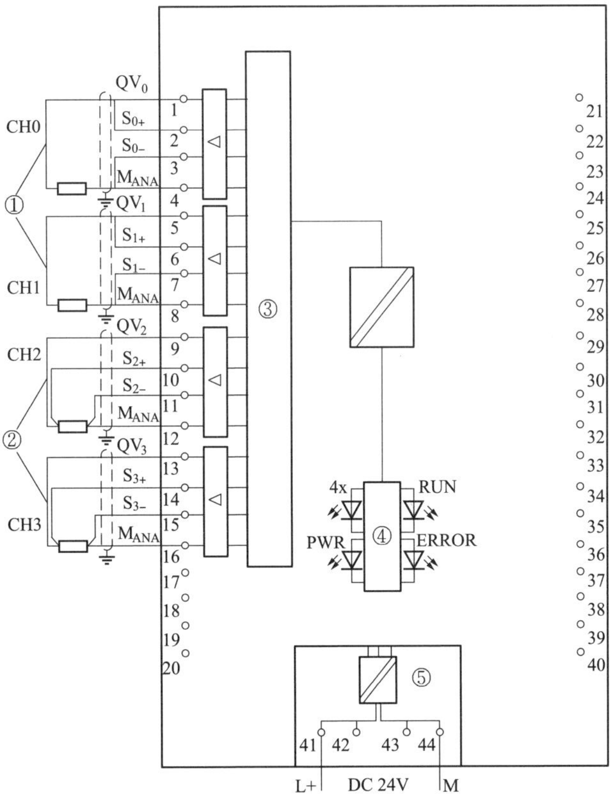

图 2-19　电压输出连接

①—2 线制连接（在前连接器中进行跳线）；②—4 线制连接；

③—数模转换器（DAC）；④—背板总线接口；⑤—电源模块的电源电压；

CHx—通道或 4 个通道状态（绿/红）；RUN—状态 LED 指示灯（绿色）；

ERROR—错误 LED 指示灯（红色）；PWR—电源 LED 指示灯（绿色）

两线制电压输出如 CH0 所示，把第 1 和第 4 号端子连接负载，第 1 和第 2 号端子需要短接，第 3 和第 4 号端子短接。

四线制连接如 CH2 所示，把第 9 和第 12 号端子接负载，第 10 和第 11 号端子同样连接到负载。连接负载的电缆会产生分压作用，这样加在负载两端的电压值可能不准确。使用通道中的 S＋、S－端子连接相同的电缆到负载侧，测量电缆实际的电阻值，并在输出端加以补偿，这样将保证输出的准确性。

2）电流输出的接线。电流输出连接如图 2-20 所示。例如 CH0，把第 1 和第 4 号端子连接负载。

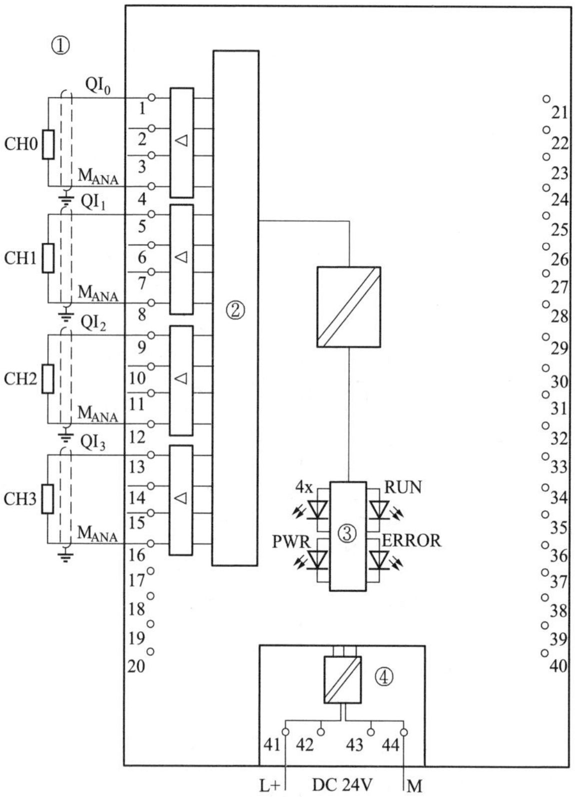

图 2-20　电流输出连接

①—电流输出的负载；②—数模转换器（DAC）；
③—背板总线接口；④—电源模块的电源电压；
CHx—通道或 4 个通道状态（绿/灯）；RUN—状态 LED 指示灯（绿色）；
ERROR—错误 LED 指示灯（红色）；PWR—电源 LED 指示灯（绿色）

4. 通信模块

西门子 S7-1500 PLC 系统通过通信模块可以使多个相对独立的站点连成网络并建立通信关系。每一个西门子 S7-1500 CPU 都集成 PN 接口，可以进行通信。另外还可以添加通信模块，进行点对点通信、PROFIBUS 通信和 PROFINET/ETHERNET 通信。

（1）点对点通信模块。点对点通信模块是串口模块，模块的类型以及支持的功能见表 2-10。

表 2-10　　西门子 S7-1500PLC 点对点通信模块类型及功能

订货号	6ES7540-1AD00-0AA0	6ES7540-1AB00-0AA0	6ES7541-1AD00-0AB0	6ES7541-1AB00-0AB0
简介	CM PtP RS232 BA	CM PtP RS422/485 BA	CM PtP RS232 HF	CM PtP RS422/485 HF
接口	RS-232	RS-422/485	RS-232	RS-422/485

续表

订货号	6ES7540-1AD00-0AA0	6ES7540-1AB00-0AA0	6ES7541-1AD00-0AB0	6ES7541-1AB00-0AB0
简介	CM PtP RS232 BA	CM PtP RS422/485 BA	CM PtP RS232 HF	CM PtP RS422/485 HF
数据传输速率	300～19200	300～19200	300～115200	300～115200
最大帧长度（bit/s）	1KB	1KB	4KB	4KB
诊断错误中断	√	√	√	√
硬件中断	—	—	—	—
支持等时同步操作	—	—	—	—
所支持的协议	Freeport 协议，3964（R）	Freeport 协议，3964（R）	Freeport 协议，3964（R），Modbus RTU 主站，Modbus RTU 从站	Freeport 协议，3964（R），Modbus RTU 主站，Modbus RTU 从站

（2）PROFIBUS 通信模块。PROFIBUS 通信模块的类型及功能见表 2-11。

表 2-11　PROFIBUS 通信模块类型及功能

订货号	6EGK542-5DX00-0XE0
简介	GM 1542-5
总线系统	PRQFIBUS
接口	RS485
数据传输速率	9600～12Mbit/s
功能和支持的协议	DPV1 主站/从站，S7 通信，PG/OP 通信，开放式用户通信
诊断错误中断	√
硬件中断	—
支持等时同步操作	—

（3）PROFINET/ETHERNET 通信模块。PROFINET/ETHERNET 通信模块类型及功能见表 2-12。

表 2-12　PROFINET/ETHERNET 通信模块类型及功能

订货号	6EGK543-1AX00-0XE0
简介	CP 1543-1
总线系统	PROFINET
接口	RJ45
数据传输速率	10/100/1000Mbit/s
功能和支持的协议	具有 SEND/RECEIVE 和 FETCH/WRITE 接口的 ISO 和 TCP/IP，UDP，TCP，带/不带 RFC 1006 的 S7 通信，IP 组播，Web 诊断，FDP 客户端/服务器，SNMP，DHCP，电子邮件
诊断错误中断	√
硬件中断	—
支持等时同步操作	—

5. 工艺模块

工艺模块（TM）通常实现单一、特殊的功能。使用 CPU 内部的计数器计数，计数的最高频率往往受到 CPU 扫描周期和输入信号转换延迟的影响。例如，CPU 的扫描周期为 50ms，那么变化时间低于 50ms 的信号有可能不能被 CPU 捕捉到。这样 CPU 内的计数器最高计数频率为 20Hz。有些应用中使用高速脉冲编码器测量速度值或位置值，这样，CPU 就不能直接进行计数，必须通过高速计数的工艺模块来实现。

目前工艺模块有高速计数器模块和基于时间的 I/O 模块两种，高速计数器模块的型号及功能见表 2-13。

表 2-13　　高速计数器模块的型号及功能

订货号	6ES7550-1AA0-0AB0	6ES7551-1AB00-0AB0
简介	TM Count 2×24V	TM PosInput 2
受支持的编码器	信号增量编码器，24V 非对称，带有/不带方向信号的脉冲编码器，向上/向下脉冲编码器	RS422 的信号增量编码器（5V 差分信号），带有/不带方向信号的脉冲编码器，向上/向下脉冲编码器，绝对值编码器（SSI）
最大计数频率	200kHz～800kHz，具有四倍频脉冲	1MHz～4MHz，具有四倍频脉冲
集成 DI	每个计数器通道 3 个 DI，用于启动，停止，捕获，同步	每个计数器通道 2 个 DI，用于启动，停止，捕获，同步
集成 DQ	2 个 DQ，用于比较器和限值	2 个 DQ，用于比较器和限值
计数功能	比较器，可调整的计数范围，增量式位置检测	比较器，可调整的计数范围，增量式和绝对式位置检测
测量功能	频率，周期，速度	频率，周期，速度
诊断错误中断	√	√
硬件中断	√	√
支持等时同步操作	√	√

许多控制系统的响应时间都需要相对的精确性和确定性。例如，按照工艺要求，将检测到的一个输入信号作为触发条件，要求经过 10ms 后触发输出。这个过程包括 CPU 程序处理时间、总线周期时间、I/O 模块的周期时间，以及传感器/执行器的内部周期时间等。由于各个周期时间的不确定性，很难保证响应时间的确定性。使用基于时间的 I/O 模块可以很好地解决这类问题。

使用 PROFINET IRT（等时同步）技术，可以将最多 8 个这样的模块进行时钟同步，各个站点接收到的时钟同步信号相差在 1μs 内。模块在检测到输入触发信号后开始计时，计时 20ms 后输出，由于 I/O 都具有定时功能，这样输出与各个循环周期无关，因此可提高控制精度。

三、位逻辑指令

S7-1200/1500 PLC 的位逻辑指令见表 2-14。

表 2-14　　位逻辑指令

指令	描述	指令	描述
—| |—	动合触点	RS	复位/置位触发器
—|/|—	动断触点	SR	置位/复位触发器
—| NOT |—	取反 RLO	—|P|—	扫描线性数的信号上升沿
—( )—	线圈	—|N|—	扫描线性数的信号下降沿
—(/)—	取反线圈	—[P]—	在信号上升沿置位操作数
—(S)—	置位输出	—[N]—	在信号下降沿置位操作数
—(R)—	复位输出	P _ TRIG	扫描 RLO 的信号上升沿
—(SET_BF)—	置位位域	N _ TRIG	扫描 RLO 的信号下降沿
—(RESET_BF)—	复位位域	R _ TRIG	检测信号上升沿
		F _ TRIG	检测信号下降沿

1. 动合触点、触闭触点指令

动合触点、触闭触点指令说明见表 2-15。

表 2-15　　动合触点、触闭触点指令说明

LAD	说　明
"IN" —| |— "IN" —|/|—	动合触点和动断触点； 可将触点相互连接并创建用户用自己的组合逻辑。 如果用户指定的输入位使用存储器标识符 I（输入）或 Q（输出），则从过程映像寄存器中读取位值。 控制过程中的物理触点信号会连接到 PLC 上的 I 端子。CPU 扫描已连接的输入信号并持续更新过程映像输入寄存器中的相应状态值。 通过在 I 偏移量后追加"：P"，可执行立即读取物理输入（例如："%I3.4：P"）。 对于立即读取，直接从物理输入读取位数据值，而非从过程映像中读取。立即读取不会更新过程映像

指令参数 IN 的数据类型为 Bool 型变量。在变量值为 1 时，动合触点将闭合（ON），动断触点将断开（OFF）。在变量值为 0 时，动合触点将断开（OFF），动断触点将闭合（ON）。

如图 2-21 所示，若 I0.0 的外部电路信号为 OFF，则 Q0.0 驱动为 OFF。若 I0.0 的外部电路信号为 ON，则 Q0.0 驱动为 ON。若 I0.1 的外部电路信号为 OFF，则 Q0.1 驱动为 ON。若 I0.0 的外部电路信号为 ON，则 Q0.1 驱动为 OFF。

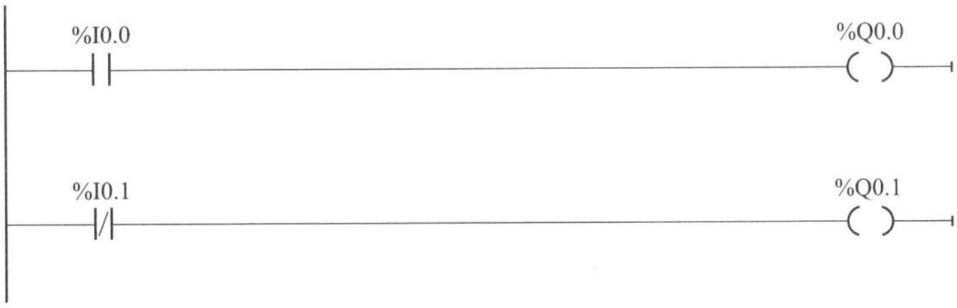

图 2-21　程序举例

2. 逻辑取反指令

逻辑取反指令说明见表 2-16。

表 2-16　　逻辑取反指令说明

LAD	说　明
—|NOT|—	对于 FBD 编程，可从“收藏夹”（Favorites） 工具栏或指令树中拖动“取反逻辑运算结果”（Invert RLO） 工具，然后将其放置在输入或输出端以在该功能框连接器上创建逻辑反相器。 LAD NOT 触点取反能流输入的逻辑状态。 • 如果没有能流流入 NOT 触点，则会有能流流出。 • 如果有能流流入 NOT 触点，则没有能流流出

如图 2-22 所示，若 I0.0 的外部电路信号为 OFF，则 Q0.0 驱动为 ON。若 I0.0 的外部电路信号为 ON，则 Q0.0 驱动为 OFF。

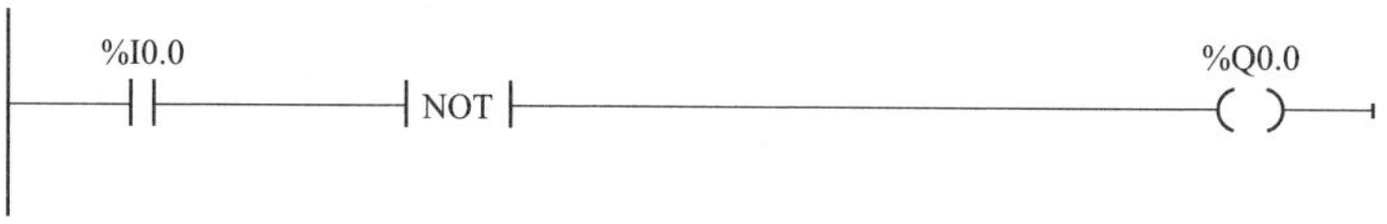

图 2-22　程序举例

3. 线圈输出指令

线圈输出指令用于控制 bool 型变量的值（数字量输入除外）。如果用户指定的输出位使用存储器标识符 Q，则 CPU 接通或断开过程映像寄存器中的输出位，同时将指定的位设置为等于能流状态。控制执行器的输出信号连接到 CPU 的输出端子。

在 RUN 模式下，CPU 系统将连续扫描输入信号，并根据程序逻辑处理输入状态，然后通过在过程映像输出寄存器中设置新的输出状态值进行响应。CPU 系统会将存储在过程映像寄存器中的新的输出状态响应传送到已连接的输出端子。

线圈输出指令说明见表 2-17。

表 2-17　　线圈输出赋值和赋值取反指令

LAD	说　明
“OUT” —( )—	在 FBD 编程中，LAD 线圈变为分配（=和/=）功能框，可在其中为功能框输出指定位地址。 功能框输入和输出可连接到其他功能框逻辑，用户也可以输入位地址。 通过在 Q 偏移量后加上“：P”，可指定立即写入物理输出（例如：“%Q3.4：P”）。 对于立即写入，将位数据值写入过程映像输出并直接写入物理输出
“OUT” —(/)—	

注　变量 OUT 为 Bool 型变量。

如图 2-23 所示，若 I0.0 的外部电路信号为 OFF，则 Q0.0 驱动为 OFF。若 I0.0 的外部

图 2-23　程序举例

电路信号为 ON，则 Q0.0 驱动为 ON。若 I0.1 的外部电路信号为 OFF，则 Q0.1 驱动为 ON。若 I0.1 的外部电路信号为 ON，则 Q0.0 驱动为 OFF。

4. 置位和复位指令

置位和复位指令包括 1 位和位域的操作指令，以及置位和复位同时使用的 RS 或 SR 触发器指令。

（1）置位和复位（1 位）指令。置位和复位（1 位）指令的使用说明见表 2-18。

表 2-18　　置位和复位指令

LAD	说　明
“OUT” —(S)—	置位输出：S（置位）激活时，OUT 地址处的数据值设置为 1。S 未激活时，OUT 不变
“OUT” —(R)—	复位输出：R（复位）激活时，OUT 地址处的数据值设置为 0。R 未激活时，OUT 不变

注　变量 OUT 的数据类型为 Bool 型的位变量。

图 2-24 所示程序中，当 I0.0 的外部电路信号为 ON 时，则 Q0.0 置位为 ON，若 I0.0 的外部电路信号变为 OFF 时，Q0.0 继续保持为 ON。当 I0.1 的外部电路信号为 ON 时，则 Q0.0 复位为 OFF，当 I0.1 的外部电路信号为 OFF 时，则 Q0.0 继续保持为 OFF。

注　当 I0.0 和 I0.1 同时为 ON 时，由于 R 指令在 S 指令之后，Q0.0 的输出状态为 OFF。

图 2-24　程序举例

（2）置位和复位位域指令。置位和复位位域指令的使用说明见表 2-19。

表 2-19　　置位和复位位域指令

LAD	说　明
“OUT” —(SET_BF)—| “n”	置位位域：SET _ BF 激活时，为从寻址变量 OUT 处开始的“n”位分配数据值 1，SET _ BF 未激活时，OUT 不变
“OUT” —(RESET_BF)—| “n”	复位位域：RESET _ BF 为从寻址变量 OUT 处开始的“n”位写入数据值 0，RESET _ BF 未激活时，OUT 不变

置位和复位位域指令中各参数的数据类型及说明见表 2-20。

表 2-20　　数据类型

参数	数据类型	说　　明
OUT	Bool	要置位或复位的位域的起始元素（例如：#MyArray［3］）
n	常数（UInt）	要写入的位数

图 2-25 所示程序中，当 I0.0 的外部电路信号为 ON 时，则 Q0.0～Q0.3 共 4 个元件置位为 ON，若 I0.0 的外部电路信号变为 OFF 时，Q0.0～Q0.3 继续保持为 ON。当 I0.1 的外部电路信号为 ON 时，则 Q0.0～Q0.3 复位为 OFF，当 I0.1 的外部电路信号为 OFF 时，则 Q0.0～Q0.3 继续保持为 OFF。

注　当 I0.0 和 I0.1 同时为 ON 时，由于 RESET BF 指令在 SET BF 指令之后，Q0.0～Q0.3 的输出状态为 OFF。

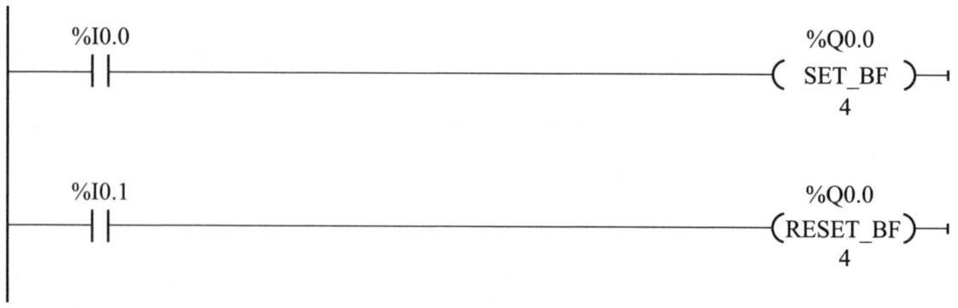

图 2-25　程序举例

（3）置位优先（RS）和复位优先（SR）触发器指令。置位优先（RS）和复位优先（SR）触发器指令的使用说明见表 2-21。

表 2-21　　RS 和 SR 指令

LAD/FBD	说　　明
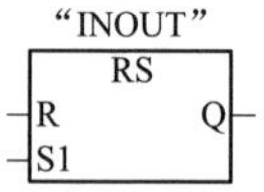	复位/置位触发器；RS 是置位优先锁存，其中置位优先。如果置位（S1）和复位（R）信号都为真，则地址 INOUT 的值将为 1
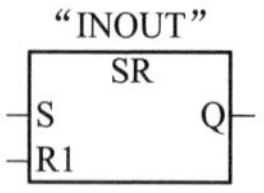	置位/复位触发器；SR 是复位优先锁存，其中复位优先。如果置位（S）和复位（R1）信号都为真，则地址 INOUT 的值将为 0

RS 和 SR 指令中各参数的数据类型及说明见表 2-22。

表 2-22　　参数数据类型

参数	数据类型	说　　明
S，S1	Bool	置位输入；1 表示优先
R，R1	Bool	复位输入；1 表示优先
INOUT	Bool	分配的位变量“INOUT”
Q	Bool	遵循“INOUT”位的状态

“INOUT”变量分配要置位或复位的位地址。可选输出 Q 遵循“INOUT”地址的信号状态。变量“INOUT”的输出状态见表 2-23。

表 2-23　　　　变量“INOUT”的输出状态

指令	S1	R	“INOUT”位
RS	0	0	先前状态
	0	1	0
	1	0	1
	1	1	1

指令	S1	R	“INOUT”位
SR	S	R1	
	0	0	先前状态
	0	1	0
	1	0	1
	1	1	0

图 2-26 所示程序中，I0.0 动作使 Q0.0 置位为 ON，I0.1 动作使 Q0.0 复位为 OFF。当 I0.0 和 I0.1 同时动作时，Q0.0 复位为 OFF。I0.2 动作使 Q0.0 复位为 OFF，I0.3 动作使 Q0.1 置位为 ON。当 I0.2 和 I0.3 同时动作时，Q0.1 置位为 ON。

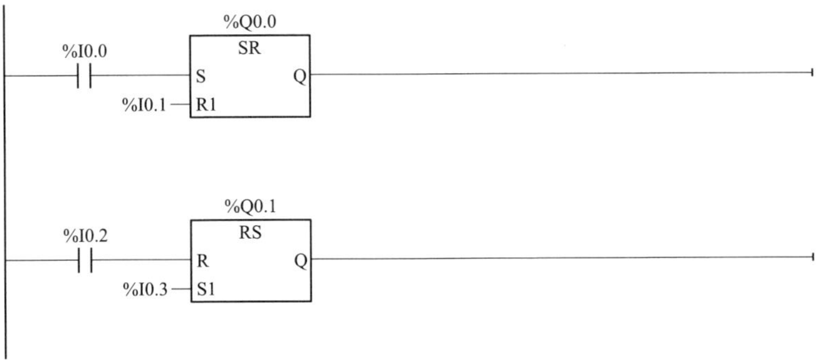

图 2-26　程序举例

图 2-27 所示为一个传送带，在传送带的起点有两个按钮：用于启动的 S1 和用于停止的 S2。在传送带的尾端也有两个按钮：用于启动的 S3 和用于停止的 S4。要求能从任一端启动或停止传送带。另外，当传送带上的物件到达末端时，传感器 S5 使传送带停止。

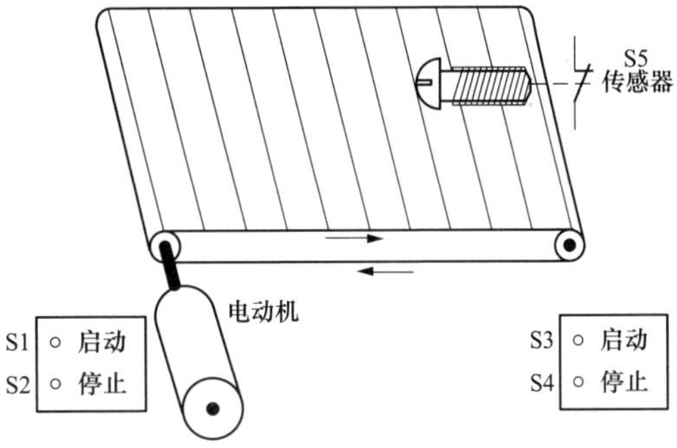

图 2-27　传送带示意图

PLC 的 I/O 分配见表 2-24。

编写 PLC 主程序如图 2-28 所示。

5. 上升沿和下降沿指令

(1) 上升沿和下降沿跳变检测指令。上升沿和下降沿跳变检测指令的使用说明见表 2-25。

表 2-24　　　　I/O 分配

编程元件	元件地址	符号	传感器/执行器	说明
数字量输入	I0.0	S1	常开按钮	启动按钮
	I0.1	S2	常开按钮	停止按钮
	I0.2	S3	常开按钮	启动按钮
	I0.3	S4	常开按钮	停止按钮
	I0.4	S5	机械式位置传感器，常闭	传感器
数字量输出	Q0.0	Motor	接触器	传送带电动机启停控制

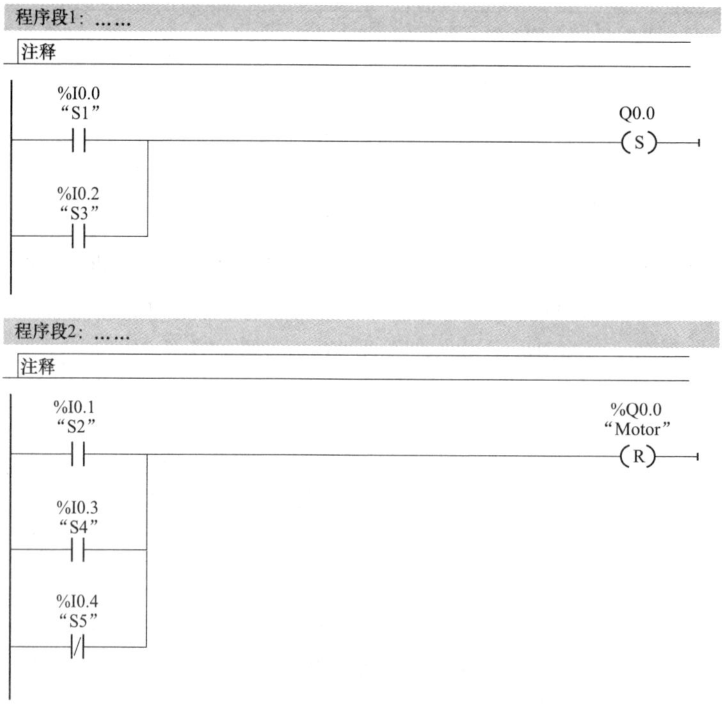

图 2-28　传送带控制程序

表 2-25　　上升沿和下降沿跳变检测指令

LAD	说　明
"IN" —|P|— "M_BIT"	扫描操作数的信号上升沿。 LAD：在分配的"IN"位上检测到正跳变（断到通）时，该触点的状态为 TRUE。 该触点逻辑状态随后与能流输入状态组合以设置能流输出状态。P 触点可以放置在程序段中除分支结尾外的任何位置
"IN" —|N|— "M_BIT"	扫描操作数的信号下降沿。 LAD：在分配的输入位上检测到负跳变（开到关）时，该触点的状态为 TRUE。 该触点逻辑状态随后与能流输入状态组合以设置能流输出状态。N 触点可以放置在程序段中除分支结尾外的任何位置
"OUT" —(P)— "M_BIT"	在信号上升沿置位操作数。 LAD：在进入线圈的能流中检测到正跳变（关到开）时，分配的位"OUT"为 TRUE。 能流输入状态总是通过线圈后变为能流输出状态。 线圈可以放置在程序段中的任何位置
"OUT" —(N)— "M_BIT"	在信号下降沿置位操作数。 LAD：在进入线圈的能流中检测到负跳变（开到关）时，分配的位"OUT"为 TRUE。 能流输入状态总是通过线圈后变为能流输出状态。 线圈可以放置在程序段中的任何位置

以上 4 条上升沿和下降沿跳变检测指令中用到的各参数数据类型见表 2-26。

表 2-26　　参数数据类型

参数	数据类型	说　　明
M _ BIT	Bool	保存输入的前一个状态的存储器位
IN	Bool	检测其跳变沿的输入位
OUT	Bool	指示检测到跳变沿的输出位

图 2-29 所示程序中，当 I0.0 产生一个上升沿脉冲（即由 0 状态变为 1 状态）时，Q0.0

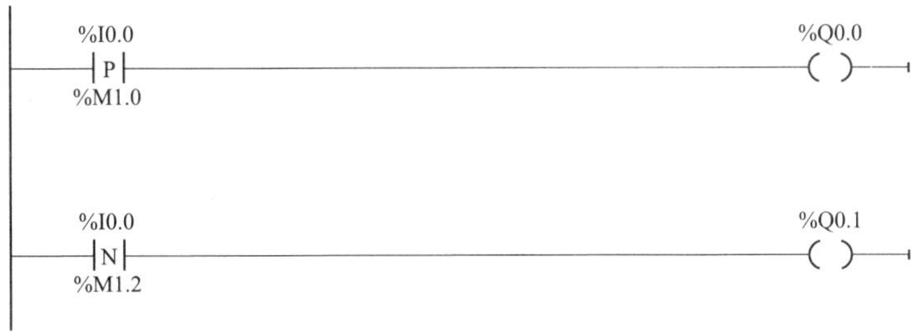

图 2-29　程序举例

就接通一个扫描周期的时间。当 I0.0 产生一个下降沿脉冲（即由 1 状态变为 0 状态）时，Q0.1 就接通一个扫描周期的时间。该程序的工作时序如图 2-30 所示。

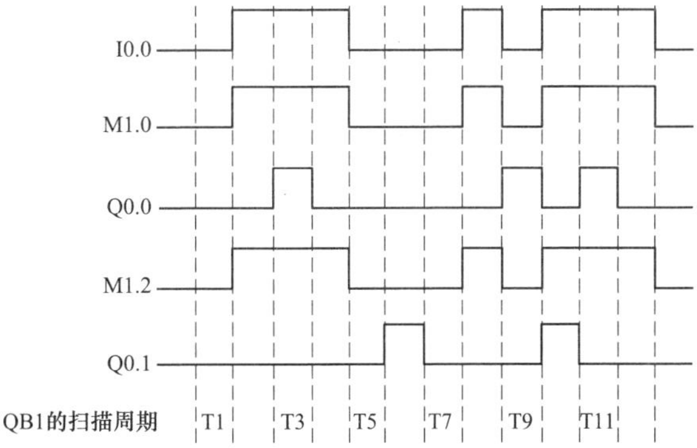

图 2-30　程序的工作时序

图 2-31 所示程序是用信号边沿置位操作数指令的应用，该程序的功能与图 2-29 程序功能相同。

（2）P _ TRIG 和 N _ TRIG 指令。P _ TRIG 和 N _ TRIG 是扫描 RLO 的信号边沿指令，指令的使用说明见表 2-27。

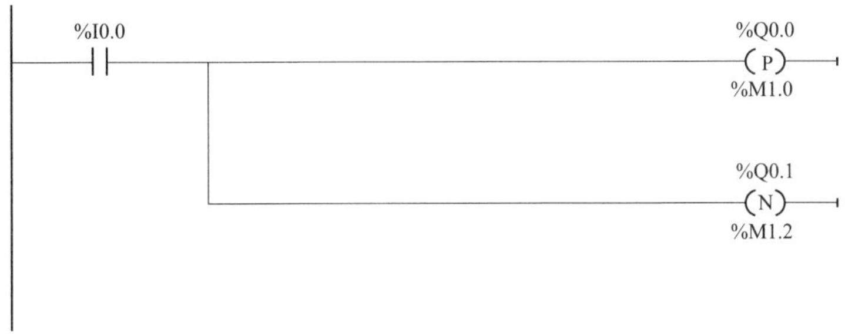

图 2-31　程序举例

P _ TRIG 和 N _ TRIG 指令中参数的数据类型见表 2-28。

表 2-27　P _ TRIG 和 N _ TRIG 指令

LAD/FBD	说　明
P_TRIG CLK　Q "M_BIT"	扫描 RLO（逻辑运算结果）的信号上升沿。 在 CLK 输入状态（FBD）或 CLK 能流输入（LAD）。 中检测到正跳变（断到通）时，Q 输出能流或逻辑状态为 TRUE。 在 LAD 中，P _ TRIG 指令不能放置在程序段的开头或结尾。 在 FBD 中，P _ TRIG 指令可以放置在除分支结尾外的任何位置
N_TRIG CLK　Q "M_BIT"	扫描 RLO 的信号下降沿。 在 CLK 输入状态（FBD）或 CLK 能流输入（LAD）。 中检测到负跳变（通到断）时，Q 输出能流或逻辑状态为 TRUE。 在 LAD 中，N _ TRIG 指令不能放置在程序段的开头或结尾。 在 FBD 中，N _ TRIG 指令可以放置在除分支结尾外的任何位置

表 2-28　参数数据类型

参数	数据类型	说　明
M _ BIT	Bool	保存输入的前一个状态的存储器位
CLK	Bool	检测其跳变沿的能流或输入位
Q	Bool	指示检测到沿的输出

图 2-32 所示程序中，当 I0.0 产生一个上升沿脉冲时，P _ TRIG 指令的 Q 端输出脉冲宽度为一个扫描周期的能流，Q0.0 接通一个扫描周期的时间。当 I0.0 产生一个下降沿脉冲时，N _ TRIG 指令的 Q 端输出脉冲宽度为一个扫描周期的能流，Q0.1 接通一个扫描周期的时间。

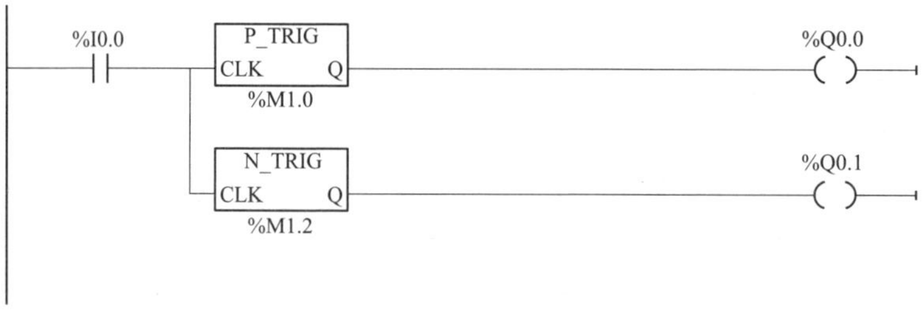

图 2-32　程序举例

（3）R _ TRIG 和 F _ TRIG 指令。R _ TRIG 是检测信号上升沿指令，F _ TRIG 是检测信号下降沿指令。它们是函数块，在调用时应为它们指定背景数据块。它们的使用说明见表 2-29。这两条指令将输入 CLK 的当前状态与背景数据块中的边沿存储位保存的上一个扫描周期的 CLK 的状态进行比较，如果指令检测到 CLK 的上升沿或下降沿，将会通过 Q 端输出一个扫描周期的脉冲。指令的参数数据类型如表 2-30 所示。

在程序中插入 R _ TRIG 和 F _ TRIG 指令时，将自动打开“调用选项”（Call options）对话框。在此对话框中，分配一个背景数据块。如果创建了一个单独的数据块，则可以在项目树中项目文件夹的“程序块→系统块”下找到。

表 2-29　　R _ TRIG 和 F _ TRIG 指令

LAD/FBD	说　明
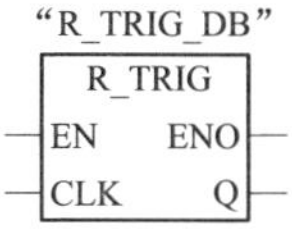	在信号上升沿置位变量。 分配的背景数据块用于存储 CLK 输入的前一状态。在 CLK 输入状态（FBD）或 CLK 能流输入（LAD），中检测到正跳变（断到通）时，Q 输出能流或逻辑状态为 TRUE。 在 LAD 中，R _ TRIG 指令不能放置在程序段的开头或结尾。 在 FBD 中，R _ TRIG 指令可以放置在除分支结尾外的任何位置
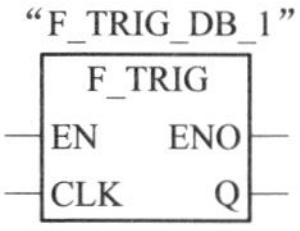	在信号下降沿置位变量。 分配的背景数据块用于存储 CLK 输入的前一状态。在 CLK 输入状态（FBD）或 CLK 能流输入（LAD），中检测到负跳变（通到断）时，Q 输出能流或逻辑状态为 TRUE。 在 LAD 中，F _ TRIG 指令不能放置在程序段的开头或结尾。 在 FBD 中，F _ TRIG 指令可以放置在除分支结尾外的任何位置

表 2-30　　参数数据类型

参数	数据类型	说　明
CLK	Bool	检测其跳变沿的能流或输入位
Q	Bool	指示检测到沿的输出

图 2-33 所示程序中，当 I0. 0 产生一个上升沿脉冲时，R _ TRIG 指令的 Q 端输出脉冲宽度为一个扫描周期信号，Q0. 0 接通一个扫描周期的时间。当 I0. 0 产生一个下降沿脉冲时，F _ TRIG 指令的 Q 端输出脉冲宽度为一个扫描周期的信号，Q0. 1 接通一个扫描周期的时间。

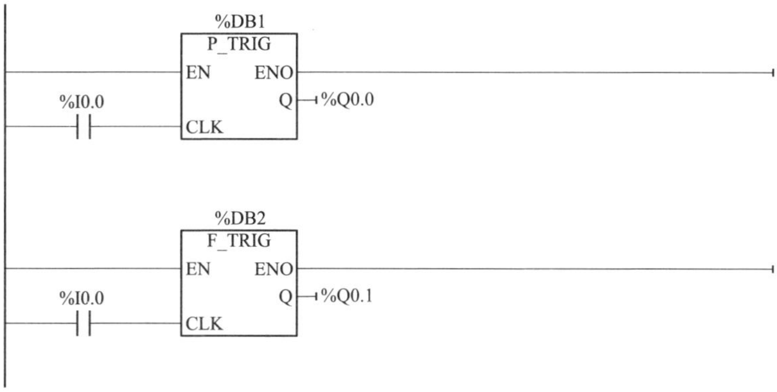

图 2-33　程序举例

注意：所有的边沿指令都采用存储位（M _ BIT：P/N 触点/线圈指令，P _ TRIG/N _ TRIG 指令）或（背景数据块位：R _ TRIG，F _ TRIG 指令）保存被监控输入信号的先前状态。通过将输入的状态与前一状态进行比较来检测上升沿或下降沿。如果状态指示在关注的方向上有输入变化，则会在输出写入 TRUE 来输出脉冲。

项目任务

用 S7-1500 PLC 编程实现单键启停控制。PLC 的输入点 I0. 0 外接一个按钮，输出点

Q0.0 外接一个指示灯。当第一次按下按钮时，指示灯亮，第二次按下按钮时，指示灯灭。如此反复。

项目分析

新建 Portal 项目，对 S7-1500 PLC 硬件组态，然后在 OB1 中编写程序，如图 2-34 所示。

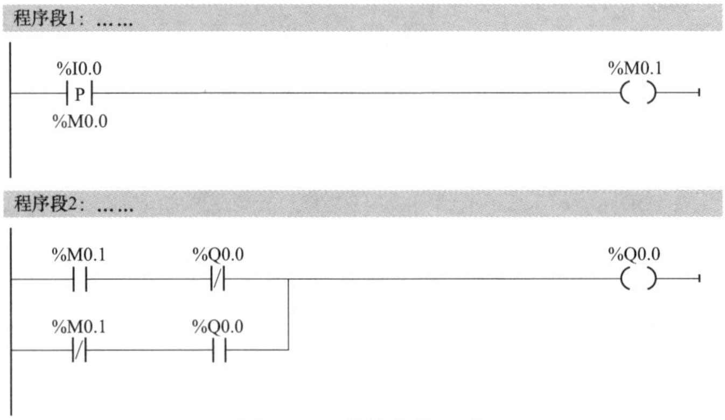

图 2-34　单键启停程序

分析该程序的执行过程，需要先理解 PLC 的扫描工作原理。PLC 的扫描工作分为以下三步：

（1）输入刷新。PLC 把输入继电器 I 的状态读入到输入映象寄存器中保存。

（2）程序扫描执行。PLC 扫描执行 OB1 主程序（或其他 OB），扫描执行过程中，输入继电器 I 的状态从输入映象寄存器中读出，输出继电器 Q 的程序执行结果存入输出映象寄存器。

（3）输出刷新。PLC 把输出映象寄存器中 Q 点的状态从物理上对外输出，控制外部实际的负载。

结合以上 PLC 的扫描工作原理，单键启停程序实现的功能是：第 1 次按下按钮，灯亮；第 2 次按下按钮，灯灭。常用此类程序来实现负载的一键启停功能。程序执行过程分析如下：

（1）当第一次按下按钮，I0.0 产生上升沿脉冲输出 M0.1，在第一个周期内程序段 2 各元件的状态如图 2-35 所示，此时可使用 Q0.0 线圈驱动为 ON。第二个周期及之后，程序段 2 的各元件状态如图 2-36 所示，可保持 Q0.0 线圈驱动为 ON。

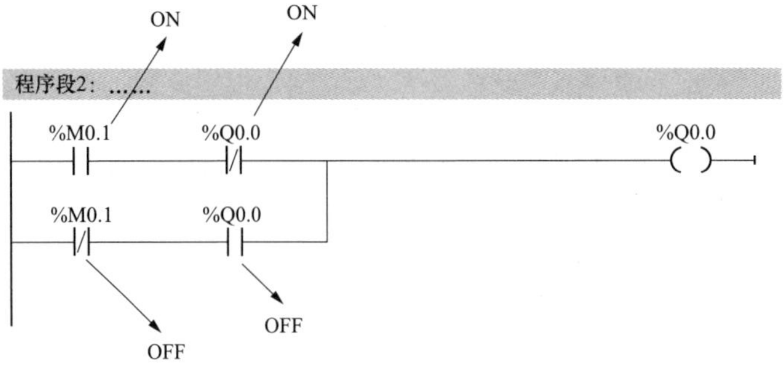

图 2-35　第一次操作按钮工作状态（第一个周期）

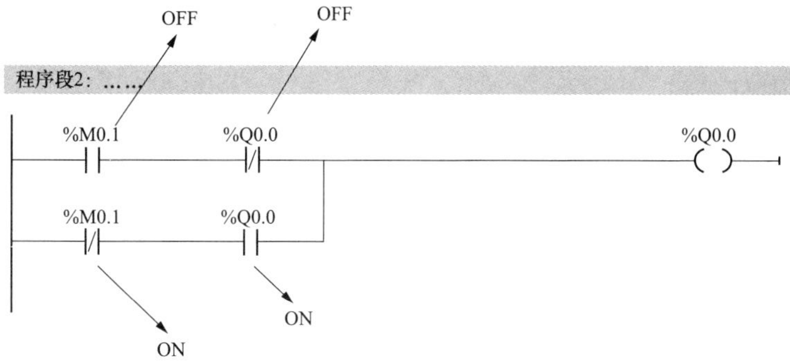

图 2-36　第一次操作按钮工作状态（第二个周期）

（2）当第 2 次按下按钮，I0.0 产生上升沿脉冲输出 M0.1，在第一个周期内程序段 2 各元件的状态如图 2-37 所示，此时 Q0.0 线圈断开为 OFF。到第二个周期及之后，程序段 2 的各元件状态如图 3-38 所示，可保持 Q0.0 线圈为 OFF。

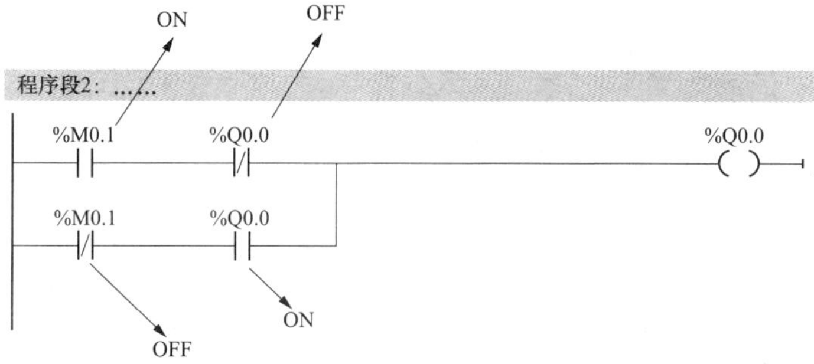

图 2-37　第二次操作按钮工作状态（第一个周期）

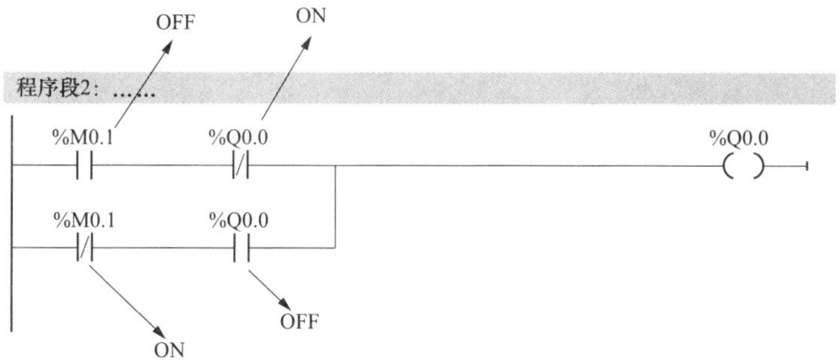

图 2-38　第二次操作按钮工作状态（第二个周期）

项目编程与调试

首先给编程电脑设置 IP 地址和子网掩码（参考项目 1），然后新建 Portal 项目，对 S7-1500 PLC 进行硬件组态，在 OB1 主程序中编写如图 2-34 所示程序，最后进行下载与运行监视。

一、1500 PLC 硬件组态

打开 Portal 软件，新建项目如图 2-39 所示。

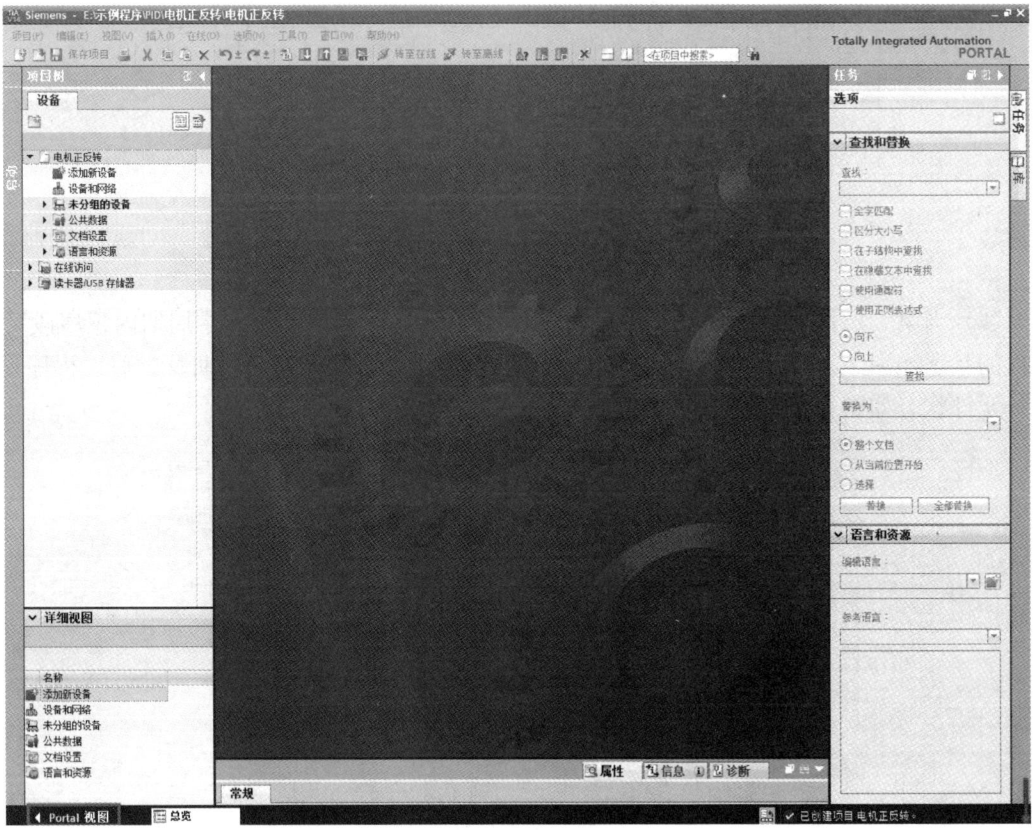

图 2-39 新建项目

1. 自动获取 PLC 模块信息

首先保证 PLC 上电，并且与计算机已进行网络连接。

在项目视图中，双击项目树下的“添加新设备”并选择添加新设备类型为“控制器”，输入设备名称，CPU 选择为“非指定的 CPU1500”订货号，如图 2-40 所示，然后单击“确定”按钮，添加的新设备视图如图 2-41 所示。

在图 2-41 的设备视图中，单击链接“获取”，进入“PLC _ 1 的硬件检测”界面，如图 2-42 所示。

进入 PLC _ 1 的硬件检测界面后，单击“开始搜索”按钮，软件就会自动搜索网络中已连接的 S7-1500 PLC，并显示在列表中。图 2-42 所示已找到一个设备名为 plc _ 1. profinet 接口 _ 1 的设备，选中该设备，并单击“检测”按钮。成功获取后的设备视图如图 2-43 所示，该 PLC 包括 1 个 CPU 和 4 个模块。

2. 离线组态 PLC 模块

双击项目树下的“添加新设备”，并选择添加新设备类型为“控制器”，输入设备名称，CPU 选择为“CPU1516-3PN/DP”，订货号：6ES7 516-3AN01-0AB0，并选择版本号，如图

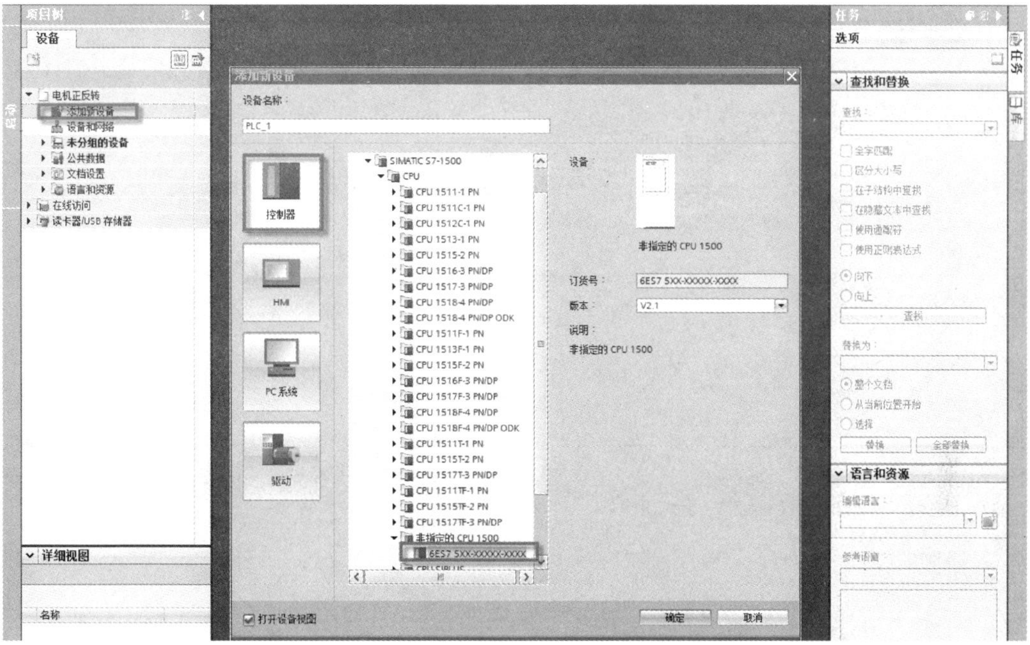

图 2-40　添加新设备

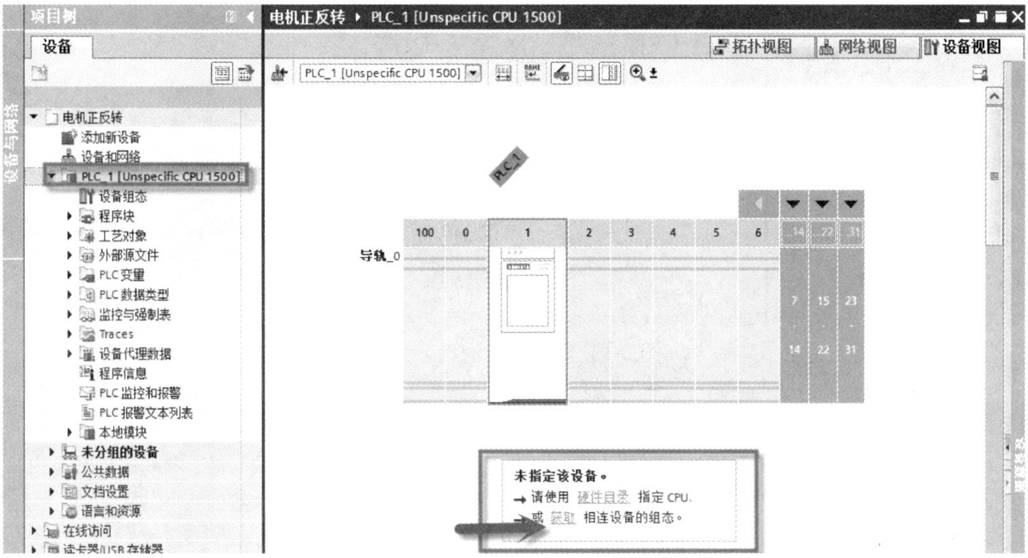

图 2-41　新设备视图

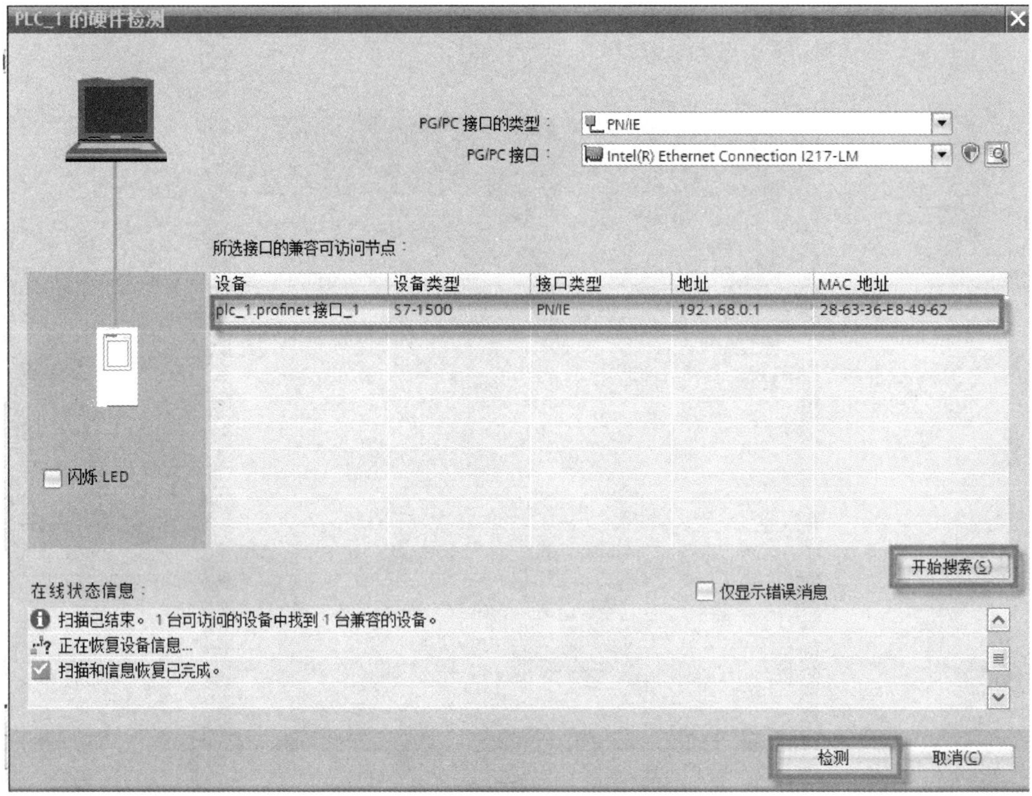

图 2-42　PLC _ 1 的硬件检测

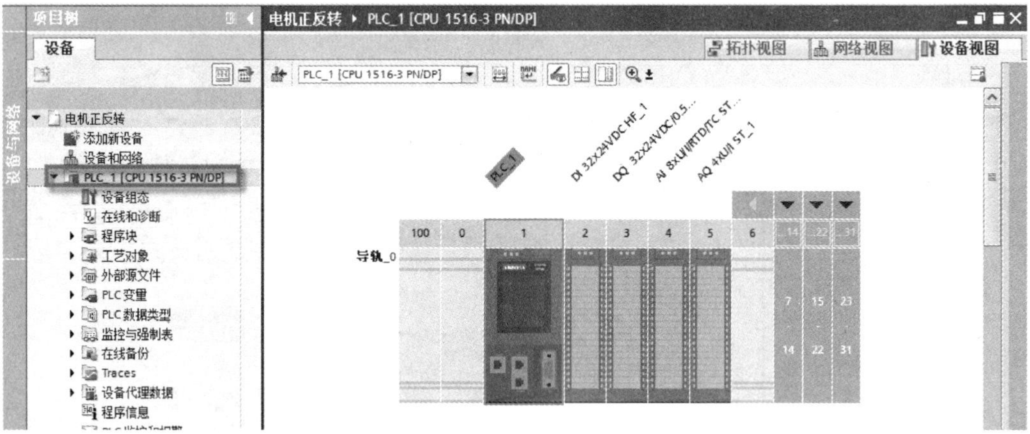

图 2-43　PLC _ 1 的设备视图

2-44 所示，然后单击“确定”按钮，添加的新设备视图如图 2-45 所示。

在 PLC 导轨 0 号槽位添加电源模块，如图 2-46 所示，注意模块的订货号与实际的电源模块一致。

在 PLC 导轨 2 号槽位添加 DI 模块，如图 2-47 所示，注意模块的订货号与实际的电源模块一致，并选择模块的版本号。

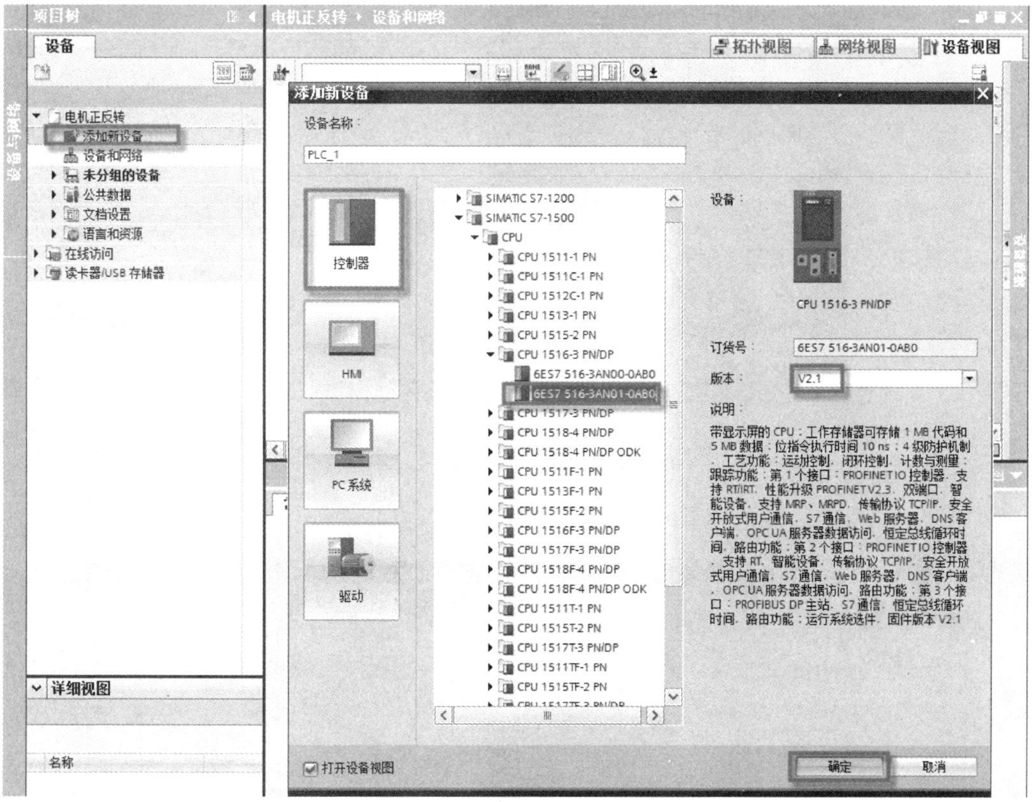

图 2-44　添加 PLC _ 1 设备

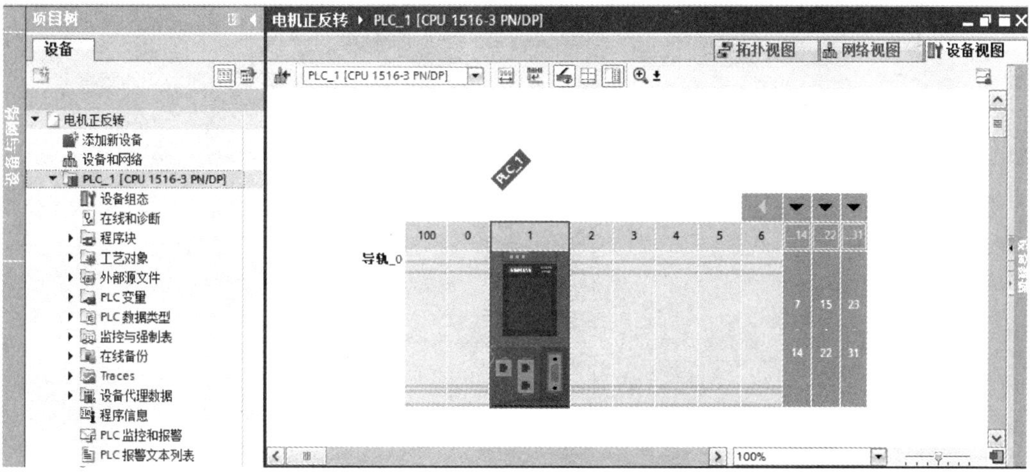

图 2-45　PLC _ 1 的新设备视图

注意：模块版本号在实际的硬件模块上无标志，在未知的情况下，可先按软件自动配置。项目下载后，当配置与实际不同时，PLC 会报错。此时可通过诊断功能查看模块的版本号，再进行修改。后续的 DO、AI 和 AO 模块类同。

在 PLC 导轨 3 号槽位添加 DO 模块，如图 2-48 所示，注意模块的订货号与实际的模块

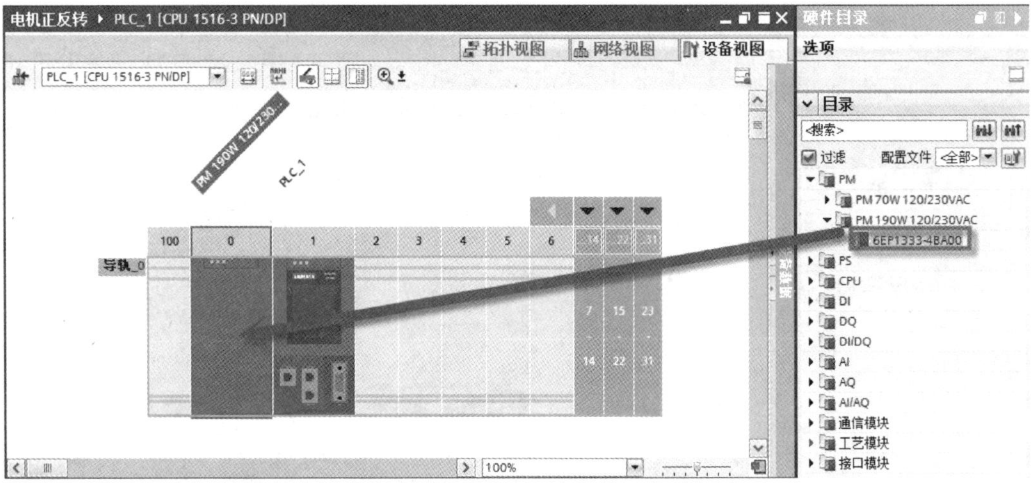

图 2-46　插入电源模块

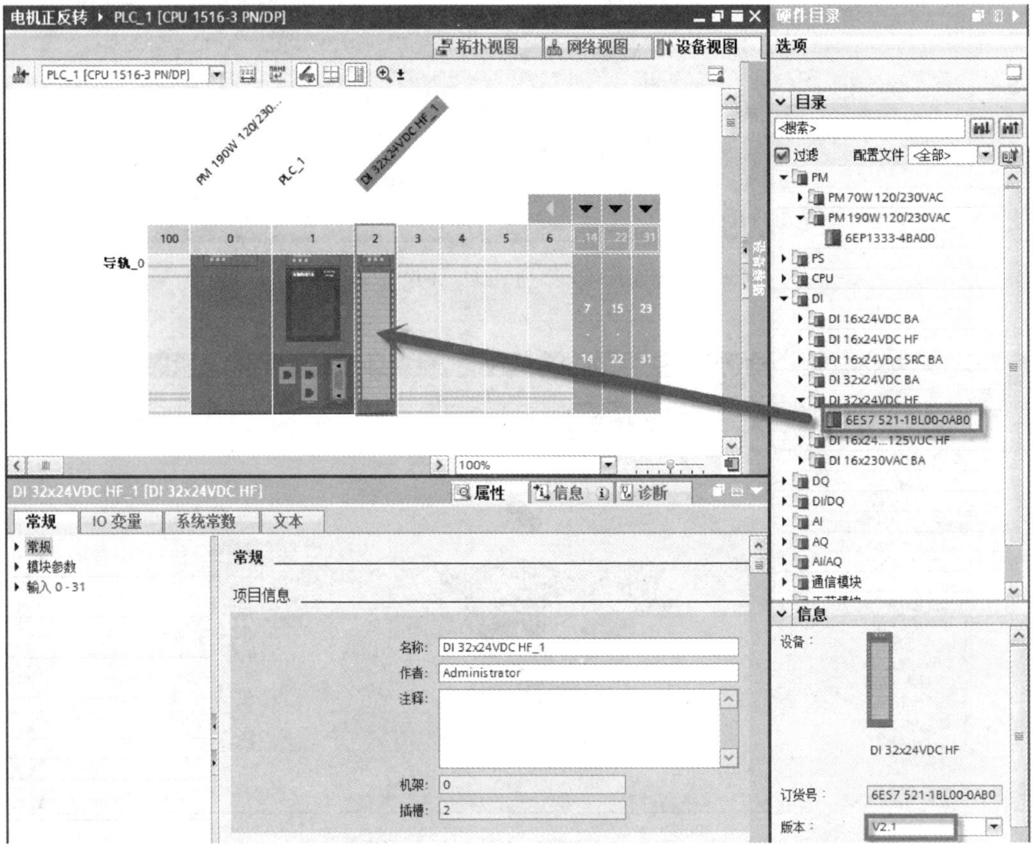

图 2-47　插入 DI 模块

一致，并选择模块的版本号。

在 PLC 导轨 4 号槽位添加 AI 模块，如图 2-49 所示，注意模块的订货号与实际的模块一致，并选择模块的版本号。

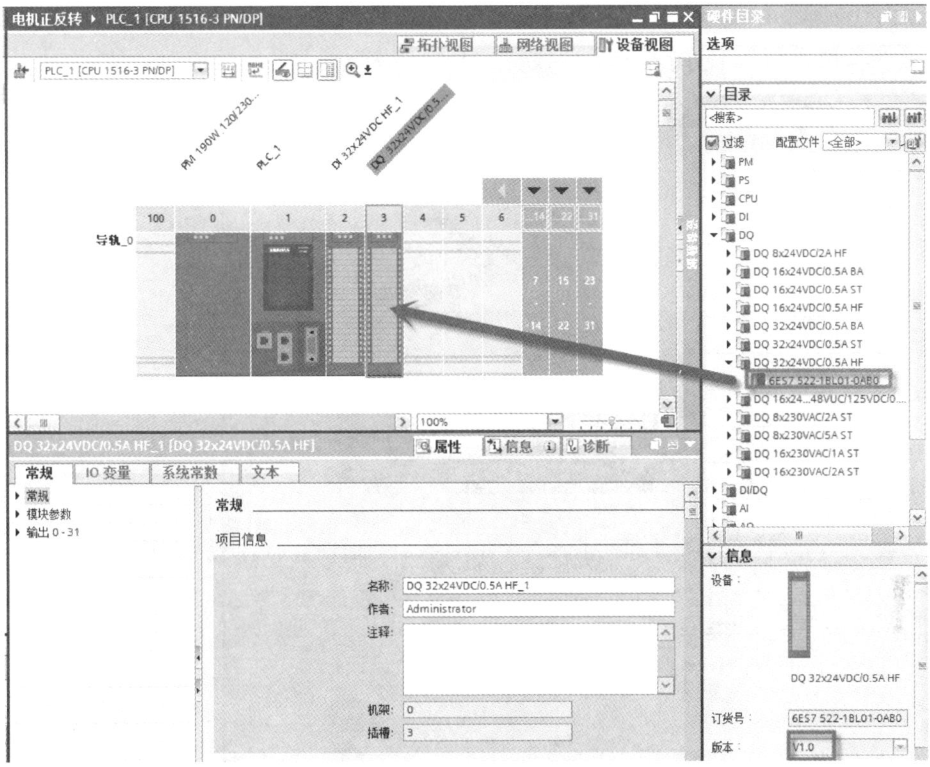

图 2-48　插入 DO 模块

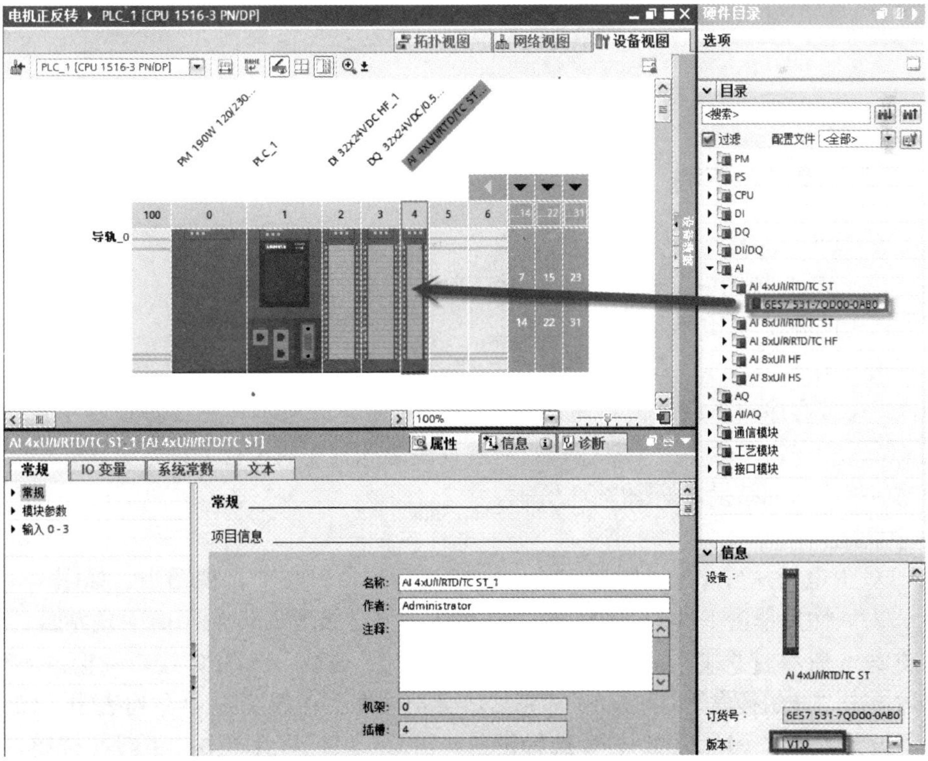

图 2-49　插入 AI 模块

在 PLC 导轨 5 号槽位添加 AO 模块，如图 2-50 所示，注意模块的订货号与实际的模块一致，并选择模块的版本号。

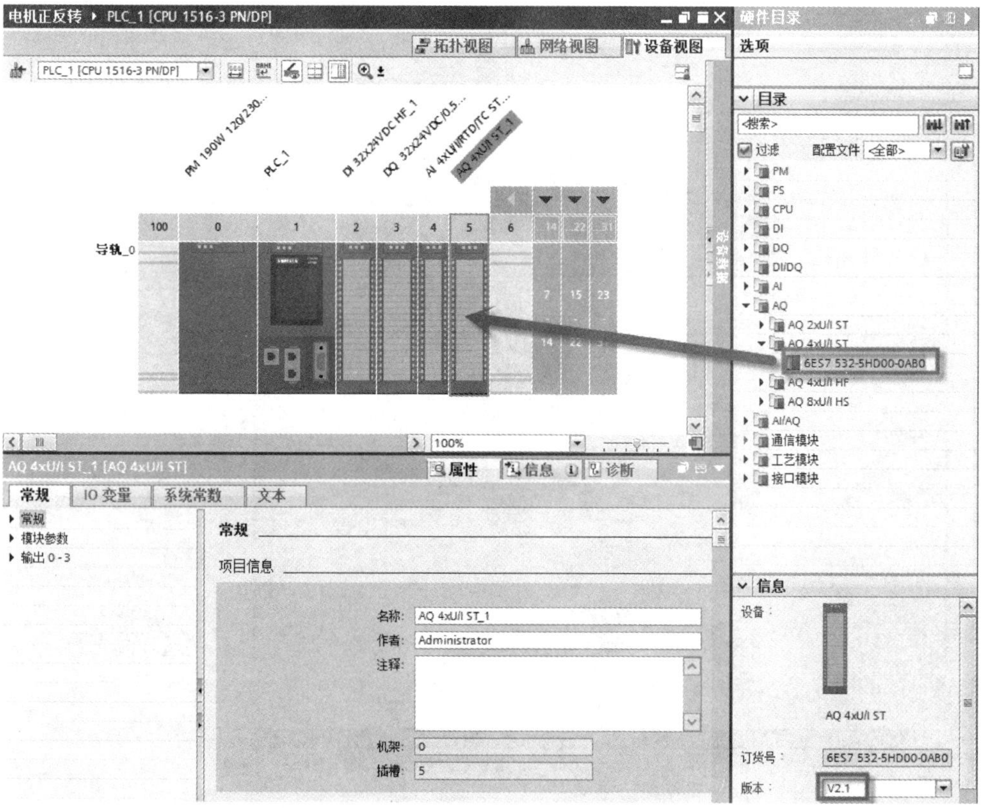

图 2-50 插入 AO 模块

二、硬件编译与下载

1. 设置 CPU 的 IP 地址

在 CPU 的项目视图中，如图 2-51 所示，单击 CPU 模块的 X1 接口，在下面的属性窗口中，添加新子网并设置 IP 地址。

2. 硬件编译

硬件组态或程序块下载之前，先进行编译。如图 2-52 所示，在设备视图中选择 CPU，然后在工具栏中单击“编译”工具按钮，对硬件组态和程序块进行编译，编译完后会在信息窗口中输出编译后的结果，如图 2-53 所示。

3. 下载

把 PLC 上电，并与计算机网络连接，才可进行下载。在项目视图中，如图 2-54 所示，先选中 CPU，然后单击工具栏中的下载工具按钮，弹出如图 2-55 所示的下载界面。

在图 2-55 所示的下载界面中，设置 PG/PC 接口的类型、PG/PC 接口及接口/子网的连接。然后单击“开始搜索”按钮，搜索完后，会把搜索到的设备显示在列表中，图 2-55 中搜索到了设备“PLC_1”。在列表中选择设备“PLC_1”，然后单击“下载”按钮，就可开始下载操作，接着按下载向导操作即可。

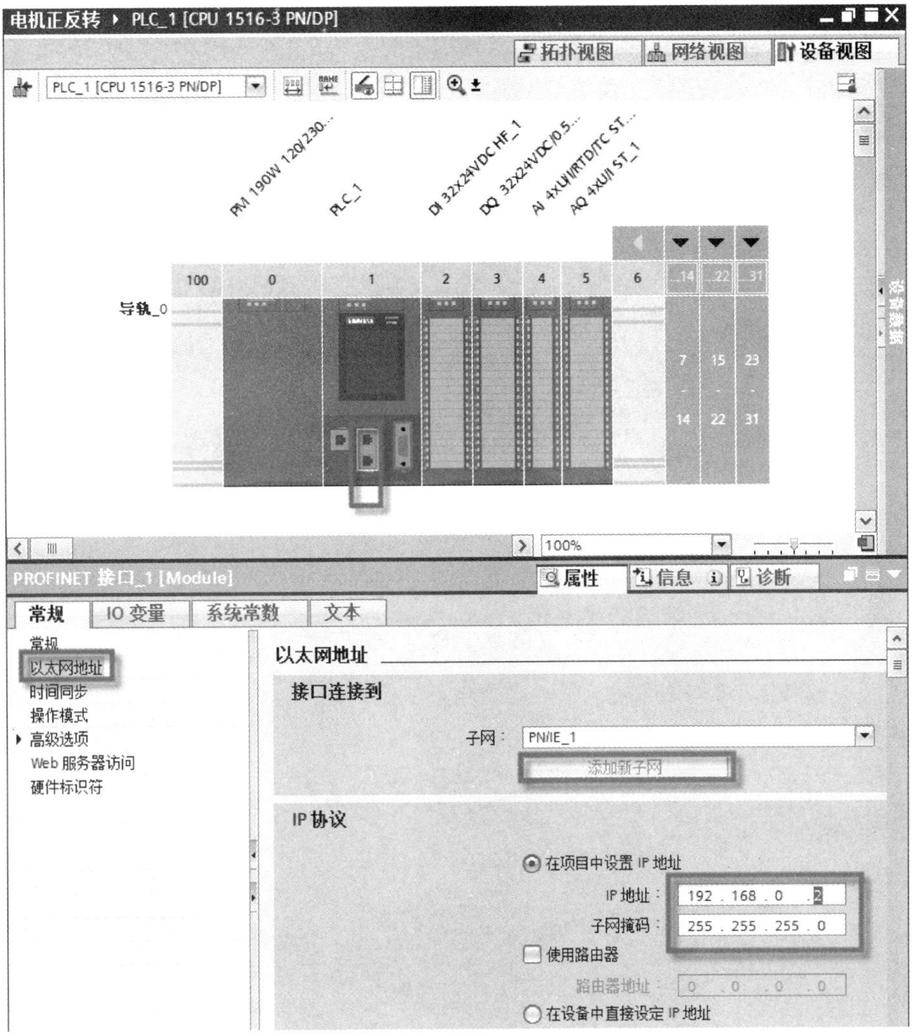

图 2-51　设置 IP 地址

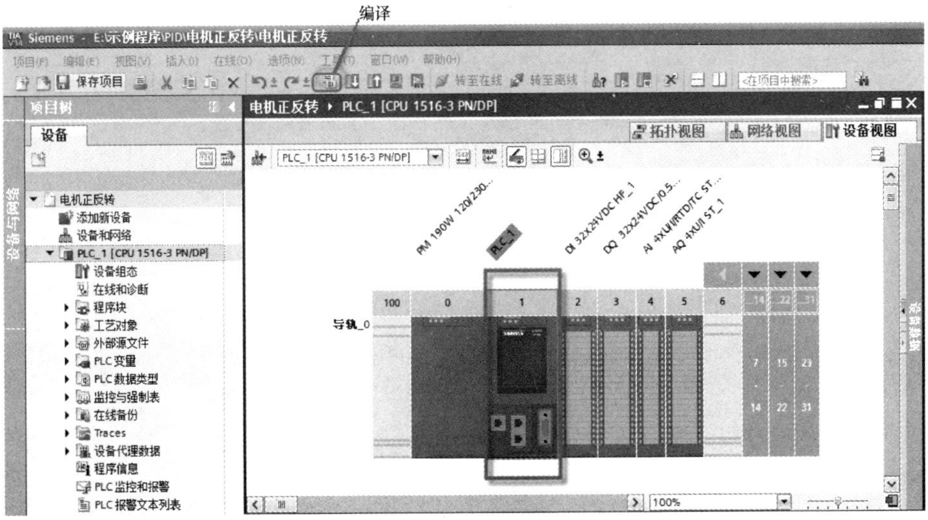

图 2-52　编译操作

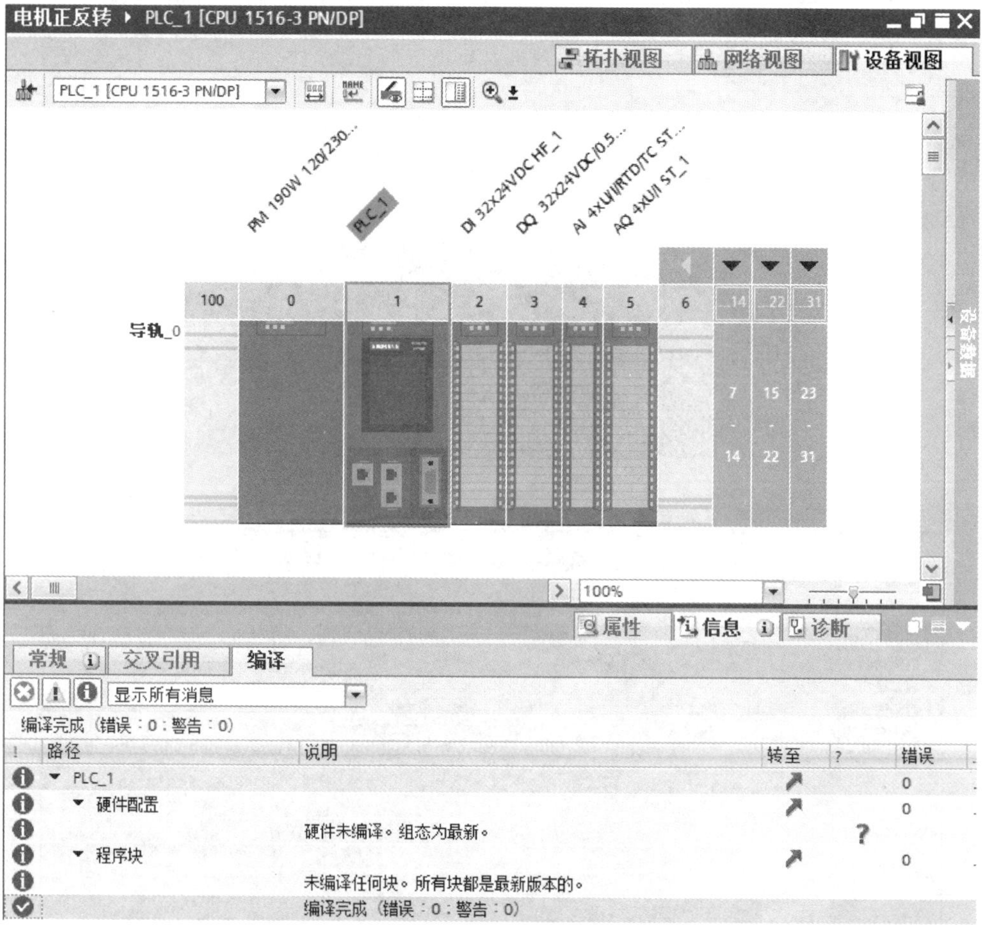

图 2-53　编译输出

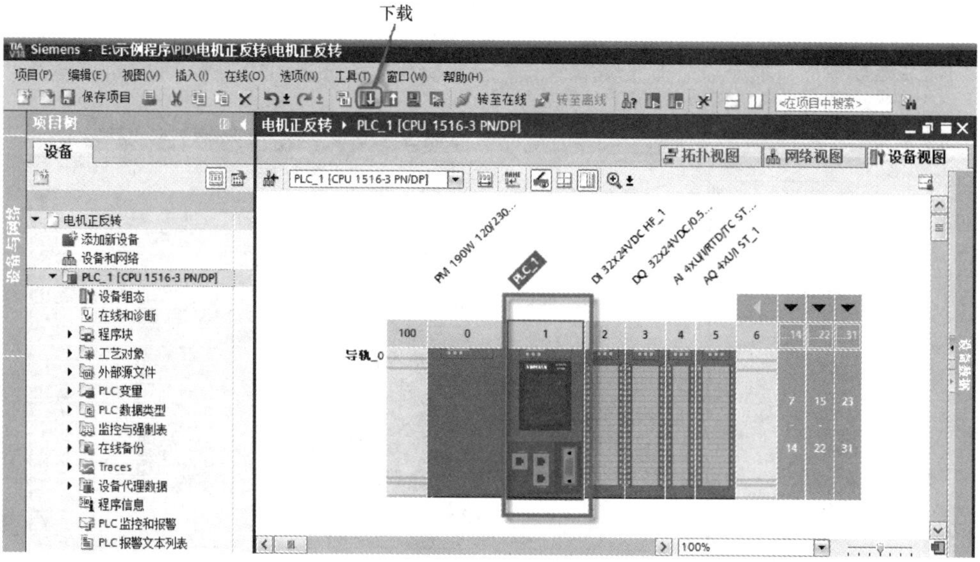

图 2-54　下载操作

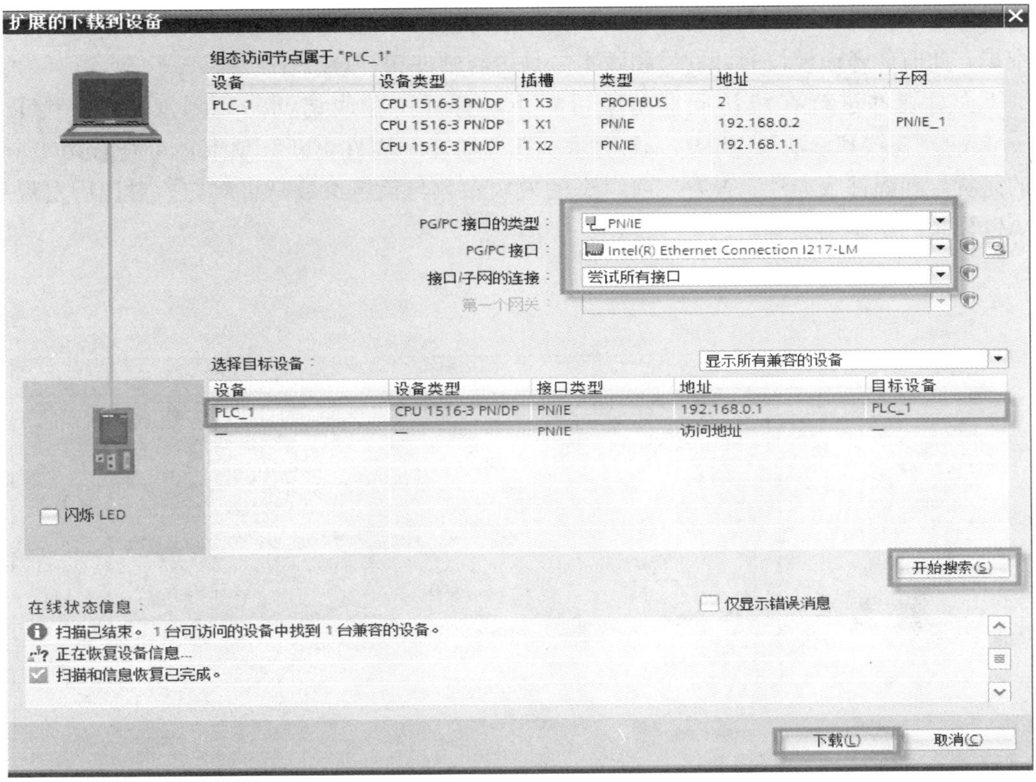

图 2-55　下载界面

4. 诊断

下载完成后，单击工具栏中的“转至在线”工具按钮，PLC 显示在线状态如图 2-56 所示。

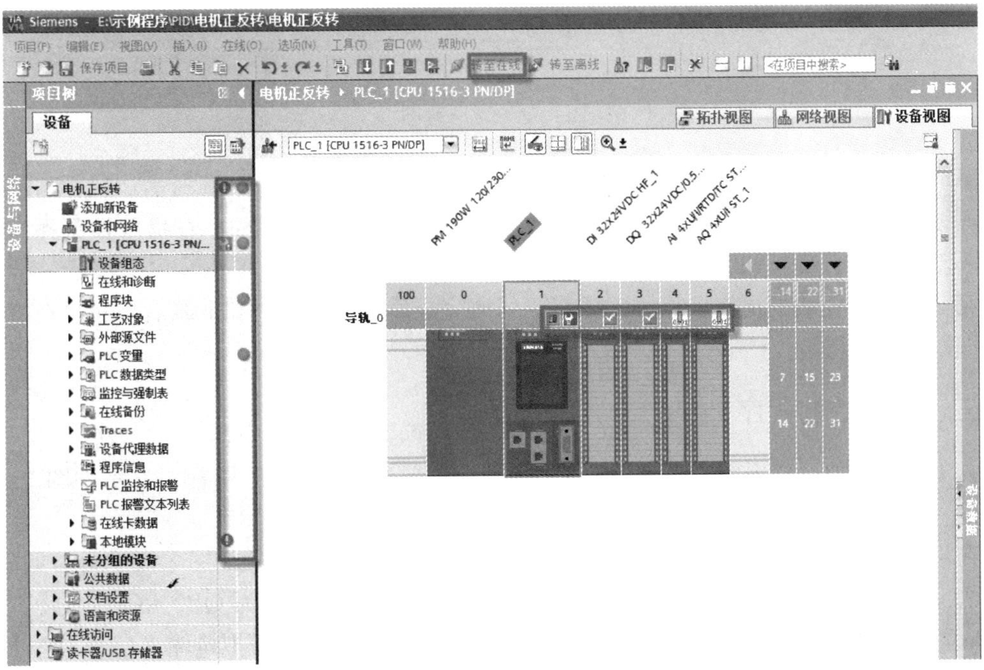

图 2-56　在线监视

对照符号图标，可发现导轨上第 4 和第 5 槽的模块 CPU 无法访问，并由此导致 CPU 需要维护。此时应考虑模块的订货号和版本号是否与硬件相符合。

下面对硬件进行在线访问。在项目树下，打开“在线访问→intel（R）……plc _ 1. profinet→在线和诊断”，如图 2-57 所示。在“功能→固件更新”项下，可查看到 4 个模块的订货号和固件版本号。查看之前组态的模块参数与该组参数是否对应。对比后发现 AI 和 AO 模块的组态确实有错。

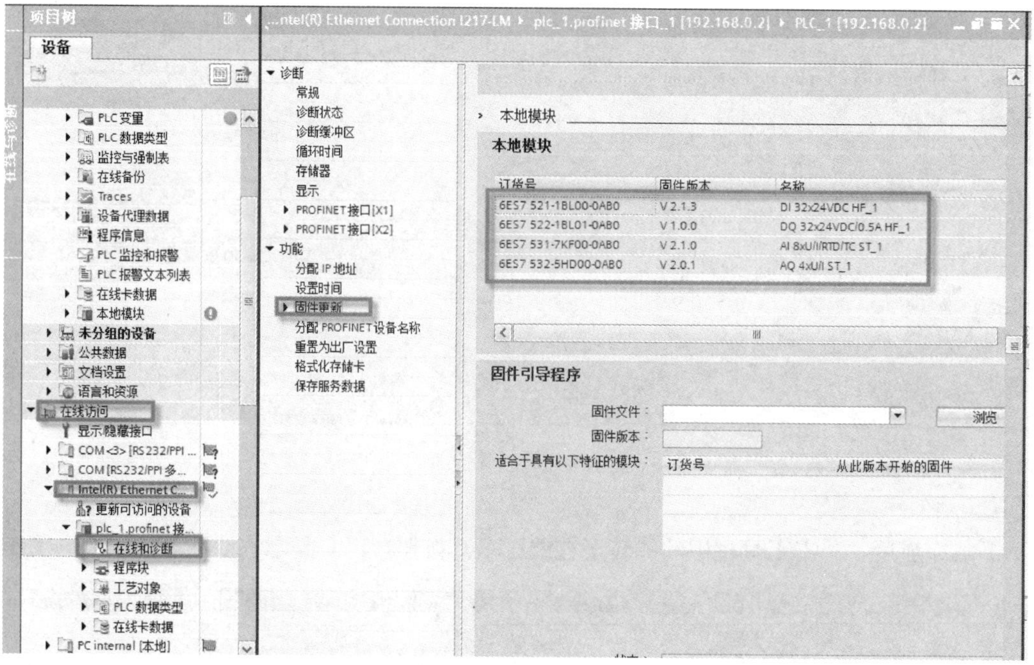

图 2-57　在线访问

下面对 AI 和 AO 模块的组态进行更改。在设备视图下，如图 2-58 所示，鼠标右键单击第 4 槽模块，单击“更改设备”，显示如图 2-59 所示的更改设备界面。在更改设备界面中选择输入新设备的订货号和版本号与之前诊断相同即可。

第 5 槽 AO 模块的更改操作方法类似。修改完成后，重新编译和下载后，转至在线后的状态如图 2-60 所示。

三、编写控制程序

在 PLC _ 1 的设备视图中，如图 2-61 所示，单击“设备数据”图标，显示如图 2-62 所示的设备概览。

在设备概览表中，可以查看到 PLC 各模块的 I/O 地址的分配。如图 2-62 所示，DI 模块分配的地址为 IB0～IB3，共 4 个字节 32 位。DO 模块分配的地址为 QB0～QB3，共 4 个字节 32 位。AI 模块分配的地址为 IW4～IW19，共 8 个字对应 8 路模拟量输入信号。AO 模块分配的地址为 QW4～QW11，共 4 个字对应 4 路模拟量输出信号。

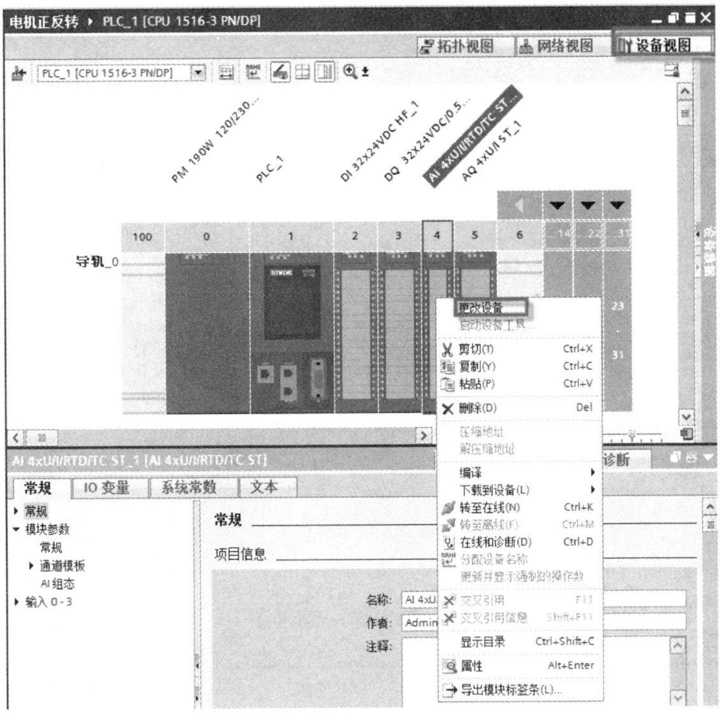

图 2-58　更改第 4 槽设备

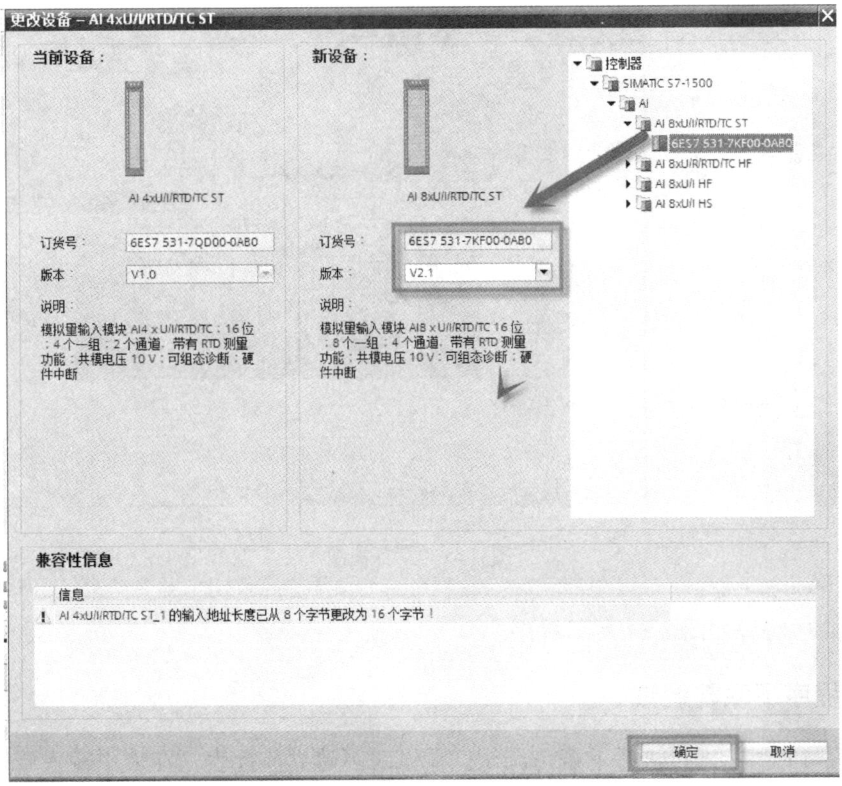

图 2-59　更改设备界面

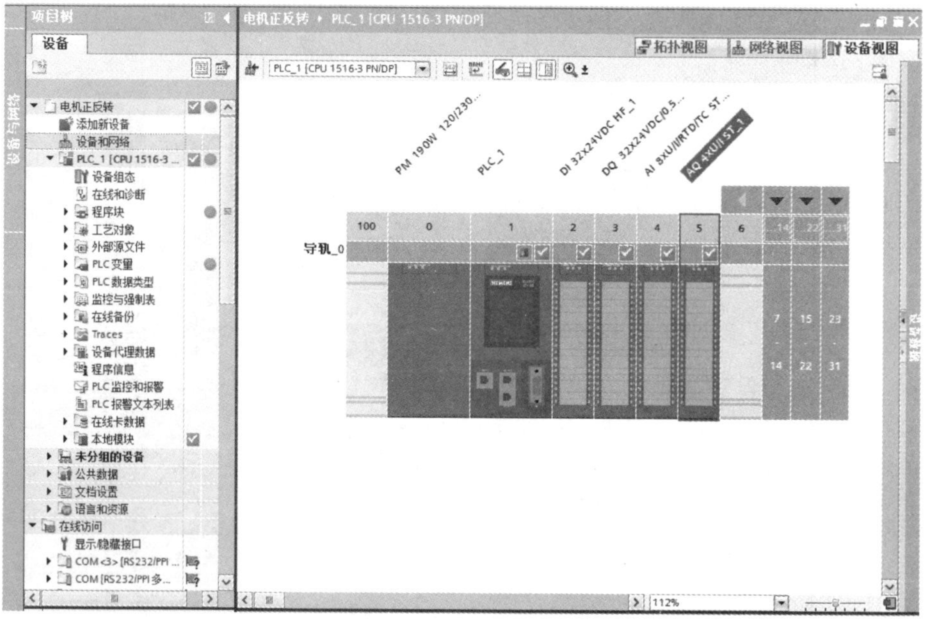

图 2-60　在线状态

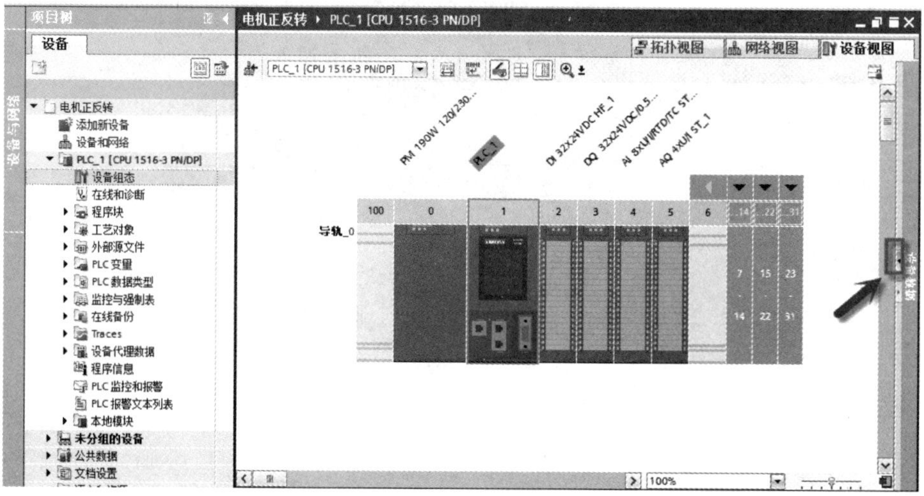

图 2-61　设备视图

在 OB1 中编程如图 2-34 所示程序。

四、程序下载与调试

程序编写完后，即可进行下载与调试。调试时可建立监控表，在表中输入要监控的变量 I0.0 和 Q0.0。然后即可操作按钮，并观察指示灯的状态，验证单键启停功能。

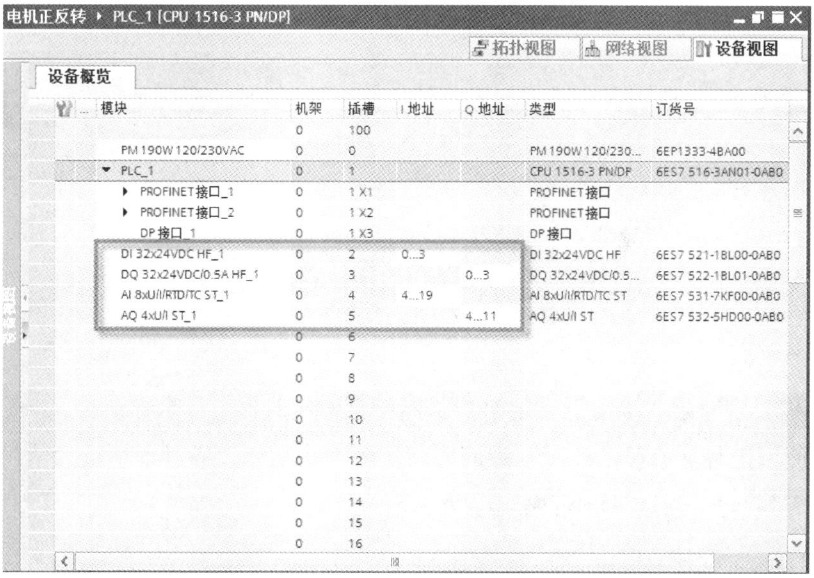

图 2-62　设备概览

小　结

单键启停控制程序比较简单，但涉及 PLC 的扫描工作原点。

通过本项目的学习，应学会和掌握以下知识要点：

（1）理解 PLC 扫描工作原理，并能运用分析程序。

（2）了解 S7-1500 PLC 的特点及硬件组成。

（3）熟练操作 S7-1500 PLC 的硬件组态，以及 Portal 软件的基本操作。

（4）理解位逻辑指令的用法。

练习与提高

在图 2-63 中有两段程序，试分析该两段程序功能的相同与不同点。

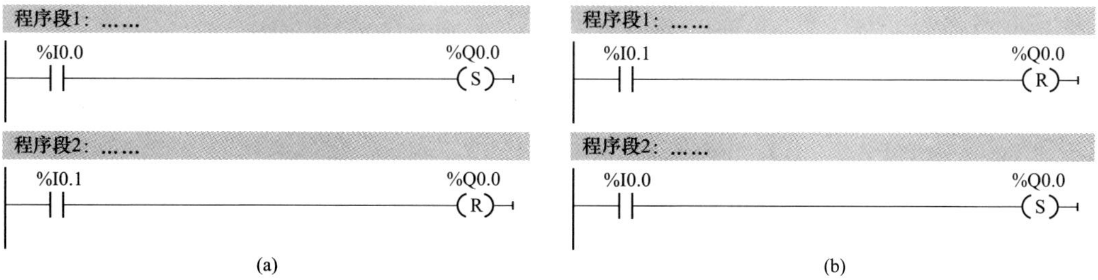

图 2-63　习题程序

项目 3

冲 水 控 制 编 程

知识点 定时器、接通延时定时器、断开延时定时器、计数器。

本项目使用定时器编程，控制水阀的通断实现冲水功能。通过本项目的学习，掌握接通延时型定时器和断开延时定时器的使用方法。

准备知识

S7-1200/1500 PLC 使用 IEC 定时器指令和计数器指令。IEC 定时器和计数器的个数仅受 CPU 存储器容量限制。IEC 定时器最大定时时间为 24 天。IEC 计数器的当前计数值的数据类型可选多种整数数据类型。

一、IEC 定时器

IEC 定时器和 IEC 计数器属于函数块，调用时需要指定配套的背景数据块。定时器和计数器指令的数据都保存在背景数据块。S7-1200/1500 PLC 支持的定时器类型见表 3-1，分为脉冲定时器、接通延时定时器、断开延时定时器和时间累加器。指令形式又分为 LAD/FDB（本书介绍 LAD）功能框指令与线圈指令。

表 3-1　　定时器类型

LAD/FBD 功能框	LAD 线圈	说　明
IEC_Timer_0 TP Time IN　Q PT　ET	TP_DB —(TP)— “PRESET_Tag”	TP 定时器可生成具有预设宽度时间的脉冲
IEC_Timer_1 TON Time IN　Q PT　ET	TON_DB —(TON)— “PRESET_Tag”	TON 定时器在预设的延时过后将输出 Q 设置为 ON
IEC_Timer_2 TOF Time IN　Q PT　ET	TOF_DB —(TOF)— “PRESET_Tag”	TOF 定时器在预设的延时过后将输出 Q 重置为 OFF

续表

LAD/FBD 功能框	LAD 线圈	说　明
IEC_Timer_3 TONR Time IN　Q R　ET PT	TONR_DB —(TONR)— “PRESET_Tag”	TONR 定时器在预设的延时过后将输出 Q 设置为 ON，在使用 R 输入重置经过的时间之前，会跨越多个定时时段一直累加经过的时间
仅FBD: PT PT	TON_DB —(PT)— “PRESET_Tag”	PT（预设定时器）线圈会在指定的 IEC _ Timer 中装载新的 PRESET 时间值
仅FBD: RT	TON_DB —(RT)—	RT（复位定时器）线圈会复位指定的 IEC _ Timer

1. 脉冲定时器

脉冲定时器的使用如图 3-1 所示。图中定时器 TP 为脉冲定时器，调用 TP 定时器指令时，在出现的调用选项界面中可定义其背景数据块为 DB4（T0 为定义的符号），如图 3-2 所示。

数据块配置、程序输入完成后，打开 T0 数据块，可看到定时器的背景数据块的结构如图 3-3 所示。定时器的输入 IN 为启动输入端，在输入 IN 的上升沿（从 0 状态变为 1 状态），启动定时器开始定时。PT（Preset Time）为预设时间值，可以使用常量，ET（Elapsed Time）为定时器开始后经过的时间，称为当前时间。它的数据类型为 32 位的 Time，单位为 ms，最大定时时间为 T＃24D _ 20H _ 31M _ 23S _ 647ms。

Q 为定时器的位输出，编程时可以不给输出 Q 和 ET 指定地址。

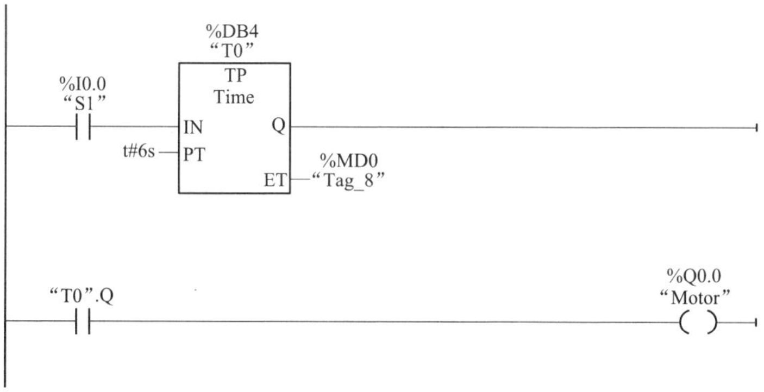

图 3-1　脉冲定时器的使用

脉冲定时器指令可生成脉冲，用于将输出 Q 置位为 PT 预设的一段时间。在 IN 输入信号的上升沿时启动该定时器，Q 输出变为 1 状态，开始输出脉冲。定时开始后，当前时间 ET 从 0ms 开始不断增大，达到 PT 预设的时间时，Q 输出变为 0 状态。如果 IN 输入信号为 1 状态，则当前时间值保持不变，如果 IN 输入信号为 0 状态，则当前值变为 0s。

在图 3-1 所示程序中，当 I0.0 产生一个上升沿时，Q0.0 输出一个接通时间为 6s 的脉冲。

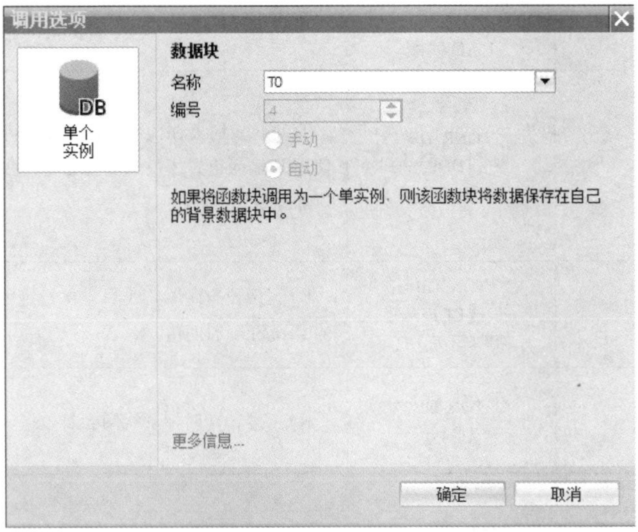

图 3-2　配置定时器数据块

		名称	数据类型	起始值	保持
1	◄◻	▼ Static			☐
2	◄◻	▪ PT	Time	T#0ms	☐
3	◄◻	▪ ET	Time	T#0ms	☐
4	◄◻	▪ IN	Bool	false	☐
5	◄◻	▪ Q	Bool	false	☐

图 3-3　定时器的背景数据块的结构

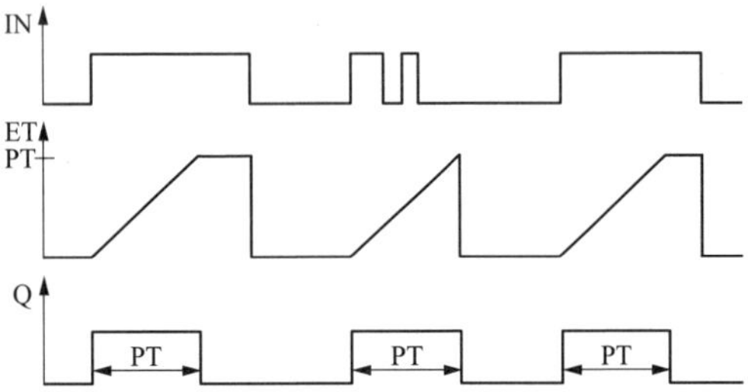

图 3-4　脉冲定时器的工作时序图

脉冲定时器的工作时序图如图 3-4 所示。

【例 3-1】　按下按钮 SA（I0.0），指示灯 HL（Q0.0）亮 1 小时 2 分 10 秒后自动熄灭。程序如图 3-5 所示。

2. 接通延时定时器

接通延时定时器（TON）用于在预设的时间后，将输出 Q 设置为 ON。接通延时定时器（TON）指令的使用如图 3-6 所示。图中定时器 TON 为接通延时定时器。调用 TON 定时器指令时，在出现的调用选项界面中可定义其背景数据块为 DB4（T0 为定义的符号）。

接通延时定时器（TON）指令，在 IN 输入端的输入信号由断开变为接通时开始定时。定时时间大于等于预设时间 PT 指定的设定值时，输出 Q 变为 1 状态。当前时间值 ET 保持不变。

在 IN 输入端断开时，定时器被复位，当前时间被清零，输出 Q 变为 0 状态。CPU 第一次扫描时，定时器输出 Q 被清零。如果 IN 输入信号在未达到 PT 设定的时间时，输出 Q 状态输出为 0。

如图 3-6 所示中，当 I0.0 接通时，定时器开始定时，8s 后 Q0.0 动作输出为 ON。当

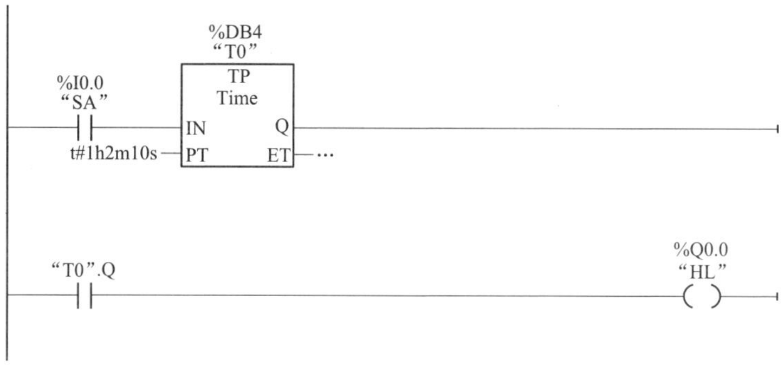

图 3-5　例题程序

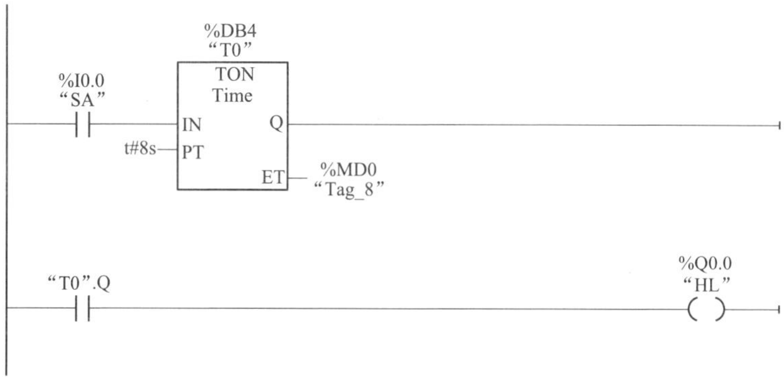

图 3-6　接通延时定时器的使用

I0.0 断开时，Q0.0 输出变为 OFF。

接通延时定时器（TON）指令的工作时序如图 3-7 所示。

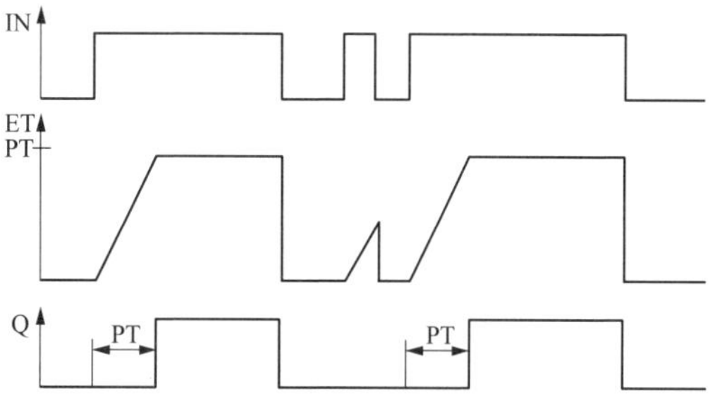

图 3-7　接通延时定时器指令的工作时序图

【例 3-2】 接通延时定时器应用。

用定时器构成一个脉冲发生器，当满足一定条件时，能够输出一定频率和一定占空比的脉冲信号。

工艺要求：当开关 SA(I0.0) 为 ON 时，输出指示灯 HL1(Q0.0) 以灭 2s、亮 1s 规律交替进行，如图 3-8 所示。

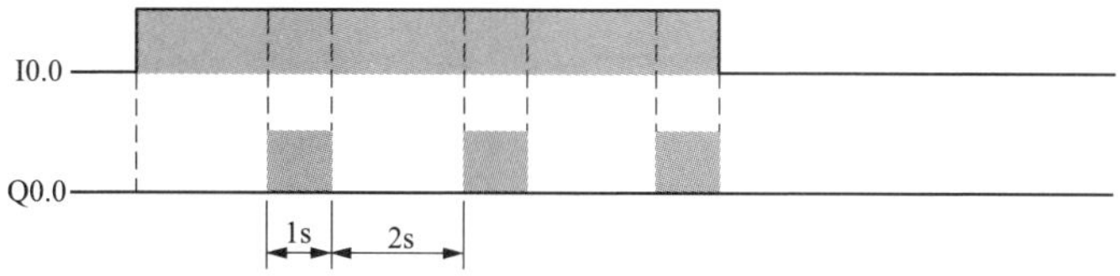

图 3-8　例题时序图

编写程序如图 3-9 所示。

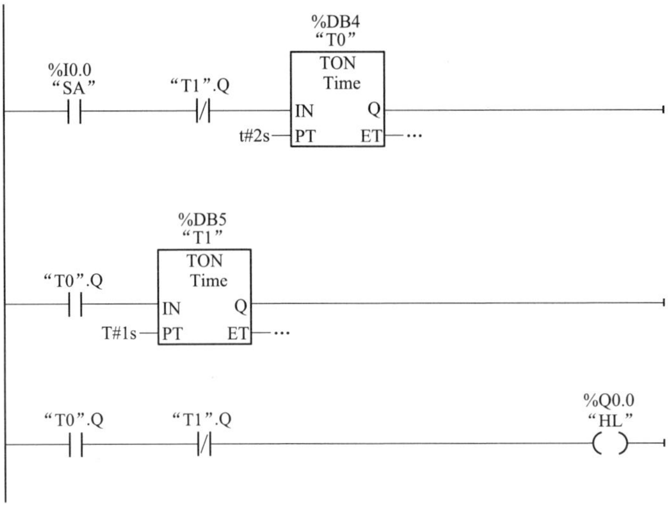

图 3-9 〔例 3-2〕程序

3. 断开延时定时器指令

断开延时定时器（TOF）指令用于在预设的延时过后将输出 Q 重置为 OFF。断开延时定时器（TOF）指令的使用如图 3-10 所示。当 IN 输入信号接通时，输出 Q 为 1 状态，当前时间被清零。当 IN 输入信号由接通变为断开时，（IN 输入的下降沿）开始定时，当前时间从 0 逐渐增大。当前时间等于预设值时，输出 Q 变为 0 状态，当前时间保持不变，直到 IN 输入信号接通。

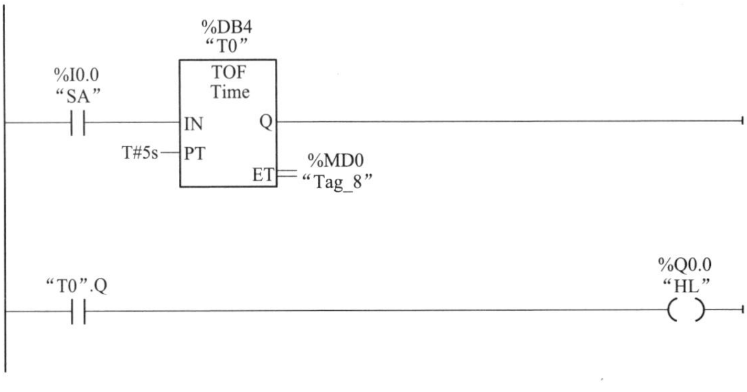

图 3-10 关断延时定时器指令的使用

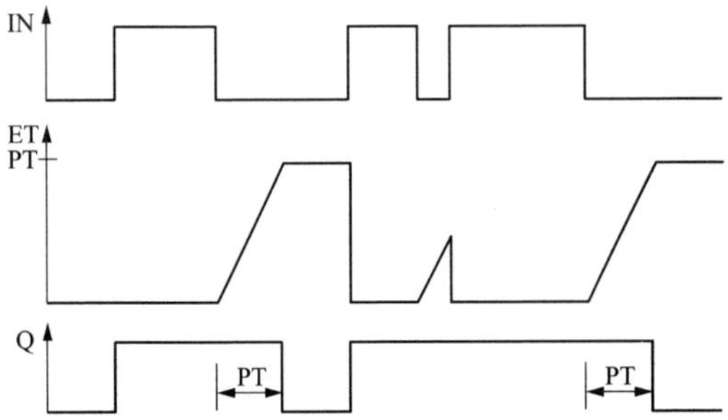

图 3-11 关断延时定时器指令的工作时序

图 3-10 所示程序中，当 I0.0 接通时，Q0.0 动作输出为 ON。当 I0.0 断开时，延时 5s 后 Q0.0 输出变为 OFF。

断开延时定时器指令的工作时序如图 3-11 所示。

【例 3-3】 断电延时定时器的应用。

用开关 SA（I0.0）控制某个电动机（Q0.0），当合上 SA 时，电动机和冷却风扇

（Q0.1）启动，断开 SA 时，电动机立即停止，过 10s 后冷却风扇自动停止。

用断电延时定时器编写控制程序如图 3-12 所示。

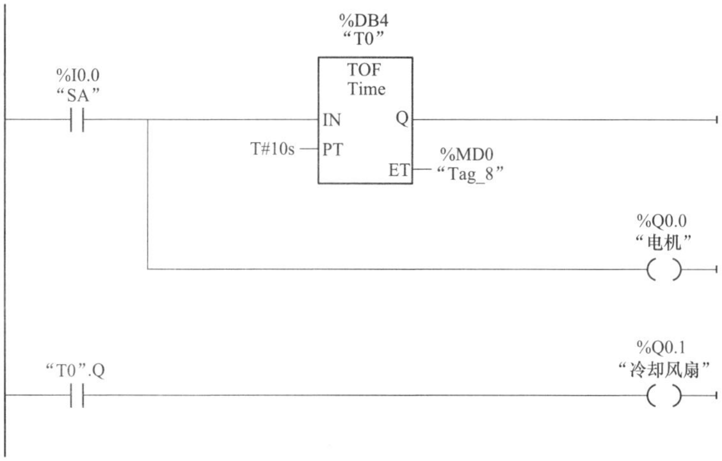

图 3-12 〔例 3-3〕题程序

4. 时间累加器

时间累加器（TONR）用于在预设的延时过后将输出 Q 设置为 ON。在输入信号断开时，累计的当前时间值保持不变。可以用 TONR 来累计输入信号接通的若干个时间段。

时间累加器的使用如图 3-13 所示。图中 TONR 指令是时间累加器指令，IN 为输入信号，定时器对 IN 输入信号进行定时。R 为复位信号，当 R 为 1 状态时，TONR 被复位，它的当前时间值复位为 0，同时输出 Q 变为 0 状态。

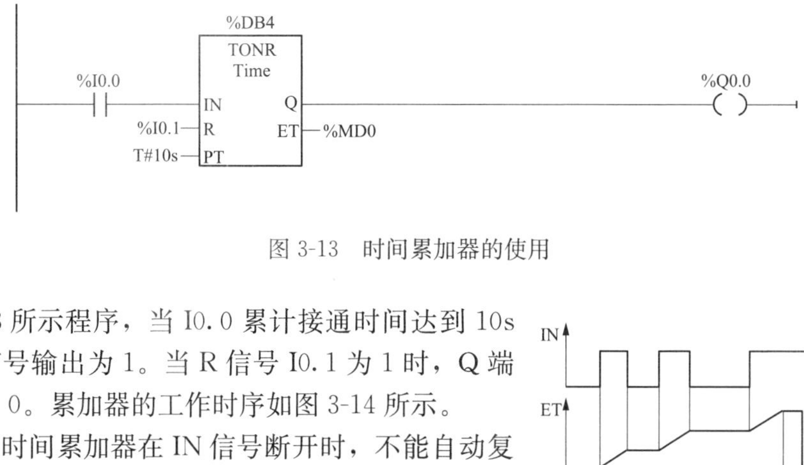

图 3-13　时间累加器的使用

图 3-13 所示程序，当 I0.0 累计接通时间达到 10s 时，Q 端信号输出为 1。当 R 信号 I0.1 为 1 时，Q 端信号输出为 0。累加器的工作时序如图 3-14 所示。

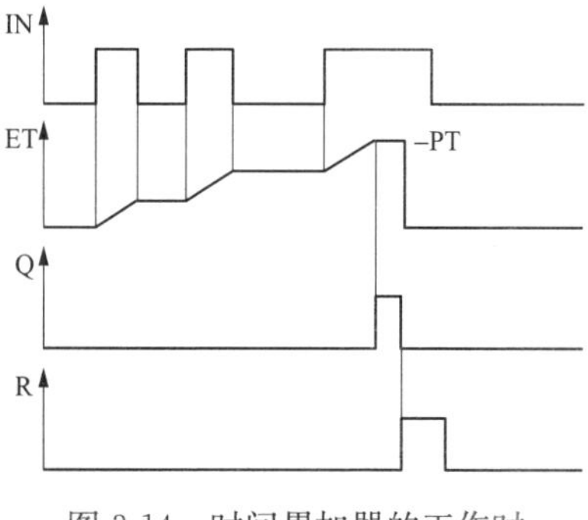

图 3-14　时间累加器的工作时

注意：时间累加器在 IN 信号断开时，不能自动复位，需要使用 R 为 1 时，才能使它复位。

【例 3-4】 有一电动机组，包括 2 台电动机。现要求 2 台电动机每累计工作 2h，就进行轮流切换工作，请编写 PLC 控制程序。

程序如图 3-15 所示，图中 I0.0 为机组启动信号，I0.1 为停止信号。Q0.0 控制第一台电动机，Q0.1 控制第二台电动机。定时器数据块 T0［DB1］为 TONR 定时器。

5. 定时器线圈指令

如图 3-16 所示，TP、TON、TOF、TONR 定时器都有相应的线圈指令。另外定时器线圈指令还有 RT 和 PT 指令。

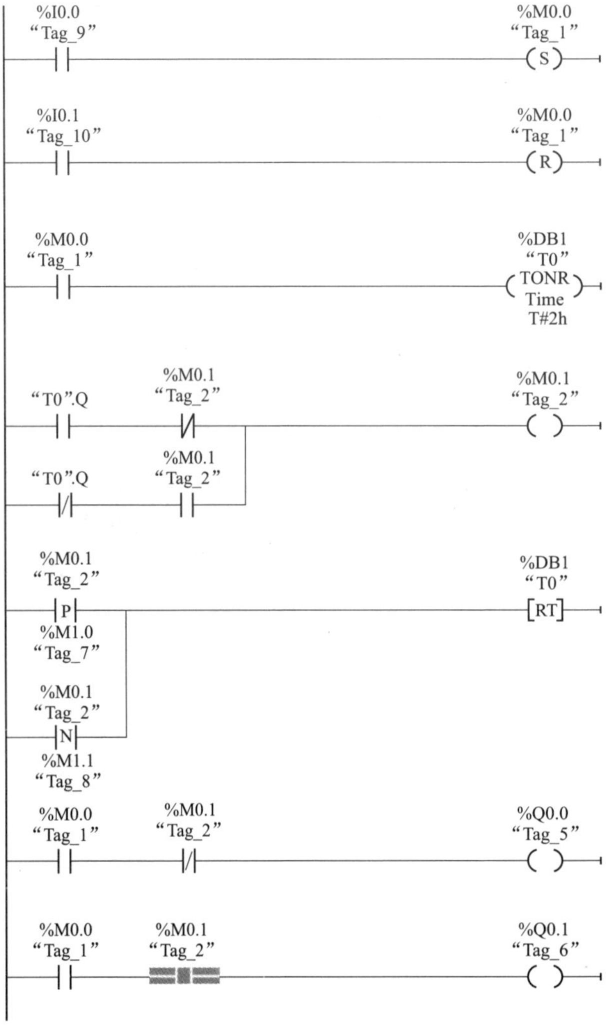

图 3-15　例题程序

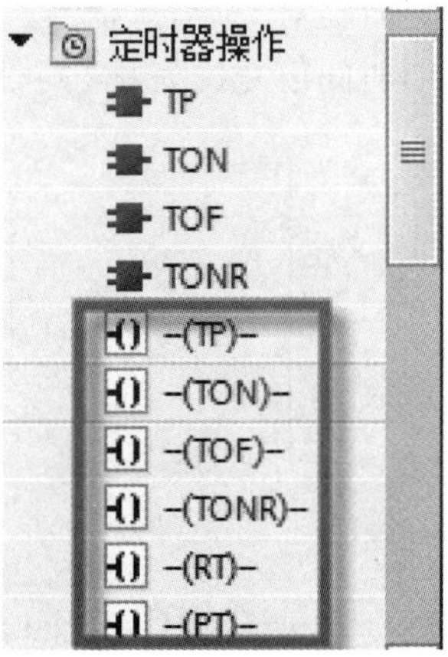

图 3-16　定时器线圈指令

下面以 TON 线圈指令为例，介绍线圈指令的用法。如图 3-17 所示，其中 TON 指令是接通延时型定时器的线圈指令，定时器 IEC _ TIMER 数据块为 T0［DB4］，定时时间为 5s。

RT 指令为复位定时器指令，PT 指令为预设定时器线圈指令。若 RT 线圈激活，指定 IEC _ Timer DB 数据中的 ET 时间变量将重置为 0。若 PT 线圈激活，使用所分配的时间间隔值加载指定 IEC _ Timer DB 数据中的 PT 时间变量。

图 3-17　TON 线圈指令的使用

二、计数器

S7-1200/1500 PLC 使用 IEC 计数器，IEC 计数器的个数仅受 CPU 存储器容量限制。

1. 计数器的类型

S7-1200/1500 PLC 有 3 种 IEC 计数器：加计数器（CTU）、减计数器（CTD）和加减计数器（CTUD）。最大计数频率受到 OB1 扫描周期的限制，如果计数频率高于 OB1 扫描周期对应的频率值，则必须使用 CPU 内置或工艺模块中的高速计数器进行计数。

IEC 计数器指令是函数块，调用时，需要生成保存计数器数据的背景数据块。计数器指令及说明见表 3-2。

表 3-2　计数器指令及说明

LAD/FBD	说　明
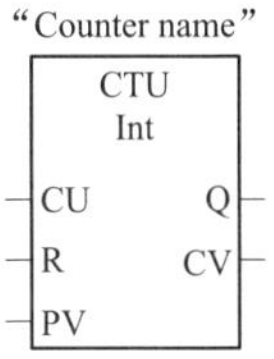	可使用计数器指令对内部程序事件和外部过程事件进行计数，每个计数器都使用数据块中存储的结构来保存计数器数据，用户在编辑器中放置计数器指令时分配相应的数据块
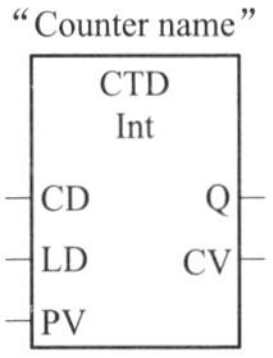	
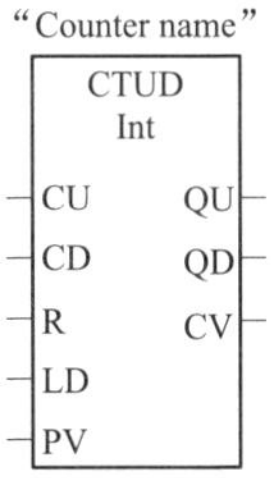	

IEC 计数器的背景数据块中的数据如图 3-18 所示，各参数的说明见表 3-3。

		名称	数据类型	起始值
1		▼ Static		
2		CU	Bool	false
3		CD	Bool	false
4		R	Bool	false
5		LD	Bool	false
6		QU	Bool	false
7		QD	Bool	false
8		PV	Int	0
9		CV	Int	0

图 3-18　IEC 计数器的背景数据块中的数据

表 3-3　　IEC 计数器变量

参数	数据类型	说　明
CU，CD	Bool	加计数或减计数，按加或减一计数
R（CTU，CTUD）	Bool	将计数值重置为零
LD（CTD，CTUD）	Bool	预设值的装载控制
PV	SInt，Int，DInt，USInt，UInt，UDInt	预设计数值
Q，QU	Bool	CV>=PV 时为真
QD	Bool	CV<=0 时为真
CV	SInt，Int，DInt，USInt，UInt，UDInt	当前计数值

2. 加计数器

加计数器的使用如图 3-19 所示，图中 C0［DB3］为加计数器对应的背景数据块，CU 是加计数输入端，R 是复位信号，PV 为预设值，Q 为输出信号。

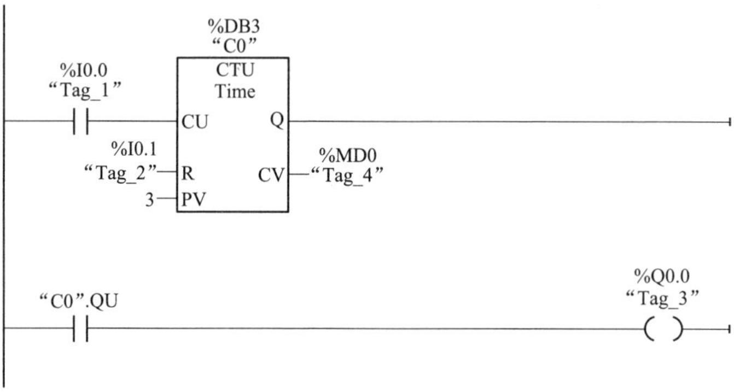

图 3-19　加计数器的使用

当参数 CU 的值从 0 变为 1 时，CTU 计数器会使计数值加 1。CTU 时序图如图 3-20 所示，显示了计数值为无符号整数时的运行（其中 PV=3）。如果参数 CV（当前计数值）的值大于或等于参数 PV（预设值）的值，则计数器输出参数 Q=1，QU=1。如果复位参数 R

的值从 0 变为 1，则当前计数值重置为 0。

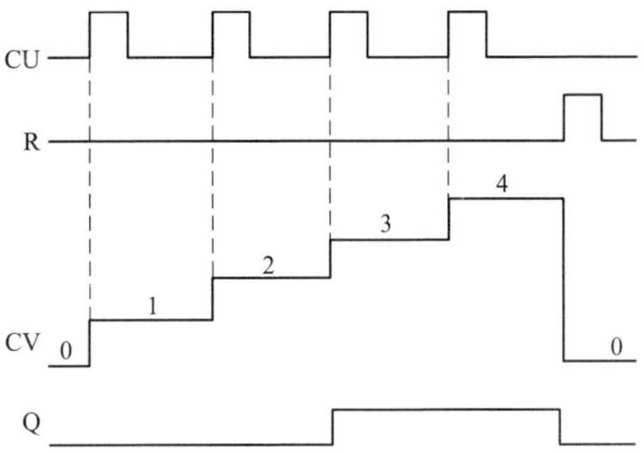

图 3-20　加计数器工作时序图

3. 减计数器

减计数器的使用如图 3-21 所示，图中 C0［DB3］为减计数器对应的背景数据块。当装载输入信号 LD 为 1 状态时，输出 Q 被复位为 0，并把预设值 PV 装入 CV。LD 为 1 状态时，减计数器 CD 不起作用。

LD 为 0 状态时，在减计数输入 CD 的上升沿，当前计数器值 CV 减 1，直到 CV 达到指定的数据类型的下限值，此后 CD 输入信号的状态变化不再起作用，CV 值不再减小。

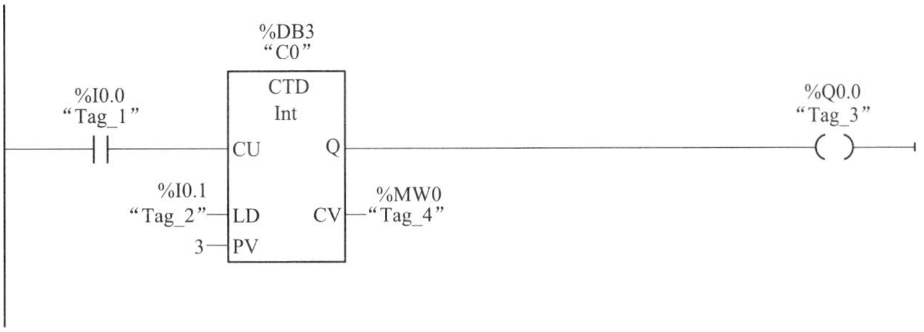

图 3-21　减计数器的使用

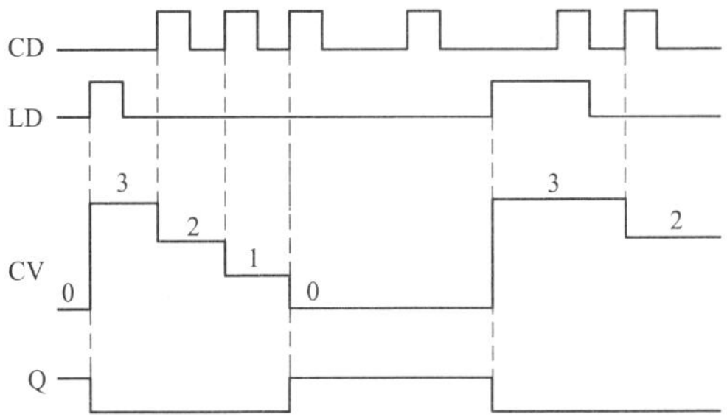

图 3-22　减计数器的工作时序

当前计数器值 CV 小于等于 0 时，输出 Q 为 1 状态，反之 Q 为 0 状态。第一次执行指令时，CV 被清零。

减计数器的工作时序如图 3-22 所示。

4. 加减计数器

加减计数器的使用如图 3-23 所示，当加计数（CU）输入或减计数（CD）输入从 0 转换为 1 时，CTUD 计数器将加 1 或减 1。CTUD 时序图如图 3-24 所示，显示了计数值为无符号整数时的运行（其中 PV=4）。如果参数 CV 的值大于等于参数 PV 的值，则计数器输出参数 QU=1。如果参数 CV 的值小于或等于零，则计数器输出参数 QD=1。如果参数 LD 的值从 0 变为 1，则参数 PV 的值将作为新的 CV 装载到计数器。如果复位参数 R 的值从 0 变为 1，则当前计数值重置为 0。

项目任务

当人靠近卫生位时，传感器 SB0 动作，控制水阀自动打开，冲水 5s；当人离开卫生位时，控制水阀自动打开，冲水 5s，动作时序如图 3-25 所示。

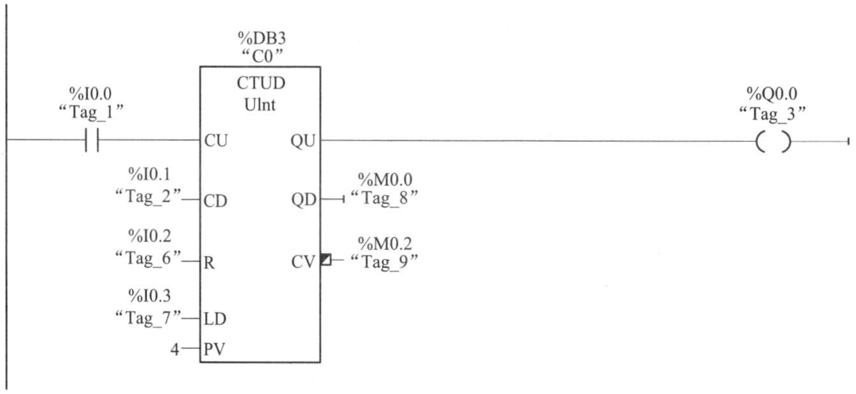

图 3-23 加减计数器的使用

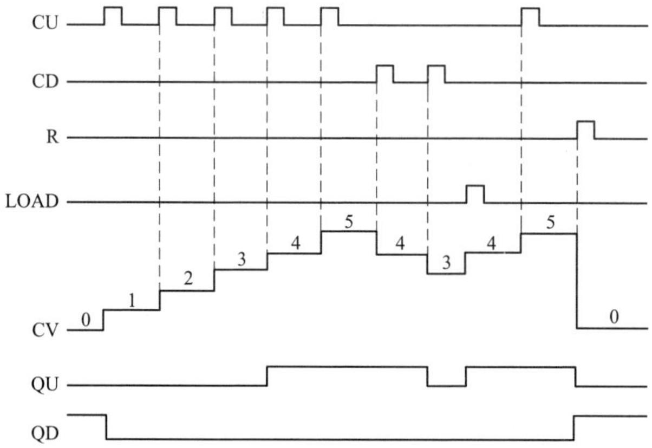

图 3-24 CTUD 工作时序图

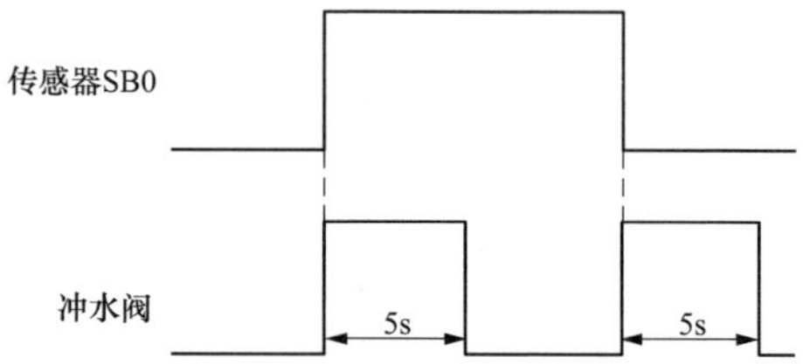

图 3-25 冲水动作时序图

项目分析

将传感器 SB0 接 PLC 的 I0.0，用 Q0.0 控制冲水阀的通断。当人靠近卫生位时，传感器 SB0 动作，控制水阀开通，并用接通延时型定时器和断开延时器定时器各定时 5s，5s 后用接通延时型定时器控制断开冲水阀。当人离开卫生位时，用断开延时器定时器控制水阀开通，冲水 5s。

项目编程与调试

新建 Portal 项目，组态 S7-1200 或 S7-1500 CPU 都可。以下用 S7-1200CPU 为例组建项目。

1. 建立变量表

建立变量表如图 3-26 所示，变量表中建立 2 个变量，分别为传感器和冲水阀。

2. 添加定时器背景数据块

程序中需用到 2 个定时器，需插入定时器的背景数据块。操作方法如图 3-27 所示，在项目树的程序块下，双击“添加新块”，然后选择数据块，输入数据块的名称为 T0，并定义类型为 IEC _ TIMER，然后单击“确定”按钮即可完成创建。同样的操作方法创建定时器背景数据块 T1。

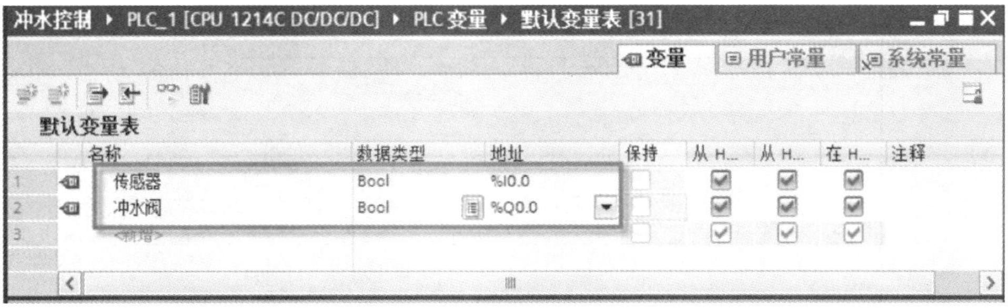

图 3-26　变量表

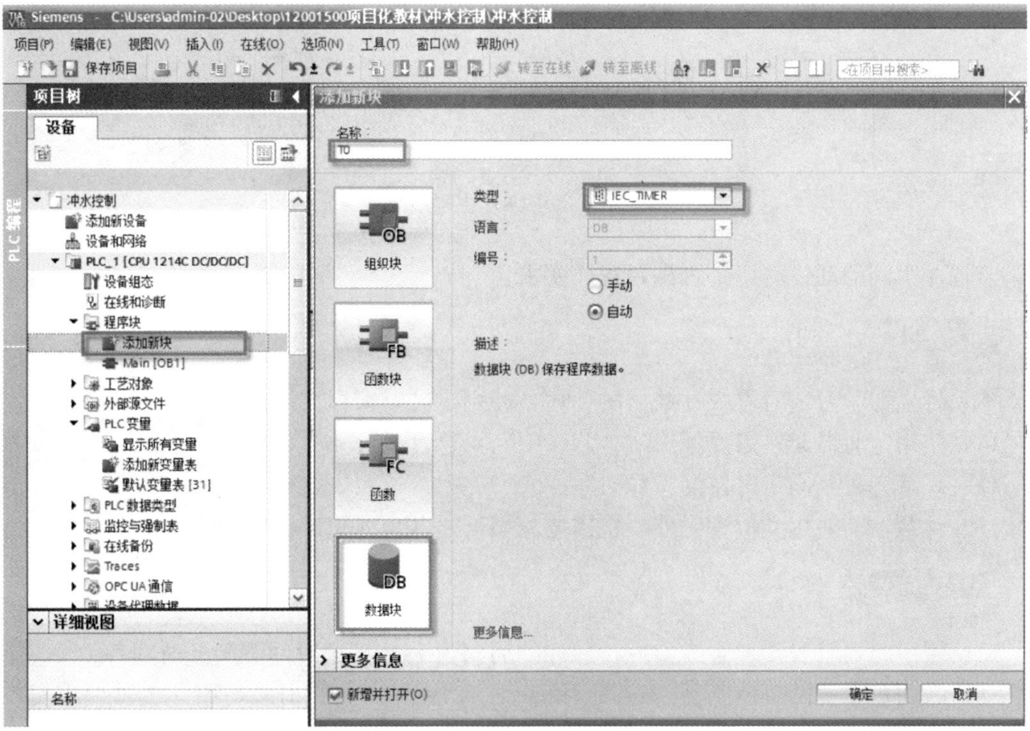

图 3-27　添加定时器背景数据块 T0［DB1］

添加 T0 和 T1 数据块后，如图 3-28 所示，在程序资源下即可查到。

3. 编写 OB1 主程序

编写 OB1 主程序如图 3-29 所示。

4. 程序下载与测试

连接 PLC 或者打开 PLCSIM 仿真器，下载项目。然后调试监视程序的执行，若使用 PLCSIM 仿真器，可在强制表中对输入点 I0.0 进行强制为 0 或 1。根据传感器 SB0 信号的变

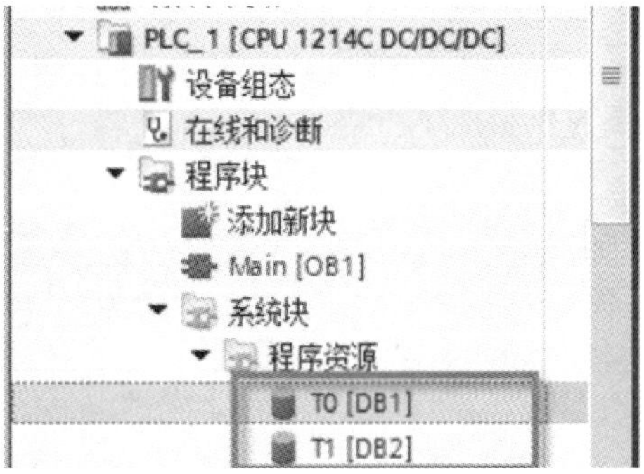

图 3-28　添加 2 个定时器背景数据块

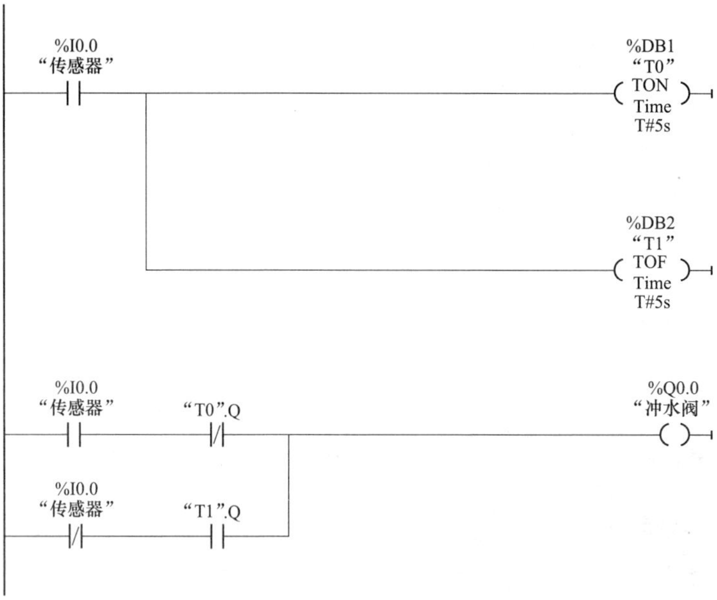

图 3-29　OB1 主程序

化，监视冲水阀的动作时序是否满足程序要求。

小　结

本项目主要学习定时器或计数器的使用，使用定时器编程需注意：

（1）使用定时器时，需要配 IEC _ TIMER 背景数据块。

（2）理解各种不同定时器的工作时序。

（3）计数器的使用类似定时器，也需要配 IEC _ COUNTER 背景数据块。

练习与提高

（1）用定时器编程实现生成脉冲，脉冲的周期为 1s，接通时间和断开时间各为 0.5s。

（2）在门口安装两个传感器 sensor1 和 sensor2 检测人员的出入，用计数器编程实现当进入房内的人数超过 10 人时，输出指示灯报警。

注　不考虑并排出入、交错出入等复杂情况。

（3）产品数量检测控制。如图 3-30 所示，传输带传输工件，用传感器检测通过的产品数量，每 24 个产品机械手动作 1 次。机械手动作后，延时 2s，再将机械手电磁铁切断复位。试编写控制程序。

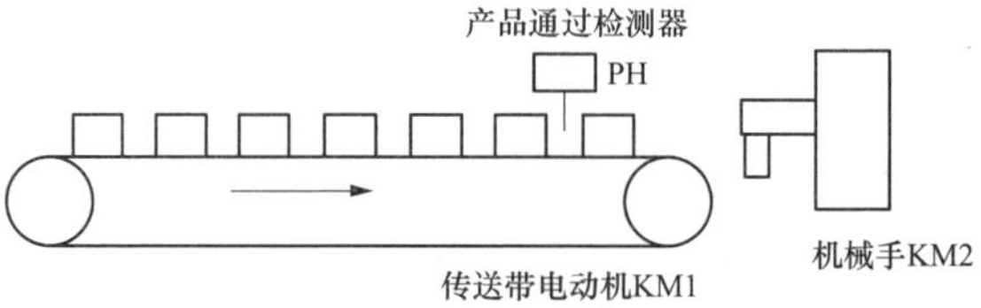

图 3-30　产品数量检测示意图

项目 4

三相异步电动机Y-△降压启动控制

知识点 定时器、位逻辑指令编程。

项目任务

用 S7-1200 PLC 或 S7-1500 PLC 控制三相异步电动机Y-△降压启动，控制要求如下：三相异步电动机Y-△降压启动控制的主电路如图 4-1 所示，图中 QF 为电源开关，FR1 为热继电器，KM1、KM2、KM3 为接触器，KM1 控制电动机电源接通。KM2 控制电动机绕组组成Y型接法，KM3 控制电动机绕组组成△型接法。

用两个按钮控制电动机的启、停。按下启动按钮，KM1 和 KM2 动作，电动机绕组组成Y型接法并接通三相电源，电动机启动；电动机启动 6s 后，KM2 断开，再过 1s 后 KM3 动作，电动机绕组组成△接法，转换至全压运行。

项目分析

一、PLC 的 I/O 原理图

用 S7-1200 PLC 为例，编程实现对三相异步电动机Y-△降压启动控制，PLC 的 I/O 原理图如图 4-2 所示。KM2 和 KM3 之间有相互连锁的关系，即 KM2 动作时 KM3 不能动作，

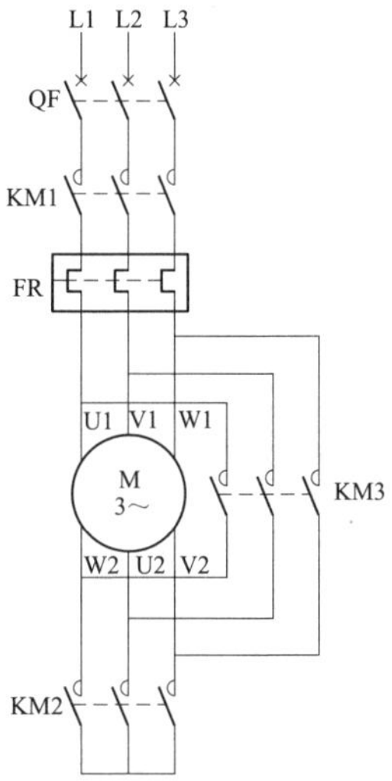

图 4-1 主电路

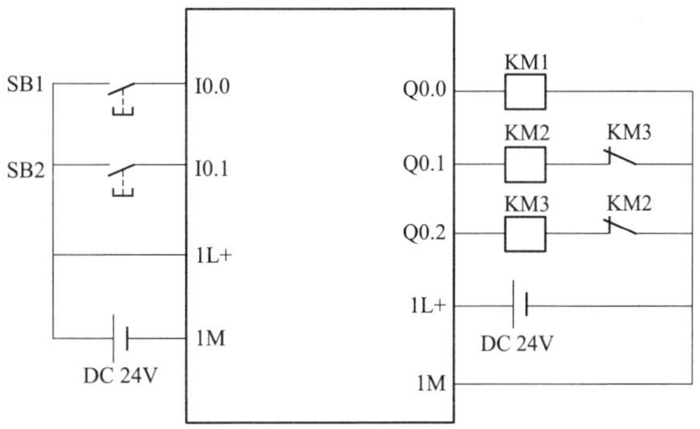

图 4-2 PLC 的 I/O 原理图

KM3 动作时 KM2 不能动作，否则会导致三相电源短路。所以，在 KM2 和 KM3 线圈支路中分别串入 KM3 和 KM2 的动断触头。

二、编程思路

按下启动按钮后，接通两个定时器，分别定时 6s 和 7s，通过两个定时器的触点对 KM2 和 KM3 进行切换。

项目编程与调试

一、编写变量表

打开 Portal 软件，新建项目，组态 S7-1200CPU 硬件。编写变量表，变量表如图 4-3 所示。

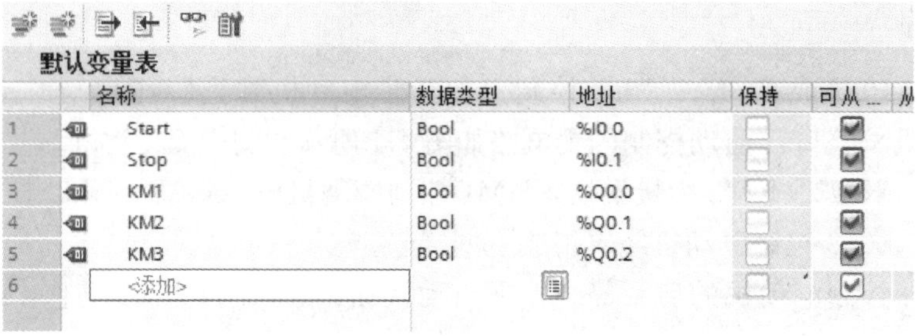
默认变量表

	名称	数据类型	地址	保持	可从 ...	从
1	Start	Bool	%I0.0	☐	☑	
2	Stop	Bool	%I0.1	☐	☑	
3	KM1	Bool	%Q0.0	☐	☑	
4	KM2	Bool	%Q0.1	☐	☑	
5	KM3	Bool	%Q0.2	☐	☑	
6	<添加>			☐	☑	

图 4-3　变量表

二、添加定时器数据块

添加定时器数据块，如图 4-4 所示，在项目树“程序块”下，双击“添加新块”选择类

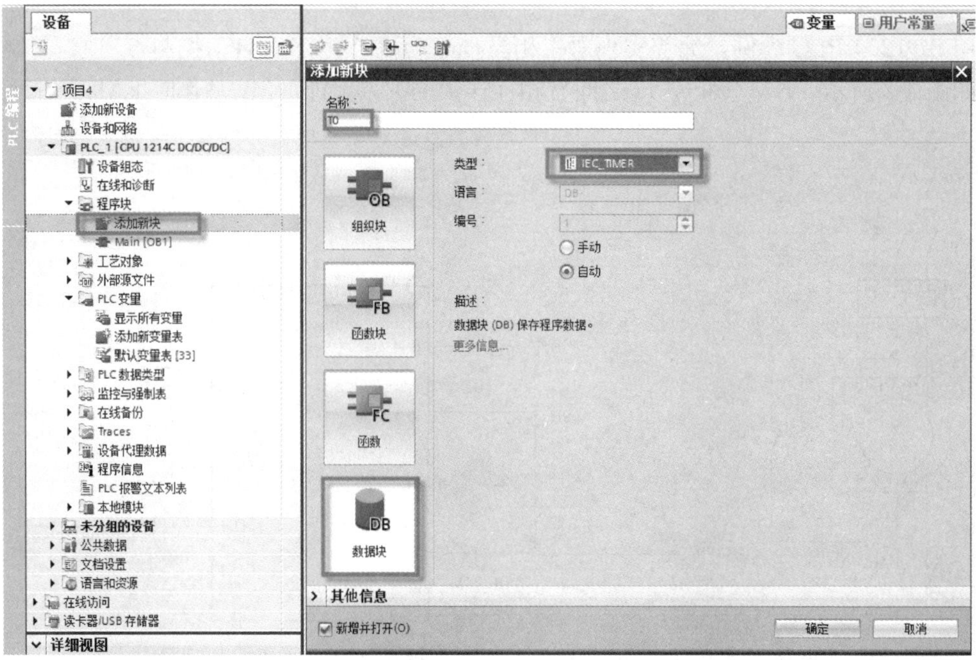

图 4-4　添加定时器数据块

型为“数据块 DB”，定义数据块名为“T0”，类型为 IEC _ TIMER 定时器，单击“确定”按钮即可添加定时器数据块 T0[DB1]。

用类似的操作，添加定时器数据块 T1[DB2]。

三、编写 OB1 主程序

编写 OB1 主程序如图 4-5 所示。按下启动按钮 Start，KM1 置位动作，KM2 动作接通，电动机绕组组成Y型接法降压启动。6s 后 KM2 断开，第 7s 时 KM3 接通，电动机绕组切换成△接法，实现全压运行。按下停止按钮 Stop，把 KM1 复位，KM3 也断开，电动机停止。

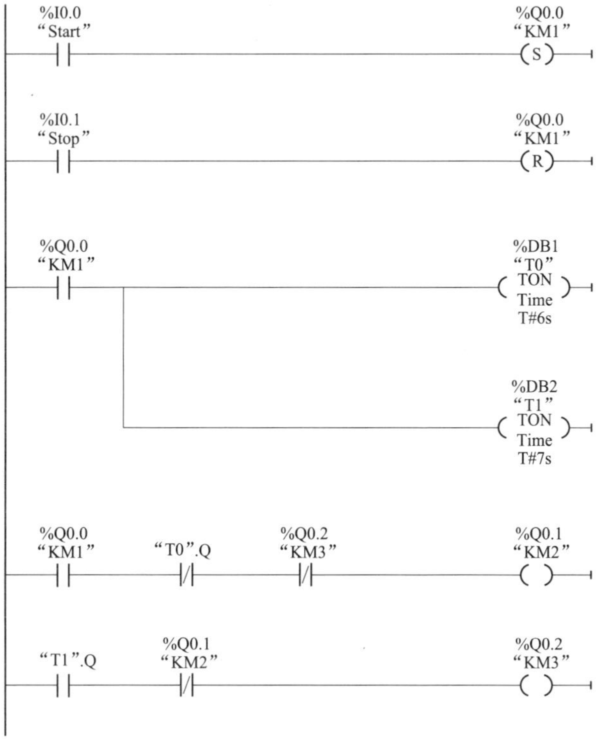

图 4-5　主程序

四、下载调试

下载至 PLC 或仿真器对程序进行调试运行。正确的运行结果是：按下启动按钮 SB1，观察 KM1 和 KM2 动作，6s 后 KM2 断开，再过 1s 后 KM3 接通为 ON；按下停止按钮 SB2，KM1、KM2 和 KM3 都为 OFF，电动机停止。

小　结

本项目主要学习和熟悉位逻辑指令编程和接通延时定时器的使用。

练习与提高

(1) 编程控制两台电动机按时间顺序启动（时间间隔为 10s），按时间逆序停止（时间间隔为 10s)。并要求两台电动机都要求Y-△降压启动。试画出主电路、PLC 的 I/O 原理图，编写 PLC 控制程序，并用仿真器调试运行。

(2) 设计抢答器 PLC 控制系统，控制要求如下：

1) 抢答台 A、B、C、D，有指示灯、抢答键。

2) 裁判员台，指示灯，复位按键。

3) 抢答时，有 2s 声音报警。

(3) 设计 PLC 三速电动机控制系统。控制要求：启动低速运行 3s，KM1，KM2 接通；中速运行 3s，KM3 通（KM2 断开）；高速运行 KM4，KM5 接通（KM3 断开）。

(4) 设计喷泉电路。要求：喷泉有 A、B、C 三组喷头。启动后，A 组先喷 5s，后 B、C 同时喷，5s 后 B 停，再 5s 后 C 停，而 A、B 又喷，再过 2s，C 也喷，持续 5s 后全部停，再过 3s 后重复上述过程。

项目 5

模拟量转换值的处理

知识点　数据类型、数据转换类指令。

对模拟量转换值处理编程时，需要了解 PLC 常用的数据类型，熟练使用数据转换类指令编程。

准备知识

一、数据类型

用户编写程序时，变量的类型必须与指令要求的数据类型相匹配，S7-1200/1500 PLC 的数据类型主要分为基本数据类型、复合数据类型、参数类型、PLC 数据类型、系统数据类型等。

1. 基本数据类型

Bool、Byte、Word 和 DWord 数据类型见表 5-1。

一个 WORD 包含 16 个位，以二进制编码表示一个数值时，将 16 个位分为 4 组，每组 4 个位，组合表示数值中的一个数字。例如，以十六进制数表示数值 W#16#1234 时，转

表 5-1　　Bool、Byte、Word 和 DWord 数据类型

数据类型	位大小	数值类型	数值范围	常数示例	地址示例
Bool	1	布尔运算	FALSE 或 TRUE	TRUE、1	I1.0 Q0.1 M50.7 DB1.DBX2.3
		二进制	0 或 1	0，2#0	
		八进制	8#0 或 8#1	8#1	
		十六进制	16#0 或 16#1	16#1	
Byte	8	二进制	2#0～2#11111111	2#00001111	IB2 MB10 DB1.DBB4
		无符号整数	0～255	15	
		八进制	8#0～8#377	8#17	
		十六进制	B#16#0～B#16#FF	B#16#F、16#F	
Word	16	二进制	2#0 ～2#1111111111111111	2#1111000011110000	MW10 DB1.DBW2
		无符号整数	0～65535	61680	
		八进制	8#0～8#177777	8#170360	
		十六进制	W#16#0～W#16#FFFF、16#0～16#FFFF	W#16#F0F0、16#F0F0	

续表

数据类型	位大小	数值类型	数值范围	常数示例	地址示例
DWord	32	二进制	2#0～2#1111111111111111 1111111111111111	2#1111000001111111100001111	MD10 DB1. DBD8
		无符号整数	0～4294967295	15793935	
		八进制	8#0～8#37777777777	8#74177417	
		十六进制	DW#16#0000_0000～DW#16#FFFF_FFFF、16#0000_0000～16#FFFF_FFFF	DW#16#F0FF0F、16#F0FF0F	

化成 16 位二进制为 0001001000110100，使用十六进制表示 WORD 数值时没有符号位。

注意：

（1）MW0 为 16 位二进制数，由 MB0、MB1 两个字节组成，其中 MB0 中的 8 位为高 8 位，MB1 中的 8 位为低 8 位。

（2）MD0 由 MB0、MB1、MB2、MB3 四个字节组成，其中 MB0 中的 8 位为高 8 位，MB3 中的 8 位为低 8 位。

例：若 MB0=25，MB1=36，问 MW0=?，M0. 5=?

把 MB0 中的 25 化成 8 位二进制数为 00011001

把 MB1 中的 36 化成 8 位二进制数为 00100100

MW0 由 MB0、MB1 组成，且 MB0 为高 8 位，MB1 为低 8 位，故 MW0 的 16 位二进制数为：0001100100100100，把此数化成十进制为 6436，即

MW0=6436。

M0. 5 表示变量存储器 M 的第 0 个字节的第 5 位的状态，即为 0。

2. 整数数据类型

整数数据类型见表 5-2。

表 5-2　　整数数据类型

数据类型	位大小	数值范围	常数示例	地址示例
USInt	8	0～255	78，2#01001110	MB0、DB1. DBB4
SInt	8	−128～127	+50，16#50	
UInt	16	0～65 535	65295，0	MW2、DB1. DBW2
Int	16	−32 768～32 767	30000，+30000	
UDInt	32	0～4294967295	4042322160	MD6、DB1. DBD8
DInt	32	−2147483648～2147483647	−2131754992	

表中 U 表示无符号，S 表示短，D 表示双。例如，Int 表示 16 位的整数（字），SInt 表示短整数（字节），USInt 表示无符号的短整数（字节），DInt 表示 32 位的整数（双字），UDInt 表示 32 位无符号的双整数（双字）。

一个 Int 类型的数据包含 16 个位（bit0～bit15），在存储器中占用一个字的空间。其中

bit0～bit14 位表示数据的大小。bit15 位为符号位，0 表示正数，1 表示负数。

3. 浮点型实数数据类型

实数（或浮点数）以 32 位单精度数（Real）或 64 位双精度数（LReal）表示。单精度浮点数的精度最高为 6 位有效数字，而双精度浮点数的精度最高为 15 位有效数字。在输入浮点常数时，最多可以指定 6 位（Real）或 15 位（LReal）有效数字来保持精度。

浮点型实数数据类型见表 5-3。

表 5-3 浮点型实数数据类型

数据类型	位大小	数值范围	常数示例	地址示例
Real	32	－3.402823e＋38～－1.175495e－38、±0、＋1.175495e－38～＋3.402823e＋38	123.456、－3.4、1.0e－5	MD100、DB1.DBD8
LReal	64	－1.7976931348623158e＋308～－2.2250738585072014e－308、±0、＋2.2250738585072014e－308～＋1.7976931348623158e＋308	12345.123456789e40、1.2e＋40	DB_name.var_name 规则： • 不支持直接寻址； • 可在 OB、FB 或 FC 块接口数组中进行分配

计算涉及包含非常大和非常小数据的数值时，计算结果可能不准确。如果两个数据相差 10 的 x 次方，其中 $x>6$(Real) 或 15(LReal)，则会发生上述情况。例如：

(Real)：100000000 ＋ 1 ＝100000000

4. 时间和日期数据类型

时间和日期数据类型见表 5-4。

表 5-4 时间和日期数据类型

数据类型	大小	范　围	常量输入示例
Time	32 位	T#－24d_20h_31m_23s_648ms～T#24d_20h_31m_23s_647ms 存储形式：2147483648～＋2147483647ms	T#5m_30s T#1d_2h_15m_30s_45ms TIME#10d20h30m20s630ms 500h10000ms 10d20h30m20s630ms
Date	16 位	D#1990-1-1～D#2168-12-31	D#2009-12-31 DATE#2009-12-31 2009-12-31
Time_of_Day	32 位	TOD#0：0：0.0～TOD#23：59：59.999	TOD#10：20：30.400 TIME_OF_DAY#10：20：30.400 23：10：1

TIME 数据作为带符号双整数存储，单位为毫秒。编辑器格式可以使用日期（d）、小时（h）、分钟（m）、秒（s）和毫秒（ms）信息。不需要指定全部时间单位，例如，T#5h10s 和 T#500h 均有效。所有指定单位值的组合值不能超过以毫秒表示的时间日期类型的上限或下限（－2147483648～＋2147483647ms）。

日期 DATE 数据作为无符号整数值存储，被解释为添加到基础日期 1990 年 1 月 1 日的天数，用以获取指定日期。编辑器格式必须指定年、月和日。

TOD（TIME_OF_DAY）数据作为无符号双整数值存储，被解释为自指定日期的凌晨算起的毫秒数（凌晨=0ms）。必须指定时（24 小时/天）、分钟、秒、毫秒。可以选择指定毫秒格式。

5. 字符数据类型

字符数据类型见表 5-5。Char 在存储器中占一个字节，可以存储以 ASCII 格式（包括扩展 ASCII 字符代码）编码的单个字符，如 CHAR# 'A'。

WChar 在存储器中占一个字的空间，可包含任意双字节字符表示形式。如 WCHAR# '我'。

编辑器语法在字符的前面和后面各使用一个单引号字符，可以使用可字符和控制字符。

表 5-5　　字符数据类型

数据类型	大小	范围	常量输入示例
Char	8 位	16#00～16#FF	'A','t','@','ä','Σ'
WChar	16 位	16#0000～16#FFFF	'A','t','@','ä','Σ', 亚洲字符、西里尔字符以及其他字符

二、复合数据类型

复合数据类型中的数据由基本数据类型的数据组合而成，其长度可能超过 64 位。西门子 S7-1500 中可以有 DATE_AND_TIME、STRING、ARRAY、STRUCT 等复合数据类型。

1. DTL（日期和时间型）

DTL（日期和时间长型）数据类型使用 12 个字节的结构保存日期和时间信息。

可以在块的临时存储器或者 DB 中定义 DTL 数据，可在 DB 编辑器的“起始值”列输入一个值。DTL 数据类型的取值范围及输入示例见表 5-6。

表 5-6　　DTL 数据类型

长字（字节）	格式	值范围	值输入的示例
12	时钟和日历年-月-日：时：分：秒，纳秒	最小：DTL#1970-01-01-00：00：00.0 最大：DTL#2554-12-31-23：59：59.999999999	DTL#2008-12-16-20：30：20.250

DTL 的每一部分均包含不同的数据类型和值范围，数据类型必须与相应部分的数据类型相一致，DTL 结构的元素见表 5-7。

表 5-7　　DTL 结构的元素

Byte	组件	数据类型	值　范　围
0	年	UINT	1970～2554
1			
2	月	USINT	1～12

续表

Byte	组件	数据类型	值 范 围
3	日	USINT	1～31
4	工作日[1]	USINT	1（星期日）～7（星期六）[1]
5	小时	USINT	0～23
6	分	USINT	0～59
7	秒	USINT	0～59
8	纳秒	UDINT	0～999999999
9			
10			
11			

2. 字符串数据类型

字符串数据类型有 String 和 WString 两种。String 和 WString 数据类型的大小与范围见表 5-8。

String 数据类型用于存储一串单字节字符。String 数据类型包含总字符数（字符串中的字符数）和当前字符数。String 类型提供了多达 256 个字节，包括字符串中存储最大总字符数（1 个字节）、当前字符数（1 个字节），以及最多 254 个字节。String 数据类型中的每个字节都可以是从 16＃00～16＃FF 的任意值。

WString 数据类型支持单字（双字节）值的较长字符串。第一个字是最大总字符数，下一个字包含总字符数，接下来的字符串可包含多达 65534 个字。WString 数据类型中的每个字都可以是从 16＃0000～16＃FFFF 的任意值。

表 5-8 字符串数据类型

数据类型	大小	范围	常量输入示例
String	n+2 字节	n=（0～254 字节）	“ABC”
WString	n+2 个字	n=（0～65534 个字）	“ä123@XYZ. COM”

可以对 IN 类型的指令参数使用带单引号的文字串（常量）。例如，‘ABC’是由三个字符组成的字符串，可用作 S _ CONV 指令中 IN 参数的输入。还可通过在 OB、FC、FB 和 DB 的块接口编辑器中选择“String”或“WString”数据类型来创建字符串变量。无法在 PLC 变量编辑器中创建字符串。

可从数据类型下拉列表中选择一种数据类型，输入关键字“String”或“WString”，然后在方括号中以字节（String）或字（WString）为单位指定最大字符串大小。例如，“a String [10] ”是指定 a 的最大长度为 10 个字节。

如果不包含带有最大长度的方括号，则假定字符串的最大长度为 254，并假定 WString 的最大长度为 65534。“b WString [1000] ”可指定一个 1000 字的 WString。表 5-9 的示例定义了一个最大字符数为 10，而当前字符数为 3 的 String。这表示该 String 当前包含 3 个单字节字符，但可以扩展到包含最多 10 个单字节字符。

表 5-9　String 数据类型示例

总字符数	当前字符数	字符 1	字符 2	字符 3	…	字符 10
10	3	'C'（16#43）	'A'（16#41）	'T'（16#54）	…	—
字节 0	字节 1	字节 2	字节 3	字节 4	…	字节 11

表 5-10 的示例定义了一个最大字符数为 500，当前字符数为 300 的 WString。这表示该 WString 当前包含 300 个单字字符，但可以扩展到包含最多 500 个单字字符。

表 5-10　WString 数据类型示例

总字符数	当前字符数	字符 1	字符 2～299	字符 300	…	字符 500
500	300	'ä'（16#0084）	ASCll 字符字	'M'（16#004D）	…	—
字 0	字 1	字 2	字 3～300	字 301	…	字 501

三、转换操作指令

1. CONV（转换值）指令

CONV（转换值）指令见表 5-11，它是将数据从一种数据类型转换为另一种数据类型。常用的转换指令如把浮点数转换为双整数、把双整数转换为浮点数、把整数转换为双整数、把整数转换为 BCD 码等。

表 5-11　CONV（转换值）指令

LAD/FBD	说　明
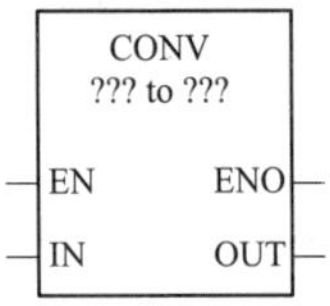	将数据元素从一种数据类型转换为另一种数据类型

对于 CONV 转换指令中，可单击“???”并从下拉菜单中选择数据类型。CONV（转换值）指令的参数数据类型见表 5-12。

表 5-12　参数的数据类型

参数	数据类型	说　明
IN	Slnt，USlnt，Int，Ulnt，Dlnt，UDlnt，Real，LReal，BCD16，BCD32，Char，WChar	输入值
OUT	位串 1，Slnt，USlnt，Int，Ulnt，Dlnt，UDlnt，Real，LReal，BCD16，BCD32，Char，WChar	转换为新数据类型的输入值

该指令需要为指令参数输入数据类型 Byte、Word 或 DWord 的操作数。例如，选择 Byte 表示 USInt 数据类型，选择 Word 表示 UInt 数据类型，选择 DWord 表示 UDInt 数据类型。

选择（转换源）数据类型之后，（转换目标）下拉列表中将显示可能的转换项列表。与

BCD16 进行转换仅限于 Int 数据类型。与 BCD32 进行转换仅限于 DInt 数据类型。

图 5-1 所示程序中，程序段 1 中的转换指令是把 16 位带符号的整数转换为 16 位 BCD 码。程序段 2 中的转换指令是把 16 位带符号的整数转换为 32 位的浮点数。假如 MW0 的数值为 10，则转换后 MW2 的结果为 0000000000010000，MD6 的结果为 10.0 的浮点数（带小数点）。

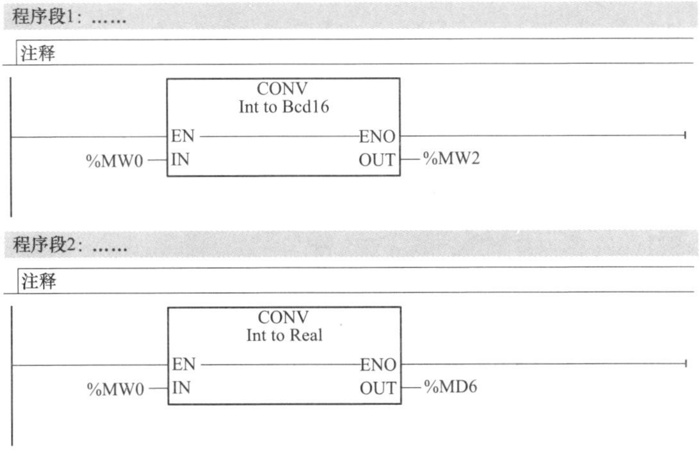

图 5-1　转换指令的使用

2. 浮点数转换为双整数指令

浮点数转换为双整数有 4 条指令，分别为 ROUND、TRUNC、CEIL、FLOOR 指令。

(1) ROUND 指令。ROUND 是取整指令，即它将实数的小数部分舍入到最接近的整数值。如果该数值刚好是两个连续整数的一半（例如，10.5），则将其取整为偶数。例如：

ROUND（10.5）＝10

ROUND（11.5）＝12

(2) TRUNC 指令。TRUNC 用于将实数转换为整数。实数的小数部分被截成零，仅保留整数部分。例如：

TRUNC（10.9）＝10

(3) CEIL 指令。CEIL 指令将实数（Real 或 LReal）转换为大于或等于所选实数的最小整数。例如：

CEIL（10.4）＝11

CEIL（－10.4）＝－10

(4) FLOOR 指令。FLOOR 指令是将实数（Real 或 LReal）转换为小于或等于所选实数的最大整数。例如：

FLOOR（10.4）＝10

FLOOR（－10.4）＝－11

3. SCALE _ X（缩放）和 NORM _ X（标准化）指令

SCALE _ X（缩放）和 NORM _ X（标准化）指令及其说明见表 5-13。在指令中，可单击“???”并从下拉菜单中选择数据类型。

表 5-13　　SCALE _ X（缩放）和 NORM _ X（标准化）指令

LAD/FBD	说　明
SCALE_X Real to ??? EN　END MIN　OUT VALUE MAX	按参数 MIN 和 MAX 所指定的数据类型和值范围对标准化的实参数 VALUE（其中，0.0<=VALUE<=1.0）进行标定； OUT=VALUE（MAX−MIN）+MIN
NORM_X ??? to Real EN　END MIN　OUT VALUE MAX	标准化通过参数 MIN 和 MAX 指定的值范围内的参数 VALUE； OUT=（VALUE−MIN）/（MAX−MIN），其中（0.0<=OUT<=1.0）

SCALE _ X（缩放）是将浮点数输入值 VALUE（范围 0.0～1.0）线性转换为 MIN 和 MAX 定义的范围内的数值。转换结果用 OUT 指定的变量地址保存。参数 MIN、MAX 和 OUT 的数据类型应相同。输入/输出之间的线性关系如图 5-2 所示。

OUT=VALUE（MAX−MIN）+MIN

NORM _ X（标准化）指令是将输入值 VALUE（范围在 MIN、MAX 之间）线性转换成 0.0～1.0 的实数，结果存入 OUT 指定的变量。输入/输出之间的线性关系如图 5-3 所示。

OUT=（VALUE−MIN）/（MAX−MIN）　其中（0.0≤OUT≤1.0）

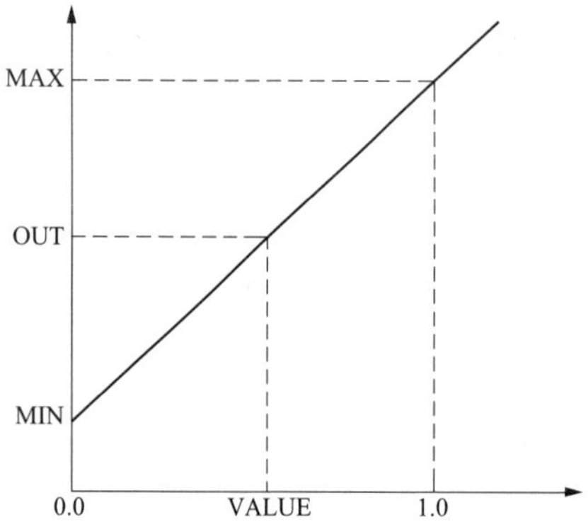

图 5-2　SCALE _ X 指令的线性关系

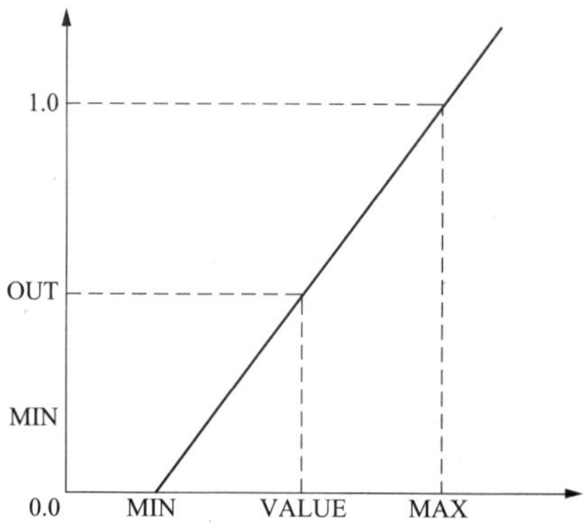

图 5-3　NORM _ X 指令的线性关系

项目任务

模拟量 A/D 转换和 D/A 转换值的处理，转换要求如下：

1. 标准化和标定模拟量输入值

来自电流输入型模拟量信号模块或信号板的模拟量输入的有效值在 0～27648 范围内。假设模拟量输入代表温度，其中模拟量输入值 0 表示−30.0℃，27648 表示 70.0℃。要将模拟值转换为对应的工程单位，应先将输入标准化为 0.0～1.0 之间的值，然后再将其标定为−30.0～70.0 之间的值，结果值为温度值（以℃为单位）。

2. 标准化和标定模拟量输出值

要在电流或电压输出型模拟量信号模块或信号板中设置的模拟量输出的有效值必须在0～27648范围内。假设模拟量输出表示调节量，其中PID运算输出调节量范围为0～100的实数。要将存储器中0～100的实数转换为0～27648范围内的模拟量输出值，必须将以工程单位表示的值标准化为0.0～1.0之间的值，然后将其标定为0～27648范围内的模拟量输出值。

项目分析

对于模拟量输入值的处理，先把0～27648的整数用NORM_X（标准化）指令转化到0.0～1.0的实数范围，再将结果用SCALE_X（缩放）转换到－30.0～70.0之间实数温度值。

对于模拟量输出值的处理，先把0～100的实数用NORM_X（标准化）指令转换成0.0～1.0的实数范围，再将结果用SCALE_X（缩放）转换到0～27648的整数。

对于A/D转换后的数据存储器，用IW表示；对于D/A转换的存储器，用QW表示。为了程序的仿真与调试的方便，本项目用MW0作为AD转换的存储器，用MW2作为DA转换的存储器。

项目编程与调试

一、编程

在OB1中编写程序如图5-4所示。程序中用MW0作为A/D转换后的存储器，转换后的温度值存于MD14。用MD0作为PID运算的结果，范围是0～100的实数，转化到0～27648的整数存于MW24。

二、程序下载调试

把程序下载到PLC（S7-1200或S7-1500）或仿真器中，运行监视，按以下步骤进行调试验证。

（1）把MW0设置为0，验证转化后MD14的值应为－30.0。

（2）把MW0设置为27648，验证转化后MD14的值应为70.0。

（3）把MW0设置为13824，验证转化后MD14的值应为20.0。

（4）把MD4设置为0.0，验证转化后MW24的值应为0。

（5）把MD4设置为100.0，验证转化后MW24的值应为27648。

（6）把MD4设置为50.0，验证转化后MW24的值应为13824。

小　结

本项目通过使用NORM_X（标准化）指令和SCALE_X（缩放）指令实现数据的转换。项目中涉及常用的数据类型，如Int、Real等。对于复杂算法的实现，必须要做到各种数据类型的熟练应用。

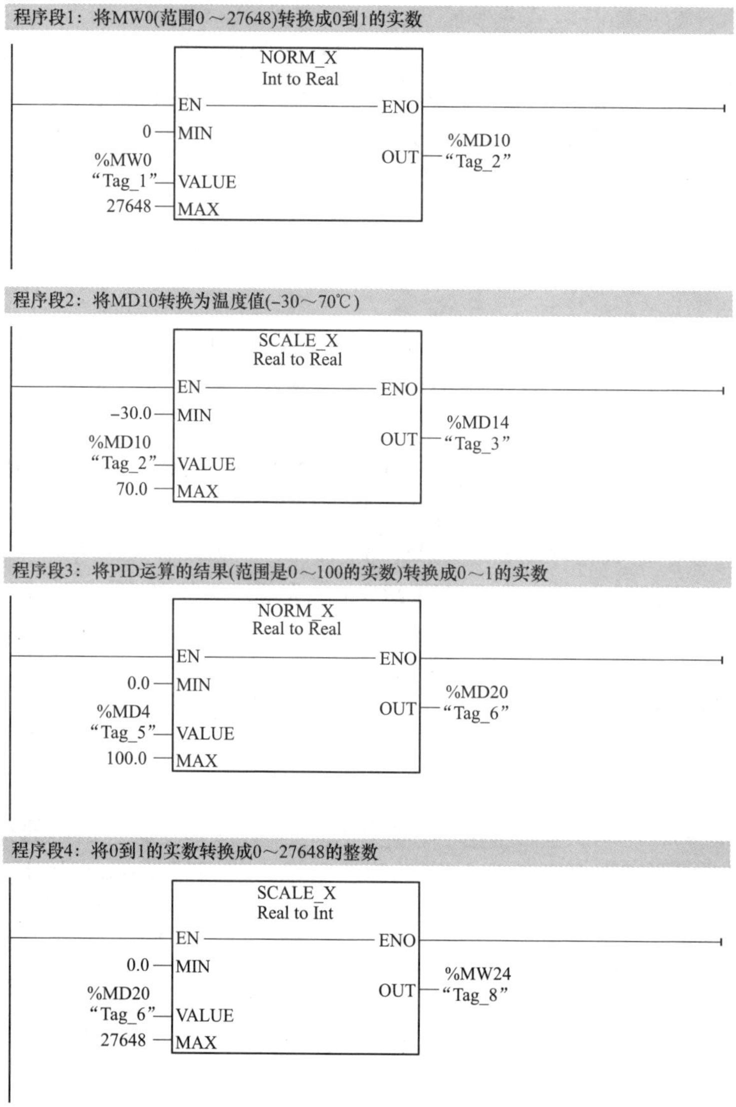

图 5-4　OB1 主程序

练习与提高

1. MD0 由几个字节构成，分别是哪几个字节，其中高位字节是哪个？低位字节是哪个？

2. MD0 总共有多少位？其中第 8 位是哪位？

3. 某液位传感器量程（4～20mA）范围是 0.0～200.0mm，A/D 转换后的数据存于 IW256，编程将 IW256 转换成液位工程值。

项目 6

交 通 灯 控 制

知识点　定时器、数据块、数组、时间循环类程序编程。

交通灯控制采用时间循环类程序，通过控制交通灯，进一步学习定时器的用法，掌握时间循环类程序的编写。由于交通灯控制程序中用到较多的定时器，所以可以考虑用数组来定义多个定时器。

准备知识

一、数据块

数据块用于存储用户数据及程序的中间变量。新建数据块时，默认状态下是优化的存储方式，且数据块中的存储变量的属性是非保持。

数据块 DB 可以作为全局数据块、背景数据块和基于用户数据类型（用户定义数据类型、系统数据类型或数组类型）的数据块。背景数据块需配合函数块 FB 使用，用户数据类型数据块可让用户自定义复杂的数据类型，这两种数据块会在后续项目中讲解和使用。本项目中我们先学习全局数据块的建立和使用。

1. 数据块的建立

创建全局数据块的步骤如下：

（1）创建 DB 块。在项目中添加了 S7-1200 设备之后，在项目树中 PLC 设备的“程序块”下即可以添加新的数据块，如图 6-1 所示。

（2）在打开的“添加新块”窗口下选择数据块。以下是对此窗口中各项配置的说明：

1）名称：此处可以键入 DB 块的符号名。如果不做更改，那么将保留系统分配的默认符号名。例如，此处为 DB 块分配的符号名为“Data _ block _ 2”。

2）类型：此处可以通过下拉菜单选择所要创建的数据块类型，选全局数据块或背景数据块。

（3）如果要创建背景数据块，下拉菜单中列出了此项目中已有的 FB 供用户选择。

1）语言：对于创建数据块，此处不可更改。

2）编号：默认配置为“自动”，即系统自动为所生成的数据块配分块号。当然也可以选择“手动”，则“编号”处的菜单变为高亮状态，以便用户自行分配 DB 块编号。

3）块访问：默认选项为“已优化”，当选择此项时，数据块中的变量仅有符号名，没有地址偏移量的信息，该数据块仅可进行符号寻址访问。选择“已优化”创建数据块可优化 CPU 对存储空间的分配及访问，提升 CPU 性能；用户也可以选择“标准-与 S7-300/400 兼

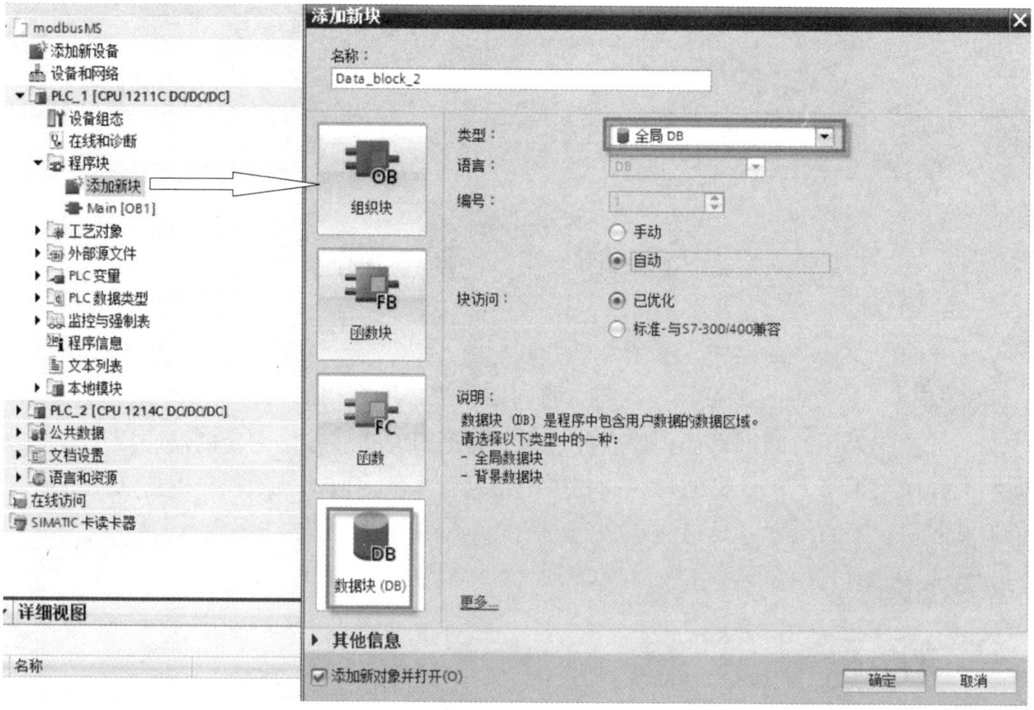

图 6-1　创建 DB 块

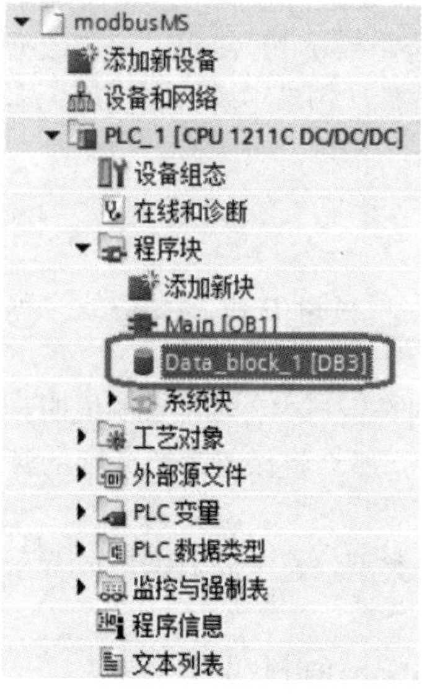

图 6-2　项目树中的 DB 块

容”，获得与 S7-300/400 数据块相同的特性，数据块中的变量有符号名和偏移量，可以进行符号访问和绝对地址访问。

注意：数据块的块访问属性可在创建数据块时定义。

当以上的数据块属性全部定义完成，单击“确定”按钮即创建完成一个数据块。用户可以在项目树中看到刚刚创建的数据块，如图 6-2 所示。

2. 在数据块中建立变量

双击打开数据块即可逐行添加变量，如图 6-3 所示。

如果数据块时选择“标准-与 S7-300/400 兼容”，则在数据块中可以看到“偏移量”列，并且系统在编译之后在该列生成每个变量的地址偏移量。设置成优化访问的数据块则无此列。默认情况下会有一些变量属性列未被显示出来，可以通过右击任意列标题，可在出现的菜单中选择显示被隐藏的列，如图 6-4 所示。

定义变量的数据类型，可以是基本数据类型、复合数据类型（时间与日期、字符串、结构体、数组等）、PLC 数据类型（如用户自定义数据类型）、系统数据类型和硬件数据类型。也可以直接键入数据类型标识符，或者通过该列中的选择按钮选择，如图 6-5 所示。

需要创建多个数据类型相同的变量时，可以将光标置于第一个变量名称的右下角，待光标变为“+”符号后向下拖动光标，即可轻松创建多个具有类似属性的变量。

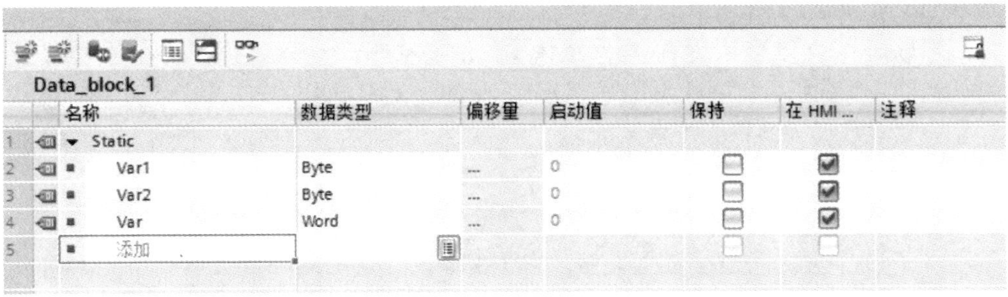

图 6-3　数据块的编辑

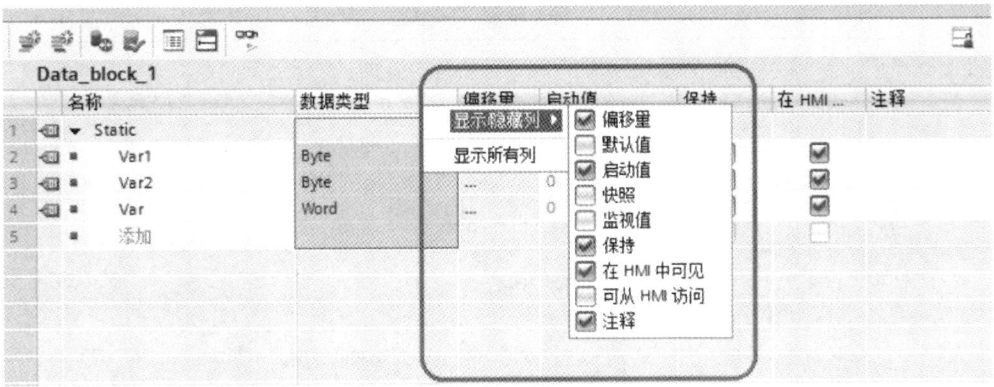

图 6-4　显示隐藏列

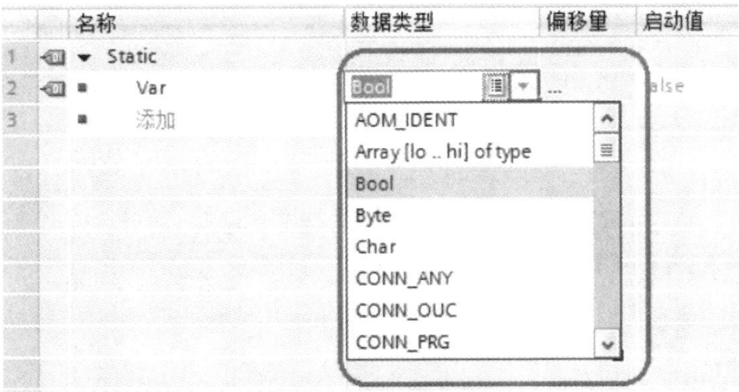

图 6-5　定义数据类型

对于可优化访问的数据块，其中的每个变量可以分别设置其保持与否；而非优化的数据块仅可设置其中所有的变量保持或不保持，不能对每个变量单独设置。

3. 数据块的访问

优化的数据块中变量访问只能用符号访问，符号访问的格式如下：

符号访问：＜DB 块名＞.＜变量名＞

例如：Data _ Block _ 1. Var1；

对于非优化的数据块中的变量访问既可用符号访问，也可用绝对地址访问，绝对地址访问的格式如下：

绝对地址访问：＜DB 块号＞.＜变量长度及偏移量＞

例如：DB1. DBX0. 0；DB1. DBB0；DB1. DBW0；DB1. DBD0。

注意：复合数据类型只能符号寻址。

二、数组

数组（Array）是一种复合数据类型。它是由固定数量的同一种数据类型元素组成的数据结构。结构的元素可以是除了 Array 之外的所有数据类型。数组的维数最多为六维，通过元素下标进行寻址。ARRAY 数据类型规则见表 6-1。

表 6-1　　ARRAY 数据类型规则

数据类型	数组语法		
ARRAY	Name [mdex1 _ min. . index1 _ max，index2 _ min. . index2 _ max] of＜数据类型＞ 全部数组元素必须是同一数据类型。 索引可以为负，但下限必须小于或等于上限。 数组可以是一维到六维数组。 用逗点字符分隔多维索引的最小最大值声明。 不允许使用嵌套数组或数组的数组。 数组的存储器大小＝（一个元素的大小×数组中的元素的总数）		
	数组索引	有效索引数据类型	数组索引规则
	常量或变量	USInt，SInt，UInt，Int，UDInt，DInt	限值：－32768～＋32767 有效：常量和变量混合 有效：常量表达式 无效：变量表达式

数组声明示例：

ARRAY [1. . 20] of REAL　　　一维，20 个元素

ARRAY [－5. . 5] of INT　　　一维，11 个元素

ARRAY [1. . 2，3. . 4] of CHAR　　二维，4 个元素

数组地址示例：

ARRAY1 [0]　　ARRAY1 元素 0

ARRAY2 [1，2]　　ARRAY2 元素 [1，2]

ARRAY3 [i，j]　　如果 $i=3$ 且 $j=4$，则对 ARRAY3 对元素 [3，4] 进行寻址

数组可以在 OB、FC、FB 和 DB 的块接口编辑器中创建。无法在 PLC 变量编辑器中创建数组。要在块接口编辑器中创建数组，需要为数组命名并选择数据类型“Array [lo. . hi] of type”，然后根据如下说明编辑“lo”“hi”和“type”。

（1）lo：数组的起始（最低）下标。

（2）hi：数组的结束（最高）下标。

（3）type：数据类型，例如，BOOL、SINT、UDINT 等。

如图 6-6 所示，在名为“DA”的数据块中，建立了一个变量名为 a 的数组。该数组为 2 维数据，该数据共包含 16 个 Int 数据。

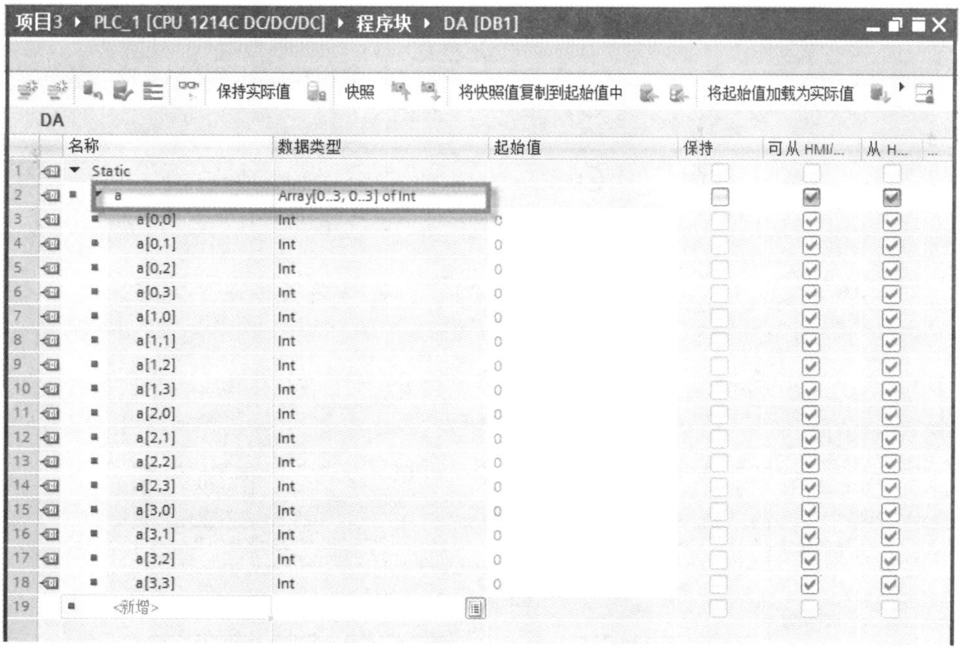

图 6-6 在数据块中建立变量 a 为数组

若要在 OB1 中调用该数据中的元素 a[1，2]，调用格式如图 6-7 所示，其中 DA 为数据块名。

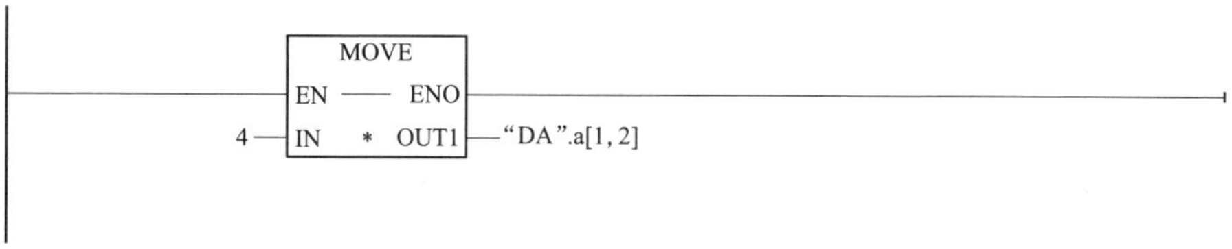

图 6-7 数组元素的地址访问

项目任务

交通灯控制系统输入信号有一个启动按钮 SB1 和一个停止按钮 SB2，输出信号有南北方向红灯、绿灯、黄灯，东西方向红灯、绿灯、黄灯。

交通信号灯示意图和时序图如图 6-8 所示，控制要求如下：

（1）接通启动按钮后，信号灯开始工作，南北向红灯、东西向绿灯同时亮。

（2）东西向绿灯亮 25s 后，闪烁 3 次（1s/次），接着东西向黄灯亮，2s 后东西向红灯亮，30s 后南北向绿灯又亮……如此不断循环，直至停止工作。

（3）南北向红灯亮 30s 后，南北向绿灯亮，25s 后南北向绿灯闪烁 3 次（1s/次），接着南北向黄灯亮，2s 后南北向红灯又亮……如此不断循环，直至停止工作。

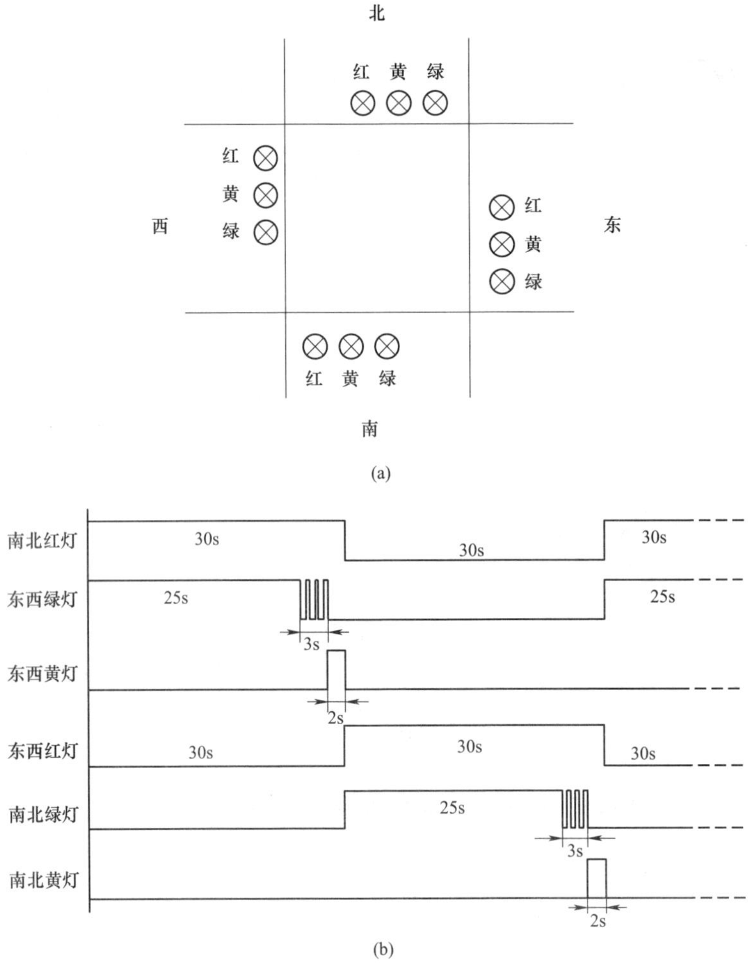

图 6-8　信号灯工作示意图

（a）工作示意图；（b）时序图

项目分析

编写控制程序，使用 8 个定时器，在主程序里面编写控制程序，TO 与 T1 定时器用于编写 1s 闪烁的控制程序。分别用 T2～T7 记录一个周期内的各段时间。

程序可选用 S7-1200 或 S7-1500 PLC 编写，下面以 S7-1200 PLC 为例进行控制。交通灯控制 I/O 原理图如图 6-9 所示。

项目编程与调试

一、新建项目并组态硬件

打开 TIA Portal 软件，新建项目，项目名称命名为“交通灯控制”，添加新的设备，插入 CPU 模块，如图 6-10 所示。单击 CPU 模块，可以看到模块的 I/O 地址为 0～1，如图 6-11 所示。

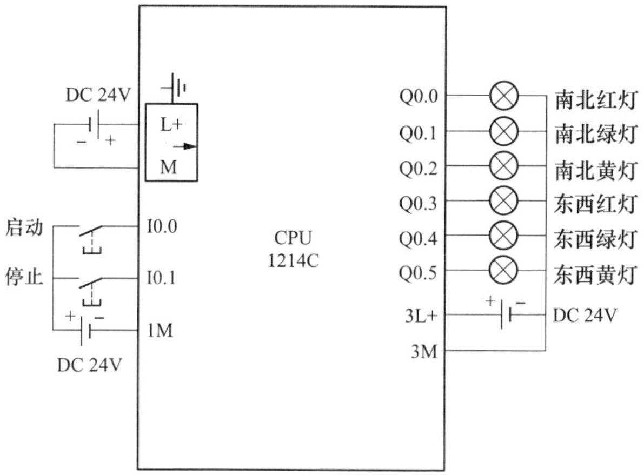

图 6-9　PLC 的 I/O 原理图

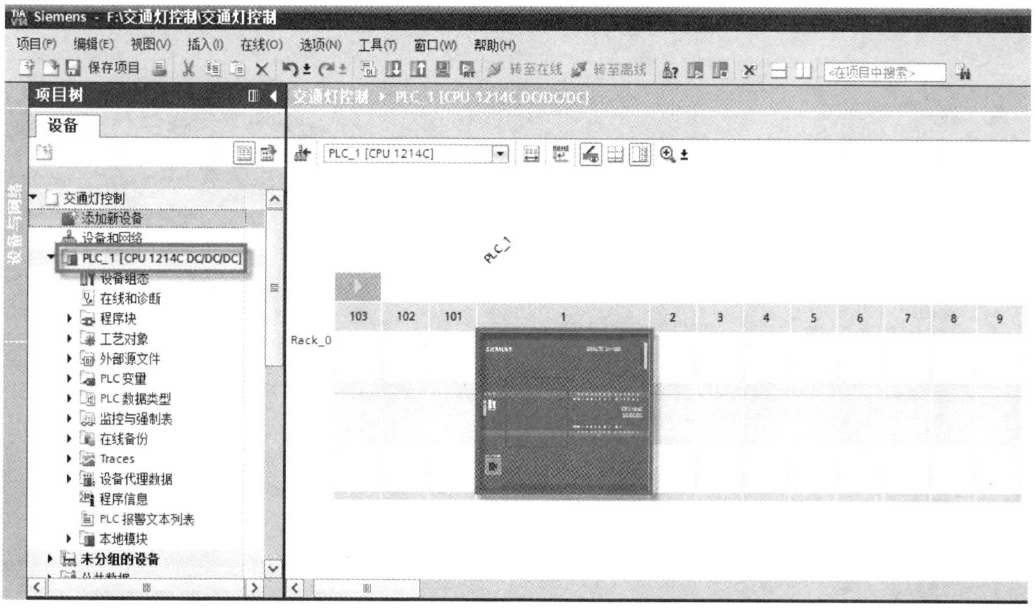

图 6-10　添加新设备

二、组态变量表

根据编程需要，创建变量表如图 6-12 所示。

三、创建 DB 块

由于本项目使用的定时器较多，创建一个全局 DB 数据块，在数据块里创建一个名称为 T、数据类型为 IEC _ TIMER 的数组，如图 6-13 所示，这样就可一次定义多个定时器。

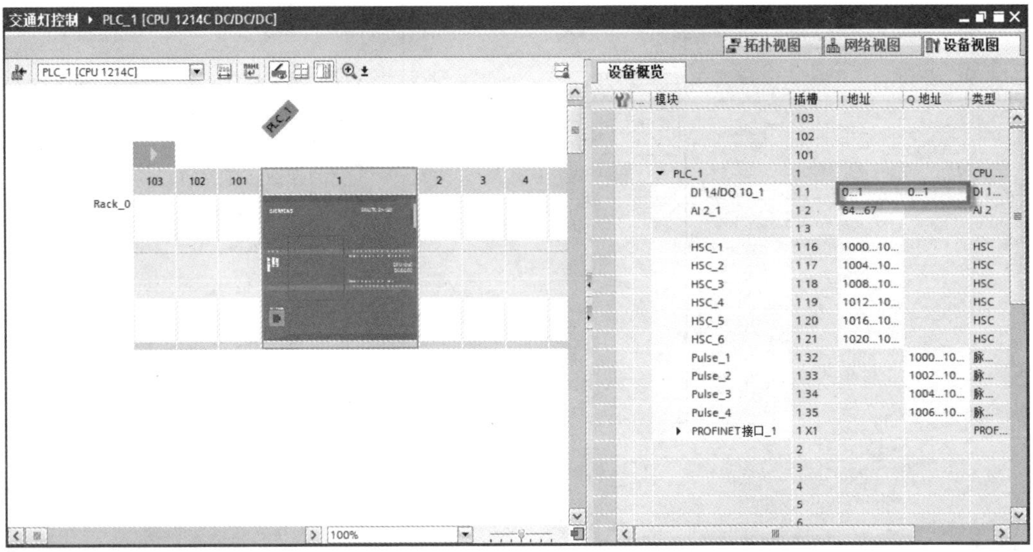

图 6-11　查看 I/O 地址

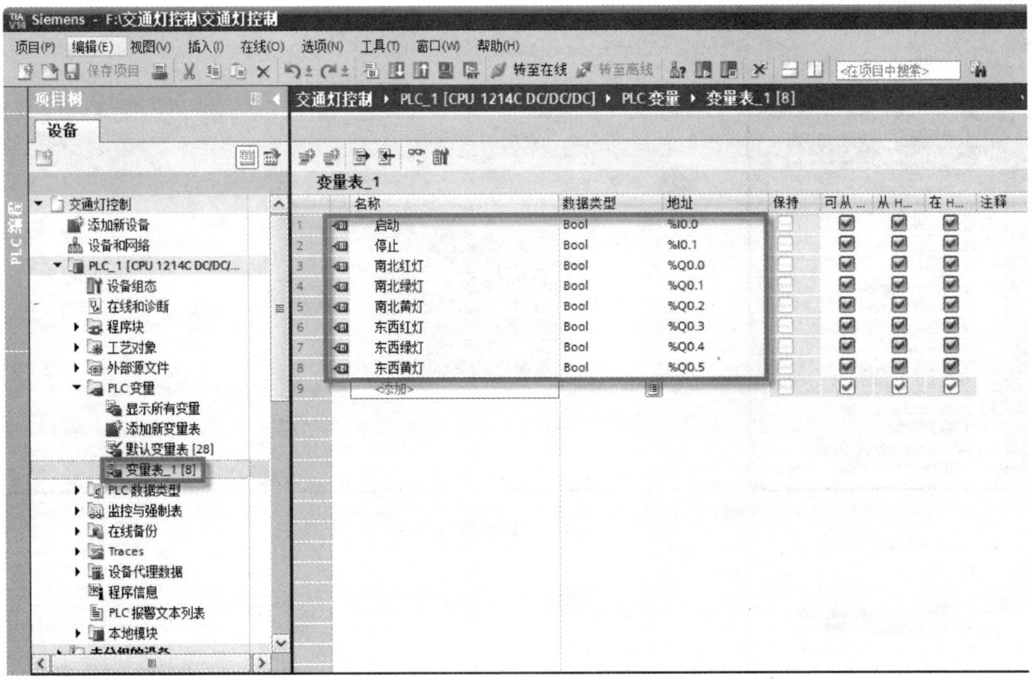

图 6-12　创建变量表

四、程序编写

创建完所需的变量表与 DB 数据块后，打开 OB1 Main 主程序，编写交通灯控制程序，如图 6-14 所示。

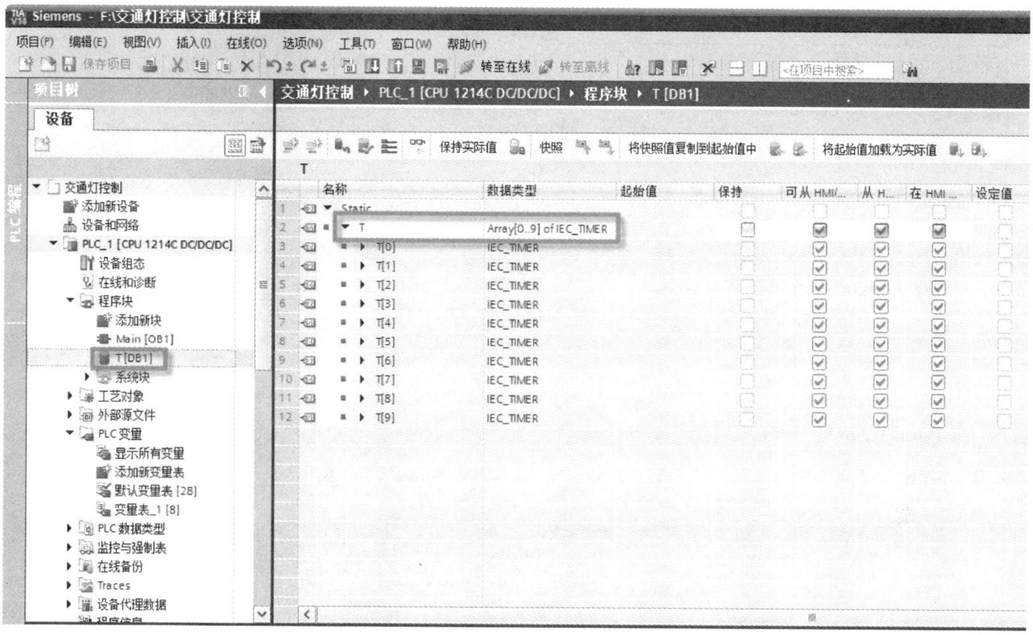

图 6-13　创建 DB 块

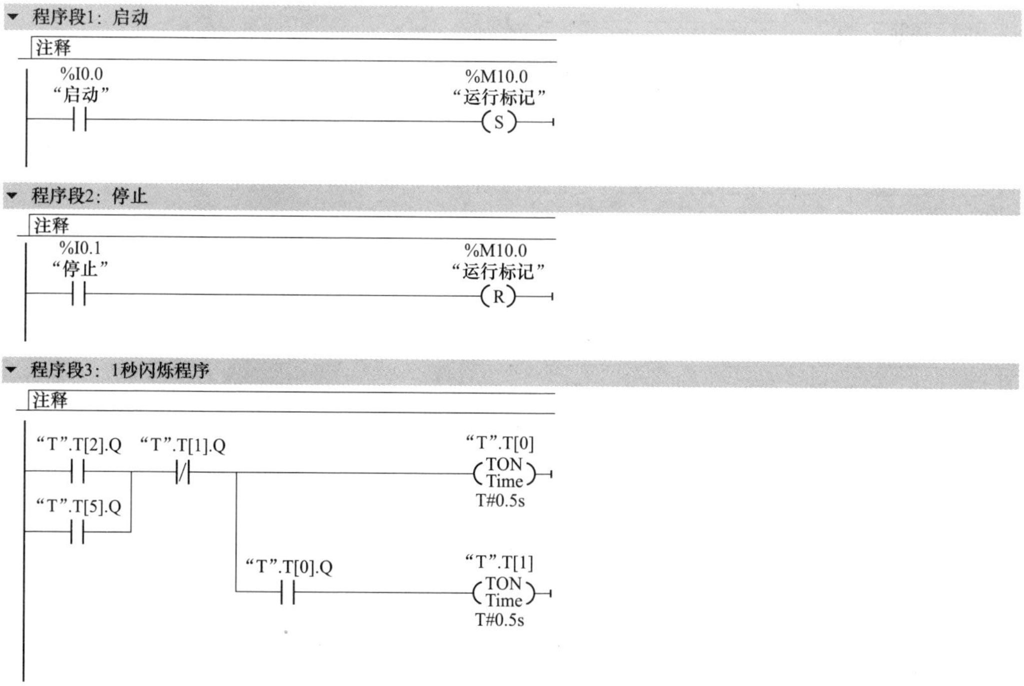

图 6-14　交通灯控制程序

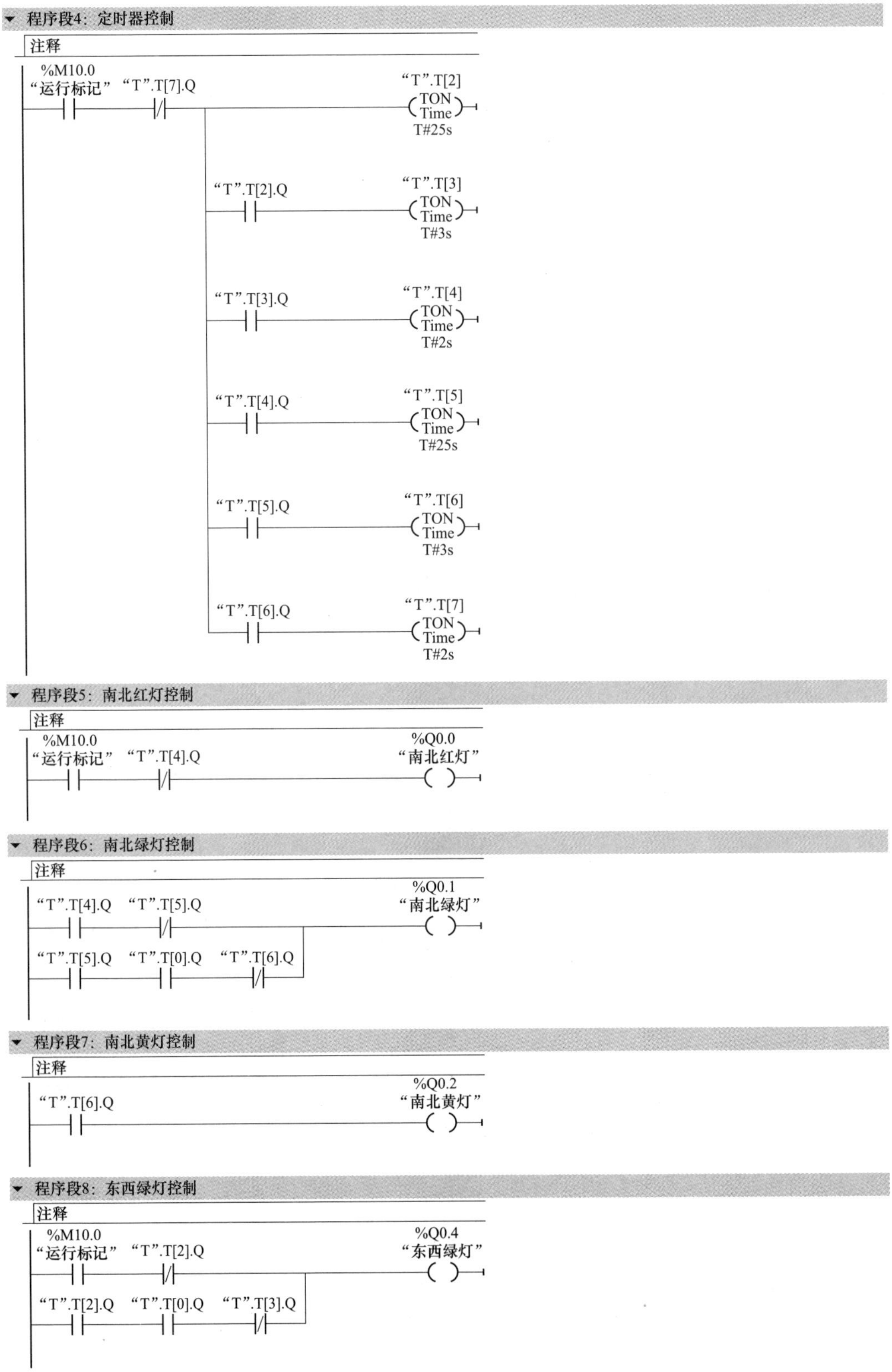

图 6-14　交通灯控制程序（续）

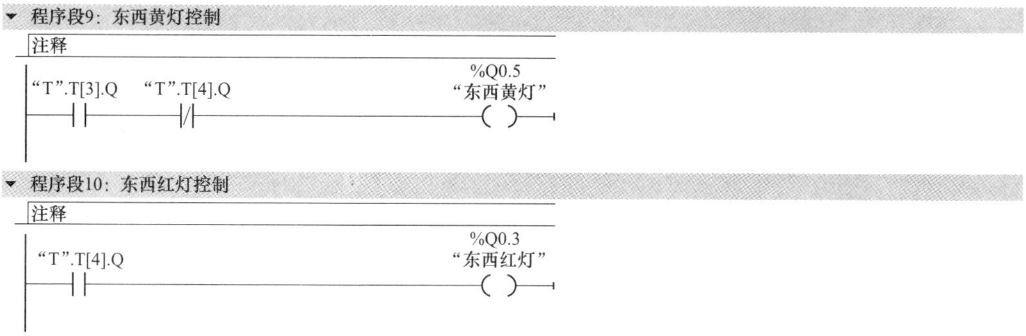

图 6-14 交通灯控制程序（续）

在以上程序上定时器 T［0］和 T［1］用来产生 1s 闪烁的脉冲，T［2］～T［7］用来控制交通灯的时间段并循环，时间循环程序的关键点是把最后一个定时器 T［7］的动断触点串联在定时器计时程序支路中，如程序段 4 中的 T［7］的动断触点。

五、项目下载与调试

程序编写完成后，如图 6-15 所示，单击 CPU 模块，分别单击工具栏中的编译与下载按钮，把项目下载到硬件 S7-1200 PLC 中。

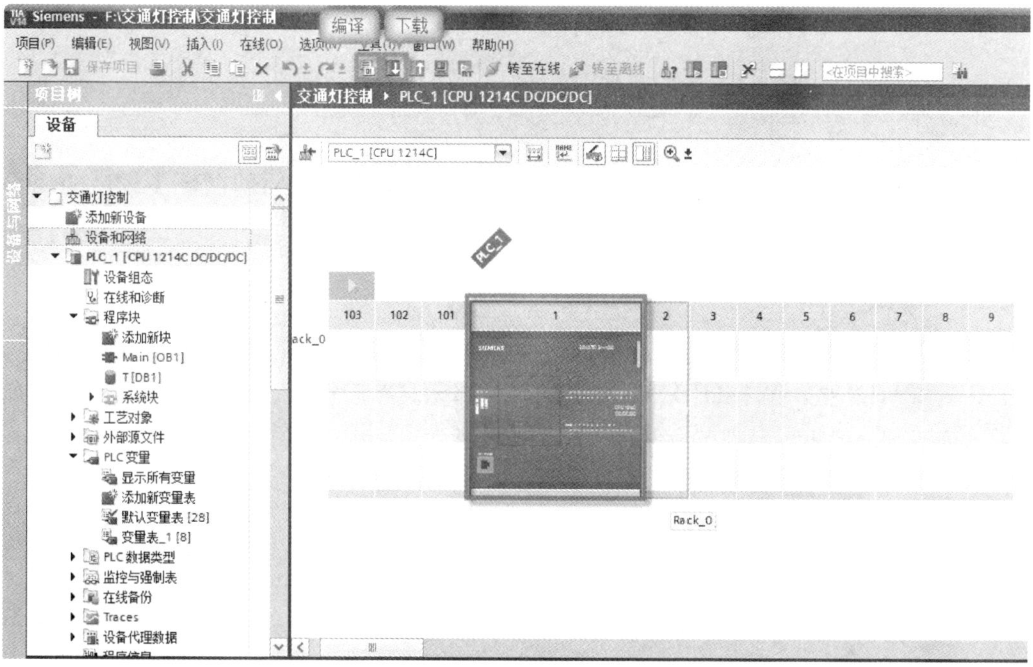

图 6-15 下载硬件与程序

项目下载完成之后即可进行项目调试。图 6-16 所示新建一个名称为"监控表 _ 1"的监控表，在监控表里面添加所需要监控的变量，单击"全部监视"按钮开始监视变量值。

按下启动按钮，在监控表中监视交通灯的动作顺序如下：南北红灯与东西绿灯为

TRUE。25s 后东西绿灯闪烁；28s 后南北红灯亮，东西黄灯亮；30s 后南北绿灯与东西红灯为 TRUE；55s 后南北绿灯闪烁，58s 后东西红灯与南北黄灯为 TRUE；60s 后循环工作。

按下停止按钮，所有变量为 FALSE，交通灯停止运行。

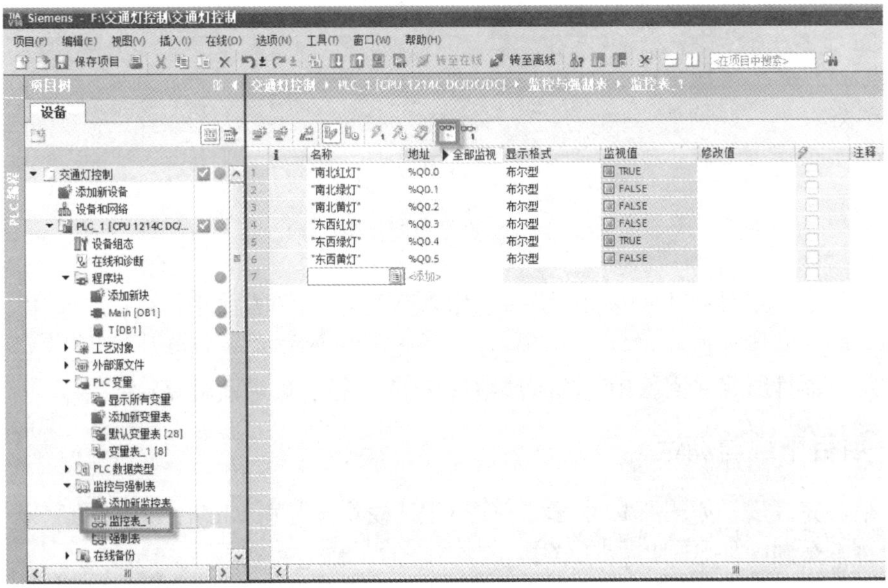

图 6-16　变量监控

小　结

通过本项目的学习，学会全局数据块和数组的使用，并掌握时间循环类程序的编程序方法。

练习与提高

编程控制三个指示灯分别为 HL1、HL2 和 HL3。要求按下启动按钮后，第 1sHL1 亮，第 2sHL1 和 HL2 亮，第 3sHL1、HL2 和 HL3 都亮。然后循环。按下停止按钮，所有灯都灭。

项目 7

拨码开关数据输入与数码管数字输出显示

知识点　数制与编码、数学运算与逻辑运算指令、比较指令、传送指令。

用拨码开关送数据到 PLC 以及 PLC 中的数据通过数码管进行显示的编程，需要用到数制与编码、数学运算指令、比较指令，以及传送指令等知识点。

准备知识

一、数制与编码

1. 数制

PLC 编程与计算机编程一样，需用到一些常用的数制，如二进制、十进制和十六进制。

(1) 二进制数。二进制数的位只能取 0 或 1，可以用来表示开关量（bool 型变量）的两种不同的状态，例如触点的接通与断开。

二进制数遵循逢二进一的运算规则，从右往左的第 n 位（最低位为第 0 位）的权值为 2^n。多位二进制数表示如 2#1011，它转化为十进制的算法为

$$1\times2^0+1\times2^1+0\times2^2+1\times2^3=11$$

十进制整数转换为二进制数的方法：用十进制整数除以 2，取余数，逆序排列。

如：$(11)_{10}=(1011)_2$

算法如图 7-1 所示。

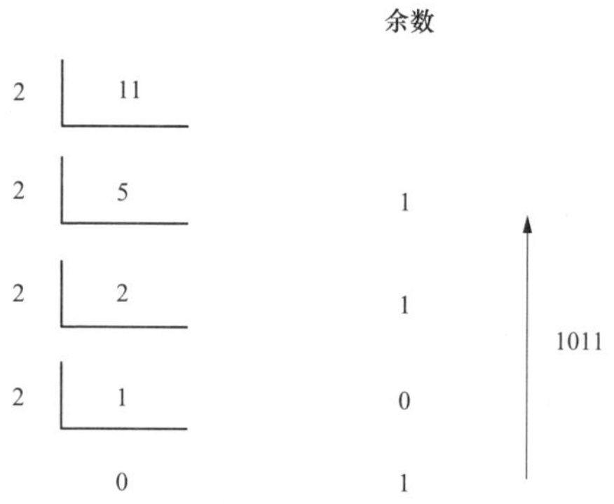

图 7-1　十进制数转换为二进制数

(2) 十六进制数。多位二进制数的书写与阅读很不方便，容易出错。为了解决这一问题，可以用十六进制来代替二进制数。

十六进制数的位只能取 0～9 和 A～F（对应十进制的 10～15）共 16 个基数。十六进制整数换为二进制数的方法是把十六进制的每一位化成 4 位的二进制数，连起来即为对应的二进制数。

如：$(57A)_{16}=(010101111010)_2$

二进制整数转换十六进制数的方法：二进制数从右向左每 4 位一组分开，高位不足 4 位用零补足 4 位，然后分别把每组换成十六进制，连起来即为所求的十六进制数。

如：$(11011010101)_2=(6D5)_{16}$

2. 编码

(1) 补码。有符号的二进制整数用补码来表示，其最高位为符号位。最高位为 0 时表示正数，为 1 时表示负数。正数的补码就是它本身，最大的 16 位二进制数为 2#0111111111111111。对应的十进制数为 32767。

最高位为 1 时表示负数。负数的补码就是它的相反数。求补码的方法是把每位二进制数取反后加 1。如 2#1100001110100011，该数的最高位为 1，表示负数。把它各位求反，即 0 变成 1，1 变成 0，取反后的值为 2#0011110001011100，再加 1 后结果为 2#0011110001011101（转化成十进制数为 15453）。所以 2#1100001110100011 转化成十进制数为−15453。

(2) BCD 码。BCD 码（Binary Coded Decimal）是二进编码的十进制数缩写代码，它是用 4 位二进制数来表示 1 个十进制数中的 1 位数。BCD 码这种编码形式利用了四个位元件储存一个十进制的数码，使二进制和十进制之间的转换得以快捷地进行。

BCD 码有多种组合方式，其中 8421 BCD 码是最基本和最常用的 BCD 码，它和四位自然二进制码相似，各位的权值为 8、4、2、1，故称为有权 BCD 码。和四位自然二进制码不同的是，它只选用了四位二进制码中前 10 组代码，即用 0000～1001 分别代表它所对应的十进制数的 0～9。其对应关系见表 7-1。

表 7-1　十进制与 8421BCD 码的对应关系

十进制数	8421BCD 编码	十进制数	8421BCD 编码
0	0000	5	0101
1	0001	6	0110
2	0010	7	0111
3	0011	8	1000
4	0100	9	1001

例如：十进制数 456 对应的 BCD 码为 010001010110。

图 7-2　拨码开关

BCD 码常用来表示 PLC 的输入/输出变量的值。拨码开关可设定一个十进制数，通过 PLC 的输入信号送至 PLC 中，图 7-2 所示为 4 位的拨码开关。

当 PLC 通过输出点接七段数码管显示一个十进制数时，也需要先把该数转换成 BCD 码，再通过输出点去驱动七段数码管。在未加译码驱动芯片的情况下，十进制的每一位需要用 7 位输出点驱动一位数字（一般占用一个字节）。

(3) ASCII 码。

ASCII（American Standard Code for Inform-ation Interchange，美国信息交换标准代码）是由 ANSI（American National Standard Institute，美国国家标准协会）制定的，标准的单字节字符编码方案，用于基于文本的数据。

数字 0～9 的 ASCII 码为十六进制数 30H～39H（H 表示十六进制）。英语大写字母 A～Z 的 ASCII 为十六进制数 41H～5AH，英语小写字母 a～z 的 ASCII 码为十六进制数 61H～7AH。

二、数学运算指令

数学运算指令包括四则运算指令、取余数指令、加 1 指令、减 1 指令、计算绝对值指令、获取最大值最小值指令、设置限值指令、计算平方与平方根指令、计算自然对数指令、计算各种三角函数值指令、取幂指令，以及提取小数指令等。

数学运算指令见表 7-2。

表 7-2　　数学运算指令

指令	描述	指令	描述
CALCULATE	计算	SQR	计算平方：IN2=OUT
ADD	加，IN1+IN2=OUT	SQRT	计算平方根，$\sqrt{IN}$=OUT
SUB	减，IN1－IN2=OUT	LN	计算自然对数，LN（IN）=OUT
MUL	乘，IN1 * IN2=OUT	EXP	计算指数值，e^a=OUT
DIV	除，IN1/IN2=OUT	SIN	计算正弦线值，sin（IN）=OUT
MOD	返回除法的余数	COS	计算余弦值，cos（IN）=OUT
NEG	可输入值的符号取反	TAN	计算正切初值，tan（IN）=OUT
INC	将参数 INOUT 的值加 1	ASIN	计算反正弦值，arcsin（IN）=OUT
DEC	将参数 INOUT 的值减 1	ACOS	计算反余弦值，arcsin（IN）=OUT
ABS	计算绝对值	ATAN	计算反正切标值 arctan（IN）=OUT
MIN	获取最小值	EXPT	取幂，IN1=OUT
MAX	获取最大值	FRAC	初级小数
LIMT	设置限值		

1. 四则运算指令

加法、减法、乘法和除法指令见表 7-3。

表 7-3　　加法、减法、乘法和除法指令

LAD/FBD	SCL	说　明
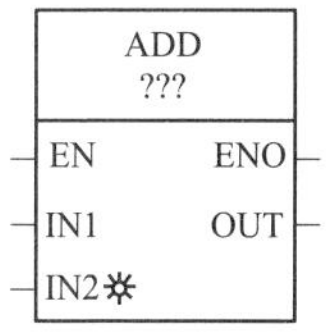	out：=in1+in2 out：=in1－in2 out：=in1×in2 out：=in1/in2	• ADD：加法（IN1+IN2=OUT） • SUB：减法（IN1－IN2=OUT） • MUL：乘法（IN1 * IN2=OUT） • DIV：除法（IN1/IN2=OUT） 整数除法运算会截去商的小数部分以生成整数输出

注　对 LAD 和 FBD 编程语言，单击指令中的"???"并从下拉菜单中选择数据类型。

指令中的各参数的数据类型见表 7-4，要求各参数的数据类型必须相同。

表 7-4　　参数的数据类型

参数	数据类型 1	说明
IN1，IN2	SInt，Int，DInt，USInt，UInt，UDInt，Real，LReal，常数	数学运算输入
OUT	SInt，Int，DInt，USInt，UInt，UDInt，Real，LReal	数学运算输出

另外，要添加 ADD 或 MUL 的输入，可在其中一个现有 IN 参数的输入短线处单击右

键，并选择“插入输入”（Insert input）命令。如图 7-3 所示程序，该程序中加入了变量 IN3，实现把 MW0、MW2 和 MW4 相加，结果存入 MW6。

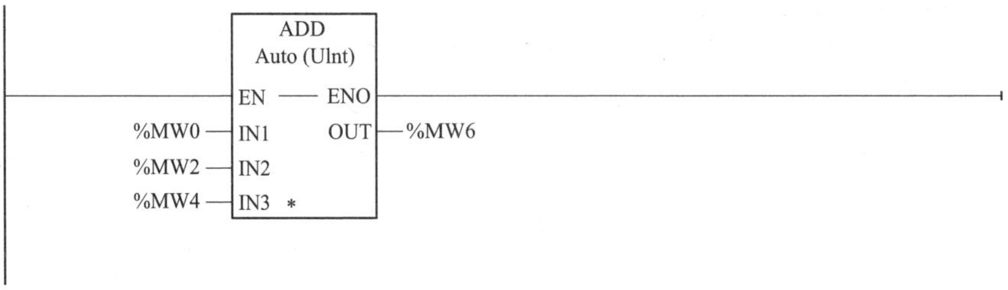

图 7-3　加法指令应用

注　对于整数除法指令，两个整数相除，其结果为整数，小数部分去除。如 9 除以 2，结果为 4。

【例 7-1】 某温度变送器的量程为 0～200℃，输出信号是 0～10V，假设接入 S7-1200 CPU，经 A/D 转换为 0～27648 的整数（假设地址为 IW10），假设转换后的数值为 N。试根据 N 的值计算当前的温度值。

0～200℃的温度对应转换后的数值 0～27648，转换公式为

$$T = 200N/27648(℃)$$

注意：在运算时要先乘后除，否则将会损失原始数据的精度。另外，注意 $200N$ 的数值很可能会超出 16 位整数的范围，所以需要用双整数。编写程序如图 7-4 所示，计算后的温度值存入 MD4。

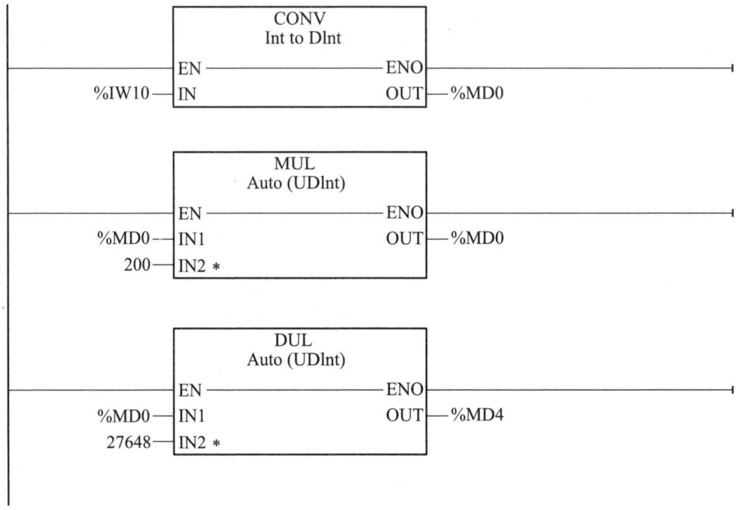

图 7-4 〔例 7-1〕程序

2. CALCULATE（计算）指令

可以使用 CALCULATE（计算）指令定义并执行表达式，根据所选数据类型计算数学运算或复杂逻辑运算，CALCULATE 指令如图 7-5 所示。

可以从指令框的“???”下拉列表中选择该指令的数据类型。根据所选的数据类型，可以组合某些指令的函数以执行复杂计算。在对话框中指定待计算的表达式，单击指令框上方

的“计算器”图标可打开该对话框。表达式可以包含输入参数的名称和指令的语法。不能指定操作数名称和操作数地址。

在初始状态下，指令中至少包含两个输入（IN1 和 IN2），可以扩展输入数目，在指令中按升序对插入的输入进行编号。表达式中不一定会使用所有的已定义输入。该指令的结果将传送到输出 OUT 中。

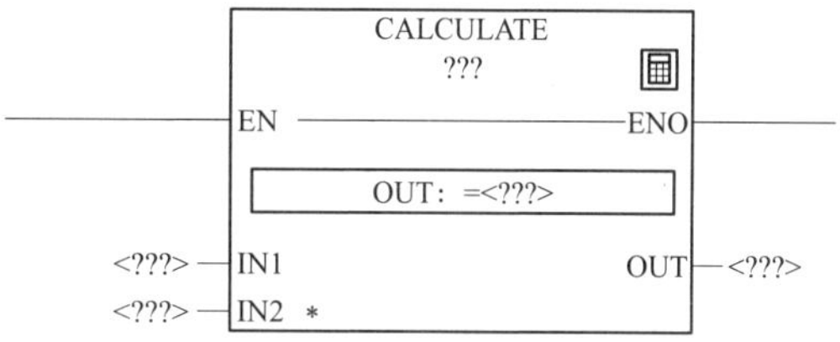

图 7-5　CALCULATE 指令

例如，图 7-6 所示程序中，用 CALCULATE 指令实现了算法 OUT=(IN1+IN2)/IN3。指令中的所有变量的数据类型为 Int。

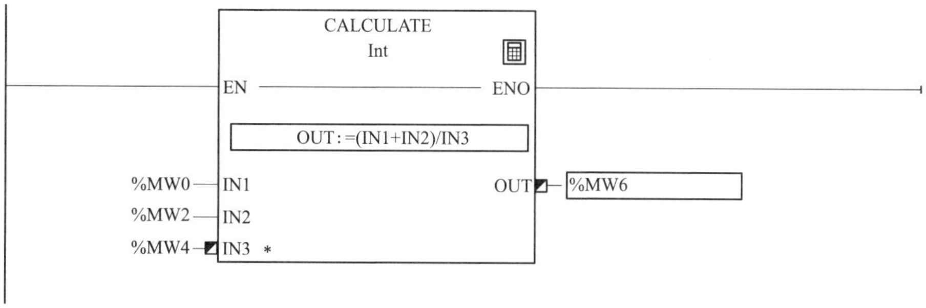

图 7-6　CALCULATE 指令的使用

3. 浮点数函数运算指令

浮点数函数运算指令的操作数 IN 和 OUT 的数据类型为 Real。

三角函数指令和反三角函数指令中的角度均为以弧度为单位的浮点数。如果输入值是以度为单位的浮点数，使用三角函数指令之前应先将角度值乘以 π/180.0，转换为弧度值。

计算指数 EXP 指令中的指数 e=2.718282，计算自然对数指令 LN 中的底数 e=2.718282。计算反正弦值指令 ASIN 和计算反余弦值指令 ACOS 的输入值的允许范围为−1.0～+1.0。ASIN 和反正切值指令 ATAN 的运算结果的取值范围为 −π/2～+π/2 弧度。ACOS 的运算结果的取值范围为 0～π 弧度。

求以 10 为底的对数时，需要将自然对数值除以 10 的自然对数值（2.302585）。例如：

lg1000=ln1000/2.302585=3

【例 7-2】 编程实现以下函数，$y=200\sin\phi+100\cos\phi$，其中 ϕ 是 0～360 度（角度）。

编程时，首先应将 ϕ 角度值转换成弧度值，然后再使用三角函数计算指令。程序如图 7-7 所示。其中 MD0 为 ϕ 的角度值。MD10 为计算结果 y 的值。其中 CALCULATE 指令中的表达式为：IN2 * SIN(IN3)+IN1 * COS(IN3)。

4. 其他数学函数指令

（1）MOD 指令。MOD 指令是取余数指令。除法指令只能得到商，余数被丢掉。可以用 MOD 指令来求整数除法的余数。指令用法如图 7-8 所示，输出 OUT 的运算结果为除法运算 IN1/IN2 的余数。例如 8 除以 3，得到的余数是 2。

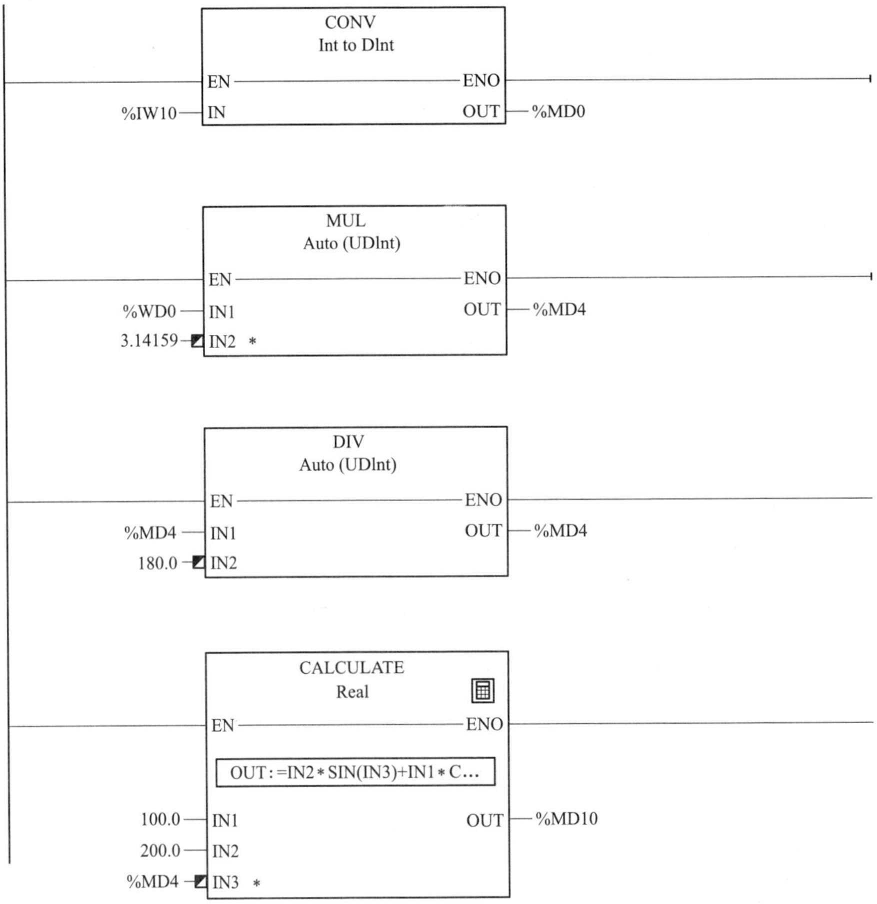

图 7-7 〔例 7-2〕程序

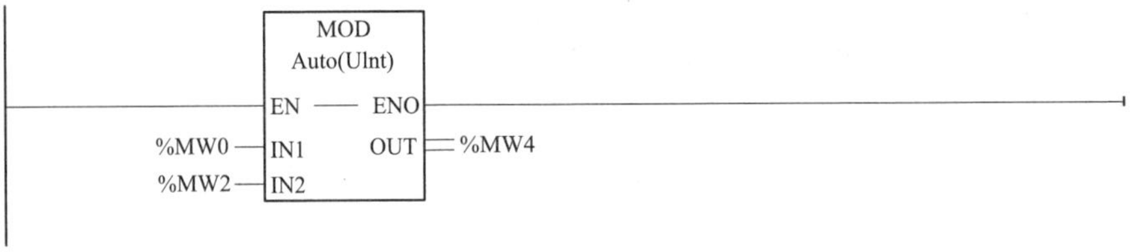

图 7-8 MOD 指令的使用

（2）NEG 指令。NEG 指令是求二进制补码指令，求补就是求相反数。指令的使用如图 7-9 所示，它将输入 IN 的值的符号取反后，保存在输出 OUT 中。例如，将数值 8 求补码后，得到的结果是－8。

（3）INC 和 DEC 指令。INC 指令是加 1 指令，DEC 指令是减 1 指令。指令的使用如图 7-10 所示，当 I0.0 每接通通 1 次，MW0 的当前值加 1，当 I0.1 每接通通 1 次，MW0 的当前值减 1。

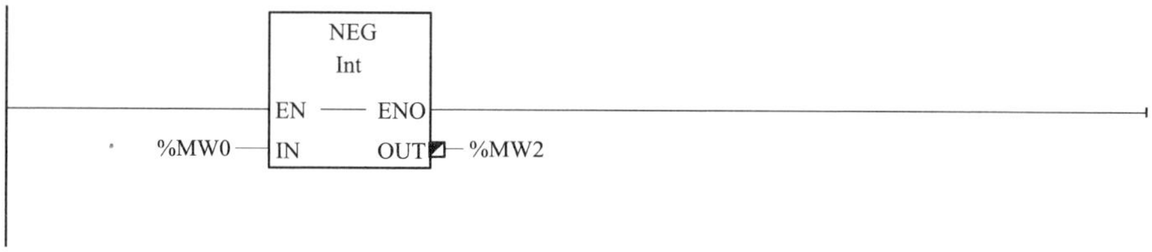

图 7-9　NEG 指令的使用

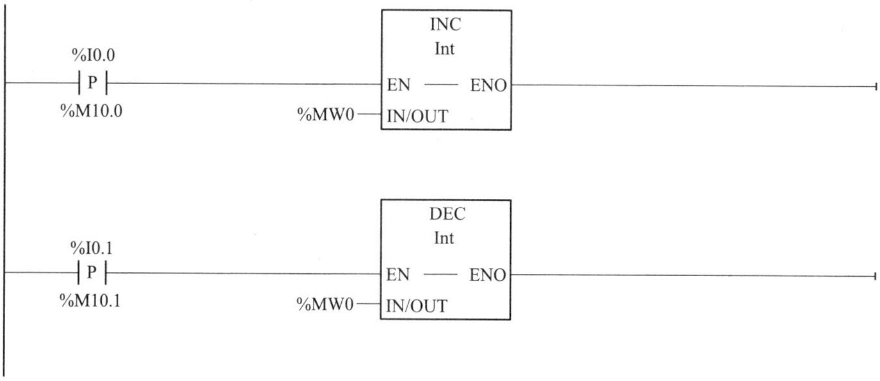

图 7-10　INC 和 DEC 指令的使用

（4）ABS 指令。ABS（计算绝对值）指令用来求输入 IN 中的有符号整数或实数的绝对值，将结果保存在输出 OUT 中。IN 和 OUT 的数据类型应相同。图 7-11 所示程序中，若 MW0 的值为－5，则执行 ABS 指令后 MW2 的值为 5。若 MW0 的值为 5，则执行 ABS 指令后 MW2 的值为 5。

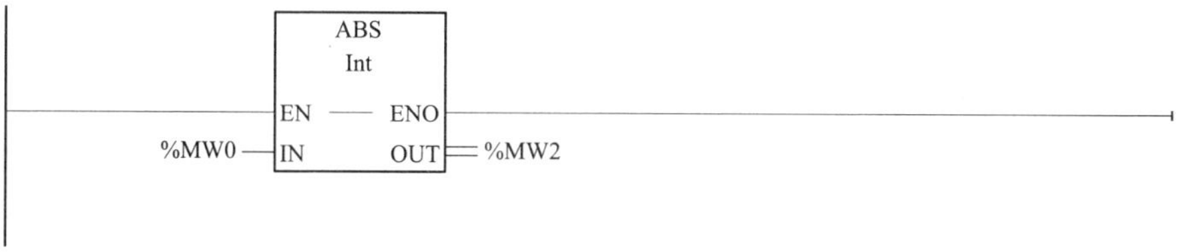

图 7-11　ABS 指令的使用

（5）MIN 与 MAX 指令。MIN 指令是获取最小值指令，指令比较 IN1 和 IN2 的值，将其中较小的值送给输出 OUT。MAX 指令是获取最大值指令，指令比较 IN1 和 IN2 的值，将其中较大的值送给输出 OUT。输入参数和 OUT 的数据类型为各种整数或浮点数，可以增加输入变量的个数。

指令使用如图 7-12 所示，若 MW0 的值大于 MW2 的值，则把 MW2 的值送给 MW4，而把 MW0 的值送给 MW6。

（6）LIMIT 指令。LIMIT 指令是设置限值指令，它是将输入 IN 的值限制在输入 MIN 与 MAX 之间。如果 IN 的值没有超出范围，将它直接保存在 OUT 指定的地址中。如果 IN

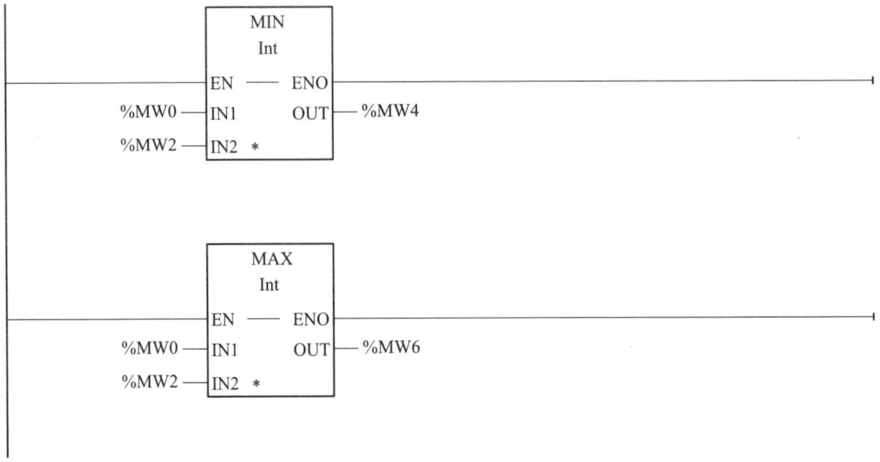

图 7-12　MIN 与 MAX 指令的使用

的值小于 MIN 的值，则将 MIN 的值送给输出 OUT。如果 IN 的值大于 MAX 的值，则将 MAX 的值送给输出 OUT。指令使用如图 7-13 所示，若 0≤MW0≤200，则直接把 MW0 的值送给 MW2。若 MW0 小于 0，则把 0 赋值给 MW2，若 MW0 大于 200，则把 200 赋值给 MW2。

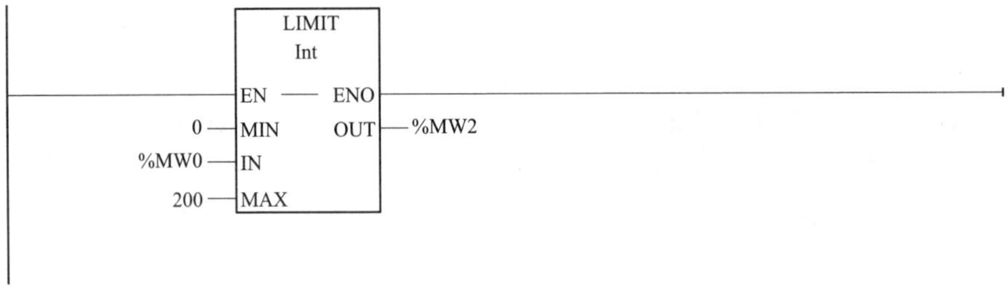

图 7-13　LIMIT 指令的使用

三、字逻辑运算指令

字逻辑运算指令包括字逻辑与运算指令、字逻辑或运算指令、字逻辑异或指令、解码与编码指令、求反码指令、选择指令、多路复用与多路分用指令等。

1. AND、OR 和 XOR 逻辑运算指令

AND、OR 和 XOR 逻辑运算指令及其说明见表 7-5。

表 7-5　　AND、OR 和 XOR 逻辑运算指令

LAD/FBD	SCL	说　明
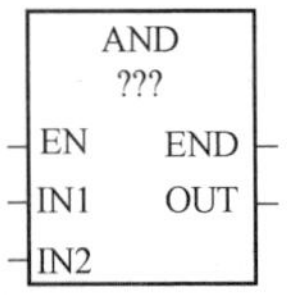	out ：＝in1 AND in2	AND：逻辑 AND
	out ：＝in1 OR in2	OR：逻辑 OR
	out ：＝in1 XOR in2	XOR：逻辑异或

对于 LAD 和 FBD 编程语言，在指令中可单击“???”并从下拉菜单中选择数据类型。要添加输入，可在其中一个现有 IN 参数的输入短线处单击右键，并选择“插入输入”（Insert input）命令。要删除输入，请在其中一个现有 IN 参数（多于两个原始输入时）的输入短线处单击右键，并选择“删除”（Delete）命令。

指令中各变量的数据类型见表 7-6。

表 7-6　变量数据类型

参数	数据类型	说　明
IN1，IN2	Byte，Word，DWord	逻辑输入
OUT	Byte，Word，DWord	逻辑输出

注意：IN1、IN2 和 OUT 应设置为相同的数据类型，IN1 和 IN2 的相应位值做逻辑运算，在参数 OUT 中生成二进制逻辑结果。

AND、OR 和 XOR 逻辑运算指令的执行结果举例见表 7-7。

表 7-7　AND、OR 和 XOR 逻辑运算指令执行结果

逻辑指令	IN1	IN2	OUT
AND	0101 1001	1101 0100	0101 0000
OR	0101 1001	1101 0100	1101 1101
XOR	0101 1001	1101 0100	1000 1101

2. INV 求反码指令

INV 求反码指令是计算参数 IN 的二进制反码。通过对参数 IN 各位的值取反来计算反码（将每个 0 变为 1，每个 1 变为 0）。

图 7-14 所示程序中，对 MW0 中的 16 位取反，结果存入 MW2 中。若 MW0 的值为 2＃11010101，则执行指令后，MW2 的结果为 2＃00101010。

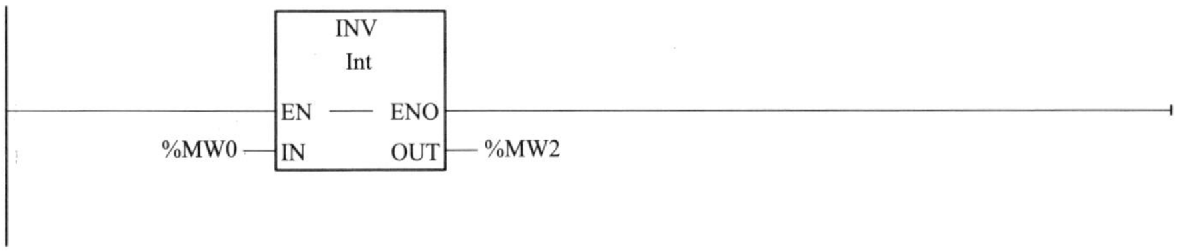

图 7-14　求反码指令的使用

四、比较操作指令

S7-1200/1500 PLC 比较操作指令包括比较指令和范围内值、范围外值指令等。

1. 比较指令

比较指令用来比较数据类型相同的两个数 IN1 和 IN2 的大小，指令说明见表 7-8。IN1 和 IN2 分别置于触点的上面和下面。对于 LAD 比较指令，可单击指令名称（如“＝＝”），从下拉列表中更改比较类型。可单击“???”并从下拉列表中选择数据类型。

表 7-8　　比较指令

LAD	说　　明
"IN1" ──┤ == ├── Byte "IN2"	比较数据类型相同的两个值，该 LAD 触点比较结果为 TRUE 时，则该触点会被激活

比较指令操作数的数据类型见表 7-9。

表 7-9　　比较指令操作数的数据类型

参数	数据类型	说　明
IN1，IN2	Byte，Word，DWord，SInt，Int，DInt，USInt，UInt，UDInt，Real，LReea，String，WString，Char，Time，Date，TOD，DTL，常数	要比较的值

可以将比较指令视为一个等效触点，比较关系类型见表 7-10。满足比较关系式时，等效触点接通，否则断开。

表 7-10　　比较关系类型

关系类型	满足以下条件时比较结果为真	关系类型	满足以下条件时比较结果为真
==	IN1 等于 IN2	<=	IN1 小于或等于 IN2
<>	IN1 不等于 IN2	>	IN1 大于 IN2
>=	IN1 大于或等于 IN2	<	IN1 小于 IN2

例如，在图 7-15 所示程序中，若 MW0 的值大于 100，且小于 200，则 Q0.0 输出为 ON。MW0 的数据类型为 int。

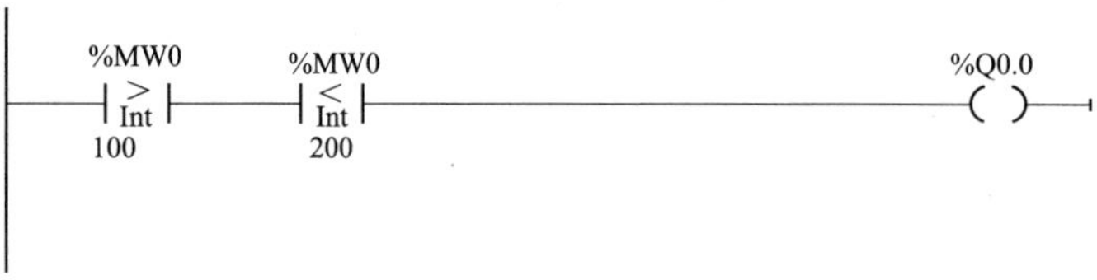

图 7-15　比较指令

2. 范围内值、范围外值指令

IN _ Range（范围内值）和 OUT _ Range（范围外值）指令及其说明见表 7-11。对于 LAD 指令，单击"???"可从下拉列表中选择数据类型。参数的数据类型见表 7-12。输入参数 MIN、VAL 和 MAX 的数据类型必须相同。

IN _ Range（范围内值）和 OUT _ Range（范围外值）指令可等效为一个触点。如果能流流入指令，执行比较。

满足 MIN<=VAL<=MAX 条件时，IN _ RANGE 比较结果为真；满足 VAL<MIN 或 VAL>MAX 条件时 OUT _ RANGE 比较结果为真。

表 7-11　　范围内值、范围外值指令

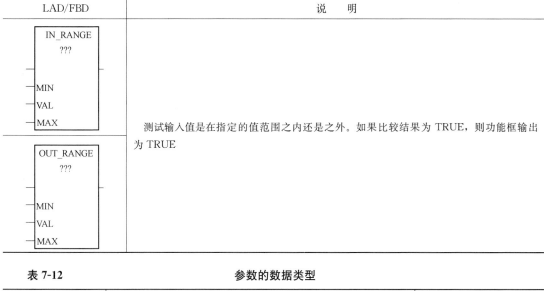

LAD/FBD	说　明
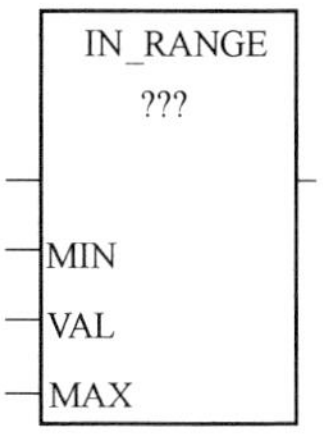	测试输入值是在指定的值范围之内还是之外。如果比较结果为 TRUE，则功能框输出为 TRUE
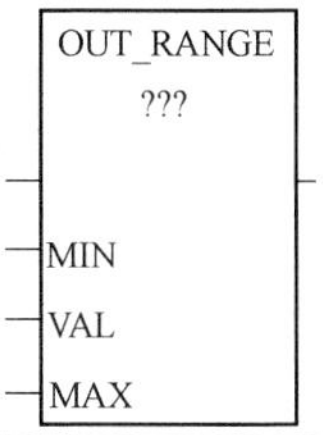	

表 7-12　　参数的数据类型

参数	数据类型 1	说明
MIN，VAL，MAX	SInt，Int，DInt，USInt，UInt，UDInt，Real，LReal，常数	比较器输入

例如，在如图 7-16 所示程序中，执行在程序段 1 中 IN _ RANGE 指令，若 MW0 的值大于等于 100，且小于等于 200，则 Q0.0 输出为 ON。注意 MW0 的数据类型为 int。执行在程序段 2 中 OUT _ RANGE 指令，若 MD4 小于 100.0，或 MD4 大于 200.0，则 Q0.1 输出为 ON。注意 MD4 的数据类型为 Real。

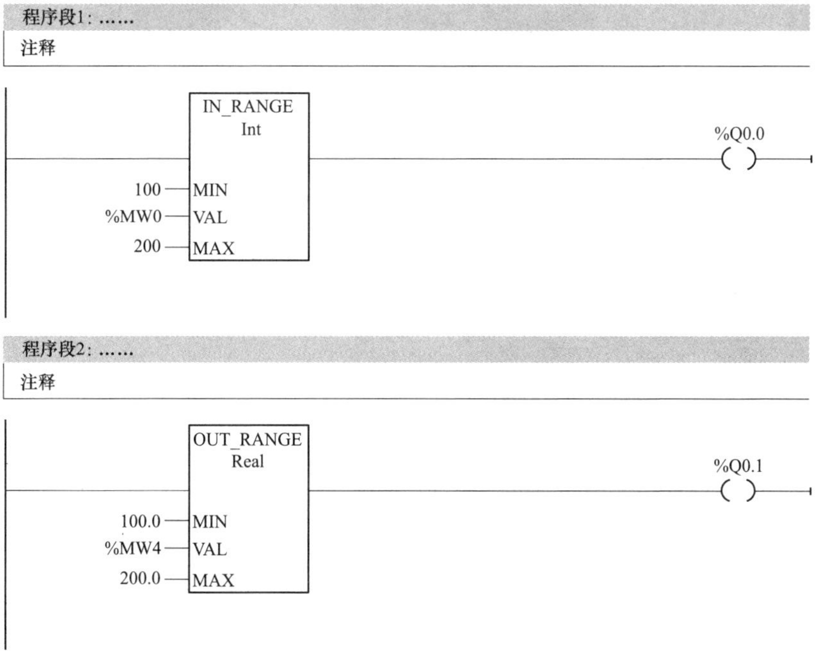

图 7-16　范围内值、范围外值指令的使用

五、移动操作指令

移动操作指令有 MOVE（移动值）指令、MOVE _ BLK 指令（移动块）、UMOVE _ BLK 指令（无中断移动块）、MOVE _ BLK _ VARIANT 指令（移动块）、FILL _ BLK 指令（填充块）和 UFILL _ BLK（无中断填充块）指令、SWAP（交换字节）指令等。本节主要介绍其中常用的部分指令。

1. MOVE（移动值）指令

使用移动指令可将数据元素复制到新的存储器地址。移动过程不会更改源数据。MOVE 指令用于将单个数据元素从参数 IN 指定的源地址复制到参数 OUT 指定的目标地址，它可以将源地址复制到新地址或多个地址。

MOVE（移动值）指令的使用如图 7-17 所示。第一个 MOVE 指令实现把 MW0 的值传送给 MW10，第二个 MOVE 指令实现把 MW0 的值传送给 MW12 和 MW14。

MOVE 指令允许有多个输出，单击“OUT1”前面的 ，将会增加一个输出，增加的输出名称为 OUT2，以后增加的输出编号按顺序排列。用鼠标右击某个输出端的短线，可选择删除该输出参数。

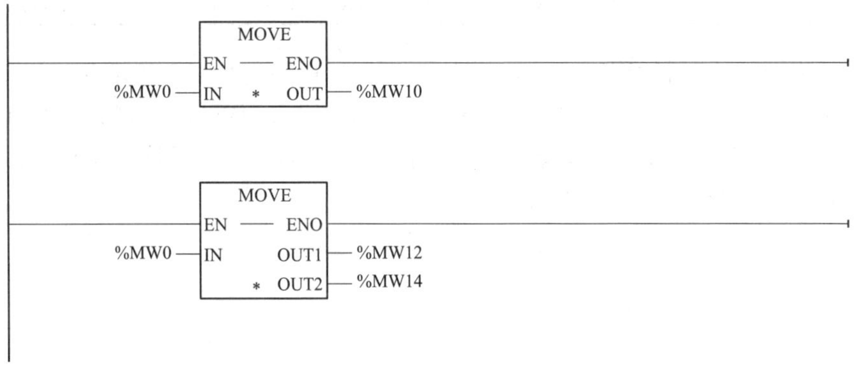

图 7-17　MOVE 指令的使用

2. MOVE _ BLK 指令（移动块）

MOVE _ BLK（移动块）指令具有附加的 COUNT 参数。COUNT 指定要复制的数据元素个数。每个被复制元素的字节数取决于 PLC 变量表中分配给 IN 和 OUT 参数变量名称的数据类型。

MOVE _ BLK（移动块）指令的使用举例如如下：新建 2 个共享数据块 A 和 B，分别在数据块 A 和 B 里，建立数组 a 和 b，数据类型都为 int，假设数组 a 的数值如图 7-18 所示，数组 b 的数值如图 7-19 所示。

MOVE _ BLK（移动块）指令的使用如图 7-20 所示，其中变量 IN 为待复制源区域中的首个元素，COUNT 为要从源范围移动到目标范围的元素个数。OUT 为源范围内容要复制到的目标范围中的首个元素。

图 7-20 所示程序中，若 M0.0 为 ON，执行 MOVE _ BLK 指令，则把数据块 A 中的从数组元素 a[0] 开始的连续 5 个元素，复制到数据块 B 的从 B[0] 开始的连续 5 个元素中。执行

	名称	数据类型	起始值
1	▼ Static		
2	▼ a	Array[0..9] of Int	
3	a[0]	Int	0
4	a[1]	Int	1
5	a[2]	Int	2
6	a[3]	Int	3
7	a[4]	Int	4
8	a[5]	Int	5
9	a[6]	Int	6
10	a[7]	Int	7
11	a[8]	Int	8
12	a[9]	Int	9

图 7-18 数组 a

	名称	数据类型	起始值
1	▼ Static		
2	▼ b	Array[0..9] of Int	
3	b[0]	Int	10
4	b[1]	Int	11
5	b[2]	Int	12
6	b[3]	Int	13
7	b[4]	Int	14
8	b[5]	Int	15
9	b[6]	Int	16
10	b[7]	Int	17
11	b[8]	Int	18
12	b[9]	Int	19

图 7-19 数组 b

指令后，数组 b 的值如图 7-21 所示。如此就把 a[0]～a[4] 分别对应复制到了 b[0]～b[4]。

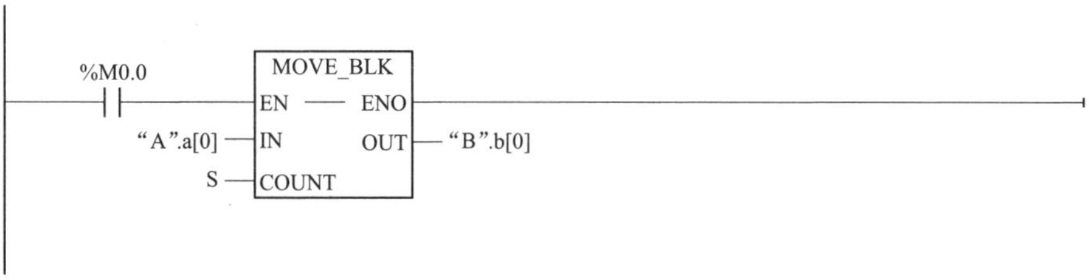

图 7-20 MOVE_BLK（移动块）指令的使用

3. SWAP（字节交换）指令

SWAP（字节交换）指令用于交换二字节和四字节数据元素的字节顺序，而不改变每个字节中的位顺序，指令使用如图 7-22 所示。

若指令执行前 MB0、MB1 和 MB10、MB11、MB12、MW13 的数值如图 7-23 所示，则当程序中 M20.0 为 ON，执行 SWAP 指令后，MB2、MB3 和 MB14、MB15、MB16、MW17 的数值如图 7-24 所示，即实现了二字节或四字节数据元素的交换。

▼ b	Array[0..9] of Int		
b[0]	Int	10	0
b[1]	Int	11	1
b[2]	Int	12	2
b[3]	Int	13	3
b[4]	Int	14	4
b[5]	Int	15	15
b[6]	Int	16	16
b[7]	Int	17	17
b[8]	Int	18	18
b[9]	Int	19	19

图 7-21　程序执行结果

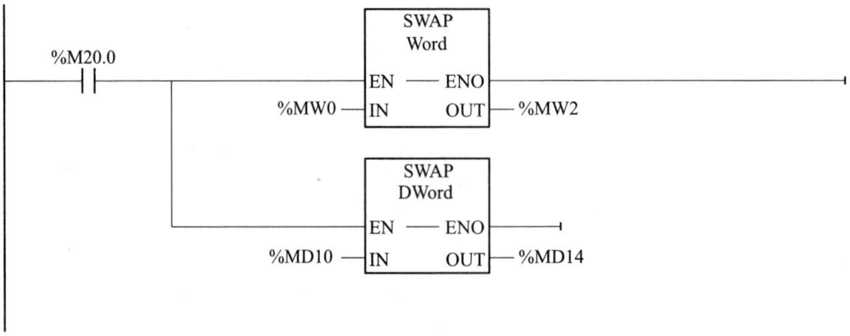

图 7-22　SWAP 指令的使用

地址	显示格式	监视值
%MB0	十六进制	16#01
%MB1	十六进制	16#02
%MB2	十六进制	16#00
%MB3	十六进制	16#00
%MB10	十六进制	16#01
%MB11	十六进制	16#02
%MB12	十六进制	16#03
%MB13	十六进制	16#04
%MB14	十六进制	16#00
%MB15	十六进制	16#00
%MB16	十六进制	16#00
%MB17	十六进制	16#00

图 7-23　源操作数的值

4. FILL _ BLK（填充块）

FILL _ BLK（填充块）指令的使用如图 7-25 所示，把变量 IN 输入的值填充到一个存储区域（目标范围），输出 OUT 指定的地址开始为填充目标范围。可以使用参数 COUNT 指定复制操作的重复次数。执行该指令时，输入 IN 中的值将移动到目标范围，重复次数由参数 COUNT 的值指定。

在程序中，当 M0.0 为 ON 执行 FILL _ BLK 指令，则把数值 20 复制到数据块 B 中的数组元素 b[0] ～b[9]，共 10 个地址。程序执行结果如图 7-26 所示。

地址	显示格式	监视值
%MB0	十六进制	16#01
%MB1	十六进制	16#02
%MB2	十六进制	16#02
%MB3	十六进制	16#01
%MB10	十六进制	16#01
%MB11	十六进制	16#02
%MB12	十六进制	16#03
%MB13	十六进制	16#04
%MB14	十六进制	16#04
%MB15	十六进制	16#03
%MB16	十六进制	16#02
%MB17	十六进制	16#01

图 7-24　程序执行结果

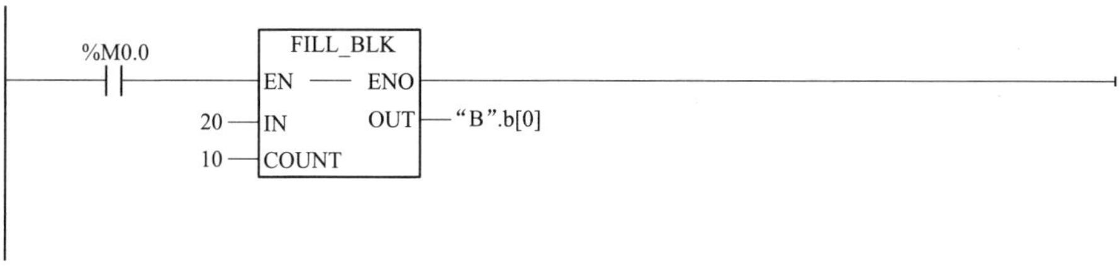

图 7-25　FILL _ BLK（填充块）指令的使用

b	Array[0..9] of Int		
b[0]	Int	10	20
b[1]	Int	11	20
b[2]	Int	12	20
b[3]	Int	13	20
b[4]	Int	14	20
b[5]	Int	15	20
b[6]	Int	16	20
b[7]	Int	17	20
b[8]	Int	18	20
b[9]	Int	19	20

图 7-26　程序执行结果

项目任务

项目控制要求：

（1）用拨码开关输入一个 2 位数，如 23，送入到 PLC 的 IW0 中，假设该数大小为 A。

（2）把 A 代入下式中计算出 B：$B=2A^2/10+10$（注：做整数计算）。

（3）把 B 的值的十位，通过 QB0 进行数码显示。

项目分析

程序分析：

（1）把拨码开关设置的数送入到 PLC 输入口 IW0 得到的数为 BCD 码，需将其转换为 Int。

（2）计算 B 的公式中用到平方指令、乘法指令、除法指令，以及加法指令。

（3）将 B 的个位分离出来，需将 B 由 Int 转换成 BCD 码。然后与 16＃00f0 做逻辑与运算，再通过除法 16 移位，得到 B 的十位数。

（4）要将一个 0～9 的数字显示在 7 段数码管上，需将 7 段数码 7 个灯 a～g 分别接于 QB0 的 Q0.0～Q0.6。数码管与数值显示的各个灯状态如图 7-27 所示。

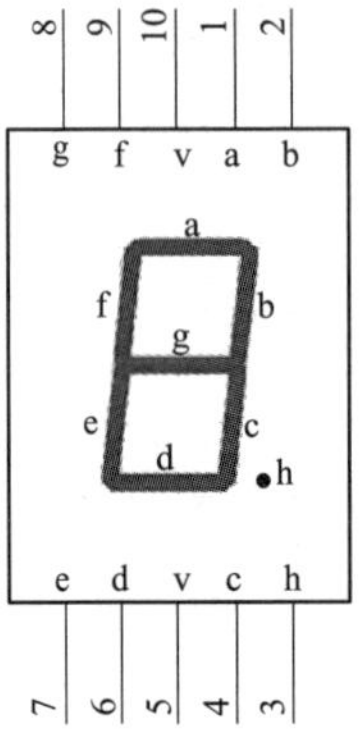

	0	1	2	3	4	5	6	7	8	9
a	1	0	1	1	0	1	1	1	1	1
b	1	1	1	1	1	0	0	1	1	1
c	1	1	0	1	1	1	1	1	1	1
d	1	0	1	1	0	1	1	0	1	1
e	1	0	1	0	0	0	1	0	1	0
f	1	0	0	0	1	1	1	0	1	1
g	0	0	1	1	1	1	1	0	1	1

图 7-27　数字与指示灯的对应关系

如果需让数码管显示 0，则把 16＃3f 传送给 QB0；

如果需让数码管显示 1，则把 16＃06 传送给 QB0；

如果需让数码管显示 2，则把 16＃5b 传送给 QB0；

如果需让数码管显示 3，则把 16＃4f 传送给 QB0；

如果需让数码管显示 4，则把 16＃66 传送给 QB0；

如果需让数码管显示 5，则把 16＃6d 传送给 QB0；

如果需让数码管显示 6，则把 16＃7d 传送给 QB0；

如果需让数码管显示 7，则把 16＃07 传送给 QB0；

如果需让数码管显示 8，则把 16＃7f 传送给 QB0；

如果需让数码管显示 9，则把 16＃6f 传送给 QB0。

项目编程与调试

一、编写程序

新建项目，添加 S7-1200 PLC 或 S7-1500 PLC 硬件，然后把 OB1 主程序中编写如图 7-28 所示程序。

二、程序调试

程序下载至 PLC 后，对程序进行以下调试：

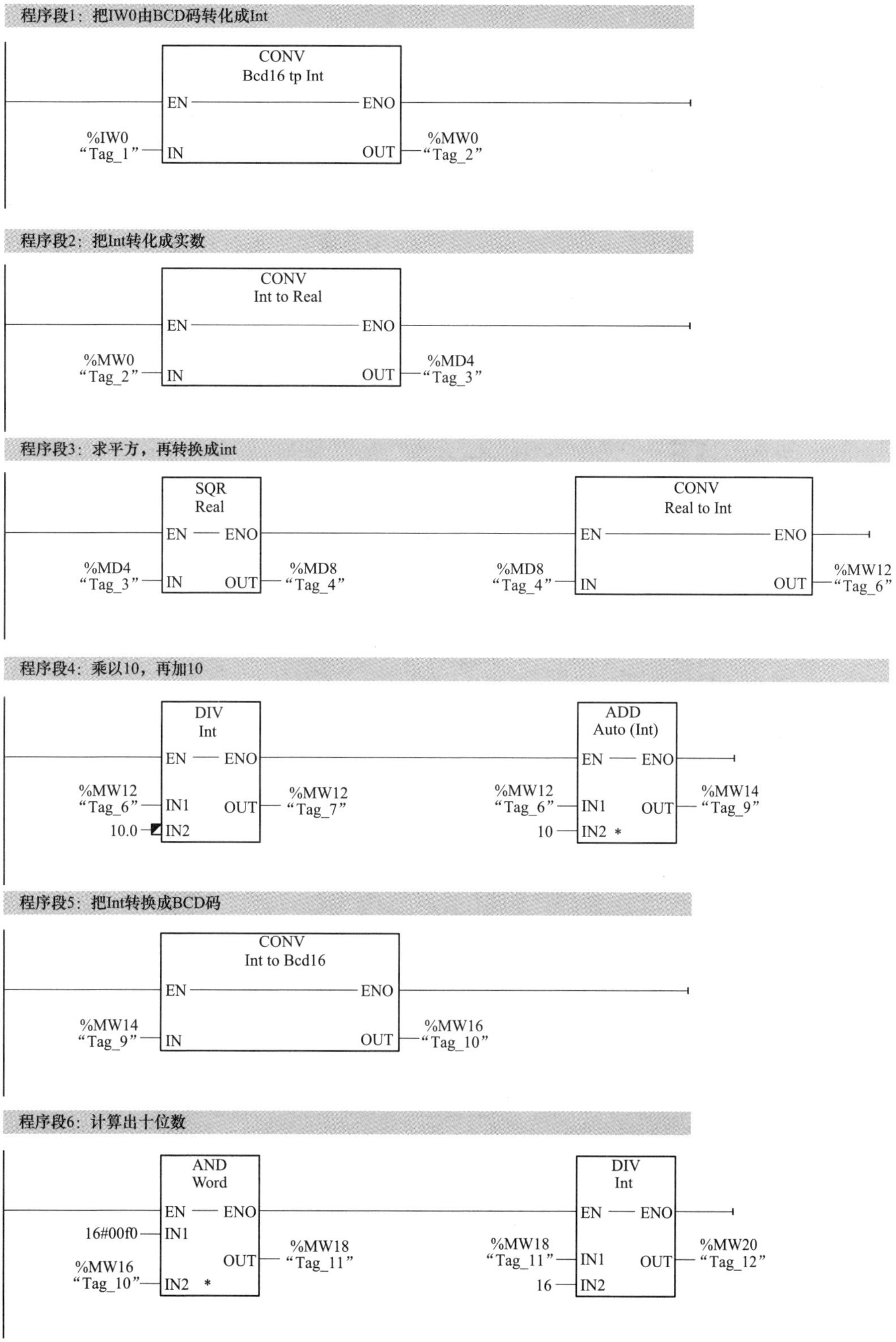
程序段1：把IW0由BCD码转化成Int
CONV
Bcd16 tp Int
EN
ENO
%IW0
"Tag_1"
IN
OUT
%MW0
"Tag_2"
程序段2：把Int转化成实数
CONV
Int to Real
EN
ENO
%MW0
"Tag_2"
IN
OUT
%MD4
"Tag_3"
程序段3：求平方，再转换成int
SQR
Real
EN
ENO
%MD4
"Tag_3"
IN
OUT
%MD8
"Tag_4"
CONV
Real to Int
EN
ENO
%MD8
"Tag_4"
IN
OUT
%MW12
"Tag_6"
程序段4：乘以10，再加10
DIV
Int
EN
ENO
%MW12
"Tag_6"
IN1
10.0
IN2
OUT
%MW12
"Tag_7"
ADD
Auto (Int)
EN
ENO
%MW12
"Tag_6"
IN1
10
IN2 *
OUT
%MW14
"Tag_9"
程序段5：把Int转换成BCD码
CONV
Int to Bcd16
EN
ENO
%MW14
"Tag_9"
IN
OUT
%MW16
"Tag_10"
程序段6：计算出十位数
AND
Word
EN
ENO
16#00f0
IN1
%MW16
"Tag_10"
IN2 *
OUT
%MW18
"Tag_11"
DIV
Int
EN
ENO
%MW18
"Tag_11"
IN1
16
IN2
OUT
%MW20
"Tag_12"

图 7-28 OB1 主程序

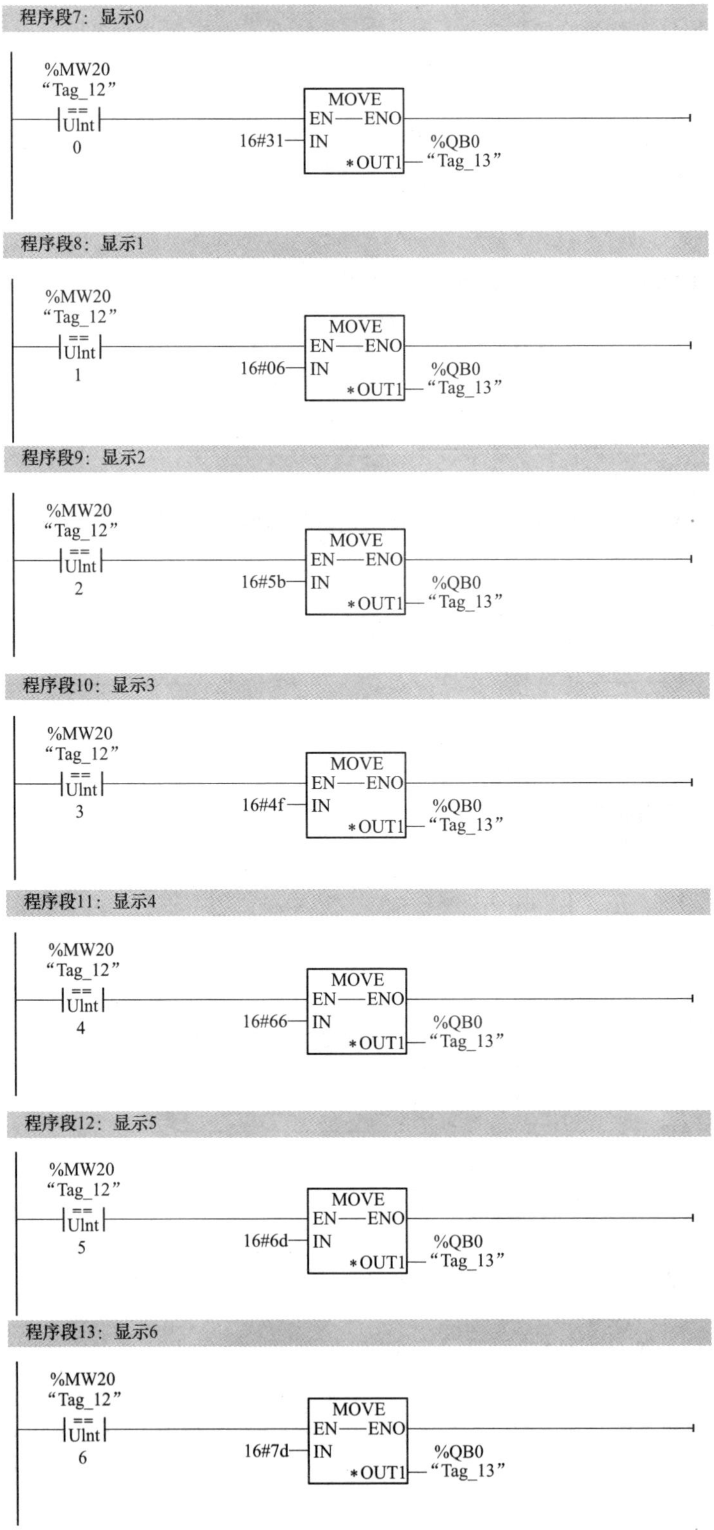

图 7-28　OB1 主程序（续）

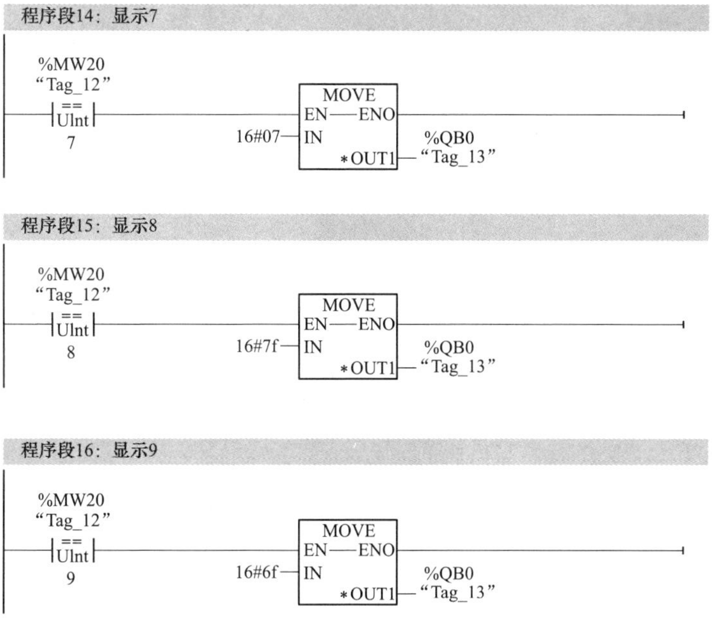

图 7-28　OB1 主程序（续）

（1）输入 IW0 的值为 16＃20（BCD 码），通过计算得到 B 的值，即 MW14 的值为 50，它的十位数为 5。

（2）输入 IW0 的值为 16＃90（BCD 码），通过计算得到 B 的值，即 MW14 的值为 820，它的十位数为 2。

小　结

通过本项目的学习，学会数制与编码、数学运算指令、比较指令，以及传送指令等知识点的使用。

练习与提高

在以上项目的基础上，若需要同时输出个位和百位的数字到数码管显示，试编程实现。

项目 8

灯　组　控　制

知识点　系统和时钟存储器、移位与循环指令。

灯组控制项目需用到系统和时钟存储器，用系统和时钟存储器设置生成常用的常为 ON 的变量、初始化脉冲变量，以及常用时钟频率信号。另外，使用移位与循环类指令可使被控灯进行移动，大大方便了此类程序的编程。

准备知识

一、系统和时钟存储器

1. 系统与时钟存储器设置

S7-1200/1500 PLC 支持设置生成系统和时钟存储器，设置方法如图 8-1 所示。在设备视图中，双击 CPU 模块，在其属性，设置系统存储器位为 MB1，时钟存储器位为 MB0。

图 8-1　设置系统和时钟存储器

设置后，则 M1.0 为 PLC 第一次扫描时为 ON，之后的状态一直为 OFF；M1.2 当 PLC 运行情状态一直为 ON。M0.0 是频率为 10Hz，即周期为 0.1s 的脉冲（占空比为 50%）。M0.5 是频率为 1Hz，即周期为 1s 的脉冲（占空比为 50%）。

2. 系统与时钟存储器使用

设置生成系统和时钟存储器后，在程序中即可使用 MB0 和 MB1 的相关位，实现相应的系统与时钟存储器的功能。例如在 OB1 程序中编写如图 8-2 所示，该程序的功能是用 M0.5 来实现地 MW100 每隔 1s 加 1。

注意：该程序中需使用上升沿脉冲指令，否则不是每隔 1s 加 1，而是在 M0.5 接通的时间内每个扫描周期加 1。

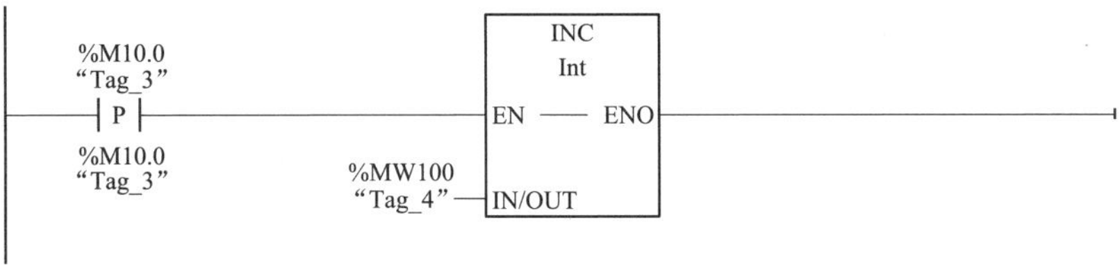

图 8-2 时钟存储器的使用

二、移位与循环指令

1. SHR（右移）和 SHL（左移）指令

SHR（右移）和 SHL（左移）指令的说明见表 8-1。

表 8-1 SHR（右移）和 SHL（左移）指令

LAD/FBD	说 明
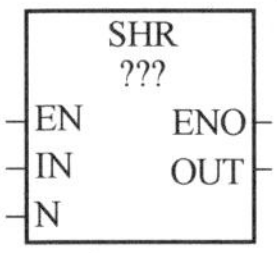	使用移位指令（SHL 和 SHR）移动参数 IN 的位序列。 结果将为配给参数 OUT。参数 N 指定移位的位数；SHR：右移位序列；SHL：左移位序列

对于使用 LAD 编程时，可单击指令中的“???”并从下拉菜单中选择数据类型。指令的各参数的数据类型与说明见表 8-2。

表 8-2 参数说明

参数	数据类型	说 明
IN	整数	要移位的位序列
N	USInt，UDInt	要移位的位数
OUT	整数	移位操作后的位序列

指令使用说明如下：

(1) 若 N=0，则不移位，将 IN 值分配给 OUT。

(2) 用 0 填充移位操作清空的位置。

(3) 如果要移位的位数（N）超过目标值中的位数（Byte 为 8 位、Word 为 16 位、

DWord 为 32 位），则所有原始位值将被移出并用 0 代替（将 0 分配给 OUT）。

（4）对于移位操作，ENO 总是为 TRUE。

移位指令举例，如图 8-3 所示程序中，使用左移位指令 SHL，假设首次移位前 MW0 的值为 2＃1110001010101101，对其进行移位操作后的值见表 8-3。

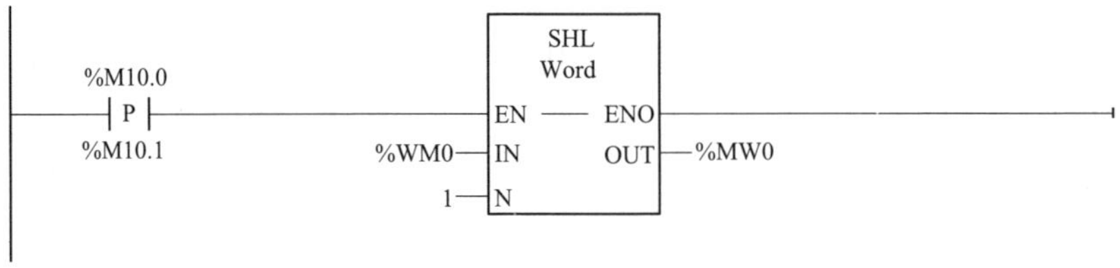

图 8-3 程序举例

表 8-3　　移位操作后的结果

自右插入零，使 Word 的位左移（N=1）			
IN	1110001010101101	首次移位前的 OUT 值	1110001010101101
		首次左移后	1100010101011010
		第二次左移后	1000101010110100
		第三次左移后	0001010101101000

2. ROR（循环右移）和 ROL（循环左移）指令

ROR（循环右移）和 ROL（循环左移）指令的说明见表 8-4。

表 8-4　　ROR 和 ROL 指令

LAD/FBD	说　明
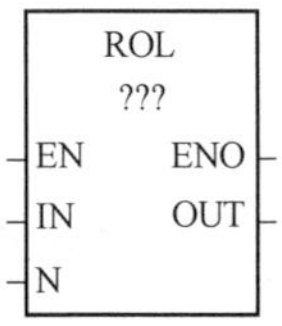	循环指令（ROR 和 RCL）用于将参数 IN 的位序列循环移位。结果分配给参数 OUT。参数 N 定义循环移位的位数。 ROR：循环右移位序列；ROL 循环左移位序列

对于 LAD 编程语言，单击指令中的“???”可从下拉菜单中选择数据类型。指令的各参数的数据类型与说明见表 8-5。

表 8-5　　参数说明

参数	数据类型	说　明
IN	整数	要循环移位的位序列
N	USInt，UDing	要循环移位的位数
OUT	整数	循环移位操作后的位序列

指令使用说明：

（1）若 N=0，则不循环移位。将 IN 值分配给 OUT。

（2）从目标值一侧循环移出的位数据将循环移位到目标值的另一侧，因此原始位值不会丢失。

（3）如果要循环移位的位数（N）超过目标值中的位数（Byte 为 8 位、Word 为 16 位、DWord 为 32 位），仍将执行循环移位。

（4）执行循环指令之后，ENO 始终为 TRUE。

循环指令举例，如图 8-4 所示程序中，使用 word 循环指令 ROR，假设首次移位前 MW0 的值为 2#0100000000000001，对其进行循环操作后的值见表 8-6。

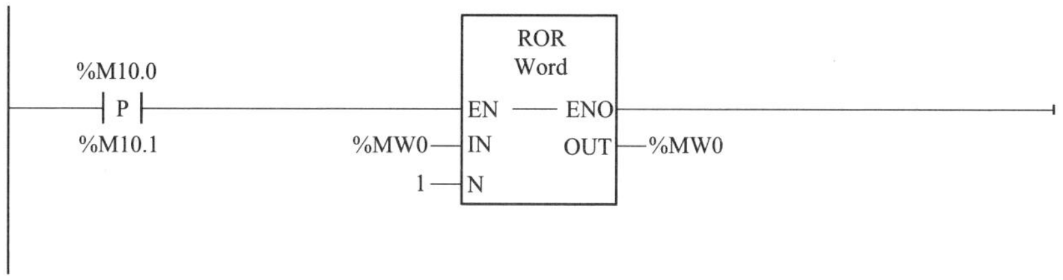

图 8-4　循环指令的使用

表 8-6　右循环指令执行结果

将各个位从右侧循环移出到左侧（N=1）			
IN	0100000000000001	首次循环移位前的 OUT 值	0100000000000001
		首次循环右移后	1010000000000000
		第二次循环右移后	0101000000000000

项目任务

八只灯分别接于 QB0，要求如下：

（1）当 PLC 开始运行时，把 QB0 控制的 8 只灯全部亮。

（2）当 M10.0 为 ON 时，要求 8 只灯每隔 1s 顺序点亮，逆序熄灭，再循环。即第一只灯亮，1s 后第二只也亮，再过 1s 后第三只灯也亮，最后全亮。当第八只灯亮 1s 后，从第八只灯开始灭，过 1s 后第七只灯也灭，最后全熄灭。当第一只灯熄灭 1s 后再循环上述过程。

（3）当 M10.0 为 OFF，8 只灯全部熄灭。

项目分析

（1）设置系统和时钟存储器，用 M1.0 编写初始化程序，用 M0.5 作为 1s 的时钟。

（2）控制顺序点亮时，先赋值 MB2 为 255，然后对其进行 SHL（左移）指令编程，再对其各位取反后传送给 QB0，逆序熄灭时，把 QB0 进行 SHR（右移位）编程。

项目编程与调试

一、新建项目

新建项目，组态 PLC 硬件，可选择 S7-1200 PLC 或 S7-1500 PLC，在 CPU 属性中设置生成系统和时钟存储器分别为 MB1 和 MB0。

二、建立变量表

建立变量表如图 8-5 所示。其中 MB0 和 MB1，以及相关的位是设置系统和时钟存储器软件自动生成的变量。

	名称	数据类型	地址	保持	从 H...	从 H...	在 H...	注释
1	System_Byte	Byte	%MB1	☐	☑	☑	☑	
2	FirstScan	Bool	%M1.0	☐	☑	☑	☑	
3	DiagStatusUpdate	Bool	%M1.1	☐	☑	☑	☑	
4	AlwaysTRUE	Bool	%M1.2	☐	☑	☑	☑	
5	AlwaysFALSE	Bool	%M1.3	☐	☑	☑	☑	
6	Clock_Byte	Byte	%MB0	☐	☑	☑	☑	
7	Clock_10Hz	Bool	%M0.0	☐	☑	☑	☑	
8	Clock_5Hz	Bool	%M0.1	☐	☑	☑	☑	
9	Clock_2.5Hz	Bool	%M0.2	☐	☑	☑	☑	
10	Clock_2Hz	Bool	%M0.3	☐	☑	☑	☑	
11	Clock_1.25Hz	Bool	%M0.4	☐	☑	☑	☑	
12	Clock_1Hz	Bool	%M0.5	☐	☑	☑	☑	
13	Clock_0.625Hz	Bool	%M0.6	☐	☑	☑	☑	
14	Clock_0.5Hz	Bool	%M0.7	☐	☑	☑	☑	
15	灯组	Byte	%QB0	☐	☑	☑	☑	
16	start	Bool	%M10.0	☐	☑	☑	☑	
17	正向点亮	Bool	%M10.1	☐	☑	☑	☑	
18	逆向熄灭	Bool	%M10.2	☐	☑	☑	☑	
19	移位字节	Byte	%MB2	☐	☑	☑	☑	

图 8-5　变量表

三、编写 PLC 程序

在 OB1 中编写 PLC 程序如图 8-6 所示。

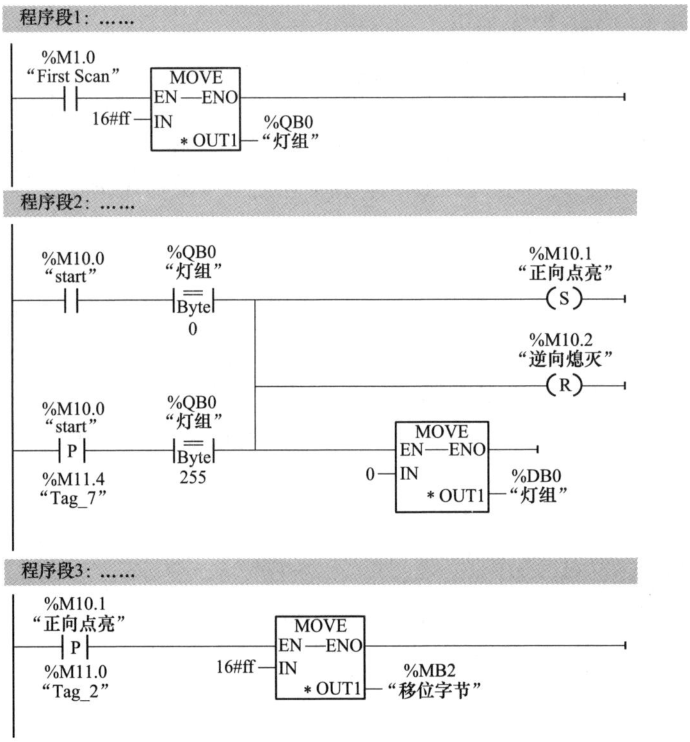

图 8-6　OB1 主程序

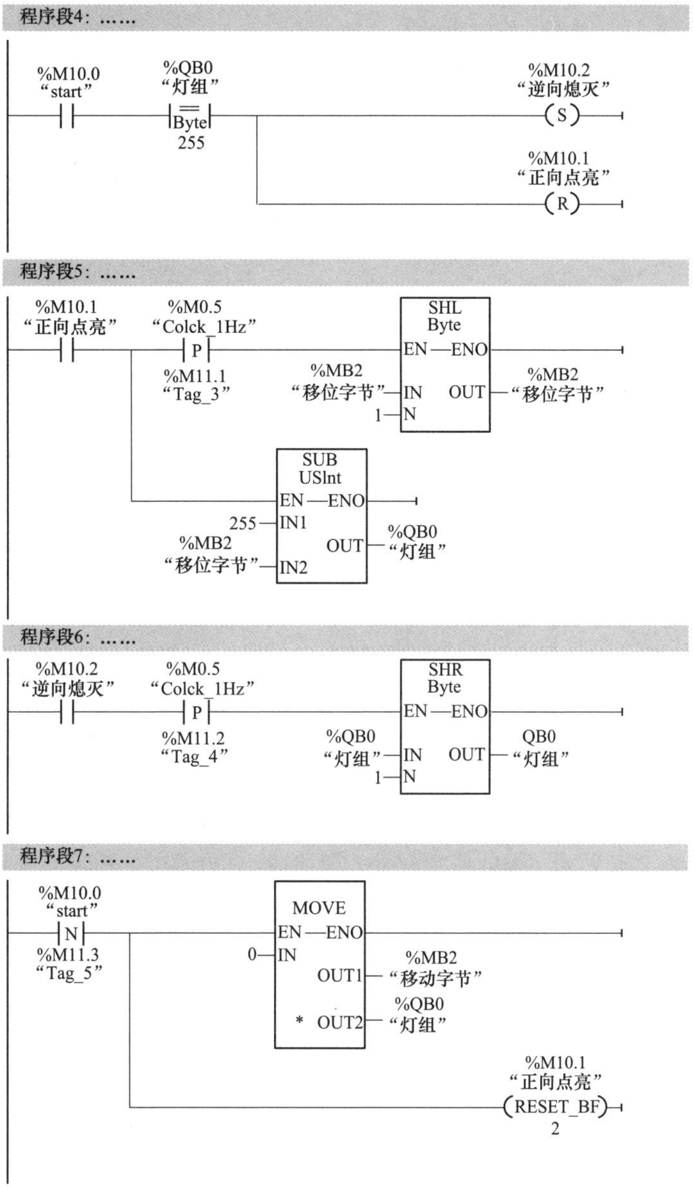

图 8-6　OB1 主程序（续）

四、建立监控表

为方便程序调试，建立监控表如图 8-7 所示。在变量表中设置 QB0 的显示格式为二进制数，这样就可直接看到每个位的状态。

五、下载调试

把程序下载到 PLC 或仿真器进行运行调试，调试步骤如下：

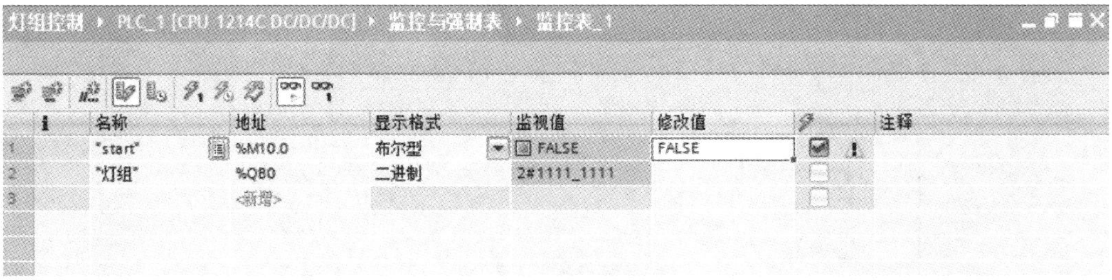

图 8-7　监控表

(1) PLC 运行后，观察灯组的状态是否为全亮。

(2) 在监控表中为 M10.0 写入值为 1，然后观察灯组的状态变化是否满足要求。

(3) 在监控表中为 M10.0 写入值为 0，然后观察灯组是否全熄灭。

小　结

通过灯组控制项目的学习，可熟练掌握系统和时钟存储器的使用、移位与循环指令的编程应用。

(1) 系统存储器可用来设置生成常 ON、常 OFF，以及初始化脉冲等信号；

(2) 时钟存储器可用来设置生成常用的时间脉冲信号，如 1Hz 的脉冲信号等。

(3) 移位有循环指令可对字或字节等元件进行移位或循环处理。

练习与提高

八只灯分别接于 QB0，要求当 I0.0 为 ON 时，灯每隔 1s 轮流亮，并循环。即第一只灯亮 1s 后灭，接着第二只灯亮 1s 后熄灭……，当第八只灯亮 1s 灭后，再接着第一只灯亮，如此循环。当 I0.0 为 OFF 时，所有灯都灭。

提示：用 ROL（循环左移）指令来编写程序，首先为 QB0 赋初值为 00000001，然后再每隔 1s 循环左移。

项目 9

多级传送带控制

知识点　结构、不带参数 FC 编程。

现在很多设备为运行与调试方便，都需要手动操作和自动操作的模式。本项目通过对多级传送带的手动和自动控制编程，学习和掌握结构，以及不带参数 FC 的用法。

准备知识

一、结构

结构是一种复杂数据类型。结构数据类型（Struct）是由固定数目的不同的数据类型的元素组成的数据结构。结构的元素也可以是数组和结构。例如，一台电动机有多个参数，如速度、电流、电压，各个参数的数据类型可能不同。那么，就可建立一个结构变量，如图 9-1 所示，在数据块 DA 中，建立了一个 motor 结构。结构下包含 3 个元素，分别为 speed、V、I，且三个元素的数据类型不一定相同。

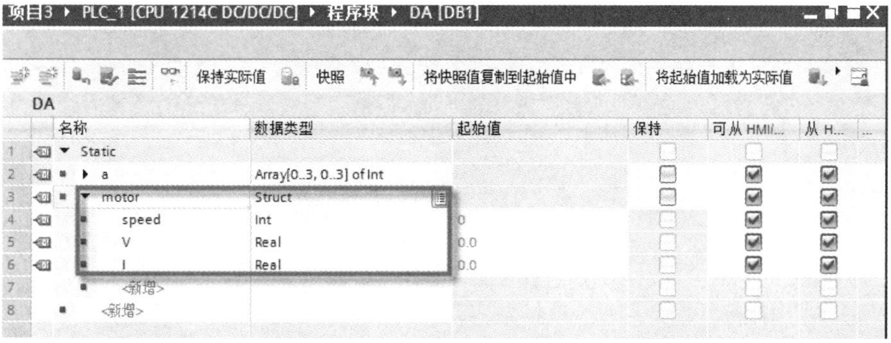

图 9-1　建立结构 motor

结构元素的地址访问程序如图 9-2 所示，其中 DA 为数据块名称，motor 为结构名称，speed 为其中一个元素。

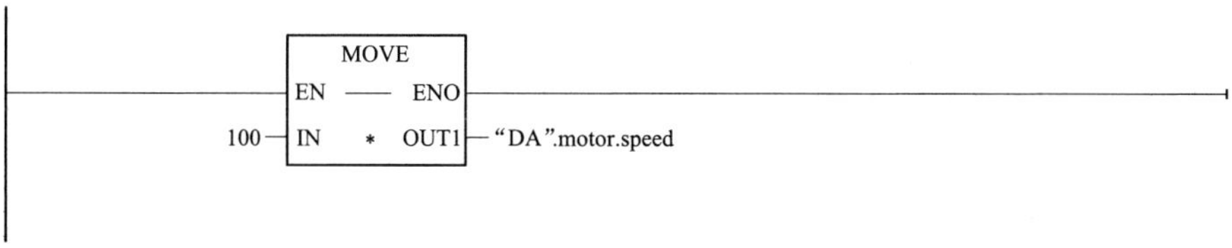

图 9-2　结构地址访问

结构往往与用户新建的自定义的数据类型、数组等一起使用，可大大减少变量定义的工作量。例如，10 台电动机，每台电动机都有 speed、V 和 I 变量。定义的方法是先新建自定义的数据类型，在数据类型里定义结构。然后用用一维数据来定义 10 台电动机的变量。

二、FC 编程

FC（功能或函数）是不含存储区的程序块，它有两种用法：一种是不带参数的用法；另一种是带参数的用法。

FC 不带参数时，可作为子程序使用。将相互独立的控制设备分成不同的 FC 编写，统一由 OB 块调用，这样就可实现对整个程序进行结构化划分，便于程序调试及修改，可增强整个程序的条理性和易读性。

FC 带参数时，可以在程序的不同位置多次调用同一个函数。函数中通常用形参，每次调用对形参赋值不同的实参，可实现对功能类似的设备统一编程和控制。由于 FC 没有相关的背景数据块（DB），没有可以存储块参数值的数据存储器，因此，调用带参数 FC 函数时必须给所有形参分配实参。

若编写带参数 FC，首先需要编写它的块接口，块接口如图 9-3 所示。

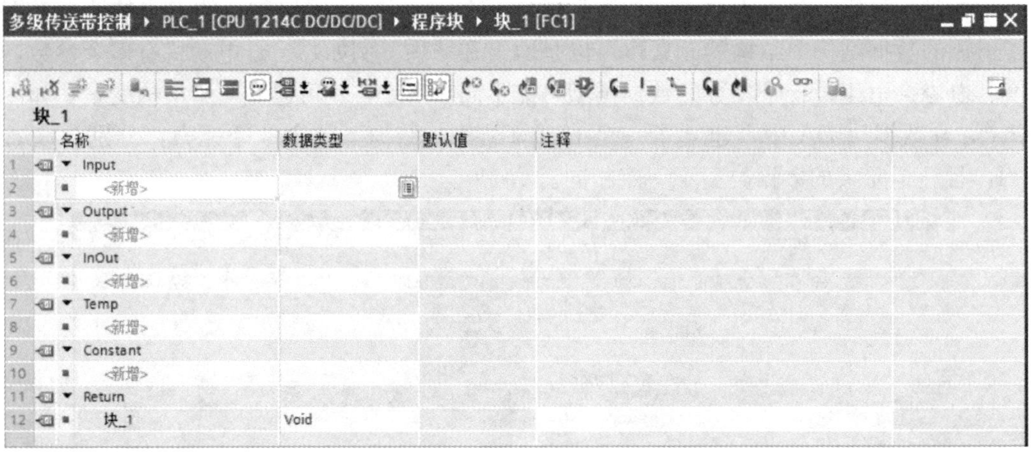

图 9-3　FC 块接口

块接口中的各种变量说明如下：

（1）输入参数（Input）。参数只读，调用时将用户程序数据传递到 FC 中，实参可以为常数。

（2）输出参数（Output）。参数可写，函数调用时将 FC 执行结果传递到用户程序中，实参不能为常数。

（3）输入/输出参数（InOut）。在块调用之前读取输入/输出参数，并在块调用之后写入，实参不能为常数。

（4）临时局部数据（Temp）。Temp 仅在 FC 调用时生效。CPU 限定只有创建或声明了临时存储单元的 OB、FC 或 FB 才可以访问临时存储器中的数据，临时存储单元是局部有效的，并且其他程序块不会共享临时存储器。

（5）常量（Constat）。只读，声明常量符号名后，FC 中可以使用符号名代替常量

项目任务

多级皮带控制编程，图 9-4 所示是一个四级传送带系统示意图。整个系统有四台电动机，控制要求如下：

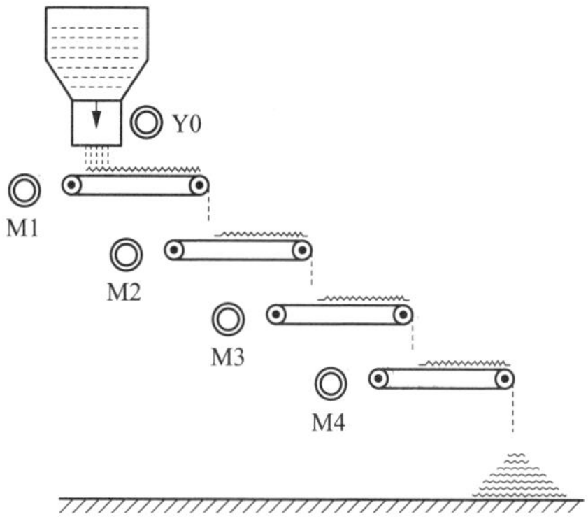

图 9-4　传送带示意图

（1）各级传送带电动机能实现手动和自动控制，当 M0.0 为 OFF 时，系统为手动操作；当 M0.0 为 ON 时系统为自动操作。

（2）手动操作模式下，落料漏斗和各传送带电动机可分别通过启停按钮控制其运行。

（3）自动模式下，按下自动启动按钮，系统按以下时序运行：

1）落料漏斗 Y0 启动后，传送带 M1 应马上启动，经 6s 后再启动传送带 M2；

2）传送带 M2 启动 5s 后再启动传送带 M3；

3）传送带 M3 启动 4s 后再启动传送带 M4；

4）落料停止后，为了不让各级皮带上有物料堆积，应根据所需传送时间的差别，分别将四台电动机停车。即按下自动停止按钮，落料漏斗 Y0 断开，然后过 6s 再断 M1，M1 断开后再过 5s 断 M2，M2 断开 4s 后再断 M3，M3 断开 3s 后再断开 M4。

项目分析

多级传送带中有 4 台皮带电动机。每台电动机都有手动启动、手动停止信号和控制输出信号。如果用触摸屏监控，可考虑新建一个电动机结构数据类型，结构中包含手动启动、手动停止及控制输出等信号。

本项目要求有手动和自动控制，为简化程序，可建立两个不带参数的 FC 程序块，一个实现手动，另一个实现自动，由手自动切换信号 M0.0 进行切换。

项目编程与调试

一、新建项目与变量表

1. 项目

组态 S7-1200 PLC 或 S7-1500 PLC 硬件，下面程序以组态 S7-1200 PLC 为例。

2. 新建变量表

变量表中添加的变量如图 9-5 所示。

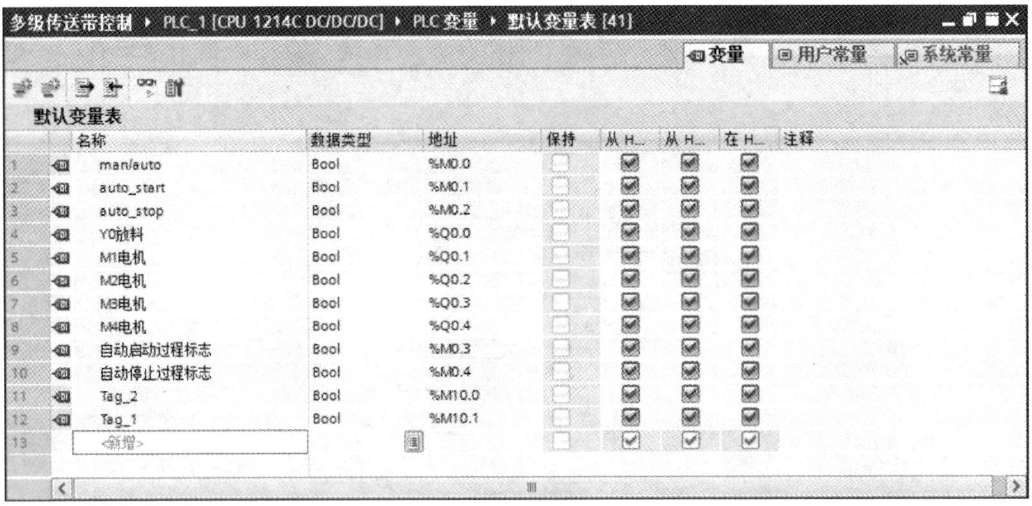

图 9-5　变量表

二、新建 PLC 数据类型

在项目对下双击“添加新数据类型”全名为“UDT1”，并组态结构 motor，并在结构下组态 3 个如图 9-6 所示的变量。

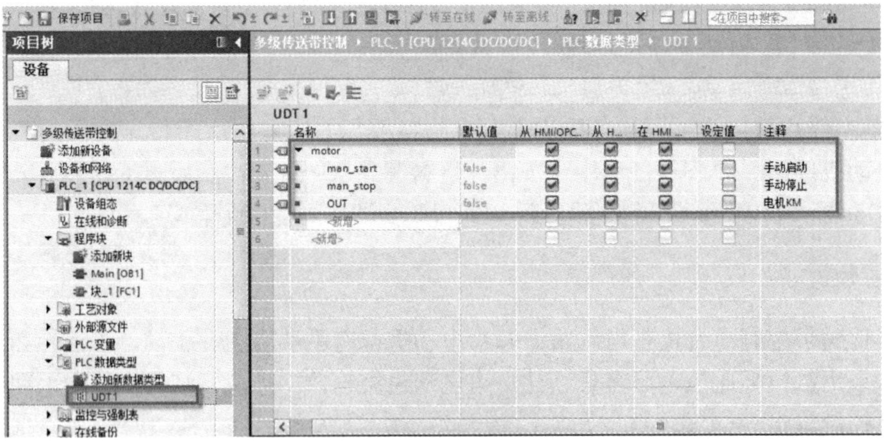

图 9-6　组态 PLC 数据类型

三、新建全局数据块 M

新建全局数据块 M［DB1］，如图 9-7 所示，在数据块中建立一个一维数组 m，数组中包含 4 个元素，数据类型为 UDT1，如此就定义了 4 个电动机的变量。然后再建立 2 个变量 Y0 _ man _ start 和 Y0 _ man _ stop，分别作为 Y0 放料的手动启动和手动停止信号。

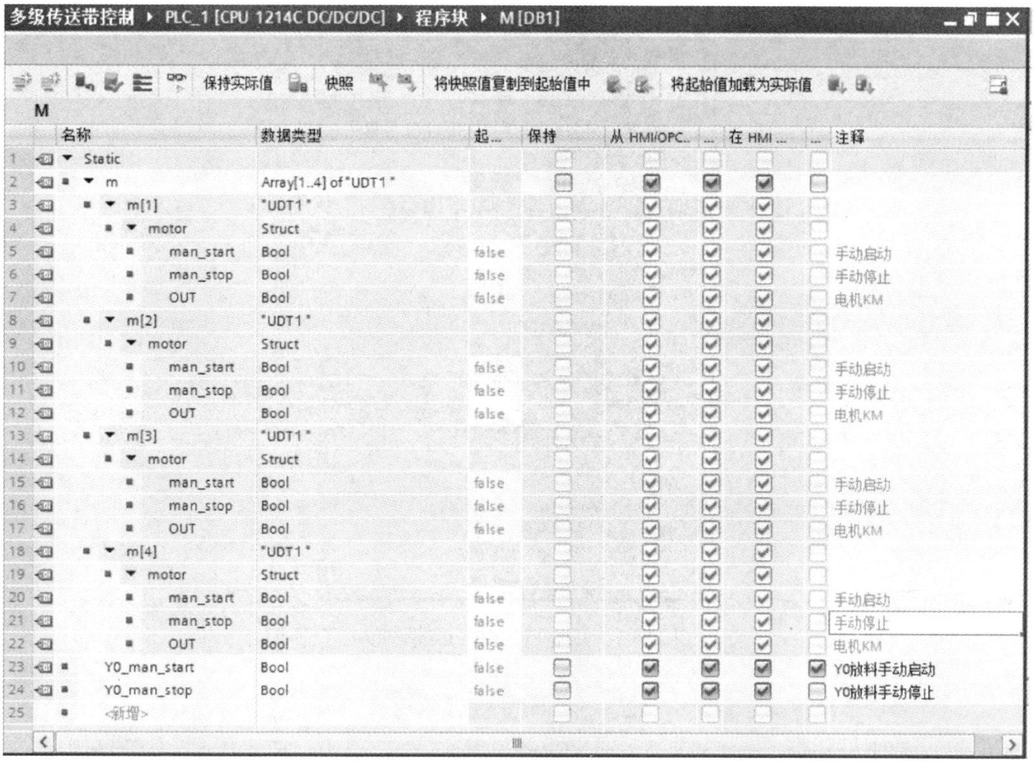

图 9-7　组态数组

四、编写全局数据块 Timer［DB2］

本程序中需要用到 8 个定时器，可在程序块下添加全局数据块 Timer［DB2］，然后在数据块中组态一个数组 T，元素的数据类型为 IEC _ TIMER，如图 9-8 所示。

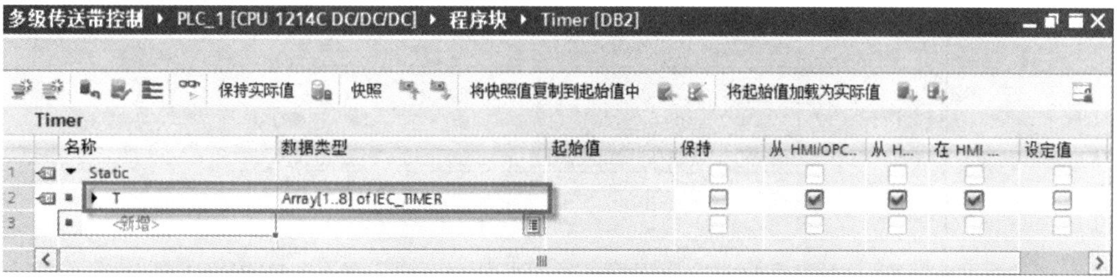

图 9-8　编写全局数据块 Timer［DB2］

五、编写 FC1 和 FC2

在程序块下，分别插入 MAN［FC1］和 AUTO［FC2］，如图 9-9 所示。

1. 编写 MAN［FC1］程序

打开 MAN［FC1］程序块，编写如图 9-10 所示程序，用来实现对 Y0 放料和 4 台传送带电动机的手动启停。

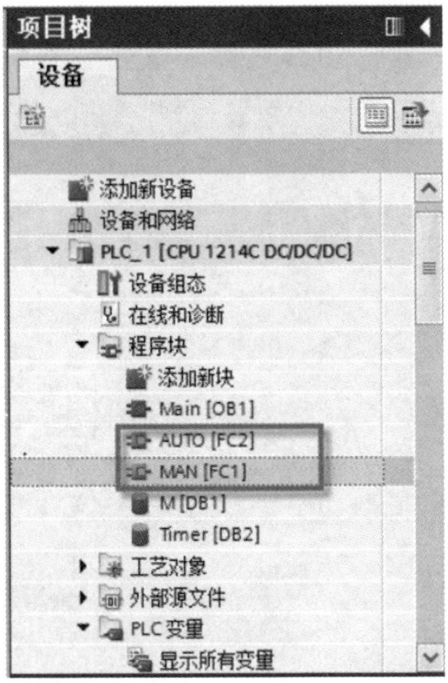

图 9-9　添加 FC1 和 FC2 程序块

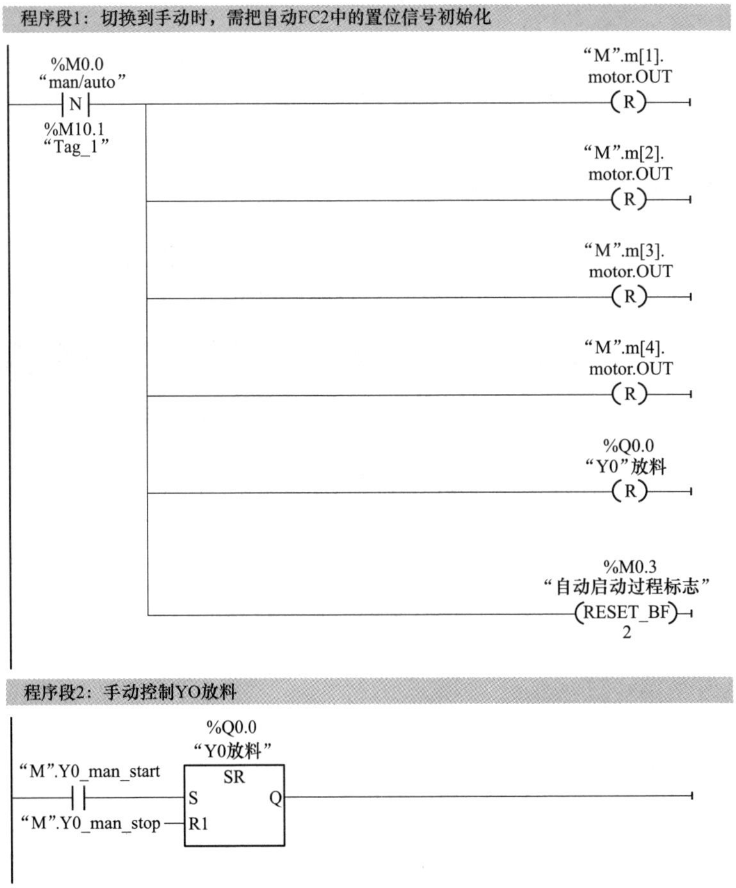

图 9-10　MAN［FC1］程序

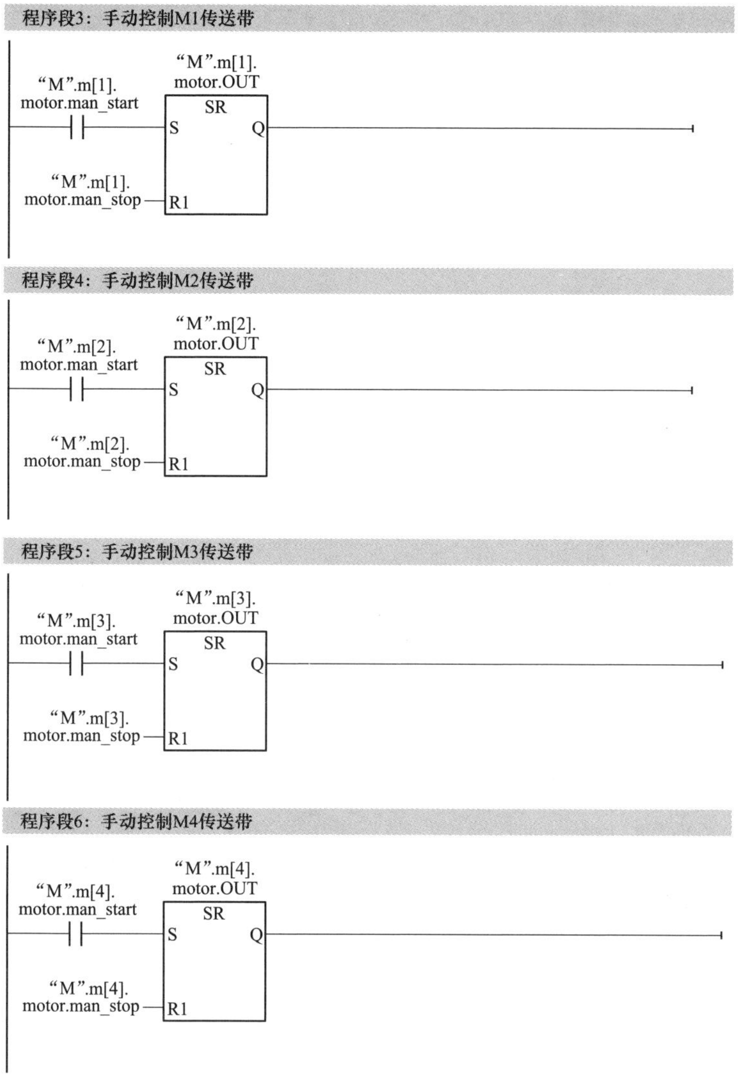

图 9-10　MAN［FC1］程序（续）

2. 编写 AUTO［FC2］程序

打开 AUTO［FC2］程序块，编写如图 9-11 所示程序，实现自动模式下的运行时序。

六、编写 OB1 主程序

编写 OB1 主程序如图 9-12 所示 ，实现对 FC1 和 FC2 的调用，以及输出控制信号。

七、项目下载调试

把项目程序下载，然后建立如图 9-13 所示的监控表，在监控表设置变量的值进行程序监控调试。

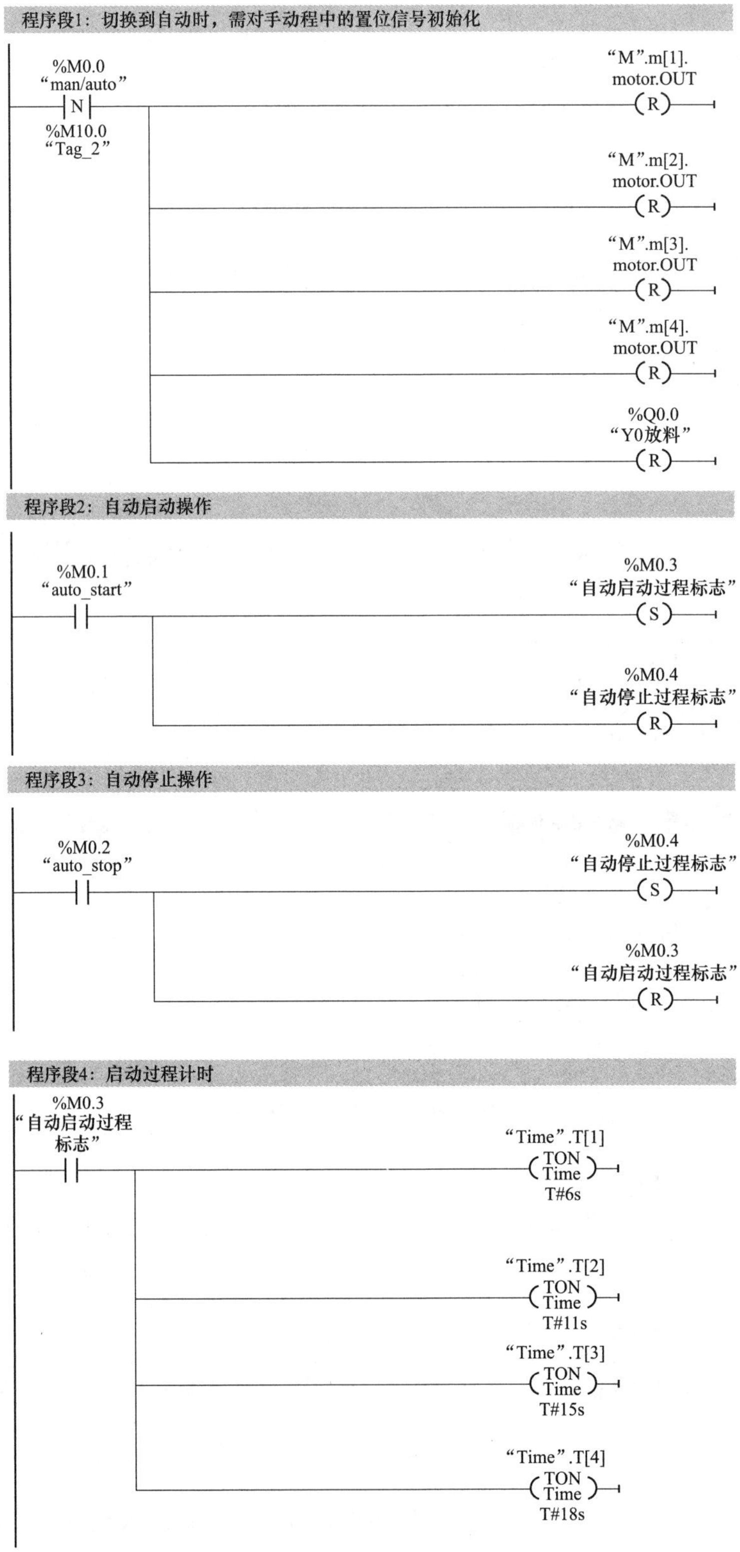

图 9-11　AUTO［FC2］程序

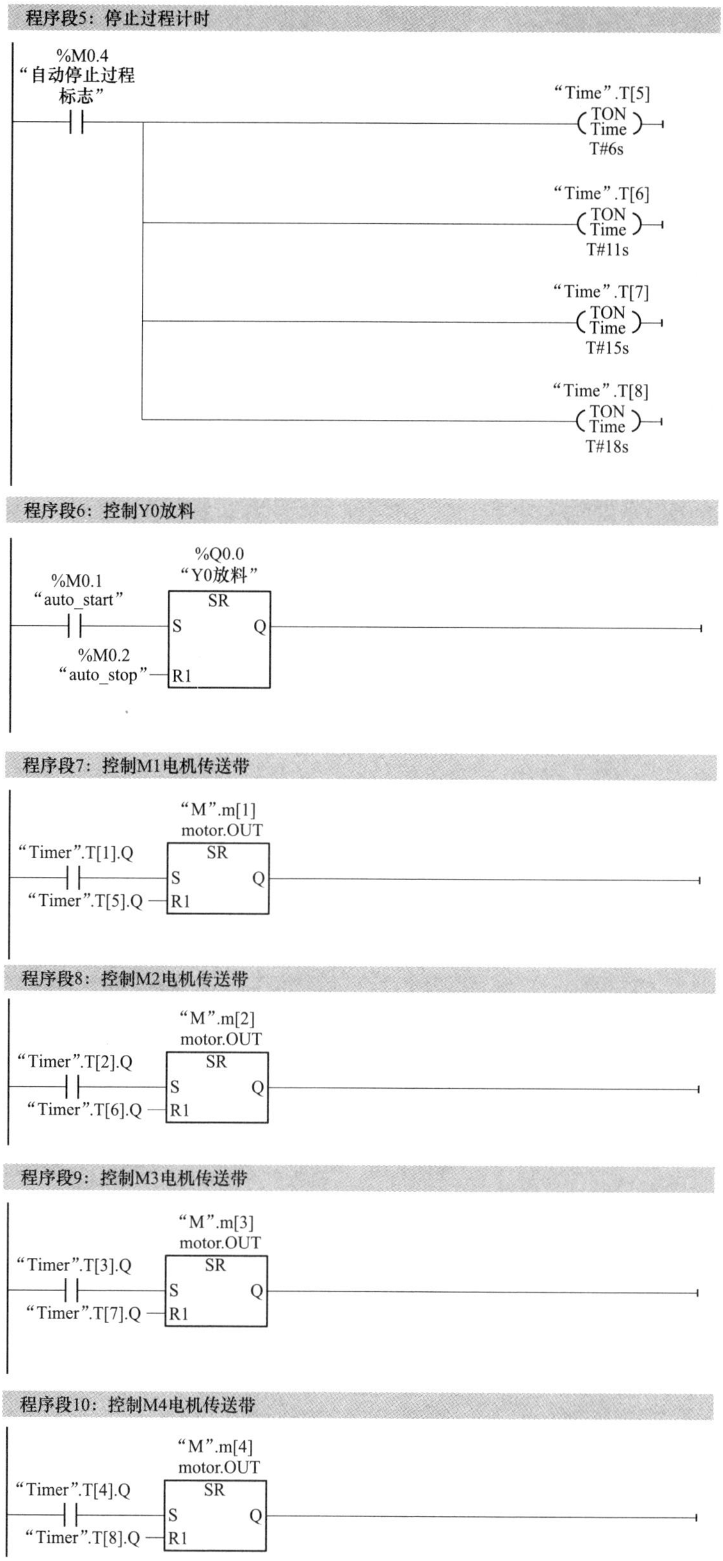

图 9-11　AUTO［FC2］程序（续）

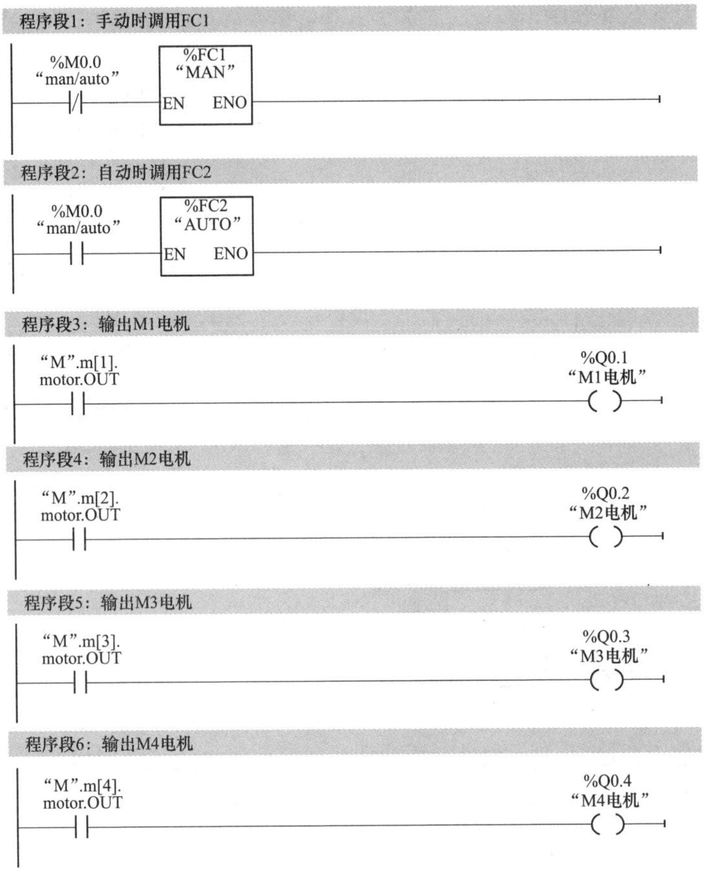

图 9-12 OB1 主程序

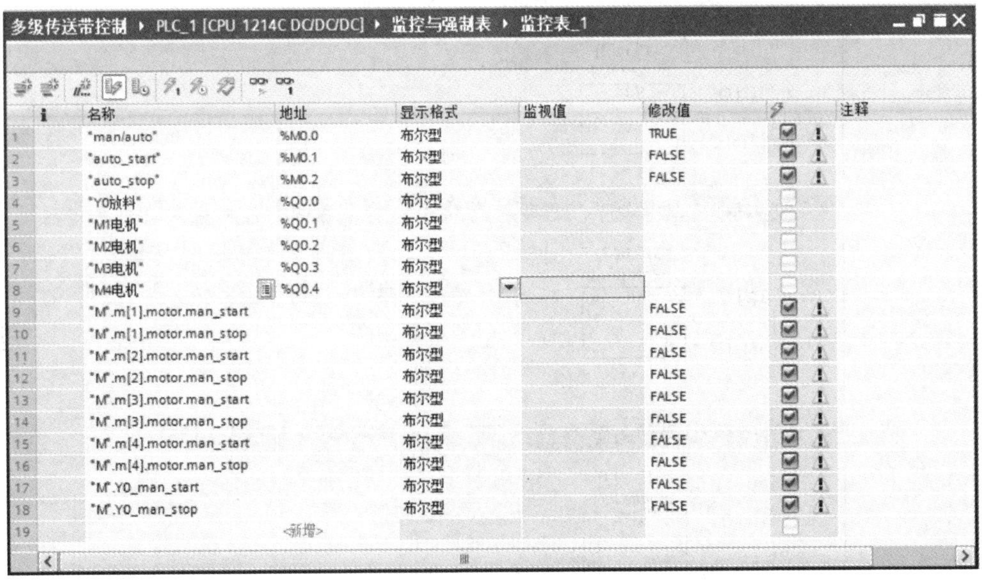
多级传送带控制 ▸ PLC_1 [CPU 1214C DC/DC/DC] ▸ 监控与强制表 ▸ 监控表_1

	i	名称	地址	显示格式	监视值	修改值		注释
1		"man/auto"	%M0.0	布尔型		TRUE	☑ !	
2		"auto_start"	%M0.1	布尔型		FALSE	☑ !	
3		"auto_stop"	%M0.2	布尔型		FALSE	☑ !	
4		"Y0放料"	%Q0.0	布尔型			☐	
5		"M1电机"	%Q0.1	布尔型			☐	
6		"M2电机"	%Q0.2	布尔型			☐	
7		"M3电机"	%Q0.3	布尔型			☐	
8		"M4电机"	%Q0.4	布尔型			☐	
9		"M".m[1].motor.man_start		布尔型		FALSE	☑ !	
10		"M".m[1].motor.man_stop		布尔型		FALSE	☑ !	
11		"M".m[2].motor.man_start		布尔型		FALSE	☑ !	
12		"M".m[2].motor.man_stop		布尔型		FALSE	☑ !	
13		"M".m[3].motor.man_start		布尔型		FALSE	☑ !	
14		"M".m[3].motor.man_stop		布尔型		FALSE	☑ !	
15		"M".m[4].motor.man_start		布尔型		FALSE	☑ !	
16		"M".m[4].motor.man_stop		布尔型		FALSE	☑ !	
17		"M".Y0_man_start		布尔型		FALSE	☑ !	
18		"M".Y0_man_stop		布尔型		FALSE	☑ !	
19			<新增>				☐	

图 9-13 监控表

调试步骤如下：

（1）令变量 man/auto 为 OFF，系统为手动控制模式。再分别对 YO 放料，4 个传送带进行手动启动与手动停止操作。

（2）令变量 man/auto 为 ON，系统为自动控制模式。再令 auto. start 为 ON（再令它为 OFF），系统自动启动，观察启动过程是否符合自动控制要求。

（3）令 auto. stop 为 ON（再令它为 OFF），系统自动模式下停止，观察停止过程是否符合自动控制要求。

（4）反复以上步骤进行多次验证。

小　结

通过多次传送带控制项目，学习掌握以下的重要知识点：

（1）结构数据类型的使用，往往与 PLC 用户自定义数据类型、数组等一起使用，方便定义多变量。

（2）不带参数的 FC 编程，实际上就是调用子程序。为了编程的方便，在编写不带参数的 FC 编程，也可以在块接口表中根据需要定义 temp 变量作为程序的中间运算结果，而 temp 的数值不是用户编程所需要的最终结果。

练习与提高

（1）现需要控制 10 个相似的水箱液位，每个水箱的相关参数有液位设定值、液位测量值、进水水泵电动机运行频率、出水阀状态等变量。试用结构、数组等定义 10 个水箱的变量。

（2）用 S7-1200/1500 PLC 控制两台电动机，要求如下：

1）两台电动机机组可进行手动/自动控制，手动/自动切换由 M0. 0 进行切换；当 M0. 0 为 OFF 时为手动控制，当 M0. 0 为 ON 时为自动控制；

2）手动控制时，两台电动机分别可做正反转控制。

3）自动控制时，按下自动启动 M0. 1 后，两台电动机按如下顺序运行：1＃电动机正转 5S，2＃M 正转 5S，然后循环。按下停止信号 M0. 2，电动机都停止。

（3）设计控制 3 个指示灯，要求能根据 MW0（整数）的值，分别实现以下三种控制方式：

1）当 MW0 为 1 时，三灯（HL1、HL2、HL3）按每隔 1s 的时间轮流亮，能循环。

2）当 MW0 为 2 时，HL1 先亮，1s 后 HL2 亮，再过 1sHL3 亮，再过 1s 全灭。然后循环以上动作。

3）当 MW0 为其他值时，三灯分别可用开关进行操作控制。

项目 10

多电动机Y-△降压启动控制

知识点 带参数 FC 编程。

在前面的项目中，我们已学习过三相异步电动机的Y-△降压启动控制，也学习了 FC 不带参数的编程方法。但如果我们要控制的电动机有很多台，并且每台电动机都要求Y-△降压启动，那么我们就需要使用带参数的 FC 来编程序实现对多台电动机的Y-△降压启动控制。

准备知识

编写带参数 FC，首先需要编写它的块接口，如图 10-1 所示。在块接口区中定义的各种变量，称为形参。FC 每次调用时，必须为每一个形参配备具体的实参（实际参数变量）。

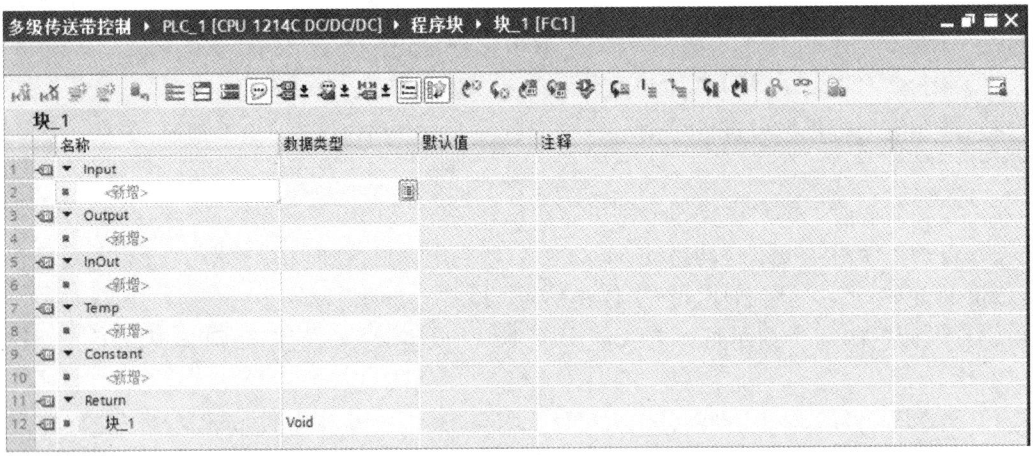

图 10-1　块接口

项目任务

某系统包含电动机组控制要求如下：

（1）该机组总共有 4 台电动机，每台电动机都要求Y-△降压启动。

（2）任一台电动机启动时，控制电源的接触器和Y形接法的接触器接通电源 6s 后，控制Y形接触器断开，1s 后△接法接触器动作接通，电动机切换到全压启行。

项目分析

（1）每台电动机都要求有Y-△降压启动。控制一台电动机要用到三个接触器，其中第一个控制电动机电源，第二个控制电动机绕组Y形接法，第三个控制电动机绕组△接法。所以要控制四台电动机的机组，PLC 总共要控制 12 个接触器。PLC 各输出点的分配见表 10-1。

表 10-1　　PLC 输出点分配

电动机	被控制触器	分配触出点	电动机	被控制触器	分配触出点
M1	控制电源接触器	Q0. 0	M3	控制电源接触器	Q0. 6
	控制绕组Y形接法	Q0. 1		控制绕组Y形接法	Q0. 7
	控制绕组△形接法	Q0. 2		控制绕组△形接法	Q1. 0
M2	控制电源接触器	Q0. 3	M4	控制电源接触器	Q1. 1
	控制绕组Y形接法	Q0. 4		控制绕组Y形接法	Q1. 2
	控制绕组△形接	Q0. 5		控制绕组△形接法	Q1. 3

（2）因为每台电动机的启动过程相同，所以可设计一个带参数的 FC 功能来实现电动机的启动。然后在主程序 OB1 中来多次调用 FC，就可以实现对电动机的启动与停止控制。

（3）建立一个结构的 PLC 数据类型，然后在一个全局数据块中建立一个数组，定义 4 台电动机的启停信号。

项目编程与调试

一、新建项目

打开 TIA Portal 软件，新建项目，添加新的设备，插入电 CPU 模块，可选择 S7-1200 PLC 或 S7-1500 PLC，在 PLC 变量表中，组态变量如图 10-2 所示。

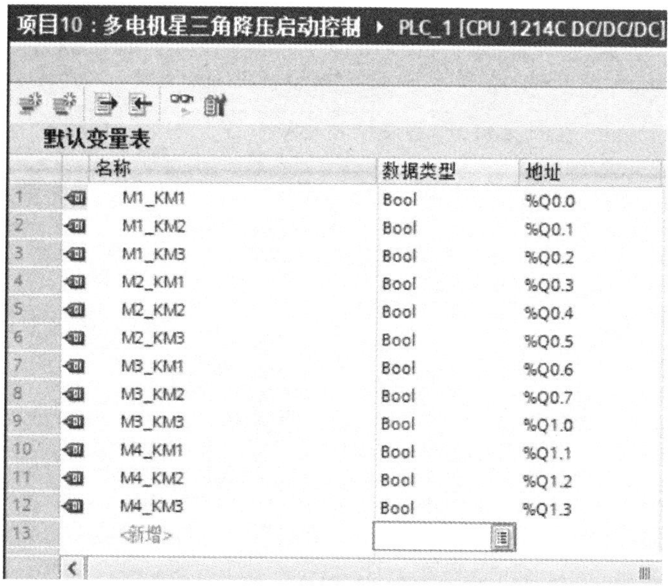

图 10-2　变量表

二、编写电动机降压启动〔FC1〕

在项目树下，添加新块，操作如图 10-3 所示，选择 FC，输入块名称"电动机降压启动"，然后单击"确定"按钮。

图 10-3　添加 FC 块

打开电动机降压启动 FC1 块，编辑块接口如图 10-4 所示，其中 T0 和 T1 为 2 个定时器。

	名称		数据类型	默认值	注释
1	▼	Input			
2	▪	start	Bool		启动信号
3	▪	stop	Bool		停止信号
4	▼	Output			
5	▪	<新增>			
6	▼	InOut			
7	▪	KM1	Bool		控制电机电源
8	▪	KM2	Bool		控制电机绕组Y型接法
9	▪	KM3	Bool		控制电机绕组三角型接法
10	▶	T0	IEC_TIMER		计时器1
11	▶	T1	IEC_TIMER		计时器2
12	▼	Temp			
13	▪	<新增>			

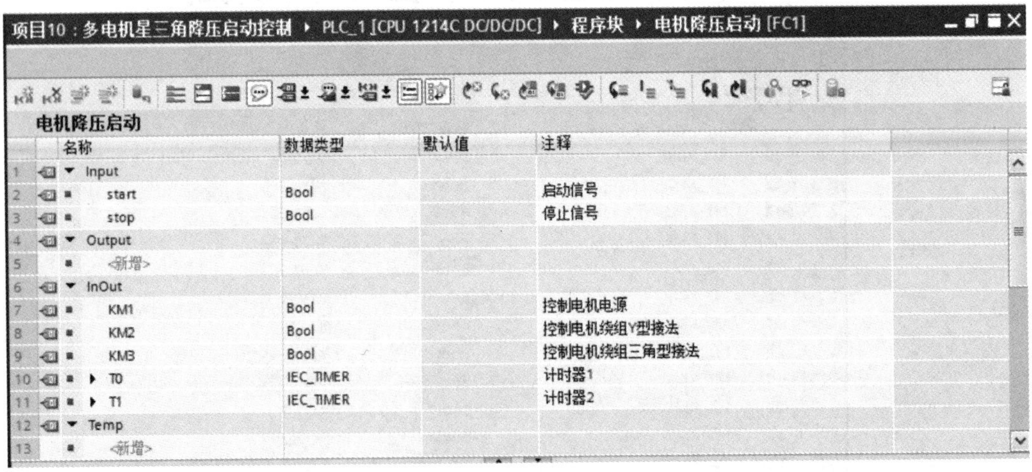

图 10-4　块接口

用块接口区的变量编写 FC1 的程序如图 10-5 所示。

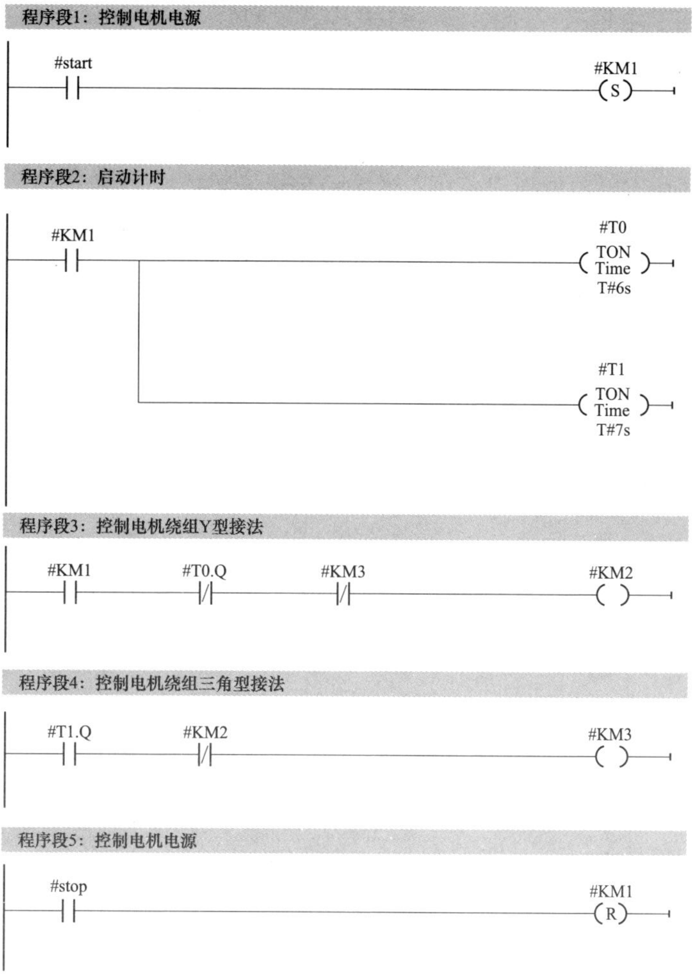

图 10-5　FC1 程序

三、添加 PLC 新数据类型

在项目树下，添加 PLC 数据类型如图10-6 所示，设置新的 PLC 数据类型名称为

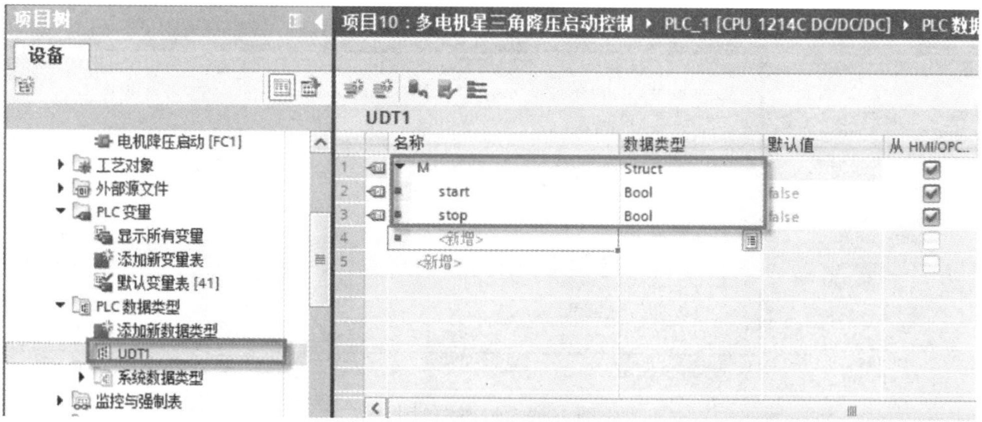

图 10-6　添加 PLC 数据类型

"UDT1"。在 UDT1 中输入一个结构，结构名为"M"，包含 2 个元素，分别为 start 和 stop，分别表示电动机的启动和停止信号。

四、创建全局数据块 DB1

在项目树程序块下，添加新程序块，创建一个全局数据块如图 10-7 所示。数据块名称为"Motor"，在数据块中组态一个数组，数组的元素为以上定义的结构 UDT1，如图 10-7 所示，这样就定义了 4 台电动机的启动和停止信号。

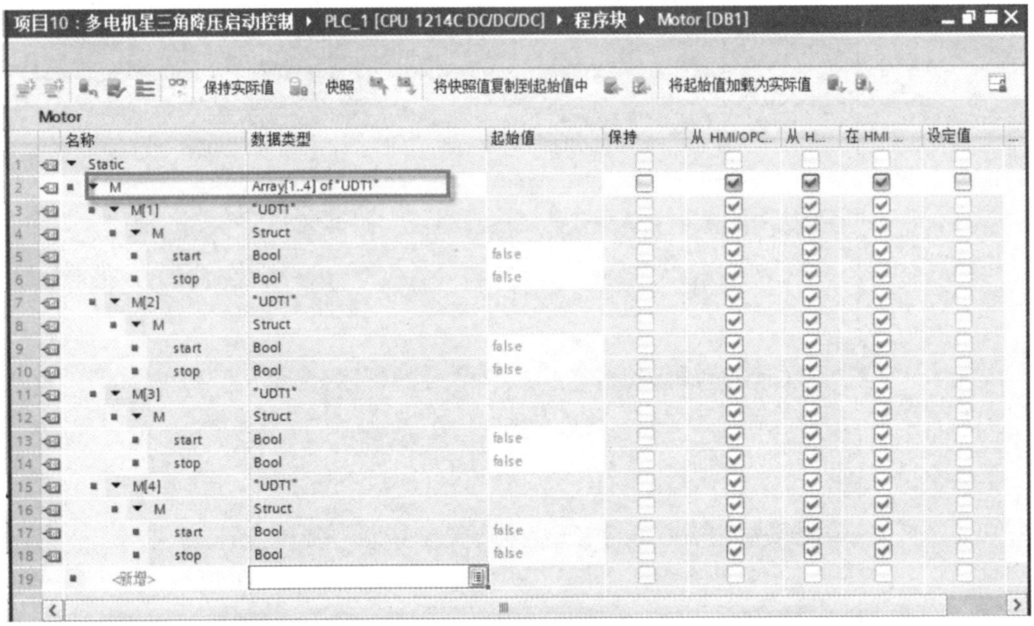

图 10-7 组态电动机启停信号

五、创建全局数据块 DB2

在项目树程序块下，添加新程序块，创建一个全局数据块 DB2，如图 10-8 所示。数据块名称为"Timer"，在数据块中组态一个数组，定义 8 个 IEC _ TIMER 数据。

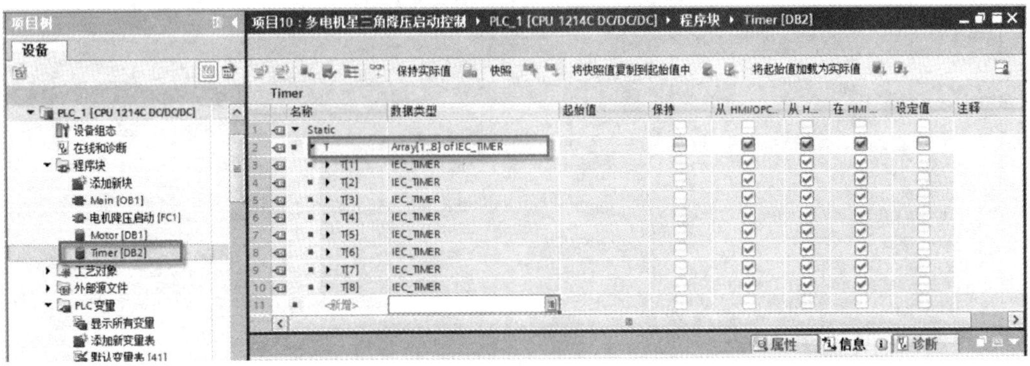

图 10-8 组态定时器

六、编写 OB1 主程序

打开 OB1，在 OB1 中对 FC1 进行 4 次调用，每次调用控制一台电动机。程序如图 10-9 所示。

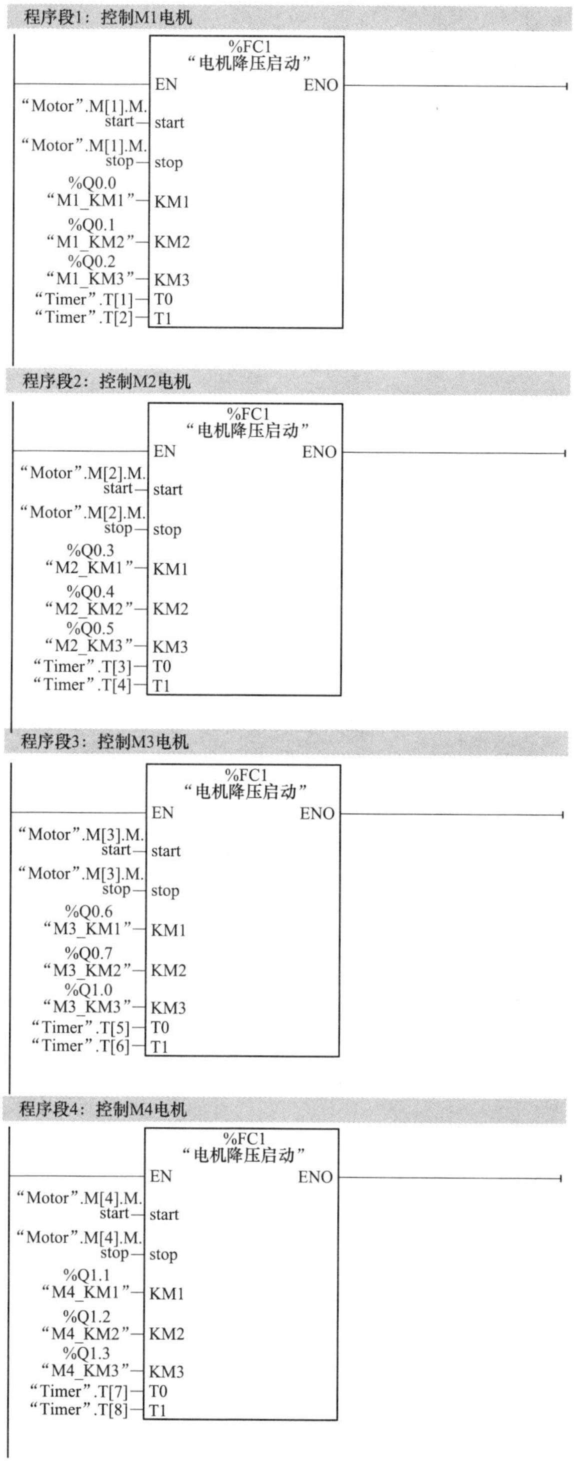

图 10-9　OB1 主程序

七、项目下载与调试

项目下载到 PLC 或仿真器 PLCSIM 中，然后新建一个监控表，在监控表中输入需要监控的变量如图 10-10 所示。

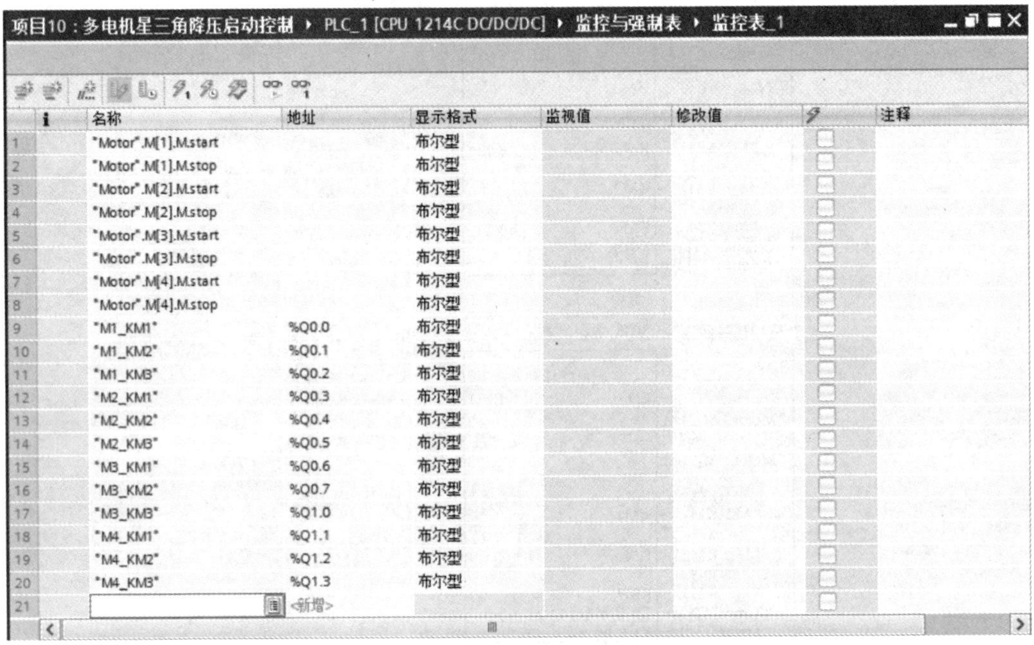

	i	名称	地址	显示格式	监视值	修改值		注释
1		"Motor".M[1].Mstart		布尔型				
2		"Motor".M[1].Mstop		布尔型				
3		"Motor".M[2].Mstart		布尔型				
4		"Motor".M[2].Mstop		布尔型				
5		"Motor".M[3].Mstart		布尔型				
6		"Motor".M[3].Mstop		布尔型				
7		"Motor".M[4].Mstart		布尔型				
8		"Motor".M[4].Mstop		布尔型				
9		"M1_KM1"	%Q0.0	布尔型				
10		"M1_KM2"	%Q0.1	布尔型				
11		"M1_KM3"	%Q0.2	布尔型				
12		"M2_KM1"	%Q0.3	布尔型				
13		"M2_KM2"	%Q0.4	布尔型				
14		"M2_KM3"	%Q0.5	布尔型				
15		"M3_KM1"	%Q0.6	布尔型				
16		"M3_KM2"	%Q0.7	布尔型				
17		"M3_KM3"	%Q1.0	布尔型				
18		"M4_KM1"	%Q1.1	布尔型				
19		"M4_KM2"	%Q1.2	布尔型				
20		"M4_KM3"	%Q1.3	布尔型				
21			<新增>					

图 10-10　监控表

调试步骤如下：

（1）对 M1 电动机进行启行测试；

（2）对 M2 电动机进行启行测试；

（3）对 M3 电动机进行启行测试；

（4）对 M4 电动机进行启行测试。

调试结果说明每次调用 FC1，控制一台电动机。每台电动机都可独立启停，互不干扰。

小　结

通过多台电动机的Y-△降压启动控制，编写带参数的 FC，实现对多台电动机的控制。FC 调用时，必须给 FC 的每一个形参配备实参。每次调用 FC 程序块，FC 程序块都可独立运行，互不干扰。

练习与提高

（1）前面的项目中学习过单键启停的控制，现有一个设备，有 10 个单键启停控制的指示灯，请编程实现。

（2）前面的项目中学习过一位数字的数码管显示。请编写 3 个数字的数码管显示程序。

项目 11

数 学 函 数 编 程

知识点 数学运算指令、FB 编程。

函数块（FB）在程序的体系结构中位于组织块（OB）之下，它属于程序的一部分，这部分程序在 OB1 中可以多次调用。函数块的所有参数和静态数据都存储在一个单独的、被指定给该功函数块的数据块（DB）中，该数据块被称为背景数据块。当调用 FB 时，该背景数据块会自动打开，实际参数的值被存储在背景数据块中；当块退出时，背景数据块中的数据仍然保持。

准备知识

一、FB 的块接口变量

FB 的块接口区如图 11-1 所示。

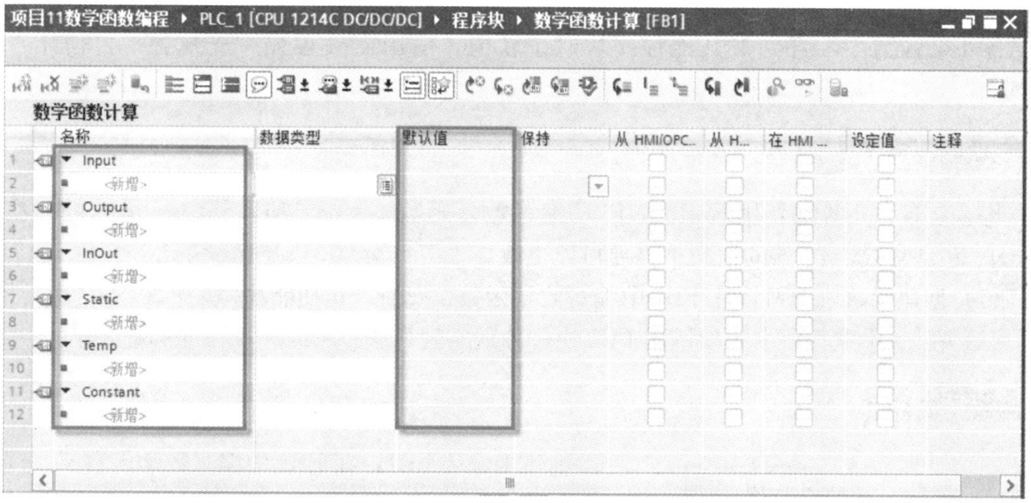

图 11-1　FB 块接口区

FB 的块接口变量类型如下：

（1）IN：变量是外部输入变量，只能被本程序块读，不能被本程序块写。

（2）OUT：是程序块输出变量，可以在本程序块中写。

（3）IN _ OUT：输入输出变量，在本程序块可以读写。

（4）TEMP：临时变量，是暂时存储数据的变量。这些临时的数据存储在 CPU 工作存储区的局部数据堆栈（L 堆栈）中。

（5）STAT：静态变量，在 PLC 运行期间始终被存储。当 FB 块被调用运行时，能读出或修改静态变量；块调用结束后，静态变量保留在数据块中。

二、FB 与 FC 的区别

本质上，FB，FC 的实现目的是相同的；无论何种逻辑要求，FB，FC 均可实现。只是实现方式效率不同，这也和工程师个人编程习惯有关。FB 与 FC 在程序体系结构中都是位于组织块（OB）之下的子程序。两者的功能有些相似，但有明显的区别。

（1）FB 是功能块，带背景数据块作为数据存储区；FC 是功能，不带背景数据块。

（2）FB 块接口区中变量有 STAT 和 TEMP，FC 由于没有自己的存储区，因此不具有 STAT。FB 可对各种变量类型设置初始值，而 FC 不能设定。

三、FB 编程注意事项

（1）多次调用的 FB 程序块，需要更换调用不同的背景 DB；FC 则需要确保使用的存储地址不重复，即每次调用块中地址不重复。

（2）对于多次调用的 FB，FC，如为 S7 定时器，计数器，则需要在 IN 接口中定义 TIMER 或 Counter，每调用一次 FB 或 FC，均赋予不同的定时器或计数器号。如为 IEC 定时器，计数器，则需要在 IN 接口定义数据块，每调用一次 FB 或 FC，赋予不同的 DB 块给其中的 IEC 定时器或计数器。

（3）临时变量可以在组织块 OB、功能 FC 和功能块 FB 中使用。当块执行时它们被用来临时存储数据，一旦块执行结束，堆栈的地址将被重新分配用于其他程序块使用，此地址上的数据不会被清零，直到被其他程序块赋予新值。使用需要遵循“先赋值，再使用”的原则。

项目任务

编程实现以下算法：用 S7-1500 PLC 编写数学函数 $y=ax+b$，其中 y 是 x 的一次函数，a、b 是常数，a、b 的值根据需要可以更改。

（1）创建函数块 FB1，在 FB1 中编写数学函数 $y=ax+b$ 功能块；

（2）在 OB1 主程序中两次调用 FB1 块，分别实现算法 $y=2x+3$ 和 $y=5x+10$。

项目分析

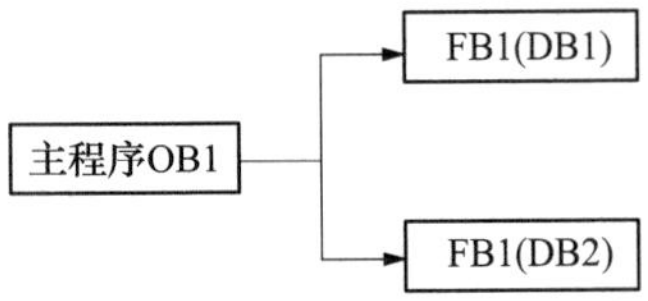

图 11-2　程序结构

创建函数块 FB1，在 FB1 中编写数学函数 $y=ax+b$ 功能。每次调用 FB 块时，都要配一个背景数据块 DB，在该 DB 中可对 a 和 b 的值进行修改，如要实现算法 $y=2x+3$，可在背景数据块 DB 中把 a 设置为 2，b 设置为 3。

程序结构如图 11-2 所示，在主程序 OB1 中对 FB1 进行二次调用，两次调用对应的背景数据块分别为 DB1 和 DB2。

项目编程与调试

一、创建函数块 FB1

创建新项目，对 PLC 硬件进行组态。然后在项目树的“程序块”下添加新块，如图 11-3 所示。双击“添加新块”，在弹出的对话框中选择函数块 FB，输入名称为“$Y=ax+b$”，选择编程语言，然后单击“确定”按钮。即可创建函数块 FB1，如图 11-4 所示。

图 11-3　添加 FB 块

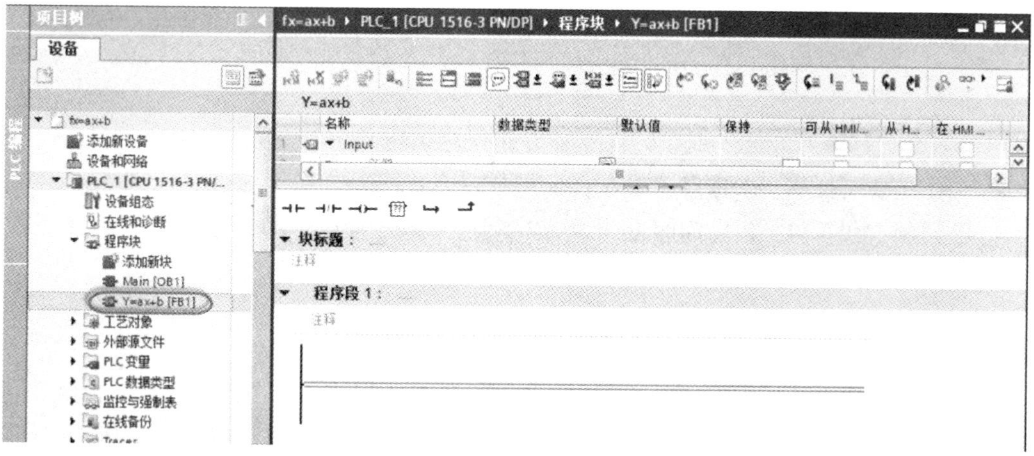

图 11-4　函数块 FB1

二、编辑 FB1 块接口变量表

块接口中包含有块所用局部变量和局部常量的声明。这些变量可分为在程序中调用时构成块接口的块参数和用于存储中间结果的局部数据。变量声明可用于定义程序中块的调用接口，以及块中需使用的变量/常量名称和数据类型。

FC/FB 块的各种参数类型的功能及用途如表 11-1 所示。

表 11-1　　FC/FB 块的各种参数类型的功能及用途

类型	区域	功　能	可用于
输入参数	Input	其值由块读取的参数	函数，函数块和某些类型的组织块
输出参数	Output	其值由块写入的参数	函数和函数块
输入/输出参数	InOut	调用时由块读取其值，执行后又由块写入其值的参数	函数和函数块
临时局部数据	Temp	用于存储临时中间结果的变量。只保留一个周期的临时局部数据。如果使用临时局部数据，则必须确保在要读取这些值的周期内写入这些值。否则，这些值将为随机数	函数、函数块和组织块 临时局部数据不显示在背景数据块中
静态局部数据	Static	用于在背景数据块中存储静态中间结果的变量。静态数据会一直保留到被覆盖，这可能在几个周期之后，在此代码块中作为多重实例调用的块名称，也将存储在静态局部数据中	函数块
常量	常量	在块中使用且带有声明符号名的常量	函数、函数块和组织块 注：局部常量不显示在背景数据块中
返回值	返回	返回到调用块的值	功能

打开 $Y=ax+b$［FB1］块，编辑块接口变量表如图 11-5 所示，分别定义 x 为 input 型变量，数据类型为 int。定义 Y 为 output 型变量，数据类型为 int。定义 a 和 b 为 Static 型变量，数据类型为 int，并分设置默认值分别为 2 和 3。定义 c 为 Temp 型变量，数据类型为 int，变量 c 在本程序中用来存储中间运算结果。

三、编写 FB1 程序

在 FB1 中编写程序，实现算法 $Y=ax+b$。

打开 FB1，编写 FB1 程序如图 11-6 所示，程序中把 a 乘以 x 的值存入 c，再把 c 与 b 相加，结果存入 Y。

四、编写 $Y=2x+3$ 算法

在主程序 OB1 中，如图 11-7 所示，把程序块 FB1 拖拽到程序段 1 中，会自动弹出“调用选项”界面，在该界面中选择“单个实例”，并设置数据块名为 $Y=2x+3$，然后单击“确定”按钮。FB1 调用后，对变量 x 和 Y 分别赋值为 MWO 和 MW2，程序如图 11-8 所示。

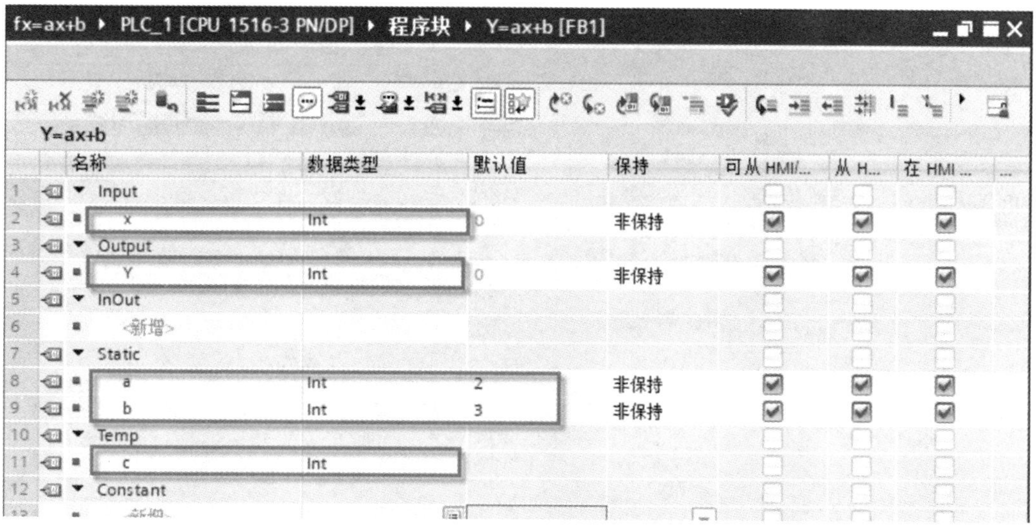

图 11-5 编辑块接口变量表

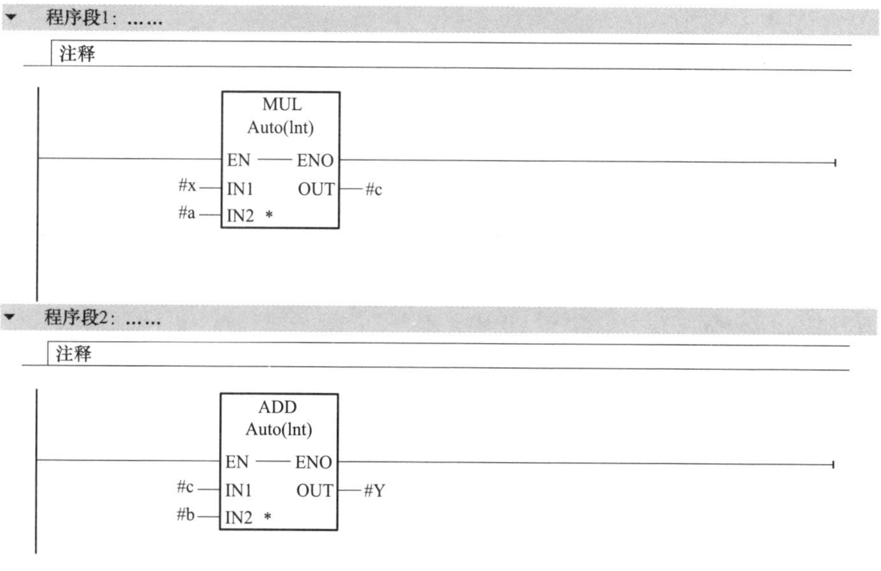

图 11-6 FB1 程序

说明：以上方法为调用函数块 FB1 时，自动创建背景数据块 DB1。打开 DB1，如图 11-9 所示，可看到数据块 DB1 中的变量与 FB1 的块接口变量表中的变量相对应。且 a 和 b 的值分别为默认值 2 和 3。所以本次 FB1 的调用，是实现 $Y=2x+3$ 的算法。

五、编写 $Y=5x+10$ 算法

1. 创建 FB1 的背景数据块 DB2

首先在项目树的“程序块”下，双击“添加新块”，如图 11-10 所示，在弹出的添加新块界面中，选择“数据块”，输入块名称为“$Y=5x+10$”，类型选择为 FB1。然后单击“确

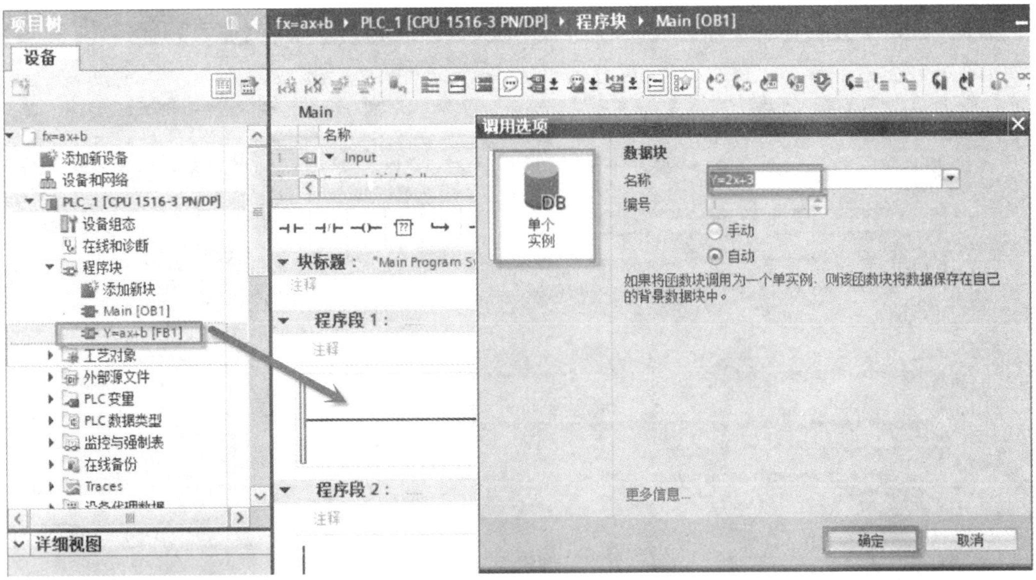

图 11-7　在 OB1 中调用 FB1

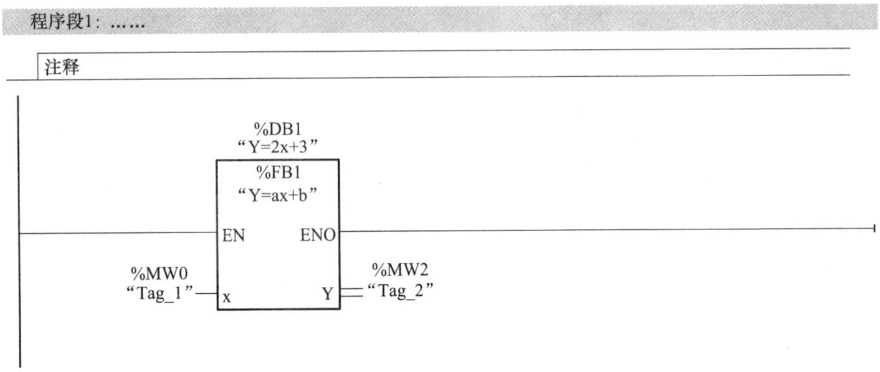

图 11-8　程序段 1

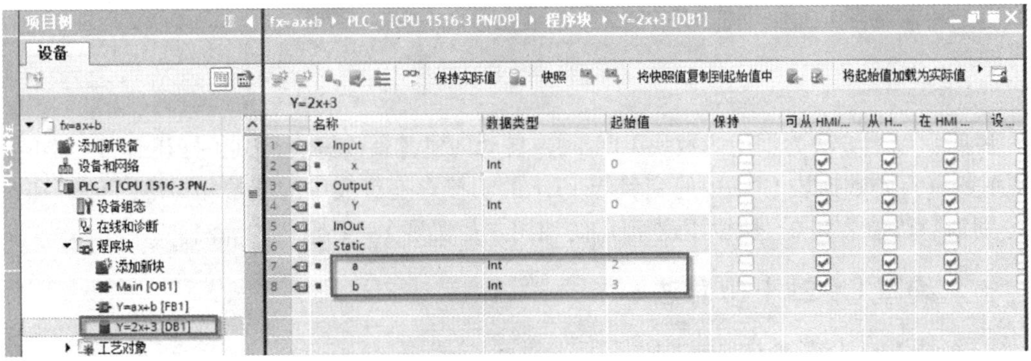

图 11-9　数据块 $Y=2x+3$ [DB1]

定”按钮，创建数据块 $Y=5x+10$［DB2］。这样就把数据块 $Y=5x+10$［DB2］设置成 FB1 的背景数据块。

然后在打开的 DB2 数据块中，把 a 和 b 的起始值分别更改为 5 和 10，如图 11-11 所示，然后对该数据块进行编译操作。

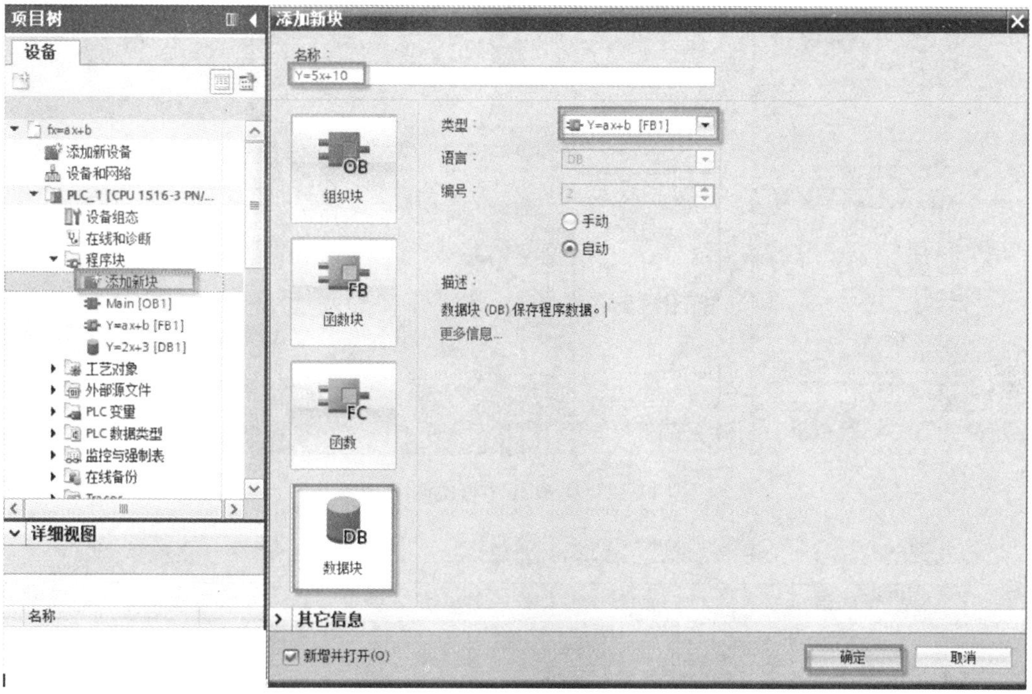

图 11-10　创建 DB2

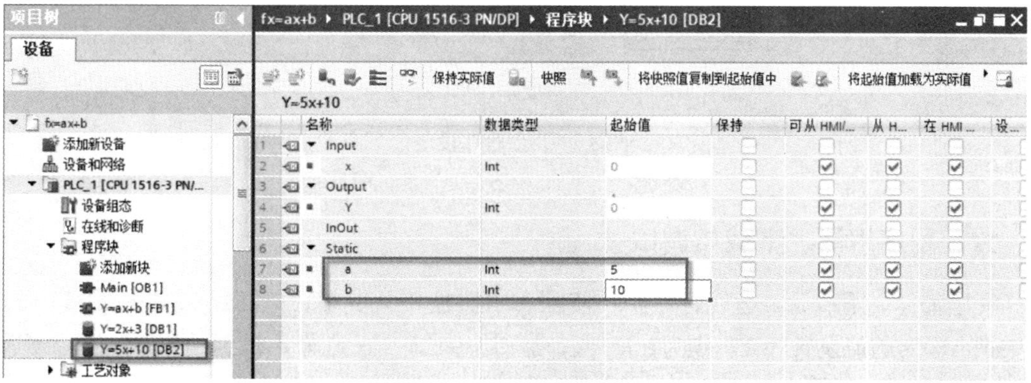

图 11-11　更改 a、b 的起始值

2. 在 OB1 中再次调用 FB1

打开主程序 OB1，在程序段中调用 FB1，如图 11-12 所示。在调用选项中选择“单个实例”，数据块名称选择“$Y=5x+10$［DB2］”。然后单击“确定”按钮，并对变量 x 和 y 分别赋值为 MW0 和 MW4，如图 11-13 所示。

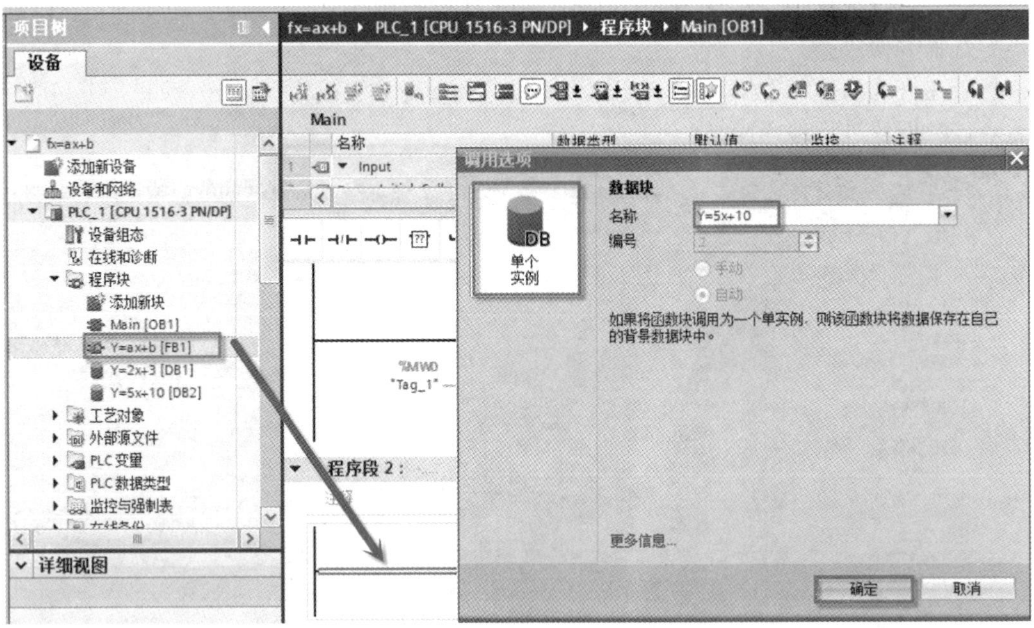

图 11-12　在 OB1 中再次调用 FB1

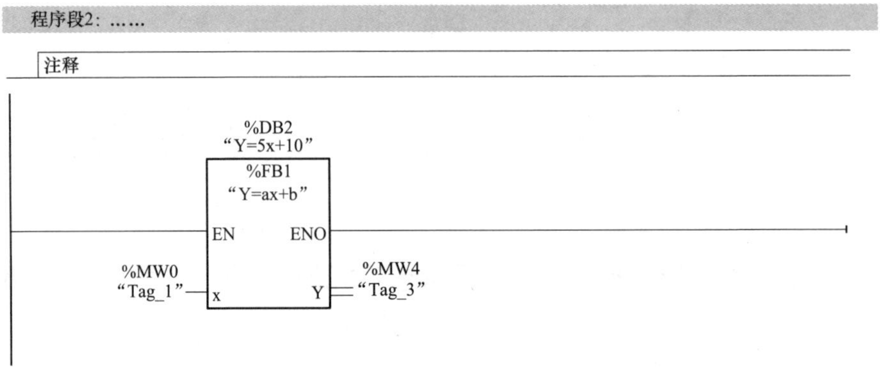

图 11-13　程序段 2

六、程序编译、下载与调试

程序编译、下载后，运行程序，在监控表中监控相关变量，运行结果如图 11-14 所示。图中把 MW0 的值设置为 4，作为 x 的值，经过 $y=2x+3$ 运算，得到结果 11 送至 MW2。经过 $y=5x+10$ 运算，得到结果 30 送至 MW4。

小　结

通过使用 FB 进行数学函数编程，学会 FB 的使用方法。

（1）FB 使用时需配对应的背景数据块；

（2）FB 可进行多次调用，但每次调用需配不同的背景数据块进行相应的数据存储；

（3）FB 使用时，可设置变量初始值。

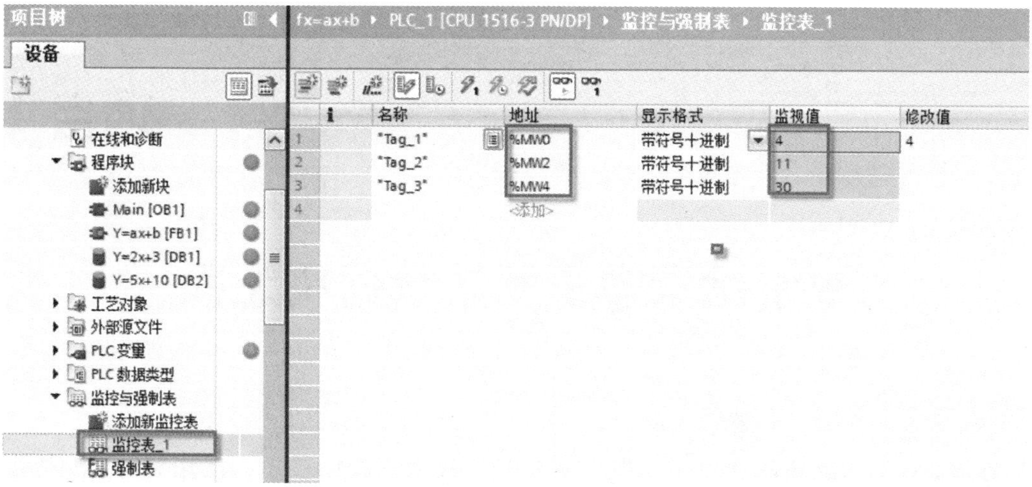

图 11-14　监控程序执行结果

练习与提高

（1）编程实现二次函数 $Y=ax^2+bx+c$ 的编程，并能进行多次调用，分别实现以下二次函数：

1）$a=2$，$b=3$，$c=4$；

2）$a=3$，$b=4$，$c=5$。

（2）在某控制系统中，需对 4 个温度和 4 个压力的数值进行处理，分别如图 11-15 和图 11-16 所示。处理过程相似，首先判断 4 个温度或压力的值是否在规定范围内，若满足条件，则输出 BOOL 变量 Y/N 为 ON，再除去一个最大值、一个最小值，计算其平均值；或不满足条件，输出一个 BOOL 变量 Y/N 为 OFF，平均值输出为 0。编程实现以上控制算法。

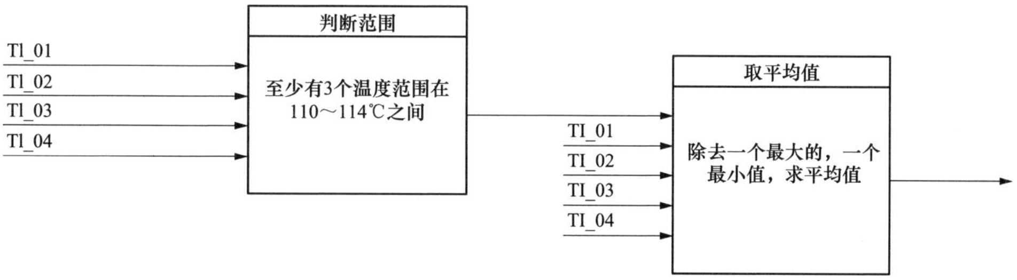

图 11-15　温度计算处理

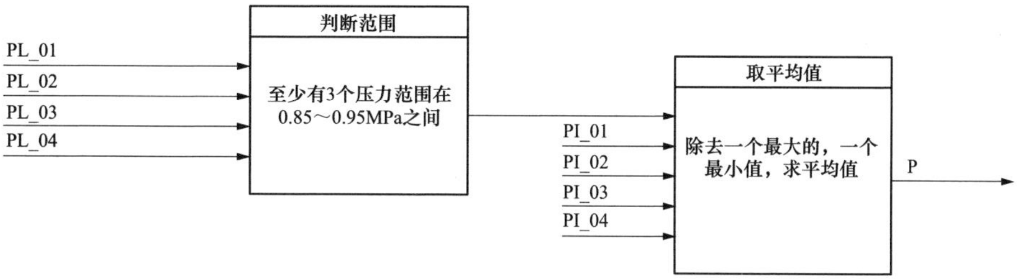

图 11-16　压力计算处理

项目 12

数学函数多重背景数据块编程

知识点 多重背景数据块。

在前面使用功能块的项目中，当功能块 FB1 在组织块中被多次调用时，均使用了与 FB1 相关联的背景数据块 DB1、DB2 等。这样 FB1 有多少次调用，就必须配套相应数量的背景数据块。当 FB1 的调用次数较多时，就会占用更多的数据块。使用多重背景数据块可以有效地减少数据块的数量，其编程思路是创建一个比 FB1 级别更高的功能块，如 FB2，对于 FB1 的每一次调用，都将数据存储在 FB2 的背景数据块中。这样就不需要为 FB1 分配任何背景数据块。

项目任务

用 FB 编程实现数学公式 $Y=ax+b$，其中 a、b 为常数。要求：实现以下 2 个函数，并把其背景数据全部保存在一个数据块中。

$Y=2x+3$

$Y=5x+10$

注 本程序以整数计算举例编程。

项目分析

使用多重背景数据块的编程方法，把多次调用数学公式对应的背景数据全部存入到一个数据块中。

背景数据块的编程方法是建立 FB2 为上层功能块，它把 FB1 作为其“局部实例”，通过二次调用本地实例，分别实现对 $Y=2x+3$ 和 $Y=5x+10$ 控制。它将每次调用（对于每个调用实例）的数据存储到上层功能块 FB2 的背景数据块 DB1 中。

程序块的调用结构如图 12-1 所示。

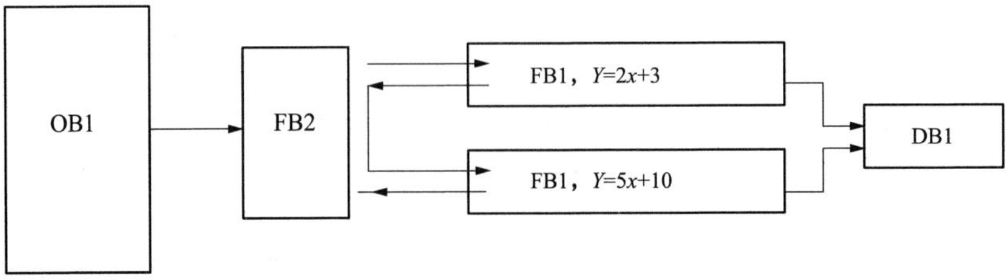

图 12-1 程序块调用结构

项目编程与调试

一、新建项目

新建项目，组态 PLC 硬件，PLC 可选 S7-1200 或 S7-1500 PLC。

二、编写 $Y=ax+b$ [FB1] 程序块

添加 $Y=ax+b$ [FB1] 程序块，编辑块接口区如图 12-2 所示。

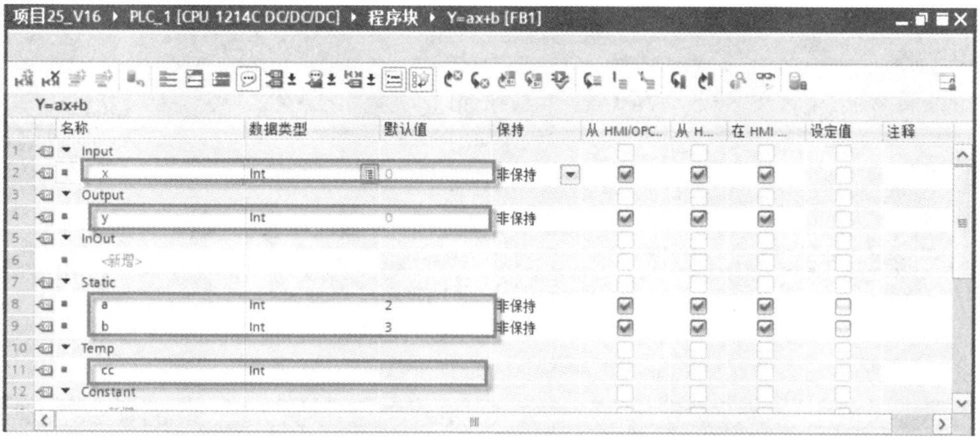

图 12-2　块接口

用块接口区定义的变量编写 FB1 程序，如图 12-3 所示，在程序中实现 $Y=ax+b$ 算法。

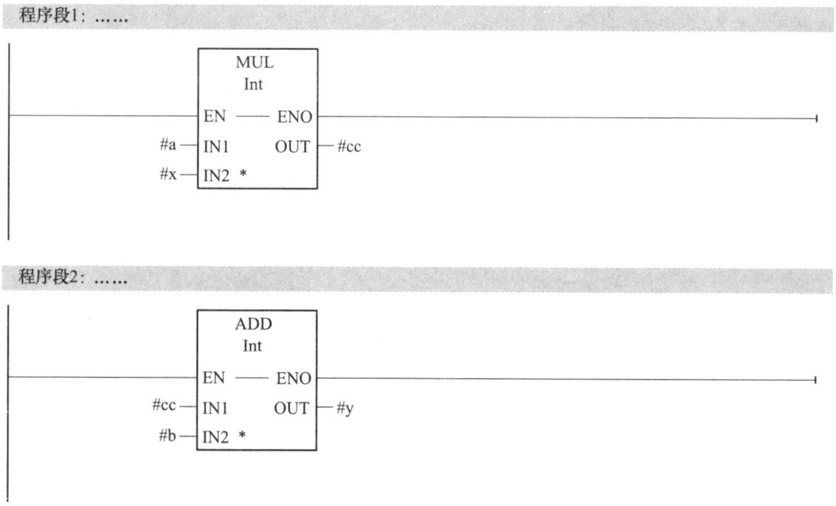

图 12-3　FB1 程序

三、编写程序块 Y [FB2]

添加程序块 Y [FB2]，把该程序块作为 FB1 的上层程序块。在 FB2 中对 FB1 进行 2 次

调用，分别实现 $Y=2x+3$ 和 $Y=5x+10$ 两个函数。

在 FB2 的块接口区中定义变量如图 12-4 所示。编辑两个 Static 变量，名称分别为“$2x+3$”和“$5x+10$”，数据类型设置为“$Y=ax+b$”。两个 Static 变量分别设置初始值如图 12-5 所示。

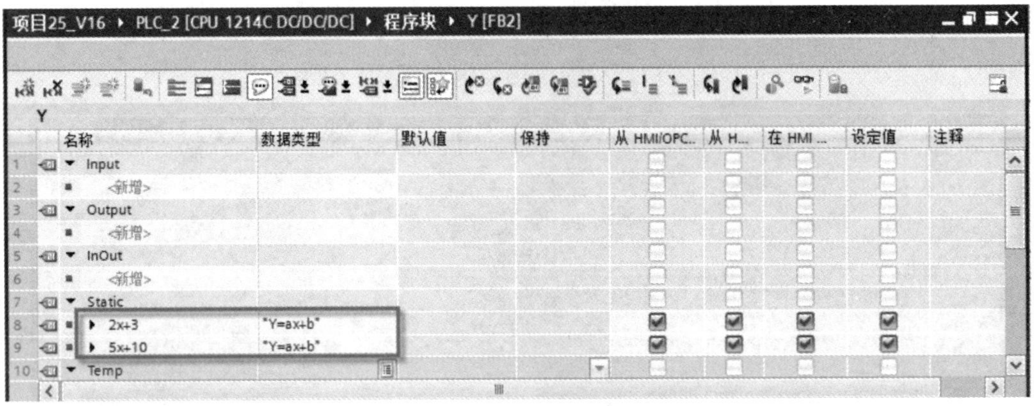

图 12-4　编辑 FB2 块接口区

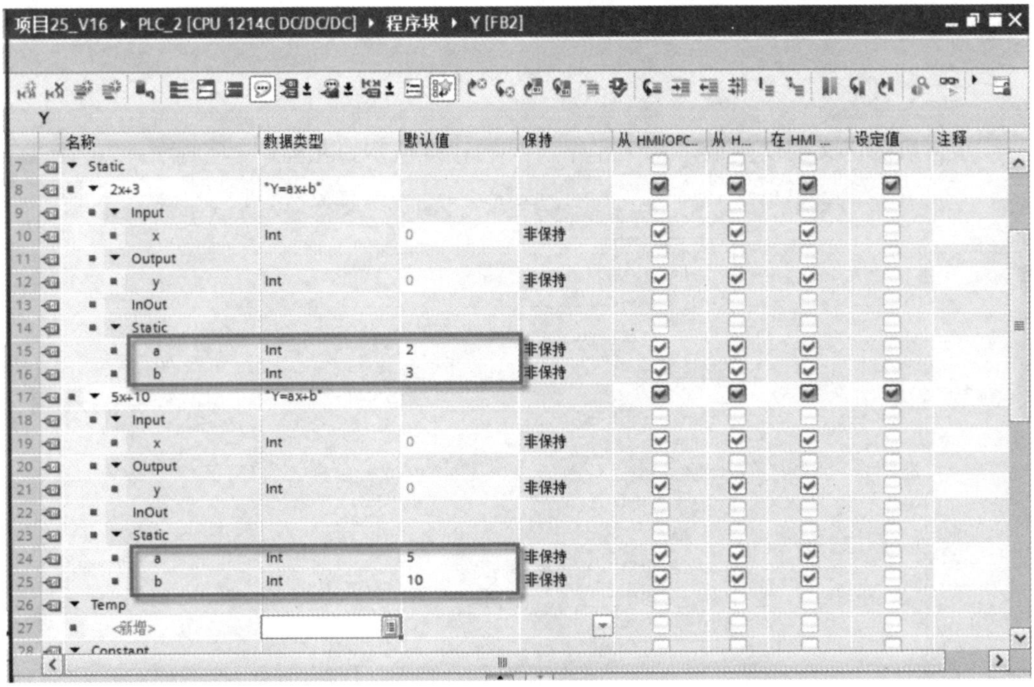

图 12-5　设置初始值

在 FB1 中编写程序如图 12-6 所示。把 MW0 作为 x 代入进行计算，分别计算出 $5x+10$ 和 $2x+3$ 的值写入 MW2 和 MW4 进行验证。

注　程序中 FB1 两次调用，上面配的不是 FB1 的背景数据块，而是在 FB2 接口区中定义的静态变量。

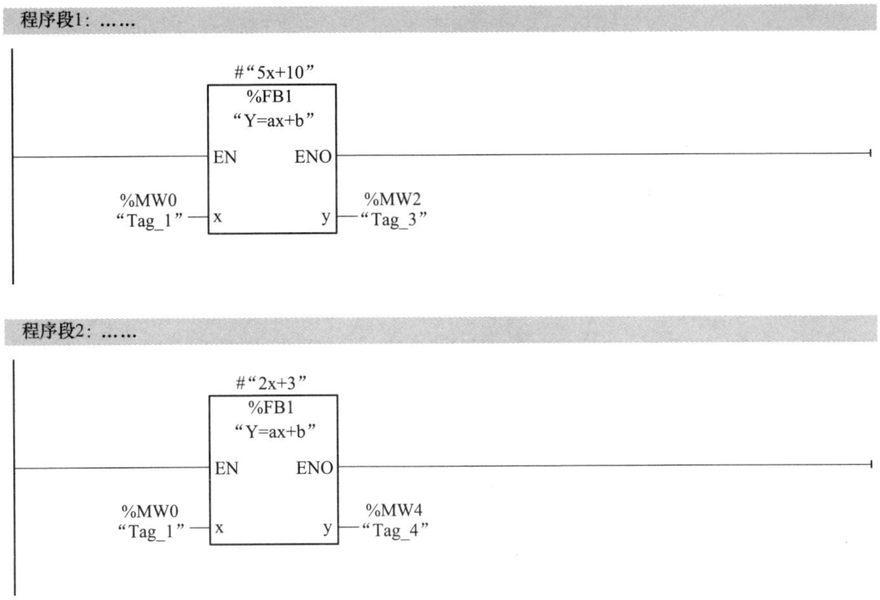

图 12-6　FB2 程序

注　在调用 FB1 时，调用选项请选择"多重实例"。

四、编写 OB1 程序

打开 OB1，在 OB1 中调用 FB2 程序块，如图 12-7 所示，并自动生成 FB2 的背景数据块 DB1。

图 12-7　OB1 程序

五、项目下载调试

把项目编译、下载到 PLC 或仿真器 PLCSIM，然后建立如图 12-8 所示的监控表。在监控表中写入 MW0 的值为 2，则分别算出 MW2 和 MW4 的值分别为 20 和 7。

对于两次调用 FB1 的数据，都存于 DB1 中。打开 DB1 对其进行监控如图 12-9 所示。

小　结

通过使用多重背景数据，可将多次调用的所有数据存于一个数据块中。使用多重背景数据块时需注意：

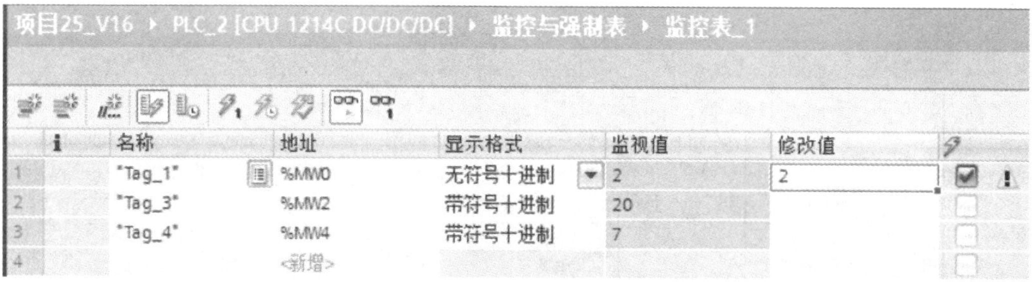

图 12-8　监控表

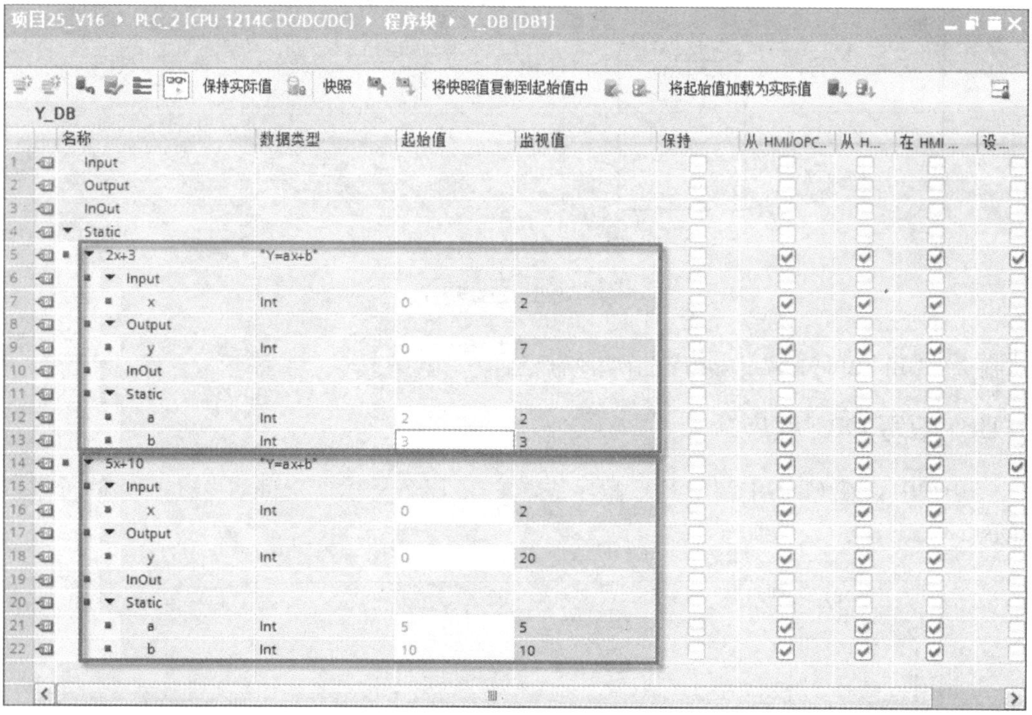

图 12-9　监控 DB1

（1）需建一个上层的程序块 FB。

（2）在上层程序块 FB 的块接口区中定义 Static 变量，数据类型为对应的 FB 类型。

（3）在上层 FB 中调用下层 FB 时，在调用选项中选择“多重实例”。

练习与提高

用多重背景数据块编程实现对 3 台电动机的Y-△降压启动控制，并把背景数据全部存于一个数据块 DB1 中。

项目 13

温 度 区 间 控 制

知识点 组织块 OB、启动 OB 块、循环 OB 块、诊断 OB 块。

OB1 作为 PLC 的主程序，在前面的编程中，几乎每个程序都会用到。OB1 属于组织块程序块。组织块是 PLC 操作系统和用户程序之间的接口。

准备知识

一、OB 块的功能与分类

组织块是操作系统和用户程序之间的接口。OB 用于执行具体的程序：

（1）在 CPU 启动时；

（2）在一个循环或延时时间到达时；

（3）当发生硬件中断时；

（4）当发生故障时；

（5）组织块根据其优先级执行。

根据功能的划分，组织块 OB 的类型主要有程序循环、启动、延时中断、时间中断、硬件中断、HSC 中断、诊断错误、时间错误等组织块类型。

S7-1200 PLC 支持的 OB 类型见表 13-1。

表 13-1　　S7-1200 PLC OB 类型

事件名称	数量	OB 编号	优先级	优先组
程序循环	≥1	1，≥123		1
启动	≥1	100，≥123	1	
延时中断	≤4	20～23，≥123	3	
循环中断	≤4	30～38，≥123	7	
硬件中断	16 个上升沿 16 个下降沿	40～47，≥123	5	2
HSC（高速计数器）中断	6 个计数值等于参考值 6 个计数方向变化 6 个外部复位	40～47，≥123	6	
诊断错误	＝1	82	9	
时间错误	＝1	80	26	3

可以看到 S7-1200 PLC 的 OB 组织块分为三个优先组，高优先组中的组织块可中断低优

先组中的组织块；如果同一个优先组中的组织块同时触发将按其优先级由高到低进行排队依次执行；如果同一个优先级的组织块同时触发时，将按块的编号由小到大依次执行。

嵌套深度是指可从 OB 调用功能（FC）或功能块（FB）等程序代码块的深度，如图 13-1 所示。

（1）从程序循环 OB 或启动 OB 开始调用 FC 和 FB 等程序代码块，嵌套深度为 16 层。

（2）从延时中断、循环中断、硬件中断、时间错误中断或诊断错误中断 OB 开始调用 FC 和 FB 等程序代码块，嵌套深度为 4 层。

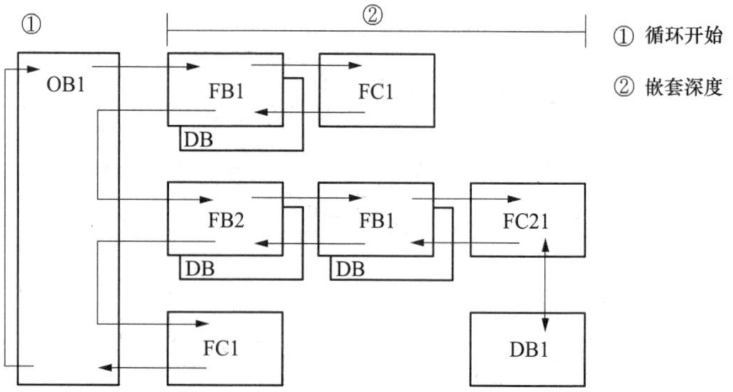

图 13-1　嵌套深度

S7-1500 PLC 支持的 OB 类型见表 13-2。

表 13-2　S7-1500 PLC 支持的 OB 类型

事件源的类型	优先级（默认优先级）	OB 编号	默认的系统响应	OB 数目
启动	1	100，≥123	忽略	0～100
循环程序	1	1，≥123	忽略	0～100
时间中断	2～24（2）	10 至 17，≥123	不适用	0～20
延时中断	2～24（3）	20 至 23，≥123	不适用	0～20
循环中断	2～24（8～17，与频率有关）	30 至 38，≥123	不适用	0～20
硬件中断	2～26（18）	40 至 47，≥123	忽略	0～50
状态中断	2～24（4）	55	忽略	0 或 1
更新中断	2～24（4）	56	忽略	0 或 1
制造商或配置文件特定的中断	2～24（4）	57	忽略	0 或 1
等时同步模式中断	16～26（21）	61 至 64，≥123	忽略	0 或 2
时间错误	22	80	忽略	0 或 1
一旦超出最大循环时间			STOP	
诊断错误中断	2～26（5）	82	忽略	0 或 1
卸下/插入模块	2～26（6）	83	忽略	0 或 1
机架错误	2～26（6）	86	忽略	0 或 1
MC 伺服中断	17～26（25）	91	不适用	0 或 1
MC 插补器中断	16～26（24）	92	不适用	0 或 1
编程错误（仅限全局错误处理）	2～26（7）	121	STOP	0 或 1
I/O 访问错误（仅限全局错误处理）	2～26（7）	122	忽略	0 或 1

S7-1500 支持的 OB 组织块的优先级从 1（最低）～26（最高），每个 OB 块都有其对应的优先级。高优先组中的组织块可中断低优先组中的组织块。同一个优先级的组织块同时触发时，将按块的编号由小到大依次执行。括号内是默认优先级，除启动、循环程序和时间错误 OB 块外，OB 块的优先级在块属性中是可以修改的。

下面以 S7-1200 PLC 为例介绍各种 OB 类型。

二、程序循环 OB 块

程序循环 OB 在 CPU 处于 RUN 模式时，周期性地循环执行。可在程序循环 OB 中放置控制程序的指令或调用其他功能块（FC 或 FB）。主程序（Main）为程序循环 OB，要启动程序执行，项目中至少有一个程序循环 OB。操作系统每个周期调用该程序循环 OB 一次，从而启动用户程序的执行。

S7-1200 允许使用多个程序循环 OB，按 OB 的编号顺序执行。OB1 是默认设置，其他程序循环 OB 的编号必须大于或等于 123。程序循环 OB 的优先级为 1，可被高优先级的组织块中断；程序循环执行一次需要的时间即为程序的循环扫描周期时间。最长循环时间缺省设置为 150ms。如果您的程序超过了最长循环时间，操作系统将调用 OB80（时间故障 OB）；如果 OB80 不存在，则 CPU 停机。

操作系统的执行过程，如图 13-2 所示，执行顺序如下：

（1）操作系统启动扫描循环监视时间。

（2）操作系统将输出过程映像区的值写到输出模块。

（3）操作系统读取输入模块的输入状态，并更新输入过程映像区。

（4）操作系统处理用户程序并执行程序中包含的运算。

（5）当循环结束时，操作系统执行所有未决的任务，例如，加载和删除块，或调用其他循环 OB。

（6）最后，CPU 返回循环起点，并重新启动扫描循环监视时间。

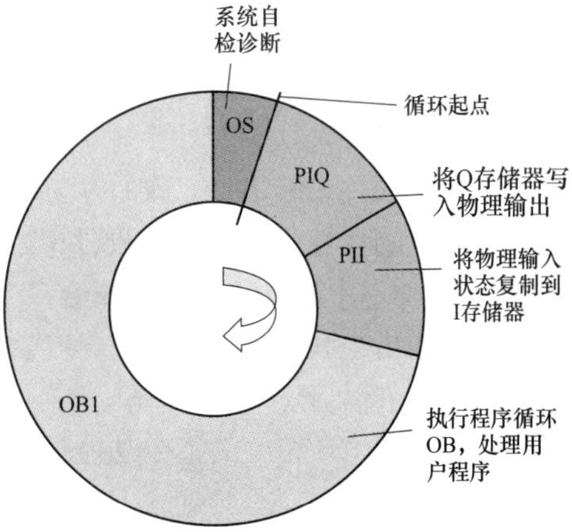

图 13-2 程序循环过程

三、延时中断 OB

延时中断 OB 是在经过一段指定的时间延时后，才执行相应的 OB 中的程序。

S7-1200 最多支持 4 个延时中断 OB，通过调用“SRT _ DINT”指令启动延时中断 OB。在使用“SRT _ DINT”指令编程时，需要提供 OB 号、延时时间，当到达设定的延时时间，操作系统将启动相应的延时中断 OB；尚未启动的延时中断 OB 也可以通过“CAN _ DINT”指令取消执行，同时还可以使用“QRY _ DINT”指令查询延时中断的状态。延时中断 OB 的编号必须为 20～23，或大于、等于 123。

与延时中断 OB 相关的指令功能如表 13-3 所示。延时时间 1～60000ms。

表 13-3　　延时中断指令

指令名称	功能说明
SRT _ DINT	当指令的使能输入 EN 上生成下降沿时，开始延时时间，超出参数 DIME 中指定的延时时间之后，执行相应的延时中断 OB
CAN _ DINT	使用该指令取消已启动的延时中断（由 OB _ NR 参数指定的 OB 编号）
QRY _ DINT	使用该指令查询延时中断的状态

四、循环中断 OB

循环中断 OB 是在经过一段固定的时间间隔后执行相应的中断 OB 中的程序。

S7-1200 最多支持 4 个循环中断 OB，在创建循环中断 OB 时设定固定的间隔扫描时间。在 CPU 运行期间，可以使用“SET _ CINT”指令重新设置循环中断的间隔扫描时间、相移时间；同时还可以使用“QRY _ CINT”指令查询循环中断的状态。循环中断 OB 的编号必须为 30～38，或大于、等于 123。

注　循环间隔时间为 1～60000ms。

五、硬件中断

硬件中断 OB 是在发生相关硬件事件时执行，可以快速地响应并执行硬件中断 OB 中的程序（例如立即停止某些关键设备）。

硬件中断事件包括内置数字输入端的上升沿和下降沿事件，以及 HSC（高速计数器）事件。当发生硬件中断事件，硬件中断 OB 将中断正常的循环程序而优先执行。S7-1200 可以在硬件配置的属性中预先定义硬件中断事件，一个硬件中断事件只允许对应一个硬件中断 OB，而一个硬件中断 OB 可以分配给多个硬件中断事件。在 CPU 运行期间，可使用“ATTACH”附加指令和“DETACH”分离指令对中断事件重新分配。硬件中断 OB 的编号必须为 40～47，或大于、等于 123。

与硬件中断 OB 相关的指令功能见表 13-4。

表 13-4　　硬件中断指令

指令名称	功能说明
ATTACH	将硬件中断事件和硬件中断 OB 进行关联
DETACH	将硬件中断事件和硬件中断 OB 进行分离

六、时间错误中断 OB80

当 CPU 中的程序执行时间超过最大循环时间或者发生时间错误事件（例如，循环中断 OB 仍在执行前一次调用时，该循环中断 OB 的启动事件再次发生）时，将触发时间错误中断优先执行 OB80。由于 OB80 的优先级最高，它将中断所有正常循环程序或其他所有 OB 事件的执行而优先执行。

当触发时间错误中断时，可通过 OB80 的接口变量读取相应的启动信息。OB80 的接口变量及启动信息参考图 13-3 和表 13-5。

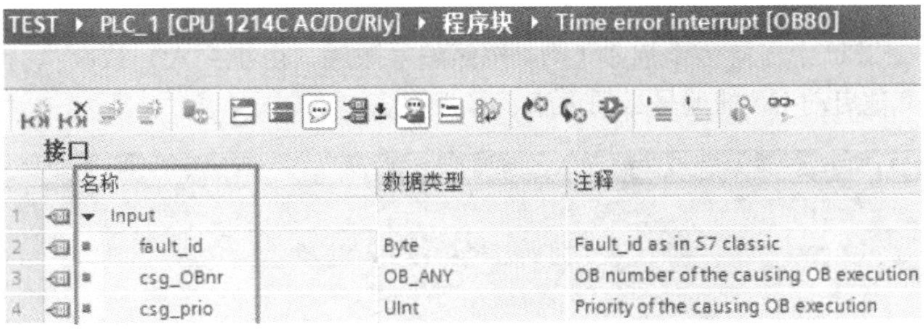

图 13-3　OB80 接口变量

表 13-5　**OB80 启动信息**

输入	数据类型	说　明
fault _ id	BYTE	16#01 超出最大循环时间 16#02 请求的 OB 无法启动 16#07 和 16#09，发生队列输出
csg _ OBnr	OB _ ANY	出错时正在执行的 OB 的编号
csg _ prio	UINT	导致错误的 OB 的优先级

在 CPU 属性中组态最大循环时间（默认 150ms），当 CPU 中的程序执行时间超过最大循环时间时，如果 OB80 不存在，CPU 将切换到 STOP 模式（例外情况：V1 版 CPU 仍然处于 RUN 模式）；如果 OB80 存在，则 CPU 执行 OB80 且不停机；如果同一程序循环中出现两次“超过最大程序循环时间”且没有通过指令“RE _ TRIGR”复位循环定时器，则无论 OB80 是否存在，CPU 都将切换到 STOP 模式。

七、诊断中断 OB82

S7-1200 支持诊断错误中断，可以为具有诊断功能的模块启用诊断错误中断功能来检测模块状态。

出现故障（进入事件），故障解除（离开事件）均会触发诊断中断 OB82。当模块检测到故障并且在软件中使能了诊断错误中断时，操作系统将启动诊断错误中断，诊断错误中断 OB82 将中断正常的循环程序优先执行。此时无论程序中有没有诊断中断 OB82，CPU 都会保持 RUN 模式，同时 CPU 的 ERROR 指示灯闪烁。如果希望 CPU 在接收到该类型的错误时进入 STOP 模式，可以在 OB82 中加入 STP 指令使 CPU 进入 STOP 模式。

当触发诊断错误中断时，通过 OB82 的接口变量可以读取相应的启动信息，可以帮助确定事件发生的设备、通道和错误原因。OB82 的接口变量如图 13-4 所示，启动信息见表 13-6。

触发 OB82，CPU 不会进入 STOP 模式。硬件模块如下的错误将触发诊断错误中断 OB82：无用户电源、超出上限、超出下限、断路（电流输出、电流 4～20mA 输入、RTD、TC)、短路（电压输出）。

八、启动组织块

如果 CPU 的操作模式从 STOP 切换到 RUN 时，包括启动模式处于 RUN 模式时 CPU

断电再上电，启动组织块将被执行一次。启动组织块执行完毕后才开始执行主“程序循环”OB。S7-1200 CPU 中支持多个启动 OB，按照编号顺序（由小到大）依次执行，OB100 是默认设置。其他启动 OB 的编号必须大于、等于 123。

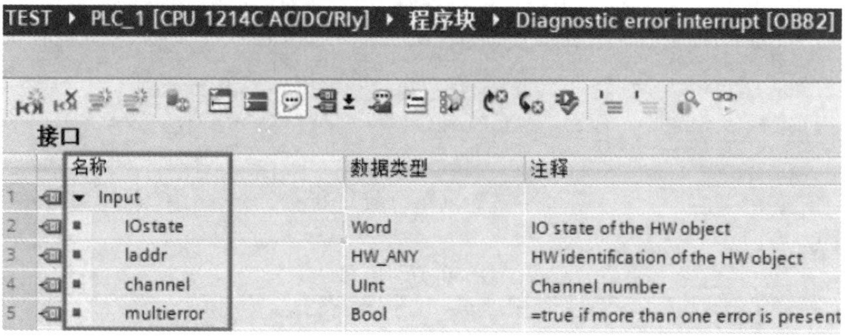

图 13-4　OB82 接口变量

表 13-6　　　　OB82 启动信息

输入	数据类型	说　　明
IQstate	WORD	设备的 IO 状态： 如果组态正确，则位 0=1，如果组态不再正确，则位 0=0。如果出现错误（则断线），则位 4=1；如果没有错误，则位 4=0 如果组态不正确，则位 5=1；如果组态再次正确，则位 5=0。如果出现 I/O 访问错误，则位 6=1，有关存在访问错误的 I/O 的硬件标识符，请参见 laddr；如果没有错误，则位 6=0
laddt	HW _ ANY	报告错误的设备成功能单元的硬件标识符
channel	UINT	通道号
mutienor	BOOL	如果存在多个错误，多数值为 TRUE

使用启动组织块需要注意以下事项：

（1）只要工作模式从 STOP 切换到 RUN，CPU 就会清除过程映像输入、初始化过程映像输出并处理启动 OB。

（2）要在启动模式下读取物理输入的当前状态，必须执行立即读取操作。

（3）在启动阶段，对中断事件进行排队但不进行处理，需要等到启动事件完成后才进行处理。

（4）启动 OB 的执行过程没有时间限制，不会激活程序最大循环监视时间。

（5）在启动模式下，可以更改 HSC（高速计数器）、PWM（脉冲宽度调制）以及 PtP（点对点通信）模块的组态。

项目任务

温度控制要求如下：

（1）某系统要求温度控制，当温度低于 T1（初始值为 40℃），加热；当温度高于 T2（初始值为 50℃）时停止加热。加热元件用 PLC 的 Q0.0 控制。

（2）温度变送器信号为电流 4～20mA，输入接 AI 模块的第 1 个通道。如果模块或通道出现故障，要求系统报警（Q0.1），并停止加热。

（3）温度传感器的测量范围为 0～150℃。

项目分析

（1）在初始化组织块 OB100 中，设置 T1 和 T2 的初始值。

（2）传感器信号接入模拟量模块，当出现故障时，把故障处理程序写入诊断组织块 OB82 中。

（3）控制程序在主程序 OB1 中编写，主要实现当温度低于 T1 加热，当温度高于 T2 停止加热。

项目编程与调试

一、新建项目

新建项目，添加 S7-1200CPU 和 AI 模块如图 13-5 所示。

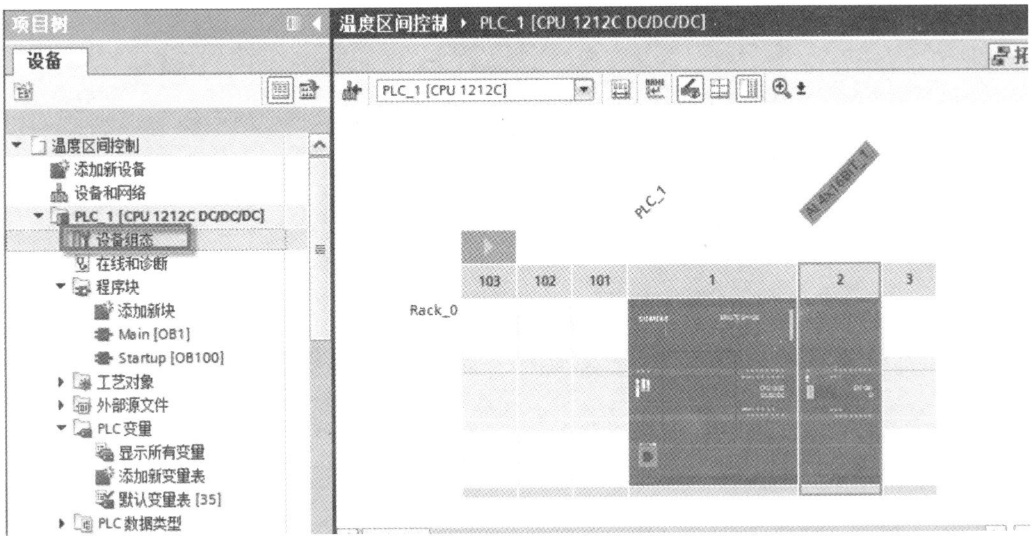

图 13-5　组态硬件

查看 AI 模块的地址，并对通道 0 的属性进行设置，如图 13-6 所示。使用通道 0 接温度变送器，该通道地址为 IW96，启用断路诊断和溢出诊断。当 PLC 运行过程中，出现断路或溢出故障，则 CPU 会启动调用 OB82，并可在 OB82 的变量中读出故障类型。

在系统常数中查看硬件模块的硬件标识符为 269，如图 13-7 所示。

二、建立变量表

建立变量表如图 13-8 所示。

三、编码 OB100 程序

在程序块下添加组织块 OB100，OB100 作为启动组织块，当 PLC 上电或由 STOP 切换

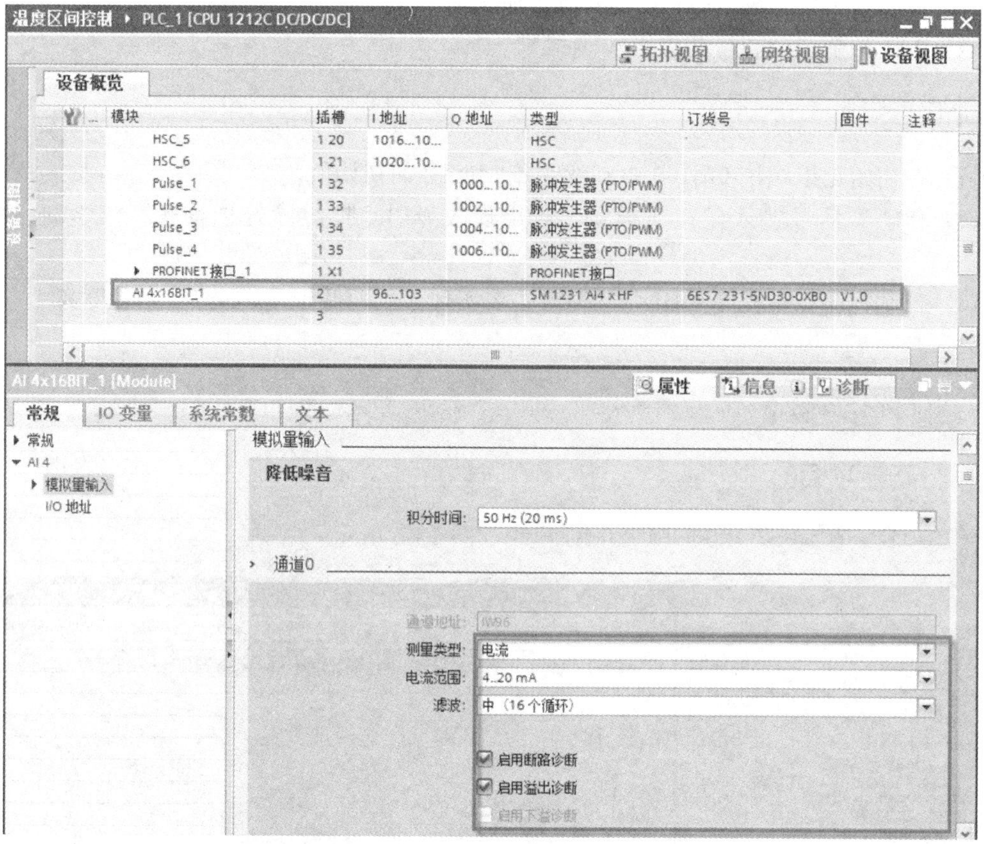

图 13-6　组态硬件

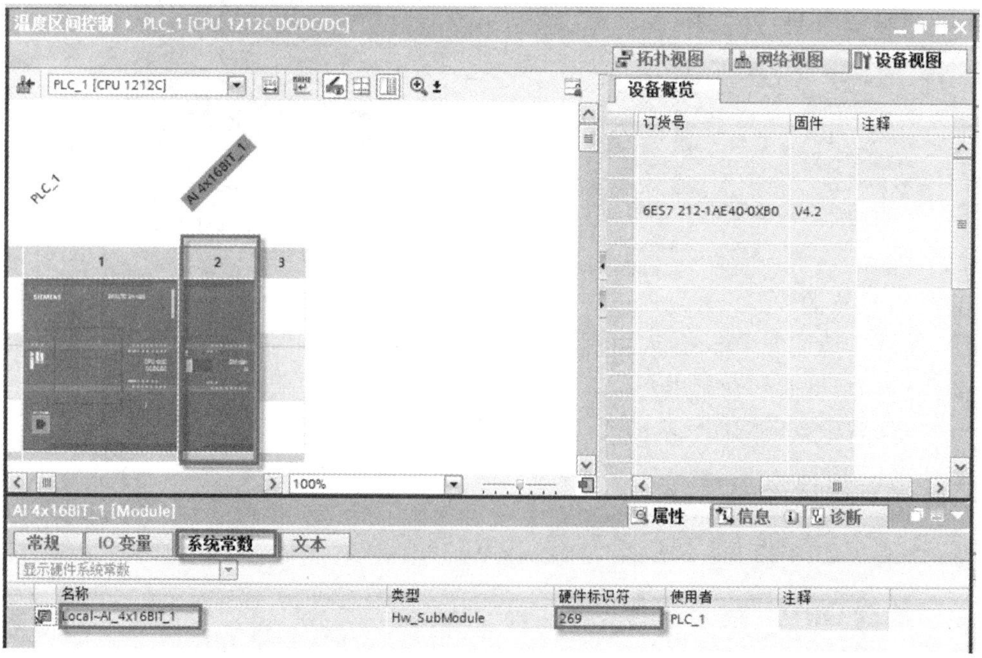

图 13-7　硬件标识符

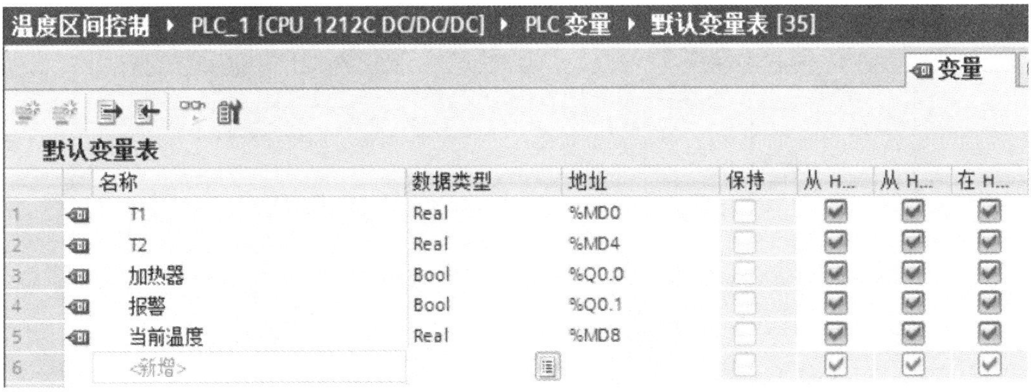
温度区间控制 ▸ PLC_1 [CPU 1212C DC/DC/DC] ▸ PLC 变量 ▸ 默认变量表 [35]

变量

默认变量表

	名称	数据类型	地址	保持	从 H...	从 H...	在 H...
1	T1	Real	%MD0	☐	☑	☑	☑
2	T2	Real	%MD4	☐	☑	☑	☑
3	加热器	Bool	%Q0.0	☐	☑	☑	☑
4	报警	Bool	%Q0.1	☐	☑	☑	☑
5	当前温度	Real	%MD8	☐	☑	☑	☑
6	<新增>			☐	☑	☑	☑

图 13-8　变量表

到 RUN 时执行一次。在 OB100 中编写程序如图 13-9 所示。

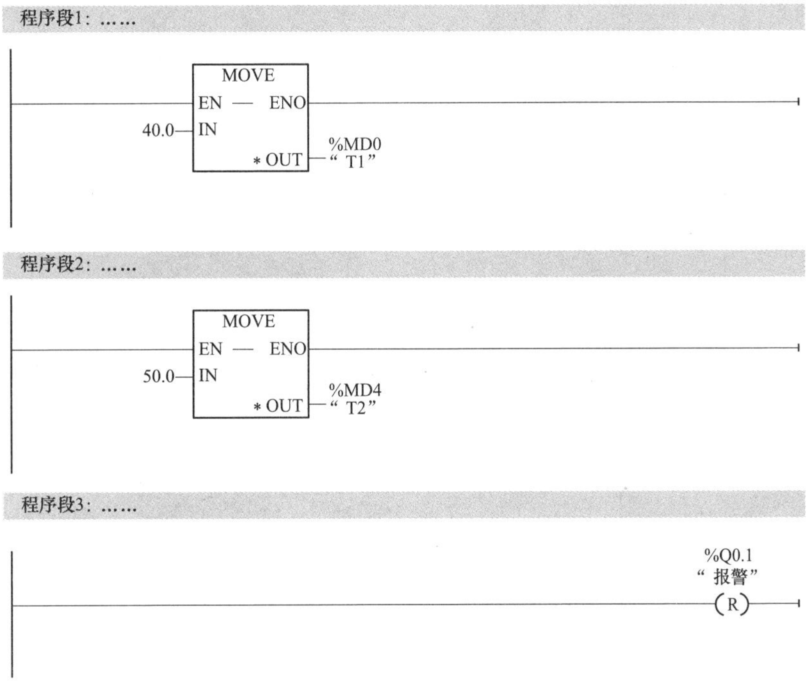

图 13-9　OB100 程序

四、编写 OB82 程序

在程序块下添加组织块 OB82，OB82 作为诊断组织块，当 PLC 运行时出现诊断故障，在进入故障和退出故障时都会调用执行 OB82，在 OB82 中编写程序如图 13-10 所示。

五、编写 OB1 主程序

编写 OB1 主程序如图 13-11 所示。

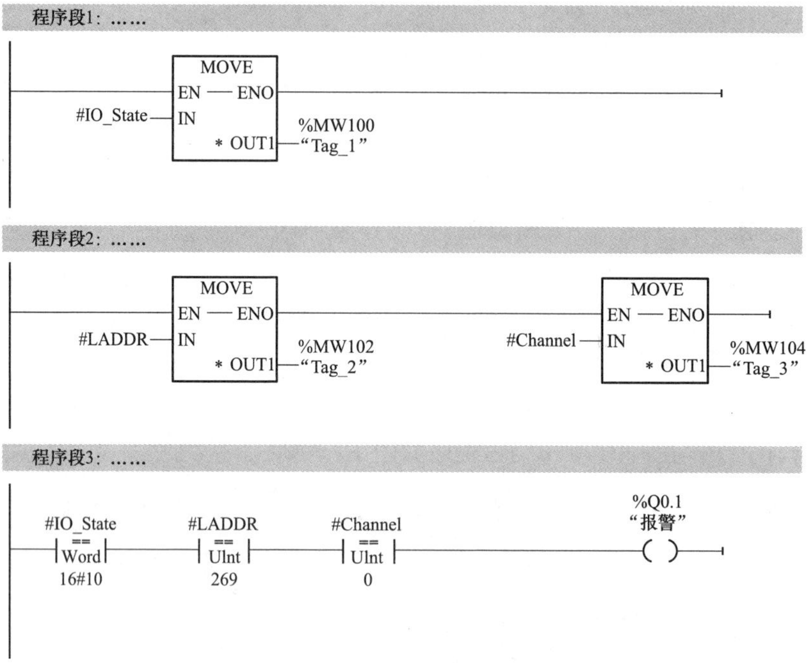

图 13-10　OB82 程序

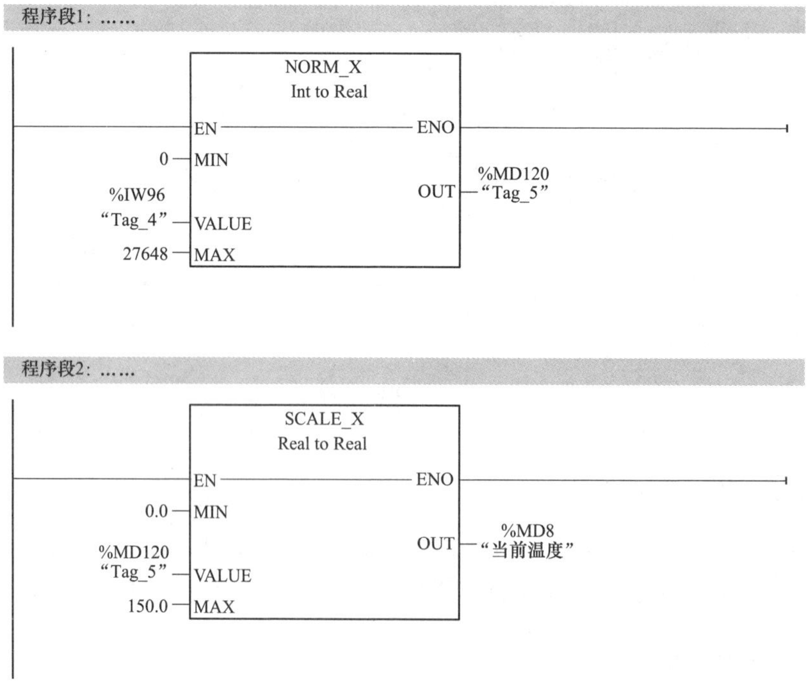

图 13-11　OB1 主程序

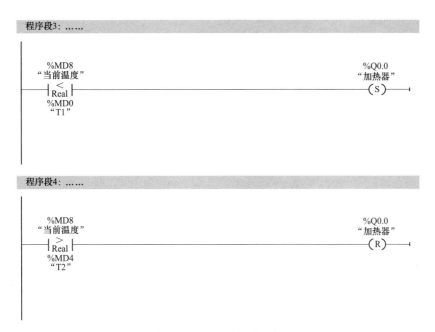

图 13-11　OB1 主程序（续）

六、下载调试

下载到 PLC 中，并连接设备进行调试。

（1）测试温度控制功能，能否根据控制要求满足区间加温控制。

（2）测试 AI 模块故障诊断，把通道 0 回路断开测试，监控 OB82 中的程序，能否产生 Q0.1 报警。

（3）测试 OB100 中的程序，变理 T1 和 T2 的值是否产生初始值。

小　结

通过温度区间控制项目，大家可学习多种 OB 组织块的作用、使用方法和编程。

（1）明确各种组织的功能和使用方法；

（2）理解各组织块中的变量作用；

（3）在实际项目中能根据需要进行选择使用。

练习与提高

在循环组织块中编程实现每 100ms 对传感器的值进行记录，并把该次记录值与前 2 次记录值求平均值，对传感器的值进行滤波处理。当传感器信号出现故障（开路或断路）时，进行报警提示处理。

项目 14

二维查表控制编程

知识点 数组、间接寻址编程。

二维查表程序应用非常广泛，例如，可用于模糊控制。编写二维查表程序，需要用到的知识点包括数组和变址编程，数组在前面的项目中已多次使用。通过二维查表编程，来学习和掌握变址编程的用法。使用变址编程方法，可大大简化复杂程序的编写。

项目任务

编程要求如下：

(1) 在表 14-1 中，若 *a*、*b* 的值范围都为 0～5，若赋值小于 0，则令其为 0。若赋值大于 5，则令其为 5。

(2) 任取 *a*、*b* 的值，把表中的数据 *F*（*a*，*b*）取出，传送到 MW10 中。

表 14-1 二维表

a \ *b*	0	1	2	3	4	5
0	22	44	56	88	33	99
1	12	5	66	77	34	66
2	45	74	28	5	46	64
3	67	35	55	44	67	86
4	88	76	43	55	76	75
5	33	43	86	56	32	96

项目分析

(1) 表 14-1 中的数据，可建立一个二维数据进行存储，数组名称定义为 F，数据类型为 Array [0..5，0..5] of Int。

(2) 对于 *a*、*b* 的范围限制，可以编写一个 FC，用于数值范围限制。

(3) 在 OB1 中，编写间接寻址的查表程序。

项目编程与调试

一、新建项目

新建项目，添加 S7-1200 或 S7-1500 CPU，建立变量表如图 14-1 所示。

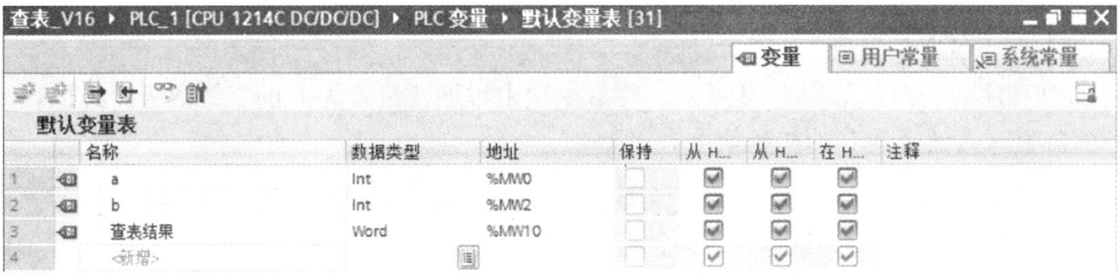

图 14-1　变量表

二、编写限定范围［FC1］程序

添加限定范围［FC1］程序块，在块接口区中定义变量如图 14-2 所示。

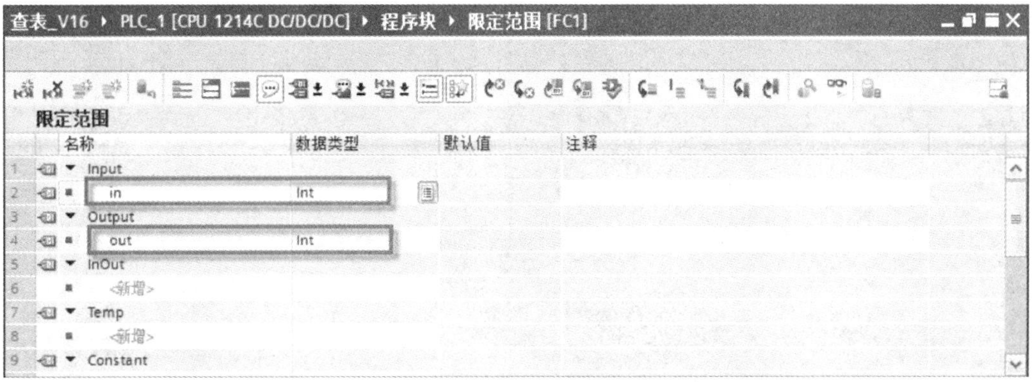

图 14-2　FC1 的块接口区

编写 FC1 的程序如图 14-3 所示。

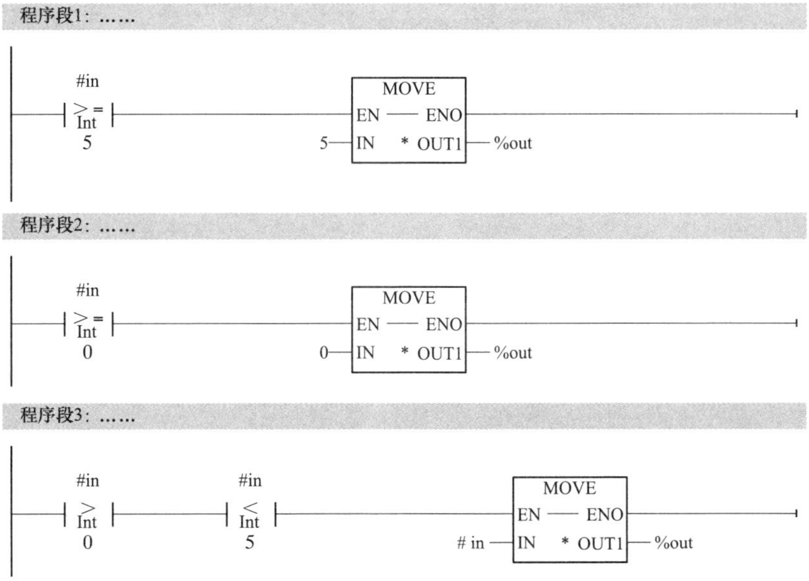

图 14-3　FC1 程序

三、添加数据表 DB1

添加程序块 DB1，如图 14-4 所示。在数据块中添加变量名为 F 的二维数组。并把表 14-1 中的数值写入到变量 F 的初始值中。

图 14-4　组态数据块 DB1

四、编写 OB1 程序

编写 OB1 程序如图 14-5 所示，实现对 a 和 b 的限值，并查表。

五、下载与运行调试

把项目下载到 PLC 或仿真器 PLCSIM，建立监控表如图 14-6 所示，对程序进行调试，调试步骤如下：

（1）修改 a、b 的值，测试限值功能。

（2）修改 a、b 的值，测试查表功能，查表结果是否符合表 14-1 中数据。

小　结

在本项目的 OB1 程序中，二维数组中的元素地址，可根据二维数组的两个下标的值进

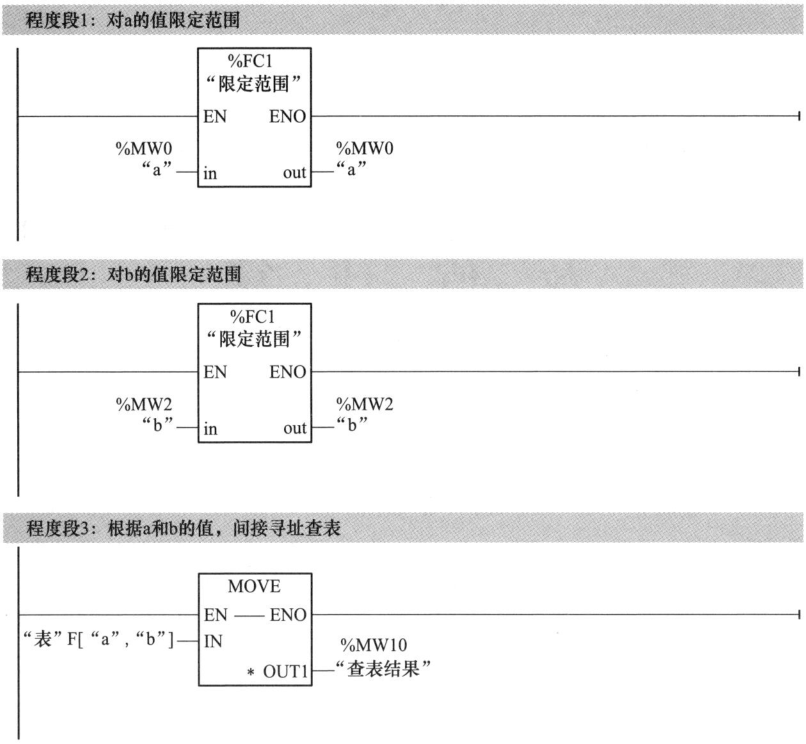

图 14-5　OB1 程序

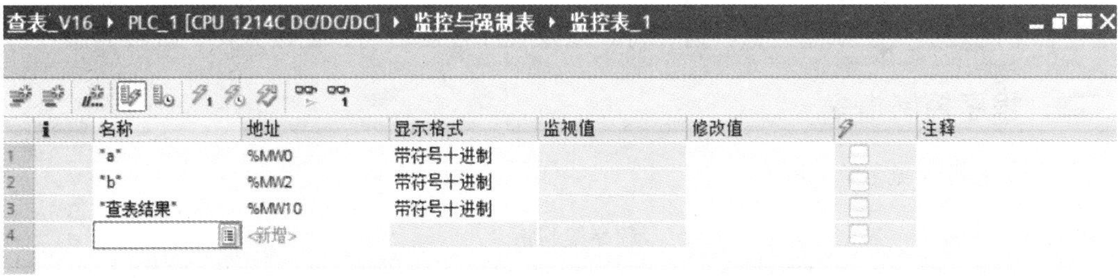

图 14-6　监控表

行间接寻址，从而查出对应表中的数据。从中可看出，使用间接寻址方式编程，可大大简化复杂程序的编程。

练习与提高

(1) 使用变址编程，实现数字 0～9 到数码管的显示。

(2) 编写三维查表程序，各维的下标范围为 0～3。

项目 15

数 值 计 算

知识点 SCL 编程。

SCL（Structured Control Language，结构化控制语言）是一种基于 PASCAL 的高级编程语言，这种语言基于标准 DIN EN 61131-3（国际标准为 IEC 61499），可对用于 PLC 的编程语言进行标准化。

S7-1500 PLC 和 S7-1200 PLC（V2.2 以上版）支持 SCL 语言编程。

准备知识

一、SCL 编程概述

SCL 适用于数据管理、过程优化、配方管理、数学计算，以及统计任务等编程。SCL 除了包含 PLC 的典型元素（例如，输入、输出、定时器或存储器位）外，还可以使用高级编程语言中的表达式、赋值运算、运算符，以及程序控制语句、创建分支、跳转和循环。

二、程序控制指令

程序控制指令见表 15-1。

表 15-1 程序控制指令

程序控制语句		说 明
选择	IF _ THEN 语句	用将程序执行转移到两个备选分支之一（取决于条件为 True 还是 False）
	CASE 语句	用于选择执行 n 个备选分支之一（取决于变量值）
循环	FOR 语句	只要控制变量在指定值范围内，就重复执行某一语句序列
	WHILE 语句	只要仍满足执行条件，就重复执行某一语句序列
	REPEAT-UNTIL 语句	重复执行某一语句序列，直到满足终止条件为止
程序跳转	CONTINUE 语句	停止执行当前循环迭代
	EXIT 语句	无论是否满足终止条件，都会随时退出循环
	GOTO 语句	使程序立即跳转到指定标签
	RETURN 语句	使程序立刻退出正在执行的块，返回到调用块

程序控制指令是 SCL 编程的基础，是接近高级语言的指令。虽然这些功能通过 LAD/FBD 也可以实现，但使用 SCL 编写会更加方便，逻辑条理也更加清晰。

1. IF-THEN 指令

执行该条件执行指令时，将对指定的表达式进行运算。如果表达式的值为 True，则表示满足该条件；如果其值为 False，则表示不满足该条件。

指令格式如下：

IF＜条件＞
THEN＜语句 1＞；
END_IF；

如果满足该条件，则将执行 THEN 后编写的指令。如果不满足该条件，则程序将从 END _ IF 后的下一条指令开始继续执行，指令执行如图 15-1 所示。

2. IF... THEN... ELSE 指令

指令格式如下：

IF＜条件＞
THEN＜语句 1＞；
ELSE＜语句 2＞；
END_IF；

如果满足该条件，则将执行 THEN 后编写的语句。如果不满足该条件，则将执行 ELSE 后编写的语句。不论执行哪一个语句，之后都将从 END _ IF 后的下一条指令开始继续执行。指令执行如图 15-2 所示。

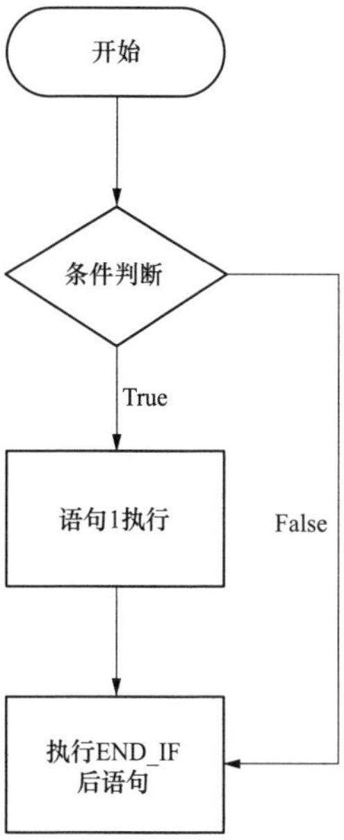

图 15-1　IF-THEN 指令

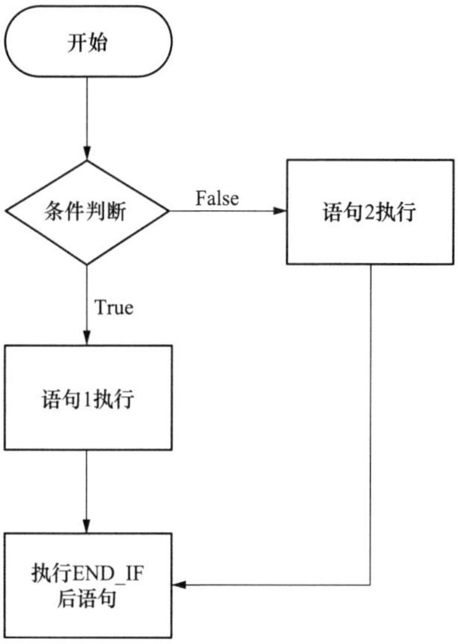

图 15-2　指令执行

3. FOR 指令

FOR 指令是计数循环执行指令，重复执行程序循环，直至运行变量不在指定的取值范围内。

指令格式如下：

FOR＜运行变量＞：=＜起始值＞TO＜结束值＞BY＜增量＞DO
＜语句＞；
END_FOR；
如果增量为 1，可以简写为：
FOR＜运行变量＞：=＜起始值＞TO＜结束值＞DO
＜语句＞；
END_FOR；

指令执行如图 15-3 所示。

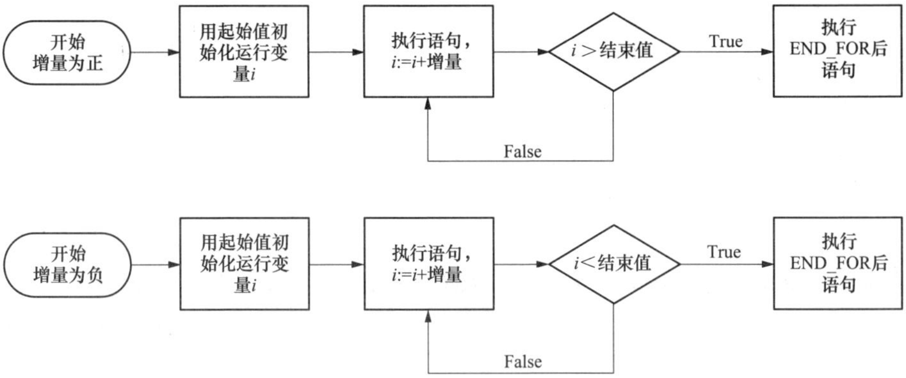

图 15-3　FOR 指令

4. WHILE 指令

WHILE 指令是满足条件时执行循环指令，可以重复执行程序循环，直至不满足执行条件为止。该条件是结果为布尔值（True 或 False）的表达式。可以将逻辑表达式或比较表达式作为条件。

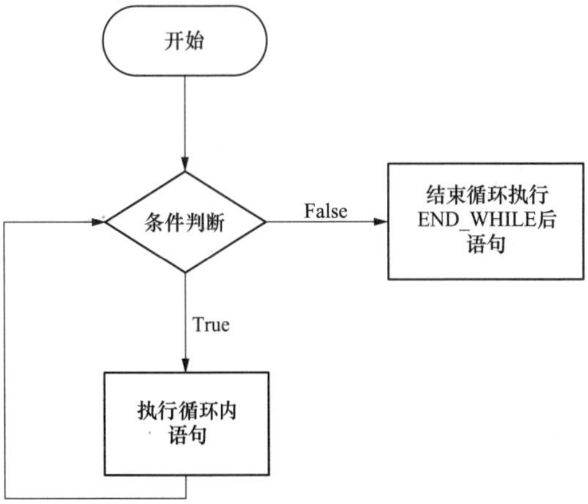

图 15-4　WHILE 指令

执行该指令时，将对指定的表达式进行运算。如果表达式的值为 True，则表示满足该条件；如果其值为 False，则表示不满足该条件。指令格式如下：

WHILE＜条件＞
DO＜语句＞；
END_WHILE；

指令执行如图 15-4 所示。

5. EXIT 指令

EXIT 指令是立即退出循环指令，可以随时取消 FOR、WHILE 或 REPEAT 循环的执行，而无须考虑是否满足条件，并在循环结束（END _ FOR、END _ WHILE 或 END _ REPEAT）后继续执行程序。

项目任务

项目：数值计算。

在一个一维的数组中，包含 10 个元素，元素的数据类型为 Int，要求求出该数组中的最小值、最大值、求和，以及平均值。

项目分析

（1）首先建一个一维数组，包含 10 个 Int 元素，并在数组中给每个元素赋值。

（2）建立一个 FB 或 FC，使用 SCL 语言编程，在 FB 或 FC 内编写程序实现数值计算。

项目编程与调试

一、新建项目

新建项目，添加 S7-1200 或 S7-1500 CPU。

在项目树的程序块下，添加全局数据块 D［DB1］，在数据块中组态一个数组 A，如图 15-5 所示，并给每个元素赋值。

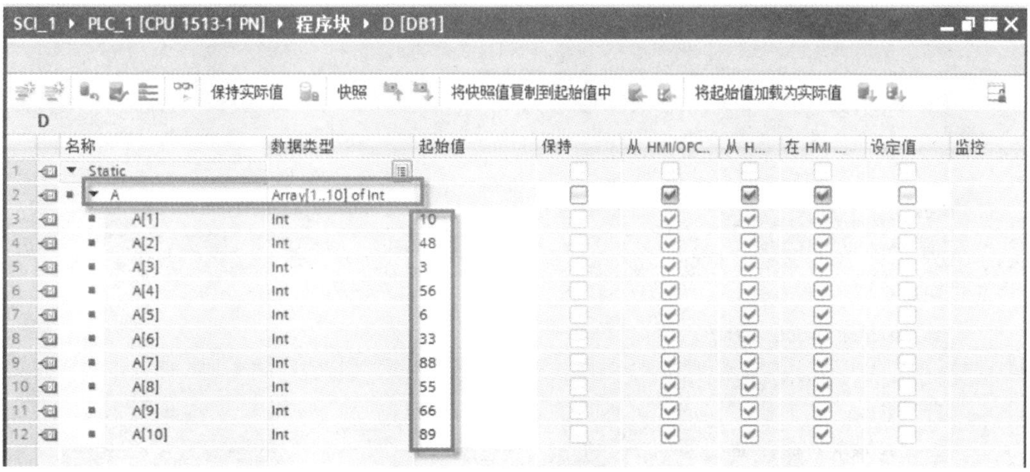

图 15-5　组态数组

二、编写程序块 caculate［FC1］

添加程序块 caculate［FC1］，编程语言选择 SCL。编辑 FC1 的块接口变量如图 15-6 所示。

编写 FC1 的程序代码如图 15-7 所示。

三、编写 OB1 程序

在 OB1 程序中调用 FC1，如图 15-8 所示。

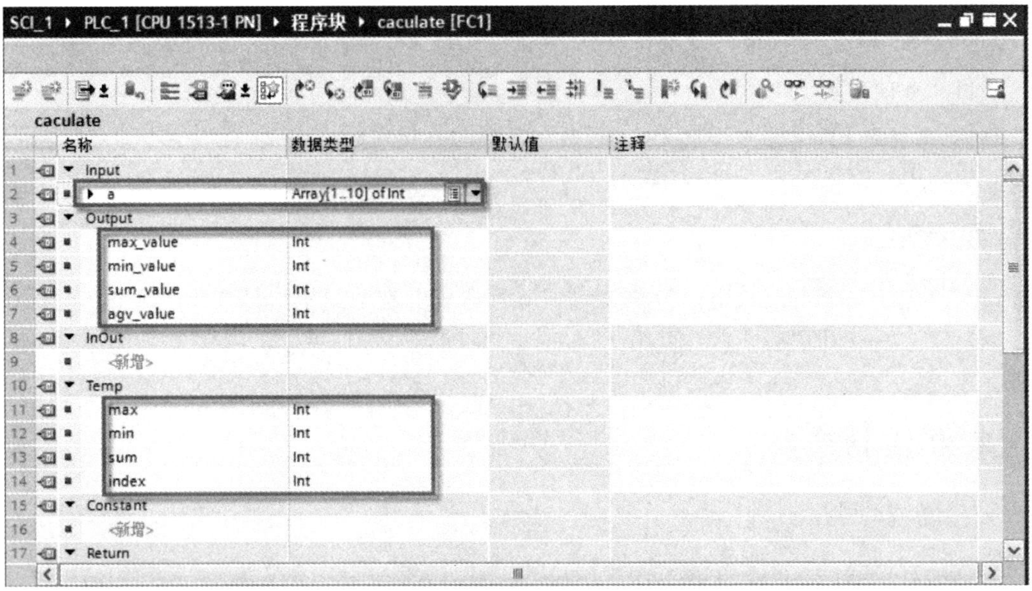

图 15-6　块接口变量设置

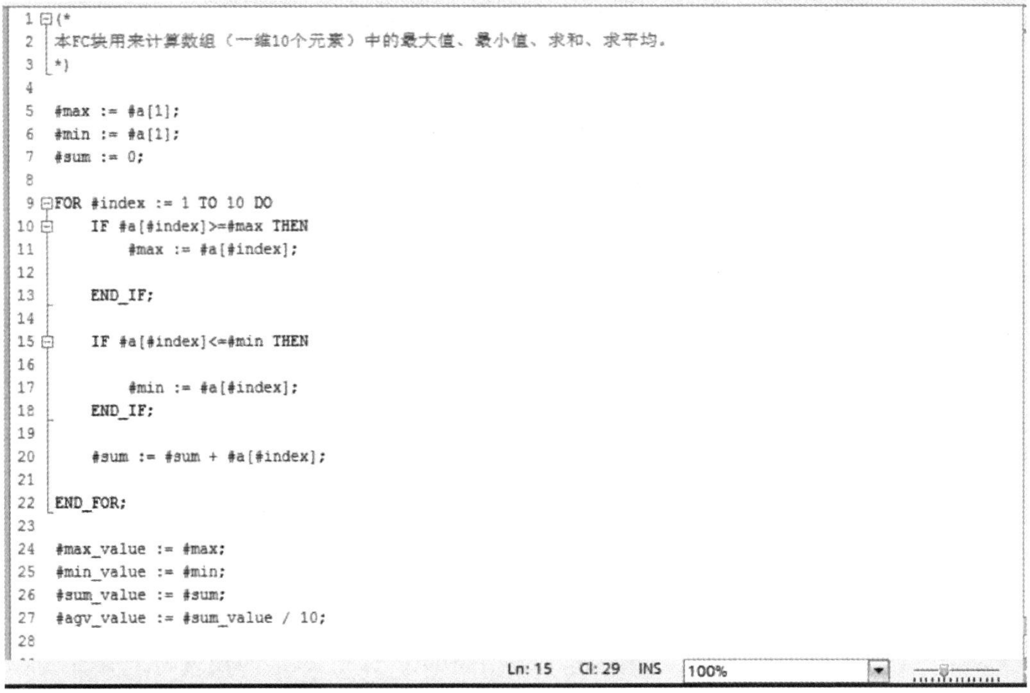

```
(*
本FC块用来计算数组（一维10个元素）中的最大值、最小值、求和、求平均。
*)

#max := #a[1];
#min := #a[1];
#sum := 0;

FOR #index := 1 TO 10 DO
    IF #a[#index]>=#max THEN
        #max := #a[#index];

    END_IF;

    IF #a[#index]<=#min THEN

        #min := #a[#index];
    END_IF;

    #sum := #sum + #a[#index];

END_FOR;

#max_value := #max;
#min_value := #min;
#sum_value := #sum;
#agv_value := #sum_value / 10;

Ln: 15    Cl: 29    INS    100%
```

图 15-7　FC1 程序代码

四、程序运行调试

把程序下载到 PLC 或 PLCSIM 仿真器中，然后运行监控如图 15-9 所示。

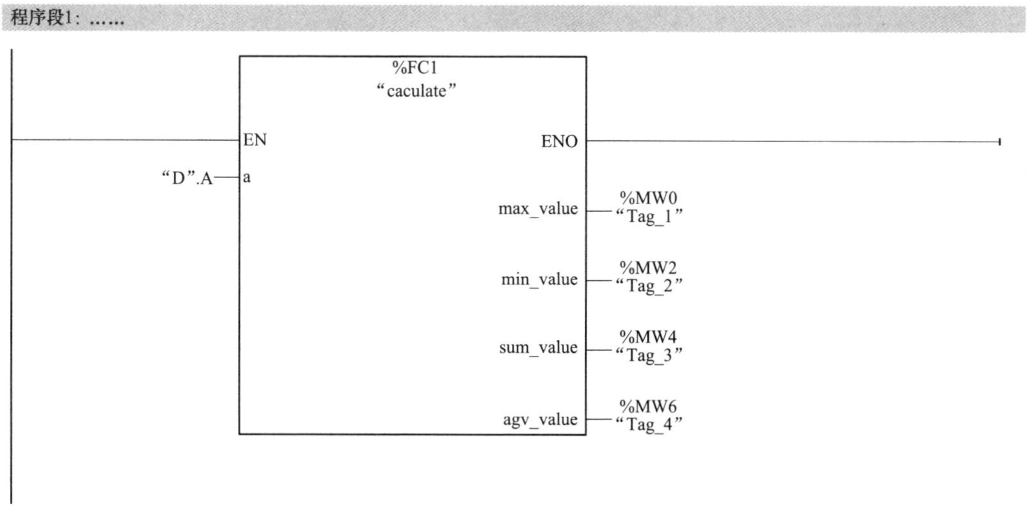

图 15-8 OB1 主程序

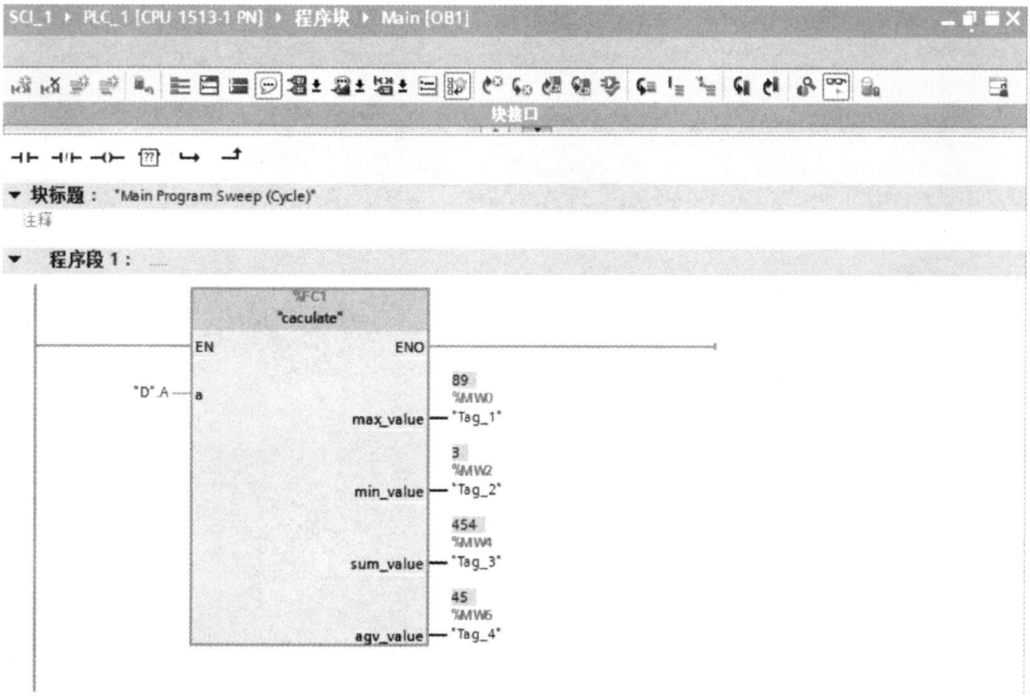

图 15-9 程序监控

从监控可得到当前计算的结果，如最大值为 89，最小值为 3，总和为 454，平均值为 45。

小 结

(1) 用 SCL 编程，可方便实现数据管理、过程优化、配方管理、数学计算，以及统计任务等编程。

（2）使用 SCL 做算法时，应充分使用高级编程语言的指令，如循环、跳转等。使用时，需注意各种指令的格式。

练习与提高

在二维数组中，包含 100 个元素，元素的数据类型为 Int，要求求出该数组中的最小值、最大值、求和，以及平均值。

项目 16

二阶系统仿真算法编程

知识点 二阶系统、SCL 编程。

PLC 模拟量控制可以控制液位、转速、压力、温度、流量等对象，PLC 模拟量控制时，需要外接以上的某种控制对象。为了后续 PLC 模拟量控制部分的方便教学，可用 FB 或 FC 编写一个二阶系统仿真算法，代替实物控制对象。二阶系统仿真算法，可用 SCL 语言进行编写。

准备知识

很多的被控制系统，可近似于二阶系统，例如，电动机转速控制。控制系统可以用传递函数来描述，式 $G(S)$ 是一个二阶传递函数。

$$G(S)=\frac{1}{S\wedge 2+S+1}$$

二阶传递函数是输出与输入随着时间的变化关系，不方便用计算机编程实现，所以需把其转换成差分传递函数。假设离散时间 $T=0.1$s，把 $G(S)$ 转化成差分传递函数 $Z1$，公式如下：

$$Z1=\frac{0.004833z+0.004675}{z^2-1.895z+0.9048}=Y(Z)/U(Z)$$

式中，Y（Z）表示输出，U（Z）表示输入。

根据差分传递函数 $Z1$，得到离散传递函数的系数数组如下：

num= [0　0.004833　0.004675]

den= [1　−1.895　0.9048]

从而可得到 PLC 可编程的离散方程如下：

$y(k)=-1*\mathrm{den}(2)*y(k-1)-\mathrm{den}(3)*y(k-2)+\mathrm{num}(2)*u(k-1)+\mathrm{num}(3)*u(k-2)$

其中 num（2）=0.004833，num（3）=0.004675；

den（2）=−1.895，den（3）=0.9048.

上式中 k，表示第 k 次，也可认为是本周期的值，则 $k-1$ 就是上个周期的值，$k-2$ 即为前 2 个周期的值。$Y(k)$ 表示本周期的输出值，$u(k-1)$ 表示上周期的输入值。根据上式即可编写 PLC 程序。

关于二阶系统的以上内容，涉及自动控制原理传递函数、Z 变换、差分方程等众多自动控制专业知识，在此不做深入介绍。我们主要是运用差分方程，在 PLC 上来实现二阶系统的仿真算法，该算法可用 SCL 编程实现，为后续 PLC 模拟量控制对象提供对象仿真。

传递函数 $G(S)$ 的阶跃响应曲线，可用 Matlab 软件仿真，如图 16-1 所示。

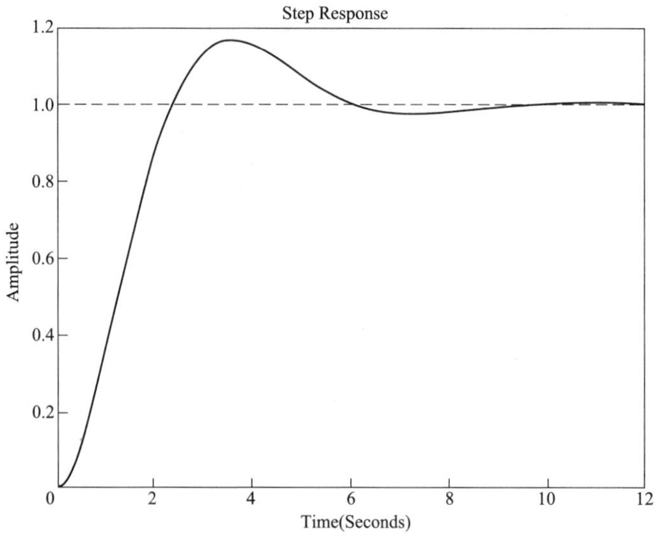

图 16-1　传递函数 $G(S)$ 的阶跃响应

项目任务

项目名称：二阶系统仿真算法编程。

编程要求如下：编写一个 FB 块，实现二阶系统仿真算法，给 FB 一个输入设定值，输出量的动态变化见图 16-1（图 16-1 为输入为 1 的动态）。

项目分析

（1）用 SCL 语言编写 FB1 程序块，在程序块中编程实现以下离散方程算法：

$y(k)=-1*\mathrm{den}(2)*y(k-1)-\mathrm{den}(3)*y(k-2)+\mathrm{num}(2)*u(k-1)+\mathrm{num}(3)*u(k-2)$

（2）因为 $G(S)$ 离散化的时间为 $T=0.1\mathrm{s}$，故可添加时间循环组织块 OB30，循环时间设置为 100ms。在 OB30 中调用 FB1。

项目编程与调试

一、新建项目

新建项目，添加 S7-1200 或 S7-1500 CPU 硬件。

二、编写功能块 Two _ system［FB1］

在项目树的程序块下，添加新程序块 Two _ system［FB1］，编程语言选择 SCL。

打开 FB1，组态块接口区变量如图 16-2 所示。

FB1 的程序代码如图 16-3 所示。

图 16-2　块接口区

```
#"in_k-2" := #"in_k-1";
#"in_k-1" := #in_k;
#in_k := #IN;

#out_k := -1 * #b2 * #"out_k-1" - #b3 * #"out_k-2"+ #a2 * #"in_k-1" + #a3 * #"in_k-2";

#"out_k-2" := #"out_k-1";
#"out_k-1" := #out_k;
#out := #out_k;
```

图 16-3　FB1 程序代码

三、编写 OB30 程序

添加时间循环组织块 OB30，如图 16-4 所示，设置循环时间为 100ms。

打开 OB30，在里面编写调用 FB1 程序块，并自动配备背景数据块 DB1，如图 16-5 所示。

四、程序运行与调试

把项目下载到 PLC 或 PLCSIM 仿真器，然后新建一个监控表，如图 16-6 所示。

在监控表中修改 MD0 的值为 1.0，观察 FB1 的输出变量 MD10 的动态变化过程，会发现与图 16-1 的动态曲线一致。还可把 MD0 修改成其他值进行测试。

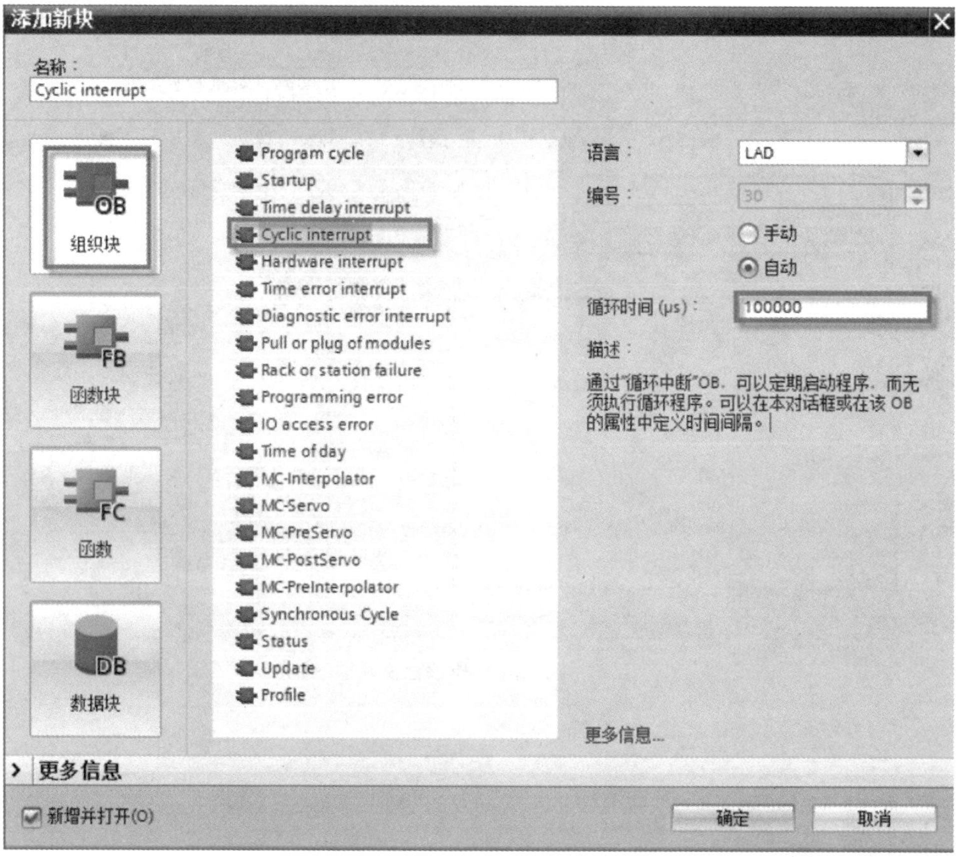

图 16-4　添加组织块 OB30

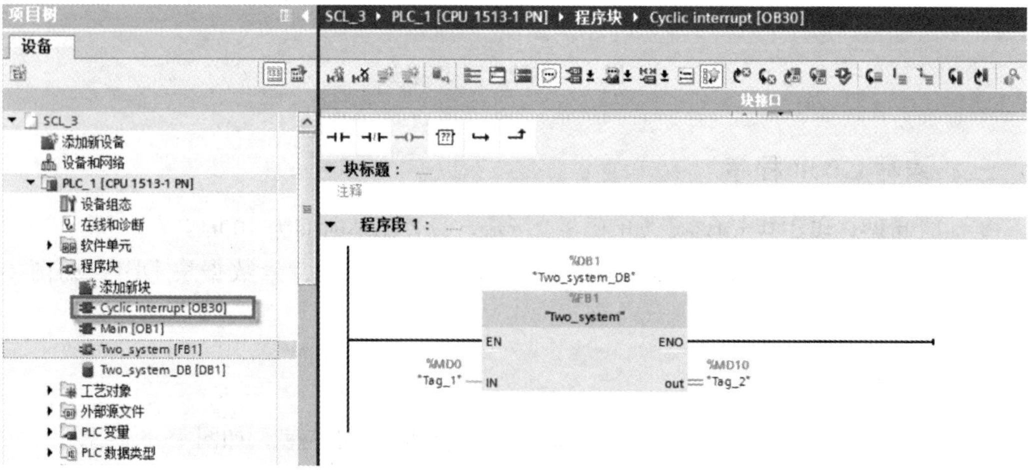

图 16-5　OB30 程序

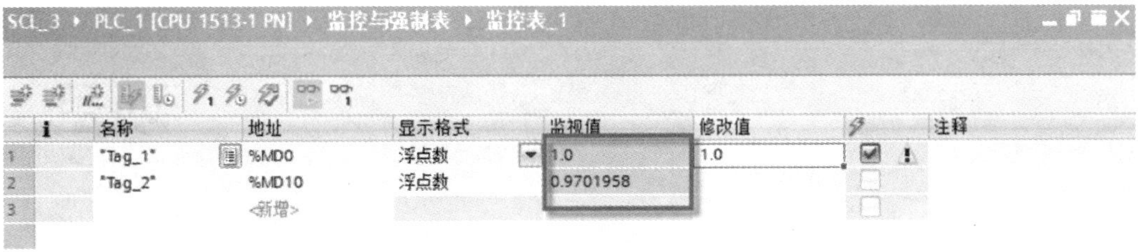

图 16-6　监控表

小　结

（1）本项目对二阶系统传递函数，用 SCL 编程实现编程，实现复杂数学计算。

（2）采用时间循环中断组织块 OB30，实现每隔 100ms 的时间中断。

（3）在 FB1 程序代码中，需注意不同周期值的处理方法。

（4）二阶系统的仿真程序块 FB1。在后续的模拟量控制项目中，可用来作为被控对象进行 PID 调试。

练习与提高

请用梯形图编程实现二阶系统的仿真程序块 FB1，并进行运行调试。

项目 17

内 插 算 法 编 程

知识点 内插算法 SCL 编程。

准备知识 内插法。

内插法又称插值法。根据未知函数 $f(x)$ 在某区间内若干点的函数值，作出在该若干点的函数值与 $f(x)$ 值相等的特定函数来近似原函数 $f(x)$，进而可用此特定函数算出该区间内其他各点的原函数 $f(x)$ 的近似值，这种方法，称为内插法。一般使用最多的直线内插法，就是根据已知两个点，求出直线方程，然后就可给每个范围内的 x 的值，均可求出 $f(x)$ 函数值。

项目任务

项目名称：内插算法编程。

编程要求如下：

某炉体控制的静态数据表见表 17-1，控制要求如下：

(1) 根据炉体设备运行时间，查静态数据表，算出 TCS 进料、配比、外圈电流、中圈电流和内圈电流的值。

(2) TCS 进料、配比查表采用内插算法。例如，如果运行时间为 0，则 TCS 进料取值为 1000，配比取值为 4.1；如果运行时间为 10，则 TCS 进料取值为 2800，配比取值为 3.2；如果运行时间为 5，5 在 0～10 的范围内，则由运行时间 0 和 10 确定直线内插算法，求出当时间为 5 时，对应的 TCS 进料和配比。

(3) 外圈电流、中圈电流和内圈电流的值查表往上取值。例如，如果运行时间为 5，因 5 在 0～10 的范围内，则外圈电流、中圈电流和内圈电流分别取运行时间为 0 时的值，即分别取 30、25 和 25。

(4) 运行时间列由小到大排列，静态数据表中的数据可根据需要进行修改。

项目分析

(1) 静态数据编程时，需建立全局数据块，在全局数据块中建立一个 15 行 6 列二维数组 table。因为外圈电流、中圈电流和内圈电流三个变量的取值方法相同，下面的程序中我们以外圈电流为例编写，其他两个电流略去。这样我们就只需建立一个 15 行和 4 列的数组，例如：数组名称为 table，数据类型为 Array [0..14，0..3] of Real。

表 17-1　　**静态数据表**

运行时间	TCS进料	配比	外圈电流	中圈电流	内圈电流
			A1B1C1	A2B2B1	电流
0	1000	4.1	30	25	25
10	2800	3.2	30	25	25
12	3000	2.8	28	23	23
22	4100	2.4	28	23	23
29	5000	2.0	28	23	23
33	5000	2.2	25	20	20
60	5000	3.0	25	20	20
77	5000	3.2	25	20	20
87	4500	3.2	20	15	15
94	4000	3.2	20	15	15
100	4000	3.3	20	15	15
109	4000	3.4	0	0	0
133	4000	3.5	0	0	0
150	4000	3.6	0	0	0
0	0	0	0	0	0

说明：1. 运行时间是DCS系统通信来运行时间。
2. 表中的运行时间列数据会按照从小到大的顺序填写，最大值150h。
3. 按照时间，用内插法计算后面的进料、电流等数据。
4. 表中数据后期可修改。

TCS和配比，按内插法，比如11h，TCS进料和配比的值分别为2900和3.0。电流表示增幅，比如外圈电流10h的时候为500A，10h到12h之间，每小时增加30A，12h到22h，每小时增加28，电流就是通过查表找设定增量，TCS，摩尔比就是内插法直接求出量。

(2) 建立内插算法，TCS进料（配比）与运行时间的算法如图17-1所示。

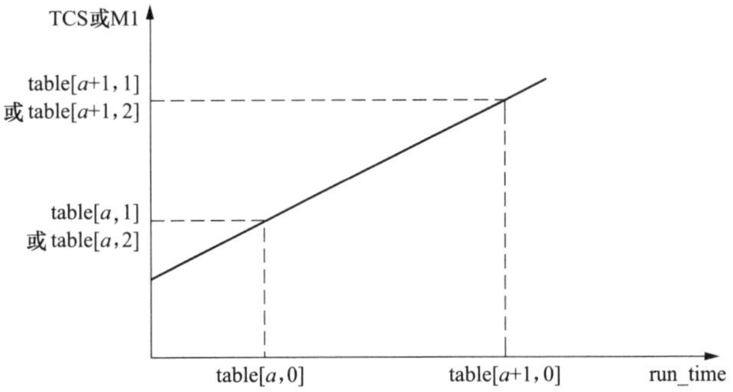

图17-1　内插算法

其中table [a, 0] 表示第a+1行的时间，table [a+1, 0] 表示第a+2行的时间。Table [a, 1] 表示第a+1行的TCS进料，Table [a, 2] 表示第a+1行的配比。

项目编程与调试

一、建立项目

新建项目，添加 S7-1200 或 S7-1500 CPU 硬件，

二、编写数据块 D［DB1］

添加全局数据块 D［DB1］，然后在里面组态一个二维数组 table，数据类型为 Array［0..14，0..3］of Real，如图 17-2 所示，并把静态数据表中的数据添加到数组的各个元素中。

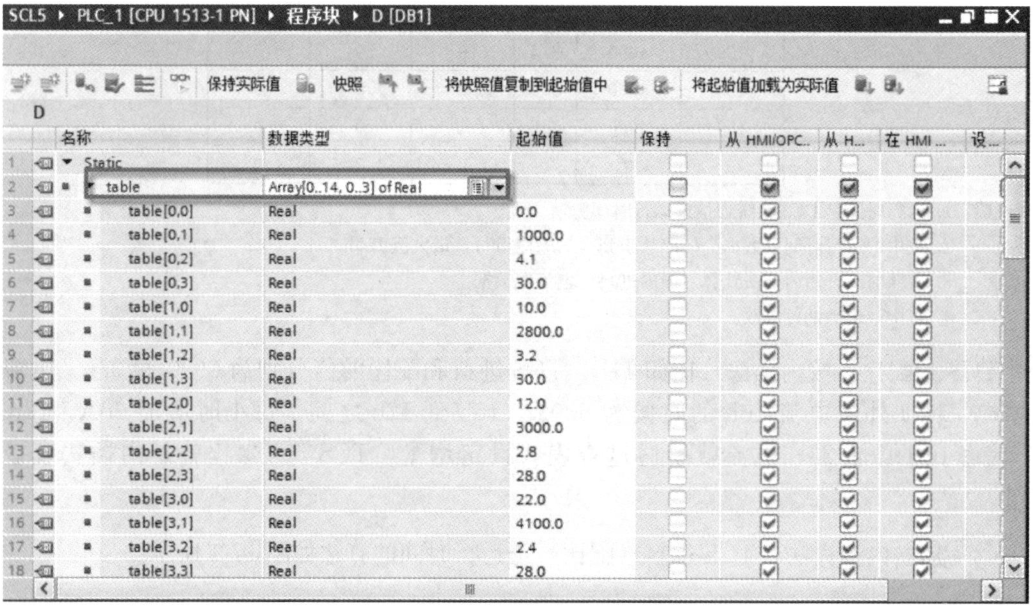

	名称	数据类型	起始值	保持	从 HMI/OPC..	从 H...	在 HMI ...	设...
1	▼ Static							
2	▼ table	Array[0..14, 0..3] of Real						
3	table[0,0]	Real	0.0					
4	table[0,1]	Real	1000.0					
5	table[0,2]	Real	4.1					
6	table[0,3]	Real	30.0					
7	table[1,0]	Real	10.0					
8	table[1,1]	Real	2800.0					
9	table[1,2]	Real	3.2					
10	table[1,3]	Real	30.0					
11	table[2,0]	Real	12.0					
12	table[2,1]	Real	3000.0					
13	table[2,2]	Real	2.8					
14	table[2,3]	Real	28.0					
15	table[3,0]	Real	22.0					
16	table[3,1]	Real	4100.0					
17	table[3,2]	Real	2.4					
18	table[3,3]	Real	28.0					

图 17-2　编写数据块 D［DB1］

三、编写程序块 caculate［FC1］

添加程序块 caculate［FC1］，编程语言选择 SCL。在块接口区中定义变量如图 17-3 所示。其中输入变量为数组 table 和运行时间 run _ time。输出变量有 TCS、M1 和 I，另外还有 temp 类型变量。

在 FC1 中编写程序代码，如图 17-4 所示。

四、编写 OB1 主程序

在主程序 OB1 中实现对 FC1 的调用，OB1 程序中图 17-5 所示。

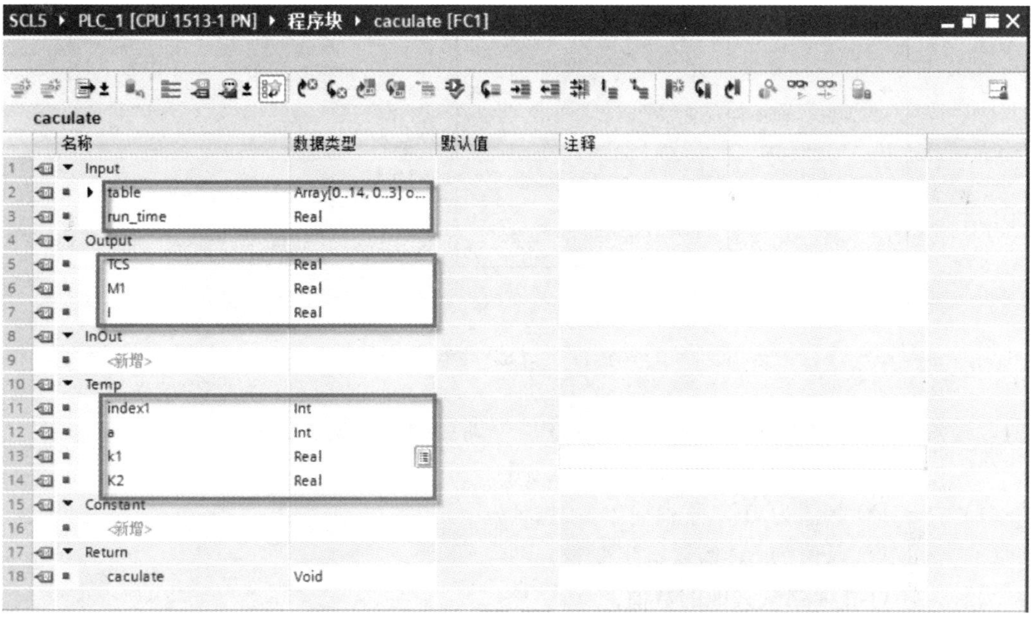
SCL5 ▸ PLC_1 [CPU 1513-1 PN] ▸ 程序块 ▸ caculate [FC1]

caculate

	名称	数据类型	默认值	注释
1	▼ Input			
2	▸ table	Array[0..14, 0..3] o...		
3	run_time	Real		
4	▼ Output			
5	TCS	Real		
6	M1	Real		
7	I	Real		
8	▼ InOut			
9	<新增>			
10	▼ Temp			
11	index1	Int		
12	a	Int		
13	k1	Real		
14	K2	Real		
15	▼ Constant			
16	<新增>			
17	▼ Return			
18	caculate	Void		

图 17-3　组态块接口变量

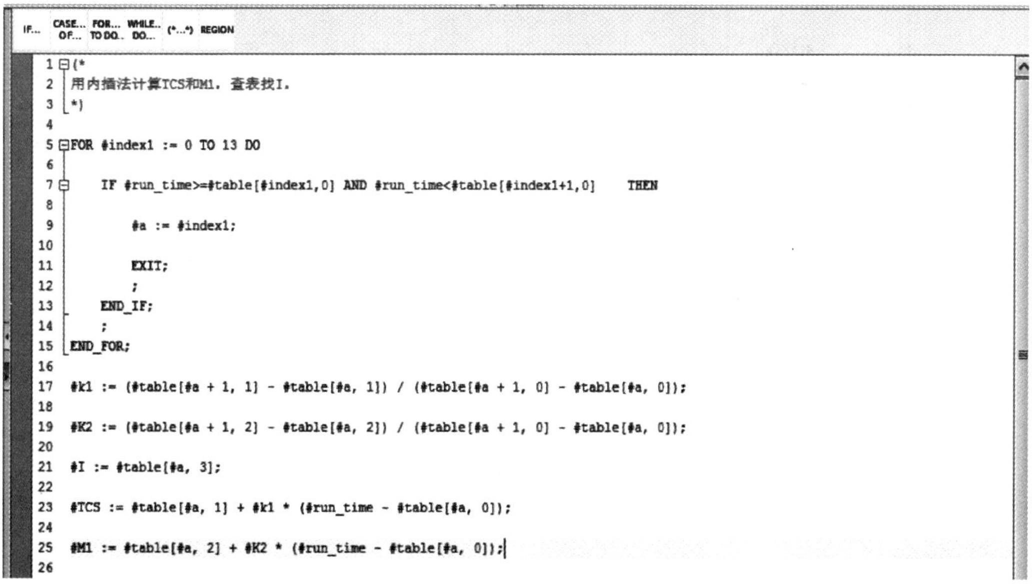
```
(*
用内插法计算TCS和M1. 查表找I.
*)

FOR #index1 := 0 TO 13 DO

    IF #run_time>=#table[#index1,0] AND #run_time<#table[#index1+1,0]    THEN

        #a := #index1;

        EXIT;
        ;
    END_IF;
    ;
END_FOR;

#k1 := (#table[#a + 1, 1] - #table[#a, 1]) / (#table[#a + 1, 0] - #table[#a, 0]);

#K2 := (#table[#a + 1, 2] - #table[#a, 2]) / (#table[#a + 1, 0] - #table[#a, 0]);

#I := #table[#a, 3];

#TCS := #table[#a, 1] + #k1 * (#run_time - #table[#a, 0]);

#M1 := #table[#a, 2] + #K2 * (#run_time - #table[#a, 0]);
```

图 17-4　FC1 程序代码

五、项目运行与调试

把项目下载到 PLC 或仿真器 PLCSIM，然后运行调试。监控 OB1 程序块，然后给 MD0

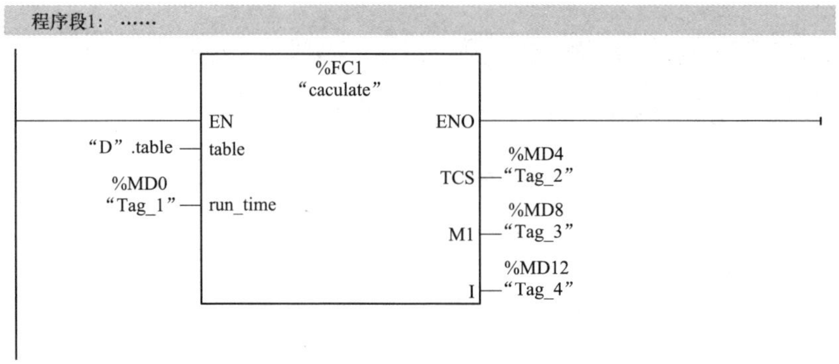

图 17-5　OB1 主程序

赋值，检测 FC1 输出的 TCS、M1 和 I 变量是否满足静态数据表。

（1）把 MD0 赋值为 0，监视输出变量如图 17-6 所示。

（2）把 MD0 赋值为 10，监视输出变量。

（3）把 MD0 赋值为 5，监视输出变量。

另外，还可继续测试其他的数值。

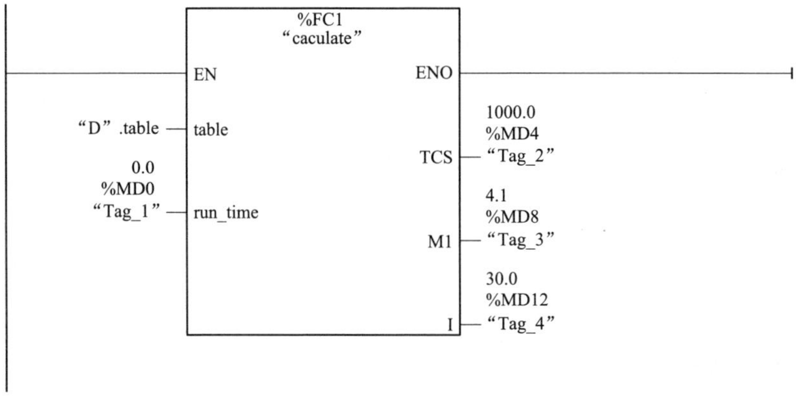

图 17-6　监视运行

小　结

通过内插算法的编程，可学习用 SCL 编程语言，编写复杂算法程序。实际工程中用到的算法较多，较为复杂的算法都可用 SCL 编程相应的 FB 或 FC 块来实现。

练习与提高

在某控制系统中，需对 4 个温度和 4 个压力的数值进行处理，分别如图 17-7 和图 17-8 所示。处理过程相似，首先判断 4 个温度或压力的值是否在规定范围内，若满足条件，则输出 BOOL 变量 Y/N 为 ON，再除去一个最大值、一个最小值，计算其平均值。若不满足条件，输出一个 BOOL 变量 Y/N 为 OF，平均值输出为 0。请用 SCL 编写 FB 或 FC 块，编程实现以上控制算法。

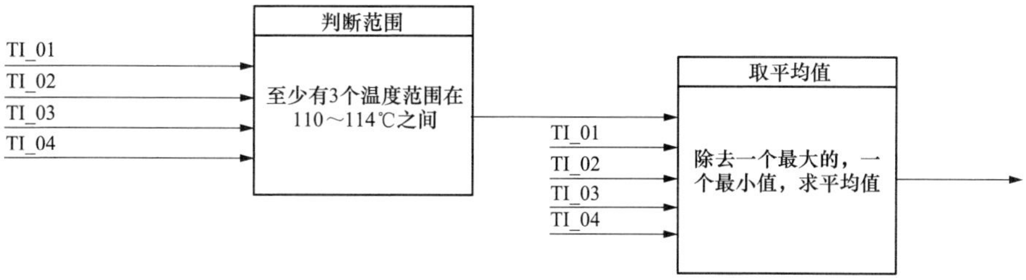

图 17-7　温度计算处理

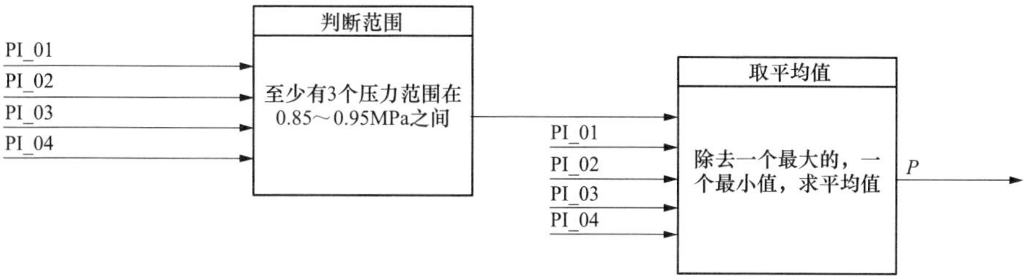

图 17-8　压力计算处理

项目 18

二阶系统仿真对象 PID 调节

知识点 闭环控制系统、PID 控制算法、S7-1200/1500 PLC 的 PID 功能。

一般情况下，调试 S7-1200/1500 PLC 模拟量控制，需要 PLC 外接被控对象，如温度控制对象、压力控制对象、液位控制、转速控制对象等。为了方便 PLC 模拟量的仿真学习，特编写一个二阶系统仿真对象 FB 程序块，来仿真被控对象的运行，从而方便 PLC 程序的仿真运行与调试。

准备知识

一、闭环控制系统

1. 闭环控制系统组成

典型的模拟量闭环控制系统如图 18-1 所示，图中 $sp(n)$ 为模拟量设定值，$pv(n)$ 为检测值。偏差 $ev(n)=sp(n)-pv(n)$。被控制量 $c(t)$（如压力、温度、流量等）是连续变化的模拟量。大多数执行机构要求 PLC 输出模拟信号 $mv(t)$，测量元件检测的值一般也为模拟量，而 PLC 的 CPU 只能处理数字量，所以需要对 $pv(t)$ 要进行 A/D 转换送入 PLC 中，PLC 也要对 $mv(n)$ 进行 D/A 转换送到执行器。

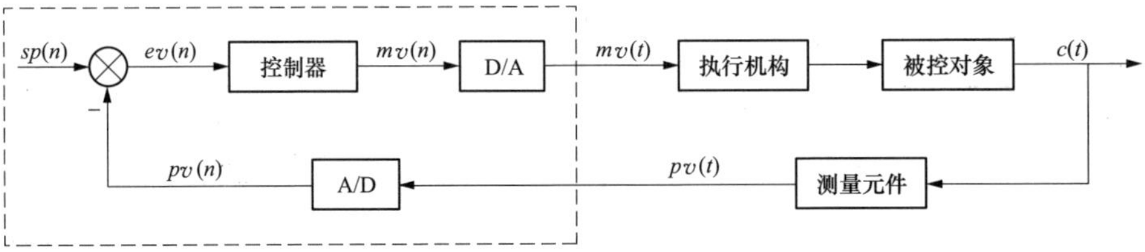

图 18-1 典型的模拟量闭环控制系统

作为测量元件的变送器有电流输出型和电压输出型。

2. 闭环控制反馈极性的确定

在开环状态下运行 PID 控制程序。如果控制器中有积分环节，因为反馈被断开了，不能消除偏差，D/A 转换器的输出电压会向一个方向变化。如果接上执行机构，能减小偏差，则为负反馈，反之为正反馈。

以温度控制为例，假设开环运行时给定值大于反馈值，若 D/A 转换器的输出值不断增大，如果形成闭环，将使用电动调节阀的开度增大，闭环后温度反馈值将会增大，使偏差减小，由此可判定系统是负反馈。

3. PID 控制器的优点

（1）不需要被控对象的数学模型。

（2）结构简单，容易实现。

（3）有较强的灵活性和适应性。根据被控对象的具体情况，可采用 PID 控制器的多种变化和改进的控制方式，如 PI、PD、带死区的 PID 等。

（4）使用方便。现在很多 PLC 都提供具有 PID 控制功能，使用简单方便。

二、PID 控制算法

模拟量 PID 控制器的输出表达式为：

$$u(t)=K_{\mathrm{p}}\left[e(t)+\frac{1}{T_i}\int_o^t e(t)\mathrm{d}t+T_{\mathrm{d}}\frac{\mathrm{d}e(t)}{\mathrm{d}t}\right]$$

式中，$u(t)$ 为 PID 运算结果；K_{p} 为比例系数；T_i 为积分时间常数；T_{d} 为积分时间常数；$e(t)$ 为偏差。

1. 比例系数 K_{p}

为了让大家理解 PID 算法 3 个重要参数的作用，特假设一个控制电动机运行频率的数学模型。电动机运行频率设定值范围是 0～50Hz，被控量运行频率也是 0～50Hz。当设定 $K_{\mathrm{p}}=1$，积分和微分无效，PID 采样时间为 1s。变频器升降速时间为 10s（即频率由 0 上升到 50 的时间，或由 50 下降到 0 的时间）。假设设定值为 30，则 PID 计算过程见表 18-1。按照表中的算法，检测值最后会稳定在 15。

表 18-1　　　　PID 计算过程

t	设定值	检测值	偏差	PID 运算结果
第 0s	30	0	30	30
第 1s		5	25	25
第 2s		10	20	20
第 3s		15	15	15
第 4s		15	15	15
第 5s		15	15	15

从表 18-1 的计算可得结论：只有比例 K_{p} 的 PID 运算，系统可以达到稳定，但最后的稳定值与设定值之间有偏差。

当 $K_{\mathrm{p}}=2$，其他参数不变的情况下，PID 计算见表 18-2，最后检测值会稳定在 20，偏差比 $K_{\mathrm{p}}=1$ 时减小。

注　算出的 PID 运算结果大于 50 时，取值为 50。

表 18-2　　　　PID 计算过程

t	设定值	检测值	偏差	PID 运算结果
第 0s	30	0	30	50
第 1s		5	25	50
第 2s		10	20	40
第 3s		15	15	30
第 4s		20	10	20
第 5s		20	10	20

结论：随着 K_p 的增大，偏差会减小。但是需要注意的是，随着 K_p 的进一步增大，系统可能会不稳定。

某一控制对象，设定值为 1，用 Matlab 软件仿真随着 K_p 的变化，被控量的变化曲线如图 18-2 所示。对 K_p 的值分别由小到大设置，对应的动态曲线分别如曲线 1 到曲线 6 所示。其中曲线 5 和 6 振荡比较大，系统不稳定，参数不能使用。可选用曲线 4 对应的参数，但实际值与设定值之间有偏差，偏差需要加积分作用来消除。

从图 18-2 中可以看到，当 K_p 值增大时，闭环系统响应的灵敏度增大，稳态误差减小，响应的震荡增强，当达到某个 K_p 值时，闭环系统将趋于不稳定。

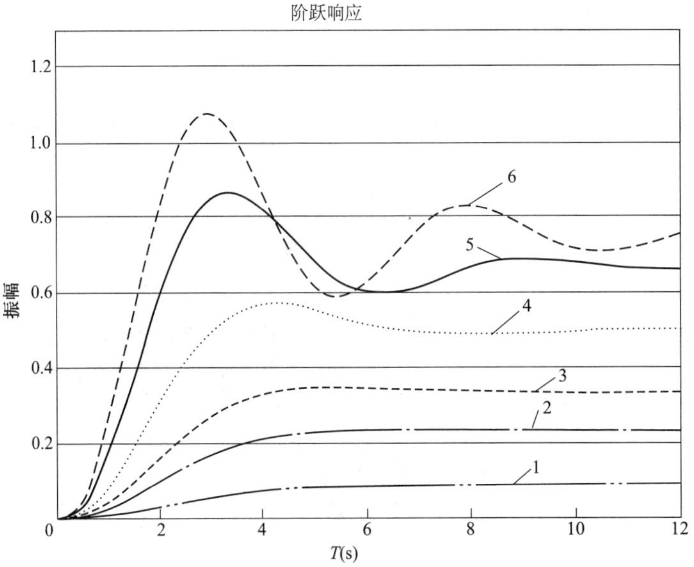

图 18-2　K_p 动态曲线

2. 积分时间常数

为了让大家理解积分参数的作用，特假设一个控制电动机运行频率的数学模型。电动机运行频率设定值范围是 0～50Hz，被控量运行频率也是 0～50Hz。当设定 $K_p=1$，积分系数为 0.1（$1/T_i$），微分无效，PID 采样时间为 1s。变频器升降速时间为 10s（即频率由 0 上升到 50 的时间，或由 50 下降到 0 的时间）。假设设定值为 30，则 PID 计算过程见表 18-3。按照表中的算法，检测值最后会稳定在 23 左右。

与表 18-1 相比较，说明加上积分作用后，可以减小偏差。

表 18-3　PI 计算过程

t	设定值	检测值	偏差	比例运算结果	积分运算结果	PID 运算结果
第 0s	30	0	30	30	3	33
第 1s		5	25	25	5.5	30.5
第 2s		10	20	20	7.5	27.5
第 3s		15	15	15	9	24
第 4s		20	10	10	10	20

续表

t	设定值	检测值	偏差	比例运算结果	积分运算结果	PID运算结果
第5s		20	10	10	11	21
6		21	9	9	11.9	20.9
7		20.9	9.1	9.1	12.81	21.91
8		21.91	8.09	8.09	13.619	21.709
9		21.709	8.291	8.291	14.4481	22.7391
10		22.7391	7.2609	7.2609	15.17419	22.43509
11		22.4351	7.56491	7.56491	15.930681	23.495591
12		23.4956	6.50441	6.504409	16.5811219	23.085531

当 $K_p=1$，积分系数为 0.2（$1/T_i$），其他参数不变的情况下，PI计算见表18-4，最后检测值会稳定在26左右。说明增大积分作用，偏差会进一步减小。

表18-4　　PI计算过程

t	设定值	检测值	偏差	P运算结果	积分运算结果	PID运算结果
第0s	30	0	30	30	6	36
第1s		5	25	25	11	36
第2s		10	20	20	15	35
第3s		15	15	15	18	33
第4s		20	10	10	20	30
第5s		25	5	5	21	26
6		26	4	4	21.8	25.8
7		25.8	4.2	4.2	22.62	26.82
8		26.82	3.18	3.18	23.256	26.436

如图18-3所示，设定值为1，不同的积分系数（$1/T_i$）下的被控量的动态曲线。积分系数由小到大的动态曲线分别为曲线1到曲线5。

PI控制最主要的特点是可以使稳定的闭环系统由有差系统变为无差系统，以改善系统的稳定性能，但是积分作用不能太大（也不能太小），否则系统容易变得不稳定。

3. 微分作用

在比例控制的作用下，偏差开始是减小的（也就是说 E 是一个正值），偏差随时间是一条斜率小于0的曲线，那么在周期时间内，偏差越大，微分的绝对值越大，那么也就对偏差的减小速度是起到抑制作用的，直到最后斜率为0微分才会停止作用。

图18-4所示设定值为1，在 $K_p=1$，$T_I=1$ 相同的情况不，不同 T_d 下的动态曲线。T_d 值由大到小对应的曲线分别是曲线1～5。

可以看出，当 T_d 的值增大时，系统的响应速度也将加快，同时系统响应的超调量减小，这是由于微分的预调节作用所致。另外需注意，微分作用增加，整个PID运算结果增大，有可以产生系统不稳定的情况。

4. 离散PID

为了方便计算机或PLC编程，PID随时间计算的公式需要离散化，离散形式如下：

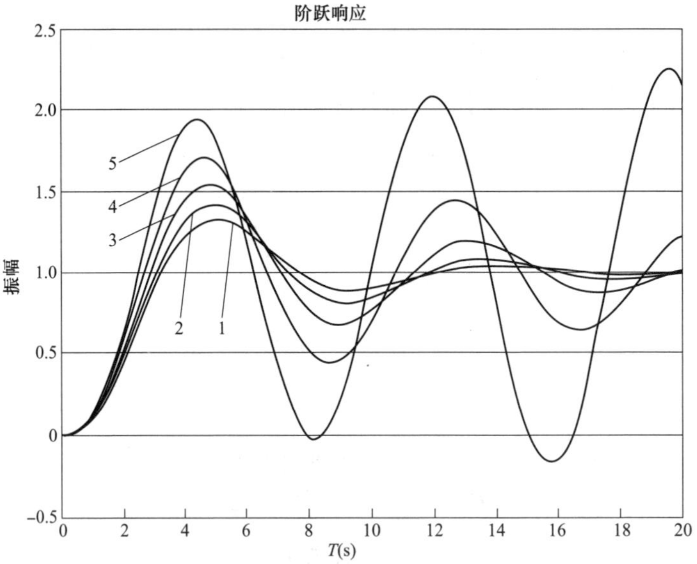

图 18-3　PI 动态曲线

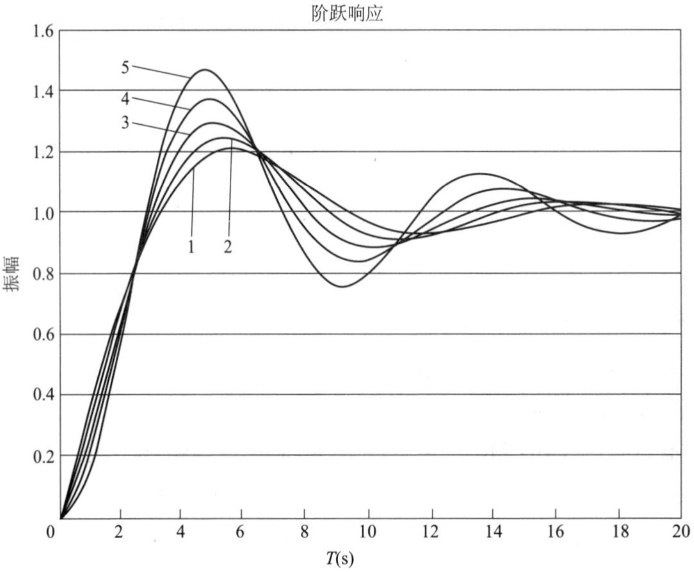

图 18-4　微分作用

$$u(k)=K_p\left\{e(k)+\frac{T}{T_i}\sum_{n=1}^{k}e(n)+\frac{T_d}{T}[e(k)-e(k-1)]\right\}$$

三、S7-1200/1500 PLC 的 PID 功能

用户可手动调试参数，也可使用自整定功能，PLC 提供了两种自整定方式实现 PID 控制器自动调试参数。另外还提供了调试面板，用户可以直观地了解控制器及被控对象的状态。

PID 控制器功能主要依靠循环中断块、PID 指令块和工艺对象背景数据块编程实现。用户在调用 PID 指令块时需要定义其背景数据块，而此背景数据块需要在工艺对象中添加。

PID 指令块与其相对应的工艺对象背景数据块组合使用，形成完整的 PID 控制器，PID 控制器结构如图 18-5 所示。

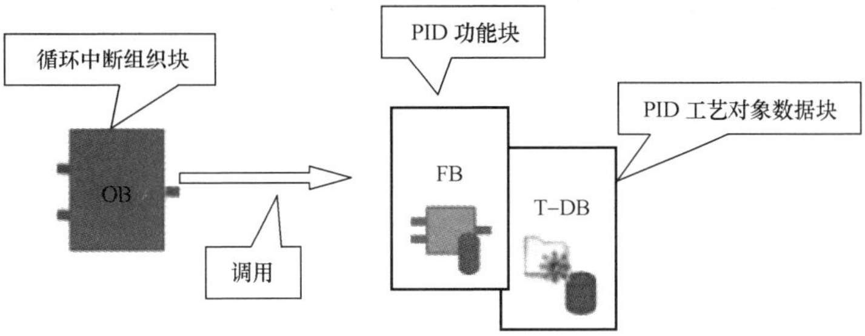

图 18-5　PID 控制器结构

S7-1200/1500 的 PID 功能有三条指令可供选择，分别为 PID _ Compact、PID _ 3Step 和 PID _ Temp。后续内容我们以通用的 PID _ Compact 指令讲解与应用。

项目任务

项目名称：二阶系统仿真对象 PID 调节。

假设用 S7-1200/1500 PLC 控制一个电动机转速闭环控制系统，那么除了需要 PLC 等，还需要被控对象设备，如电动机、编码器、变频器等。为了教学的方便，可选用仿真对象程序代替被控对象。我们用项目 16 的二阶仿真对象 FB 块来代替被控对象，PLC 编写 PID 调节程序，实现对二阶系统的 PID 调节。

规定：PID 设定值范围 0.0 到 100.0，PID 运算输出限制范围为 0.0～100.0。PID 的输出送到二阶仿真对象 FB 块的输入信号，二阶仿真对象 FB 块的输出信号作为检测值反馈给 PID 回路的实际值，组成一个闭环 PID 调节系统，示意图如图 18-6 所示。

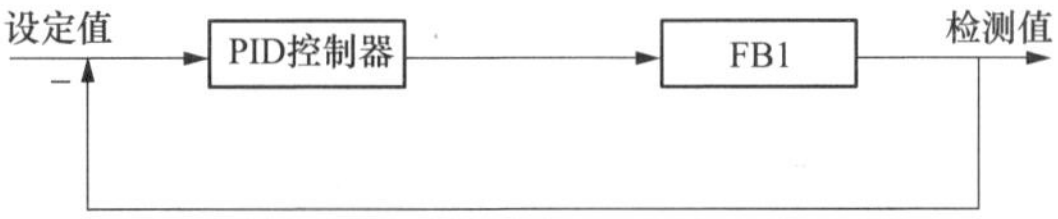

图 18-6　PID 调节仿真系统

项目分析

（1）与实际控制系统相比较，FB1 相当于仿真替换了被控对象，例如，转速系统的变频器、电动机、编码器等元器件；

（2）在 PLC 中组态 PID 工艺对象，然后调用 PID 指令，实现如图 18-6 的调节系统；

（3）PID 指令和 FB1 程序块，需在时间循环中断组织块 OB30 中调用，设置中断时间为 100ms，即 PID 的采样时间。

（4）PID 调节程序，可通过调节面板工具进行 PID 参数的整定与调试。

项目编程与调试

一、新建项目

新建项目，并添加 S7-1500 CPU。然后打开项目 16 所建立的程序，把 FB1 复制到本项目中，并建立变量表如图 18-7 所示。

注　两个项目程序都打开后，可以把其中一个项目的程序块复制到另一个项目中。

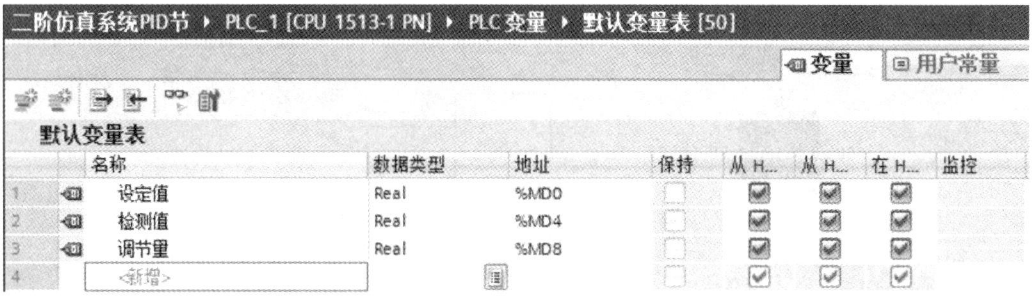

图 18-7　变量表

二、组态 PID 工艺对象

在项目树下，新增工艺对象，如图 18-8 所示。输入对象名称为 PID _ 1，选择 PID _ Compact。

图 18-8　PID 工艺对象

下面对 PID 工艺对象进行组态：控制器类型设置如图 18-9 所示，选用常规，闭环回路的正负反馈作用可通过选择“反转控制逻辑”进行设置。CPU 重启默认为手动模式，也可根据需要选择为自动模式。

Input/output 参数定义 PID 过程值和输出值的内容，选择 PID _ Compact 输入、输出变量的引脚和数据类型。Input/output 参数设置如图 18-10 所示，输入选择 input，输出选择 output。

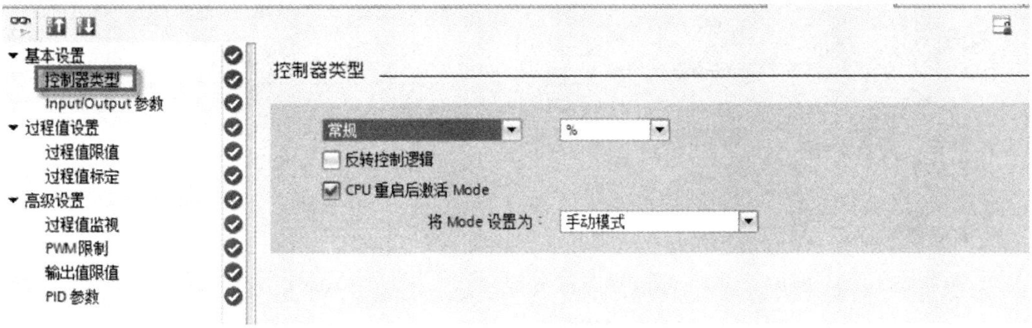

图 18-9 控制器类型

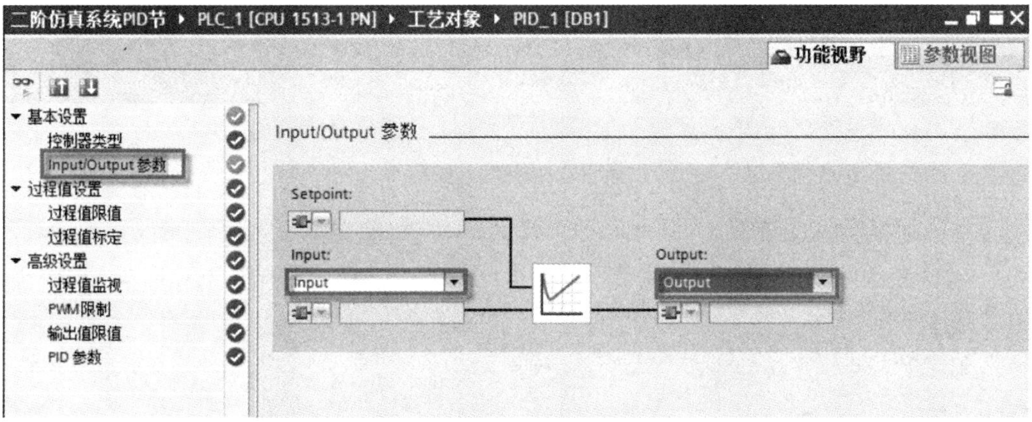

图 18-10 Input/output 参数

Input 类型的设定值各选项说明如下：

(1) Input _ PER（模拟量）：是直接指定过程值，如 PIW256。

(2) Input：选择过程值，例如，转速值、温度值等。

Output 类型的设定值各选项说明如下：

(1) Output _ PER（模拟量）：是使用模拟量输出作为输出值输出，如 PQW256。

(2) Output：是使用用户程序中的变量作为输出值输出。

(3) Output _ PWM：是使用数字量开关输出，并通过脉宽调制的方式对其进行控制。

在高级设置项下设置输出值限制，上限为 100.0，下限为 0.0，如图 18-11 所示。

其他参数默认即可。

三、编写 OB30 程序

PID 工艺对象组态好之后，再新建一个循环中断组织块 OB30，然后在 OB30 中调用 PID 指令块和仿真对象 FB1，实现 PID 调节。

在项目树下，新建循环中断组织块 OB30，如图 18-12 所示，设定循环时间为 100ms。然后单击“确定”按钮，在打开的 OB30 程序块中编写如图 18-13 所示程序。

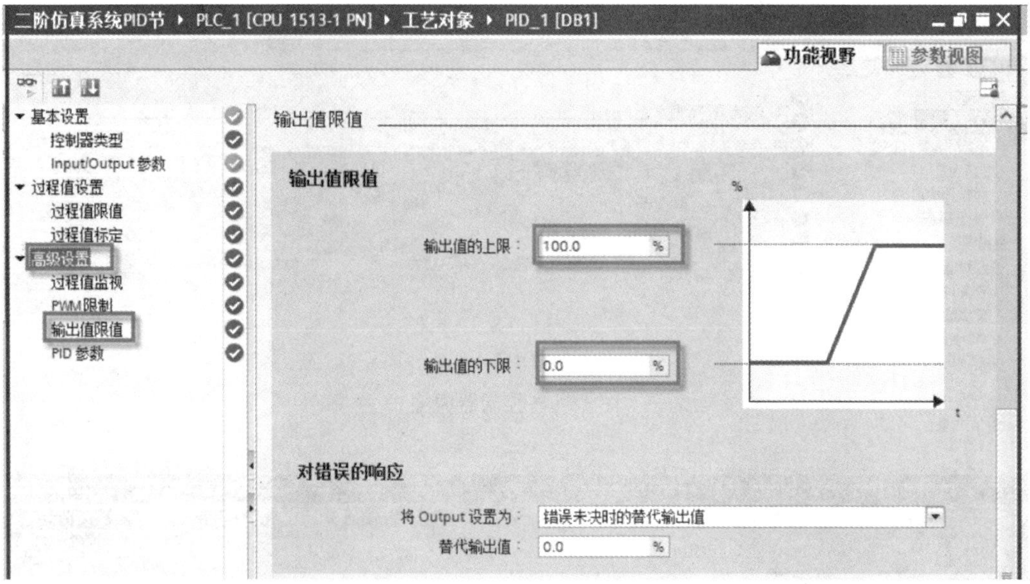

图 18-11　设置输出上下限

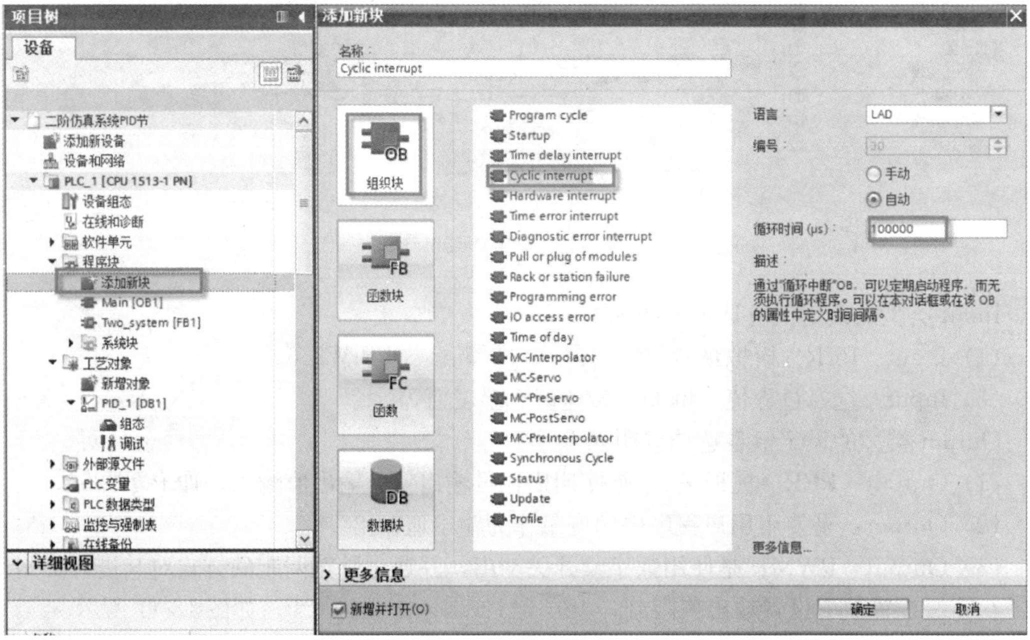

图 18-12　添加 OB30

四、项目运行与调试

把程序下载到 PLC 或仿真器 PLCSIM，然后进行运行与调试。

1. 手动调节

如图 18-14 所示，打开 PID _ 1 [DB1] 的调试面板。在调试面板中单击监控，并启动采

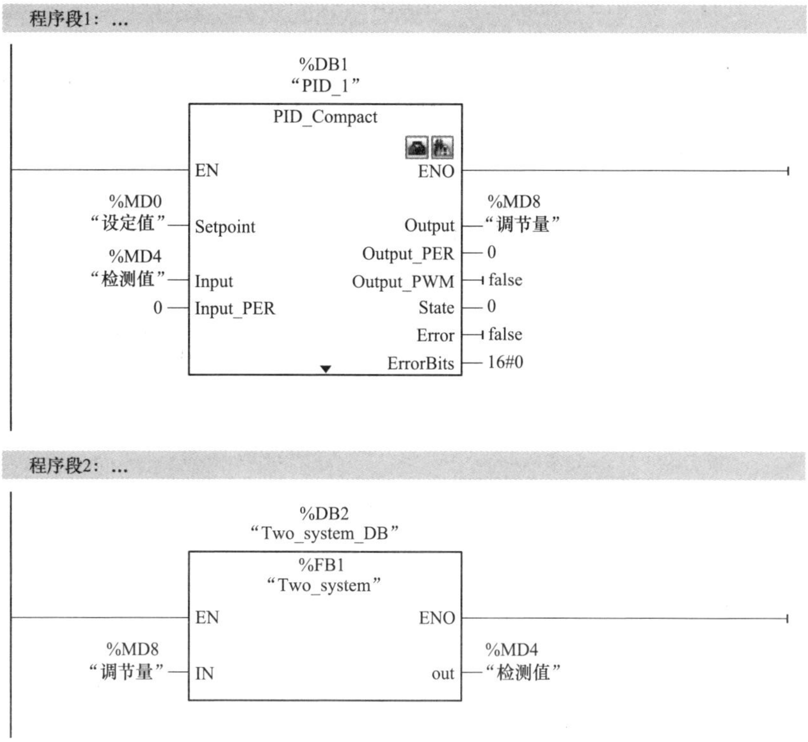

图 18-13　OB30 程序

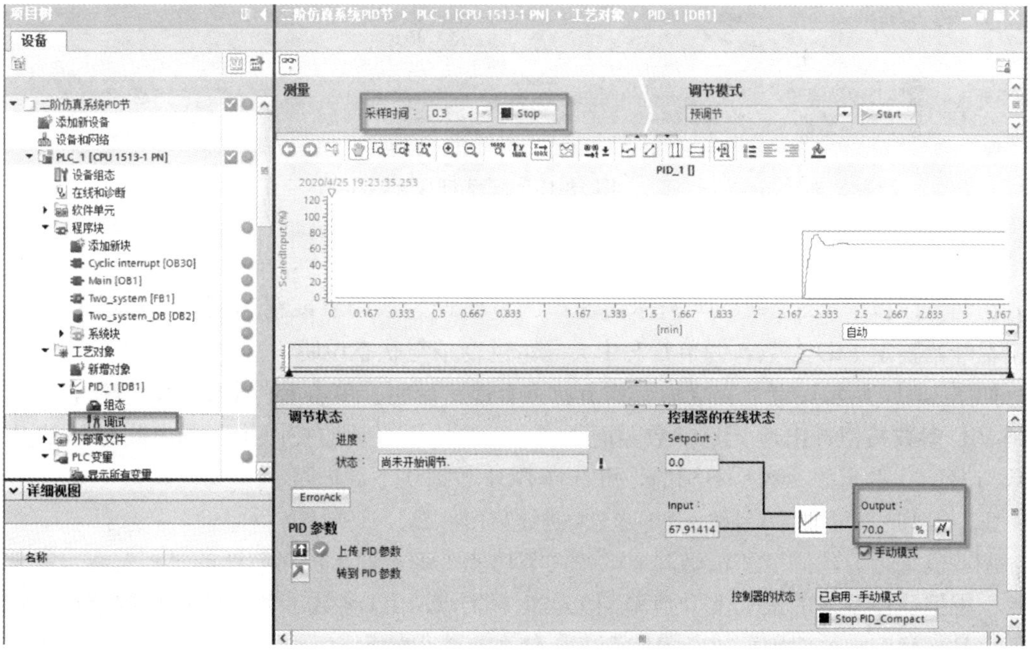

图 18-14　手动调节

样开始。因为 PID 工艺在组态时默认设置为手动调节模式。所以可在 output 中输入 70.0，并送入到 PLC 中进行手动输出，此时可看到输出曲线的动态变化过程。

手动调节模式下，打开 DB1，如图 18-15 所示，可监视变量 Mode 值为 4，即表示手动调节模式。

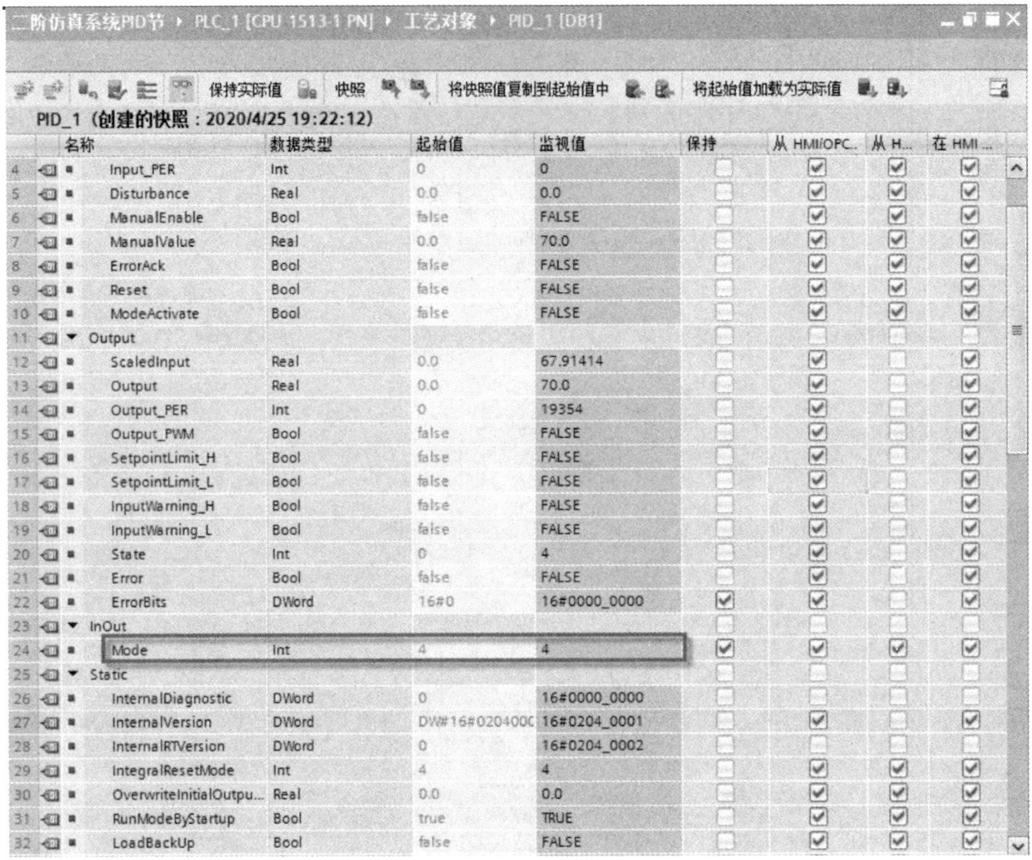

图 18-15　监视 DB1

2. PID 参数预调节与精确调节

在调节面板中，如图 18-16 所示，选择调节模式为预调节或精确调节，然后单击 start 按钮，开始整定 PID 参数，调节状态中会显示进度条与状态说明。

如图 18-17 所示，调节完成后，调节状态有提示说明。单击上传 PID 参数按钮，再单击转到 PID 参数按钮，出现 PID 参数界面如图 18-18 所示。从监控图示可看出此时 DB1 中的参数与 Portal 看到的参数是不同的，可选择 DB1 数据块下载即可。

注　在图 18-18 中，可手动输入 PID 参数，进行人工整定。

调节模式可分预调节和精确调节。预调节功能可确定输出值对阶跃的过程响应，并搜索拐点。根据受控系统的最大上升速率与死区时间计算 PID 参数。如果经过预调节后，过程值振荡且不稳定，这时需要进行精确调节，使过程值出现恒定受限的振荡。PID 控制器将根据此振荡的幅度和频率为操作点调节 PID 参数，所有 PID 参数都根据结果重新计算。精确调节得出的 PID 参数通常比预调节得出的参数具有更好的主控和抗干扰特性，但是时间长。精确调节结合预调节可获得最佳 PID 参数。

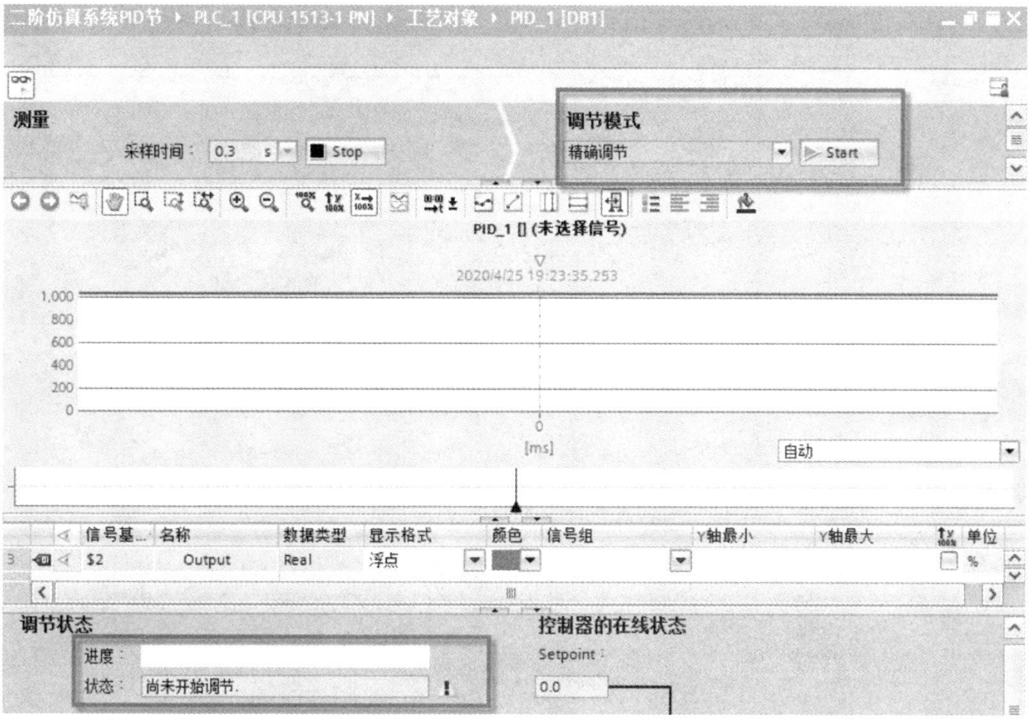

图 18-16　PID 参数预调节与精确调节

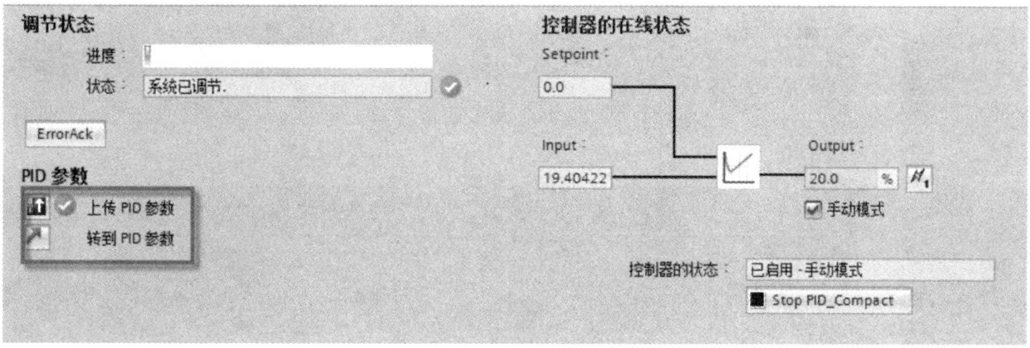

图 18-17　上传 PID 参数

注意：如果在开始阶段直接进行精确调节，则会先进行预调节，再进行精确调节。所以在本例调节中，直接把调节模式设成精确调节。

3. 自动调节

通过自动整定获取 PID 参数，或人工整定 PID 参数后，系统即可投入自动调节。如图 18-19 所示，可在调节面板中启动自动模式。然后，在监控表中设置设定值为 50.0，如图 18-20 所示。从监控表中可以观察检测值的动态变化过程，最后稳定在设定值附近。并可更改设定值进行多次测试调节效果。

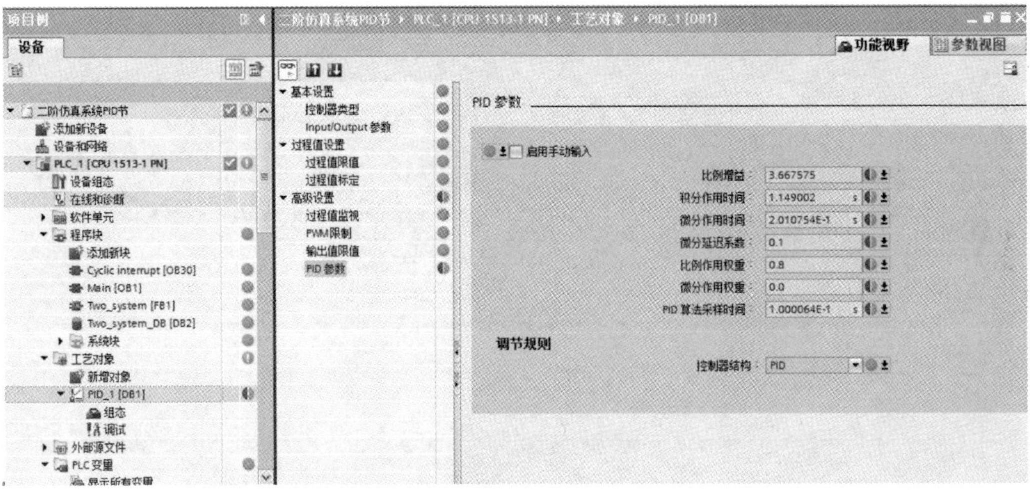

图 18-18　调节 PID 参数

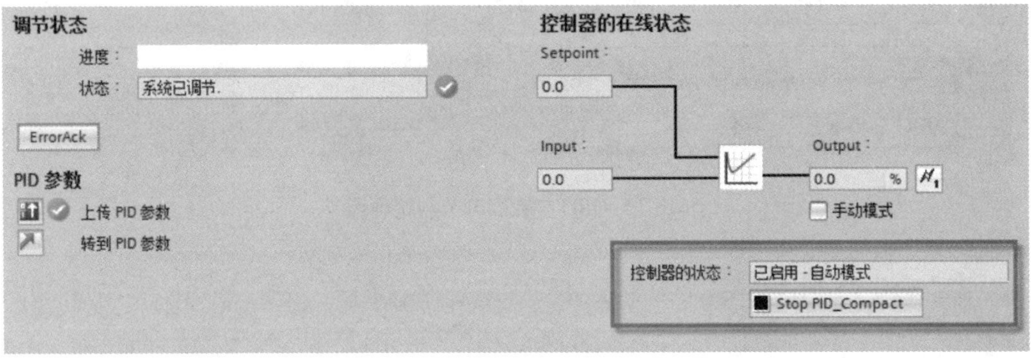

图 18-19　调节面板

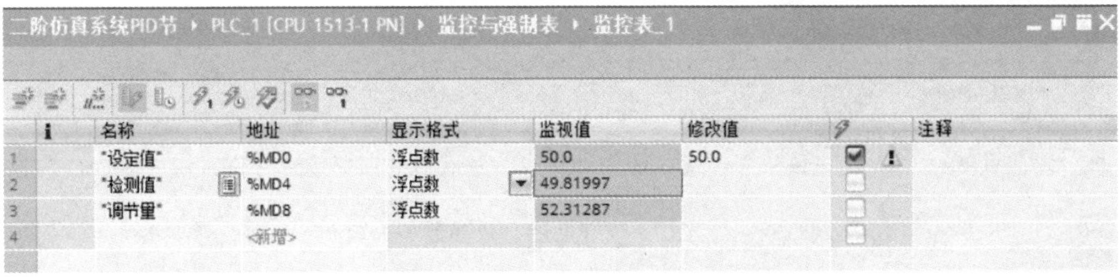

图 18-20　监控表

小　结

通过 PLC 编写 PLC 控制程序，对二阶系统仿真对象进行 PID 调节，基于 Portal 的 PID 编程总结如下：

（1）添加并组态 PID 工艺对象数据块。

（2）在时间循环中断组织块中调用 PID 指令。

（3）可使用 PID 调节面板对 PID 参数进行预调节或精确调节。

练习与提高

编写 PLC 控制程序，对二阶系统仿真对象进行 PID 调节，PID 参数进行人工整定。

项目 19

自编 PID 算法程序

知识点 PID 离散公式、自编 PID 程序。

如果完全理解透 PID，那么就可以自编程序实现 PID 算法，也可加强对 PID 各参数的进一步理解，对 PID 参数的整定具有重要作用。

准备知识

一、PID 离散公式

PID 离散公式如下：

$$u(k)=K_p\left\{e(k)+\frac{T}{T_i}\sum_{n=0}^{k}e(n)+\frac{T_d}{T}[e(k)-e(k-1)]\right\}$$

式中 k ——第 k 次采样；

$u(k)$ ——第 k 次 PID 运算结果；

K_p ——比例放大倍数；

$e(k)$ ——第 k 次的偏差，偏差等于设定值减去检测值；

T ——采样时间；

T_i ——积分时间常数；

T_d ——微分时间常数。

二、PID 参数整定

在 PID 调节过程中，比例作用是主要调节作用。积分作用是辅助调节，消除余差作用。微分作用是补偿作用。

PID 参数整定过程可参考以下步骤：

(1) 关闭积分和微分作用，先调 K_p，将 K_p 由小往大调节，以达到能快速响应，且振荡小为好。

(2) K_p 调节好后，先把 K_p 降至 70%左右，再调积分作用。积分时间常数由大往小调，观察响应曲线，直到能快速响应、消除静差，又不产生超调为好。

(3) PI 调好后，再调 D，微分时间常数由小往大调。

(4) PID 参数修改后，可修改设定值，观察响应曲线，以判断 PID 参数是否合适。

项目任务

项目名称：自编写 PID 算法程序。

自编写 PID 算法程序，控制二阶系统仿真对象，要求如下：

（1）设定值范围 0～100。

（2）对 PID 参数进行整定，并对控制系统进行调试。

一、建立项目

新建项目，并组态 S7-1200 或 S7-1500 CPU 硬件。然后把项目 16 中的二阶系统仿真对象程序块 FB1 复制到本项目中，作为控制对象仿真程序。

建立变量表如图 19-1 所示。

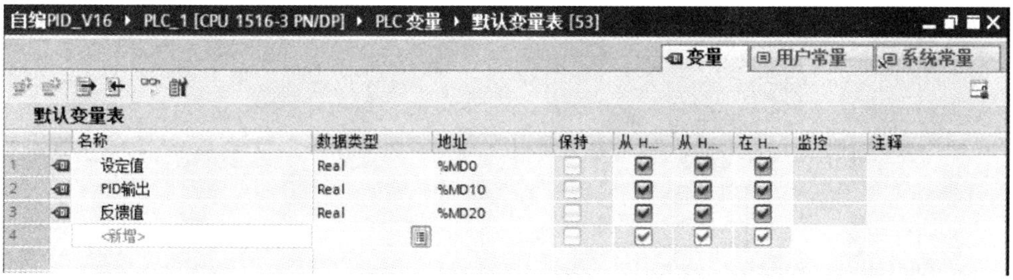
自编PID_V16 ▸ PLC_1 [CPU 1516-3 PN/DP] ▸ PLC 变量 ▸ 默认变量表 [53]

变量　用户常量　系统常量

默认变量表

	名称	数据类型	地址	保持	从 H...	从 H...	在 H...	监控	注释
1	设定值	Real	%MD0	☐	☑	☑	☑		
2	PID输出	Real	%MD10	☐	☑	☑	☑		
3	反馈值	Real	%MD20	☐	☑	☑	☑		
4	<新增>			☐	☑	☑	☑		

图 19-1　变量表

二、编写程序块 PID［FB2］

添加程序块 PID［FB2］，在该程序块中编写 PID 算法。首先在块接口区中定义变量如图 19-2 所示。然后编写 FB2 程序如图 19-3 所示。

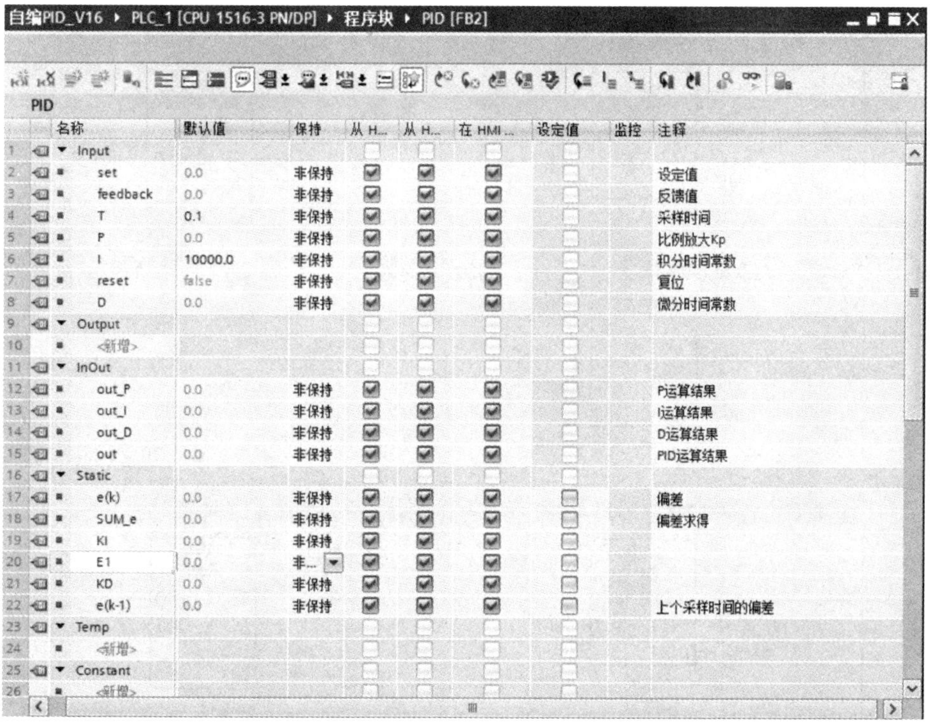
自编PID_V16 ▸ PLC_1 [CPU 1516-3 PN/DP] ▸ 程序块 ▸ PID [FB2]

PID

	名称	默认值	保持	从 H...	从 H...	在 HMI ...	设定值	监控	注释
1	▼ Input								
2	set	0.0	非保持	☑	☑	☑	☐		设定值
3	feedback	0.0	非保持	☑	☑	☑	☐		反馈值
4	T	0.1	非保持	☑	☑	☑	☐		采样时间
5	P	0.0	非保持	☑	☑	☑	☐		比例放大Kp
6	I	10000.0	非保持	☑	☑	☑	☐		积分时间常数
7	reset	false	非保持	☑	☑	☑	☐		复位
8	D	0.0	非保持	☑	☑	☑	☐		微分时间常数
9	▼ Output								
10	<新增>								
11	▼ InOut								
12	out_P	0.0	非保持	☑	☑	☑	☐		P运算结果
13	out_I	0.0	非保持	☑	☑	☑	☐		I运算结果
14	out_D	0.0	非保持	☑	☑	☑	☐		D运算结果
15	out	0.0	非保持	☑	☑	☑	☐		PID运算结果
16	▼ Static								
17	e(k)	0.0	非保持	☑	☑	☑	☐		偏差
18	SUM_e	0.0	非保持	☑	☑	☑	☐		偏差求得
19	KI	0.0	非保持	☑	☑	☑	☐		
20	E1	0.0	非...	☑	☑	☑	☐		
21	KD	0.0	非保持	☑	☑	☑	☐		
22	e(k-1)	0.0	非保持	☑	☑	☑	☐		上个采样时间的偏差
23	▼ Temp								
24	<新增>								
25	▼ Constant								
26	<新增>								

图 19-2　组态块接口变量

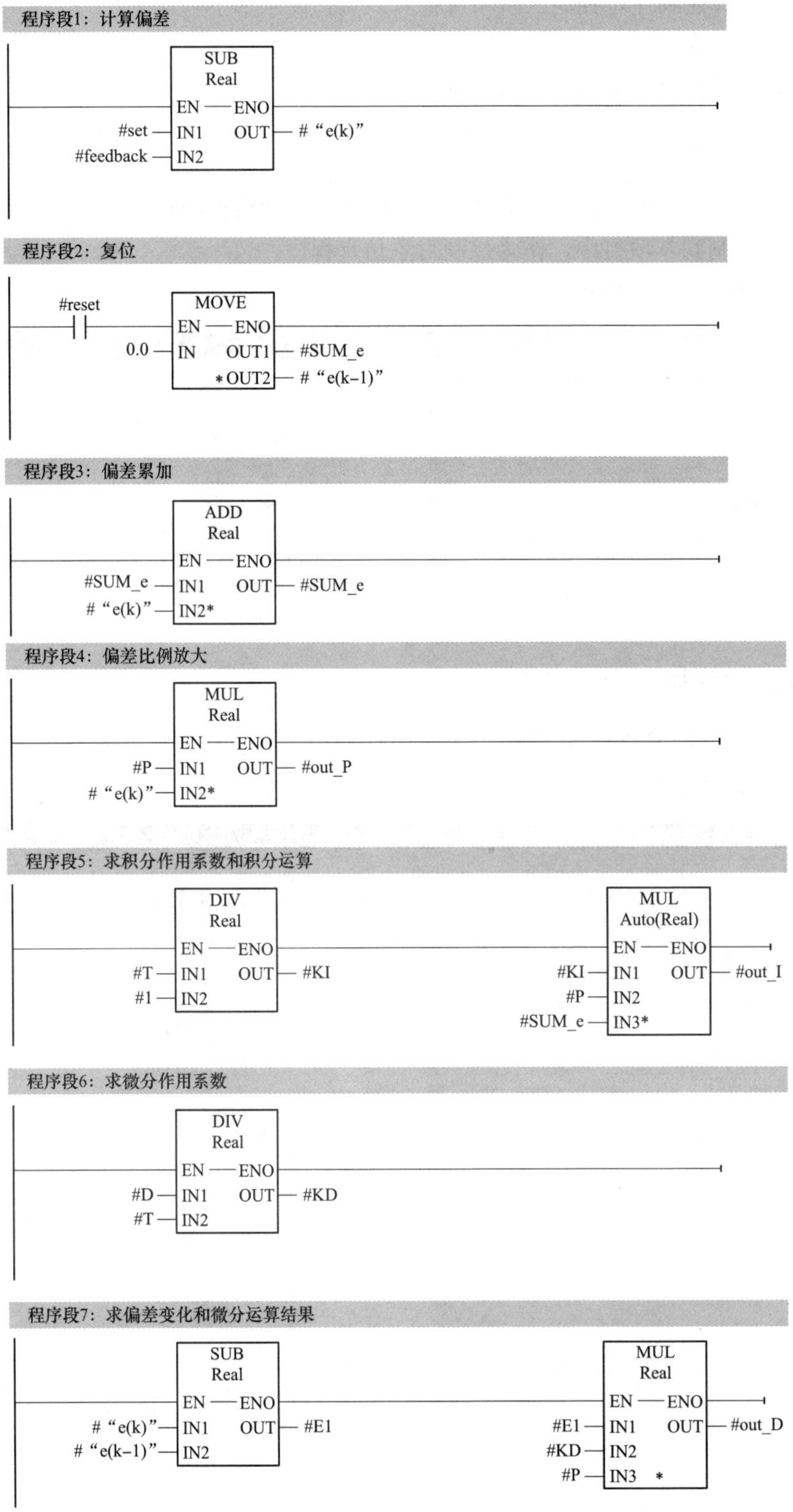
程序段1：计算偏差
SUB
Real
EN
ENO
#set
IN1
OUT
“e(k)”
#feedback
IN2
程序段2：复位
#reset
MOVE
EN
ENO
0.0
IN
OUT1
#SUM_e
*OUT2
“e(k-1)”
程序段3：偏差累加
ADD
Real
EN
ENO
#SUM_e
IN1
OUT
#SUM_e
“e(k)”
IN2*
程序段4：偏差比例放大
MUL
Real
EN
ENO
#P
IN1
OUT
#out_P
“e(k)”
IN2*
程序段5：求积分作用系数和积分运算
DIV
Real
EN
ENO
#T
IN1
OUT
#KI
#1
IN2
MUL
Auto(Real)
EN
ENO
#KI
IN1
OUT
#out_I
#P
IN2
#SUM_e
IN3*
程序段6：求微分作用系数
DIV
Real
EN
ENO
#D
IN1
OUT
#KD
#T
IN2
程序段7：求偏差变化和微分运算结果
SUB
Real
EN
ENO
“e(k)”
IN1
OUT
#E1
“e(k-1)”
IN2
MUL
Real
EN
ENO
#E1
IN1
OUT
#out_D
#KD
IN2
#P
IN3 *

图 19-3　FB2 程序

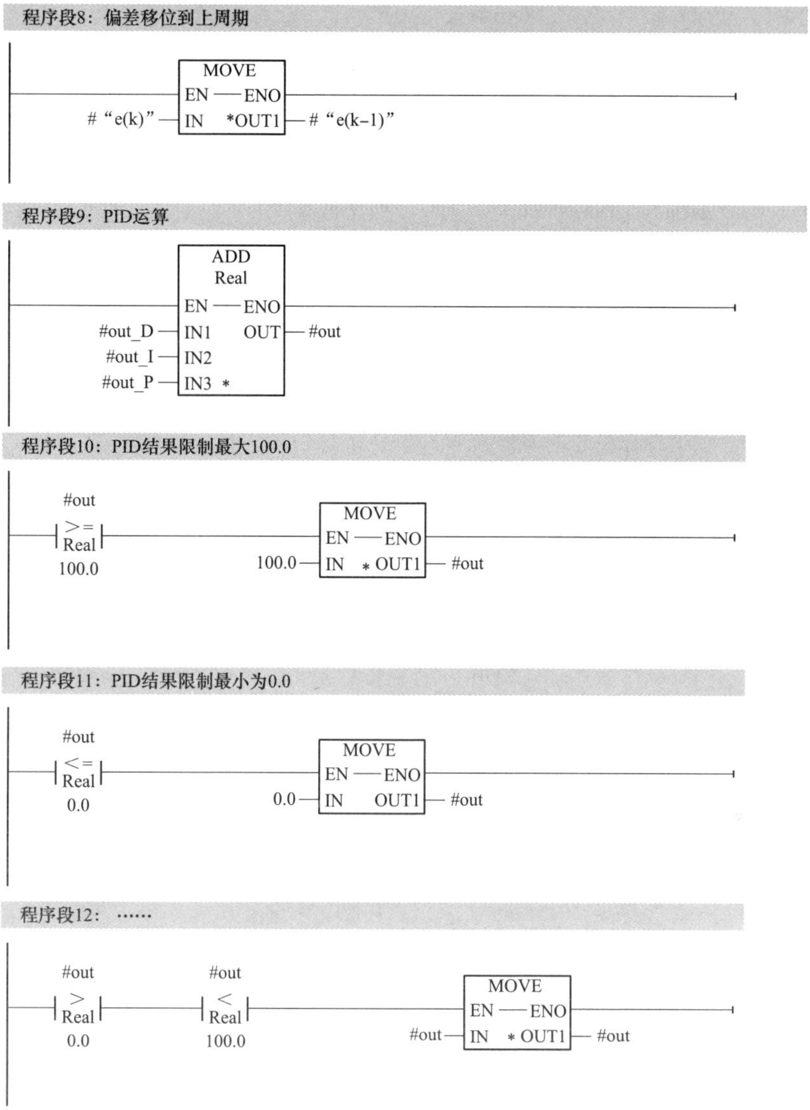

图 19-3　FB2 程序（续）

三、编写时间循环组织块 OB30 程序

添加时间循环组织块 OB30，设置循环时间为 100ms。然后在 OB30 中分别调用 PID［FB1］和 Two _ system［FB2］，并分别配备背景数据块，程序如图 19-4 所示。

四、编写初始化程序 OB100

添加初始化程序组织块 OB100，在 OB100 中编写初始化程序如图 19-5 所示，把 PID［FB2］的背景数据块中 PID _ DB 中的偏差和偏差累积值清零。

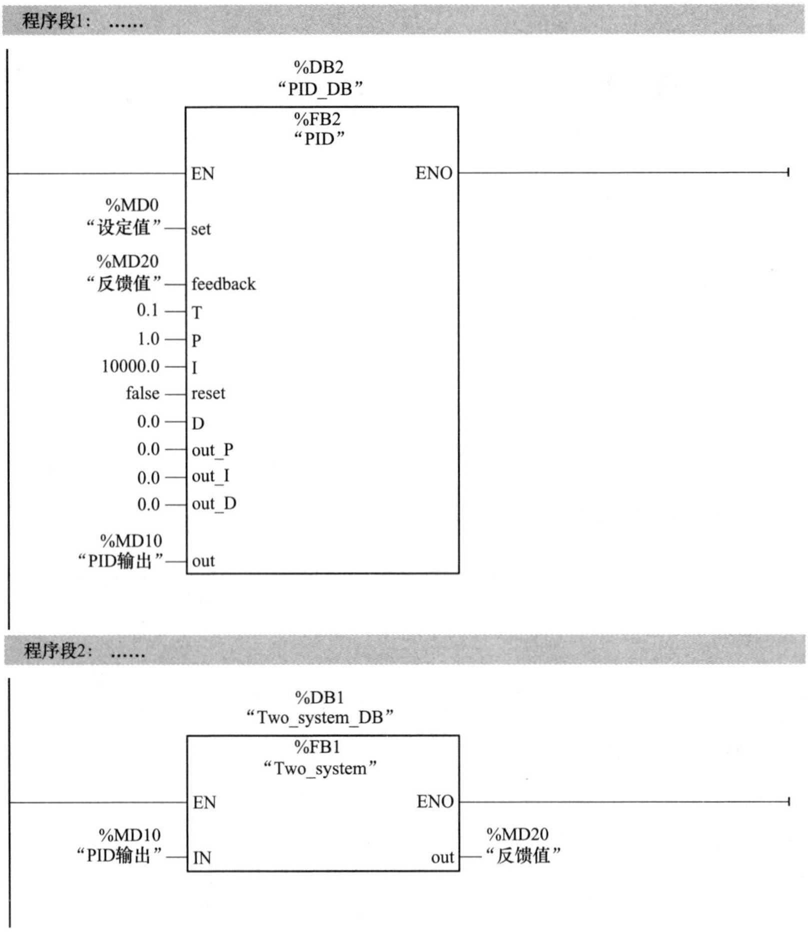

图 19-4 OB30 程序

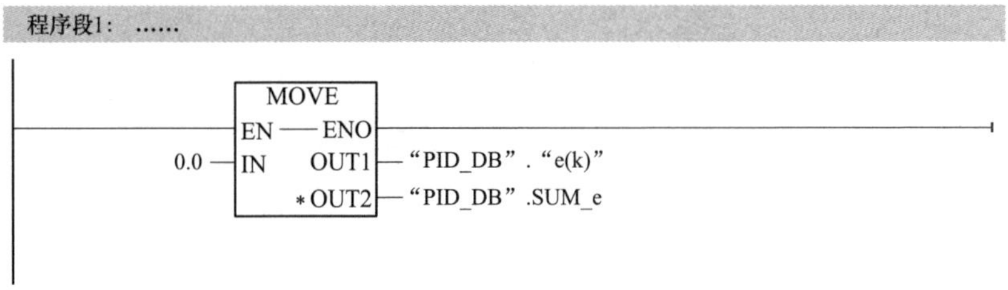

图 19-5 OB100 初始化程序

五、项目运行与调试

把项目下载到 PLC 或仿真器 PLCSIM，然后监控程序运行。新建一个监控表，如图 19-6 所示。

在监控表中可对设定值、三个 PID 参数值进行设定。PID 参数整定步骤如下：

(1) 把设定值设置为 50.0，在默认参数下观察反馈值的动态变化。经观察反馈值会稳定在 24 左右，可适当增大 P 参数。如把 P 设为 10 后，反馈值可稳定在 45 左右，如图 19-7

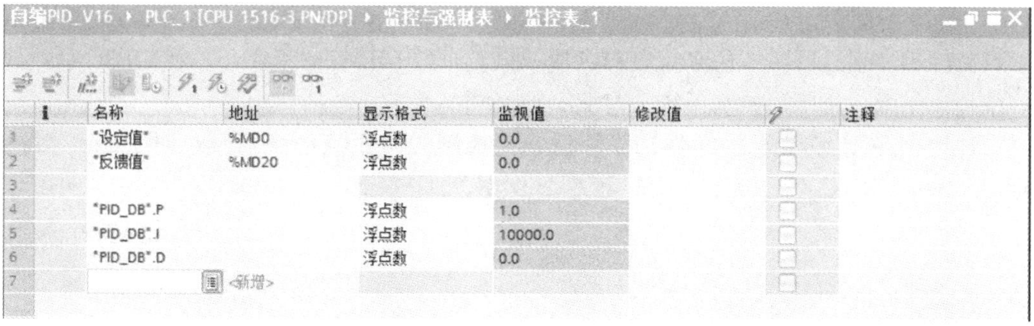

自编PID_V16 ▸ PLC_1 [CPU 1516-3 PN/DP] ▸ 监控与强制表 ▸ 监控表_1

	i	名称	地址	显示格式	监视值	修改值		注释
1		"设定值"	%MD0	浮点数	0.0			
2		"反馈值"	%MD20	浮点数	0.0			
3								
4		"PID_DB".P		浮点数	1.0			
5		"PID_DB".I		浮点数	10000.0			
6		"PID_DB".D		浮点数	0.0			
7			<新增>					

图 19-6　监控表

所示。如果把 P 设成 20，则反馈值会产生振荡，不稳定。

（2）在 P 设成 10 的基础上，通过减小积分时间常数 I 来增大积分作用，消除余差。例如把 I 值设成 900，反馈值可稳定在 50 左右，监控如图 19-8 所示。

（3）更改设定值，观察现有的参数，能否满足动态要求。

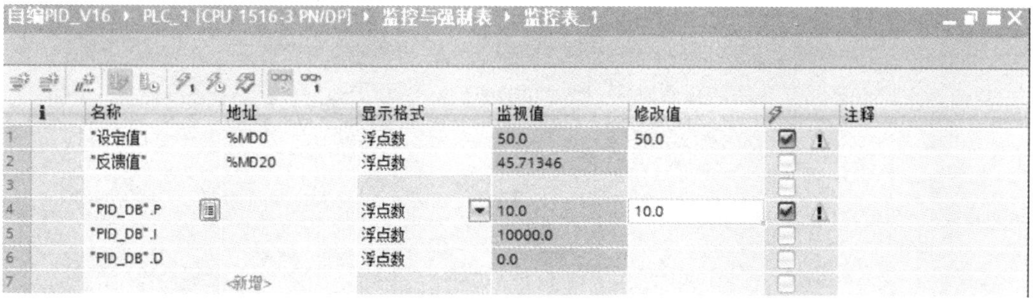

自编PID_V16 ▸ PLC_1 [CPU 1516-3 PN/DP] ▸ 监控与强制表 ▸ 监控表_1

	i	名称	地址	显示格式	监视值	修改值		注释
1		"设定值"	%MD0	浮点数	50.0	50.0	☑ !	
2		"反馈值"	%MD20	浮点数	45.71346			
3								
4		"PID_DB".P		浮点数	10.0	10.0	☑ !	
5		"PID_DB".I		浮点数	10000.0			
6		"PID_DB".D		浮点数	0.0			
7			<新增>					

图 19-7　监控表

自编PID_V16 ▸ PLC_1 [CPU 1516-3 PN/DP] ▸ 监控与强制表 ▸ 监控表_1

	i	名称	地址	显示格式	监视值	修改值		注释
1		"设定值"	%MD0	浮点数	50.0	50.0	☑ !	
2		"反馈值"	%MD20	浮点数	50.00395			
3								
4		"PID_DB".P		浮点数	10.0			
5		"PID_DB".I		浮点数	900.0	900.0	☑ !	
6		"PID_DB".D		浮点数	0.0			

图 19-8　监控表

小　结

通过自编 PID 算法程序，可加深对 PID 运算及参数的理解，通过仿真被控对象，可学习训练 PLC 参数的整定。

练习与提高

（1）编程实现二阶系统仿真对象程序块，以及自编 PID 算法程序块，在 OB30 中进行调用与编程，组成一个闭环控制系统。对 PID 参数进行整定。

（2）请用 SCL 编程语言实现 PID 算法，并控制二阶系统仿真对象，对 PID 参数进行整定。

项目 20

PLC 通过 PN 总线控制 G120 变频器运行

知识点 PLC 与 G120 通信组态与调试。

在项目 18 和项目 19 中，使用 S7-1200 或 S7-1500 PLC 对二阶系统仿真对象进行 PID 编程与调试，项目 20、21 和 22 将介绍一个真实的被控对象——电动机转速 PID 控制。

电动机转速 PID 控制系统结构如图 20-1 所示，PID 控制器用 S7-1200 PLC 或 S7-1500 PLC 实现，调速装置选用西门子 G120 变频器，电动机选用三相交流异步电动机，测速传感器选用脉冲编码器。其中 PLC 与变频器之间通过 PN 总线连接，PLC 通过总线控制变频器的启停信号和运行频率信号。

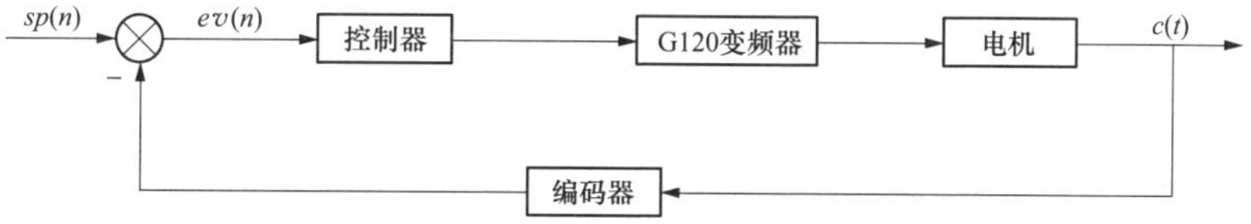

图 20-1 电动机转速控制系统

准备知识

一、G120 变频器的控制字和状态字

查看变频器操作手册，理解变频器通信方式和数据结构，需要用到的变频器通信控制字见表 20-1。PLC 需对变频器写入相应的控制字去控制变频器的启停等信息。变频器的状态字见表 20-2，PLC 可以读出变频器的状态字，相应地就可分析变频器当前的运行状态等信息。

表 20-1　　变频器控制字

r2090 BO：由 CB 收到的控制字 1，位 00、10 使用					
位 00	ON/OFF1 命令	0	否	1	是
位 01	OFF2：按惯性自由停车命令	1	是	0	否
位 02	OFF3：快速停车	1	是	0	否
位 03	脉冲使能	0	否	1	是
位 04	斜波函数发生器（REG）使能	0	否	1	是
位 05	RFG 开始	0	否	1	是

续表

r2090 BO：由 CB 收到的控制字 1，位 00、10 使用					
位 06	设定值使能	0	否	1	是
位 07	故障确认	0	否	1	是
位 08	正向点动	0	否	1	是
位 09	反向点动	0	否	1	是
位 10	由 PLC 进行控制	0	否	1	是
位 11	反向运行（设定值反相）	0	否	1	是
位 12	预留	0	否	1	是
位 13	用电动电位计（MOP）升速	0	否	1	是
位 14	用 MOP 降速	0	否	1	是
位 15	CDS 位 0（本机/远程）	0	否	1	是

由表 20-1 可分析出以下常用的控制命令：停止，W＃16＃047E；启动，W＃16＃047F；反转，W＃16＃0C7F；复位，W＃16＃04FE。

表 20-2　　　　变频器状态字

r0052 BO：状态字参数					
位 00	接通就绪	0	否	1	是
位 01	运行就绪	0	否	1	是
位 02	运行使能	0	否	1	是
位 03	存在故障	0	否	1	是
位 04	缓慢停转当前有效（OFF2）	0	是	1	否
位 05	快速停止当前有效（OFF3）	0	是	1	否
位 06	接通禁止当前有效	0	否	1	是
位 07	存在报警	0	否	1	是
位 08	设定/实际转速偏差	0	是	1	否
位 09	控制请求	0	否	1	是
位 10	达到最大转速	0	否	1	是
位 11	达到 I. M. P 极限	0	是	1	否
位 12	电动机抱闸打开	0	否	1	是
位 13	电动机超温报警	0	是	1	否
位 14	电动机正向旋转	0	否	1	是
位 15	变频器过载报警	0	是	1	否

二、变频器参数设定

1. 设置通信参数

G120 变频器需设置与 PLC 进行 PN 总线通信连接。通过 IOP 面板进入参数设定，修改 P10＝1，修改 P15＝7（现场总线 PROFINET），修改 P922＝352。

2. 设置电动机基准参数

设置电动机基准参数见表20-3。

表20-3　电动机参数

参数地址	说明	参　数
P2000	基准频率	1400.00
P2001	基准电压	380
P2002	基准电流	0.3
P2003	基准转矩	0.41（9.55 * 功率/转速）
P2004	基准功率	0.06

3. 设置P2051通信内容

设置P2051通信内容如下：

P2051.0　r2089（状态字1）；

P2051.1　r63（频率反馈）；

P2051.2　r68（实际电流）；

P2051.3　r80（实际转矩）；

P2051.4　r2132（报警号）；

P2051.5　r2131（故障号）。

4. 快速调试

最后再修改P10=0，对变频器进行快速调试。

注　IOP面板设置参数前要把P10改为1（快速调试），参数设定完毕把P10修改0（就绪）；设置参数时，在IOP上可使用Search by number跳转到搜索参数地址。

项目任务

项目名称：PPLC通过PN总线控制G120变频器运行。

S7-1200 PLC或S7-1500 PLC通过工业以太网PROFINET总线，可以控制G120变频器的启动与停止，正、反转控制，以及输出频率的给定等功能。本项目使用S7-1200 PLC与G120变频器进行网络组态，并编写控制程序，实现相应的控制功能。

项目分析

配置PLC与G120变频器的PN总线连接如图20-2所示。

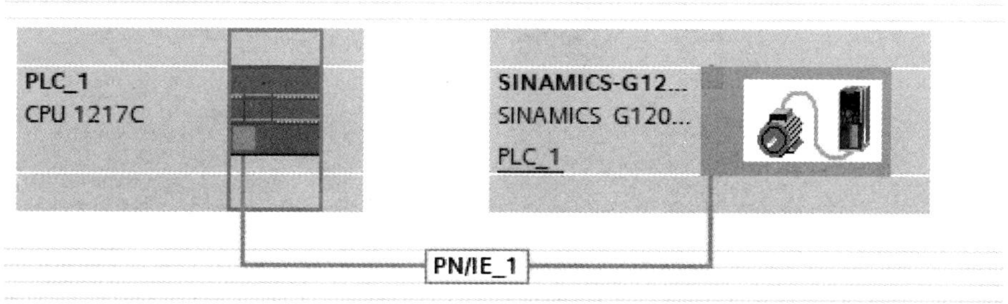

图20-2　网络配置

三、项目所需的硬件如下

（1）S7-1200CPU1214C 或其他 S7-1200CPU。

（2）西门子 G120 变频器一台，并配置 PROFINET 通信模块或接口。

（3）装有 Portal V16 软件的电脑。

项目编程与调试

一、设备与网络组态

1. 创建新项目，并添加 PLC 设备

打开 TIA Portal 软件，创建新项目，添加 S7-1200CPU 硬件如图 20-3 所示，PLC 组态完成如图 20-4 所示。

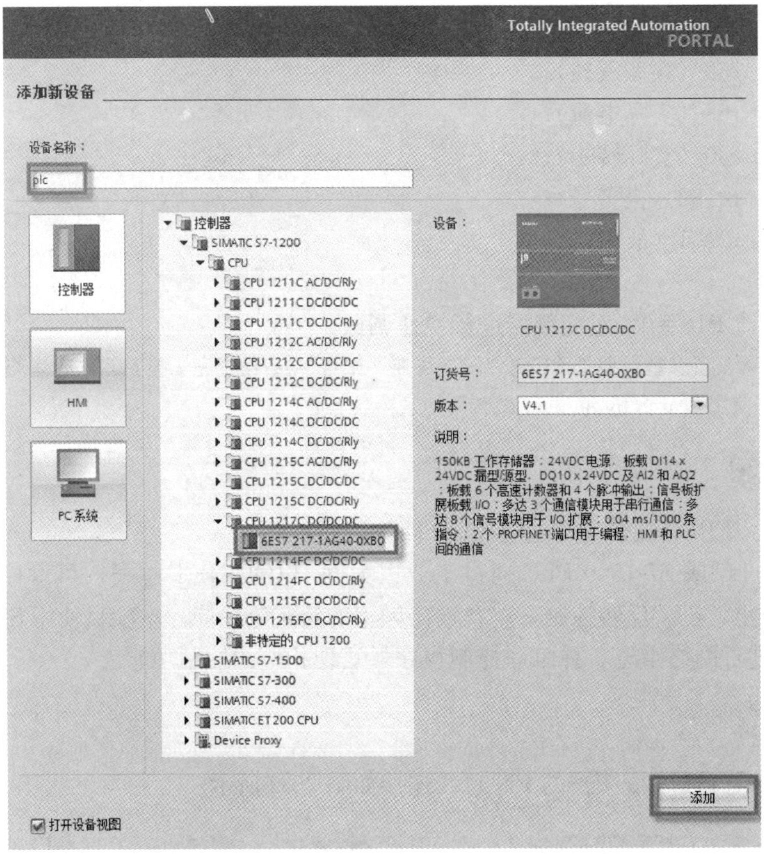

图 20-3 添加 S7-1200CPU

2. 添加 G120 变频器

在图 20-4 的 PLC 设备组态画面中，选择单击“网络视图”，则显示如图 20-5 所示的设备和网络图，图中显示出已组态的 PLC 设备。在右侧的“硬件目录”中，如图 20-6 所示选择“其他现场设备→PROFINET I/O→Drives→Siemens AG→SINAMICS→SINAMICS

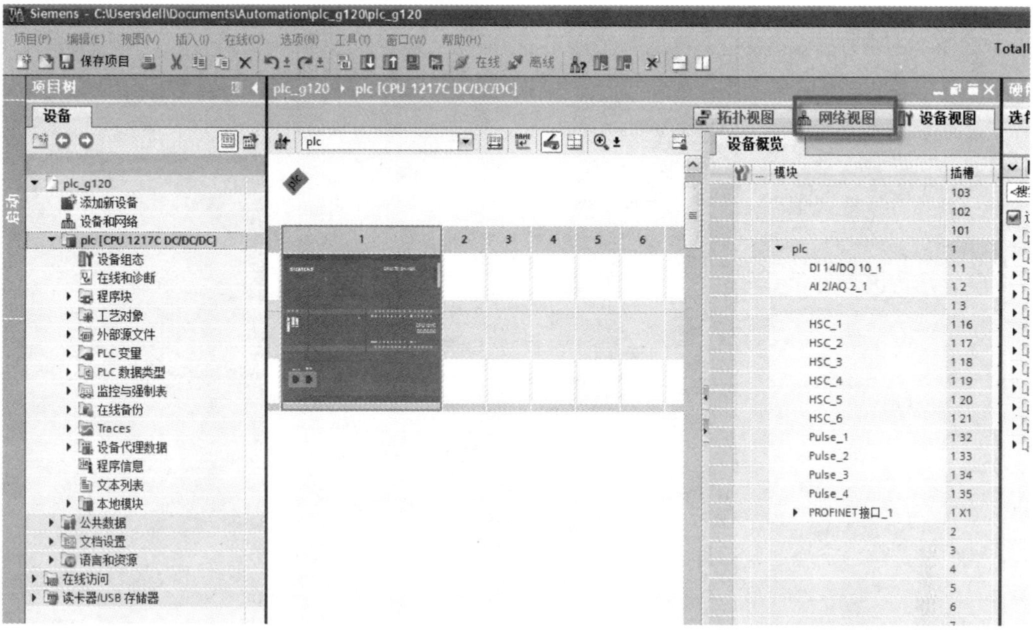

图 20-4　PLC 设备组态画面

G120 CU250S PN Vector V4. 7”，注意该设备的选择必须与实际的 G120 变频器控制单元型号和订货号对应。然后把它拖入到设备和网络界面中，结果如图 20-7 所示。

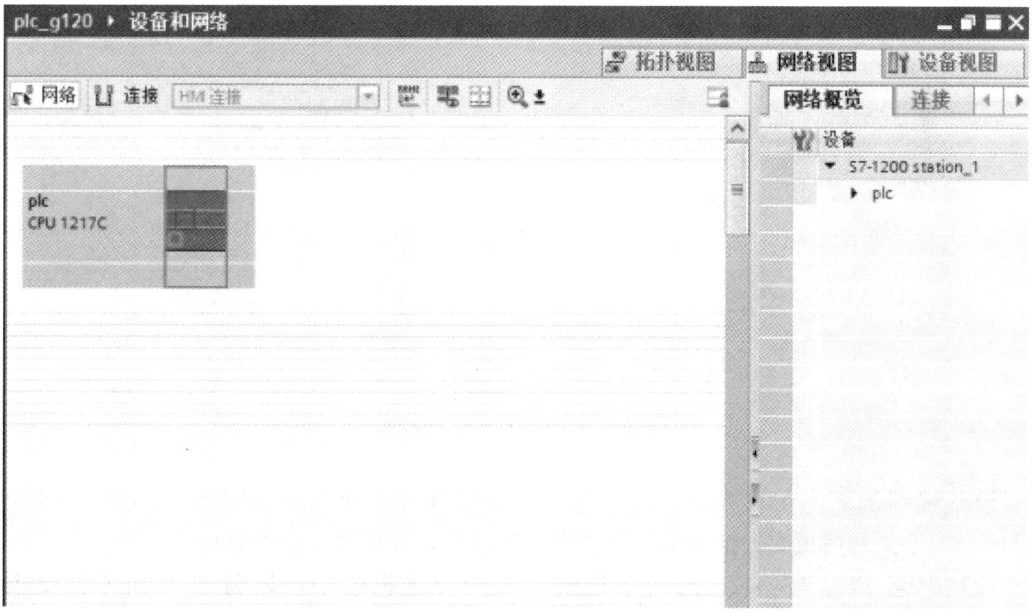

图 20-5　设备和网络

3. 组态网络

(1) 变频器添加通信报文。在网络视图中，双击 G120 变频器，进入如图 20-8 所示的变

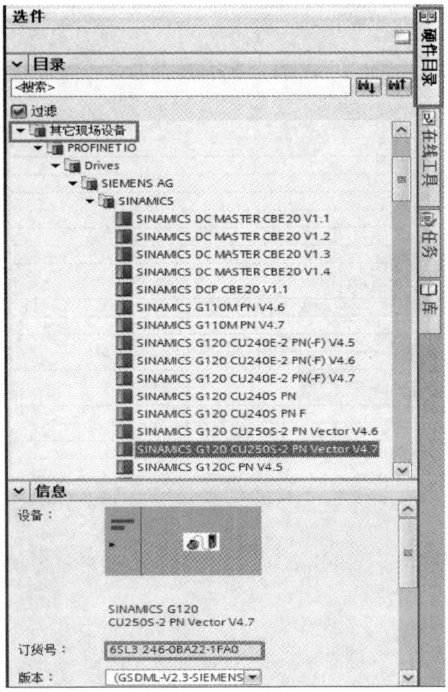

图 20-6　硬件目录

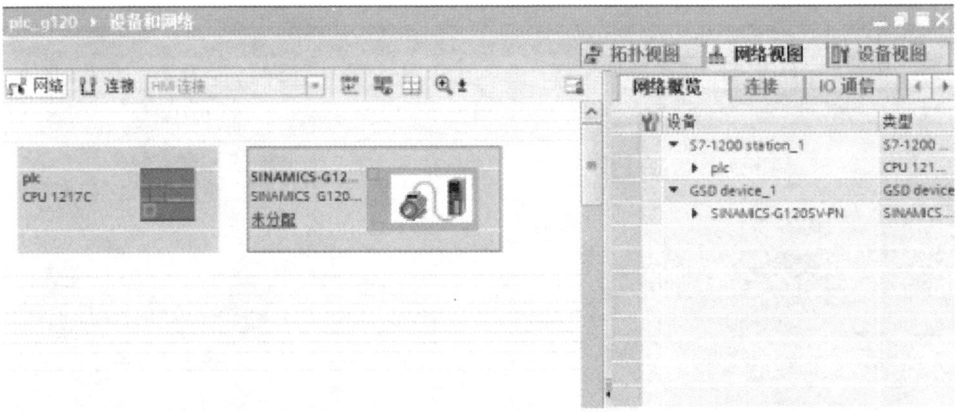

图 20-7　添加 G120 变频器

频器设备视图画面。在右侧的“硬件目录”中选择“子模块→SIEMENS telegram 352，PZD-6/6”添加通信报文，把其拖入到图中所示位置，这样报文添加成功。

（2）组态 PLC 与 G120 的网络连接。回到网络视图中，如图 20-9 所示。要创建 PROFIENT 的逻辑连接，选中 PLC 上的 PROFINET 通信口的绿色小方框，然后拖拽出一条线，连接到 G120 变频器上的 PROFINET 通信口上，再松开鼠标左键，连接就建立起来了，如图 20-10 所示。

（3）组态 PLC 的通信口属性。在图 20-10 的网络视图中，双击 PLC 的通信端口，显示通信口的属性窗口，图 20-11 中已显示接口连接到了名为 PN/IE_1 的子网，该子网是上

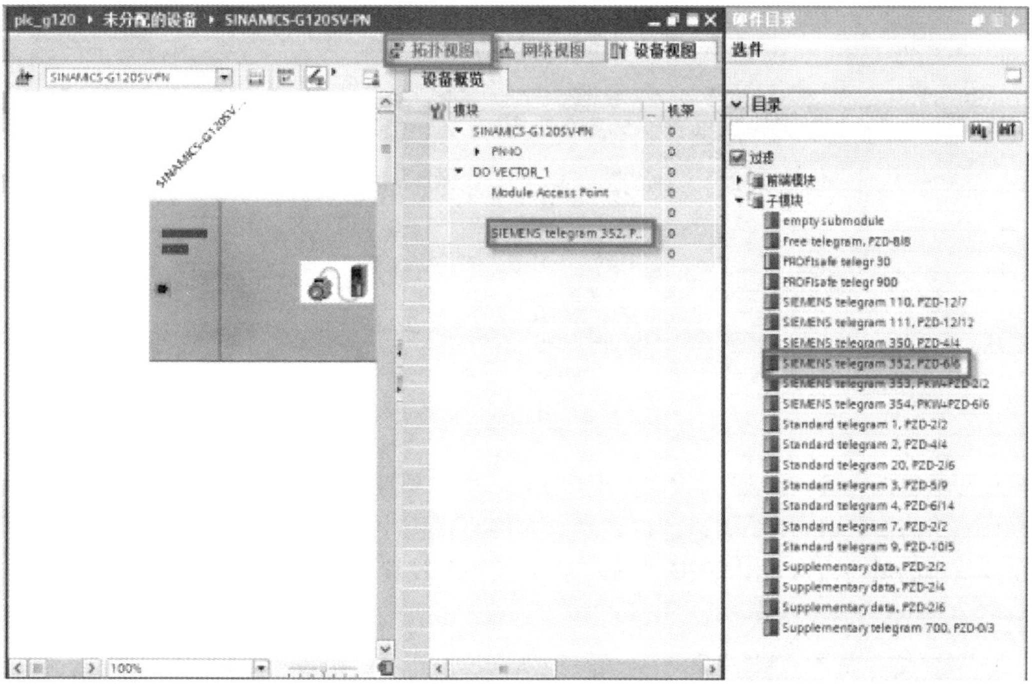

图 20-8　变频器组态画面

图 20-9　网络视图

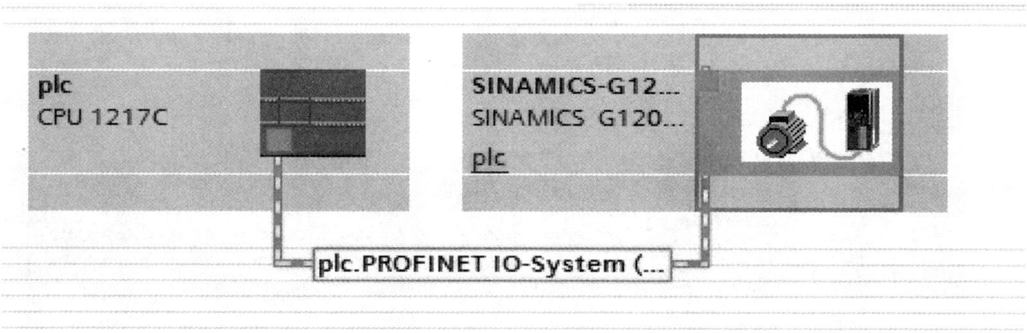

图 20-10　建立 PLC 与变频器之间的连接

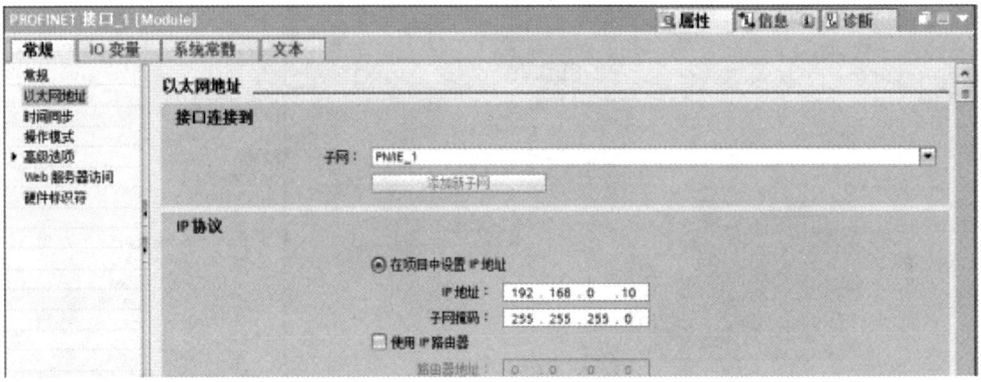

图 20-11　PLC 的通信口属性

一操作步骤自动生成，在 IP 协议中需设置 PLC 的 IP 地址和子网掩码。

（4）组态变频器 G120 的通信口属性。在网络视图中，双击 G120 变频器的通信端口，显示通信口的属性窗口如图 20-12 所示。在此处需要设置变频器的 IP 地址和设备名称，分别如图 20-13 和图 20-14 所示。

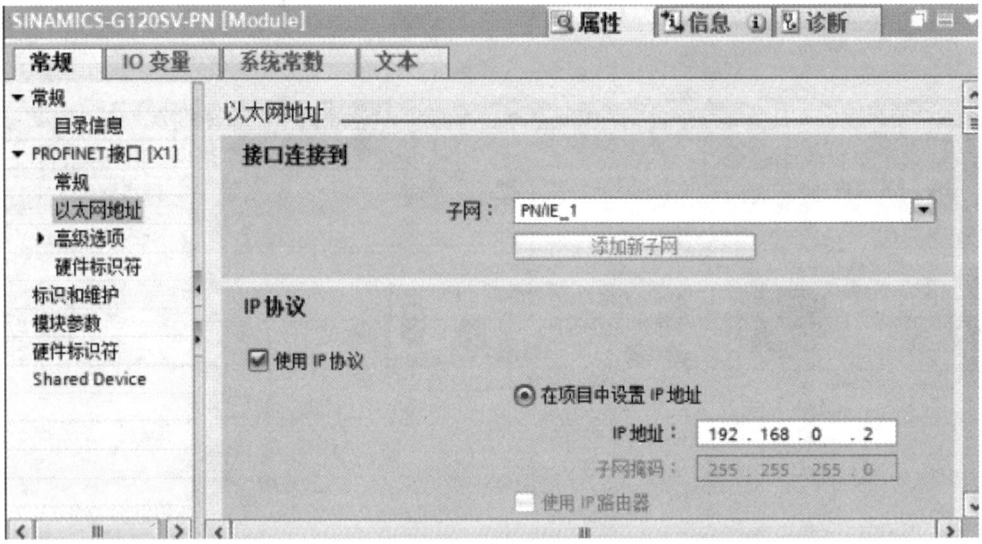

图 20-12　设置 IP 地址

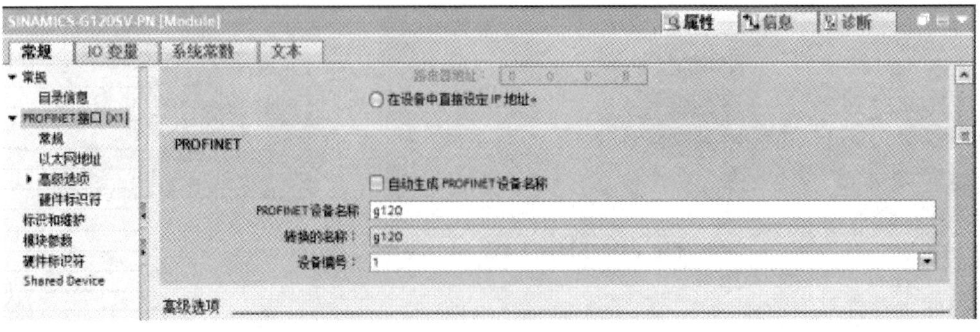

图 20-13　设置变频器的设备名称

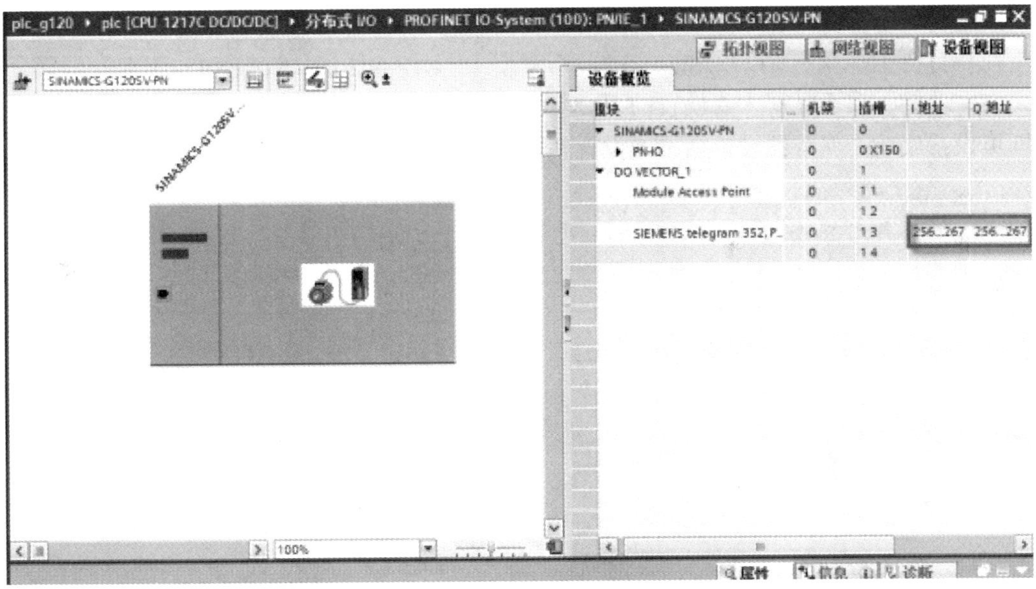

图 20-14　PLC 分配给变频器的 I/O 地址

在变频器与 PLC 连接组态完成后，在变频器的设备视图下的设备概览表中，还可以看到 PLC 分配给变频器的 I/O 地址如图 20-15 所示。I 地址范围为 256～267 共 6 个字，Q 地址范围为 256～267 共 6 个字。

通信数据选用 PZD6/6 的结构，地址对应为：PIW256～PIW266、PQW256～PQW266，各字的功能分配见表 20-4。

表 20-4　　通信控制字与状态字

PIW256 为状态字	PQW256 为控制字
PIW258 频率反馈	PQW258 为频率设定值
PIW260 实际电流	PQW260 备用
PIW262 实际转矩	PQW262 备用
PIW264 报警号	PQW264 备用
PIW266 故障号	PQW266 备用

（5）在线设置变频器的 IP 地址和设备名称。网络组态完成后，需要在线设置变频器的 IP 地址和设备名称，使之与项目网络组态中的一致。如图 20-15 所示，在项目树下单击“在线访问→intel® Ethernet……→g120”，其中 intel® Ethernet……为电脑配置的网卡，g120 为软件在线能访问到的变频器名称。

如果在线访问到的变频器的设备名称和 IP 地址与项目组态中的不同，则必须在线修改变频器的设备名称

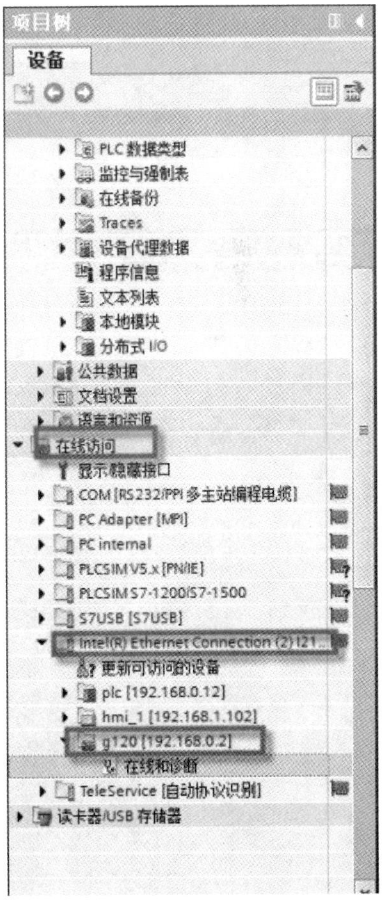

图 20-15　在线访问变频器

和 IP 地址。

在项目树中，双击 g120 下的“在线和诊断”，显示如图 20-16 所示的 g120 在线访问画面，在“功能”项下可写入要设置的 IP 地址和子网掩码，然后单击“分配 IP 地址”，IP 地址即可设置成功。变频器设备名称的设置如图 20-17 所示。

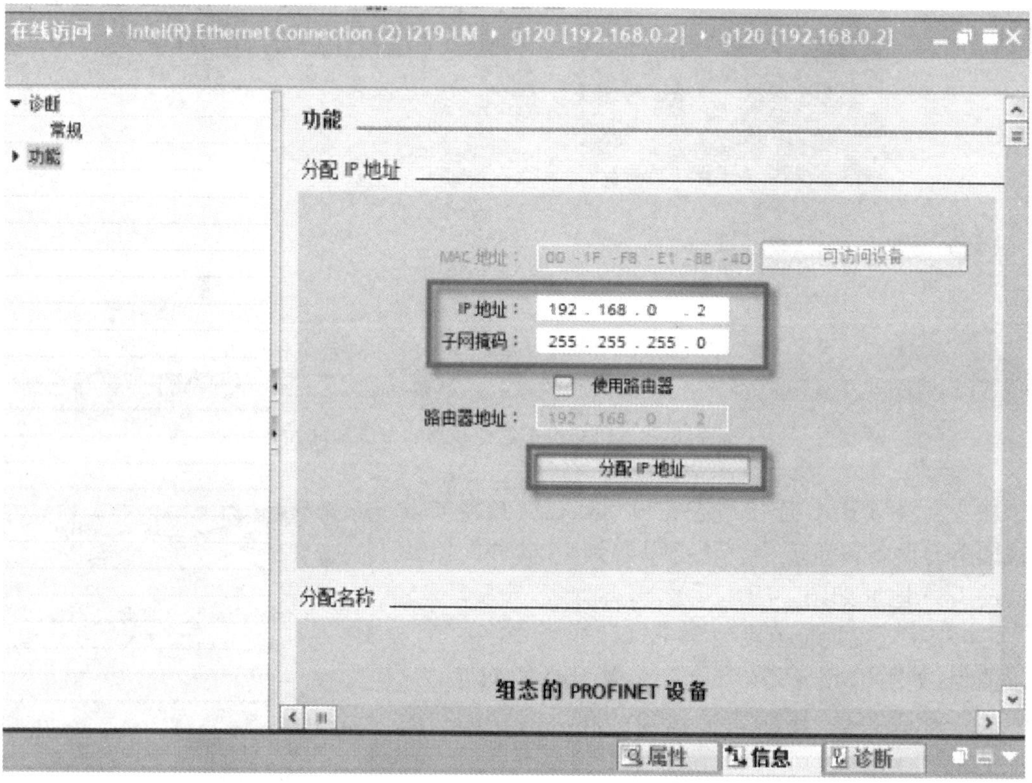

图 20-16　设置变频器的 IP 地址

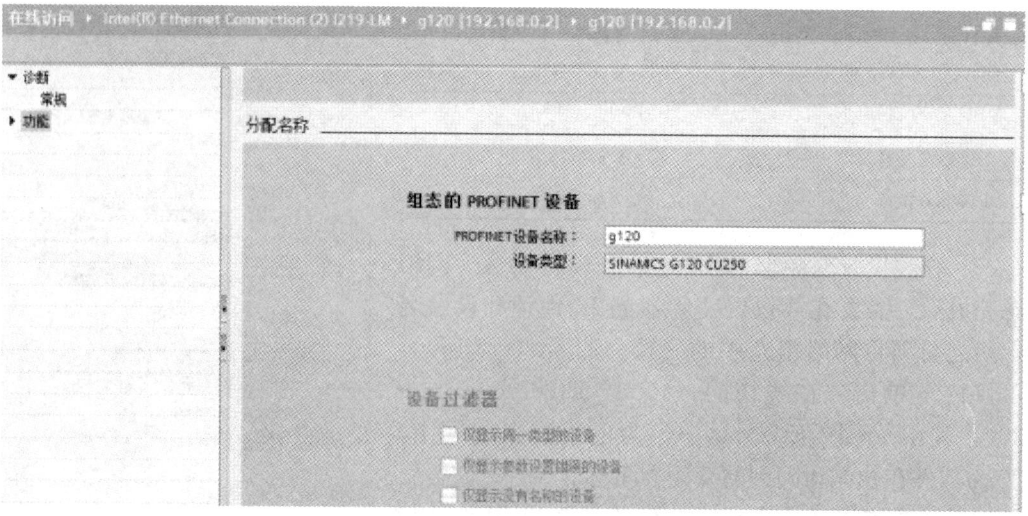

图 20-17　设置变频器的设备名称

（6）编译与下载。网络组态完成后，可先进行编译与下载，如此可及时发现与分析组态中可能出现的问题。

在网络视图中选择PLC，然后单击工具栏中的“编译”按钮，软件即可对组态的项目进行编译。编译无误后即可进行下载。

单击工具栏中的“下载到设备”按钮，或单击菜单“在线→下载到设备”，出现下载画面如图20-18所示。在图中对接口进行相应的设置后，单击“开始搜索”按钮，软件就会搜索电脑所连接的PLC。如图20-19所示，软件自动搜索到一个S7-1200 PLC，选择该PLC，然后选中所示的“闪烁LED”，则在选中的PLC硬件上的指示灯会闪烁指示。

单击“下载”按钮，进入下载预览画面，如图20-20所示，继续单击“下载”按钮，则软件会把项目下载到该PLC。

注意：下载前PLC的IP地址为192.168.0.12。下载后PLC的IP地址就更改成192.168.0.10。因为项目组态中PLC的通信端口IP地址设定的IP地址是192.168.0.10。

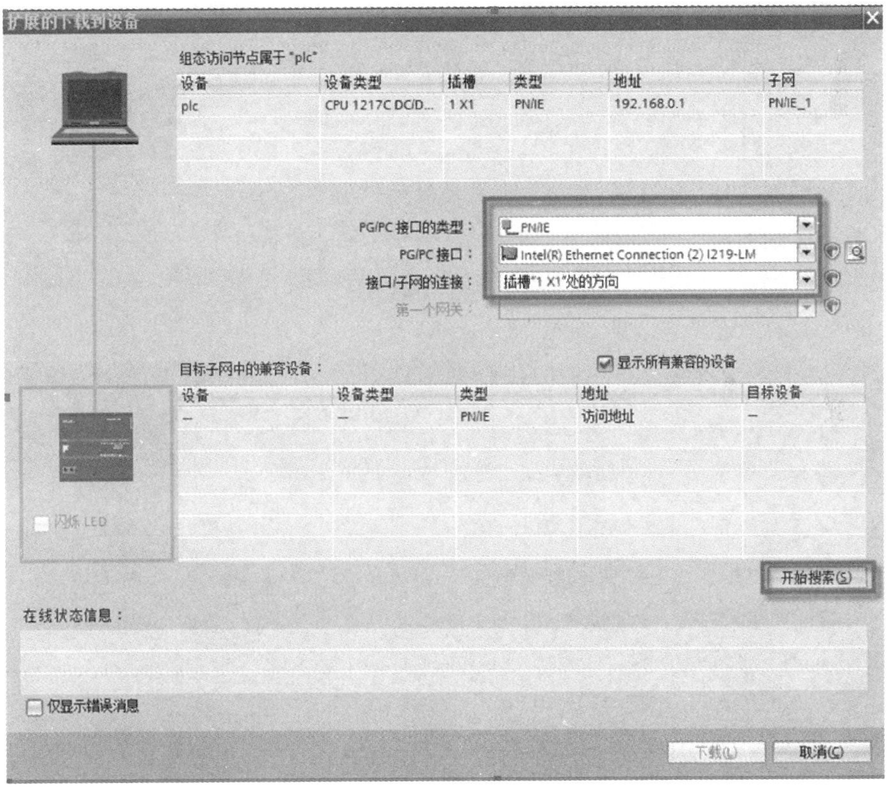

图20-18　下载画面

二、编写程序

1. 变量表

设置变量表如图20-21所示，把相应的软元件设置相应的符号名称，方便符号寻址编程。变量表的编写可以在编程之前写好，也可在编程过程中添加，或者编程之后再做修改。

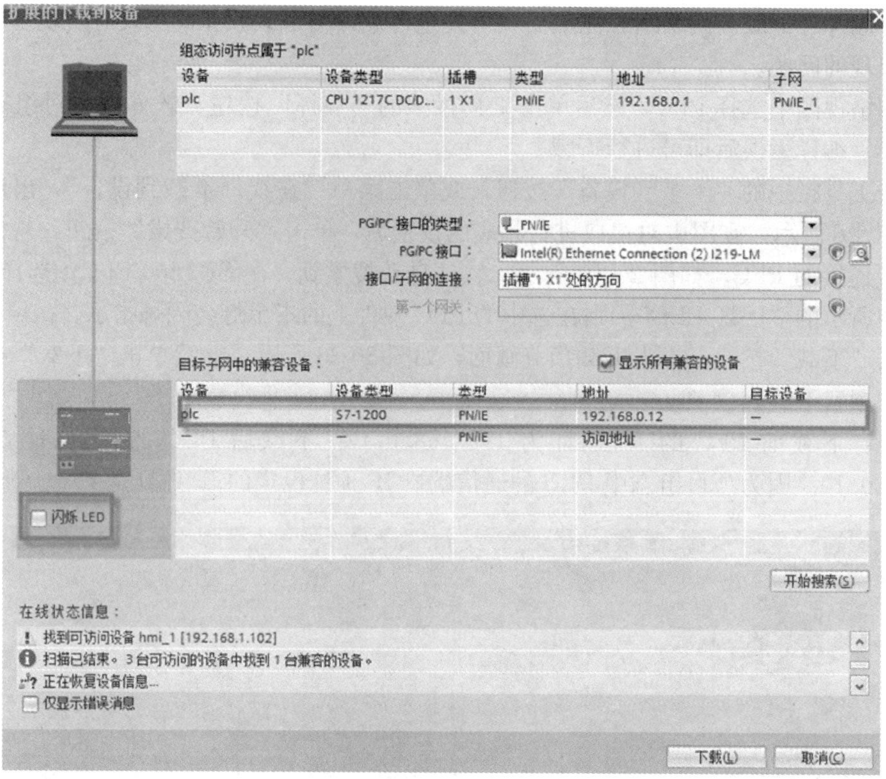

图 20-19　下载项目

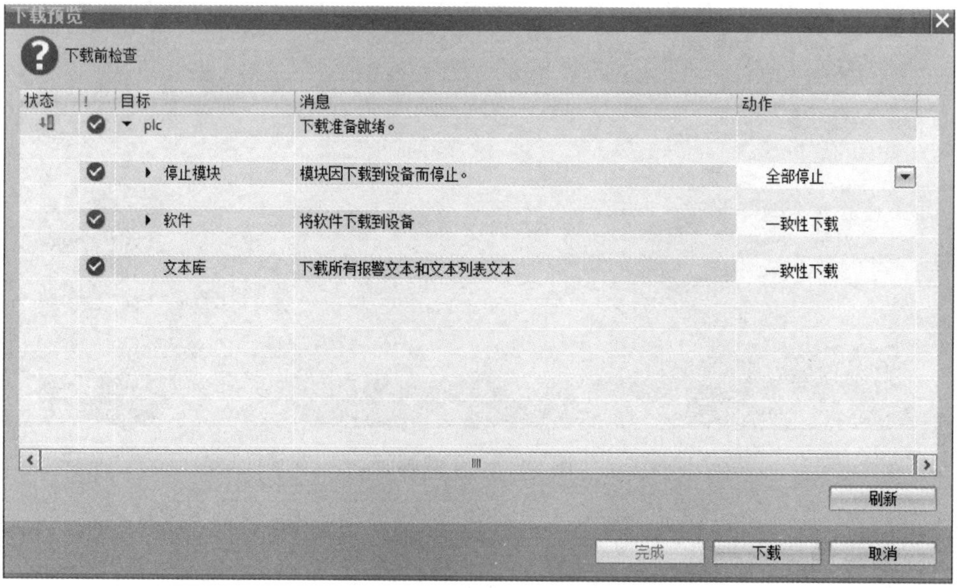

图 20-20　下载预览画面

2. 数据块 motor [DB1]

建立数据块，名称定义为 motor，编号为 DB1。如图 20-22 所示。

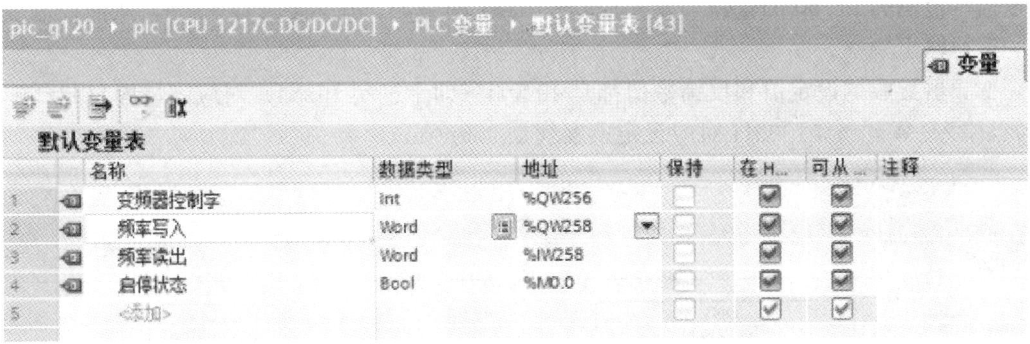

图 20-21 变量表

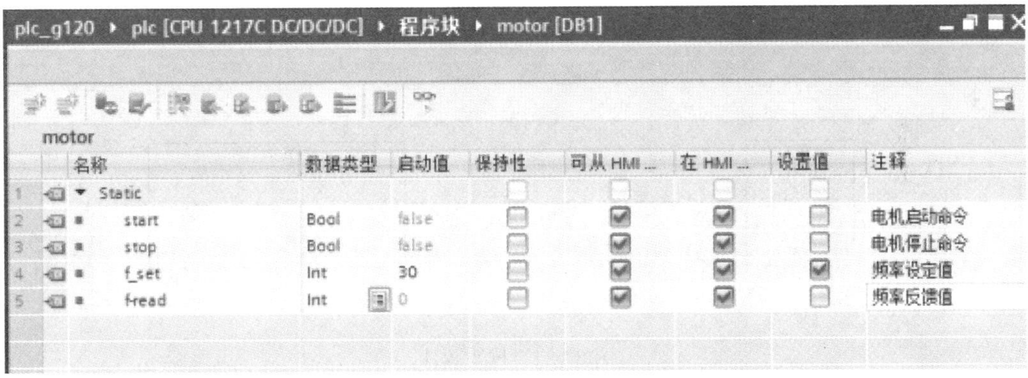

图 20-22 数据块 motor [DB1]

3. 函数频率设定转换 [FC1]

创建函数频率设定转换 [FC1]，在其变量声明表中定义一个临时变量 set1，数据类型为 Real，如图 20-23 所示。

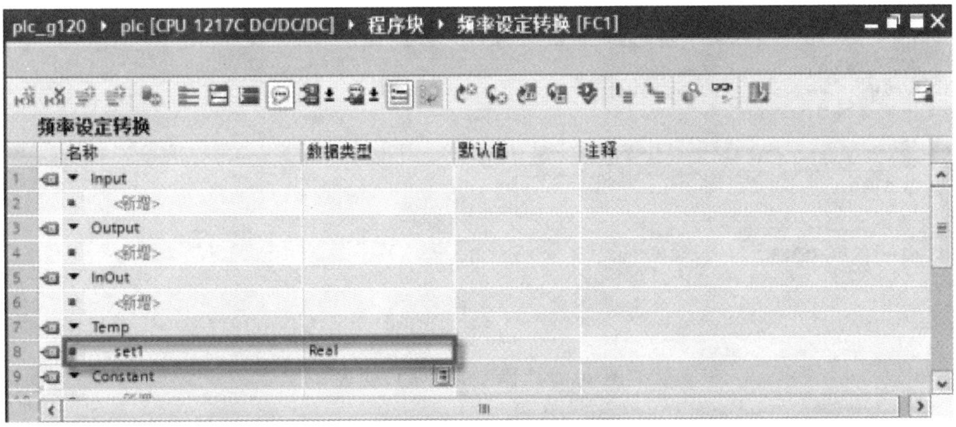

图 20-23 FC1 的变量声明表

编写函数频率设定转换 [FC1] 的程序如图 20-24 所示，程序的功能是把电动机的频率设定值（范围为 0～50 的整数）转换成 0～16384 的整数，写入到 PQW258，从而控制变频器的运行输出频率。

变频器接收的设定值和反馈数值都是 4000H（即十进制 16384）对应满量程 50Hz 频率，例如，写入 W#16#1000H 对应设定速度就是 350r/min。

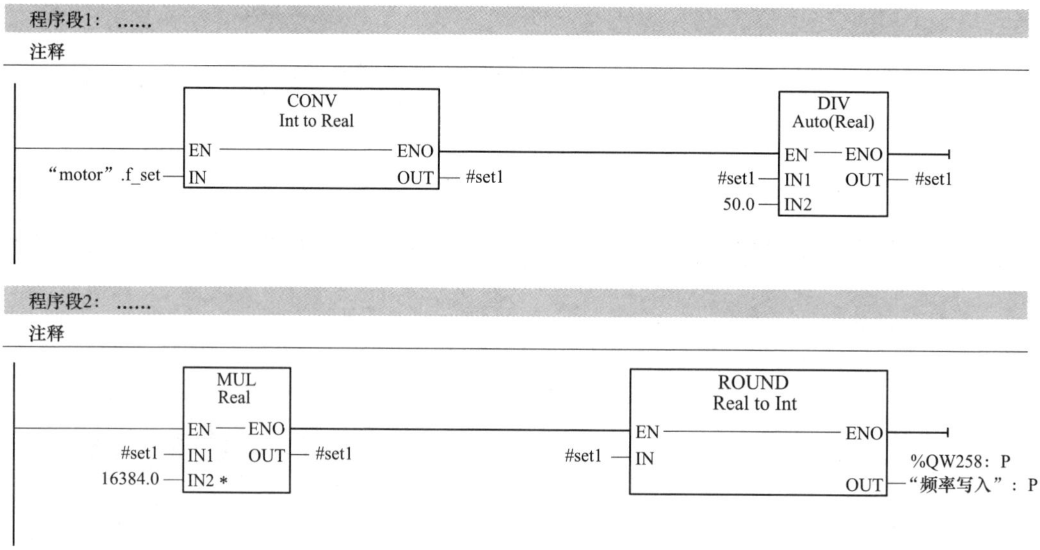

图 20-24　FC1 程序

4. 函数频率读出转换［FC2］

创建函数频率读出转换［FC2］，在其变量声明表中定义一个临时变量 f _ read1，数据类型为 Real，如图 20-25 所示。

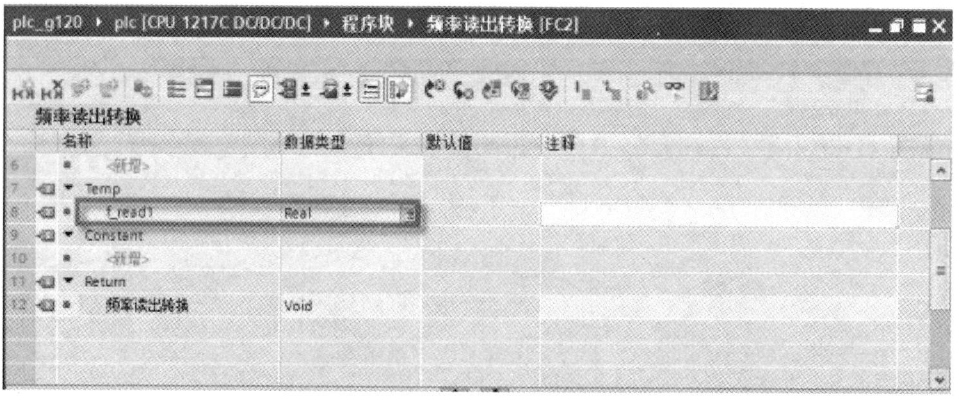

图 20-25　FC2 的变量声明表

编写函数频率读出转换［FC2］，程序的功能是把由变频器读出的输出频率反馈信号 PIW258（范围为 0～16384 的整数）转换成 0～50Hz（整数）的频率值，存入 "motor. f. read" 进行监视，程序如图 20-26 所示。

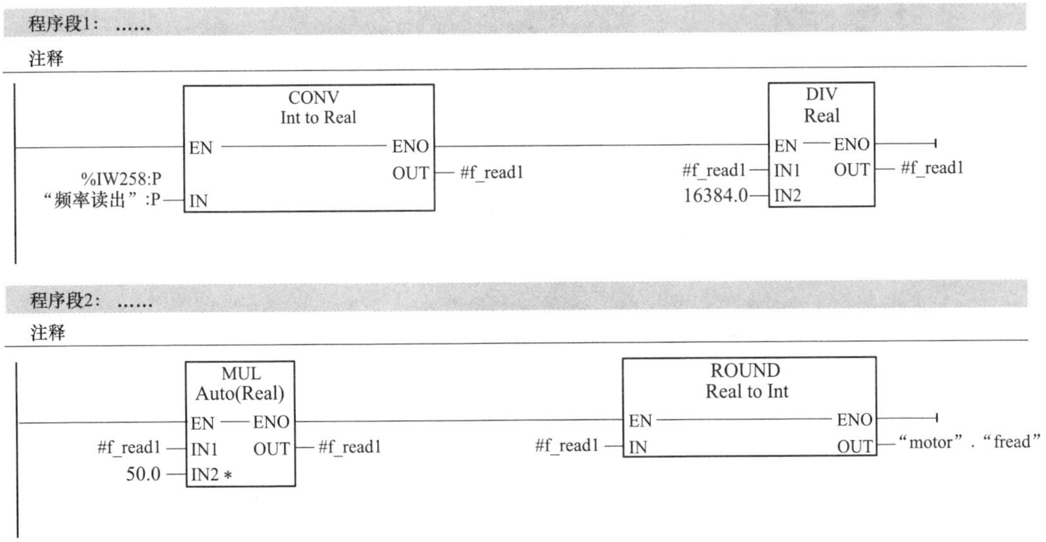

图 20-26　FC2 程序

5. 编写主程序 OB1

主程序 OB1 如图 20-27 所示，程序功能包括控制电动机的启动与停止，以及在主程序中调用 FC1 和 FC2 函数。

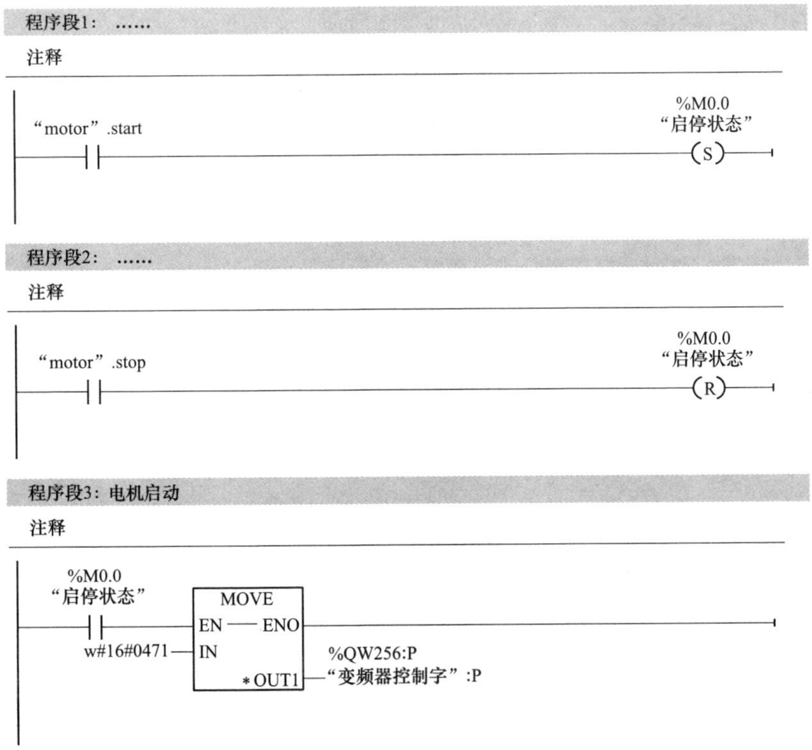

图 20-27　主程序 OB1

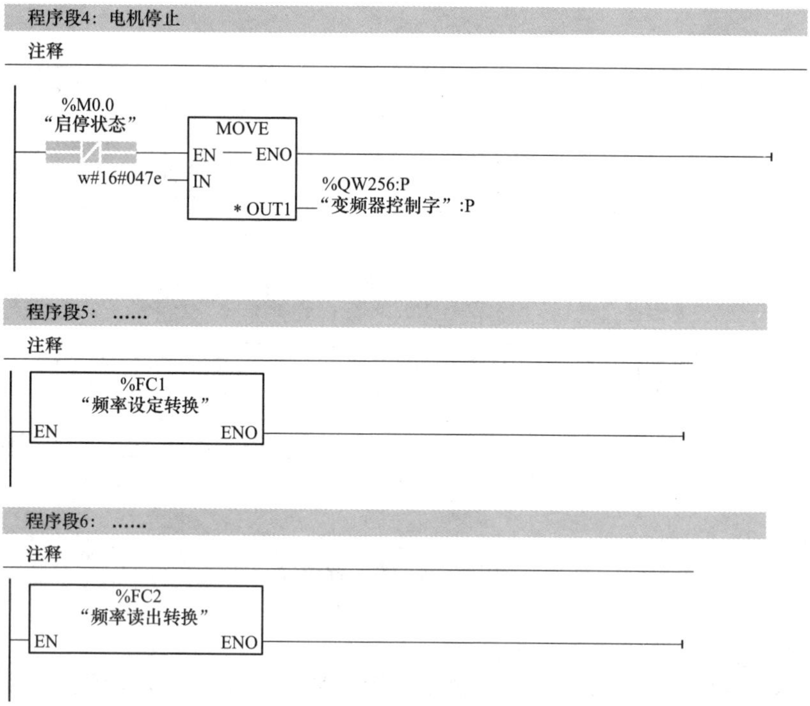

图 20-27　主程序 OB1（续）

三、项目运行与调试

把项目程序都下载到 CPU 中，然后运行监控，打开数据块 motor［DB1］，对其进行监控，运行监控效果如图 20-28 所示。在数据块中可实时显示各变量的监视值，还可以对各变量值进行修改设定，如图所示中，启动电动机运行，频率设定值为 40Hz，变频器反馈给 PLC 的频率值也为 40Hz，说明 PLC 与变频器通信控制正常。

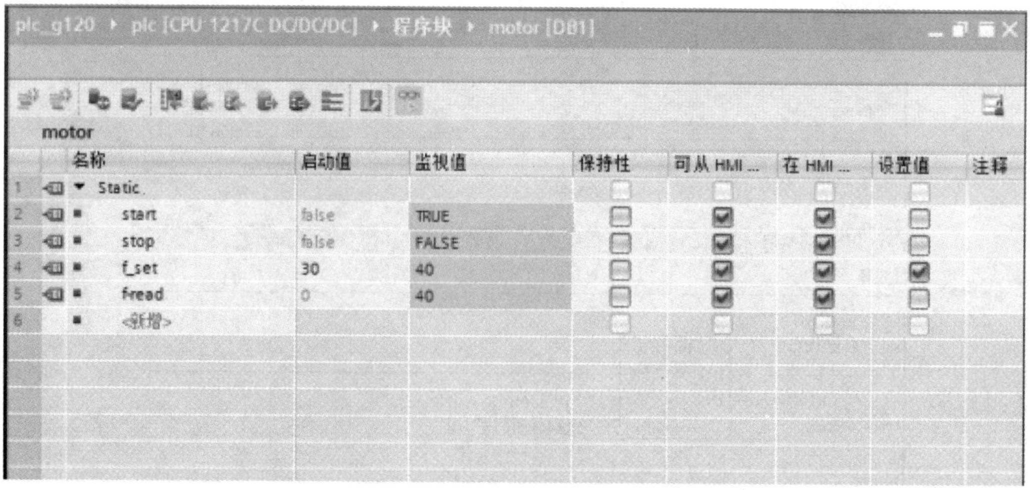

图 20-28　运行监控

如果要控制电动机反转，有两种方式，一种是把控制字节设置成 W＃16＃0C7F；另一种方式是直接把频率设置成负值，如图 20-29 所示，在 motor［DB1］数据块中，把频率设成－40，则读出变频器的运行频率也为－40。

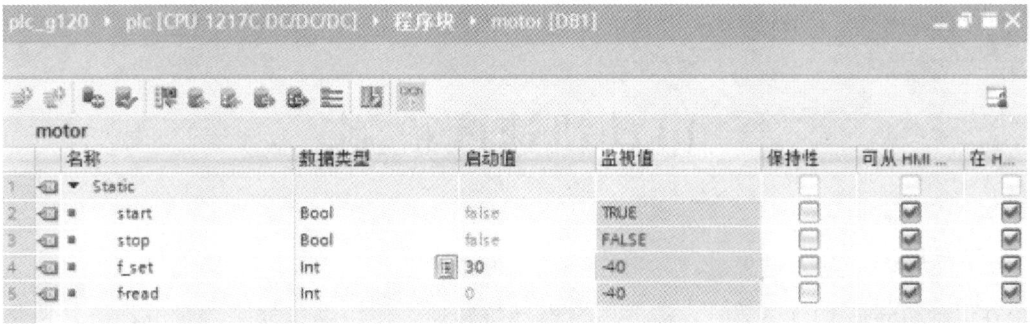

图 20-29　监控负值频率的运行

小　结

（1）PLC 与 G120 变频器 PN 通信，需理解报文、控制字与状态字的含义。

（2）掌握 PLC 与变频器 PN 通信连接的网络组态。

（3）掌握 PLC 编写控制程序，控制变频器的启停与调速。

练习与提高

组态 S7-1500 PLC，通过 PN 总线控制 G120 变频器的启动与停止，并对电动机进行调速。

项目 21

电动机速度检测

知识点 高数计数器。

在电动机转速 PID 调节时，需要测量电动机转速，使用编码器来测量电动机转速是简单实用的工程方法，本项目重点介绍如何使用编码器，把编码器脉冲输入 S7-1200 PLC 来测量电动机转速。

准备知识

由于编码器输出脉冲的频率比较高，所以必须使用 PLC 的高速计数器来对编码器脉冲信号进行计数。S7-1200CPU 的高带计数器有 6 个高速计数器，分别是 HSC1～HSC6。高速计数器的计数模式及占用的数字量输入点见表 21-1。在本项目中，我们将选用 HSC1 对编码器脉冲信号进行高速计数，计数模式选择 AB 相计数，所用的数字量输入点为 I0. 0，I0. 1 和 I0. 2。

表 21-1　　高速计数器模式选择与所用数字量输入点

HSC 计数器模式	数字量输入字节 0（默认值：0. x）								数字量输入字节 1（默认值：1. x）					
	0	1	2	3	4	5	6	7	0	1	2	3	4	5
HSC1	单相	C	[d]		[R]									
	双相	CU	CD		[R]									
	AB 相	A	B		[R]									
HSC2	单相		[R]	C	[d]									
	双相		[R]	CU	CD									
	AB 相		[R]	A	B									
HSC3	单相					C	[d]		[R]					
	双相					CU	CD		[R]					
	AB 相					A	B		[R]					
HSC4	单相						[R]	C	[d]					
	双相						[R]	CU	CD					
	AB 相						[R]	A	B					

续表

HSC 计数器模式	数字量输入字节 0（默认值：0. x）								数字量输入字节 1（默认值：1. x）					
	0	1	2	3	4	5	6	7	0	1	2	3	4	5
HSC5	单相								C	[d]	[R]			
	双相								CU	CD	[R]			
	AB 相								A	B	[R]			
HSC6	单相											C	[d]	[R]
	双相											CU	CD	[R]
	AB 相											A	B	[R]

注　C 是计数端，[d] 是计数方向信号，[R] 是复位信号，CU 是加计数端，CD 是减计数端，A 是 A 相脉冲，B 是 B 相脉冲。

项目任务

项目名称：电动机速度检测。

电动机速度检测要求如下：

（1）用 S7-1200 PLC 通过 PN 网络控制 G120 变频器的启停与运行频率，使电动机能够按设定的频率运转。这部分功能我们在前面的项目中已实现，那么本项目在原有基础上增加电动机速度检测功能。

（2）把编码器与电动机同轴相连，用编码器来检测电动机转速。选用编码器型号为：Omron E6C2-CWZ58 编码器，工作电压 24V(DC)，每转脉冲数为 360r/m。

项目分析

当 PLC 接收的 DI 信号动作频率比 PLC 扫描周期对应的频率还要快时，PLC 就可能不能准确接收所有的 DI 信号。此时就一定要使用高速计数器来对 DI 信号进行高速计数。PLC 接收编码器的脉冲信号，需要使用高速计数器进行计数。

一、编码器原理图

Omron E6C2-CWZ58 编码器原理图如图 21-1 所示，褐色线接 24V，蓝色线接 0V，黑色、白色、橙色分别输出 A 相、B 相和 Z 相脉冲。编码器轴每转动一转，则 A 相、B 相各输出 360 个脉冲，Z 相输出一个脉冲。并且通过分析 A 相、B 相脉冲的超前与滞后，可判断出电动机的转动方向，若 A 相超前 B 相 90°，电动机为正转，则 A 相滞后 B 相 90°，电动机就为反转。

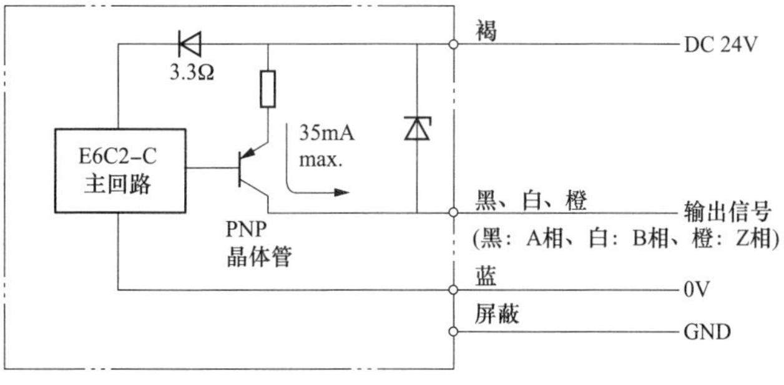

图 21-1　编码器原理图

二、编码器与 PLC 的连接

根据编码器原理图，画出与 PLC 的电气连接图如图 21-2 所示。

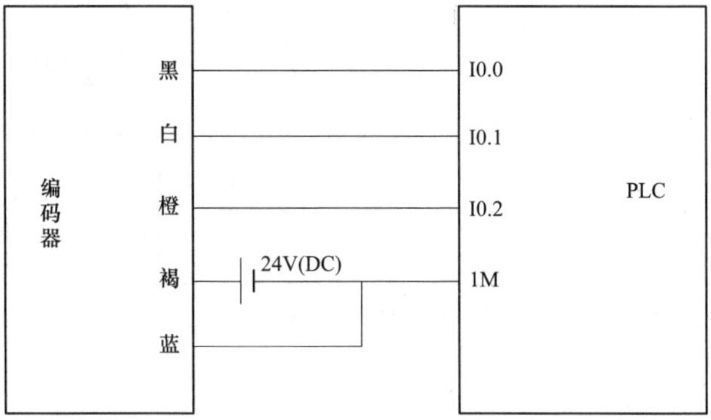

图 21-2　编码器与 PLC 电气连接

三、设置变频器参数

通过 IOP 面板进入参数设定，修改 P10=1，修改 P15=7（现场总线 PROFINET），修改 P922=352。设置电动机基准参数见表 21-2。

表 21-2　　设置电动机参数

参数地址	说明	参　数
P2000	基准频率	1400.00
P2001	基准电压	380
P2002	基准电流	0.3
P2003	基准转矩	0.41（9.55＊功率/转速）
P2004	基准功率	0.06

设置 P2051 通信内容如下：

P2051.0　r2089（状态字 1）；

P2051.1　r63（频率反馈）；

P2051.2　r68（实际电流）；

P2051.3　r80（实际转矩）；

P2051.4　r2132（报警号）；

P2051.5　r2131（故障号）。

最后再修改参数 P10=0，完成快速调试。

项目编程与调试

一、网络组态

新建项目，插入 PLC 与变频器设备，组态如图 21-3 所示的网络配置，并分别组态好 IP

地址、设备名称等信息。

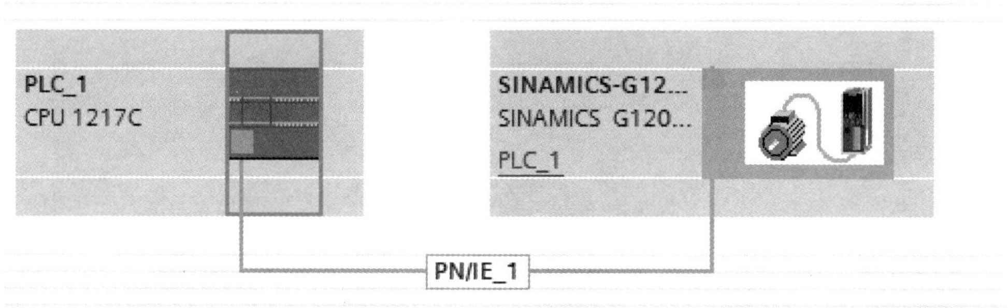

图 21-3 网络配置

二、高速计数器的组态

在 S7-1200 通过工业以太网控制变频器运行项目的基础上，来对高速计数器进行组态，并增加相应的程序来实现对电动机转速的检测。

1. 输入滤波器的修改

组态高速计数器，首先需要修改高速计数器脉冲输入口的输入滤波器。本项目选用 AB 相正交计数，HSC1 占用 I0.0 和 I0.1 两个数字量输入点。修改操作步骤如下：

在项目树下，如图 21-4 所示，鼠标右键单击 CPU，然后单击 CPU 属性，进入 CPU 属性画面。

在 CPU 属性画出中，如图 21-5 所示，选择“数字量输入”项，在右侧对 I0.0 的输入滤波器参数进行修改。此参数的修改需要根据电动机的最大转速、编码器每转的脉冲数等参数进行计算后，再进行选择。不能选过大，也不能过小。过大会导致 PLC 不能高速计数，计数值偏小，过小会导致计数值过大。经现场调试，本项目选用 20microsec（ms）。同理，设置 I0.1 的输入滤波器如图 21-6 所示。

2. 设置高速计数器 HSC1 的计数模式

在 CPU 属性窗口中，如图 21-7 所示，选择“高速计数器（HSC）”，在右侧设置 HSC1，选中“启用该高速计数器”，并把计数类型设为“频率”，工作方式设为“A/B 计数器”。

图 21-4 单击 CPU 属性

如图 21-8 所示，在硬件输入项中设置时钟发生器 A 的输入为 I0.1，设置时钟发生器 B 的输入为 I0.0。

此处的“频率”计数类型指的是高速计数器按每 1S 的计数值进行输出。也就是计数器

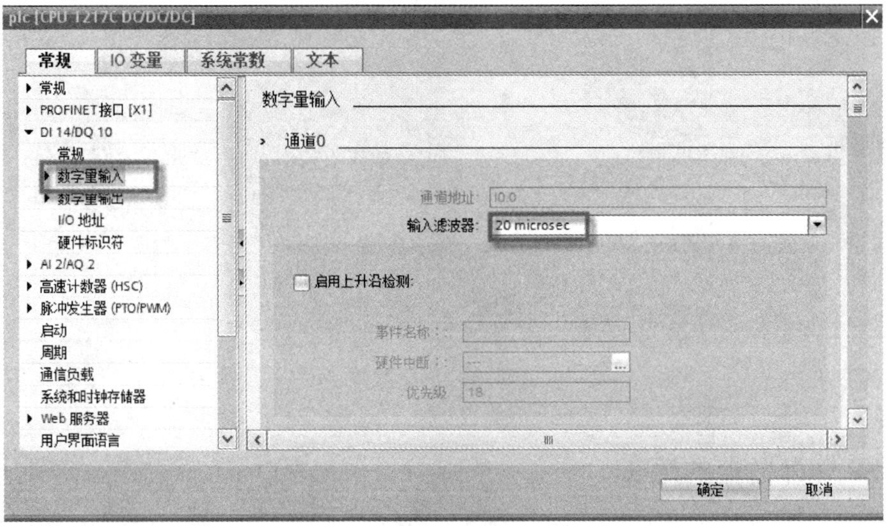

图 21-5　设置 I0.0 的输入滤波器

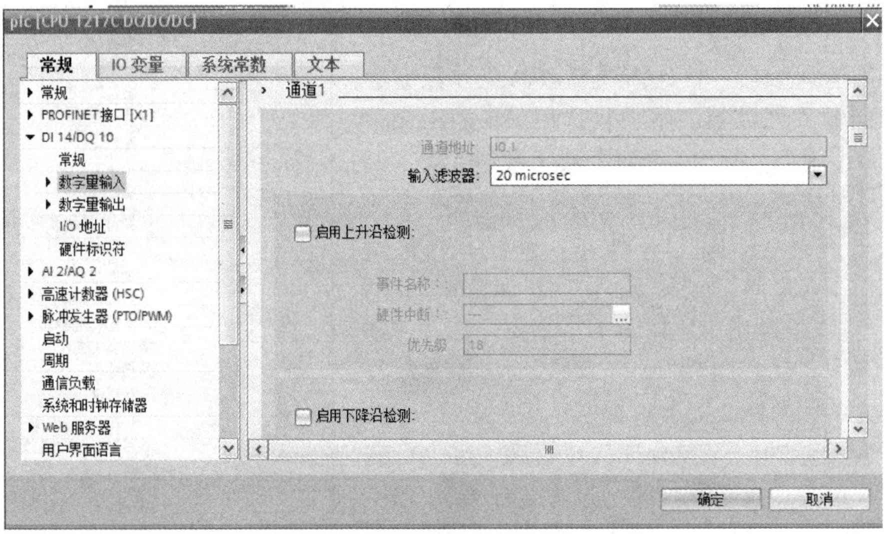

图 21-6　设置 I0.1 的输入滤波器

输出值为每秒的计数值。

在现场设备调试时，可根据现场测速的正负值与来确定 A/B 相与 I0.0/I0.1 的对应关系。如速度设定值与测速值正负方向相反，则可在此处进行更换设置。

高速计数器地址，可以在 PLC 的设备视图中的设备概览表中进行查看。如图 21-9 所示，HSC1 占用的地址为 ID1000，即 IB1000～IB1003 共 4 个字节，ID1000 的单位为 r/s。

三、编写程序

1. 数据块 motor [DB1]

在数据块 motor [DB1] 中，建立如图 21-10 所示的变量。

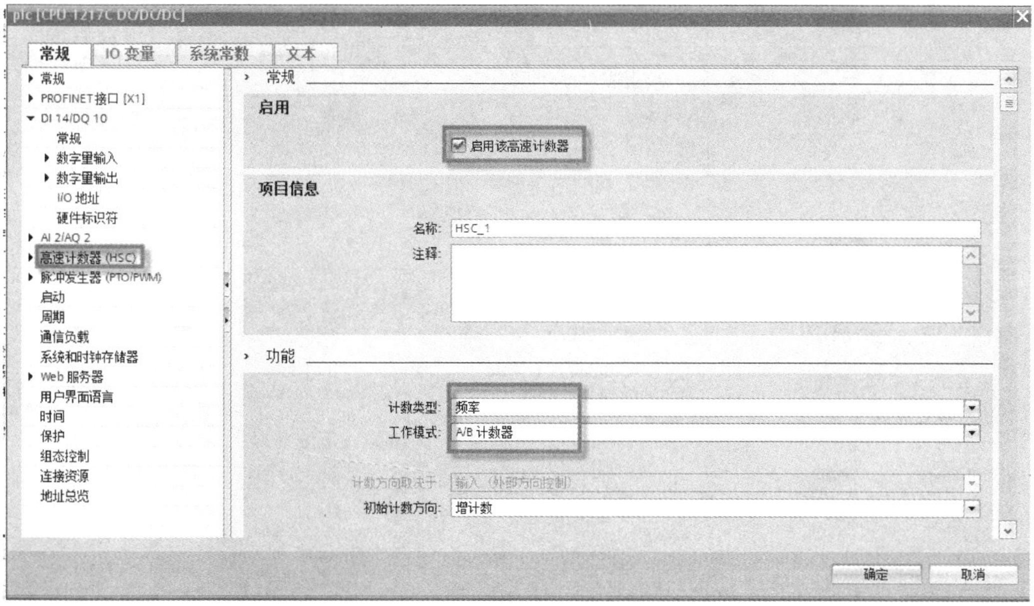

图 21-7　设置高速计数器 HSC1

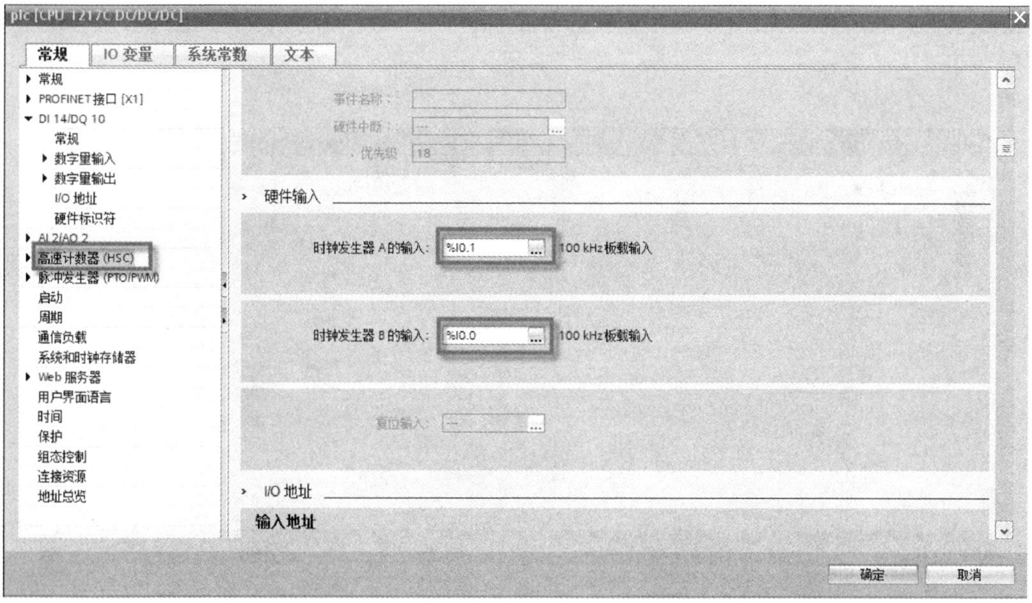

图 21-8　设定 A/B 相对应的输入地址

2. 变量表

在项目变量表中，建立的变量如图 21-11 所示。

3. 函数频率设定转换［FC1］

创建函数频率设定转换［FC1］，在其变量声明表中定义一个临时变量 set1，数据类型为 Real，如图 21-12 所示。

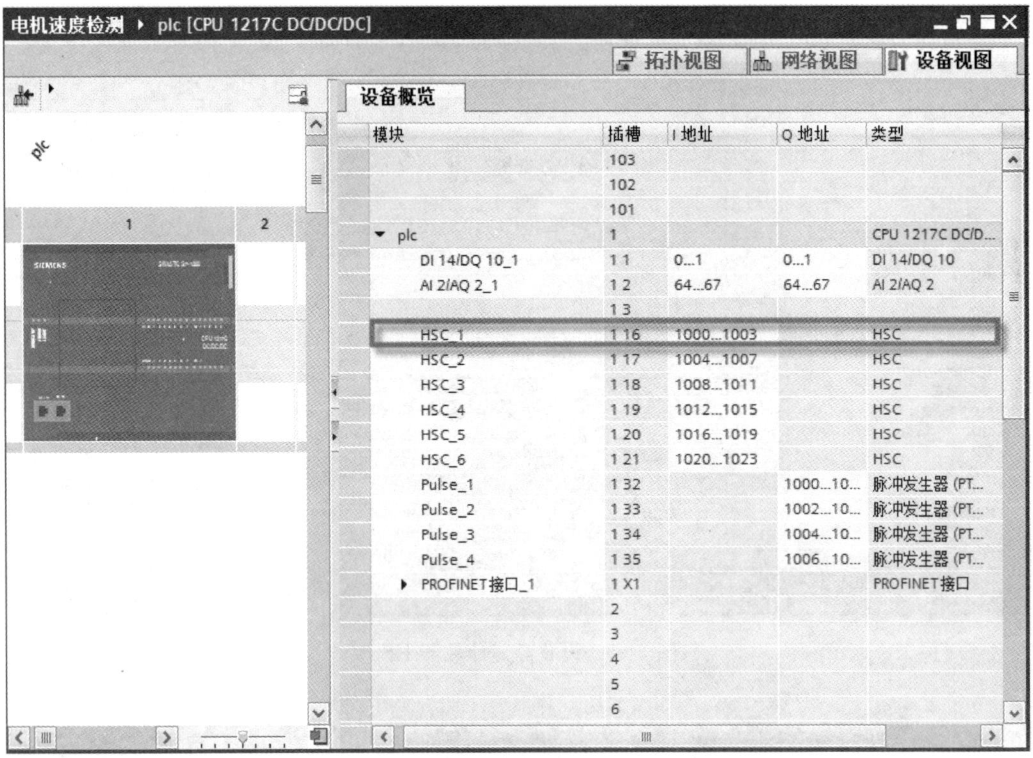

图 21-9　查看 HSC1 地址

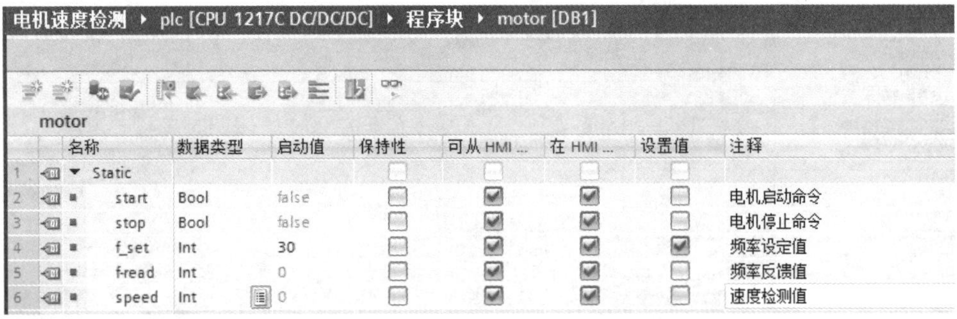

电机速度检测 ▸ plc [CPU 1217C DC/DC/DC] ▸ 程序块 ▸ motor [DB1]
motor
名称
数据类型
启动值
保持性
可从 HMI ...
在 HMI ...
设置值
注释
Static
start
Bool
false
电机启动命令
stop
Bool
false
电机停止命令
f_set
Int
30
频率设定值
f-read
Int
0
频率反馈值
speed
Int
0
速度检测值

图 21-10　数据块 motor［DB1］

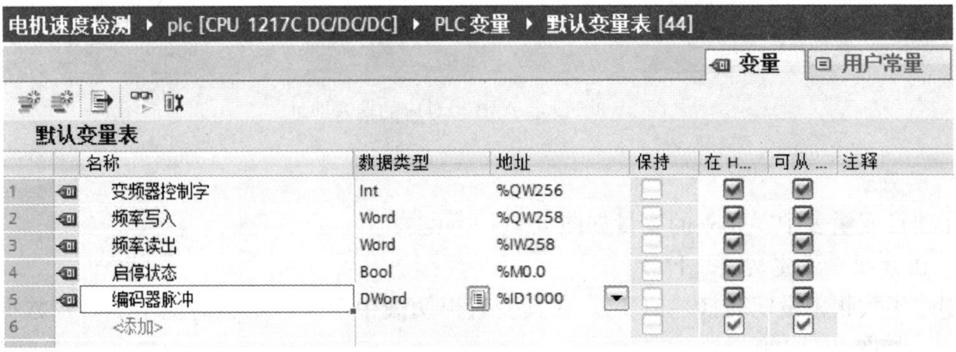

图 21-11　变量表

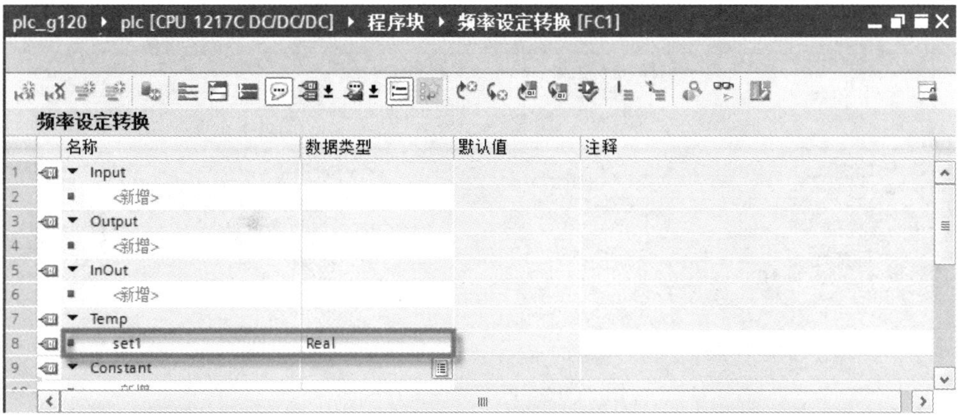

图 21-12　FC1 的变量声明表

编写函数频率设定转换［FC1］的程序如图 21-13 所示，程序的功能是把电动机的频率设定值（范围为 0～50 的整数）转换成 0～16384 的整数，写入到 PQW258，从而控制变频器的运行输出频率。

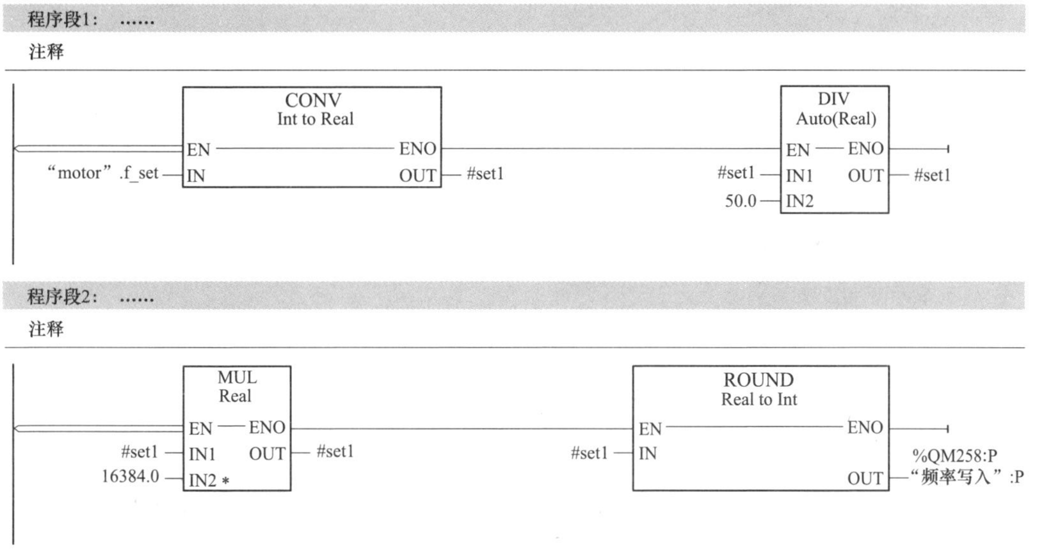

图 21-13　FC1 程序

变频器接收的设定值和反馈数值都是 4000H（即十进制 16384）对应满量程 50Hz 频率，例如，写入 W＃16＃1000H 对应设定速度就是 350r/min。

4. 函数频率读出转换［FC2］

创建函数频率读出转换［FC2］，在其变量声明表中定义一个临时变量 f _ read1，数据类型为 Real，如图 21-14 所示。

编写函数频率读出转换［FC2］，程序的功能是把由变频器读出的输出频率反馈信号 PIW258（范围为 0～16384 的整数）转换成 0～50Hz（整数）的频率值，存入“motor. f. read”进行监视，程序如图 21-15 所示。

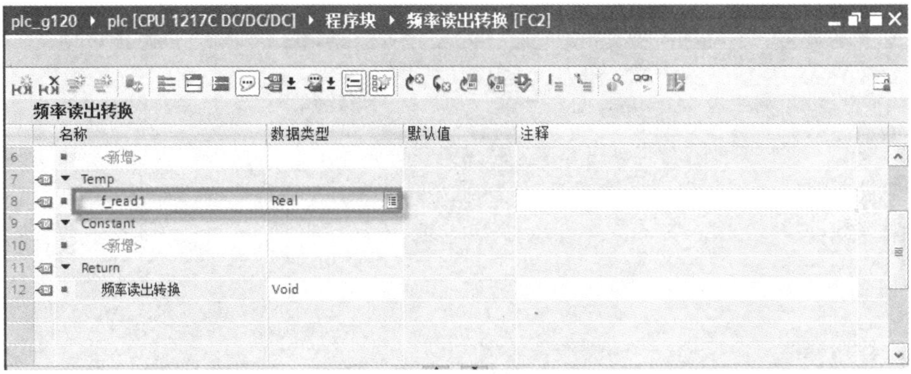

图 21-14　FC2 的变量声明表

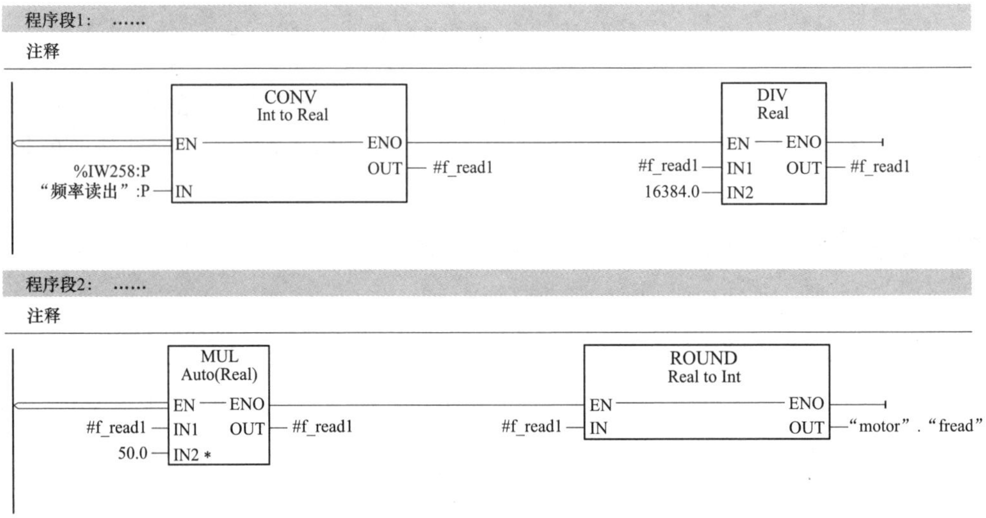

图 21-15　FC2 程序

5. 函数编码器脉冲转换［FC3］

新建立函数编码器脉冲转换［FC3］，有变量声明表建立临时变量 speed1，如图 21-16 所示。

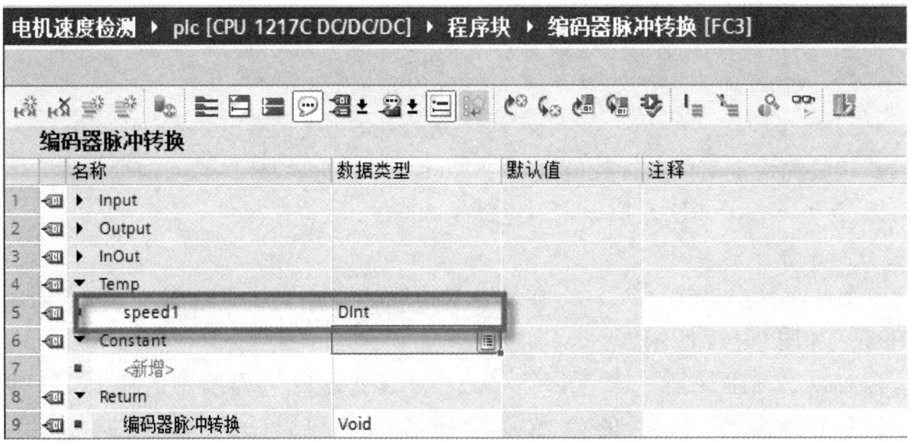

图 21-16　FC3 的变量声明表

函数编码器脉冲转换［FC3］程序如图21-17所示，该程序功能是把编码器输出的每秒脉冲数进行转换，转换成电动机速度，单位是r/min。

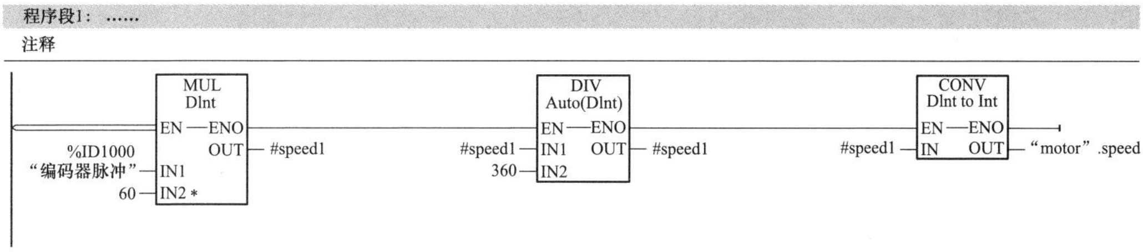

图21-17　FC3程序

6．主程序OB1

在S7-1200通过工业以太网控制变频器运行项目主程序OB1的基础上，增加对函数编码器脉冲转换［FC3］的调用即可，增加程序段如图21-18所示。

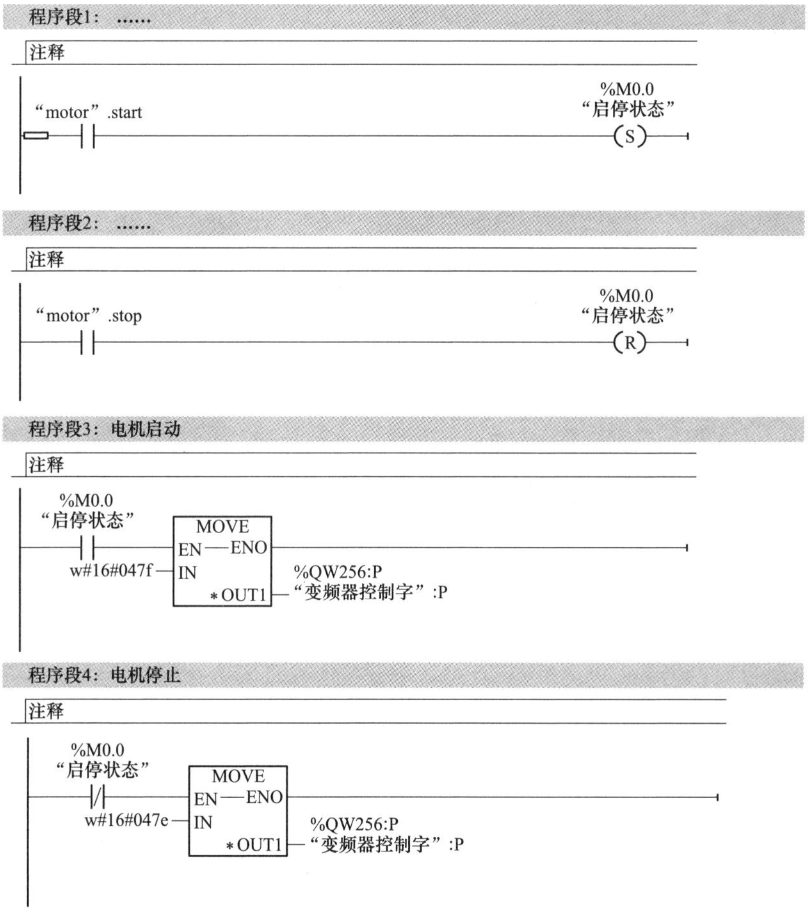

图21-18　OB1程序段

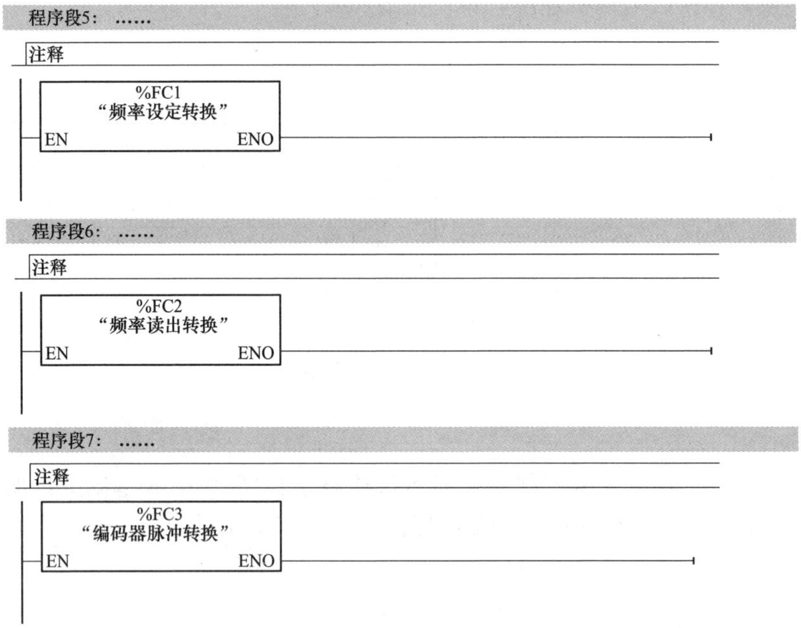

图 21-18　OB1 程序段（续）

四、项目运行与调试

把程序下载至 CPU 中，打开数据块 motor［DB1］进行在线监控。如图 21-19 所示，把频率设定值变量 f _ set 设成 50，则运行监控到电动机速度值变量 speed 的值为 1440r/min。

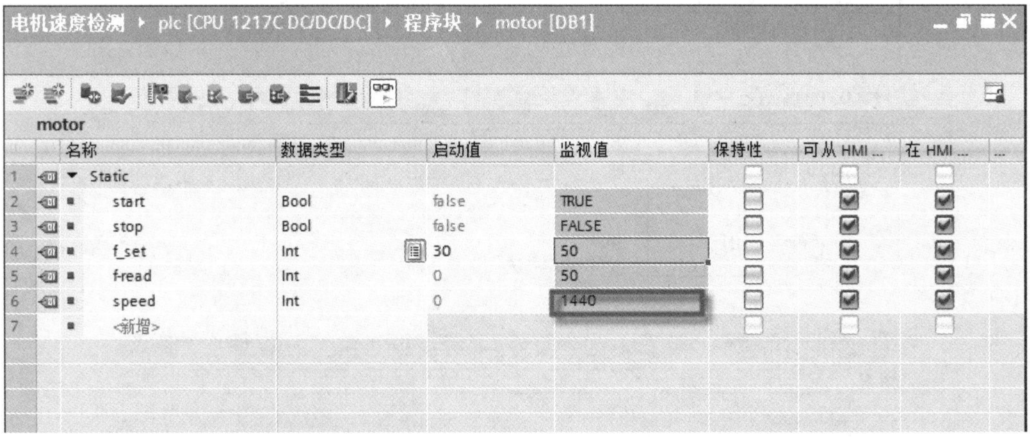

图 21-19　电动机转速监控

如图 21-20 所示，把频率设定值变量 f _ set 设成-50，则运行监控到电动机速度值变量 speed 的值为－1440r/min。负值—反转。

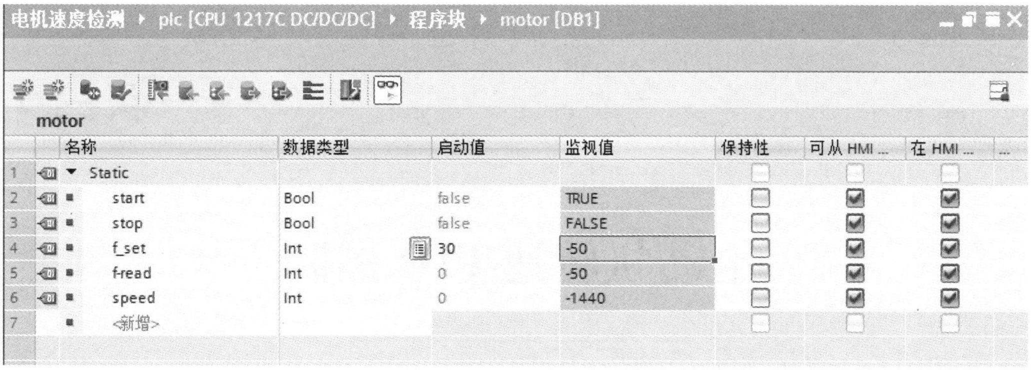

图 21-20　负值转速监控

小　结

本项目 PLC 通过 PN 总线控制 G120 变频器，开环控制电动机运行频率，然后通过编码器检测电动机转速。通过本项目的学习，掌握以下知识点和技能：

（1）编码器与 PLC 的电路连接。

（2）PLC 高速计数器的组态。

（3）高速计数值转化为转速值。

练习与提高

1. 常用的高速脉冲输出的元器件有哪些？

2. 什么情况下需使用 PLC 的高速计数？

3. 试理解 A/B 正交计数、2 倍频、4 倍频的含义。

项目 22

电动机转速 PID 控制

知识点 在有些项目中，不管外部负载如何变化，都要求电动机的转速保持恒定。本项目主要介绍用 S7-1200 PLC 的 PID 工艺对象，来调节电动机转速保持在设定值稳定。

项目任务

项目名称：电动机转速 PID 控制。

电动机转速 PID 控制方框图如图 22-1 所示。PID 调节器采用 S7-1200CPU 中的 PID 工艺对象。PLC 与变频器通过变频 PN 总线控制变频器的运行频率，从而实现对电动机的调速。电动机转速使用编码器进行检测，把脉冲信号送入 PLC 的输入口进行高速计数，进行 PID 调节器进行反馈。

要求控制电动机转速可在 0～1460r/min 范围设定，不管电动机负载、外部扰动如何变化，要求控制电动机的转速稳定在设定值，误差不超过±2%。

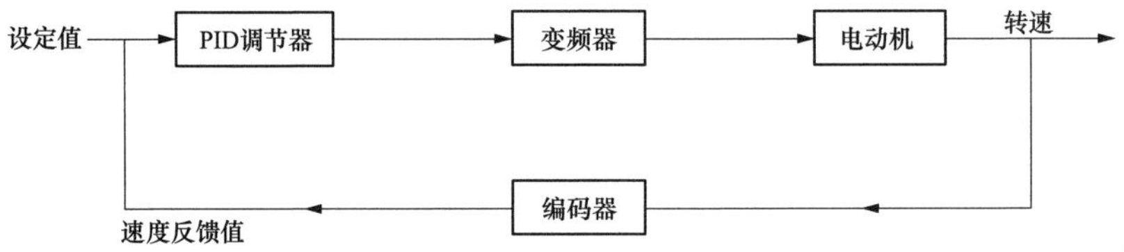

图 22-1　电动机转速 PID 控制方框图

项目分析

设备选型如下：

(1) 三相异步电动机，额定转速 1460r/min。

(2) 编码器型号 Omron E6C2-CWZ58 编码器，工作电压 24V(DC)，每转脉冲数为 360r/m。

(3) G120 变频器型号为 SINAMICS G120 CU250S-2PN Vector V4.7。

(4) S7-1200 PLC，选用 CPU1217C。

(5) 装有 Portal V16 软件的电脑。关于 PLC 与变频器的网络组态、编码器与 PLC 的输入连接及软件组态、变频器的参数设置等操作，可参考前 2 个项目，本项目主要介绍程序编写以及在线监控与调试运行。

项目编程与调试

一、PLC编程

1. 变量表

建立变量表如图22-2所示。

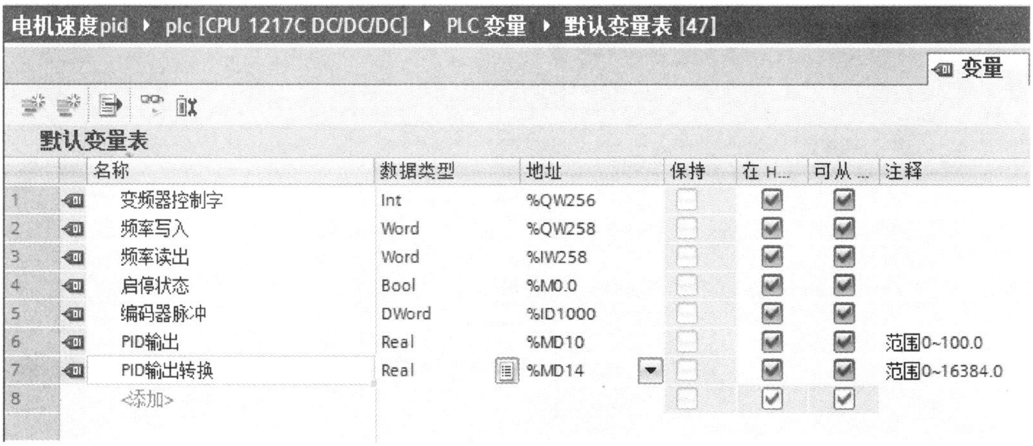

电机速度pid ▸ plc [CPU 1217C DC/DC/DC] ▸ PLC变量 ▸ 默认变量表 [47]

变量

默认变量表

	名称	数据类型	地址	保持	在H...	可从...	注释
1	变频器控制字	Int	%QW256	☐	☑	☑	
2	频率写入	Word	%QW258	☐	☑	☑	
3	频率读出	Word	%IW258	☐	☑	☑	
4	启停状态	Bool	%M0.0	☐	☑	☑	
5	编码器脉冲	DWord	%ID1000	☐	☑	☑	
6	PID输出	Real	%MD10	☐	☑	☑	范围0~100.0
7	PID输出转换	Real	%MD14	☐	☑	☑	范围0~16384.0
8	<添加>			☐	☑	☑	

图22-2　变量表

2. 数据块motor［DB1］

建立数据块motor［DB1］，如图22-3所示。

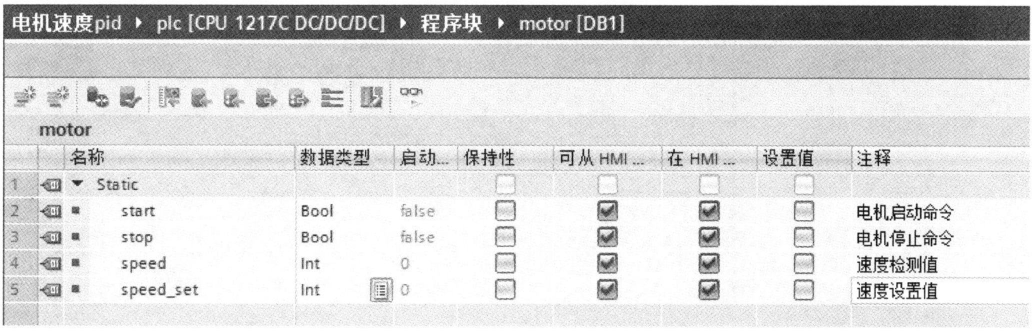

电机速度pid ▸ plc [CPU 1217C DC/DC/DC] ▸ 程序块 ▸ motor [DB1]

motor

	名称	数据类型	启动...	保持性	可从HMI...	在HMI...	设置值	注释
1	▼ Static			☐	☐	☐	☐	
2	▪ start	Bool	false	☐	☑	☑	☐	电机启动命令
3	▪ stop	Bool	false	☐	☑	☑	☐	电机停止命令
4	▪ speed	Int	0	☐	☑	☑	☐	速度检测值
5	▪ speed_set	Int	0	☐	☑	☑	☐	速度设置值

图22-3　数据块motor［DB1］

3. FC3编码器脉冲转换函数块

建立FC3编码器脉冲转换函数块，该程序块功能是把编码器输入到PLC的脉冲信号转换为转速值，单位是r/min。首先在其变量声明表中建立一个临时变量speed1，如图22-4所示。

FC3程序如图22-5所示，把脉冲数ID1000乘以60，再除以360，转换为整数后，即得到实际检测的转速值。

4. 插入工艺对象

在项目树下，选择“工艺对象→插入新对象”双击新增对象，如图22-6所示。在名称

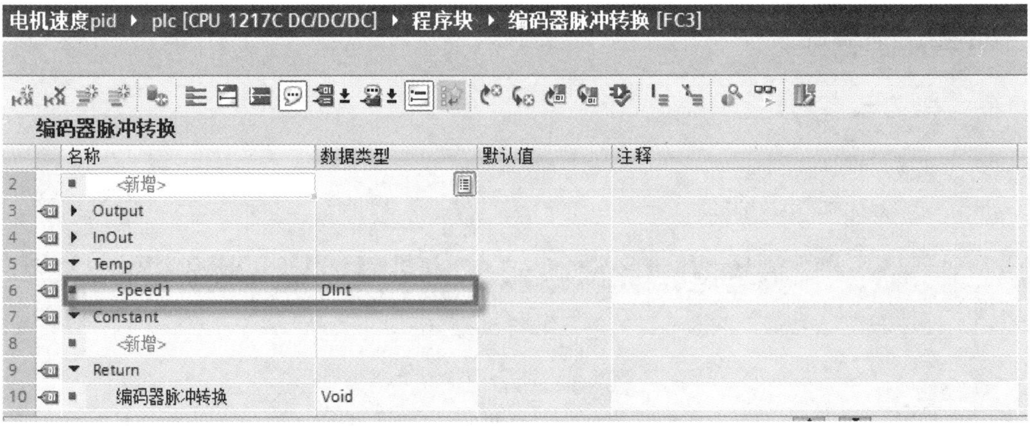

图 22-4　FC3 变量声明表

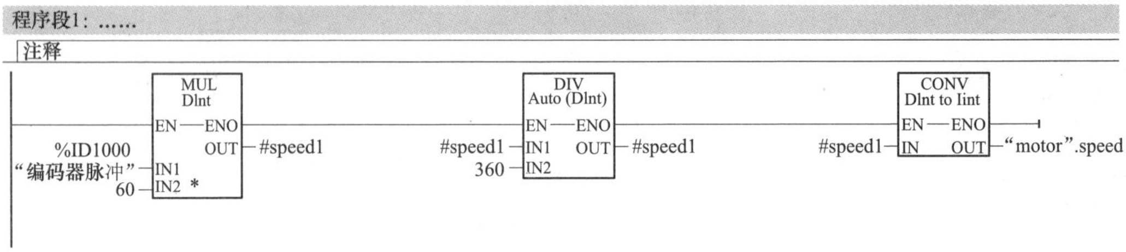

图 22-5　FC3 程序

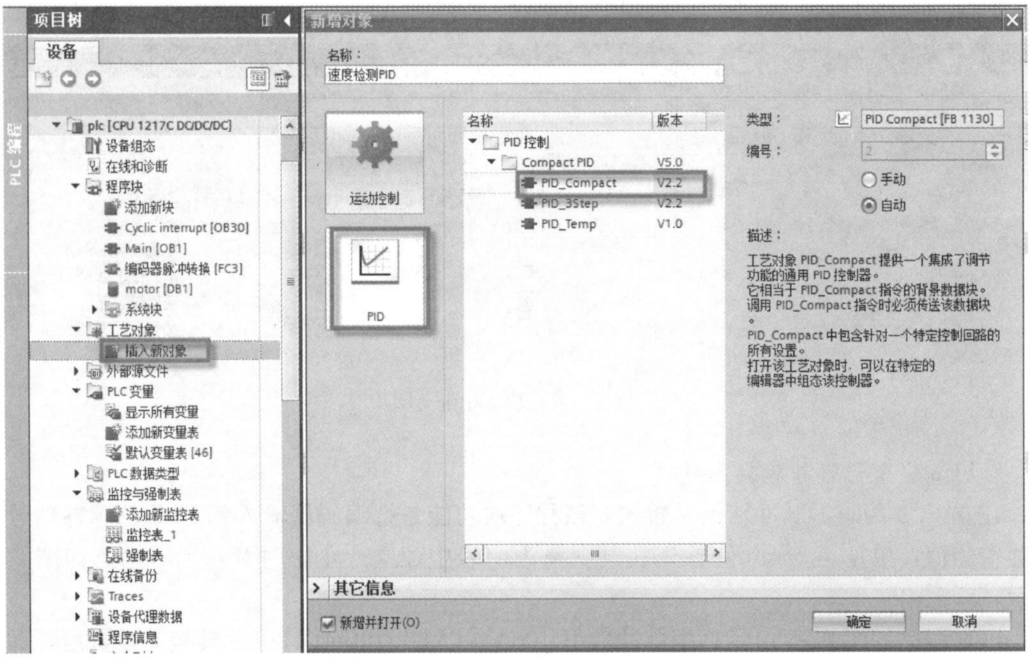

图 22-6　新增 PID 对象

项中输入“速度检测 PID”，选择 PID 对象类型，并选择 PID 控制的类型与版本，选择

PID _ compact V2.2。单击“确定”按钮，然后对工艺对象对应的 DB 属性进行设置。

PID _ compact 指令提供一个能工作在手动或自动模式下，且具有集成优化功能的 PID 连续控制器或脉冲控制器。PID _ compact 指令连续采集在控制回路内测量的过程值，并将其与设定值进行比较，生成的偏差用于计算控制器的输出值。通地调整输出值，可以尽可能快速且稳定地将过程值调整到设定值。

如图 22-7 所示，在控制器类型项中设置控制类型为“速度”。

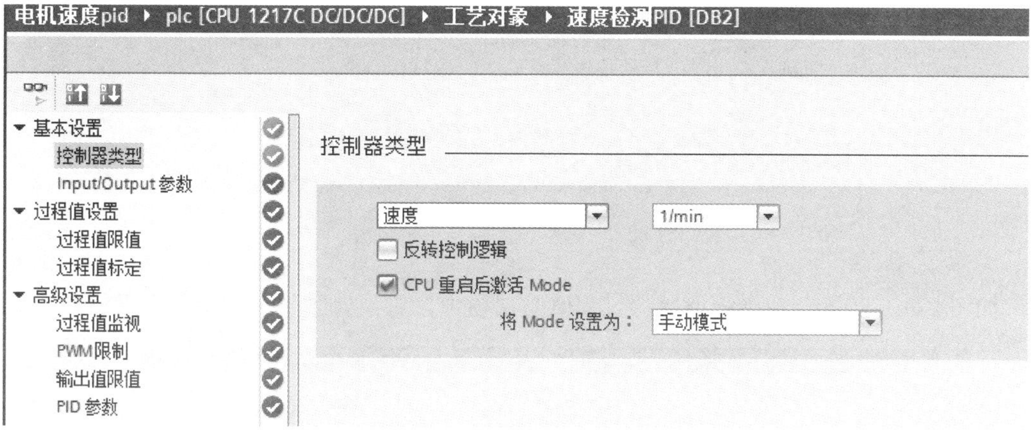

图 22-7　设置控制器类型

如图 22-8 所示，在 Input/Output 参数中设定 Input 类型为“Input”，Output 类型为“Output”。Input 类型的设定值各选项说明如下：

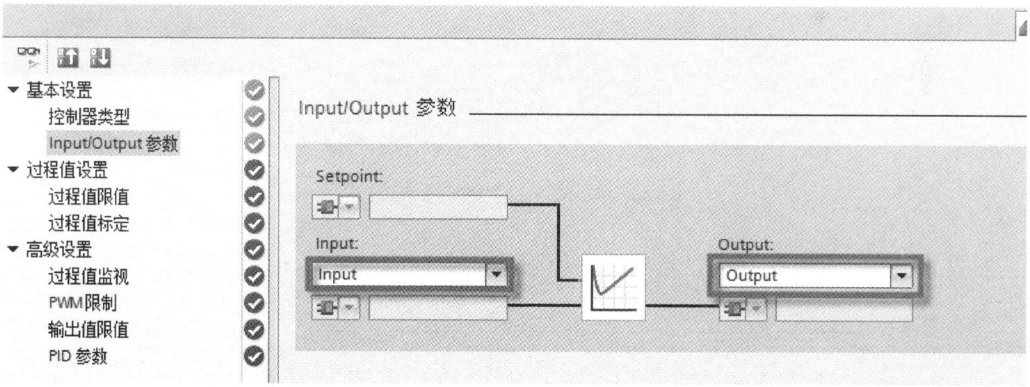

图 22-8　选择 PID 控制器的 Input 和 Output 类型

（1）Input _ PER（模拟量）：是直接指定过程值，如 PIW256。

（2）Input：选择过程值，例如，转速值、温度值等。

Output 类型的设定值各选项说明如下：

（1）Output _ PER（模拟量）：是使用模拟量输出作为输出值输出，如 PQW256。

（2）Output：是使用用户程序中的变量作为输出值输出。

（3）Output _ PWM：是使用数字量开关输出，并通过脉宽调制的方式对其进行控制。

在过程值设置项中，如图 22-9 所示，可设置过程值的上限与下限值。

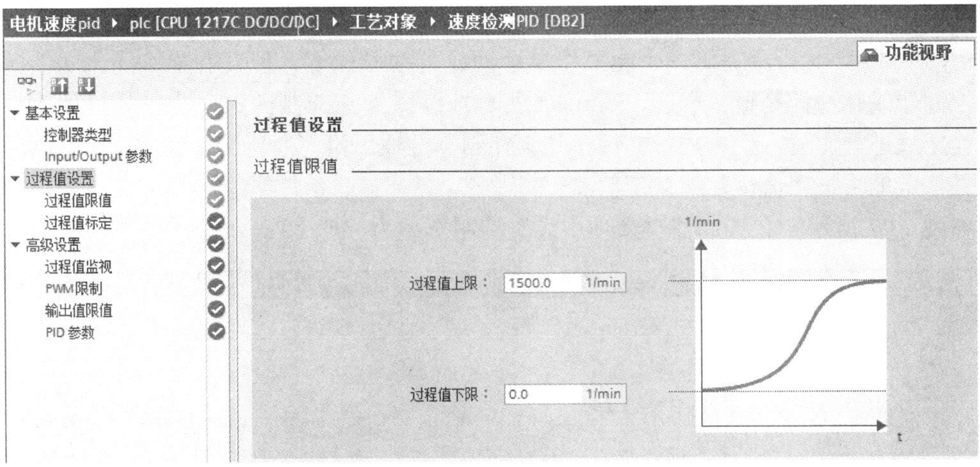

图 22-9　过程值上限与下限设置

如图 22-10 所示，在高级设置的过程值监视项中，可设置警告的上限与下限值。

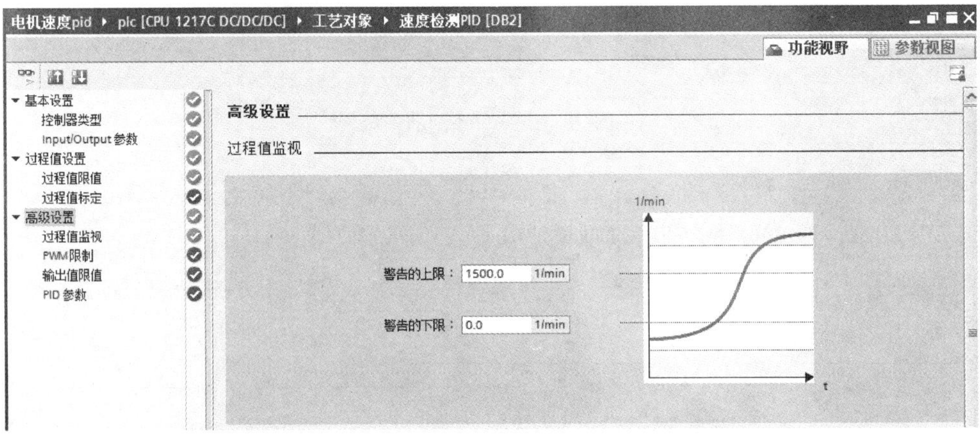

图 22-10　警告的上限与下限设置

如图 22-11 所示，在高级设置的输出值限值项中，可设置输出值的上限与下限值。

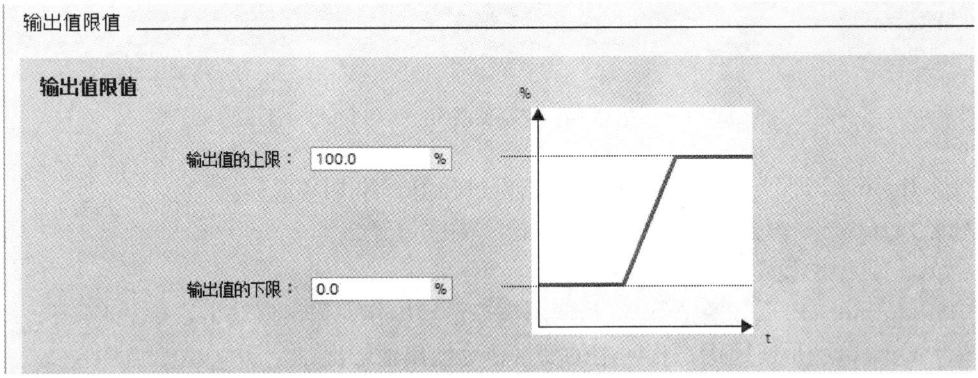

图 22-11　输出值限值设置

5. OB30 程序块

PID 工艺对象组态好之后，再新建一个循环中断组织块 OB30，然后在 OB30 中调用 PID 块，实现 PID 调节。

在项目树下，新建循环中断组织块 OB30，如图 22-12 所示，设定循环时间为 500ms。然后单击“确定”按钮。在打开的 OB30 程序块中编写如图 22-13 所示程序。

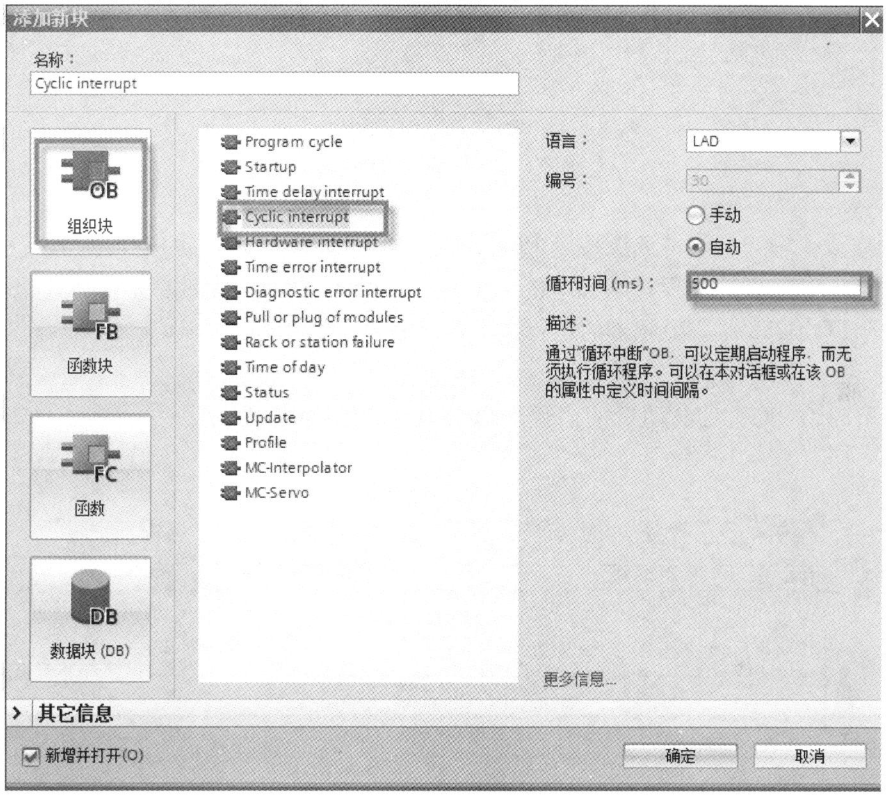

图 22-12 新建循环中断组织块 OB30

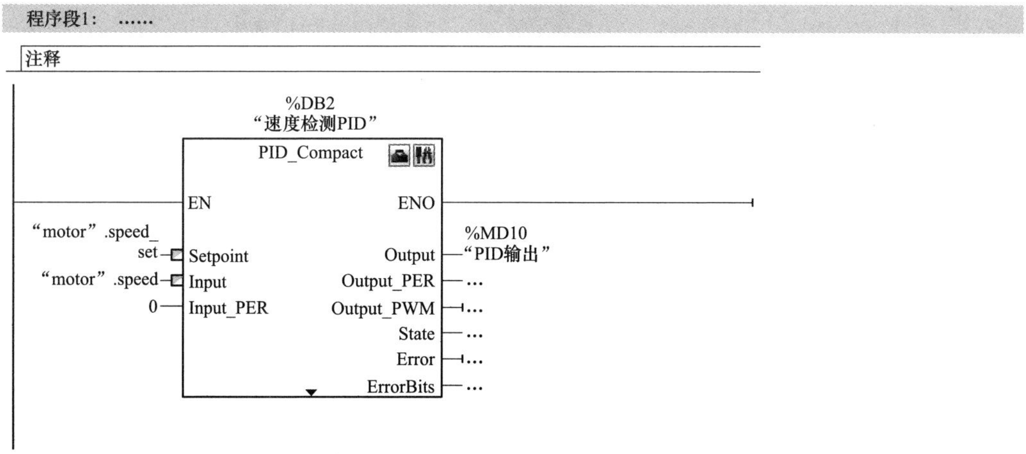

图 22-13 OB30 程序

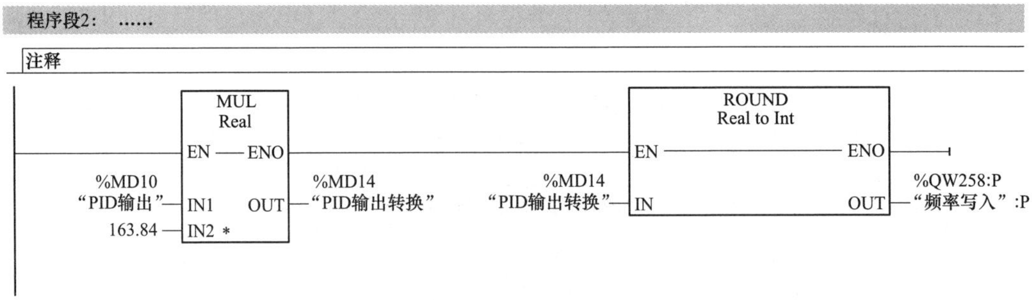

图 22-13　OB30 程序（续）

在程序段 1 中，调用“速度检测 PID”工艺对象块，并指定设定值和检测值，PID 运算结果由 MD10 输出。在程序段 2 中，对 MD10 进行转换，转换成 0～16384 写入到 PQW258。PQW258 对应变频器的运行频率，范围为 0～50Hz。

6. 主程序 OB1

在 OB1 中，实现对电动机的启停，以及调用 FC3 函数程序块，OB1 程序如图 22-14 所示。

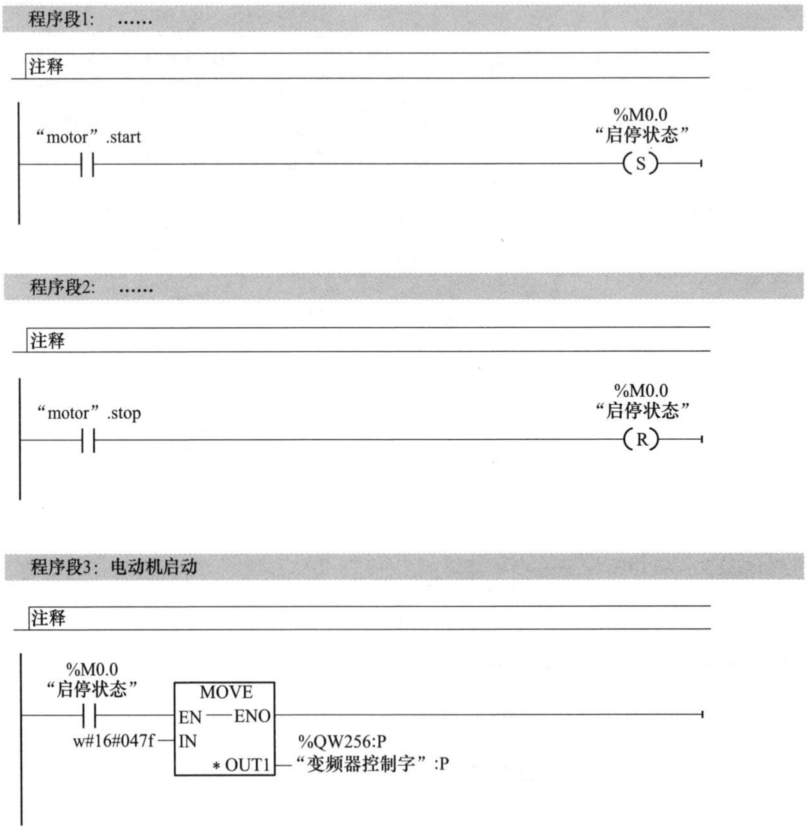

图 22-14　主程序 OB1

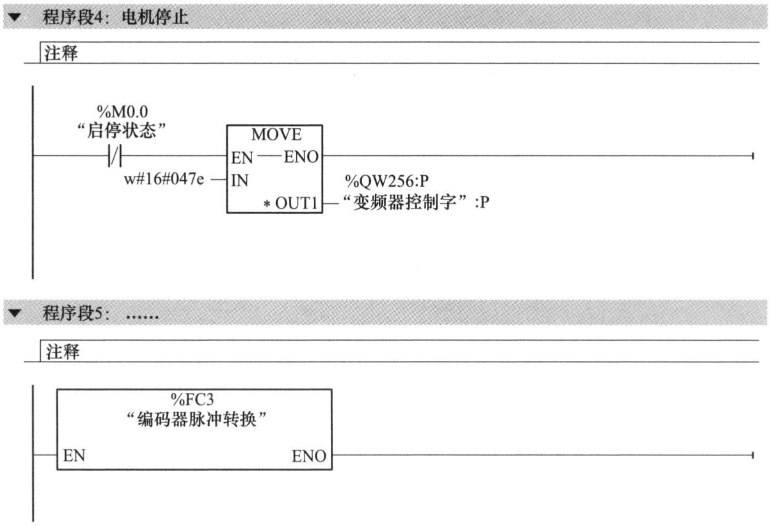

图 22-14　主程序 OB1（续）

二、程序运行与调试

1. 编译与下载

项目组态并编写程序后，可按如图 22-15 所示工具栏中的“编译”按钮，软件就会对当前项目进行编译，以核查是否出错，可在编译输出窗口中查看编译的具体情况。编译无误后，就可进行下载，单击菜单“在线→下载到设备”，就可操作下载。下载后，可单击工具栏中的“在线”按钮，查看项目树，如若项目树如图 22-16 所示，表示无出错。

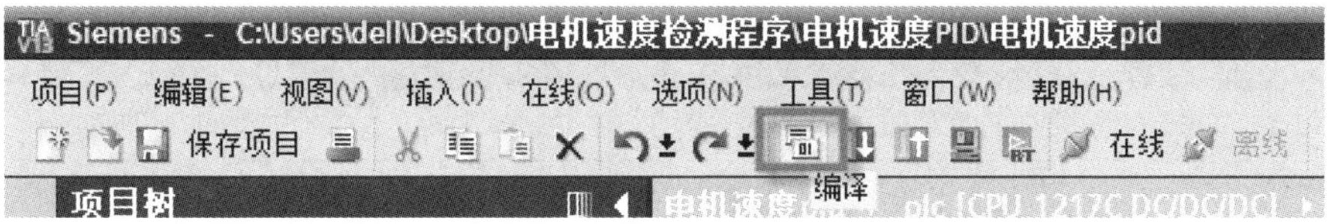

图 22-15　编译

2. PID 调试过程

把项目下载到 PLC 后，打开数据块 motor [DB1]，并进行在线监视，如图 22-17 所示。

在 DB1 中，把变量 start 置 1，使变频器启动正转输出，电动机启动。并把变量 speed_set 设置为 1000，即把电动机的转速设定为 1000r/min。

然后，在项目树下，双击工艺对象下的“速度检测 PID [DB2] →调试”，打开界面如图 22-18 所示。

在调试界面中，设置采样时间为 0.5s 并单击“Start”按钮，设置调节模式为精确调节，并单击“Start”按钮。则控制系统就开始预调节，并出现调节状态的进度，显示设置值曲线、输出量曲线和检测值，如图 22-19 所示。

当预调节结束后系统自动进入精确调节，输出量曲线开始变化，从而使用检测值曲线也发生变量，如图 22-20 所示。经过一段时间的精确调节后，当调节状态器显示“系统已调节”时，一调节结束，如图 22-21 所示。

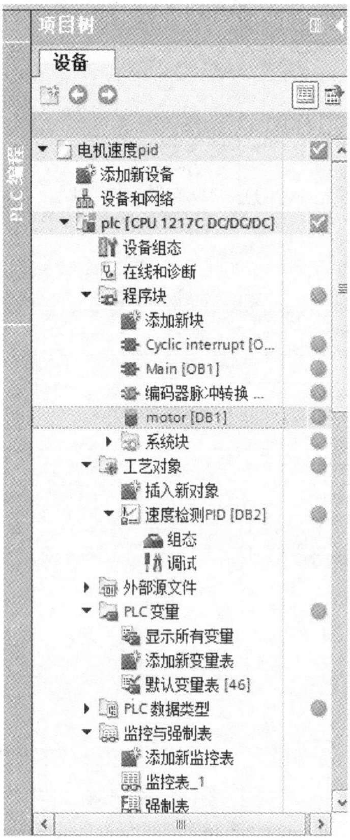

图 22-16　下载后在线监视状况

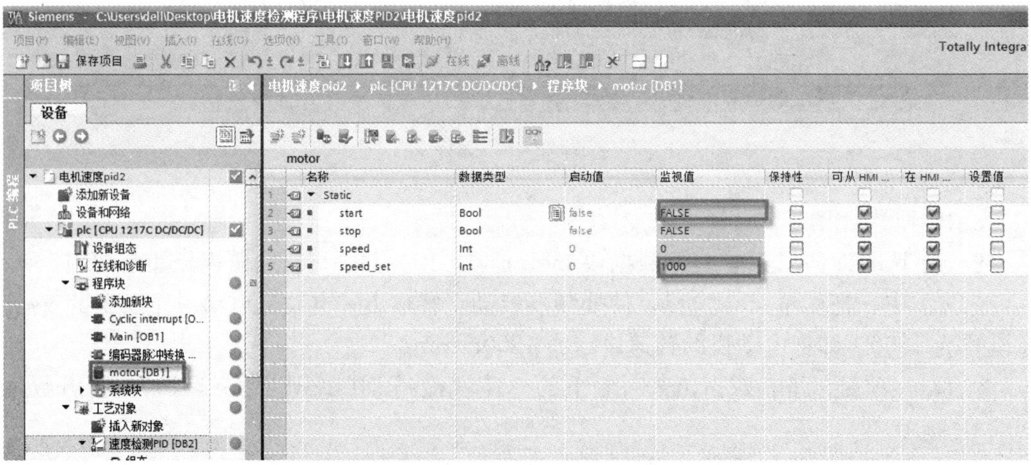

图 22-17　DB1 在线监视

调节模式可分预调节和精确调节。预调节功能可确定输出值对阶跃的过程响应，并搜索拐点。根据受控系统的最大上升速率与死区时间计算 PID 参数。如果经过预调节后，过程值振荡且不稳定，这时需要进行精确调节，使过程值出现恒定受限的振荡。PID 控制器将根

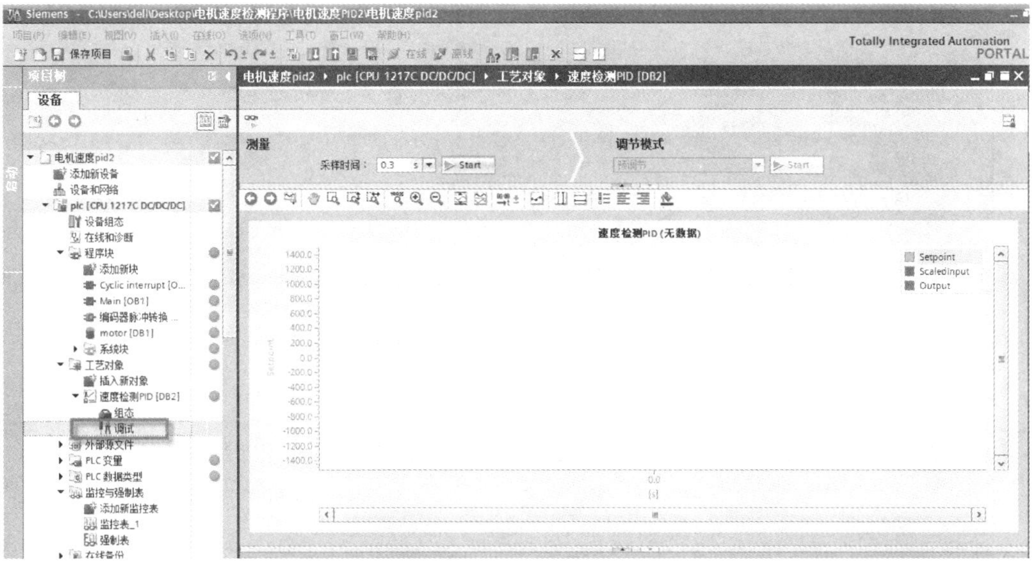

图 22-18　PID 调试界面

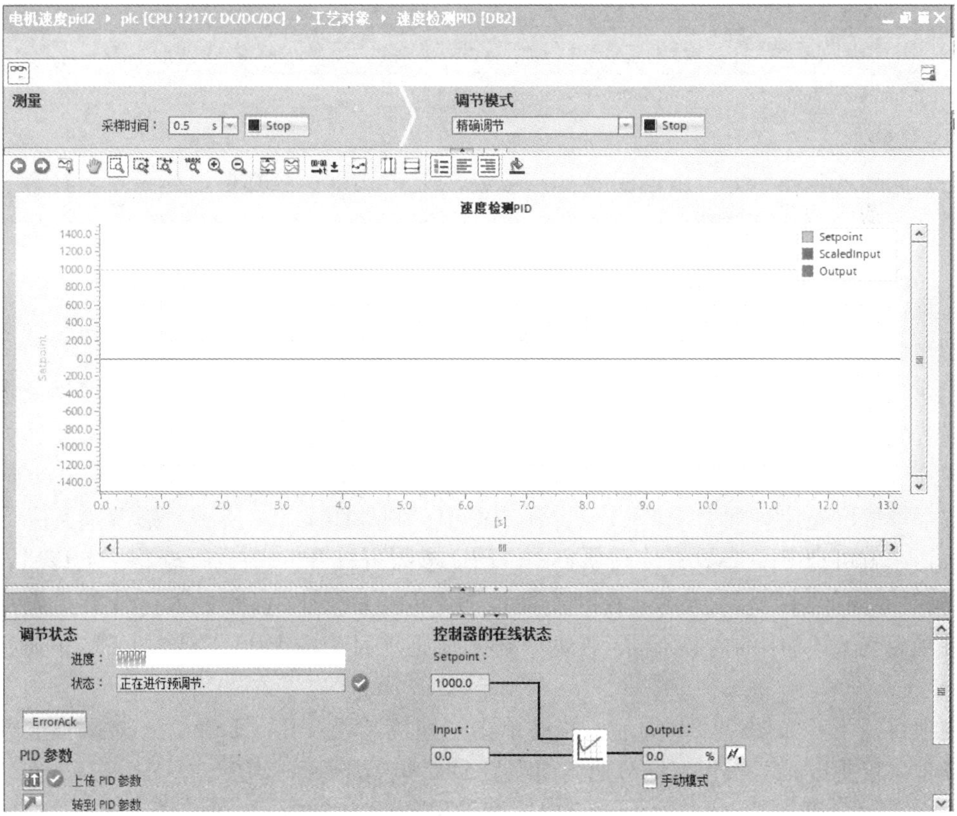

图 22-19　开始调节

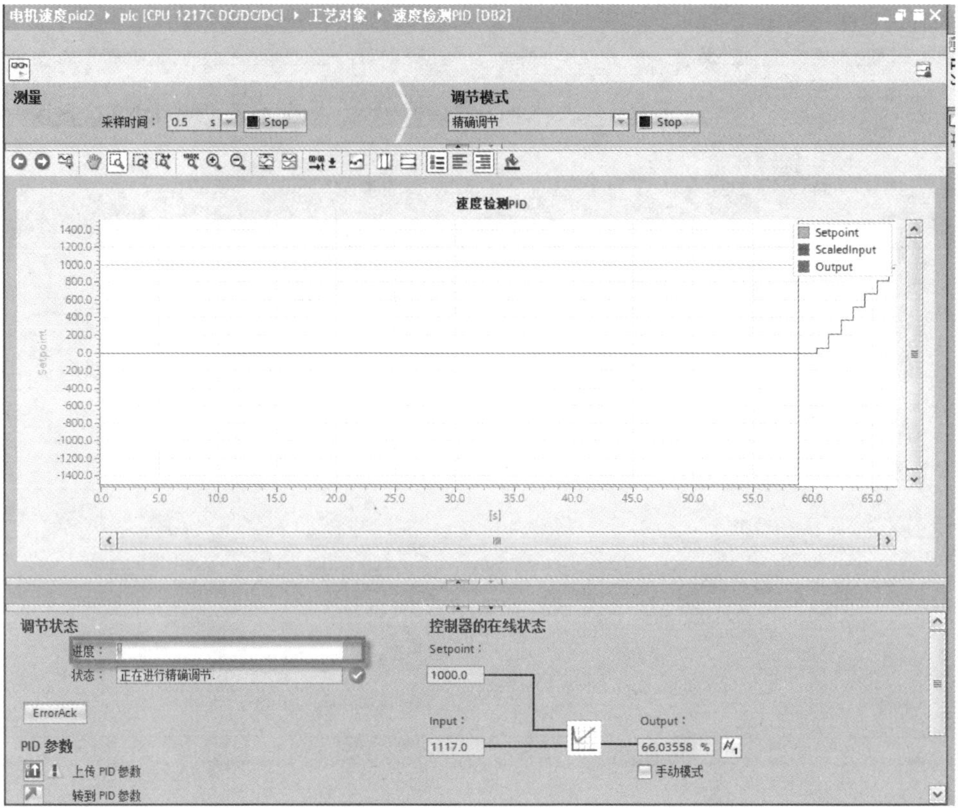

图 22-20　精确调节

据此振荡的幅度和频率为操作点调节 PID 参数，所有 PID 参数都根据结果重新计算。精确调节得出的 PID 参数通常比预调节得出的参数具有更好的主控和抗干扰特性，但是时间长。精确调节结合预调节可获得最佳 PID 参数。

注意：如果在开始阶段直接进行精确调节，则会先进行预调节，再进行精确调节。所以在本例调节中，直接把调节模式设成精确调节。

当系统调节完后，则系统已针对本控制系统整定出了一套 PID 参数，并使用此参数能使用系统控制到稳态。如图 22-21 所示，经过一段时间调整后，最后把电动机转速控制在 1000r/min。

要把系统已整定好的 PID 参数上传到项目中，则如图 22-22 所示，单击“上传 PID 参数”按钮，就可把 PID 参数上传到项目中。PID 参数可打开 DB2 进行查看。上传后，转到“项目树”界面如图 22-23 所示，在“速度检测 PID［DB2］”右侧显示符号 ◐，表示此时 DB2 在项目与 CPU 中的内容不同。此时，还需要把项目中的 DB2 下载到 CPU 中操作方法如下：

在项目树下，如图 22-24 所示，右键单击“速度检测 PID［DB2］”选择“下载到设备→软件（仅更改）”操作，即可把当前项目 DB2 进行下载到 CPU。

下面在数据块 motor［DB1］中，把速度设定值改为 800，如图 22-25 所示。设定值修改后，再观察系统的调速过程，如图 22-26 所示，系统能很快达到新的稳态。

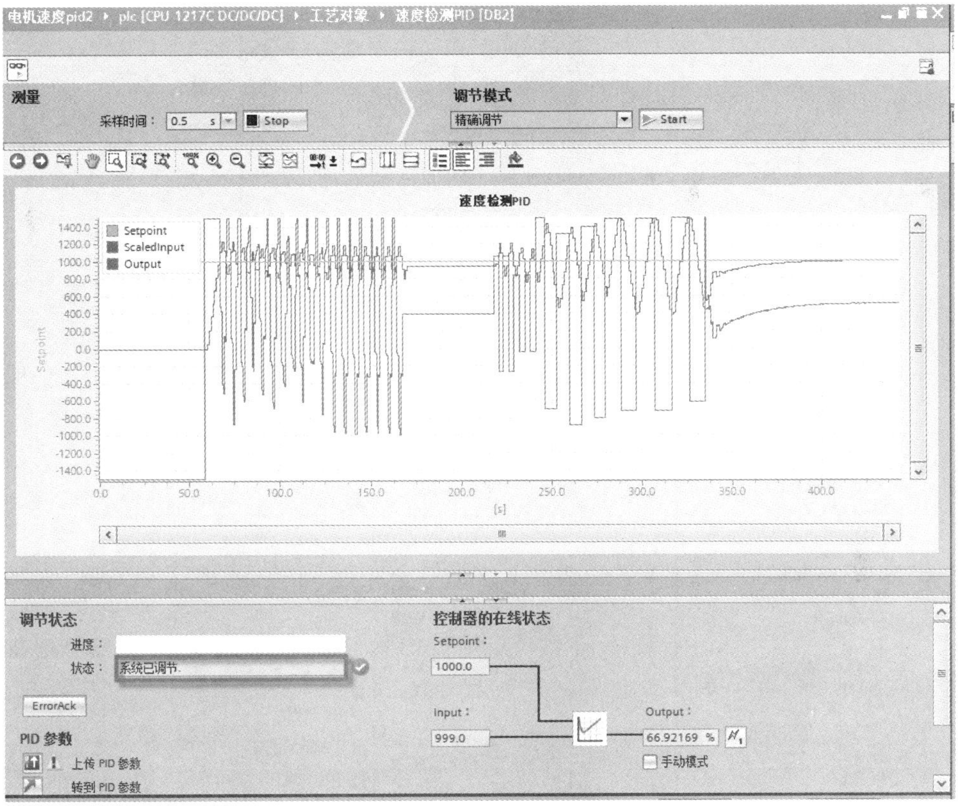

图 22-21　系统已调节

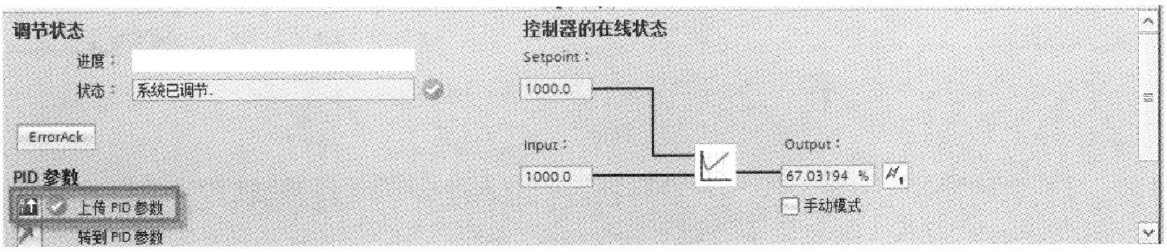

图 22-22　上传 PID 参数

小　结

项目 20、21 和 22 三个项目综合在一起，实现了电动机转速 PID 调节。通过三个项目的学习，掌握以下知识点：

（1）闭环控制系统。

（2）PLC 与变频器的 PN 通信技术。

（3）PLC 高速计数器的使用。

（4）理解 PID 算法，并对 PID 参数进行整定。

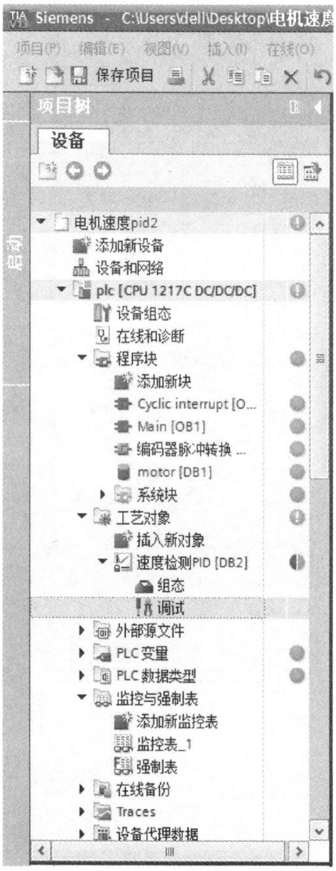

图 22-23　项目树状态

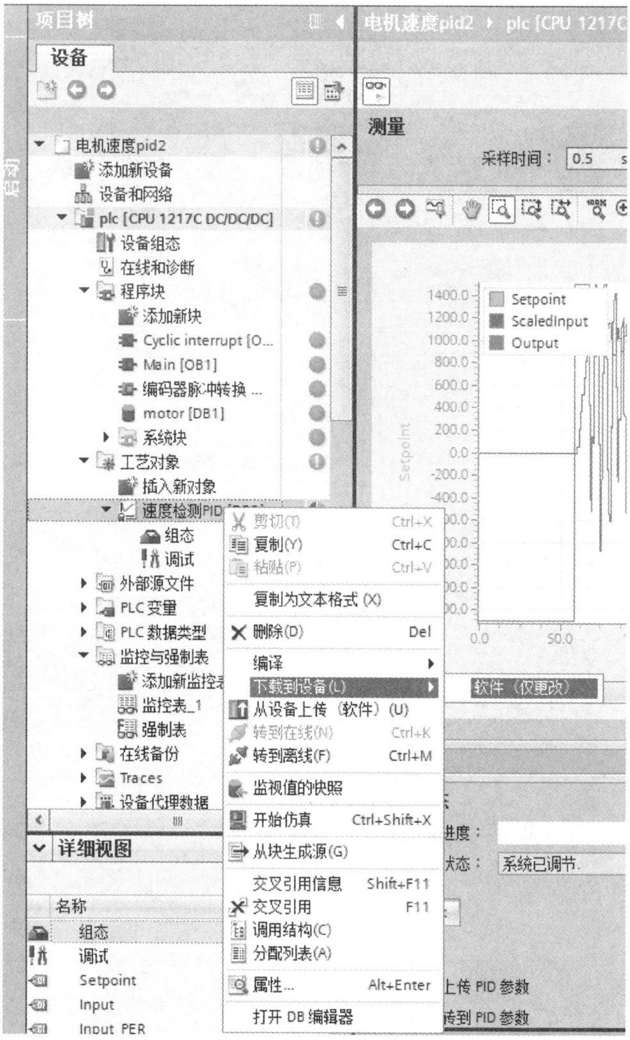

图 22-24　下载 DB2

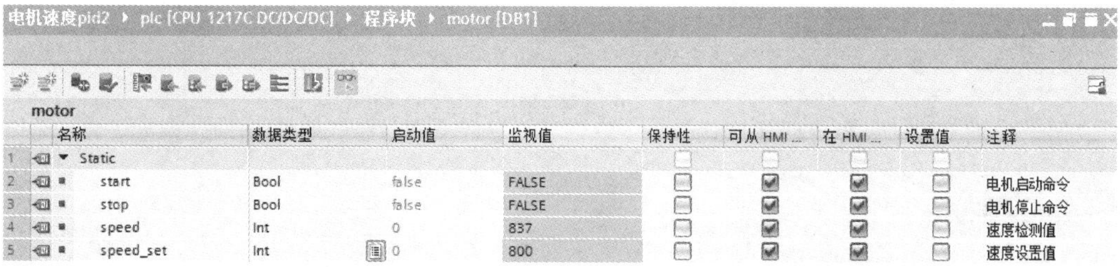

图 22-25　修改转速设定值为 800

练习与提高

某容器 PID 示意图如图 22-27 所示，V101 容器设有液位变送器、液位开关、流量计、控制阀、关断阀及补液泵；通过泵级控制，保持液位的平稳，默认控制设点为 500mm；液位变送器的低报警和商报警可启动、停止补液泵。

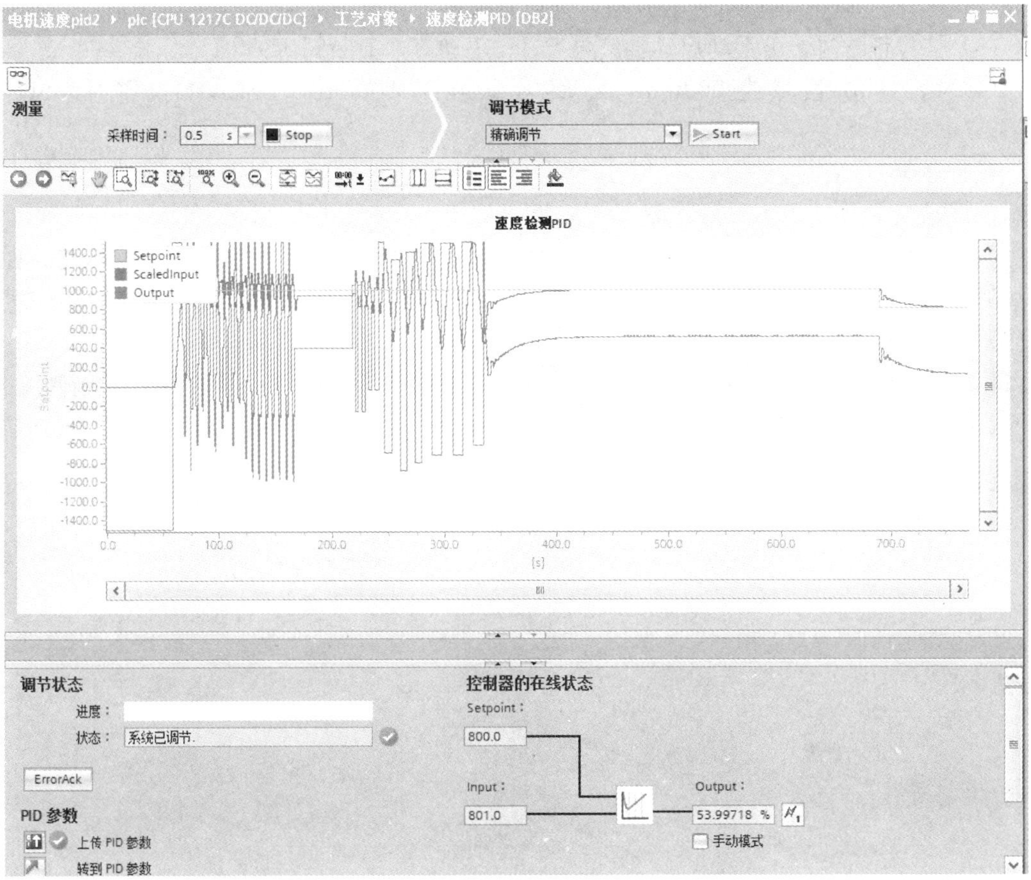

图 22-26　调速过程

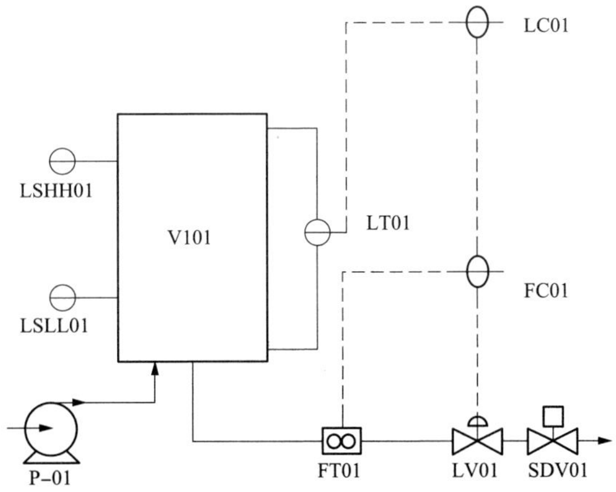

图 22-27　某容器 PID 示意图

编程实现以上系统的控制，具体控制要求如下：

（1）LT01 量程为 0～1000mm，高报警 LAH01 设点为 700mm，低报 LAL01 设点为 400mm。

（2）P01 受 LT01 的高低报警控制，低报警启泵，高报警停泵。

（3）信号正常时，可手动启动补液泵 P01、手动打开关断阀 SDV01。

（4）LSHH01 设点为 800mm，LSLL01 设点为 200mm，LSLL01 报警时，SDV01 关闭。

（5）SDV01 动作指令输出后，对应状态显示灯以 1Hz 的频率闪烁，同时在数字模块上显示倒计时 5s，5s 后状态灯停止闪烁，常亮。

（6）能根据液位开关的报警状态、液位变送器的测量值分析液位仪表的工作状态，如存在故障时，输出液位仪表故障综合报警，LSHH01 及 LSLL01 报警无效，不产生相应逻辑动作。

（7）按下紧急关停按钮或出现液位仪表故障综合报警 5s 后，补液泵停泵、关断阀关闭。

（8）故障或报警关停后，需按下系统复位按钮后，相关设备才能正常动作。

（9）编程实现图示的串级控制。

项目 23

基于 S7-1500 PLC 的温度 PID 调节

知识点 模拟量模块的使用、PID 编程与调试。

本项目使用 S7-1500 PLC 的 CPU，AI、AO 模块，编写 PLC 控制程序，实现对温度的 PID 调节。

项目任务

项目名称：基于 S7-1500 PLC 的温度 PID 调节。

任务要求：应用西门 S7-1500 PLC 设计温度控制系统，控制电加热器的加热，使电加热器温度稳定在给定值，系统结构如图 23-1 所示，温度控制单元一个，如图 23-2 所示，具体要求如下：

（1）温度设定范围是 40～90℃。

（2）选用的温度变送器量程为 0～199.9℃，变送器输出型式为 4 线制 4～20mA。

（3）电加热器内的风扇，可作为扰动测试。

（4）电加热器接收 0～10V 电压，调节加热功率。

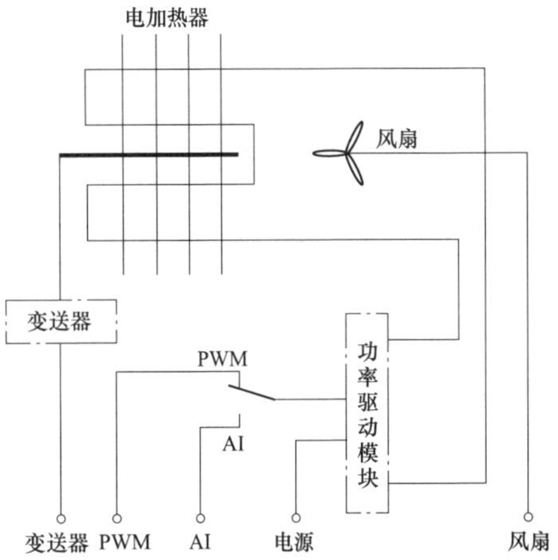

图 23-1　系统结构图

项目分析

一、设备清单

1. PLC 模块选型

（1）CPU 模块 1 个，型号 CPU1513-2PN/DP。

（2）DI 模块 1 个，型号 DI 32 * 24V(DC) HF。

（3）DO 模块 1 个，型号 DQ 32 * 24V(DC)/0.5A HF。

（4）AI 模块 1 个，型号 AI 8 * U/I/RTD/TC ST。

（5）AO 模块 1 个，型号 AQ 4 * U/I ST。

二、PLC 电路图

本项目实现温度闭环控制系统，AI 模块模拟量输入通道 1(CH1) 连接温度控制单元的变送器输出，AO 模块模拟量输出 QW4 为 PID 运算后的“OutputHeat _ PER”输出，连接温度加热元件。风扇可通过一个开关的动合触点连接到电源，作为系统干扰源使用，电路如

图 23-3 所示。

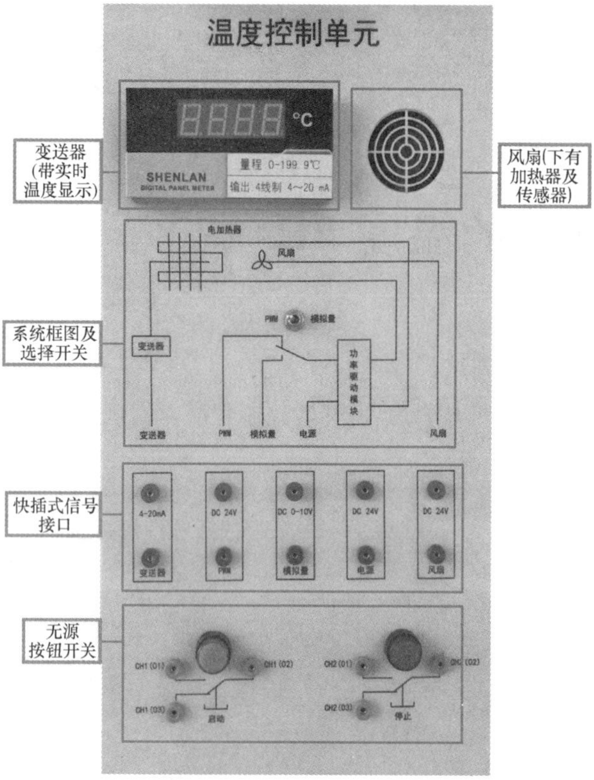

图 23-2　温度控制单元

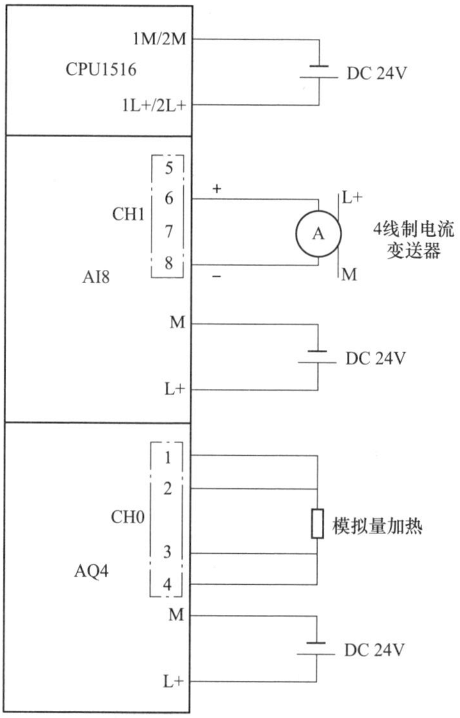

图 23-3　PLC 电路

项目编程与调试

一、新建项目

新建项目，组态 PLC 硬件，如图 23-4 所示。

二、模块设置

查看并设置 DI 字节地址取值范围 0～3，DQ 字节地址取值范围 0～3，AI 字节地址取值范围 4～19，AQ 字节地址取值范围 4～11。

另外还需设置 AI 和 AO 模块的通道。如图 23-5 所示，在设备视图中选择 AI 模块，在其属性中设置通道 1 的测量类型为电流（4 线制变送器），测量范围为 0～20。

如图 23-6 所示选中 AO 模块，在其属性中设置通道 0 的输出类型为电压，输出范围为 0～10V。

三、新建 PID 工艺对象

在项目树下选择“工艺对象”，双击“新增对象”弹出如图 23-7 所示对话框，按步骤新增一个 PID 温度控制工艺对象，把名称修改为“PID _ Temp _ 1［DB1］”，并确定进入工艺对象组态。

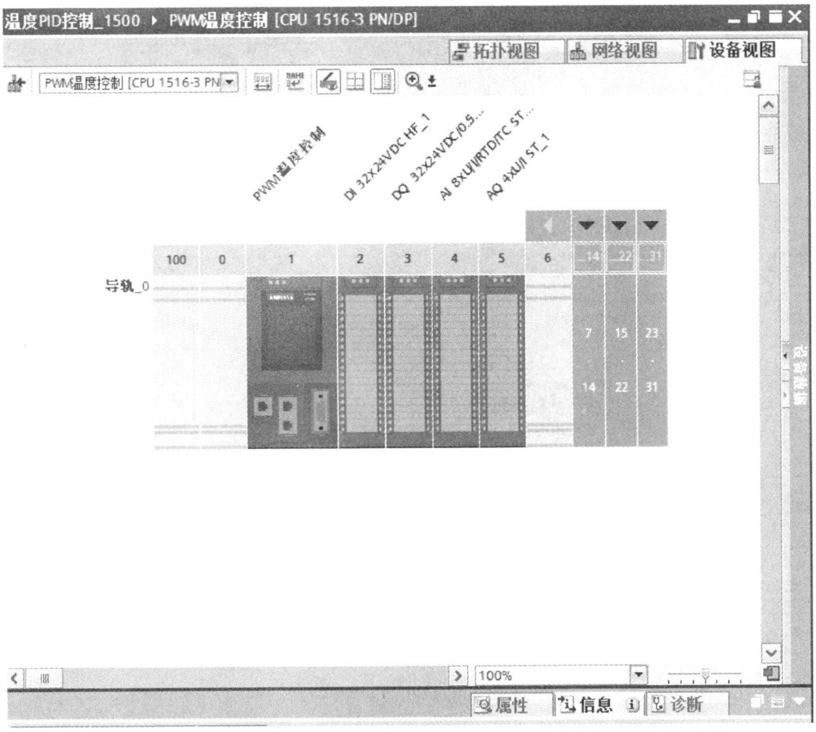

图 23-4　组态 PLC 硬件

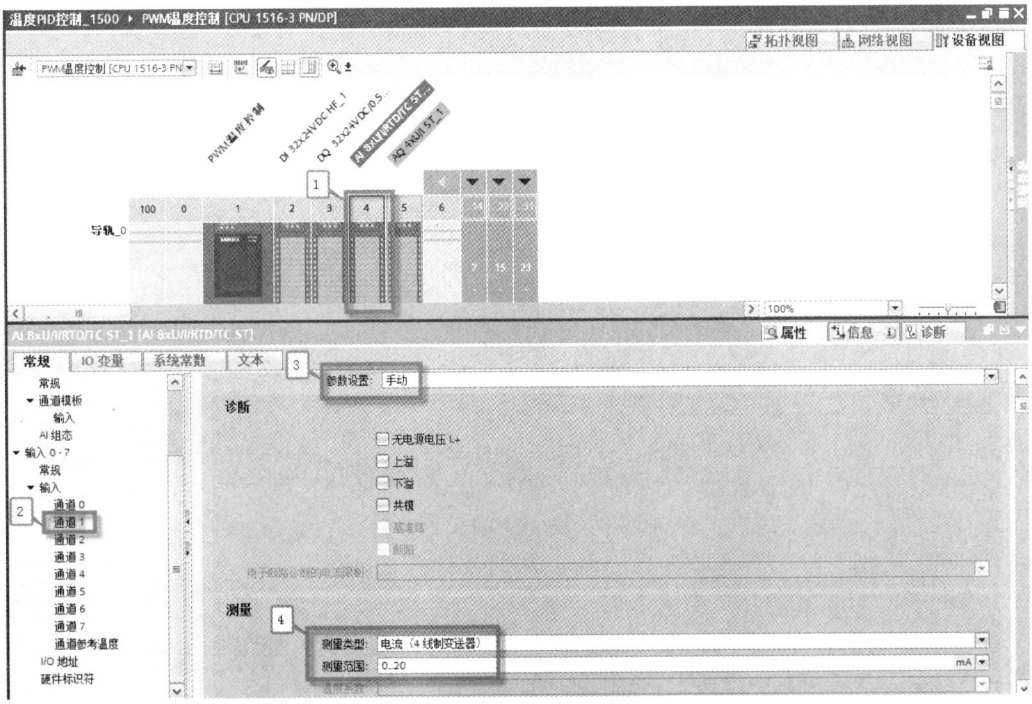

图 23-5　设置 AI 模块的 CH1

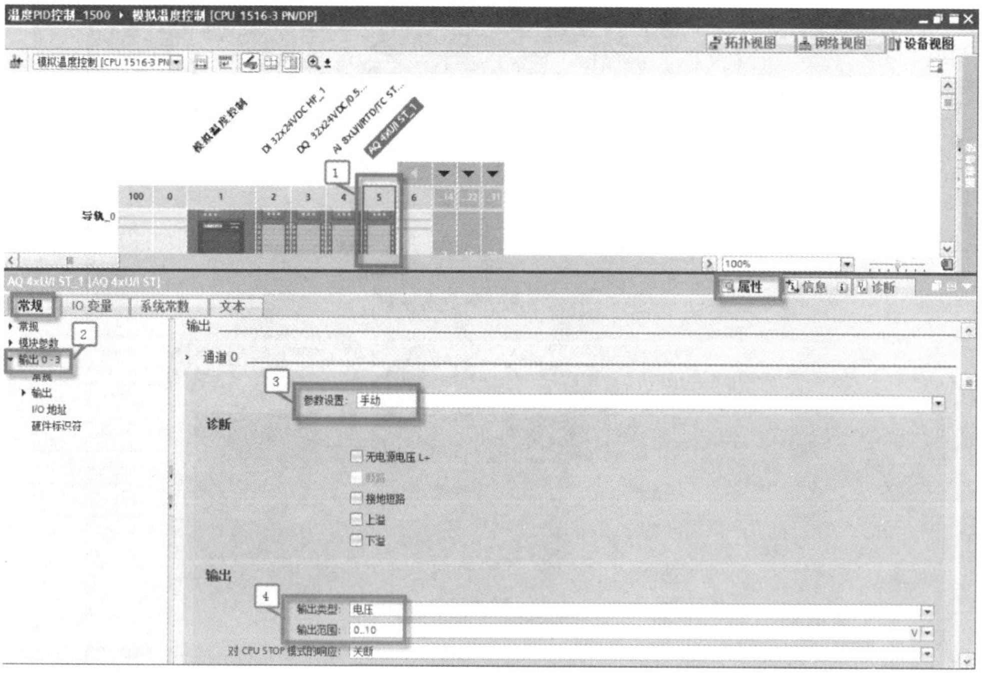

图 23-6　设置 A0 模块的 CH0

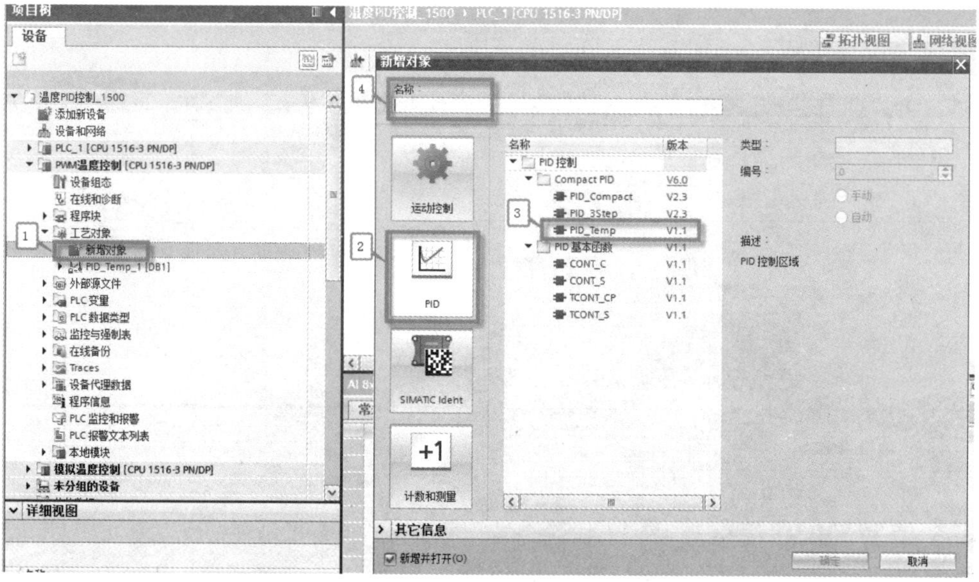

图 23-7　新增 PID 工艺对象

1. PID 工艺对象控制器类型组态

在控制器类型下将 CPU 重启后激活 Mode 设置为自动模式，如图 23-8 所示。

2. Input/Output 参数组态

在本项目中未激活制冷模式，仅采用 Input _ PER（模拟量）输入及“OutputHeat _ PER（模拟量）”输出，设置如图 23-9 所示。

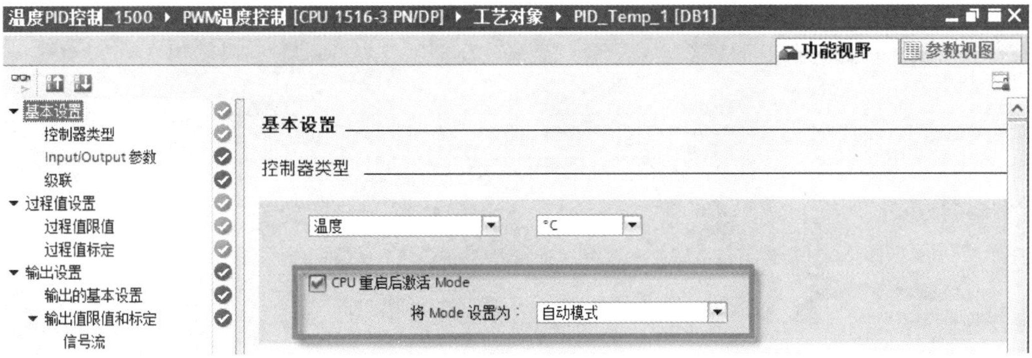

图 23-8　组态控制器类型

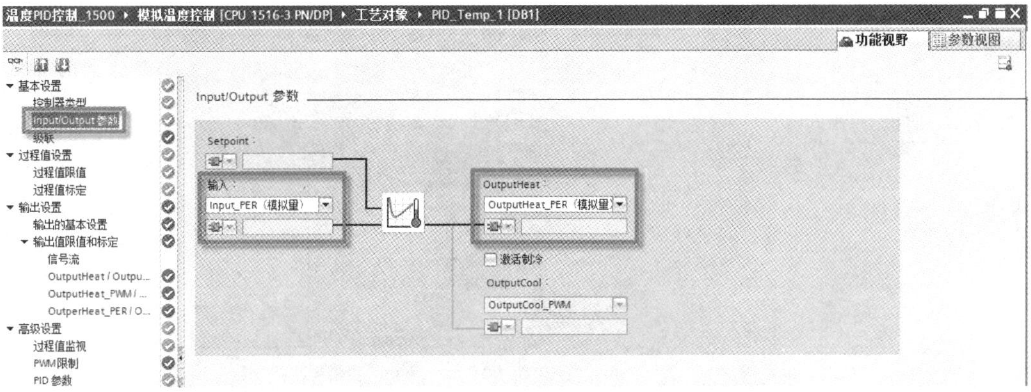

图 23-9　Input/Output 参数

3. 过程值设置

按温度实际参数设置“过程值上限”为 199.9，“过程值下限”为 0.0；“标定的过程值上限”为 199.9，“标定的过程值下限”为 0.0，对应的过程值上限为 27648.0，过程值下限为 5530.0，如图 23-10 所示。

四、新建变量表

新建变量表如图 23-11 所示。

五、编写 OB30 程序

为了减少 PID 运算占用过多的 CPU 资源，工业上通常把 PID 运算子程序放在一个循环中断组织块下，并根据需要设置循环中断时间，这样 CPU 就会按事先设置好的时间每隔一段时间自动调用一次 PID 运算子程序。本例中建立一个循环时间为 1s 的循环中断组织块“Cyclic interrupt [OB30]”。

在循环中断组织块“Cyclic interrupt [OB30]”程序段 1 中调用 PID _ Temp 指令建立一个 PID 控制器，如图 23-12 所示。设置“Setpoint”变量为 MD0，设置“Input _ PER”变量为 IW6，设置变量“OutputHeat _ PER”为 QW4。

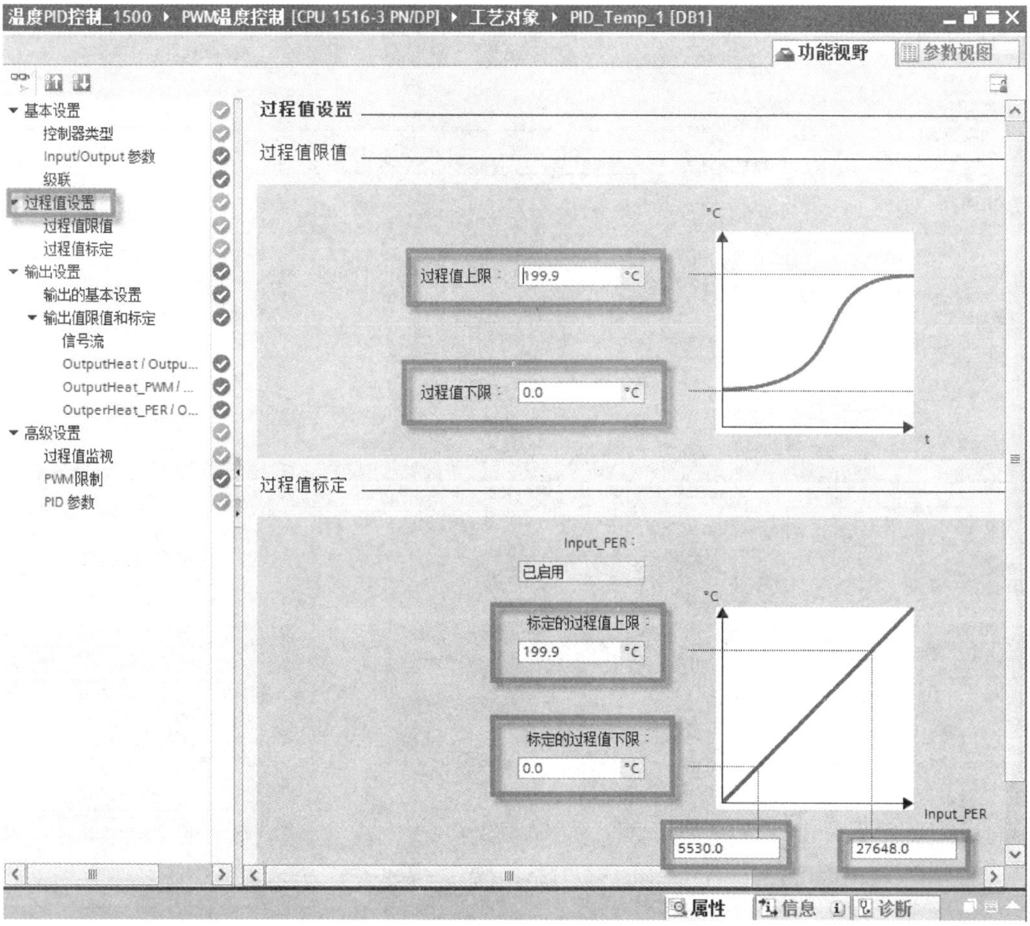

图 23-10　组态过程值

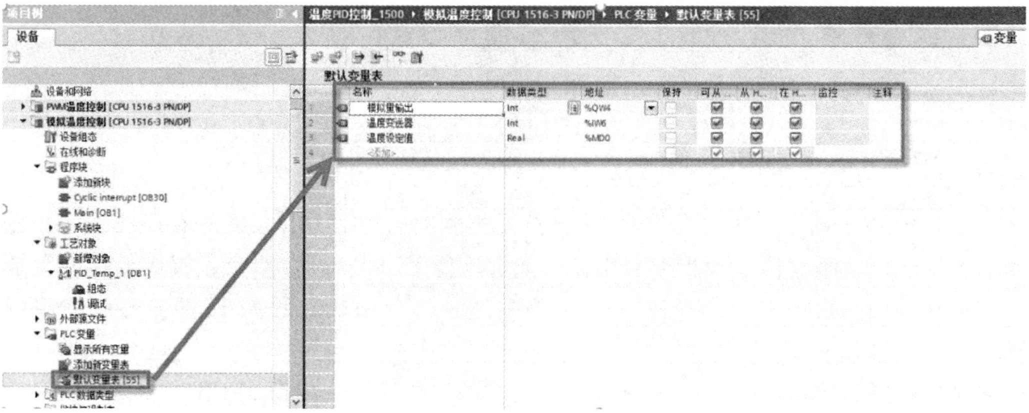

图 23-11　变量表

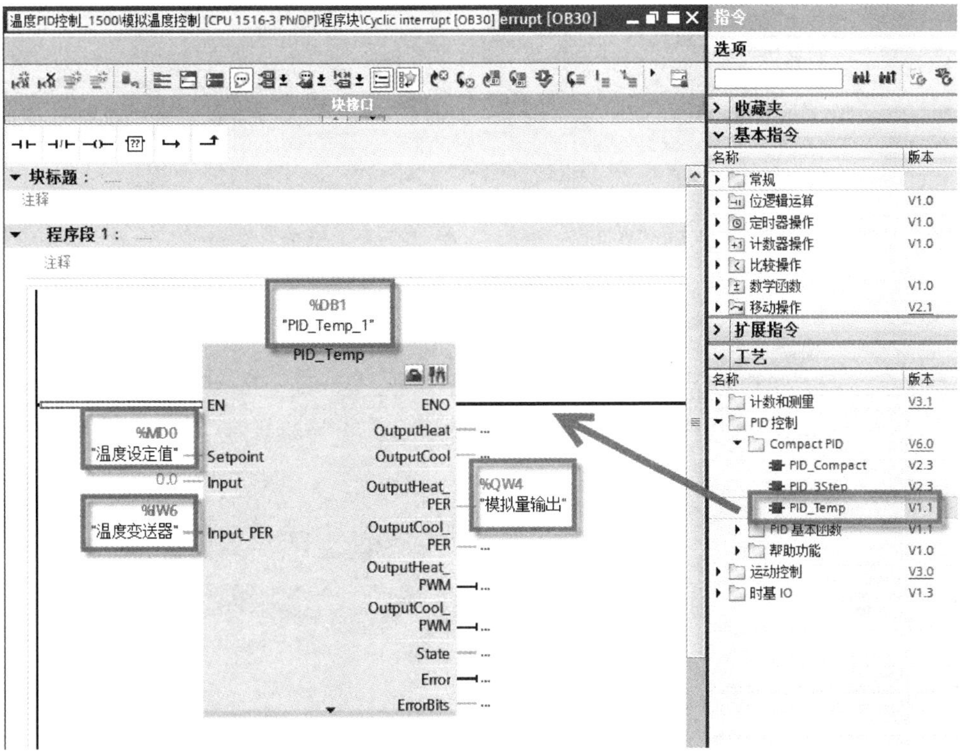

图 23-12　OB30 程序

六、项目运行与调试

把项目下载到 PLC，然后对 PLC 进行运行与调试。运行与调试过程如下：

（1）打开 PID 调试面板，利用调试面板功能，对 PID 参数进行调节，操作顺序如图 23-13 所示。调节结束后，可以将优化调节得出的 PID 参数上传到离线项目中。为此，可以上传 PID 参数进行参数上传，然后再把工艺对象 DB1 重新下载到 PLC 中。

（2）新建监控表，监控运行如图 23-14 所示。按图中顺序操作把温度设定值设置为 30 然后在 PID 调试面板中观察温度的动态曲线是否满足控制要求。

（3）打开风扇，施加扰动，观察实际温度的变化曲线。

小　结

本项目通过使用 S7-1500 PLC，组态 AI 和 AO 模块，实现对温度的 PID 调节。通过本项目的学习掌握以下知识点：

（1）S7-1500 PLC 硬件模块的组态。

（2）学习使用 AI 和 AO 模块。

（3）进一步学习和巩固 PID 调节。

练习与提高

编写外输泵回流控制程序，系统如图 23-15 所示，控制要求如下：

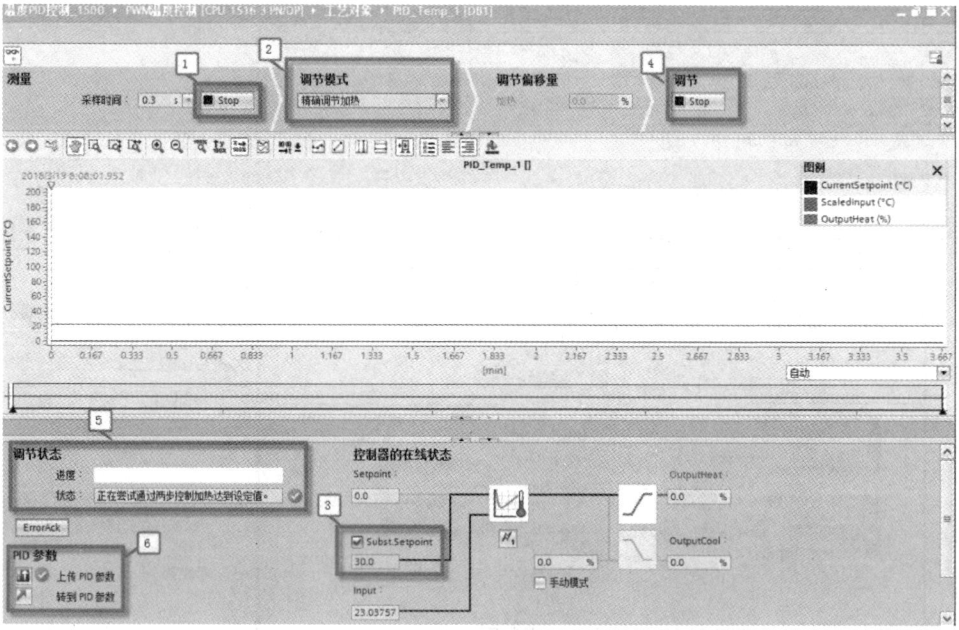

图 23-13　精确调节

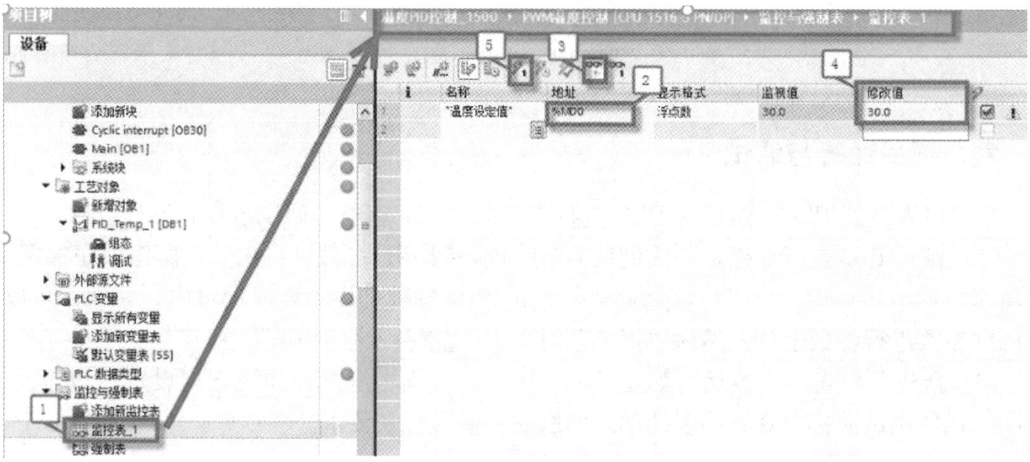

图 23-14　监控表

（1）当 SDV-101 的手/自动控制选择开关 S5 置于手动时（向上），SDV-101 可以手动打开或关闭；按下手动开关闭按钮（自保持）P5，SDV-101 打开，阀门打开指示灯 L5 点亮；复位手动开关闭按钮 P5（再次按下，触点断开），SDV-101 关闭，阀门关闭指示灯 L25 点亮；当 SDV-102 的手/自动控制选择开关 S6 置于手动时（向上），SDV-102 可以手动打开或关闭；按下手动开关闭按钮（自保持）P6，SDV-102 打开，阀门打开指示灯 L6 点亮；复位（再次按下，触点断开）手动开关阀按钮 P6，SDV-102 关闭，阀门关闭指示灯 L26 点亮；当 S5、S6 置于自动时（向下），SDV-101 和 SDV-102 根据以下逻辑自动开关。

（2）建立一个液位控制回路 LIC102 和旁路流量控制回路 FIC103，通过泵出口的外输调

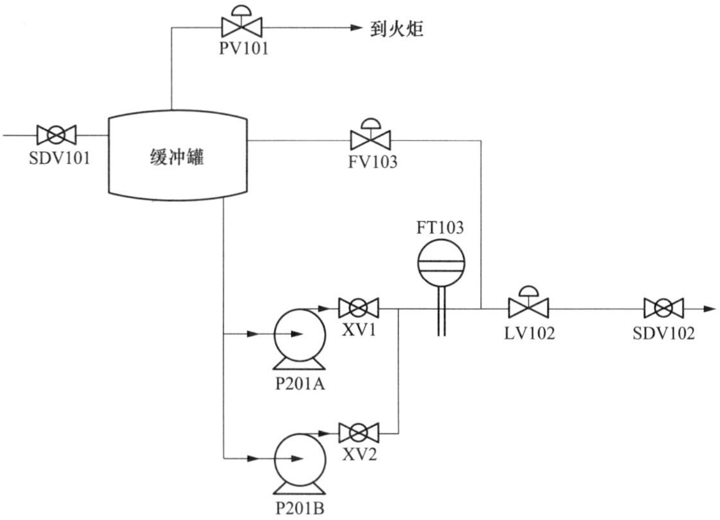

图 23-15　外输泵回流控制系统图

节阀控制罐体的液位，使之尽可能把罐体的液位保持在 50%，罐体内液位升高时，阀门 LV102 开大，罐体内液位降低时，阀门 LV102 减小。AI01 旋钮模拟 LT102 输入信号，A001 模拟显示控制阀 LV102 开度 0～100%，控制阀 LV02 为正作用气开阀。

（3）通过回流调节阀来控制泵的回流，FT103 越大，回流阀 FV103 越小，FT103 越小，回流阀 FV103 开度越大，以确保罐液位和泵排量在一定范围内波动。AI02 旋钮模拟 FT103 输入信号，A002 模拟显示控制阀 FV103 开度 0～100%，控制阀 FV103 为正作用气开阀。

（4）回流控制器 FIC103 也可以自动控制，即 FT103 的显示值与 LV102 的开度成正比，当 LV102 的开度为 0～100%时，FT103 的显示值为 0～100m^3/h。

（5）LSL102 和 LSH102 为容器低液位和高液位报警开关，设点分别为 25%和 75%，S1 和 S2 开关模拟 LSL102 和 LSH103 动作情况（向上表示开关动作）；当 LSL103 动作时，液位低报警，L21 亮，SDV-102 关闭；当 LSH102 动作时，液位高报警，L22 亮，SDV-101 关闭，外输泵停；正常液位时，L1 和 L2 亮，SDV-101 和 SDV-102 打开，外输泵启动。

（6）当 LSL102 的状态与 LT102 的显示值不符合时，液位低开关故障，L11 亮；当 LSH102 的状态与 LT102 的显示值不符合时，液位高开关故障，L21 亮。

项目 24

PTO 控制单轴丝杠运动控制

知识点 PTO 相对位置控制、回原点、绝对运动控制、速度控制编程与调试。

S7-1200 PLC 可以通过发送 PTO 脉冲到步进驱动器或伺服驱动器，控制步进电动机或伺服电动机运转，从而可控制单轴丝杠做直线运动。

准备知识

一、S7-1200 运动控制方式

S7-1200 运动控制根据连接驱动方式不同，如图 24-1 所示，分成以下三种控制方式：

（1）PROFIdrive，S7-1200 PLC 通过基于 PROFIBUS/PROFINET 的 PROFIdrive 方式与支持 PROFIdrive 的驱动器连接，进行运动控制。

（2）PTO，S7-1200 PLC 通过发送 PTO 脉冲的方式控制驱动器，可以是脉冲＋方向、A/B 正交、也可以是正/反脉冲的方式。

（3）模拟量，S7-1200 PLC 通过输出模拟量来控制驱动器。

对于固件 V4.0 及其以下的 S7-1200 CPU 来说，运动控制功能只有 PTO 这一种方式。一个 S7-1200 PLC 最多可以控制 4 个 PTO 轴。PTO 控制方式是所有版本的 S7-1200 CPU 都有的控制方式，该控制方式由 CPU 向轴驱动器发送高速脉冲信号（以及方向信号）来控制轴的运行。这种控制方式是开环控制，CPU 与运动控制器、编码器的连接如图 24-2 所示。

固件 V4.1 及以上的 S7-1200 CPU 才具有 PROFIdrive 的控制方式，这种控制方式可以实现闭环控制。这种控制方式如图 24-3 所示，S7-1200 CPU 与运动控制器通过 PROFIBUS 或 PROFINET 网络总线连接。编码器与 S7-1200 CPU 的连接，既可通过网络总线，也可通过 TM 工艺模块连接到网络总线，还可直接把编码器高速脉冲信号送到 CPU 的高速计数器。

模拟量控制方式也是一种闭环控制方式，编码器信号有 3 种方式反馈到 S7-1200 CPU 中，如图 24-4 所示。编码器与 S7-1200 CPU 的连接，既可通过网络总线，也可通过 TM 工艺模块连接到网络总线，还可直接把编码器高速脉冲信号送到 CPU 的高速计数器。

二、S7-1200 轴资源

S7-1200 运动控制轴的资源个数由开环运动控制和闭环运动控制（S7-1200 PLC V4.1 及

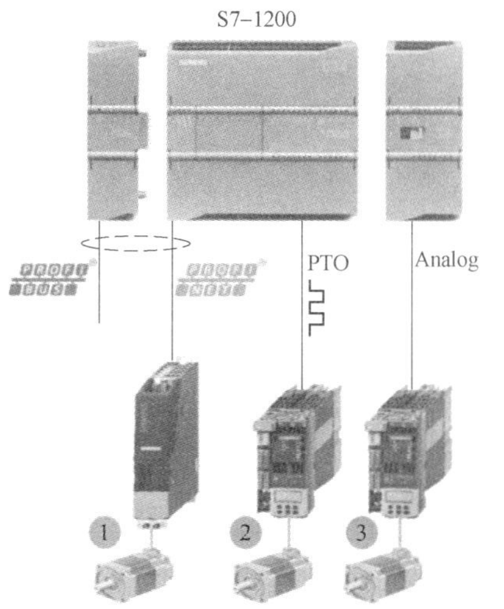

图 24-1　S7-1200 PLC 三种运动控制方式

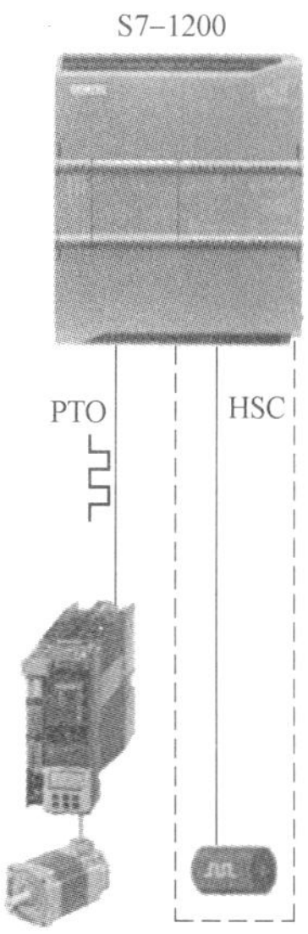

图 24-2　PTO 方式

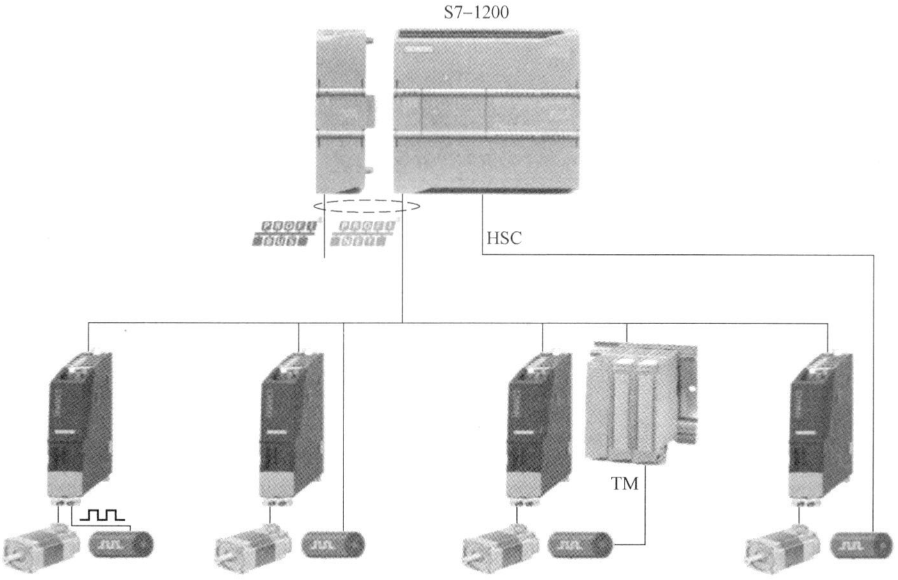

图 24-3　PROFIdrive 控制方式

以上）组成。S7-1200 运动控制轴的资源个数是由 S7-1200 PLC 硬件能力决定的，不是由单纯的添加 I/O 扩展模块来扩展的。S7-1200 的最大的轴个数为 4。如果客户需要控制多个轴，并且对轴与轴之间的配合动作要求不高的情况下，可以使用多个 S7-1200 CPU，这些 CPU 之间可以通过以太网的方式进行通信。

S7-1200CPU 各型与硬件对应的轴资源见表 24-1。

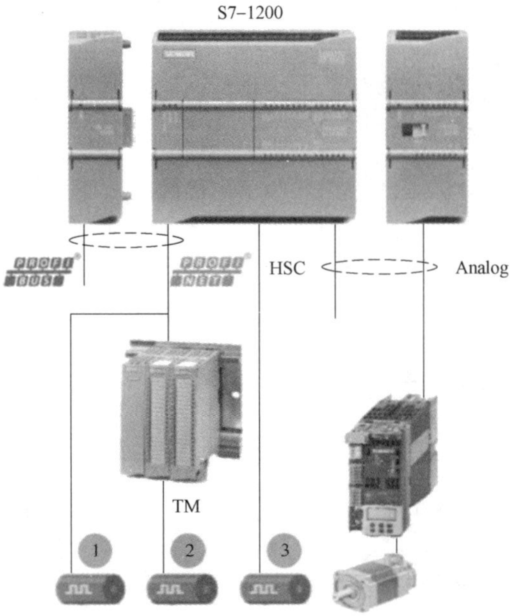

图 24-4　模拟量控制方式

表 24-1　　**S7-1200CPU 轴资源**

CPU 型号 \ CPU 硬件		CPU 轴总类源数量	CPU 本体上最大轴数量	添加 SB 卡后最大轴数量	CPU 轴总类源数量	CPU 本体上最大轴数量	添加 SB 卡后最大轴数量	CPU 轴总资源数量	CPU 本体上最大轴数量	添加 SB 卡后最大轴数量
		Firmvare：V1.0/2.0/2.1/2.2			Fimware：V3.0			Firmware：V4.0/4.1		
CPU1211C	CD/DC/DC	2	2	2	4	2	4	4	4	4
	DC/DC/Rly		0	2		0	2		0	4
	AC/DC/Rly									
CPU1212C	DC/DC/DC	2	2	2	4	3	4	4	4	4
	DC/DC/Rly		0	2		0	2		0	4
	AC/DC/Rly									
CPU1214C	DC/DC/DC	2	2	2	4	4	4	4	4	4
	DC/DC/Rly		0	2		0	2		0	4
	AC/DC/Rly									
CPU1215C	DC/DC/DC	—			4	4	4	4	4	4
	DC/DC/Rly					0	2		0	4
	AC/DC/Rly									
CPU1217C	DC/DC/DC	—			—			4	4	4

从表 24-1 中可以看出，添加 SB 信号板并不会超过 CPU 的总资源限制数。对于 DC/DC/DC 类型的 CPU 来说，添加信号板可以把 PTO 的功能移到信号板上，CPU 本体上的 DO 点可以空闲出来作为其他功能。而对于 Rly 类型的 CPU 来说如果需要使用 PTO 功能，

则必须添加相应型号的 SB 信号板，SB 信号板类型对应的高速脉冲参数见表 24-2。

表 24-2　　　　SB 信号板高速脉冲参数

SB 信号版类型		订货号	脉冲频率（kHz）	高速脉冲输出点个数
DO	4×24V(DC)	6ES7 222-1BD30-0XB0	200	可提供 4 个高速脉冲输出点
	4×5V(DC)	6ES7 222-1AD30-0XB0	200	可提供 4 个高速脉冲输出点
DI/DO	2DI/2×24V(DC)	6ES7 223-0BD30-0XB0	20	可提供 2 个高速脉冲输出点
	2DI/2×24V(DC)	6ES7 223-3BD30-0XB0	200	可提供 2 个高速脉冲输出点
	2DI/2×5V(DC)	6ES7 223-3AD30-0XB0	200	可提供 2 个高速脉冲输出点

表 24-2 中的 5V 信号都是集电极开路信号，不是 5V 差分信号。

对于使用较多的 CPU1214C，其轴资源见表 24-3，对应的各路 PTO 脉冲输出点分配见表 24-4。

表 24-3　　　　CPU1214C 轴资源

CPU1214C			不同模式下最大轴个数			
Firmware 版本号	类型	SB MLFB	单脉冲	脉冲+方向	正/反相	AB 正交
Firmware V4.0/4.1	DC	不加信号版	4	4	4	4
		6ES7 222-15D10-0XB0 6ES7 222-14D30-0XB0	4	4	4	4
		6ES7 222-CBD30-0XB0 6ES7 222-CBD30-0XB0 6ES7 222-3AD30-0XB0	4	4	4	4
	Rly	不加信号版	0	0	0	0
		6ES7 222-1BD30-0XB0 6ES7 222-1AD30-0XB0	4	2	2	2
		6ES7 222-CBD30-0XB0 6ES7 223-3BD30-0XB0 6ES7 222-3AD30-0XB0	2	1	1	1

表 24-4　　　　CPU1214C 脉冲输出点分配

CPU1214C（DC/DC/DC）	Q0.0	Q0.1	Q0.2	Q0.3	Q0.4	Q0.5	Q0.6	Q0.7	Q0.10	Q1.1
Fimware V1.0	PTO 0		PTO 1							
	脉冲信号	方向信号	脉冲信号	方向信号						
	100kHz	100kHz	100kHz	100kHz						
Fimware V2.0/2.1/2.2	PTO 0		PTO 1							
	脉冲信号	方向信号	脉冲信号	方向信号						
	100kHz	100kHz	100kHz	100kHz						
Fimware V3.0	PTO 0		PTO 1		PTO 2		PTO 3			
	脉冲信号	方向信号	脉冲信号	方向信号	脉冲信号	方向信号	脉冲信号	方向信号		
	100kHz	100kHz	100kHz	100kHz	20kHz	20kHz	20kHz	20kHz		
Fimwae V4.0/4.1	用户可以灵活定义 PTO 0～PTO 3 这 4 个轴的 DO 点分配									
	100kHz	100kHz	100kHz	100kHz	30kHz	30kHz	30kHz	30kHz	30kHz	30kHz

闭环控制方式下，所有的 S7-1200 CPU 都可以通过 PROFIdrive 或模拟驱动器接口控制最多 8 个驱动器。

另外，S7-1200CPU 可往外发送两种高速脉冲，一种是 PTO（Pusle Train Out），称为脉冲串输出，这种类型的脉冲占空比为 50%；另一种是 PWM（Pusle Width Modulation），称为脉冲宽度调制，这种类型的脉冲占空比可调。运动控制通常使用 PTO 脉冲。

三、PTO 控制工作原理

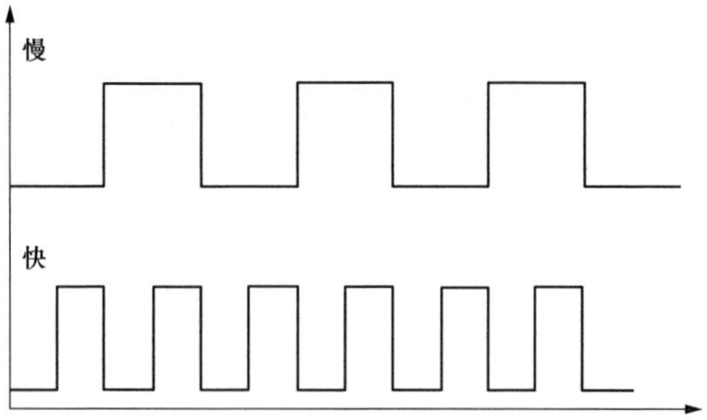

图 24-5　脉冲频率与电动机转速的关系

根据步进电动机或伺服电动机的设置，每个脉冲会使步进电动机移动特定角度。例如，如果将步进电动机设置为每转 1000 个脉冲，则每个脉冲电动机移动 0.36°。步进电动机的速度通过每单位时间的脉冲数来确定，如图 24-5 所示。

四、FM860 步进驱动器配置

1. FM860 驱动器接口

FM860 驱动器为用户提供丰富的各种接口，具体功能见表 24-5。

表 24-5　　FM860 驱动器接口

接口		FM860	功能
Field Bus		SW7～SW10	通信接口开关
		X1A（IN） X1B（OUT）	CAN 总线接口 或 RS 185 总线接口
ID Switch		SW1～SW6	ID 拔码开关
RS 232		X2	RS 232 接口
I/O 接口	DIN1＋	X3	数字信号输入接口
	DIN1－		
	DIN2＋		
	DIN2－		
	DIN3＋		
	DIN3－		
	DIN4		
	DIN5		
	DIN6		
	COMI		

接口		FM860	功能
I/O 接口	AIN1＋	X3	模拟信号输入接口 逻辑电压接口
	AIN1－		
	GND		
	5V(DC)		
	24V(DC)		
	OUT1		数字信号输出接口
	OUT2		
	COMO		
	OUT3＋		
	OUT3－		
电源和电动机线接口	A＋/V	X4	二相或三相步进电动机接线口
	A＋/V		
	B＋/W		
	B－		
	GND V＋		功率电源 DC 2～70V 输入

2. 指示灯

指示灯 X1 和 X2 定义见表 24-6。

表 24-6　　X1 和 X2 指示灯定义

名称		定义	名称		定义
X2	绿	电源指示灯	X1	绿	Fieldbus 发送指示灯
	橙	RS 232 接收指示灯		橙	Fieldbus 接收指示灯

3. 拨码开关与通信设置

FM860 驱动器拨码开关用于设置驱动器的 ID 号见表 24-7。

表 24-7　　ID 设置

SW1	SW2	SW3	SW4	SW5	SW6	Node ID
OFF	OFF	OFF	OFF	OFF	OFF	EEPROM
ON	OFF	OFF	OFF	OFF	OFF	1
OFF	ON	OFF	OFF	OFF	OFF	2
ON	ON	OFF	OFF	OFF	OFF	3
—	—	—	—	—	—	—
ON	ON	ON	ON	ON	ON	63

注　当 Node ID 大于 63 时，需要使用上位调试软件进行设置和保存，并且开关全设为 OFF，驱动器上电时会使用 EEPROM 的值，而不是开关设置的值。

通信接口见表 24-8。

表 24-8　　通信接口设置

SW7=ON，SW8=ON		RS 485 2 线模式（半双工数据传输）	
SW7=OFF，SW8=OFF		RS 485 4 线模式（全双工数据传输）	
		终端电阻使用开关	
CAN 总线		SW9=ON，SW10=OFF 时使用	SW9=OFF，SW10=OFF 时禁止
RS485 总线	2 线模式	SW9=ON，SW10=OFF 时使用	SW9=OFF，SW10=OFF 时禁止
	4 线模式	SW9=ON，SW10=ON 时使用	SW9=OFF，SW10=OFF 时禁止

4. X3 针脚及功能定义

X3 的 20 针插座针脚如图 24-6 所示，其对应的 I/O 功能定义见表 24-9。

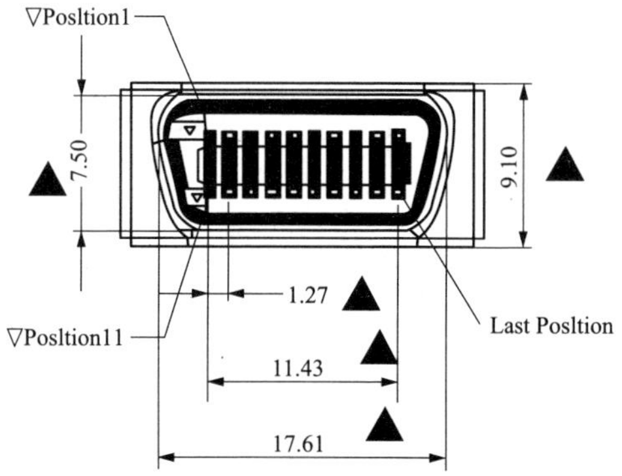

图 24-6　I/O 接口针脚

表 24-9　　I/O 功能定义

名称	SCSI 针脚	信号	描述	功　能
X3 I/O	1	DIN1−	DIN1 正端输入	高速数字信号输入接口 输入电压范围：5～24V(DC) 有效输入信号：大于 3V(DC) 大于 5mA 无效输入信号：小于 1.5V(DC) 光耦最高输入频率：1MHz
	2	DIN1−	DIN1 负端输入	
	3	DIN2−	DIN2 正端输入	
	4	DIN2−	DIN2 负端输入	
	5	DIN3＋	DIN3 正端输入	
	6	DIN3−	DIN3 负端输入	
	11	DIN4	DIN4 端输入	低速数字信号输入接口 输入电压范围：12～24V(DC) 有效输入信号：大于 8V(DC) 大于 3mA 无效输入信号：小于 5V(DC) 光耦最高输入频率：10kHz
	12	DIN5	DIN5 端输入	
	13	DIN6	DIN6 端输入	
	14	COMI	DIN4，DIN5， DIN6 输入公共端	
	7	AINI＋	AINI 差分正端输入	模拟信号输入接口 输入阻抗：180K 最高输入频率：1kHz 最大的承受电压：24V(DC)
	8	AINI＋	AIN1 差分负端输入	
	10	GND	AIN1 和逻辑电源公共端	
	9	5V(DC)	5V(DC) 逻辑电源输出	光耦最大输出电流：200mA
	20	24V(DC)	24V(DC) 逻辑电源输入	作为辅助逻辑电源输入
	15	OUT1	OUT1 端输出	最大输出电流：100mA 最大承受电压：20V(DC) 光耦最高输出频率：1kHz
	17	OUT2	OUT2 端输出	
	16	COMO	OUT1 和 OUT2 输出公共端	
	19	OUT3＋	OUT3 正端输出	
	18	OUT3−	OUT3 负端输出	

5. 调试软件联机

打开调试软件文件夹，双击 Kincostep 图标，打开软件。弹出“通信方式”对话框，如果是串口连接选择“RS 232”。设置 COM 口，波特率，驱动器 ID 号，单击通信状态按钮。

注　需用通信连接线把电脑串口与步动驱动器连接。

6. 初始化驱动器

FM860 驱动器在使用前为了确保各参数都在出厂默认值状态，需要对驱动器进行初始化操作，具体步骤如图 24-7 所示。

联机状态下，单击菜单栏驱动器—初始化/保存，在弹出对话框单击“初始化控制参数”，控制器初始化完成后，单击“驱动器重启”即可完成初始化操作。

7. 驱动器 I/O 配置

为了便于 FM860 驱动器与西门子 S7-1200 PLC 实现电气连接组成一个步进控制系统，需要对 FM860 驱动器 I/O 做如图 24-8 所示配置。

单击驱动器—I/O 口，弹出新对话框，单击“…”可设置对应的 I/O 口功能。本例中输

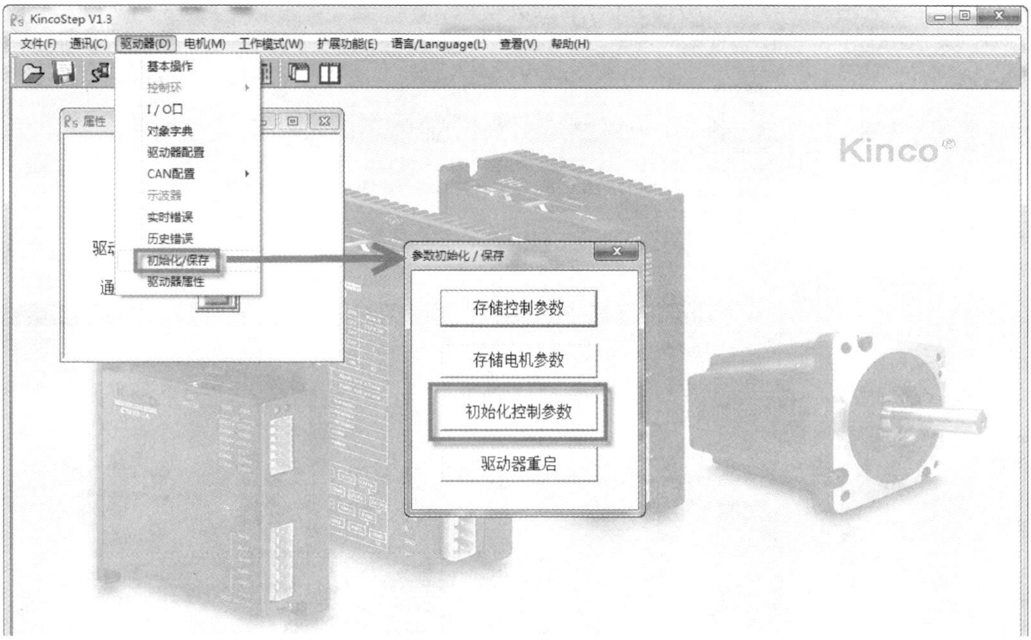

图 24-7　初始化驱动器

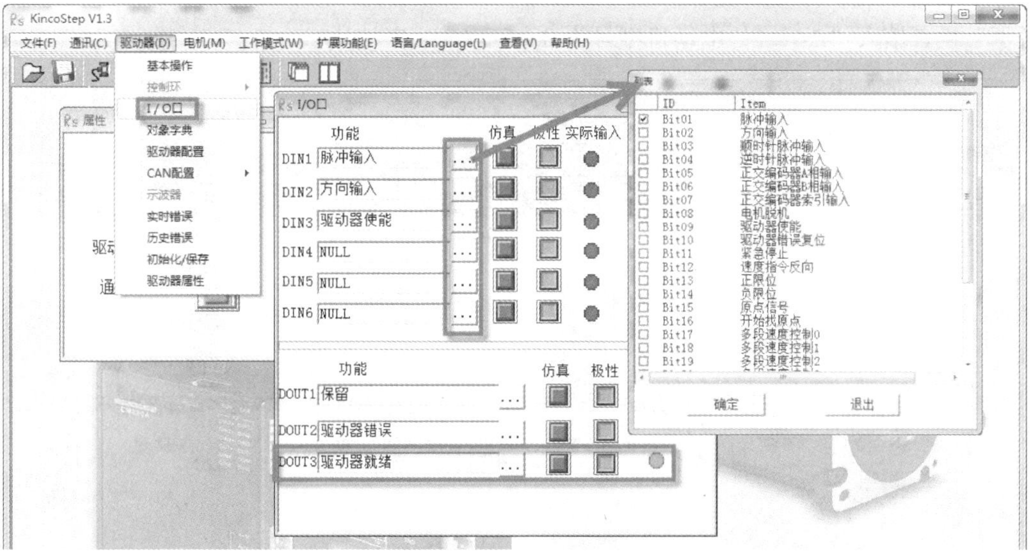

图 24-8　I/O 口配置

入口采用默认参数，OUT3 设为“驱动器就绪”。

8. 设置工作模式

本例中设置驱动器为脉冲工作模式，“每转脉冲个数（细分）”为 1000，与 PLC 工艺组态一致，如图 24-9 所示。

9. 电动机配置

单击菜单栏“电动机—电动机配置”，弹出如图 24-10 所示对话框，选中电动机型号的

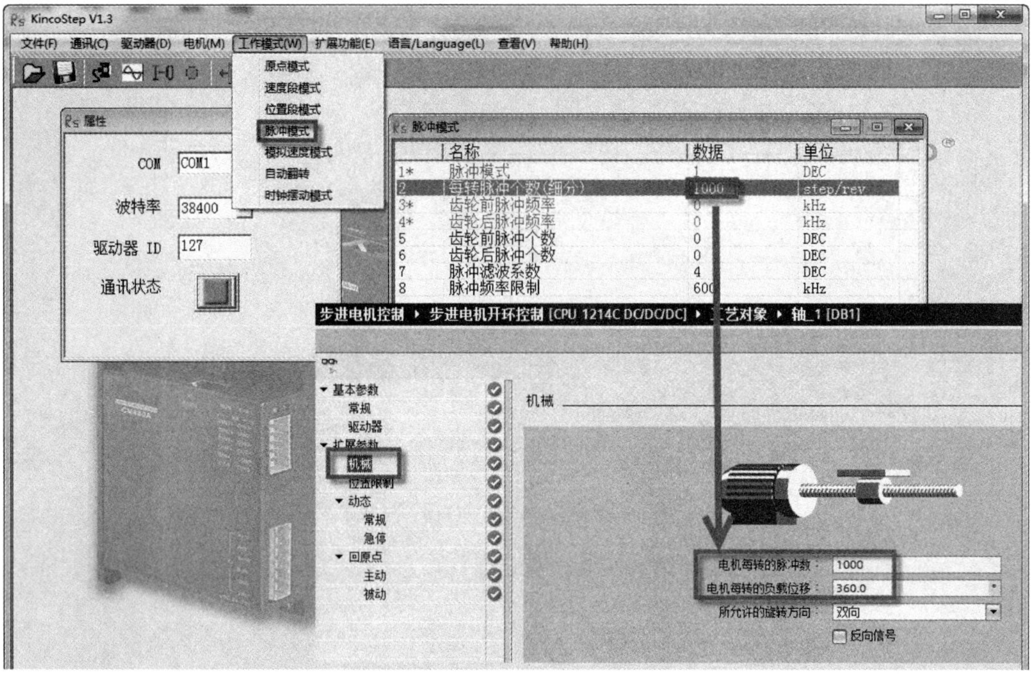

图 24-9　工作模式设置

“数据”栏，填入“A4”（—电动机型号为 2S42Q-0348 串接法）。

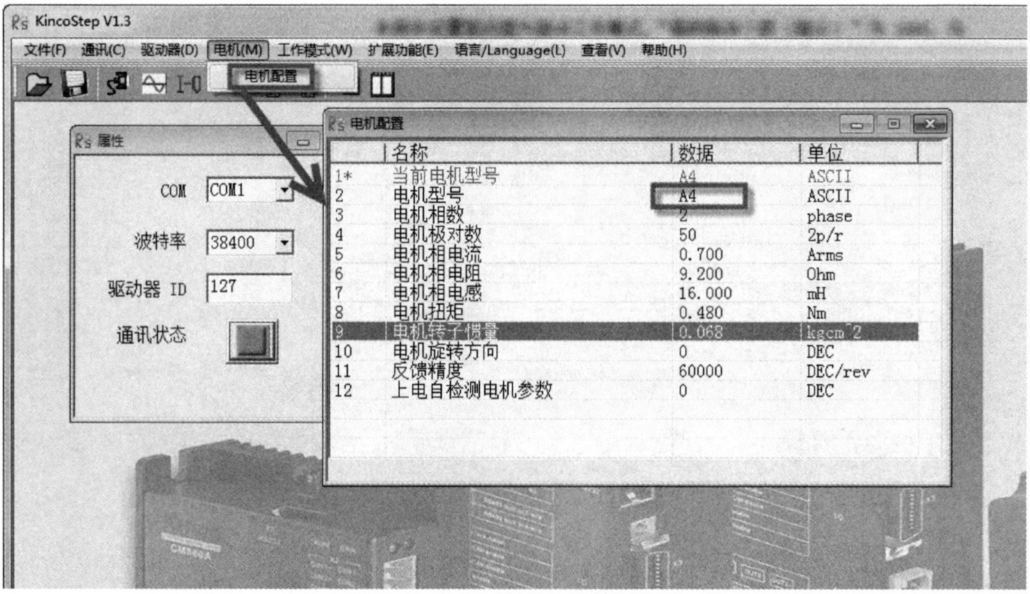

图 24-10　电动机配置

项目任务

项目名称：PTO 控单轴丝杠运动控制。

控制要求如下：

（1）S7-1214C通过PTO方式，发送高速脉冲到步进电动机驱动器，驱动步进电动机传动丝杠做直线运动。

（2）要求丝杠可以实现主动回原点、绝对定位、相对定位、速度控制及点动控制等。

（3）如图24-11所示，丝杠两端分别加装左、右极限开关做限位保护，另加装参考点检测开关。

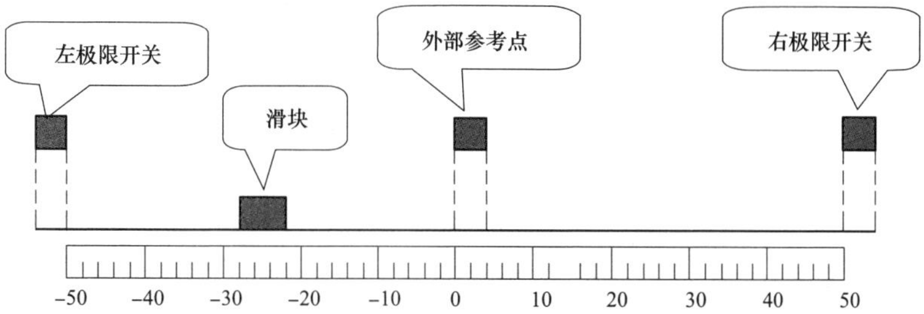

图24-11　丝杠运动平台

项目分析

一、PLC选型

PLC的CPU选型为CPU1214 DC/DC/DC。PLC的I/O地址分配如下：

（1）PTO脉冲输出：Q0.0。

（2）步进方向控制：Q0.1。

（3）步进使能控制：Q0.2。

（4）步进准备就绪：I0.0。

（5）原点开关：I0.1。

（6）左右极限：I0.2和I0.3。

二、步进驱动器与步进电动机

步进驱动器选择型号FM860，电动机选型为2S42Q-0348两相步进电动机，如图24-12所示。步进驱动器工作模式设置为脉冲模式并设置I/O点功能。

三、PLC电路图

西门子S7-1200 PLC控制FM860步进控制系统的电气原理图如图24-13所示，图中采用OUT3作为步进控制系统准备就绪反馈信号，I0.1为步进控制系统零点信号。

注　图中未画出左右极限开关，连接方法类似I0.1。

项目编程与调试

一、新建项目

新建项目，组态S7-1200CPU硬件，并在CPU属性中设置脉冲发生器。如图24-14所

(a)

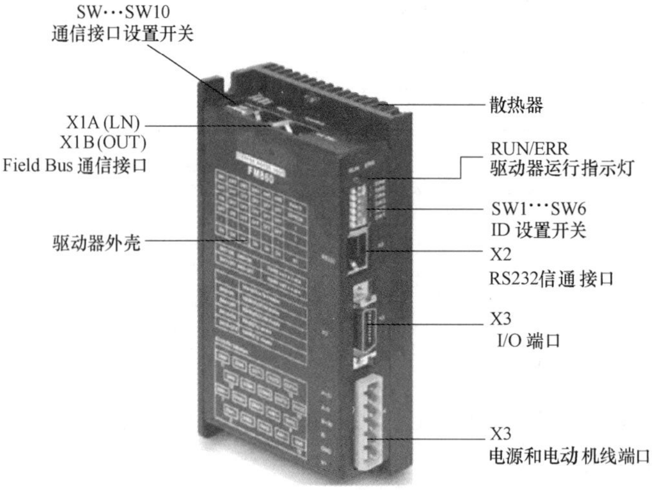

(b)

图 24-12　步进驱动器和步进电动机

（a）步进驱动器；（b）步进电动机

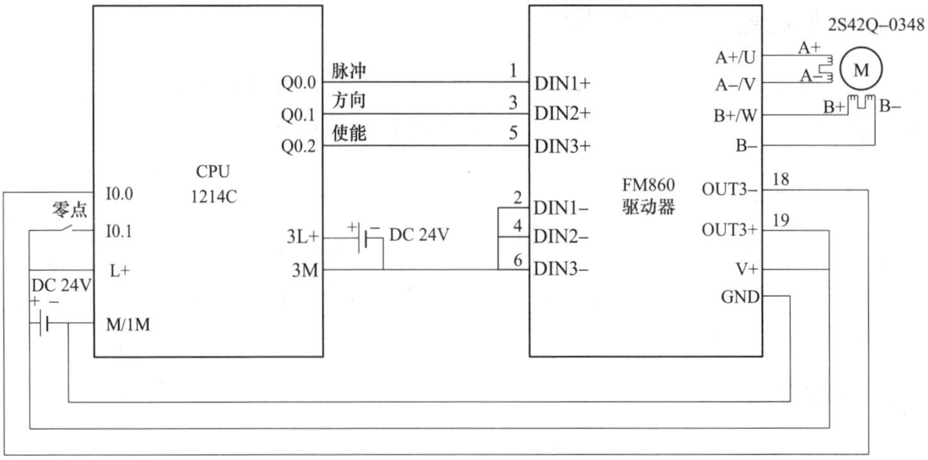

图 24-13　PLC 与步进驱动连接电路

示启用脉冲发生器 pulse _ 1，参数分配和硬件输出分别如图 24-15 和图 24-16 所示。

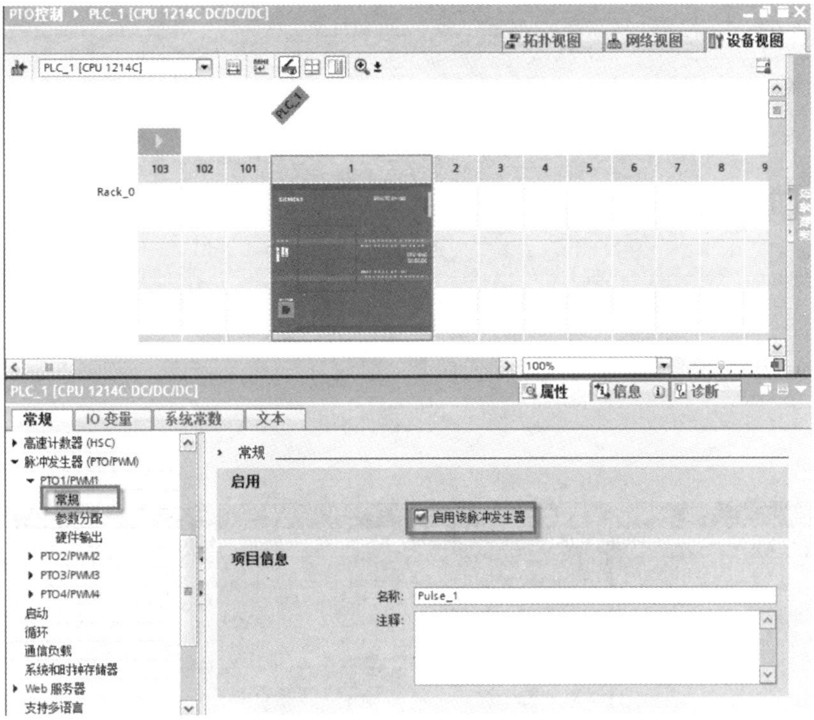

图 24-14　启用脉冲发生器 pulse _ 1

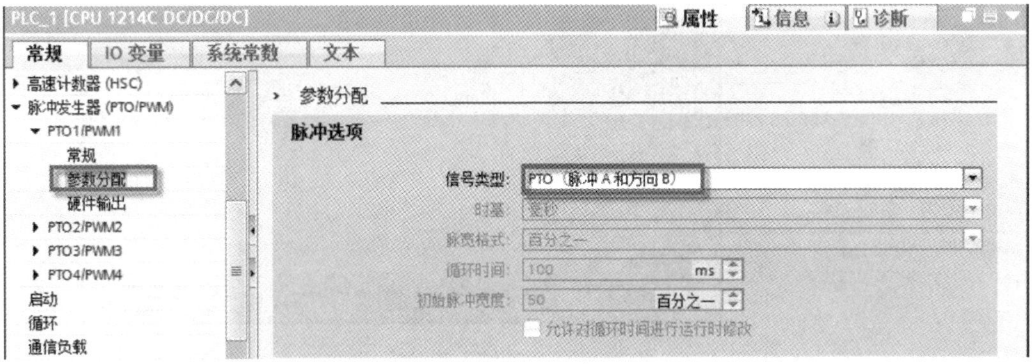

图 24-15　参数分配

二、工艺对象组态

在项目树下，新增轴工艺对象，如图 24-17 所示，输入对象名称，并指定为运动控制类型下的 TO _ PositioningAxis（轴定位工艺对象）。

1. 基本参数常规项组态

基本参数常规项组态如图 24-18 所示，指定轴名称，驱动器类型选择 PTO，测量单位选择 mm。

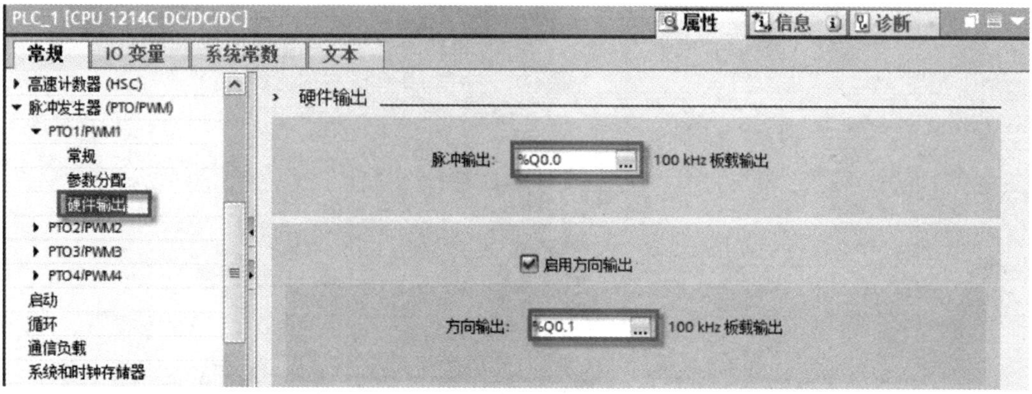

图 24-16 硬件输出

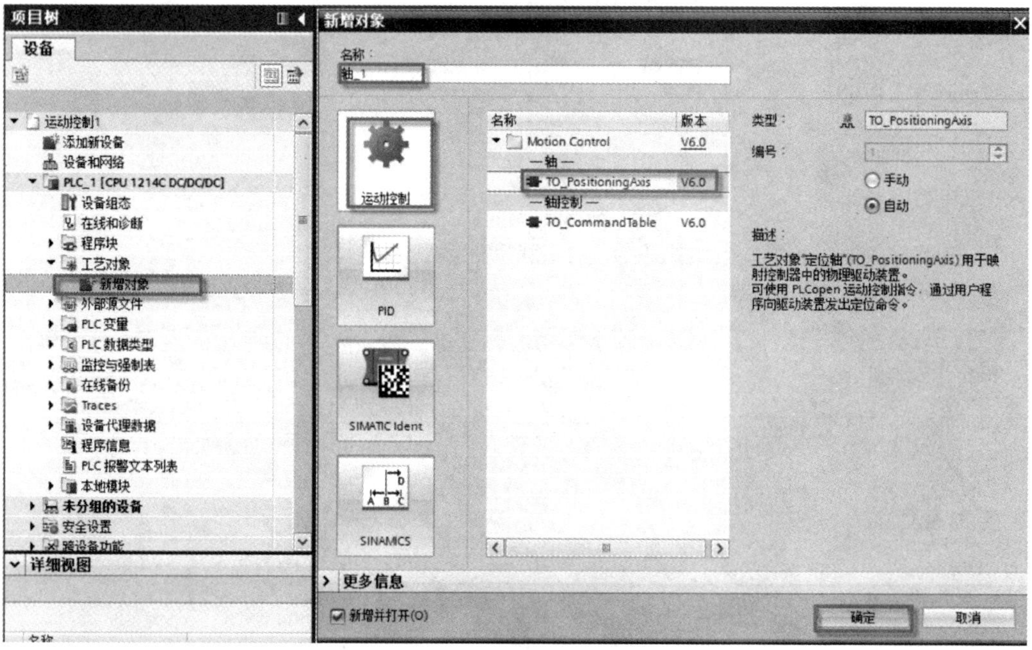

图 24-17 新增轴工艺对象

2. 基本参数驱动器项组态

基本参数驱动器项组态如图 24-19 所示。设定硬件接口脉冲发生器为 pulse _ 1。设置驱动装置（即步进驱动器）的使用与反馈分别为 Q0.2 和 I0.0。

3. 机械参数组态

组态机械参数如图 24-20 所示，设置电动机每转的脉冲数为 1000，对应电动机每转的丝杠轴位移为 10mm，并允许双向运动。

注 一般默认 Q0.0 发高速脉冲串，Q0.1 为 ON 时电动机正转，OFF 时电动机反转。图中的反向信号是指更改为 Q0.1 为 ON 时电动机反转，OFF 时电动机正转。

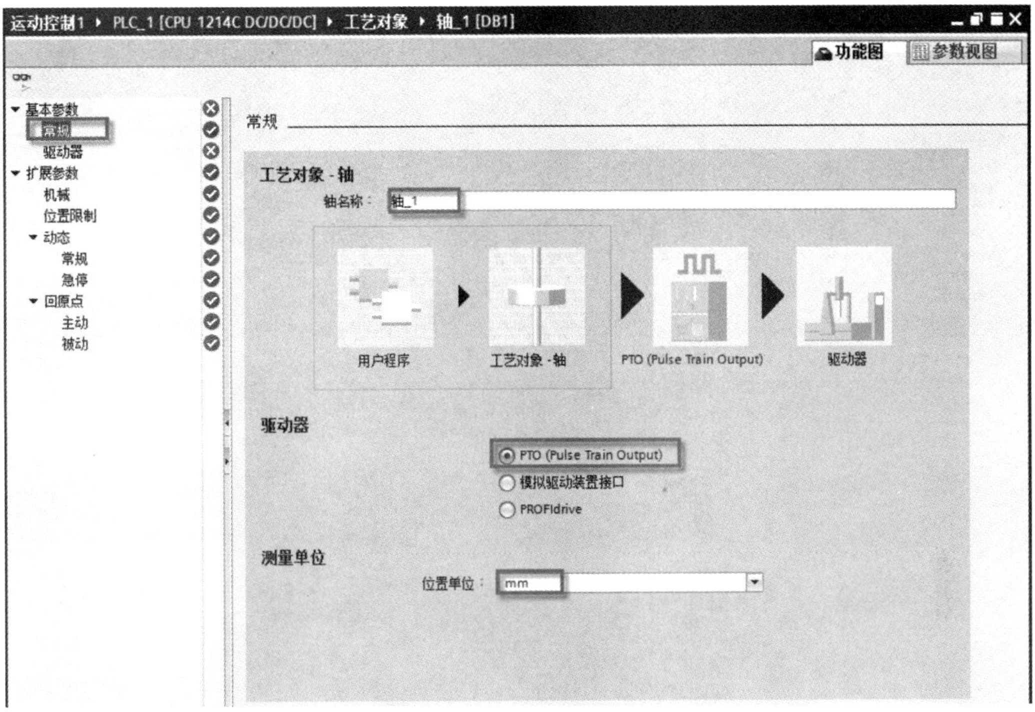

图 24-18　基本参数常规项

4. 位置限制组态

位置限制组态如图 24-21 所示，组态启用硬限位开关左限位 I0.2 和右限位开关 I0.3。根据需要也可组态启用软限位。PLC 外接硬件限位开关时，一般外接动断触点，选择低电平有效。

注　软限位的设置范围必须在硬限位的范围内。

5. 组态动态参数

组态动态参数如图 24-22 所示，在动态参数中可以设置电动机的最大转速、启动停止速度、加减速、急停等电动机动态运行参数。

6. 回原点组态

S7-1200 PLC 有多种回原点模式，在轴工艺对象里可以组态主动回原点和被动回原点。回原点模式会在下个项目中详细介绍，在本项目中组态主动回原点如图 24-23 所示。

图中相关参数设置说明如下：

（1）输入原点开关，设置原点开关的 DI 输入点。

（2）选择电平，选择原点开关的有效电平，也就是当轴碰到原点开关时，该原点开关对应的 DI 点是高电平还是低电平。一般设置高电平。

（3）允许硬件限位开关处自动反转，如果轴在回原点的一个方向上没有碰到原点，则需要使能该选项，这样轴可以自动调头，向反方向寻找原点。

（4）逼近/回原点方向，寻找原点的起始方向。也就是说触发了寻找原点功能后，轴是向“正方向”或是“负方向”开始寻找原点。

（5）上侧与下侧，上侧是指轴完成回原点指令后，以轴的左边沿停在参考点开关右侧边

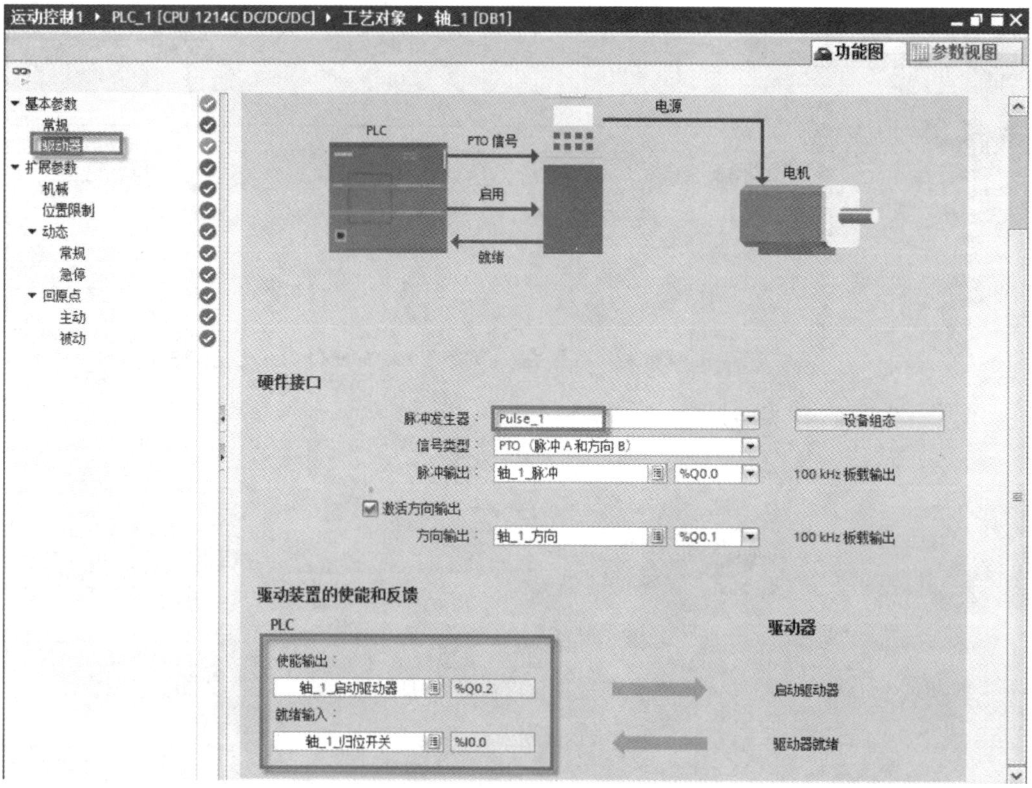

图 24-19 组态驱动器

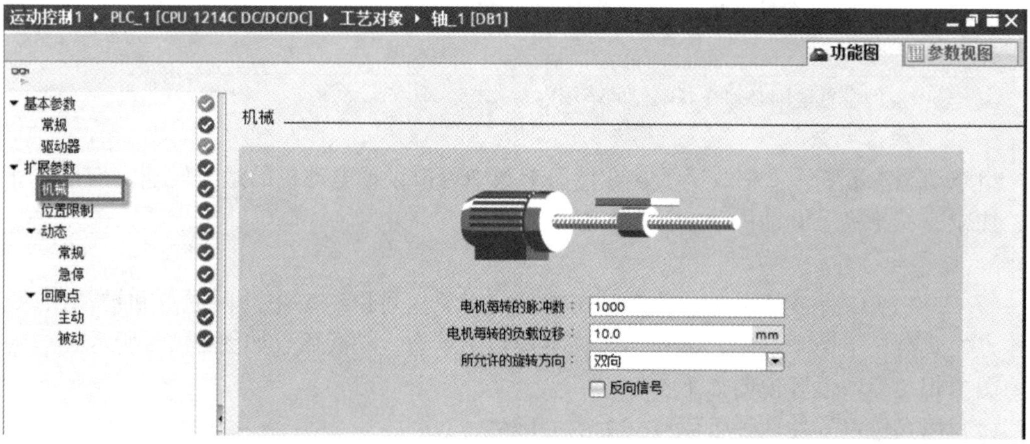

图 24-20 机械参数组态

沿；下侧是指轴完成回原点指令后，以轴的右边沿停在参考点开关左侧边沿。

注 无论用户设置寻找原点的起始方向为正方向还是负方向，轴最终停止的位置取决于“上侧”或“下侧”。

（6）逼近速度，寻找原点开关的起始速度，当程序中触发了 MC _ Home 指令后，轴立即以“逼近速度”运行来寻找原点开关。

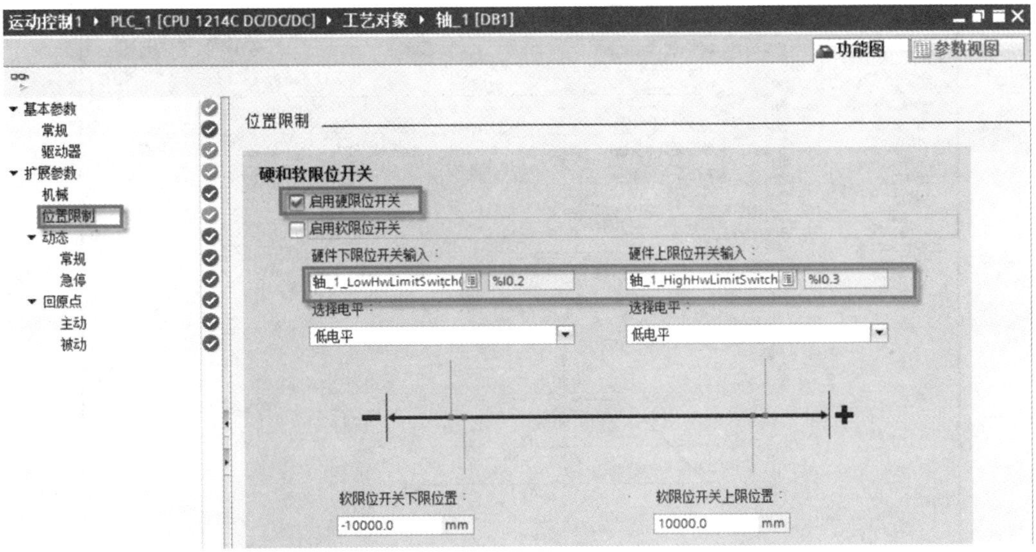

图 24-21　组态位置限制

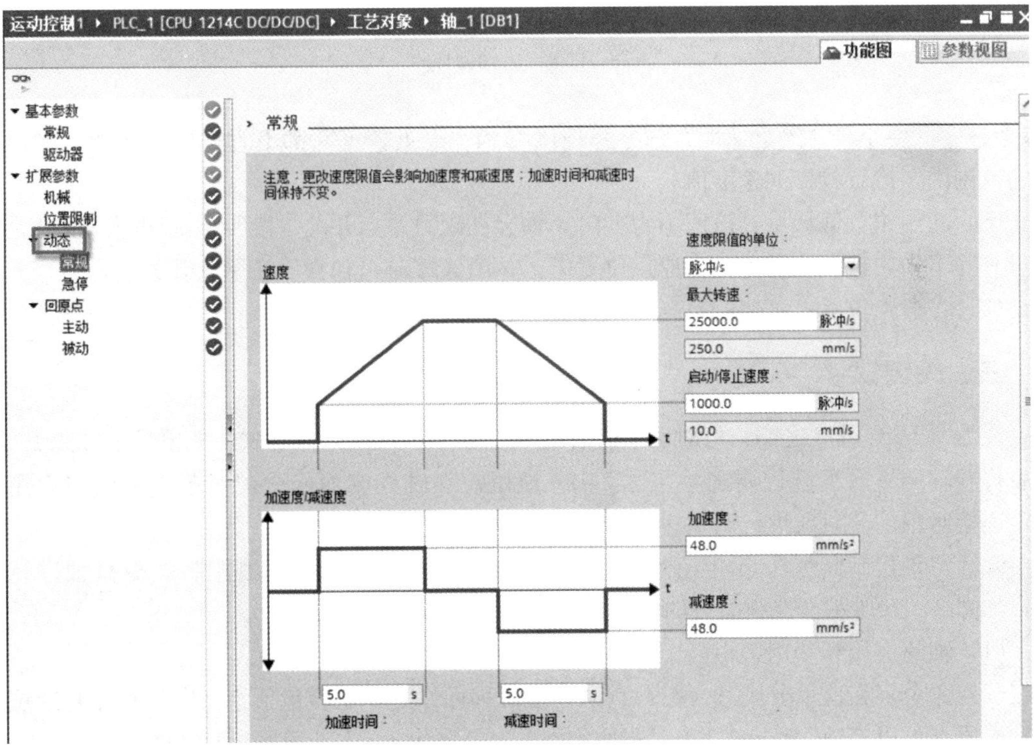

图 24-22　动态参数

(7) 参考速度，最终接近原点开关的速度，当轴第一次碰到原点开关有效边沿后运行的速度，也就是触发了 MC _ Home 指令后，轴立即以“逼近速度”运行来寻找原点开关，当轴碰到原点开关的有效边沿后轴从“逼近速度”切换到“参考速度”来最终完成原点定位。

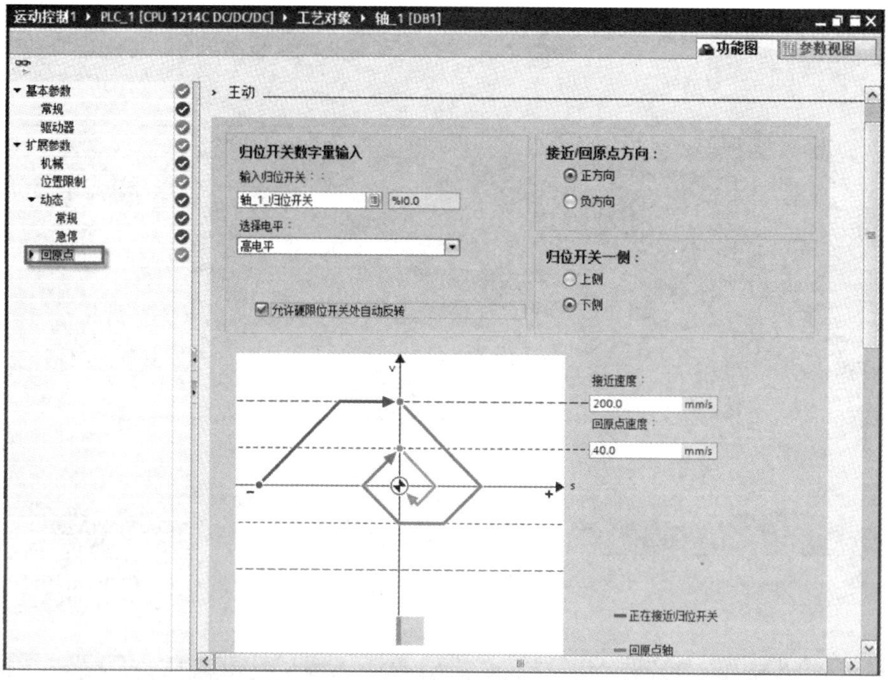

图 24-23　主动回原点

“参考速度”要小于“逼近速度”，“参考速度”和“逼近速度”都不宜设置得过快，在可接受的范围内，设置较慢的速度值。

（8）起始位置偏移量：该值不为零时，轴会在距离原点开关一段距离（该距离值就是偏移量）停下来，把该位置标记为原点位置值。该值为零时，轴会停在原点开关边沿处。

（9）参考点位置，该值就是（8）中的原点位置值。

三、轴调试

在编写 PLC 程序之前，可对以上组态的定位轴工艺对象进行调试。把项目下载到 PLC，然后打开轴调试面板进行调试，如图 24-24 所示。在轴控制面板中，可单击激活与启用按钮，连接对轴工艺对象进行调试。

激活“轴控制面板”，并且正确连接到 S7-1200 CPU 后就可以用控制面板对轴进行测试，如图 24-25 所示，控制面板的调试功能说明如下：

（1）轴的启用和禁用，相当于 MC _ Power 指令的“Enable”端。

（2）命令，在这里分成三大类：点动，定位和回原点。定位包括绝对定位和相对定位功能。回原点可以实现 Mode 0（绝对式回原点）和 Mode 3（主动回原点）功能。

（3）根据不同运动命令，设置运行速度、加/减速度、距离等参数。

（4）每种运动命令的正/反方向设置、停止等操作。

（5）轴的状态位，包括了是否有回原点完成位。

（6）错误确认按钮，相当于 MC _ Reset 指令的功能。

（7）轴的当前值，包括轴的实时位置和速度值。

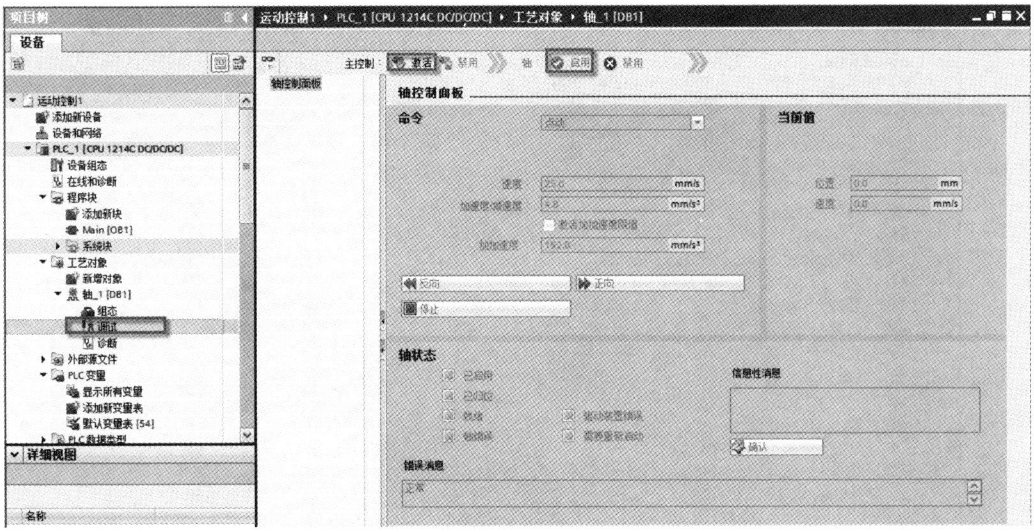

图 24-24　轴控制面板

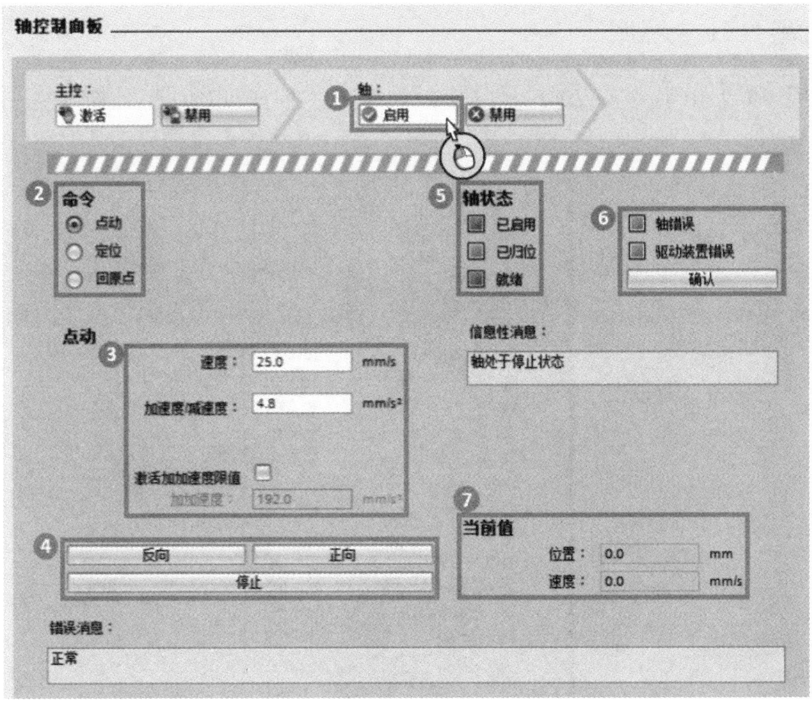

图 24-25　轴控制面板

注　轴控制面板的调试，可让 PLC 发出高速脉冲串到步进驱动器，要使用步进电动机运转，需要使步进驱动器使能。

四、变量表

新建变量表，如图 24-26 所示。

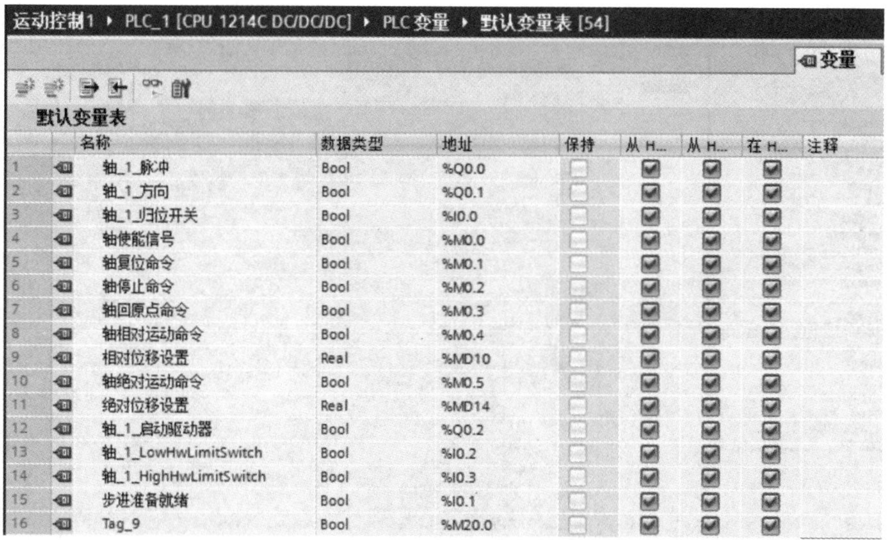

运动控制1 ▸ PLC_1 [CPU 1214C DC/DC/DC] ▸ PLC 变量 ▸ 默认变量表 [54]

默认变量表

	名称	数据类型	地址	保持	从 H...	从 H...	在 H...	注释
1	轴_1_脉冲	Bool	%Q0.0	☐	☑	☑	☑	
2	轴_1_方向	Bool	%Q0.1	☐	☑	☑	☑	
3	轴_1_归位开关	Bool	%I0.0	☐	☑	☑	☑	
4	轴使能信号	Bool	%M0.0	☐	☑	☑	☑	
5	轴复位命令	Bool	%M0.1	☐	☑	☑	☑	
6	轴停止命令	Bool	%M0.2	☐	☑	☑	☑	
7	轴回原点命令	Bool	%M0.3	☐	☑	☑	☑	
8	轴相对运动命令	Bool	%M0.4	☐	☑	☑	☑	
9	相对位移设置	Real	%MD10	☐	☑	☑	☑	
10	轴绝对运动命令	Bool	%M0.5	☐	☑	☑	☑	
11	绝对位移设置	Real	%MD14	☐	☑	☑	☑	
12	轴_1_启动驱动器	Bool	%Q0.2	☐	☑	☑	☑	
13	轴_1_LowHwLimitSwitch	Bool	%I0.2	☐	☑	☑	☑	
14	轴_1_HighHwLimitSwitch	Bool	%I0.3	☐	☑	☑	☑	
15	步进准备就绪	Bool	%I0.1	☐	☑	☑	☑	
16	Tag_9	Bool	%M20.0	☐	☑	☑	☑	

图 24-26　变量表

五、编写 OB1 主程序

在 OB1 中调用如图 24-27 所示的运动控制指令，程序如图 24-28 所示，其中 M0.1～M0.5 均为脉冲信号。

图 24-27　运动控制指令

六、项目运行与调试

把项目下载到 PLC，然后进行运行与调试，操作步骤如下：

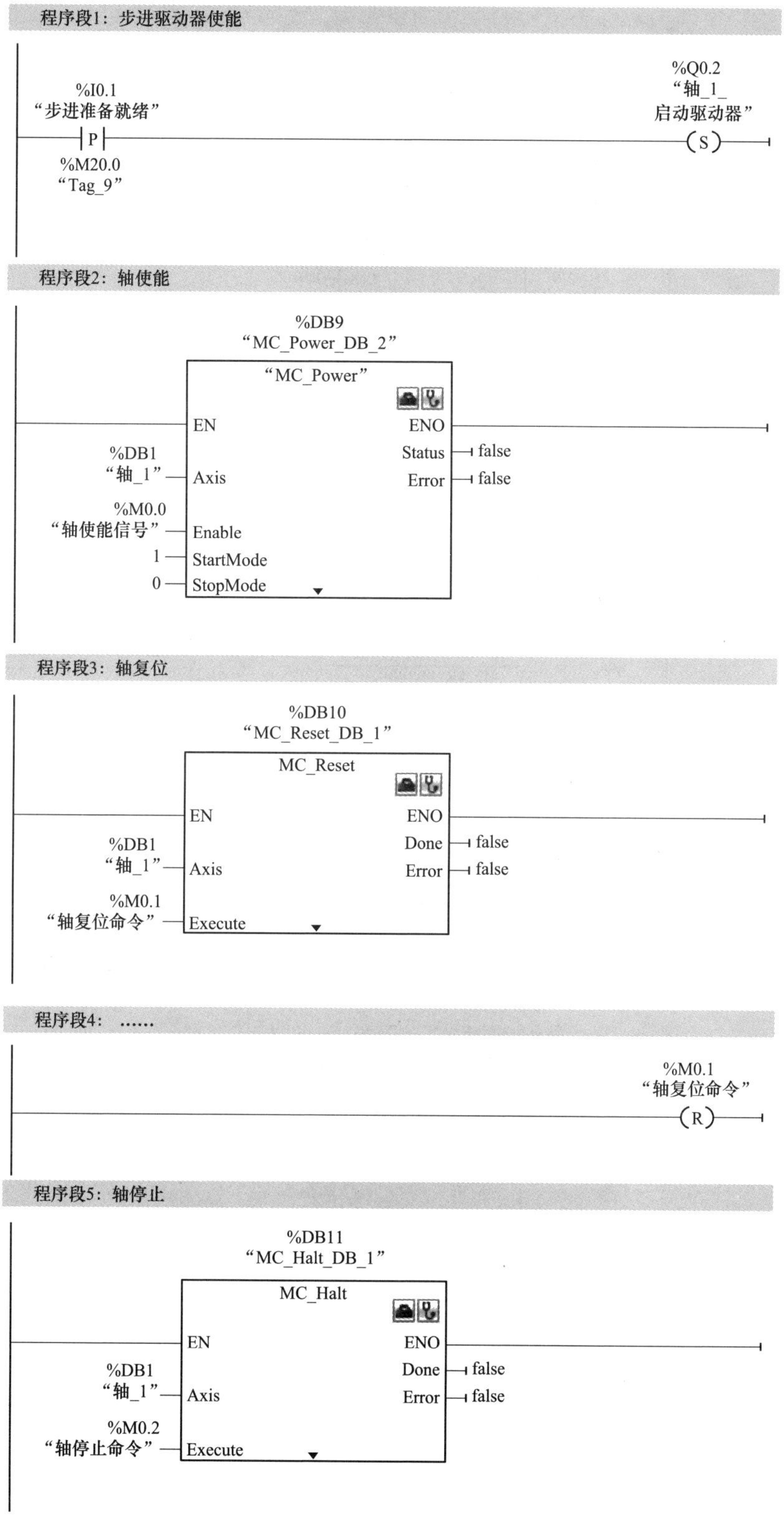

图 24-28　OB1 主程序

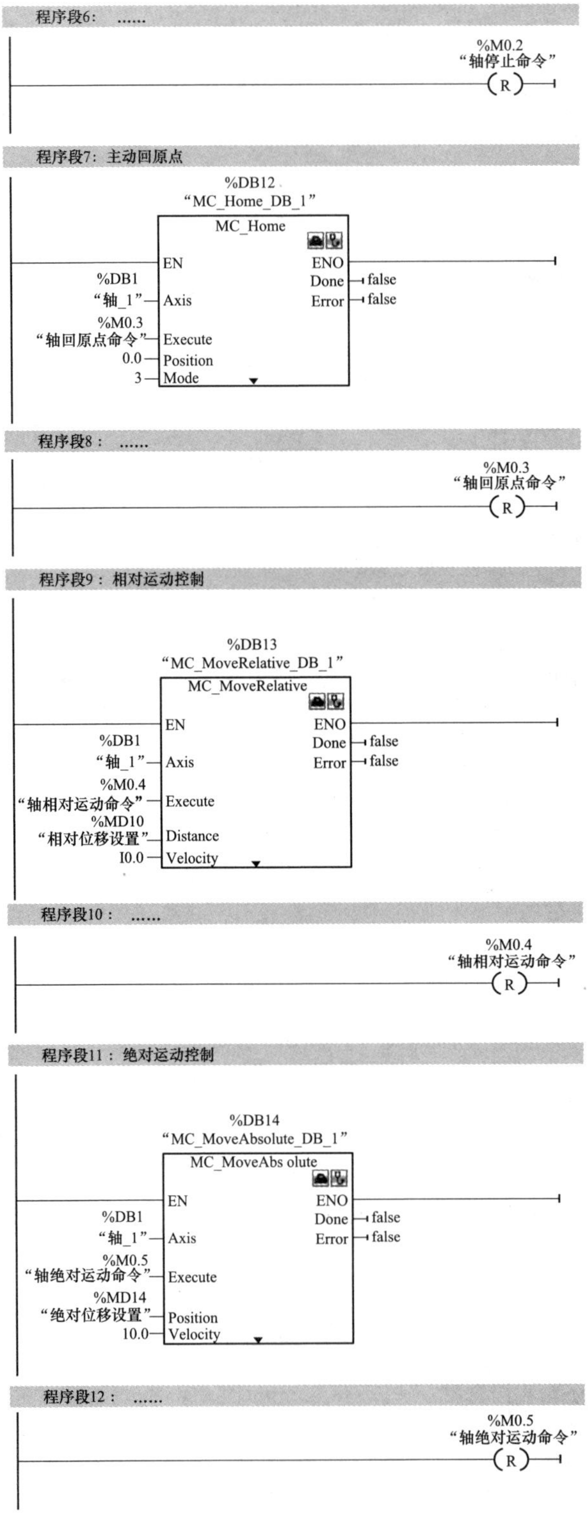

图 24-28　OB1 主程序（续）

（1）把硬件设备上电运行；

（2）把 M0.0 置位保持为 ON，轴使能；

（3）设置相对运动参数，操作 M0.4 为 ON，测试相对运动；

（4）设置绝对运动参数，操作 M0.5 为 ON，测试相对运动；

（5）操作 M0.3 为 ON，测试主动回原点；

（6）操作 M0.2 为 ON，测试轴运动过程轴停止。

调试过程中，可监控 DB1 中的相关变量，如图 24-29 所示，可监控轴的当前位置和当前速度值。

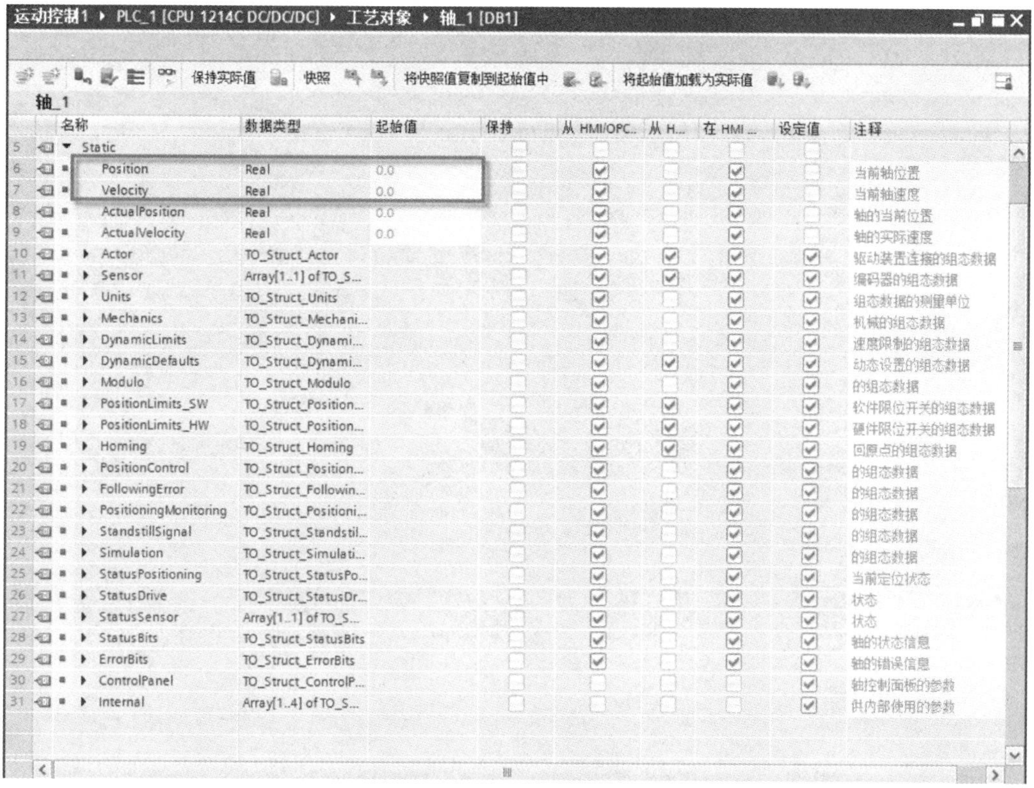

图 24-29　DB1 数据块

小　结

通过本项目，学习 S7-1200 PLC 的 PTO 运动控制功能。掌握到以下知识点：

（1）掌握轴工艺对象组态。

（2）掌握 PLC 轴控制编程。

（3）PLC 与步进电动机综合应用。

（4）轴调试。

练习与提高

控制丝杠运行，要求如下：

（1）丝杠可主动回原点。

（2）按下启动按钮，然后运行到位置 1，停止 5s 后，再往正方向运行 20mm 停 3s，然后以 10mm/s 的速度往负方向运行 1s 停止。

（3）丝杠运行过程中，紧急情况下可触发轴停止。

项目 25

被动回原点编程与调试

知识点 回原点方式、回原点指令。

原点也叫参考点，“回原点”或“寻找参考点”的作用是：把轴的实际机械位置和 S7-1200 程序中轴的位置坐标统一，以进行绝对位置定位。一般情况下，西门子 PLC 的运动控制在使能绝对位置定位之前必须执行“回原点”或是“寻找参考点”。

准备知识

S7-1200 或 S7-1500 PLC 回原点模式有主动回原点、被动回原点、绝对式直接回原点和相对式直接回原点 4 种方式。

一、回原点指令 MC _ HOME

回原点指令 MC _ HOME 功能是使轴归位、设置参考点，用来将轴坐标与实际的物理驱动器位置进行匹配。回原点指令的使用如图 25-1 所示。其中参数 Position 和 Mode 介绍如下：

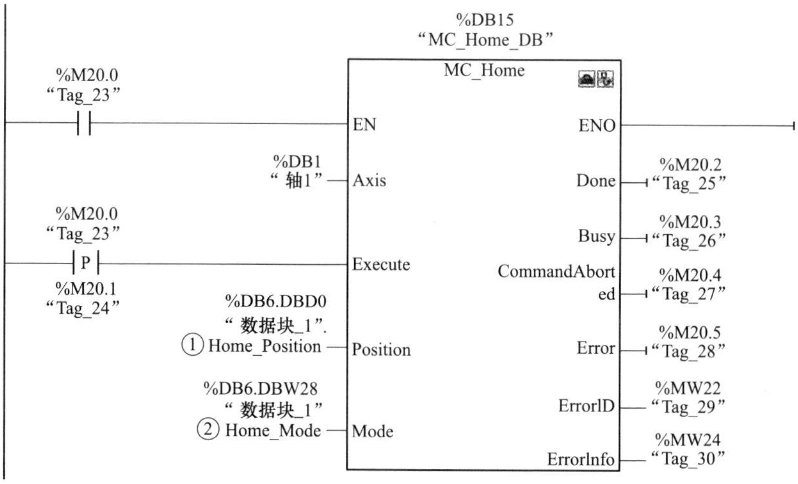

图 25-1 回原点指令

(1) Position：位置值。

1) Mode =1 时：对当前轴位置的修正值；

2）Mode＝0，2，3 时：轴的绝对位置值。

（2）Mode：回原点模式值。

1）Mode＝0：绝对式直接回零点，轴的位置值为参数“Position”的值；

2）Mode＝1：相对式直接回零点，轴的位置值等于当前轴位置＋参数“Position”的值；

3）Mode＝2：被动回零点，轴的位置值为参数“Position”的值；

4）Mode＝3：主动回零点，轴的位置值为参数“Position”的值。

二、主动回原点

在运动轴工艺对象组态中，“扩展参数—回原点—主动”中“主动”就是传统意义上的回原点或是寻找参考点。当轴触发了主动回参考点操作，则轴就会按照组态的速度去寻找原点开关信号，并完成回原点命令。

主动找回点的组态与找原点过程如图 25-2 所示。

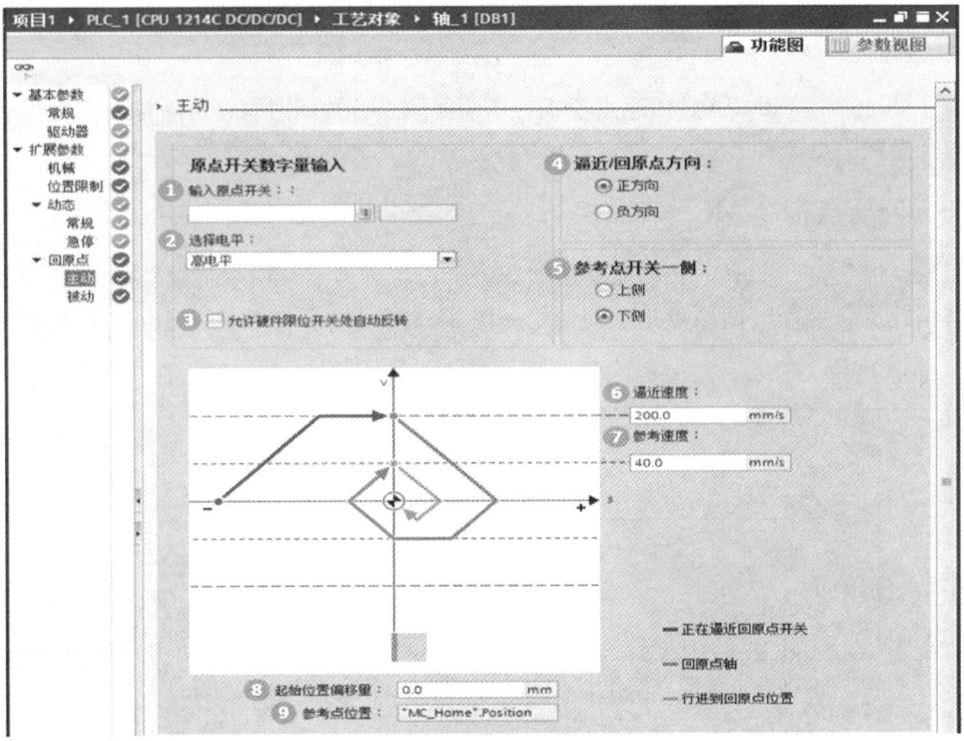

图 25-2　主动找原点

（1）输入原点开关：设置原点开关的 DI 输入点。

（2）选择电平：选择原点开关的有效电平，也就是当轴碰到原点开关时，该原点开关对应的 DI 点是高电平还是低电平。

（3）允许硬件限位开关处自动反转：如果轴在回原点的一个方向上没有碰到原点，则需要使能该选项，这样轴可以自动调头，向反方向寻找原点。

（4）逼近/回原点方向：寻找原点的起始方向。也就是说触发了寻找原点功能后，轴是向“正方向”或是“负方向”开始寻找原点。

（5）“上侧”指的是轴完成回原点指令后，以轴的左边沿停在参考点开关右侧边沿；“下侧”指的是轴完成回原点指令后，以轴的右边沿停在参考点开关左侧边沿。无论用户设置寻找原点的起始方向为正方向还是负方向，轴最终停止的位置取决于“上侧”或“下侧”，如图 25-3 所示。

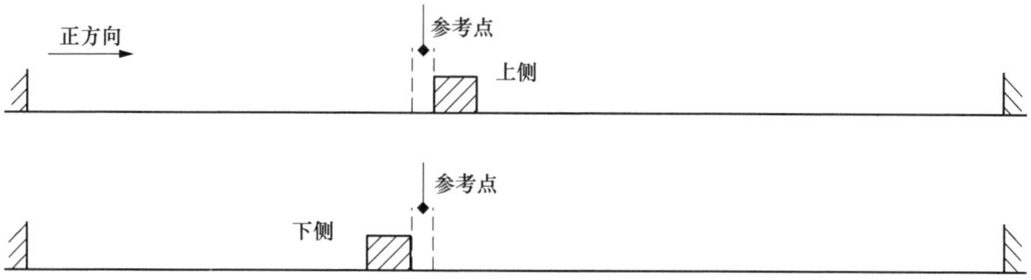

图 25-3　上侧与下侧

（6）逼近速度：寻找原点开关的起始速度，当程序中触发了 MC _ Home 指令后，轴立即以“逼近速度”运行来寻找原点开关。

（7）参考速度：最终接近原点开关的速度，当轴第一次碰到原点开关有效边沿后运行的速度，也就是触发了 MC _ Home 指令后，轴立即以“逼近速度”运行来寻找原点开关，当轴碰到原点开关的有效边沿后轴从“逼近速度”切换到“参考速度”来最终完成原点定位。“参考速度”要小于“逼近速度”，“参考速度”和“逼近速度”都不宜设置得过快。在可接受的范围内，设置较慢的速度值。

（8）起始位置偏移量：该值不为零时，轴会在距离原点开关一段距离（该距离值就是偏移量）停下来，把该位置标记为原点位置值。该值为零时，轴会停在原点开关边沿处。

（9）参考点位置：该值就是（8）中的原点位置值。

三、被动回原点

被动回原点指的是轴在运行过程中碰到原点开关，轴的当前位置将设置为回原点位置值。在运动轴工艺对象组态中，可在“扩展参数—回原点—被动”中组态，如图 25-4 所示。

组态参数说明如下：

（1）输入原点开关，设置原点开关的 DI 输入点。

（2）选择电平，选择原点开关的有效电平，也就是当轴碰到原点开关时，该原点开关对应的 DI 点是高电平还是低电平。

（3）参考点开关一侧，与主动回原点相同。

（4）参考点位置：，该值是 MC _ Home 指令中“Position”参数的数值。

被动回原点编程步骤如下：

（1）在轴工艺对象中组态被动回原点。

（2）先让轴执行一个相对运动指令，该指令设定的路径能让轴经过原点开关。

（3）在该指令执行的过程中，触发 MC _ Home 指令，设置模式为 Mode=2。

（4）再触发 MC _ MoveRelative 指令，要保证触发该指令的方向能够经过原点开关。

被动回原点指令的执行如图 25-5 所示。

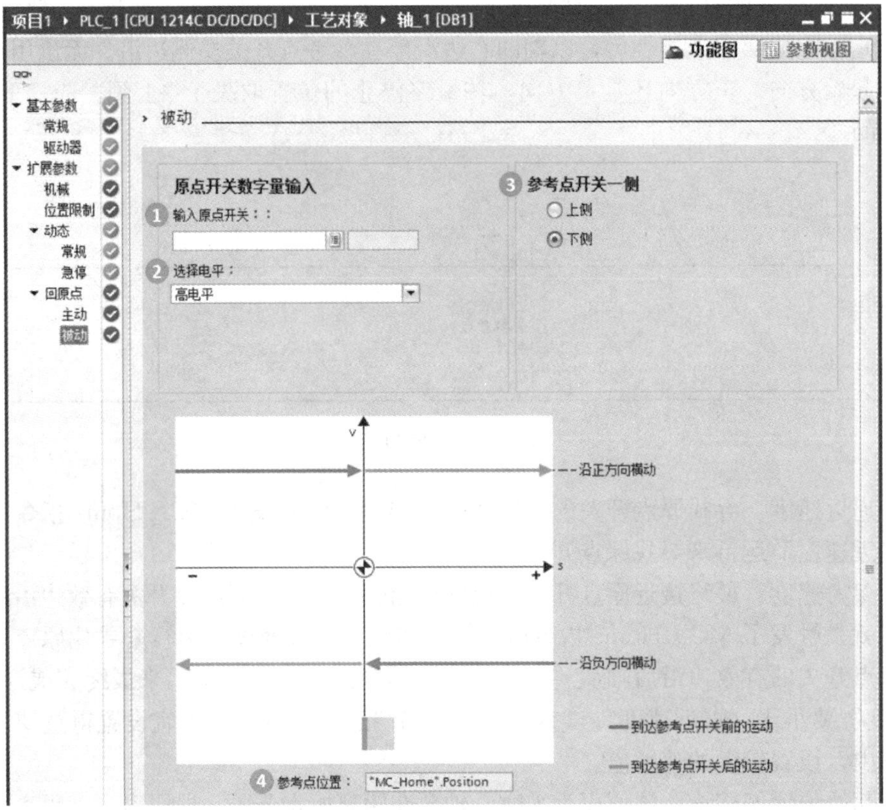

图 25-4　被动回原点

四、绝对式直接回原点

设置 Mode=0 为绝对式直接回原点，绝对式直接回原点的执行如图 25-6 所示。该模式下 MC _ Home 指令触发后轴并不运行，也不会去寻找原点开关。指令执行后的结果是轴的坐标值更新成新的坐标，新的坐标值就是 MC _ Home 指令的“Position”参数的数值。如图 25-6 所示，Position=0.0，则轴的当前坐标值也就更新成了 0.0mm。该坐标值属于“绝对”坐标值，也就是相当于轴已经建立了绝对坐标系，可以进行绝对运动。

五、相对式直接回原点

设置 Mode=1 为相对式直接回原点，相对式直接回原点的执行如图 25-7 所示。该模式触发 MC _ Home 指令后轴并不运行，只是更新轴的当前位置值。更新的方式是在轴原来坐标值的基础上加上 Position 数值后，得到的坐标值作为轴当前位置的新值。如图 25-7 所示，指令 MC _ Home 指令后，轴的位置值变成了 210mm，相应的 *a* 点和 *c* 点的坐标位置值也相应更新成新值。

注意：用户可以通过对变量＜轴名称＞. StatusBits. HomingDone=TRUE 和运动控制指令“MC _ Home”的输出参数 Done=TRUE 进行与运算，来检查轴是否已回原点。

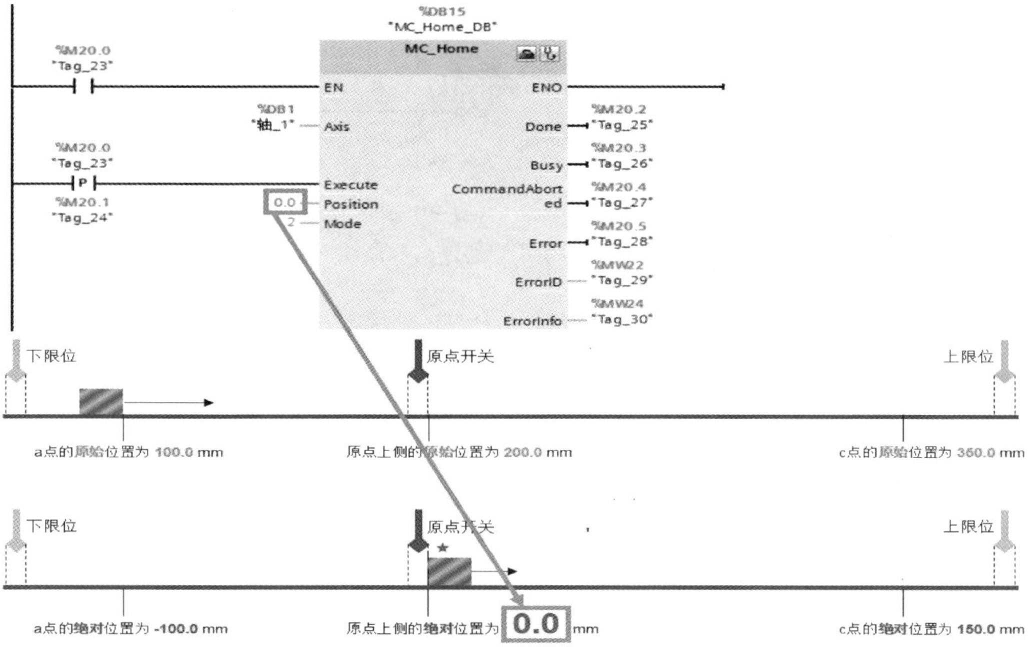

图 25-5　被动回原点

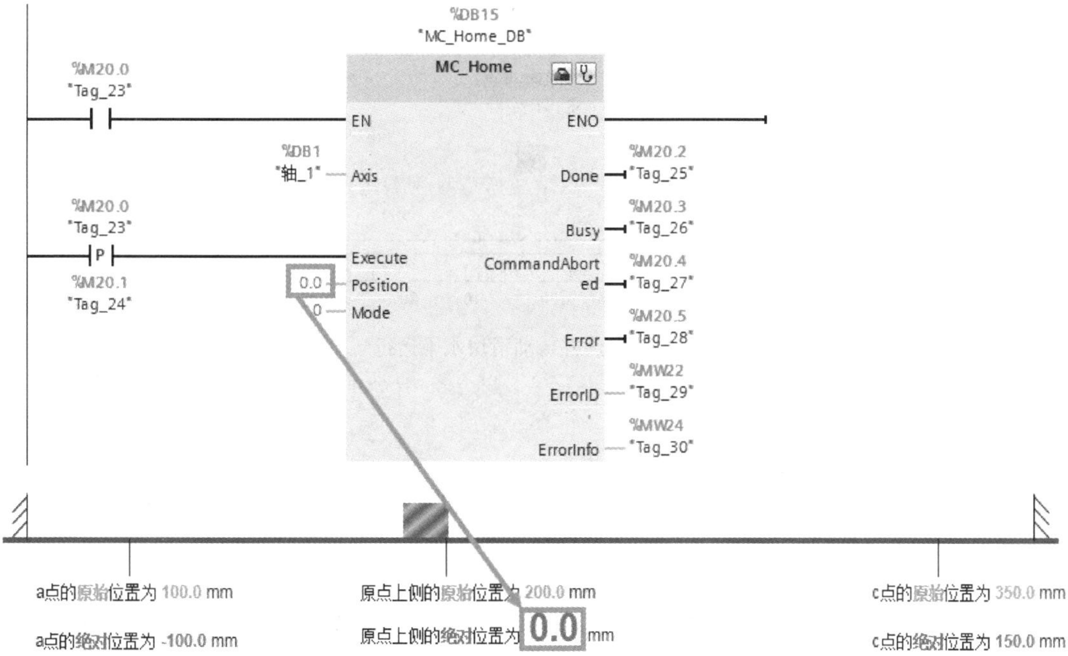

图 25-6　绝对式回原点

项目任务

项目名称：被动回原点编程与调试。

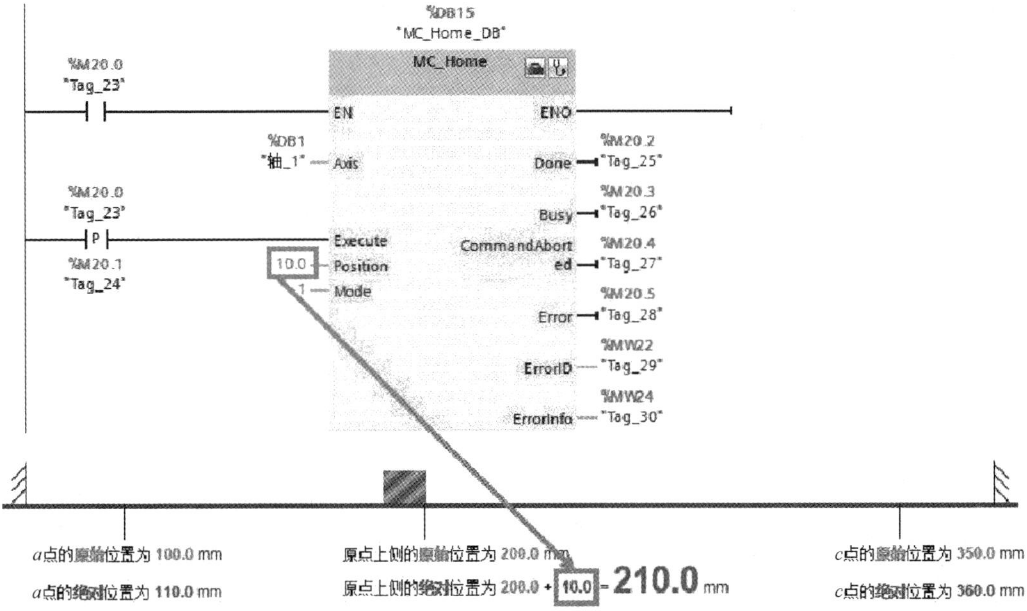

图 25-7　相对式直接回原点

控制丝杠水平运行如图 25-8 所示，要求滑块在运行过程中，当滑块左侧碰到外部参考点右侧时定义绝对位置为 0mm。编程实现相对位置、绝对定位控制。

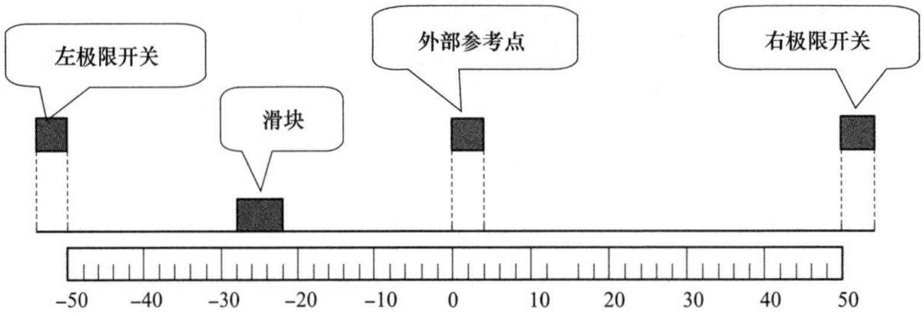

图 25-8　丝杠传动滑块水平运行

项目分析

（1）要求滑块在运行过程中，当滑块左侧碰到外部参考点右侧时定义绝对位置为 0mm。这种回原点方式为被动回原点，设置 Mode＝2。

（2）组态运动轴工艺对象，设置被动回原点。

（3）在 OB1 主程序中调用轴使能、回原点指令、绝对位置指令，以及相对位置指令实现编程。

项目编程与调试

一、新建项目

新建项目，组态 S7-1200CPU 硬件，并在 CPU 属性中设置脉冲发生器。图 25-9 所示启用脉冲发生器 pulse _ 1，参数分配和硬件输出分别如图 25-10 和图 25-11 所示。

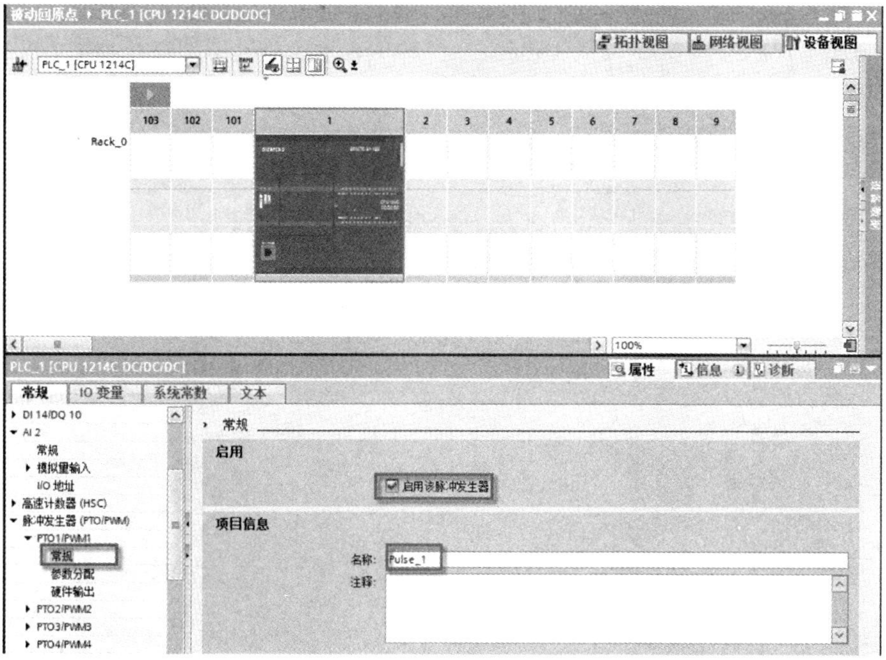

图 25-9　启用脉冲发生器 pulse _ 1

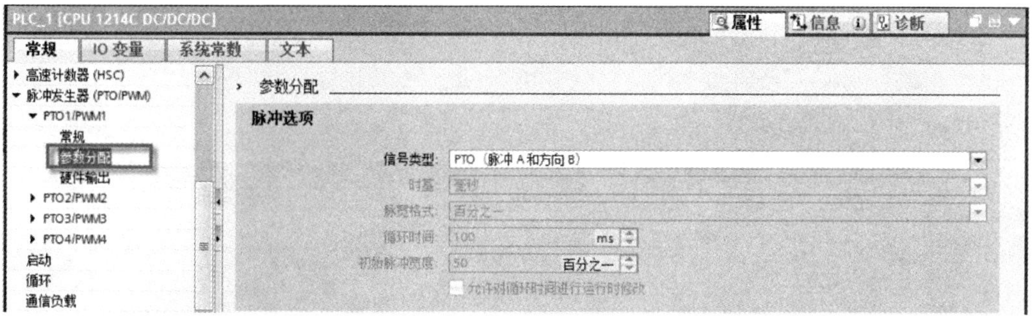

图 25-10　参数分配

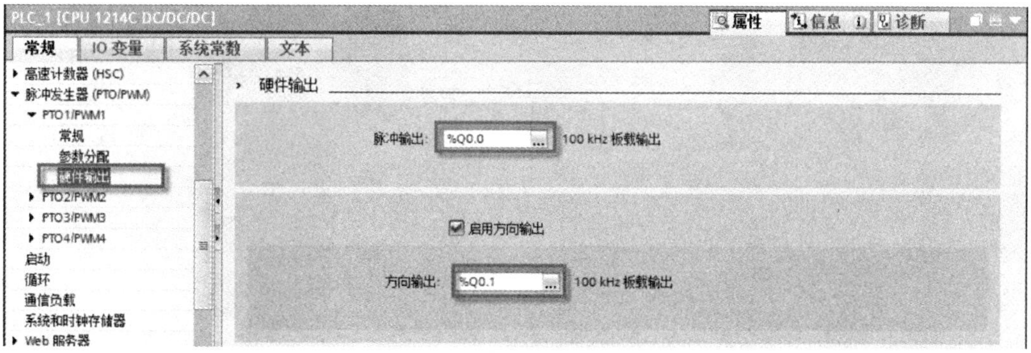

图 25-11　硬件输出

二、工艺对象组态

在项目树下，新增轴工艺对象，如图 25-12 所示，输入对象名称，并指定为运动控制类型下的 TO _ PositioningAxis（轴定位工艺对象）。

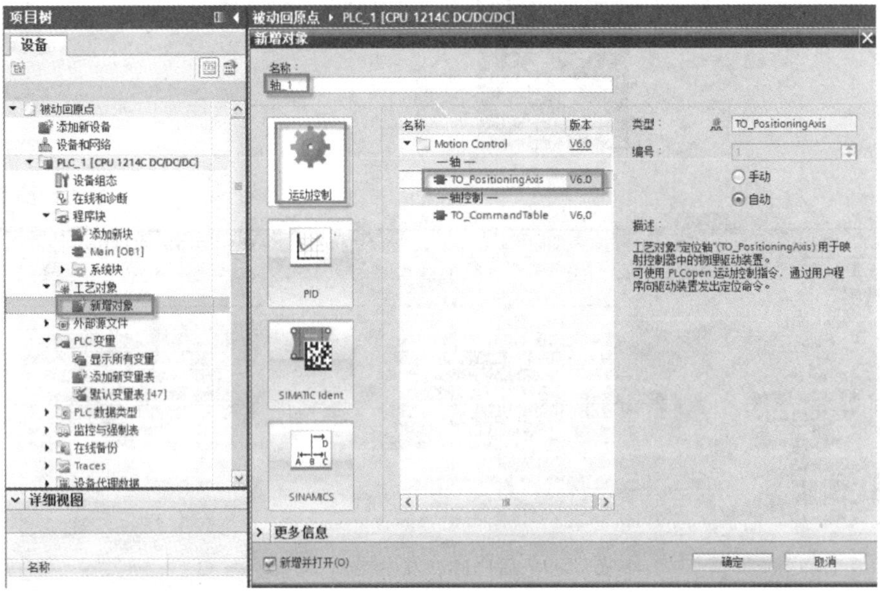

图 25-12　新增轴定位工艺对象

1. 基本参数常规项组态

基本参数常规项组态如图 25-13 所示，指定轴名称，驱动器类型选择 PTO，测量单位选择 mm。

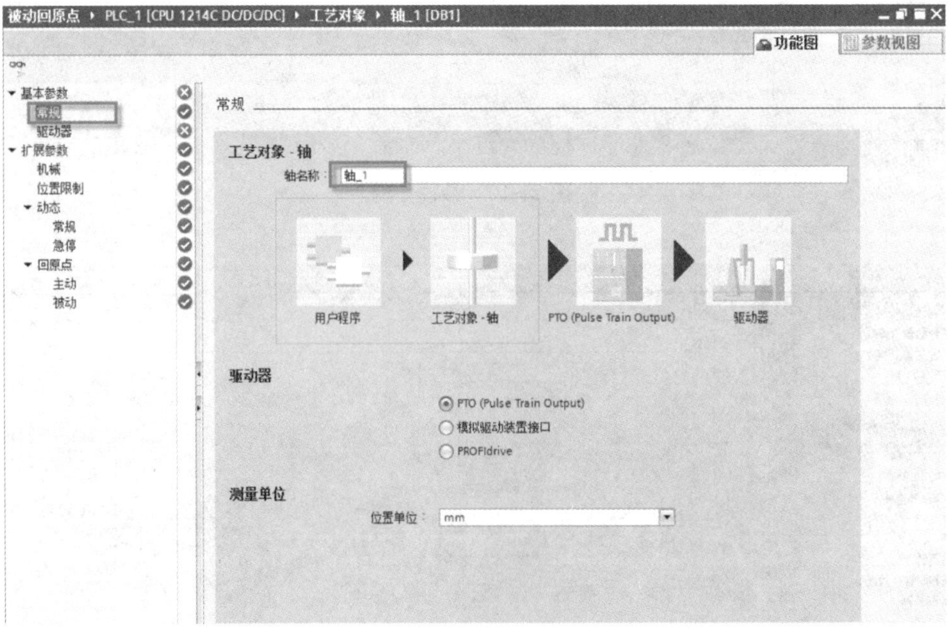

图 25-13　基本参数常规项

2. 基本参数驱动器项组态

基本参数驱动器项组态如图 25-14 所示，设定硬件接口脉冲发生器为 pulse _ 1。

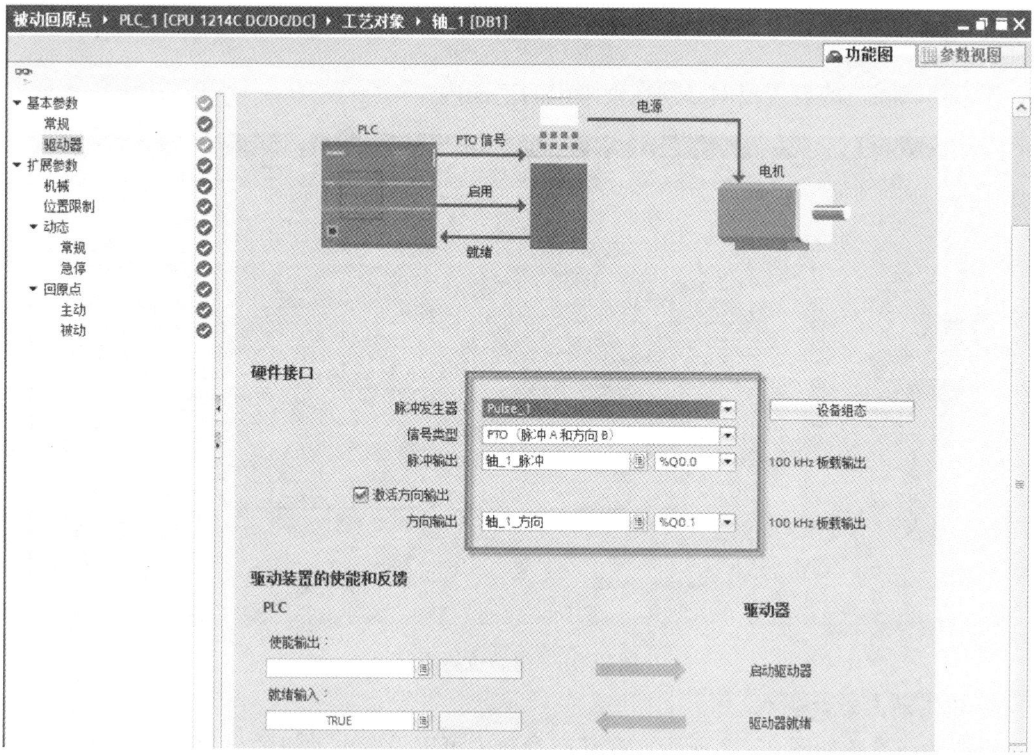

图 25-14　驱动器项组态

3. 机械参数组态

组态机械参数如图 25-15 所示，设置电动机每转的脉冲数为 1000，对应电动机每转的丝杠轴位移为 10mm，并允许双向运动。

注意：一般默认 Q0. 0 发高速脉冲串，Q0. 1 为 ON 时电动机正转，OFF 时电动机反转。图中的反向信号是指更改为 Q0. 1 为 ON 时电动机反转，OFF 时电动机正转。

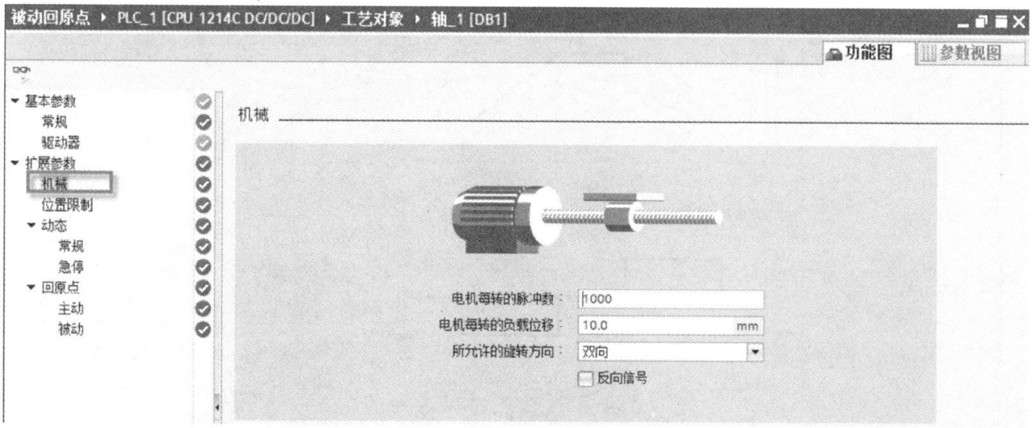

图 25-15　组态机械参数

4. 位置限制组态

位置限制组态如图 25-16 所示，组态启用硬限位开关左限位 I0.2 和右限位开关 I0.3，根据需要也可组态启用软限位。PLC 外接硬件限位开关时，一般外接动断触点，选择低电平有效。

注意：软限位的设置范围必须在硬限位的范围内。

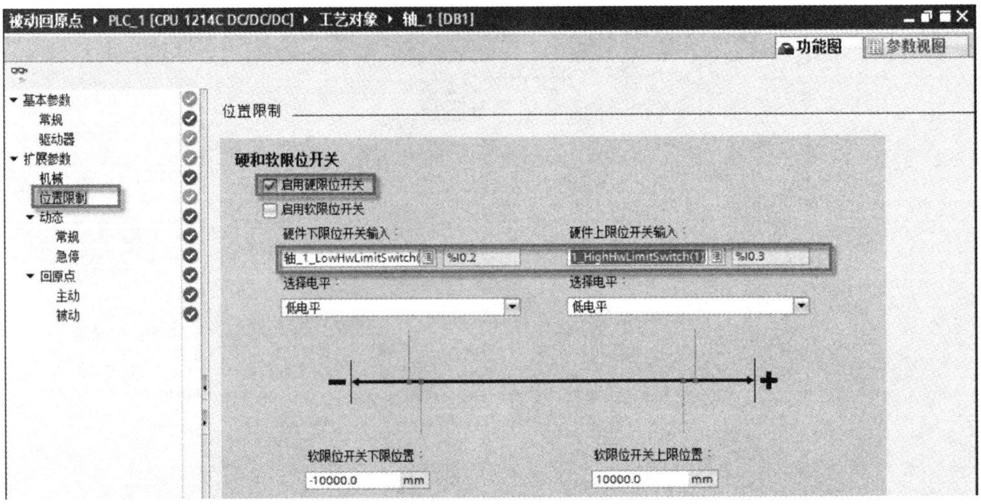

图 25-16　组态位置限制

5. 组态动态参数

组态动态参数如图 25-17 所示。在动态参数中可以设置电动机的最大转速、启动停止速

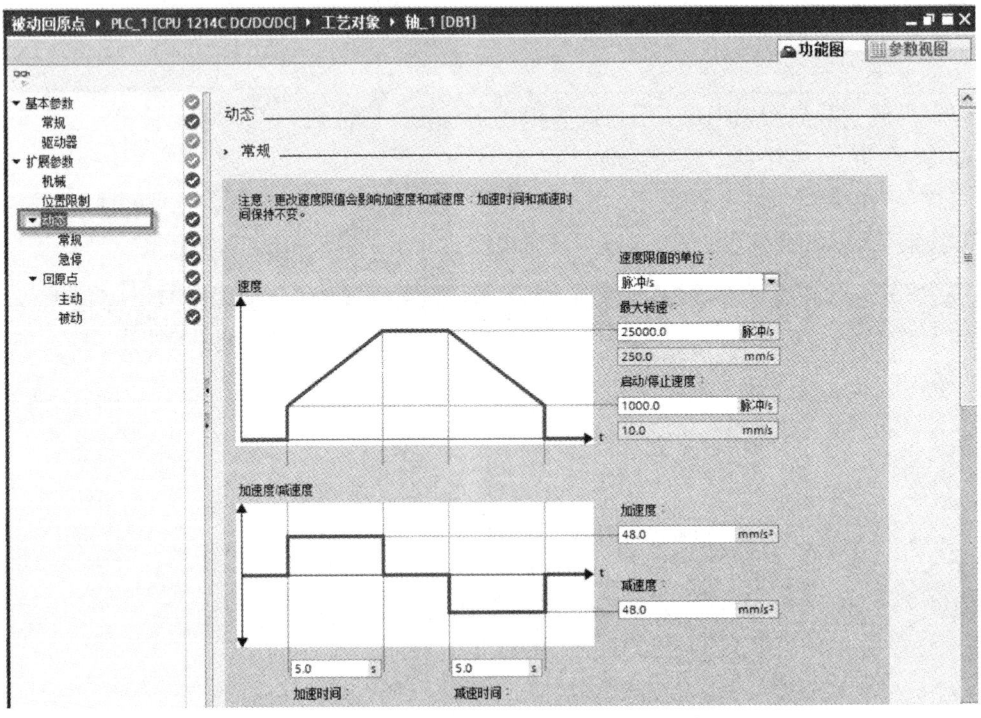

图 25-17　动态参数

度、加减速、急停等电动机动态运行参数。

6. 回原点组态

S7-1200 PLC 有多种回原点模式，在轴工艺对象里可以组态主动回原点和被动回原点。组态被动回原点如图 25-18 所示。

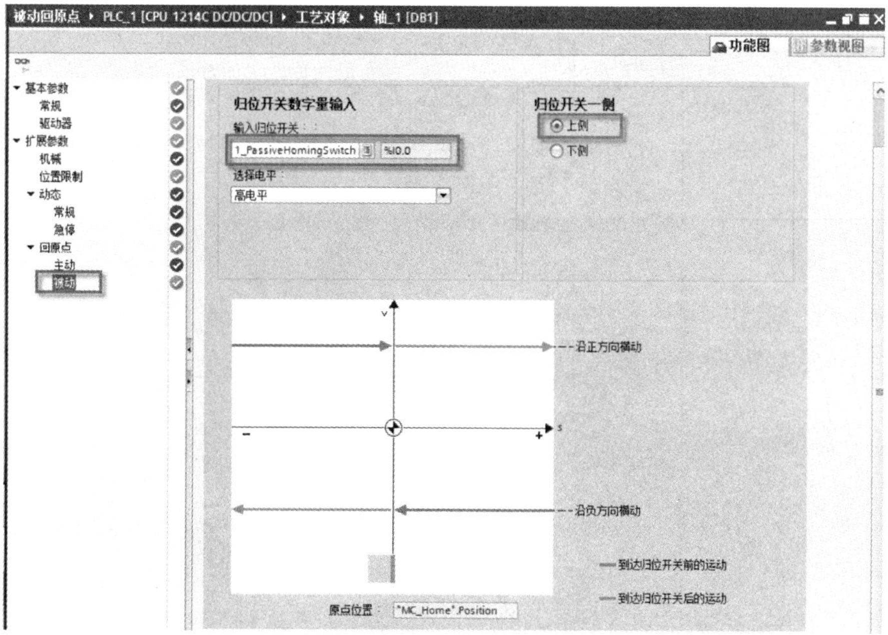

图 25-18　组态被动回原点

三、变量表

新建变量表如图 25-19 所示。

被动回原点 ▸ PLC_1 [CPU 1214C DC/DC/DC] ▸ PLC 变量 ▸ 默认变量表 [53]

默认变量表

	名称	数据类型	地址	保持	从 H...	从 H...	在 H...	注释
1	轴_1_脉冲	Bool	%Q0.0	☐	☑	☑	☑	
2	轴_1_方向	Bool	%Q0.1	☐	☑	☑	☑	
3	轴_1_LowHwLimitSwitch	Bool	%I1.0	☐	☑	☑	☑	
4	轴_1_HighHwLimitSwitch	Bool	%I1.2	☐	☑	☑	☑	
5	轴_1_PassiveHomingSwitch	Bool	%I0.0	☐	☑	☑	☑	
6	轴使能	Bool	%M0.0	☐	☑	☑	☑	
7	绝对运动控制	Bool	%M0.1	☐	☑	☑	☑	
8	绝对位置设置	Real	%MD10	☐	☑	☑	☑	
9	绝对位置速度	Real	%MD14	☐	☑	☑	☑	
10	相对位置设置	Real	%MD20	☐	☑	☑	☑	
11	相对位置速度	Real	%MD24	☐	☑	☑	☑	
12	相对运动控制	Bool	%M0.2	☐	☑	☑	☑	
13	回原点标志	Bool	%M1.0	☐	☑	☑	☑	
14	轴_1_LowHwLimitSwitch(1)	Bool	%I0.2	☐	☑	☑	☑	
15	轴_1_HighHwLimitSwitch(1)	Bool	%I0.3	☐	☑	☑	☑	

图 25-19　变量表

四、编写 OB1 程序

编写 OB1 程序如图 25-20 所示，在程序中调用相关的运动控制指令。

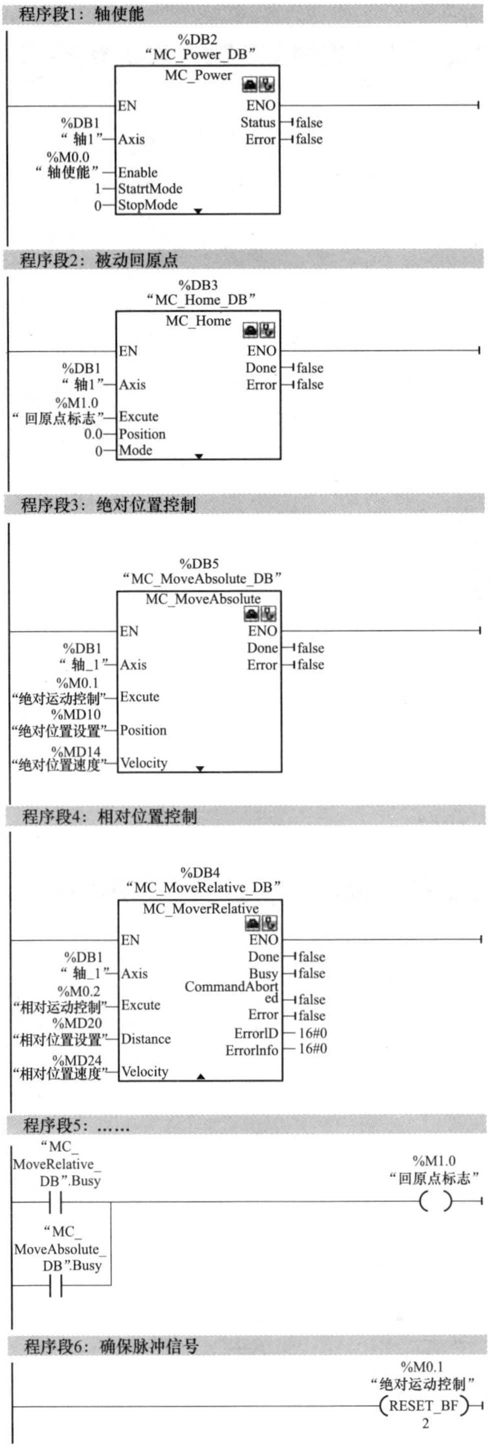

图 25-20 运动控制指令

五、程序运行与调试

把项目下载到 PLC，然后在项目进行运行与调试，调试步骤如下：

（1）把 M0.0 赋值为 1，驱动轴使能。

（2）把 M0.2 赋值为 1，触发相对位置控制，并使被控滑块经过原点位置，触发被动回原点。

（3）赋值 M0.1 为 1，触发绝对位置控制，验证当滑块经过原点位置时，位置值是否为 0。

（4）赋值 M0.2 为 1，触发相对位置控制，验证当滑块经过原点位置时，位置值是否为 0。

（5）运行与调试过程中，可对数据块 DB1 中的轴位置和速度值进行监视。

小　结

本项目编程实现被动回原点，通过本项目的学习掌握以下知识点：

（1）回原点方式的选择。

（2）被动回原点方式的编程。

练习与提高

1. S7-1200/1500 PLC 有哪几个回原点方式？可通过哪个参数进行设置？哪种回原点方式不需要回原点开关？

2. 试描述主动回原点的过程。

项目 26

PTO 控制单轴丝杠连续运动控制

知识点 命令表。

轴有一个或多个固定运行路径的应用情况下可以使用命令表。使用组态命令表，可以使轴按照设定好的曲线路径运行。命令表功能为用户提供了另外一种轴控制解决方案。只有S7-1200 PTO 控制方式可以使用命令表功能，PROFIdrive 和模拟量控制方式都不支持命令表功能。

准备知识

"命令表"和"轴"是同等级别的工艺对象。客户可以只插入"命令表"，也可只插入"轴"，或是同时插入两个工艺对象，命令表最多可以添加 32 条命令条目。

一、命令表组态

插入工艺对象 TO _ CommandTable 的过程，如图 26-1 所示。

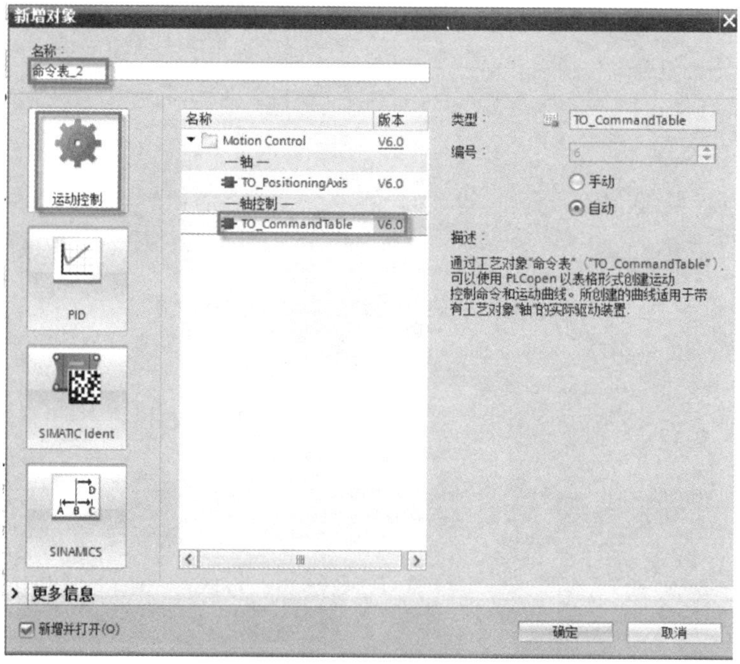

图 26-1 插入命令表

插入命令表后，可以看到如图 26-2 所示的命令表参数配置视图。命令表参数包括：基本参数和扩展参数。

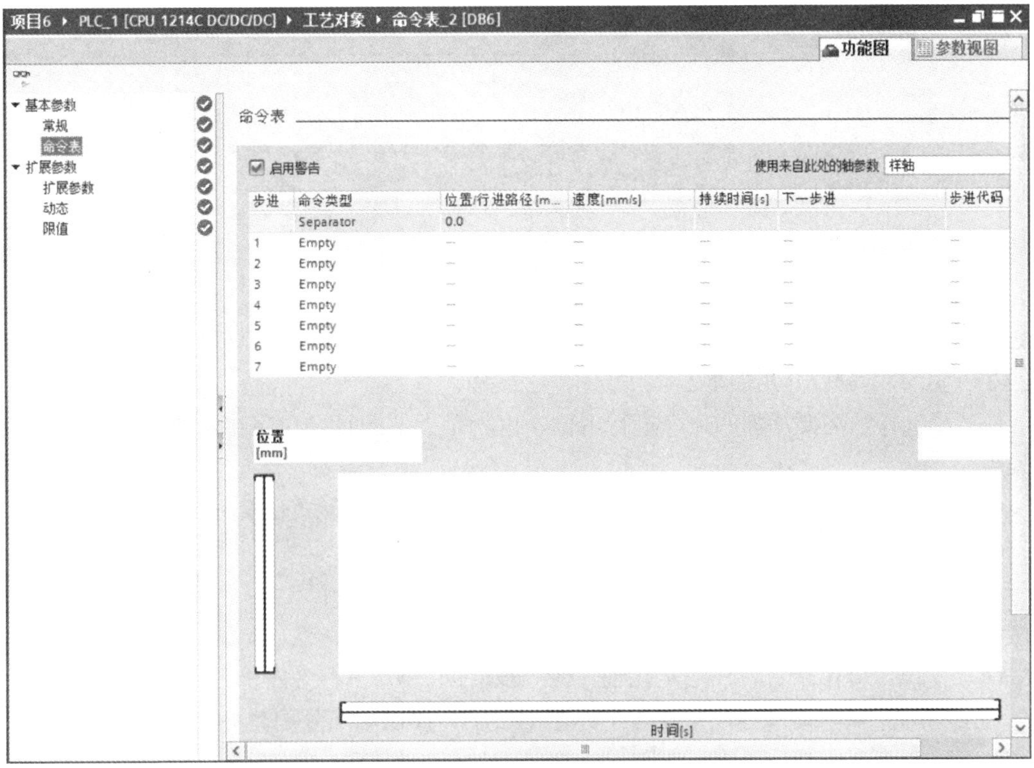

图 26-2　命令表

“基本参数”包括“常规”和“命令表”两部分。“常规”就是命令表的名称，“命令表”是重点配置部分，用来配置命令曲线的。“扩展参数”包括“扩展参数”“动态”和“限制”三部分。如果在“命令表”中选择已组态的轴，如图 26-3 所示，则“扩展参数”中的参数都是不能更改的。

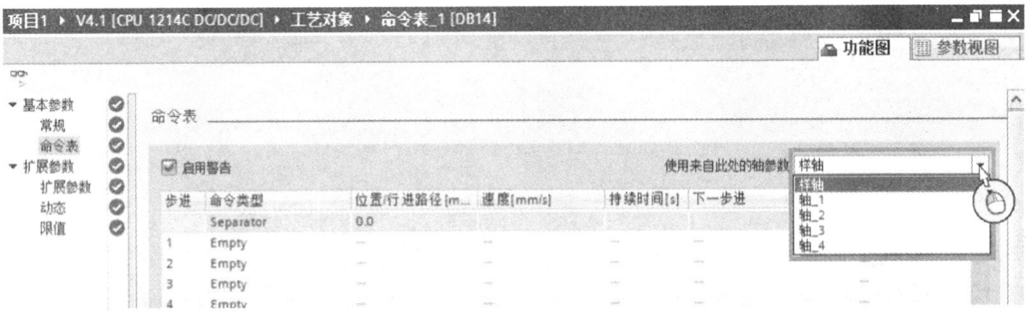

图 26-3　选择轴

用户可以在“命令表”中选择“样轴”，则“扩展参数”中的参数都是可组态的。如图 26-4 所示，可以配置完“样轴”的参数后，把样轴参数复制到之前配置的轴对象。用户也

可把轴 _ 1，轴 _ 2，轴 _ 3 或轴 _ 4 中任意一个轴的配置参数复制到“样轴”。

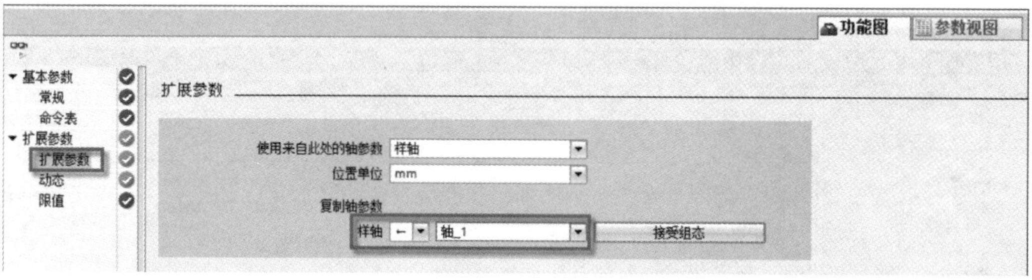

图 26-4　样轴与实际轴扩展参数可相互复制

选择轴参数后，开始配置需要的命令（也可以叫作曲线）。Portal 软件提供了 7 种命令，如图 26-5 所示，命令介绍如下：

（1）Empty，为要添加的命令进行占位，也就是占位条目。程序在处理命令表时会忽略空条目。

（2）Halt，停止轴，只有在执行“Velocity setpoint”命令之后该命令才生效。

（3）Positioning Relative，轴的相对运动命令。

（4）Positioning Absolute，轴的绝对运动命。

（5）Velocity setpoint，轴的速度运行命令。

（6）Wait，等待条目，作用是让轴等待一段时间。Wait 不会停止激活的行进运动。

（7）Separator，曲线分割命令，不会作用于轴，仅仅用来分割趋势曲线。

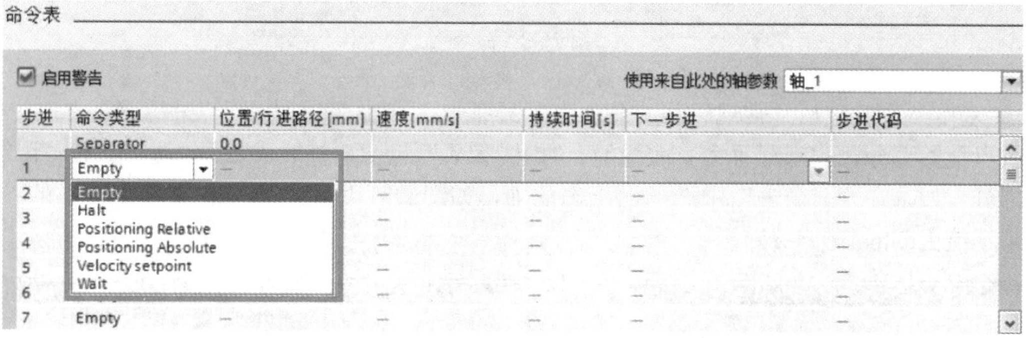

图 26-5　命令

二、命令

1. 相对运动命令 Positioning Relative

Positioning Relative 命令需要设定相对运动的位移值和速度值，例如，如图 26-6 所示，相对运动的位移为 500.0mm，速度为 100.0mm/s，加粗部分对应的是该指令的趋势曲线。曲线 1 表示的是命令的速度，该值从 0 开始加速达到设定值 100.0mm/s，匀速运行一段时间后开始减速到轴的停止速度，这时轴的位置为 500.0mm，该位置值是由轴的起始位置加上相对运动的位移值得到的 0.0 ＋ 500.0＝500.0mm。

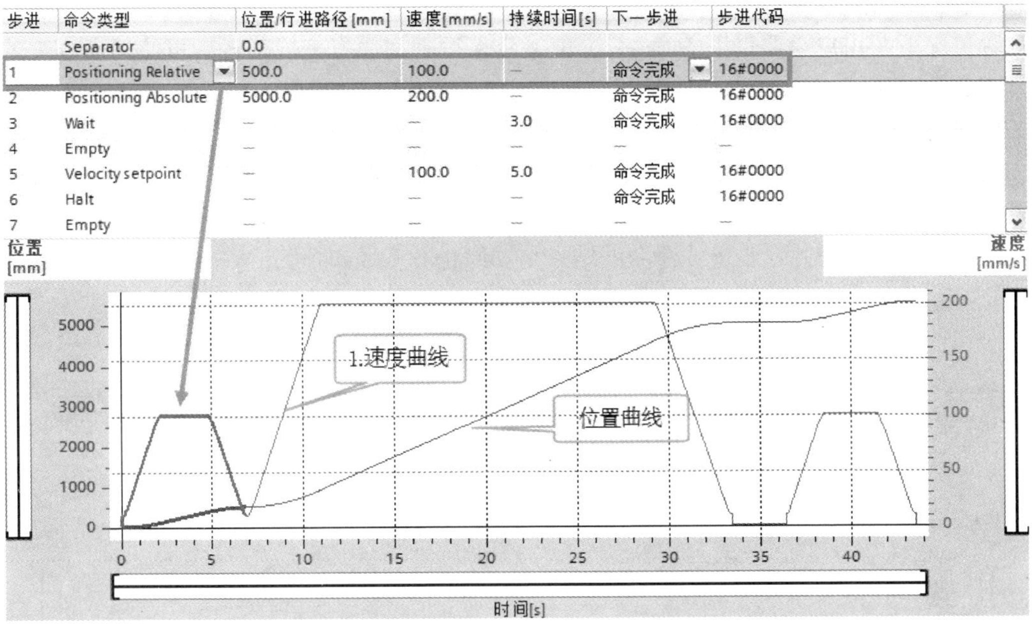

图 26-6　Positioning Relative 命令

2. 绝对运动命令 Positioning Absolute

Positioning Absolute 命令需要设定绝对运动的目标位置值和运行速度值，如图 26-7 所示，绝对运动的目标位置为 5000.0mm，速度为 200.0mm/s。加粗部分对应的是该指令的趋势曲线。曲线 1 表示的是命令的速度，该值从起始速度开始加速达到设定值 200.0mm/s，匀速运行一段时间后开始减速到轴的停止速度，这时轴的位置为 5000.0mm。

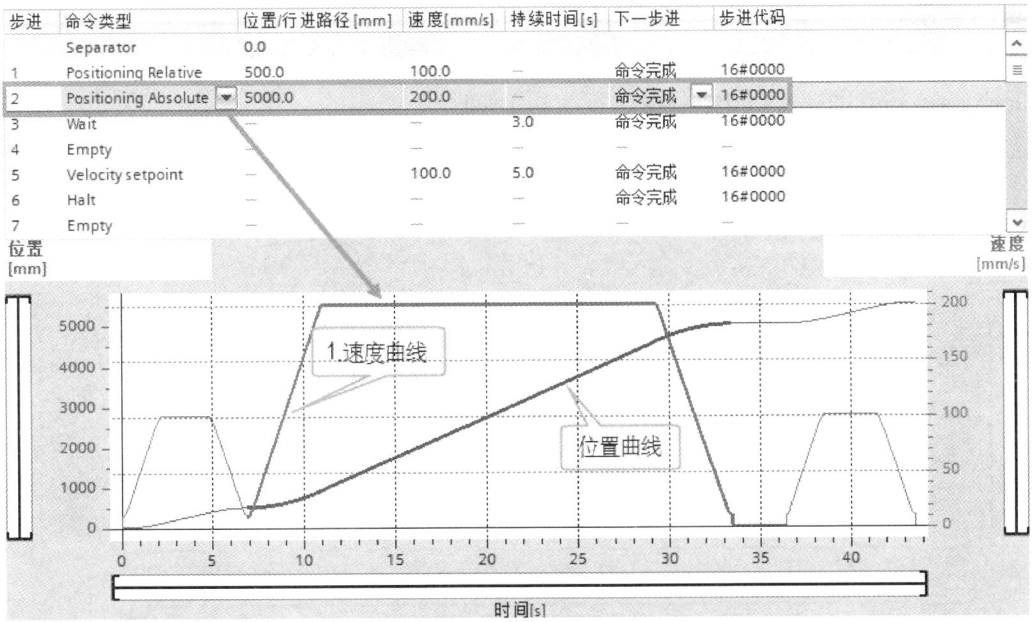

图 26-7　Positioning Absolute 命令

注意：命令表中没有回原点指令，用户想使用绝对位置命令之前，需要回原点。因此在这种情况下，用户需要借助 MC _ Home 指令来得到回原点完成信号后再使用命令表的绝对定位命令。

3. 轴等待指令 Wait

Wait 命令需要设置“持续时间”值，该指令的作用是增加一段时间延时，在这段时间内轴的状态取决于上一个命令。如图 26-8 所示，Wait 命令前是绝对定位，轴在进行完绝对定位后是停止的，因此，步进 3 命令的结果是轴停止 3.0s 的时间。

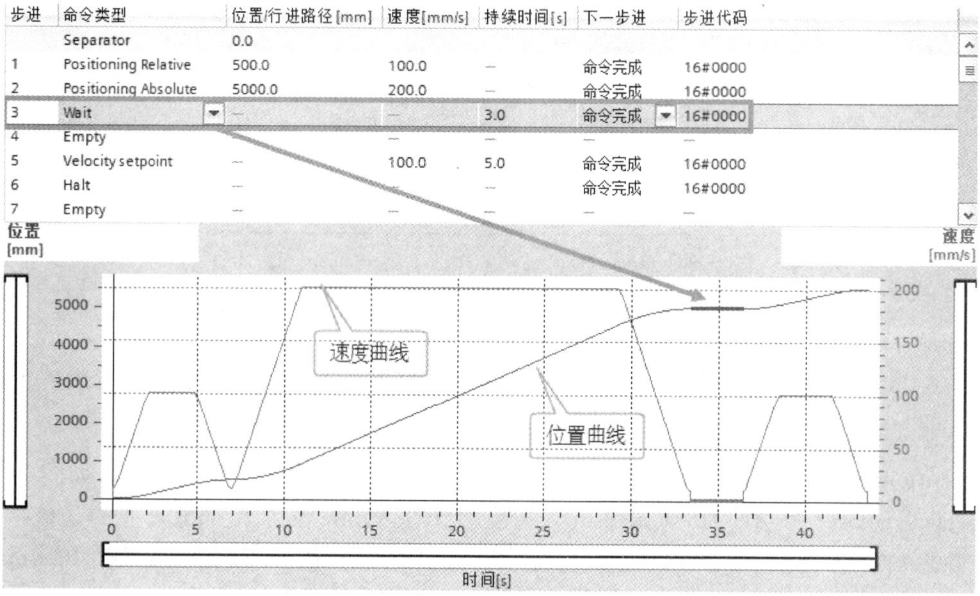

图 26-8　Wait 命令

图 26-9 所示是 Wait 命令添加在 Velocity setpoint 指令之后的情况。Wait 命令会保持 Velocity setpoint 的速度值让轴继续运行 3.0s 时间。

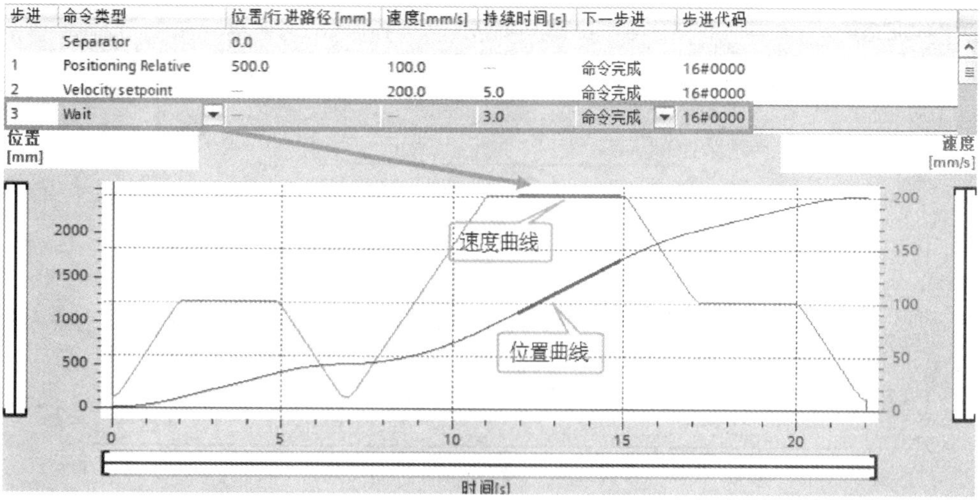

图 26-9　Wait 命令

4. 速度运行命令 Velocity setpoint

Velocity setpoint 命令需要设定的是运行“速度”值和“持续时间”，如图 26-10 所示，速度运行命令的“速度”值为 100.0mm/s，“持续时间”为 3.0s。加粗部分对应的是该指令的趋势曲线。

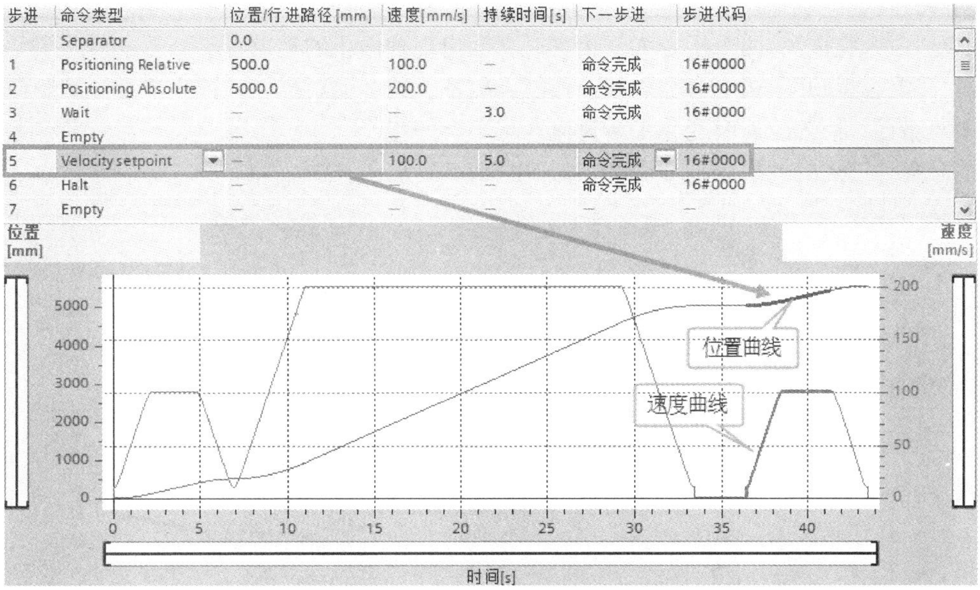

图 26-10　Velocity setpoint 命令

5. 停止命令 Halt

对于执行 Velocity setpoint 命令后再执行 Halt 命令，轴会按照扩展参数中的减速度来减速停止轴，减速曲线如图 26-11 所示。

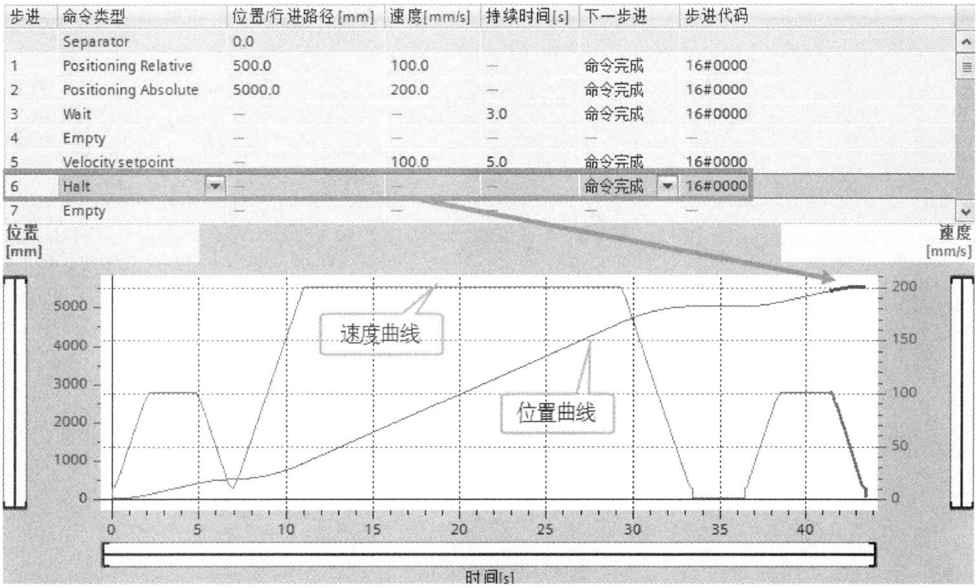

图 26-11　停止命令 Halt

三、命令表其他属性

1. “命令完成”和“混合运动”

在命令表中，可以为步进条目设置前后命令之间的衔接模式，分成“命令完成”和“混合运动”。

（1）“命令完成”：两个指令之间衔接时，会出现轴停止的现象。

（2）“混合运动”：两个命令之间衔接时，软件会结合前后指令的速度进行计算，使得到新的曲线路径，使轴的速度变化平滑过渡，轴不会停止。

前后两种模式的效果分别如图 26-12 和图 26-13 所示。

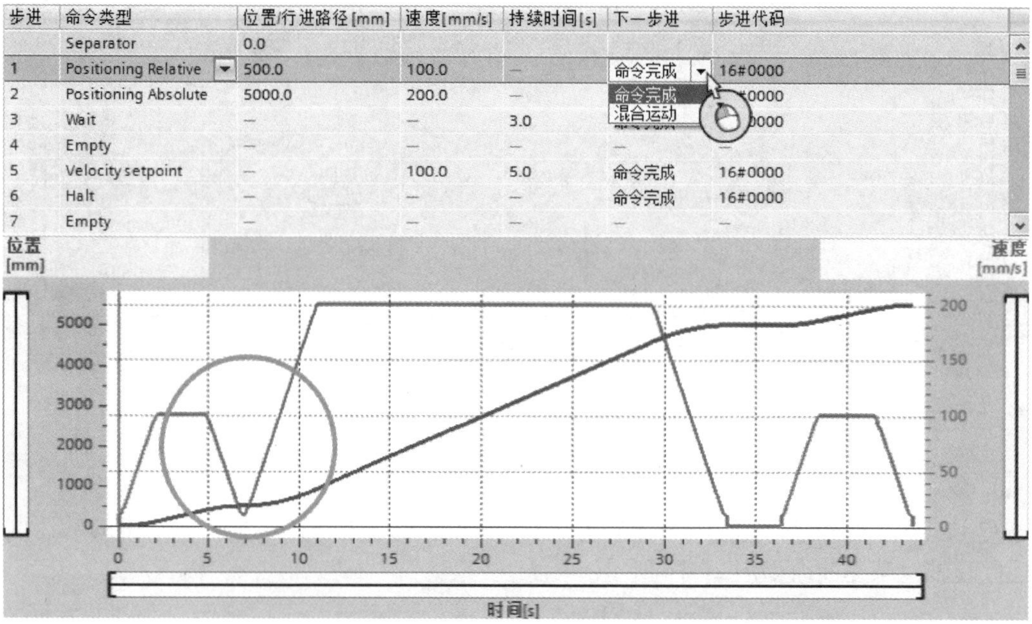

图 26-12　命令完成

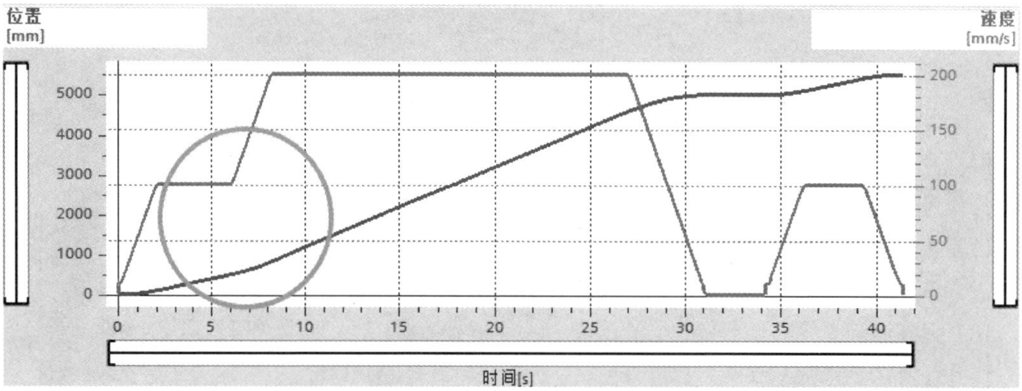

图 26-13　混合运动

2. 启用警告

命令表中还有“启用警告”的一个选项，该选项的功能是对命令表中步进条目的参数值进行检验。如图26-14所示，在“轴_1”的参数中使能了软限位，限位值为10000.0mm，当用户在命令表中的命令条目中设置位置为20000.0mm时，软件报警提示用户不能输入这样的位置值，原因是该位置值超过了轴的限位位置。

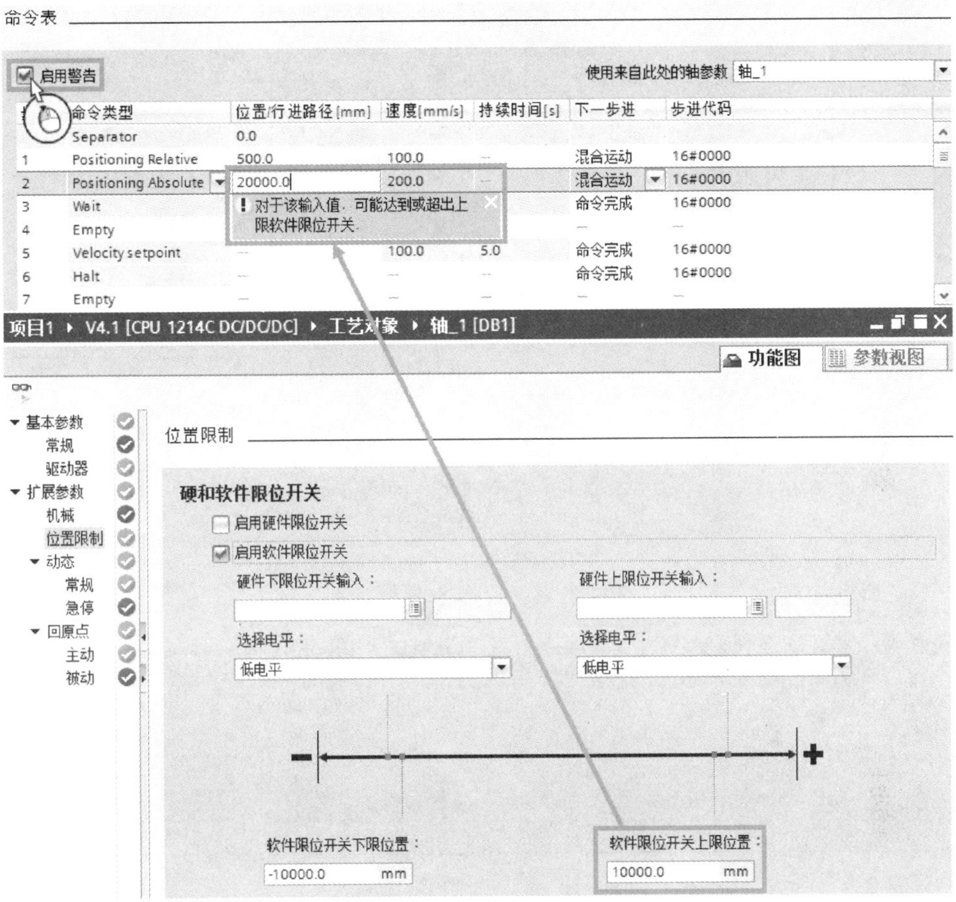

图26-14　启用警告

四、命令表指令

根据用户定义的命令表，使轴顺序执行命令表中的命令，命令表指令如图26-15所示。各参数说明如下：

(1) CommandTable，命令表工艺对象。

(2) StartStep，起始步号码数值，该值表示选择命令表中的某个步作为起始步。

(3) EndStep，终止步号码数值，该值表示选择命令表中的某个步作为停止步。

注意：起始步号和停止步号不能超过TO_CommandTable中组态的命令条目数。

项目任务

项目名称：PTO控制单轴丝杠连续运动控制。

控制要求如下：

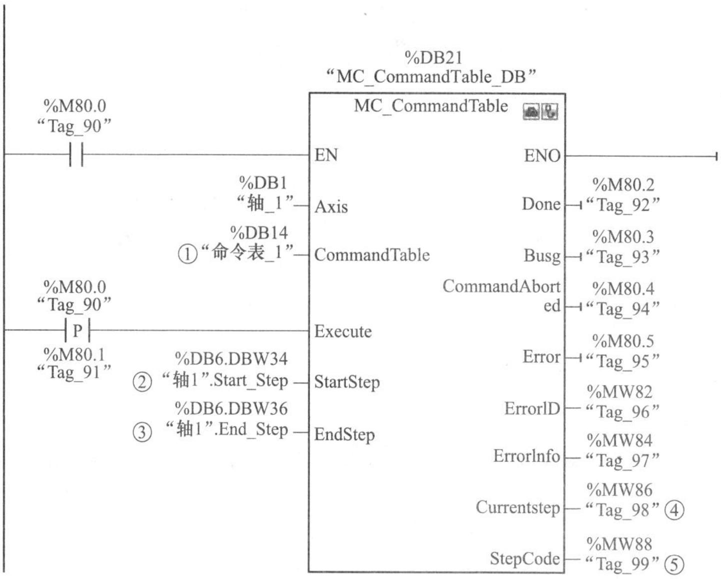

图 26-15　命令表指令

（1）选用模式 0 回原点。

（2）按启动控制后，丝杠按如图 26-16 的指令顺序运行。

命令类型	位置/行进路径[m...	速度[mm/s]	持续时间[s]	下一步进	步进代码
Separator	0.0				
Positioning Absolute	200.0	25.0	—	命令完成	16#0000
Positioning Relative	300.0	25.0	—	命令完成	16#0000
Positioning Absolute	100.0	25.0	—	命令完成	16#0000
Wait	—	—	2.0	命令完成	16#0000
Velocity setpoint	—	20.0	1.0	命令完成	16#0000
Halt	—	—	—	命令完成	16#0000

图 26-16　指令顺序

项目分析

控制丝杠运行，按以下步骤编写程序：

（1）新建项目，组态 CPU 硬件和 PTO 输出。

（2）组态定位轴。

（3）组态命令表。

（4）编写 OB1 主程序，调用轴控制指令、命令表指令。

项目编程与调试

一、新建项目

新建项目，并组态 S7-1200CPU，在 CPU 属性中设置脉冲发生器，启用脉冲发生器 pulse _ 1，参数分配和硬件输出。

二、新增工艺对象“轴 _ 1”

新增 PO _ PositioningAxis 工艺对象。基本参数常规项设置如图 26-17，驱动器参数如图 26-18 所示，机械参数如图 26-19 所示，其他参数默认。

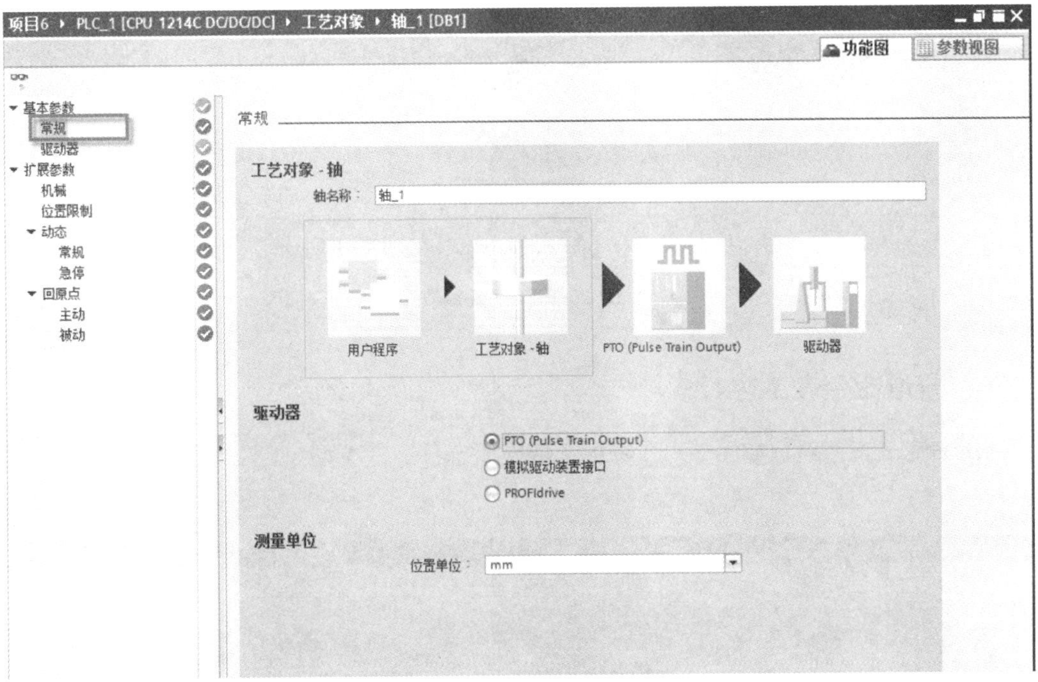

图 26-17　常规项参数

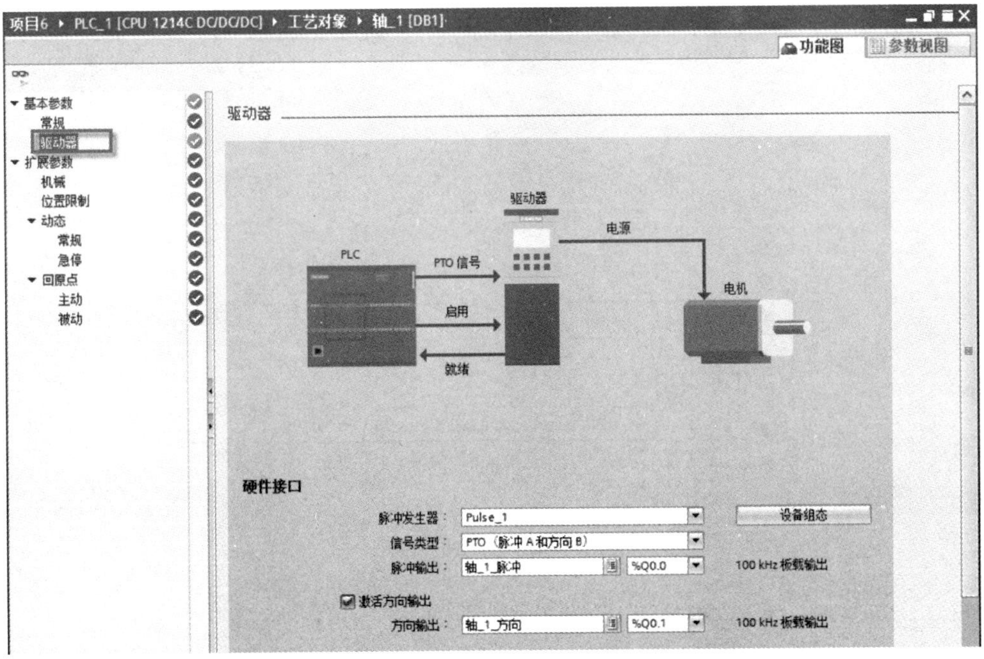

图 26-18　驱动器参数

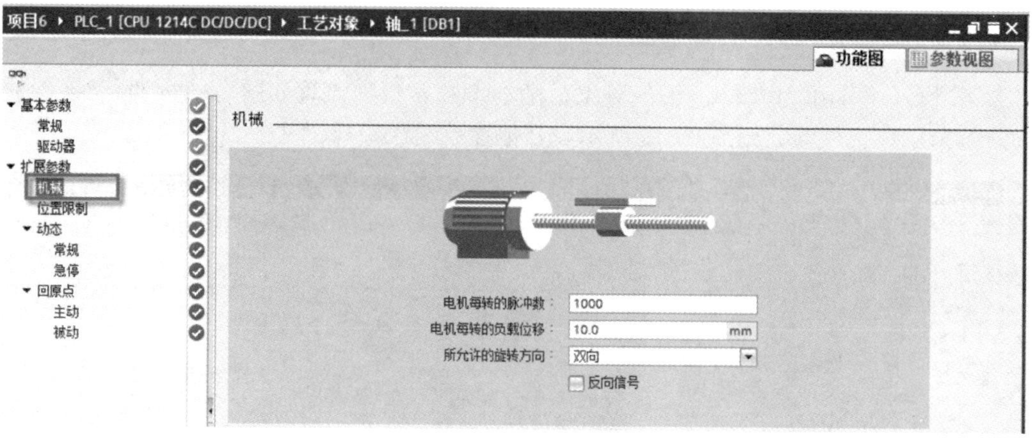

图 26-19　机械参数

三、新增命令表工艺对象

新增命令表工艺对象如图 26-20 所示，依次组态各命令类型。

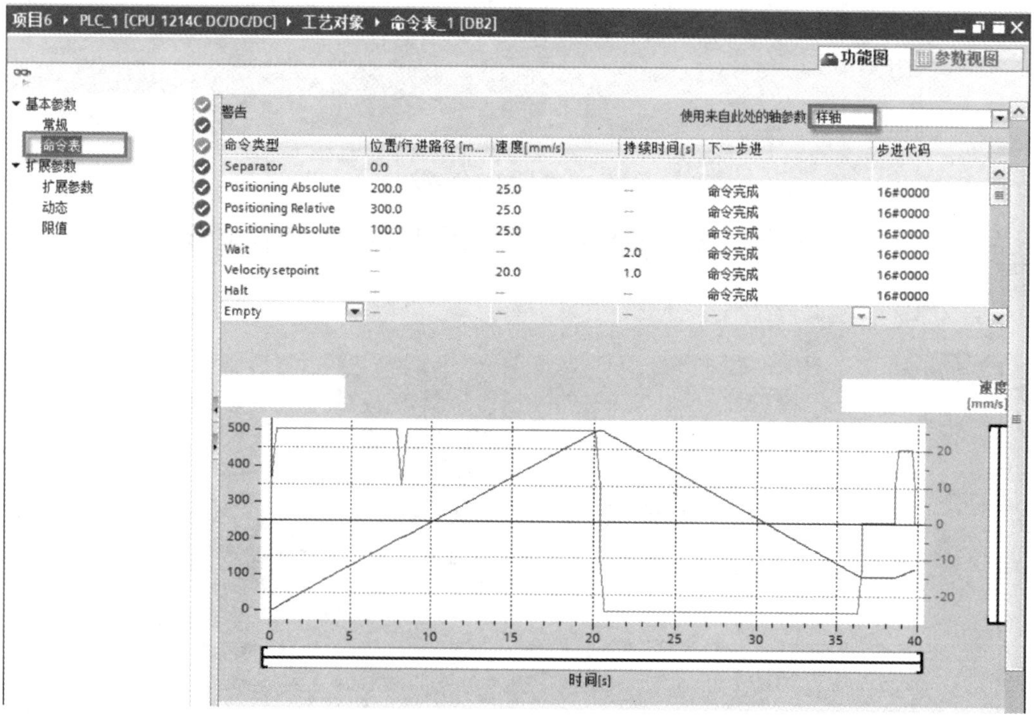

图 26-20　命令表

四、编写 OB1 主程序

编写 OB1 主程序，分别调用运动控制指令和命令表指令，程序如图 26-21 所示。

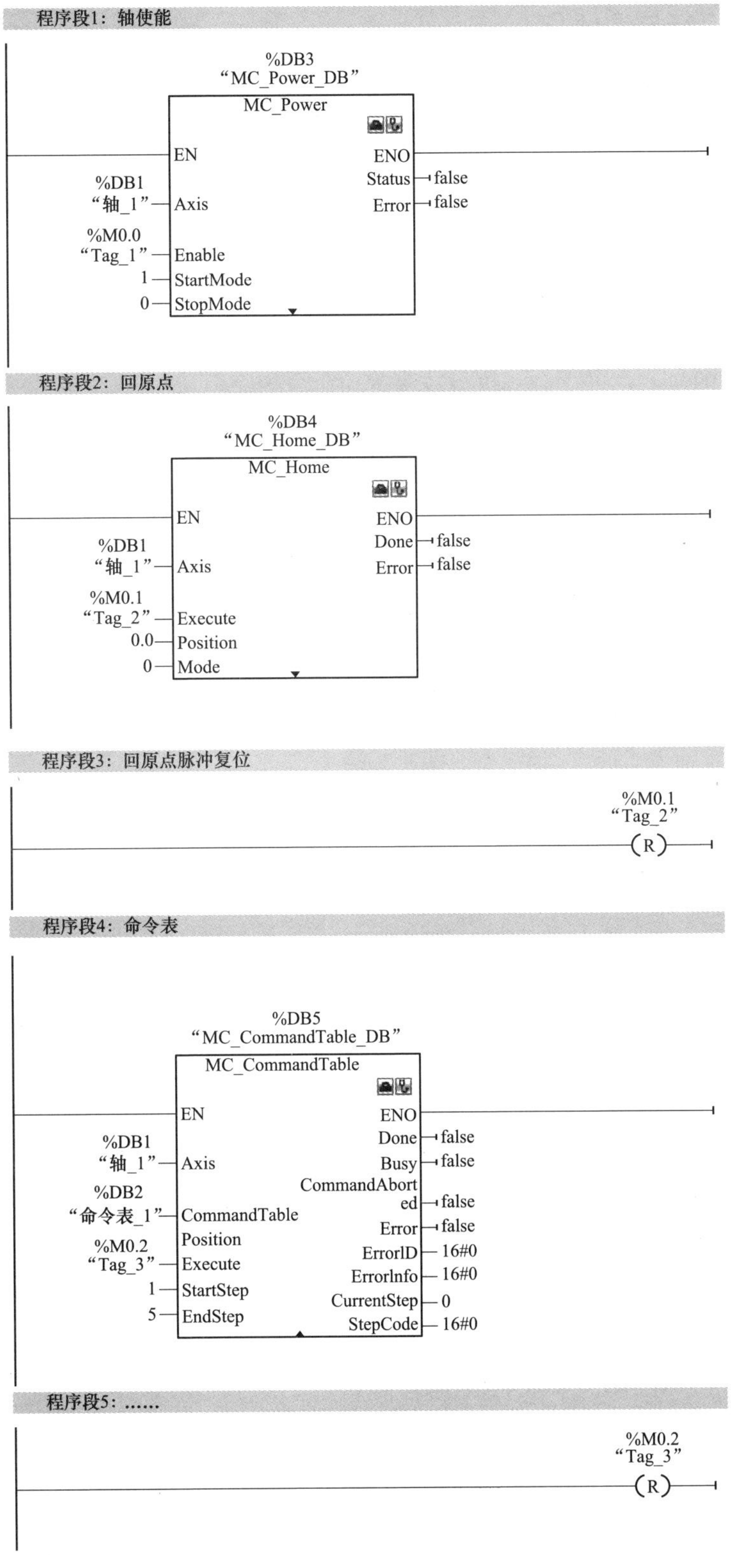

图 26-21　OB1 主程序

五、项目运行与调试

把项目下载到 PLC 中，按以下步骤进行运行与调试：

（1）把 M0.0 赋值为 1，轴使能；

（2）把 M0.1 赋值为 1，轴以模式 0 回原点；

（3）把 M0.2 赋值为 1，按命令表顺序执行命令；

（4）轴运动过程中，可对 DB1 中的轴位置和速度进行监视。

小　结

通过本项目的学习，可学会对执行较多运动命令的编程与控制。

练习与提高

1. 命令表中的命令类型有哪些？是否包含回原点指令？

2. 编程实现以下顺序命令：

（1）先使丝杠主动回原点；

（2）控制丝杠运行到 A 点；

（3）控制丝杠运行到 B 点；

（4）控制丝杠向正方向运行 200mm；

（5）停止 3s；

（6）控制丝杠向负方向运行 50mm；

（7）再重复第（3）～（6）步，然后停止。

项目 27

S7-1200 PLC 通信控制 V90 伺服

知识点 V90 伺服的设置、S7-1200 PLC 与 V90 伺服通信编程与调试。

SINAMICS V90 伺服驱动和 SIMOTICS S-1FL6 伺服电动机组成了性能优化、易于使用的伺服驱动系统。SINAMICS V90 根据不同的应用分为两个版本：脉冲序列版本（集成了脉冲，模拟量，USS/MODBUS）与 PROFINET 通信版本。SINAMICS V90 脉冲版本可以实现内部定位块功能，同时具有脉冲位置控制、速度控制、力矩控制模式。SINAMICS V90PN 版本集成了 PROFINET 接口，可以通过 PROFIdrive 协议与 PLC 进行通信。

准备知识

V90 伺服简介。SINAMICS V90 伺服驱动和 SIMOTICS S-1FL6 伺服电动机如图 27-1 所示。SINAMICS V90 是西门子推出的一款小型、高效便捷的伺服系统。SINAMICS V90 驱动器与 SIMOTICS S-1FL6 电动机组成的伺服系统是面向标准通用伺服市场的驱动产品，覆盖 0.05～7kW 功率范围。

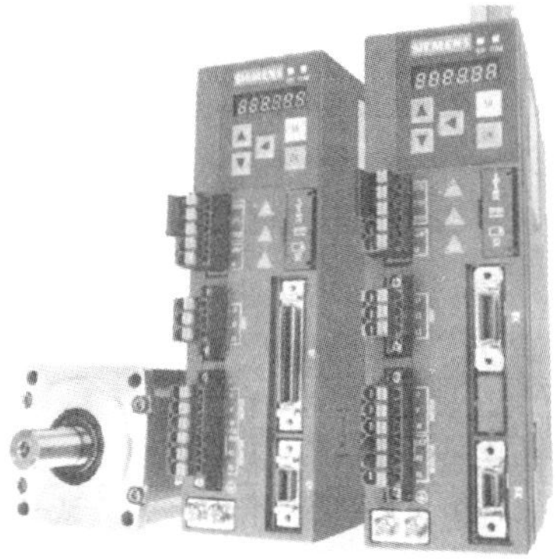

图 27-1　V90 伺服

西门子推出了带 PROFINET 接口的 V90 驱动器，配合 SIEMENS PLC，能够组成一套完善的、经济的、可靠的运动控制解决方案。SINAMICS V90 PROFINET（PN）版本有 2 个 RJ45 接口用于与 PLC 的 PROFINET 通信连接，支持 PROFIdrive 运动控制协议，它也可以集成到 Portal 与 S7-1200，S7-1500 连接。

PROFINET 提供两种实时通信：PROFINET IORT（实时）和 PROFINET IO IRT（等时实时）。实时通道用于 IO 数据和报警的传输。在 PROFINET IO RT 通道中，实时数据通过优先以太网帧进行传输。没有特殊的硬件要求。

SINAMICS V90PN 基于 PROFINET IO RT（实时），其循环周期可达到 4ms。基于 PROFINET IO IRT 通道可用于传输具有更加精确时间要求的数据。其循环周期可达 2ms，但需要具有特殊硬件的 IO 设备和开关的支持。所有的诊断和配置数据通过非实时（NRT）通道进行传输。使用 TCP/IP 协议。因而，没有可确定的循环周期，其循环周期可能超过 100ms。

注　S7-1200CPU 只支持 PROFINET IO RT，S7-1500 CPU 支持 PROFINET IO IRT。

项目任务

项目名称：S7-1200 PLC 通信控制 V90 伺服。

应用西门子 S7-1200 PLC 与 SINAMICS V90 _ PN 伺服系统，设计一个丝杠水平传动伺服位置控制系统，如图 27-2 所示。PLC 与 V90 伺服之间通过 PN 总线通信连接。

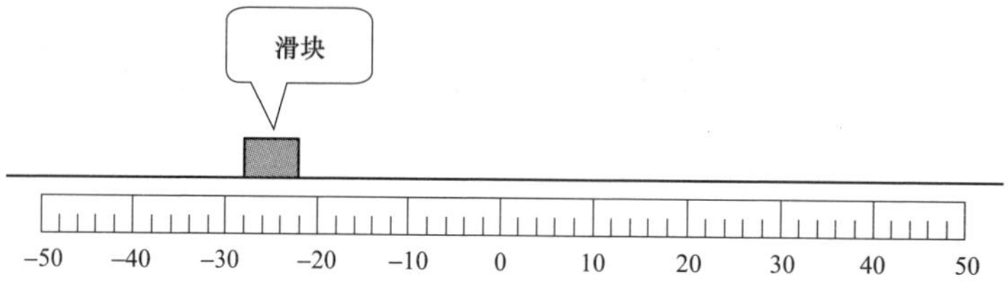

图 27-2　滑块水平运动

项目分析

一、设备选型

（1）CPU1214C 一个；

（2）V90 _ PN 伺服驱动器一台，订货号：6SL3 210-5FB10-1UF0；

（3）SIMOTICS S-1FL6 伺服电动机一台，订货号：1FL6022-2AF21-1AA1；

（4）计算机一台（安装 TIA Portal V16 及 V-ASSISTANT 软件）。

二、项目步骤

为实现 PLC 与 V90 伺服之间的通信，可按以下步骤实现项目：

（1）首先需使用软件 V _ ASSISTANT 对 V90 进行组态，设置伺服控制器的运行模式和通信报文；

（2）在 Portal 软件中组态 PLC 与 V90 通信网络及通信报文；

（3）编写 PLC 控制程序。

三、系统连接图

PLC 与 V90 伺服之间的连接，如图 27-3 所示。V90 伺服驱动器的 X 150P1 与 CPU 1214C 的 X1 P1 端口连接，X 150 P2 与上位计算机进行连接。

项目编程与调试

一、组态 V90 伺服

用 USB 电缆连接计算机与 V90 伺服。打开 V _ ASSISTANT 软件，对 V90 进行组态，主要设置伺服控制器的运行模式和通信报文。

如图 27-4 所示，选中“在线”及在线设备，单击“确定”打开在线伺服控制器组态界面。

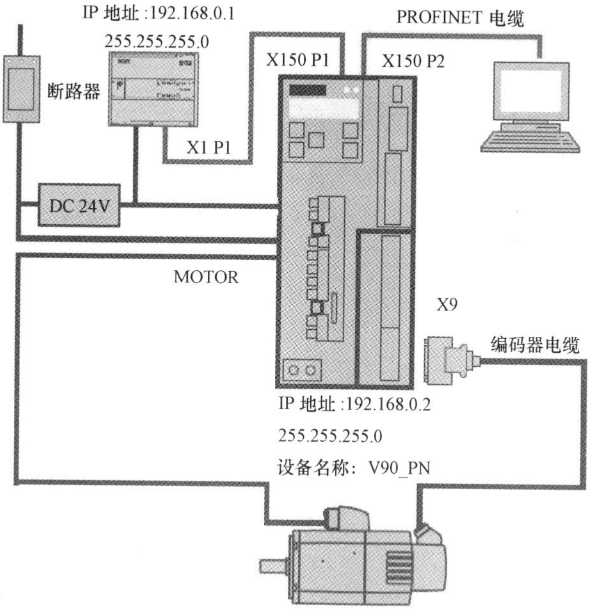

图27-3　系统连接图

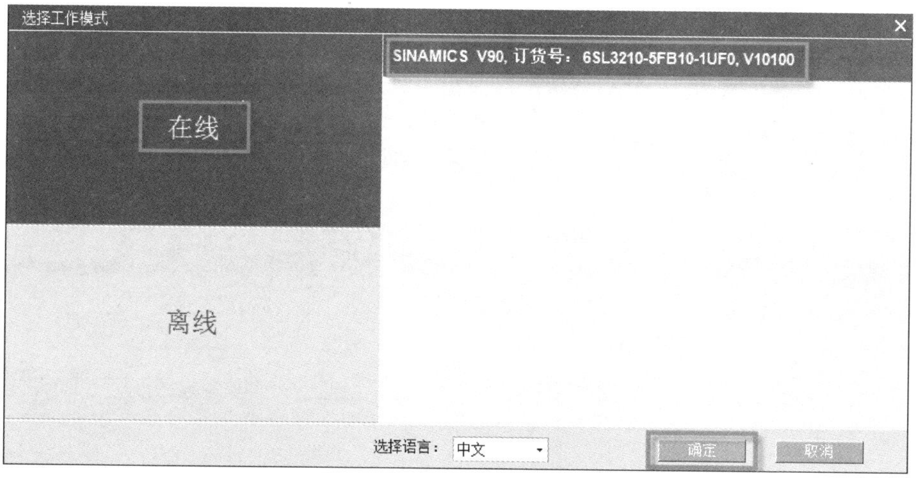

图27-4　运行V-ASSISTANT软件

1. 设置控制模式

打开在线设备窗口后，在“选择驱动”视图中，设置V90PN的控制模式为“速度控制(S)”如图27-5所示。

注　此处选择速度控制，实际的位置控制功能由PLC实现。

2. 设置报文

设置V90 PN的控制报文为“标准报文3”，如图27-6所示。

设置PROFINET选项卡下选择“配置网络”，设置V90PN的IP地址及设备名称，如图27-7所示。

注　设置的设备名称和IP地址需要与Portal项目中配置相同，参数保存后需要重启驱动器才能生效。

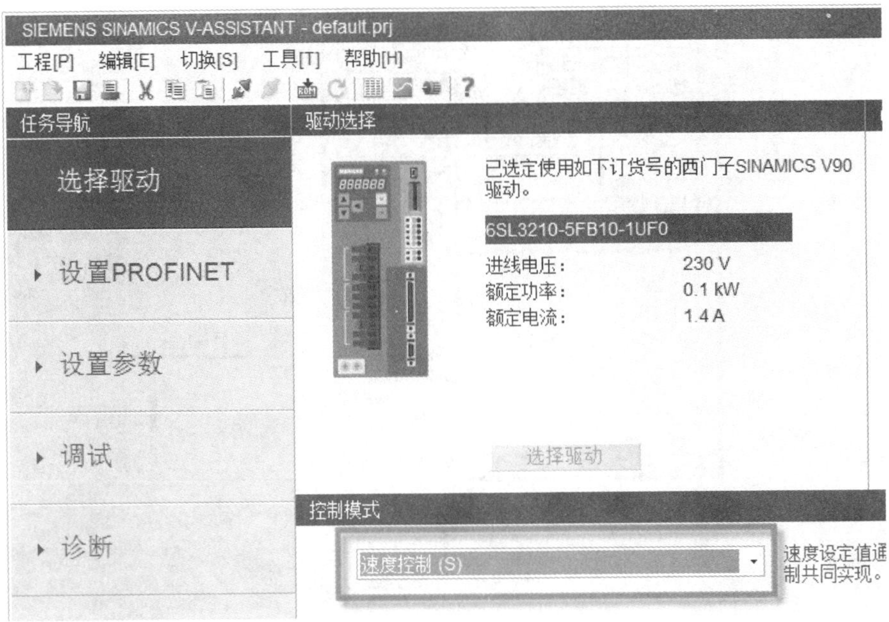

图 27-5 控制模式选择

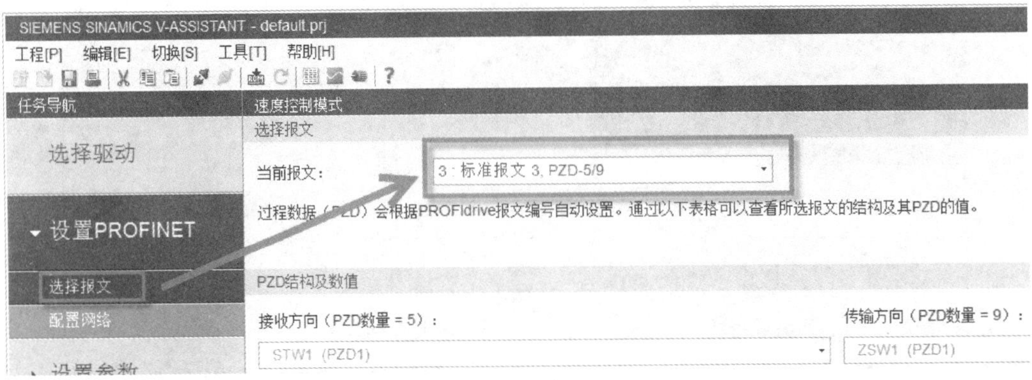

图 27-6 设置控制报文

二、新建 Portal 项目与组态网络

新建 Portal 项目，组态 S7-1200CPU 硬件。

1. 组态网络

然后在网络视图中，如图 27-8 所示，在硬件目录中 V90 搜索找到 SINAMICS V90PN V1.0，然后将其拖入到网络视图，最后把 PLC 和 V90 的以太网口通过拖拽方式组态网络连接。

注 组态 V90 时需注意设置订货号与版本号。

2. 组态设备名称

PLC 与 V90 网络组态完成后，各自的以太网端口都会自动生成 IP 址和子网。V90 的以太网地址如图 27-9 所示，并自动生成 V90 伺服的设备名。

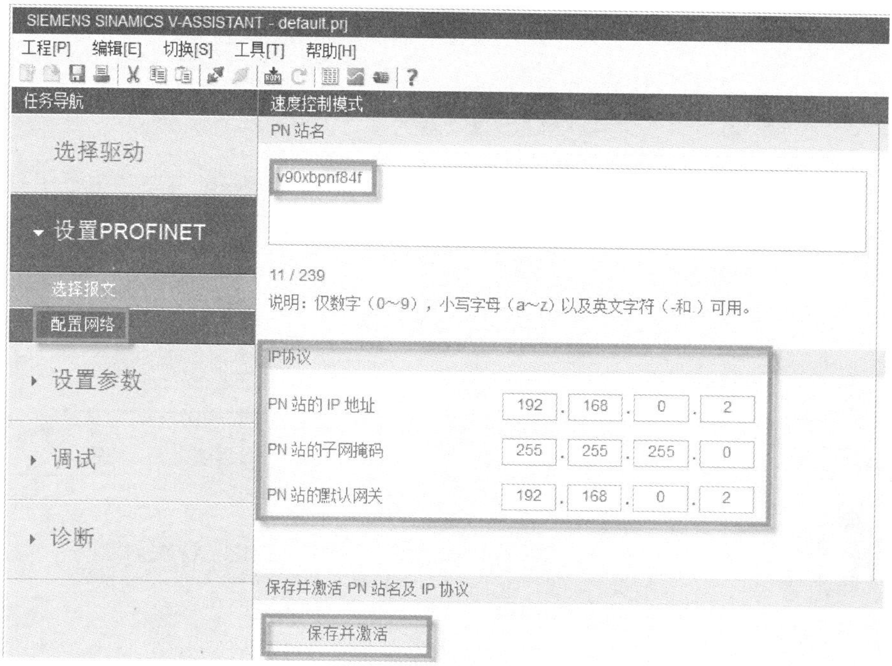

图 27-7　配置网络

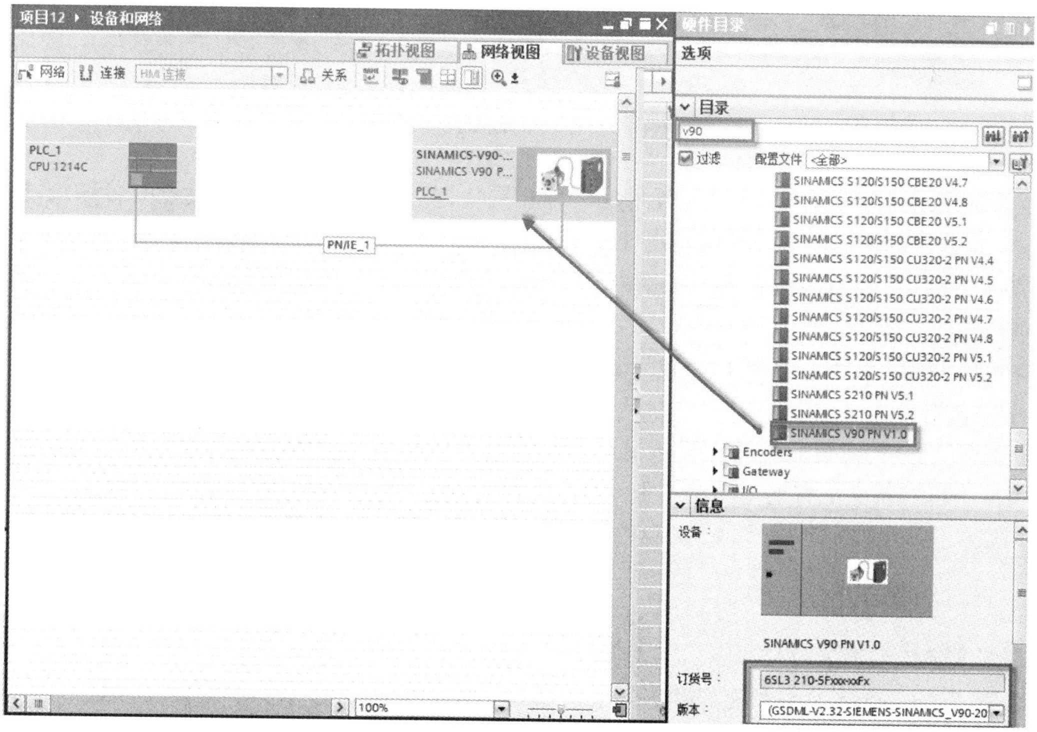

图 27-8　组态网络

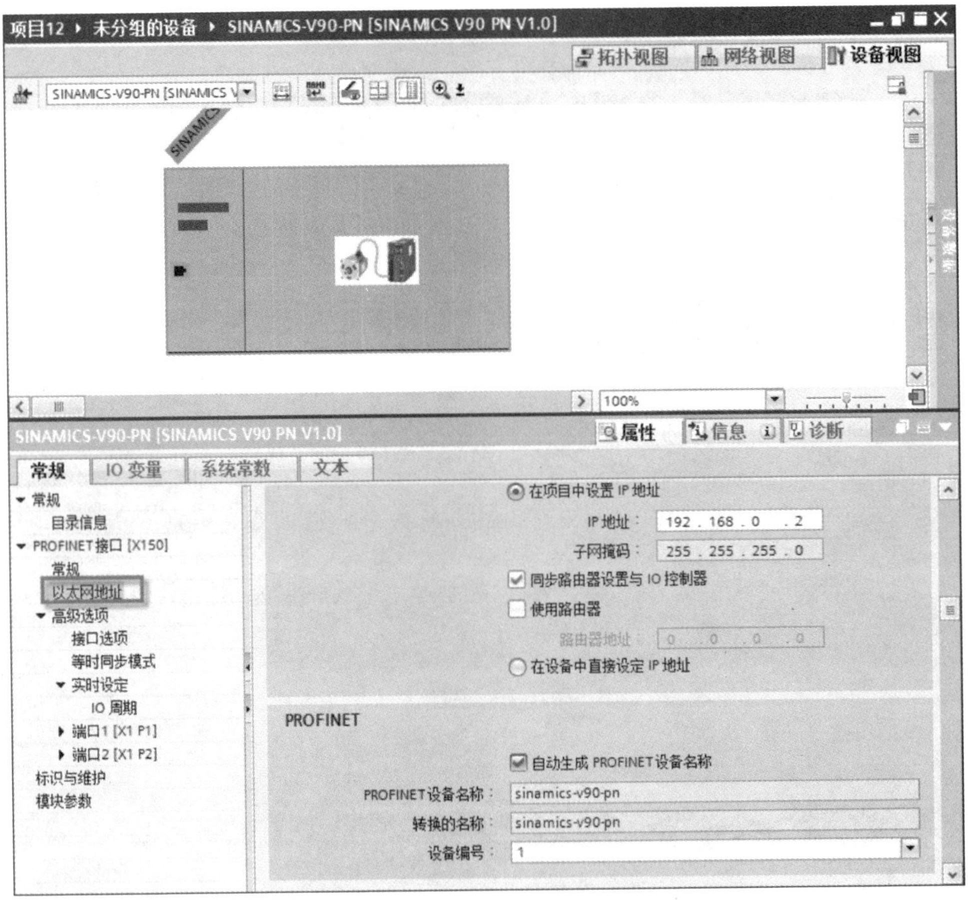

图 27-9　V90 的以太网口地址

V90 设备名称必须要与 V90 硬件的名称相同（即 V _ ASSISTANT 设置的名称）。如图 27-10 所示，可在与硬件连接的情况下，右键 V90 执行“分配设备名称”，进入分配设备名称界面如图 27-11 所示。单击“更新列表”按钮，软件可读出在线的设备，然后在表中选中具体硬件，再单击“分配名称”按钮，即可把当前硬件的名称分配给项目中 V90，以保证项目中名称与实际硬件设备名称一致。

3. 组态报文

打开 V90 的设置数据，在设备概览表中添加通信报文（标准报文 3），如图 27-12 所示。在报文中可到报文配置的 I 和 Q 地址。

注　I/O 地址的功能可在 V90 组态软件中查看。

三、组态工艺对象

新增定位轴工艺对象如图 27-13 所示。

对“轴 _ 1”工艺对象进行组态，组态常规参数、驱动器参数、和编码器参数分别如图 27-14～图 27-16 所示，其他参数默认。

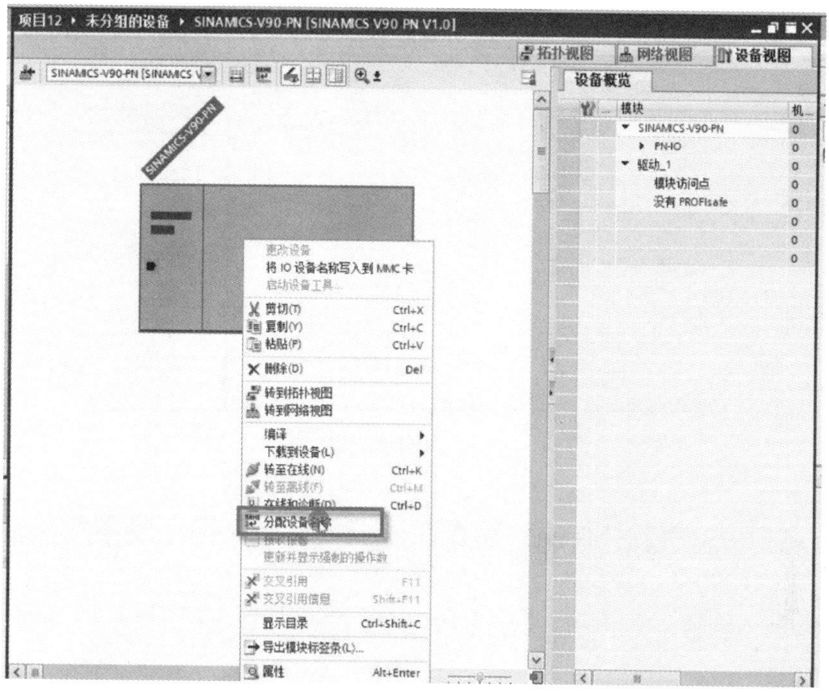

图 27-10　分配设备名称

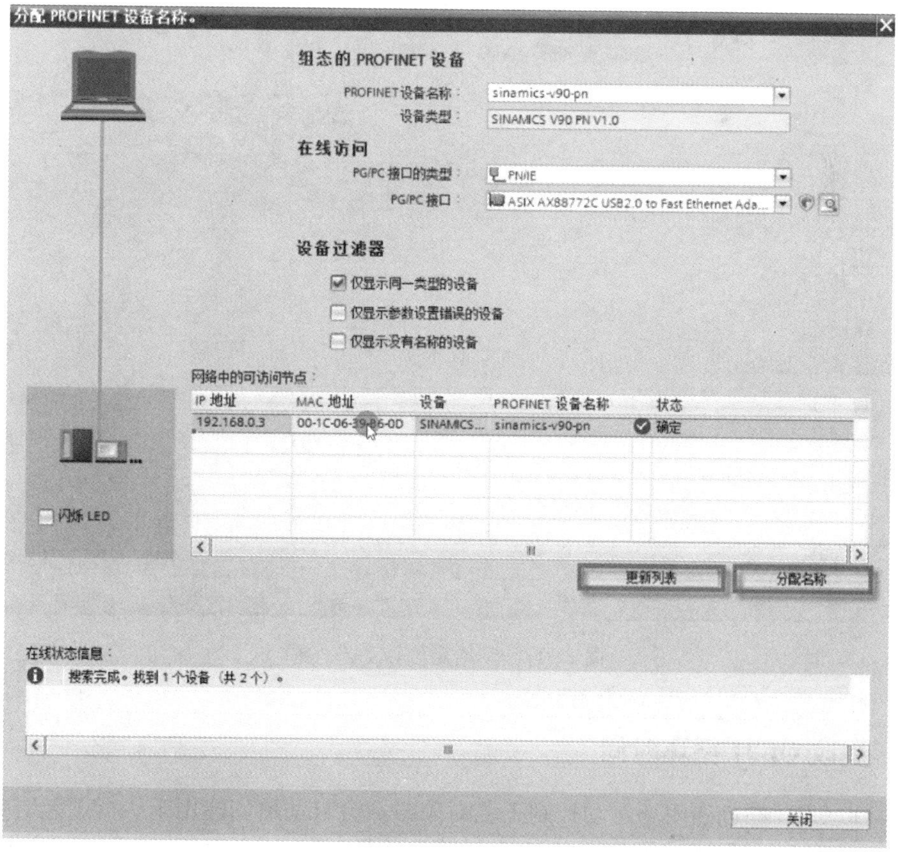

图 27-11　分配名称

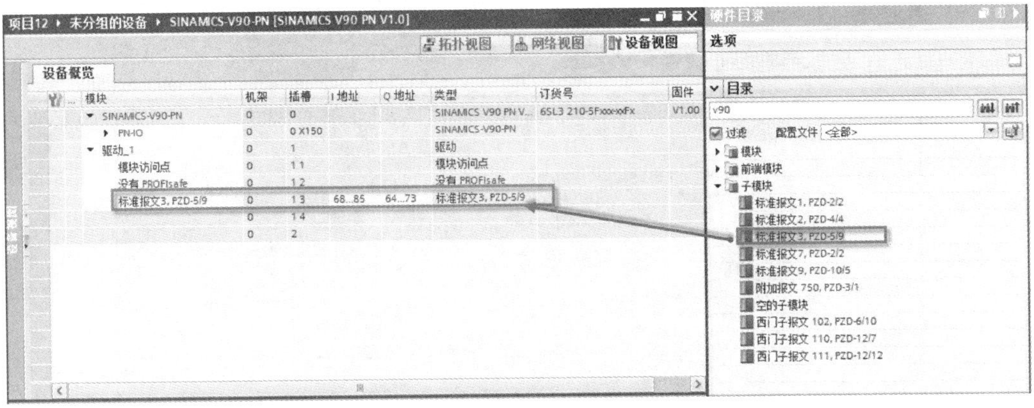

图 27-12　添加通信报文

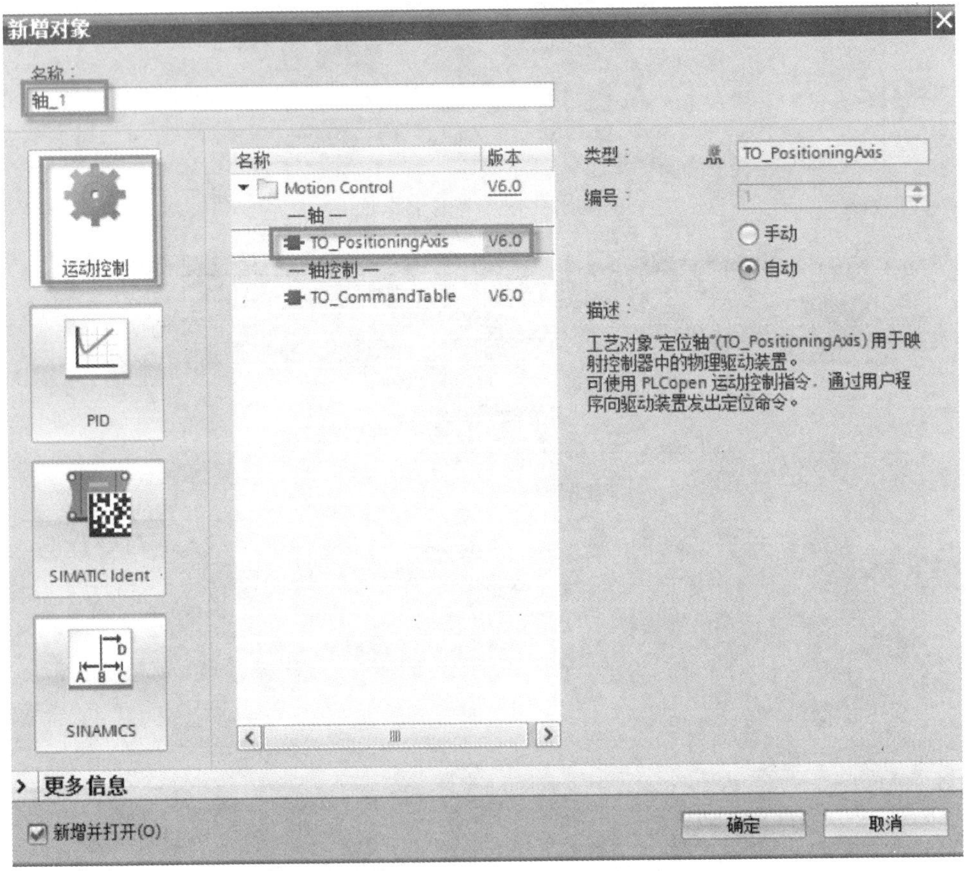

图 27-13　新增定位轴工艺对象

四、更改 OB91 循环时间

S7-1200 CPU 在创建闭环运动控制工艺对象时，会自动地创建用于执行工艺对象的组织块，其中 MC-Servo［OB91］用于位置控制器的计算，MC-Interpolator［OB92］用于生成

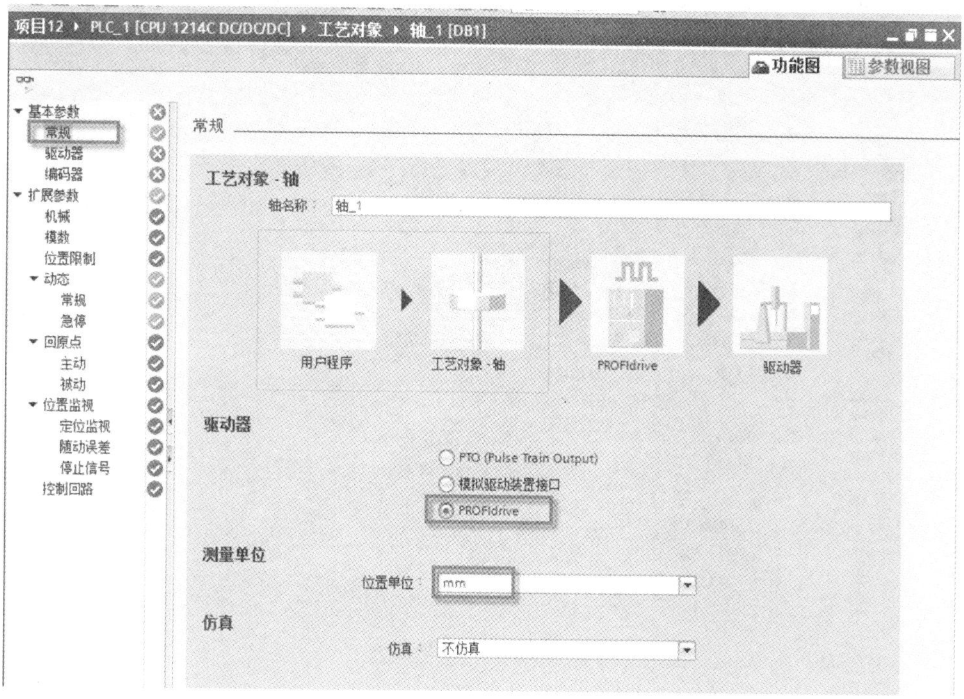

图 27-14　组态常规参数

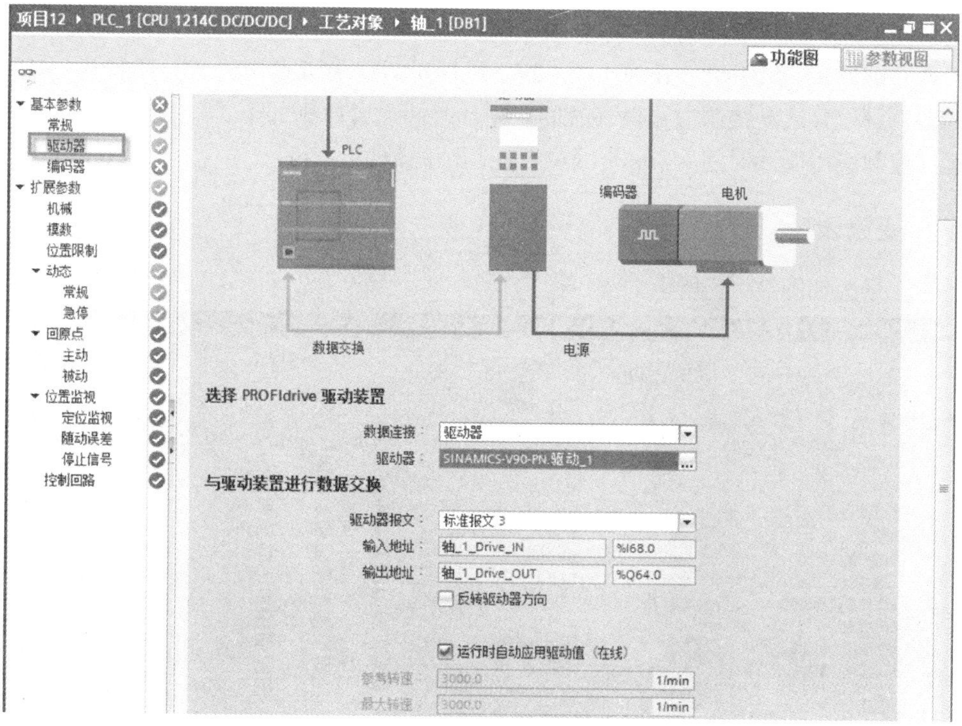

图 27-15　组态驱动器

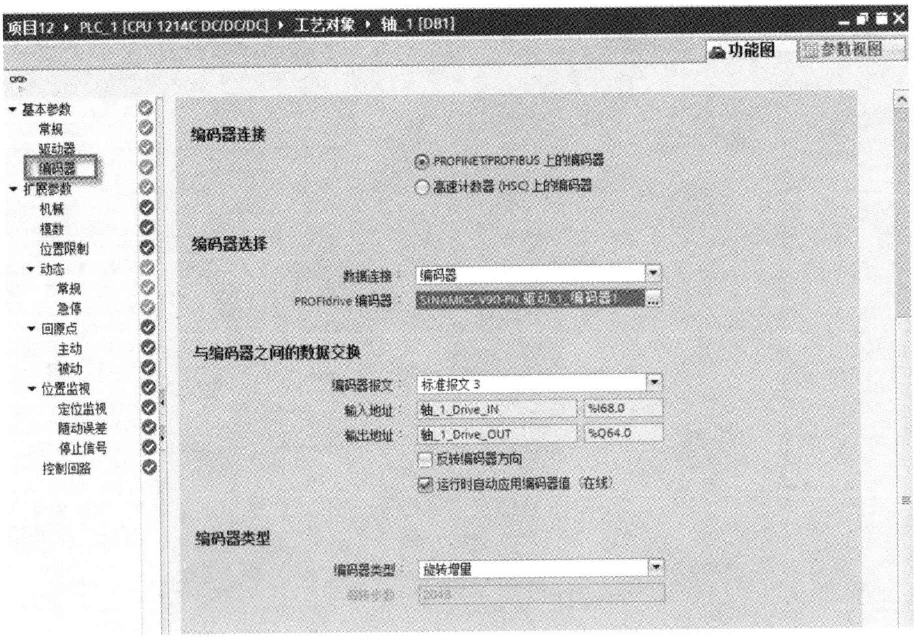

图 27-16　组态编码器

设定值、评估运动控制指令和位置监控功能。这两个组织块彼此之间出现的频率关系始终为 1∶1，MC-Servo［OB91］总是在 MC-Interpolator［OB92］之前执行。可以根据控制质量和系统负载需求，指定 MC-Servo［OB91］的应用循环周期性调用时间，如果循环时间过短，则可能造成 CPU 发生溢出，造成 CPU 停机。

鼠标右键 OB91 组织块，在弹出的 OB91 属性对话框中可以修改其循环时间。可根据所使用的轴数量设置运动控制应用循环时间，循环时间设置原则如下：

运动控制应用循环时间＝2ms＋（位置控制轴的数量×2ms）

五、变量表

设置变量表如图 27-17 所示。

项目12 ▸ PLC_1 [CPU 1214C DC/DC/DC] ▸ PLC 变量 ▸ 默认变量表 [52]

变量　用户常量　系统常量

默认变量表

	名称	数据类型	地址	保持	从 H...	从 H...	在 H...	注释
1	轴_1_Drive_IN	"PD_TEL3_IN"	%I68.0	☐	☑	☑	☑	
2	轴_1_Drive_OUT	"PD_TEL3_OUT"	%Q64.0	☐	☑	☑	☑	
3	轴使能	Bool	%M0.0	☐	☑	☑	☑	
4	轴停止	Bool	%M0.1	☐	☑	☑	☑	
5	相对控制位移	Real	%MD10	☐	☑	☑	☑	
6	回原点命令	Bool	%M0.2	☐	☑	☑	☑	
7	相对定位控制速度	Real	%MD14	☐	☑	☑	☑	
8	绝对控制位移	Real	%MD20	☐	☑	☑	☑	
9	绝对定位控制速度	Real	%MD24	☐	☑	☑	☑	
10	相对定位控制命令	Bool	%M0.3	☐	☑	☑	☑	
11	绝对定位控制命令	Bool	%M0.4	☐	☑	☑	☑	
12	<新增>			☐	☑	☑	☑	

图 27-17　变量表

六、编写 OB1 主程序

在 OB1 中实现对各运动控制指令的调用，程序如图 27-18 所示。

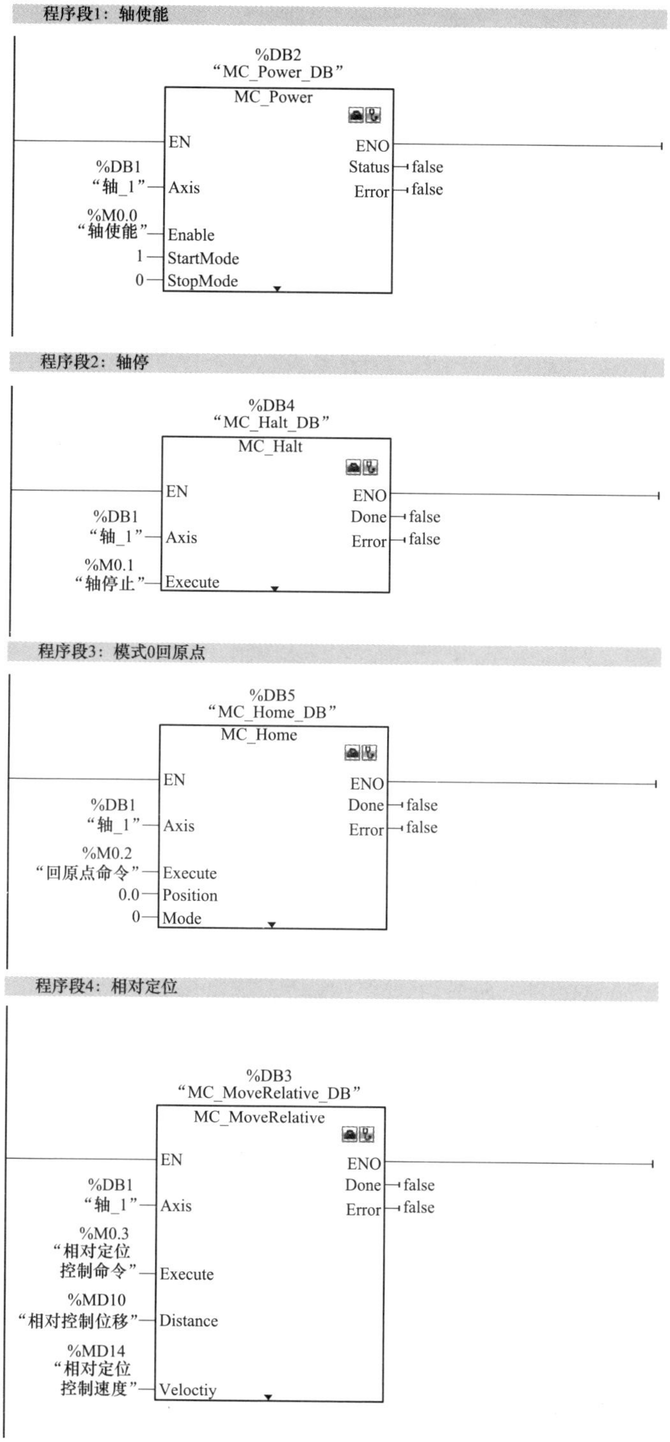

图 27-18　OB1 主程序

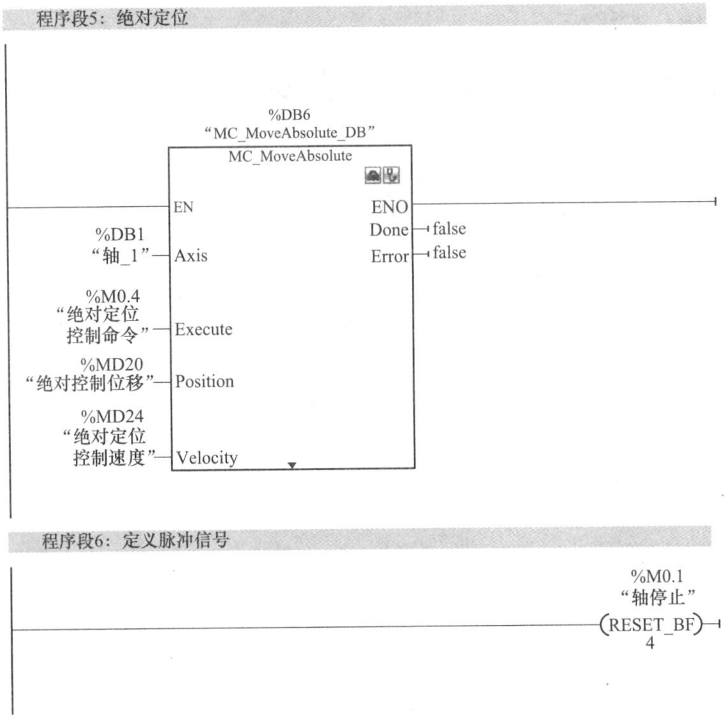

图 27-18　OB1 主程序（续）

七、运行与调试

把项目下载到 PLC，PLC 与 V90 伺服用网线连接并上电，传动设备运行。调试步骤如下：

（1）把 M0.0 置位，使能轴；

（2）把 M0.2 置位，控制轴回原点；

（3）赋值 MD10 和 MD14，然后把 M0.3 置位，测试相对定位控制；

（4）赋值 MD20 和 MD24，然后把 M0.4 置位，测试绝对定位控制；

（5）在轴运动过程中，置位 M0.1，测试轴停止。

注意：在运行与调试过程中，可打开 DB1 数据块，对位置和速度进行监控，如图 27-19 所示。

小　结

S7-1200 PLC 与 V90 伺服通过 PN 总线连接，控制丝杠传动设备运行，项目设计需注重以下知识点：

（1）V90 组态软件的使用；

（2）PLC 与 V90 的网络组态；

（3）Portal 软件中 V90 报文的组态；

（4）Portal 软件中 V90 设备名称与实际硬件需相同；

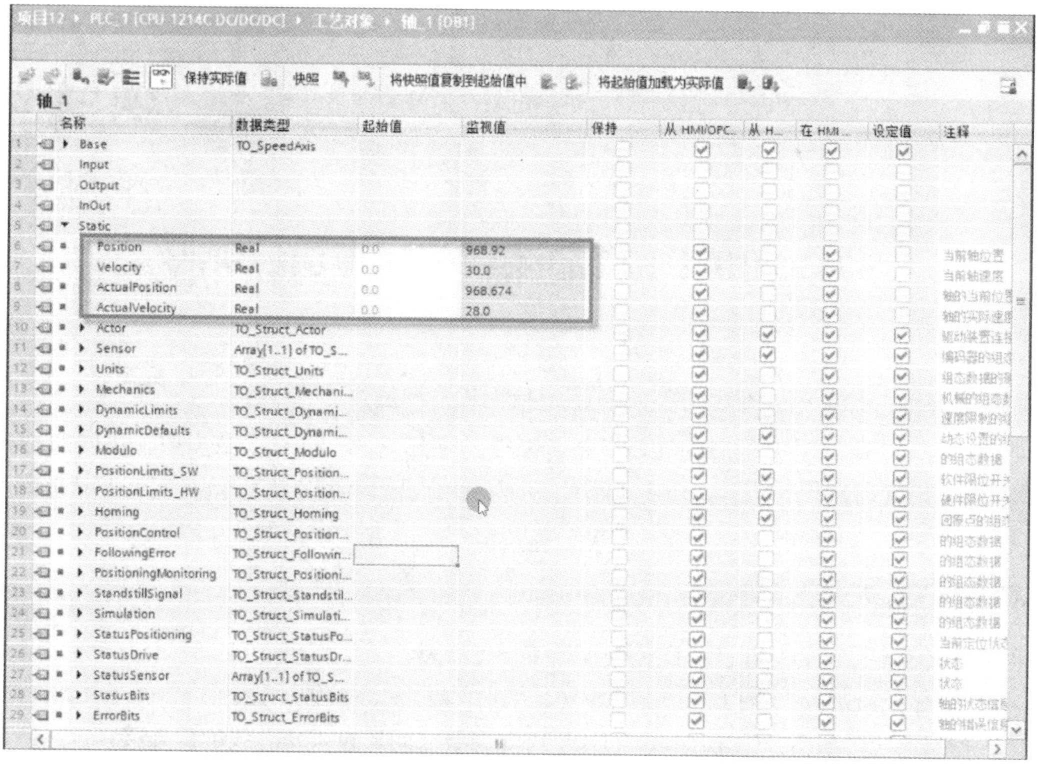

图27-19　监视DB1

（5）组态定位轴时，选用Profidrive；

（6）更改OB91循环时间；

（7）定位轴组态完后，可用调试面板进行调试。

练习与提高

S7-1200 PLC通过PN总线控制V90伺服，控制电动机转动角度范围0～360°，可实现相对定位、绝对定位等控制。

项目 28

S7-1500 PLC 通信控制 V90 伺服

知识点 S7-1500 PLC 与 V90 伺服通信编程与调试。

S7-1500 PLC 与 V90 伺服的通信组态与编程，与 S7-1200 PLC 大致类似，不同的是 S7-1500 PLC 支持 PROFINET IO IRT（等时实时）通信，而 S7-1200 PLC 只支持 PROFINET IO RT（实时）。

项目任务

项目名称：S7-1500 PLC 通信控制 V90 伺服。

应用西门子 S7-1500 PLC 与 SINAMICS V90 _ PN 伺服系统，设计一个丝杠水平传动伺服位置控制系统，如图 28-1 所示，PLC 与 V90 伺服之间通过 PN 总线通信连接。

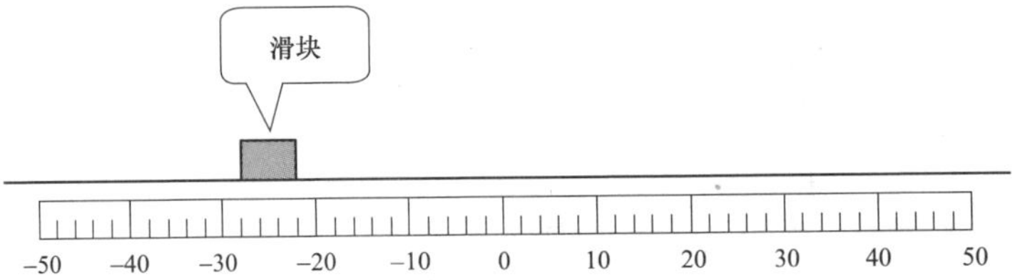

图 28-1　滑块水平运动

项目分析

一、设备选型

（1）CPU1513-1PN 一个。

（2）V90 _ PN 伺服驱动器一台，订货号：6SL3 210-5FB10-1UF0。

（3）SIMOTICS S-1FL6 伺服电动机一台，订货号：1FL6022-2AF21-1AA1。

（4）计算机一台（安装 TIA Portal V16 及 V-ASSISTANT 软件）。

二、项目步骤

为实现 S7-1500 PLC 与 V90 伺服之间的通信，可按以下步骤实现项目：

（1）首先需使用软件 V _ ASSISTANT 对 V90 进行组态，设置伺服控制器的运行模式和通信报文。

（2）在 Portal 软件中组态 PLC 与 V90 通信网络及通信报文；需组态 PROFINET IO

IRT（等时实时）通信。

（3）编写 PLC 控制程序。

三、系统连接图

S7-1500 PLC 与 V90 伺服之间的连接，如图 28-2 所示。V90 伺服驱动器的 X 150P1 与 CPU 的 X1 端口连接，X 150 P2 与上位计算机进行连接。

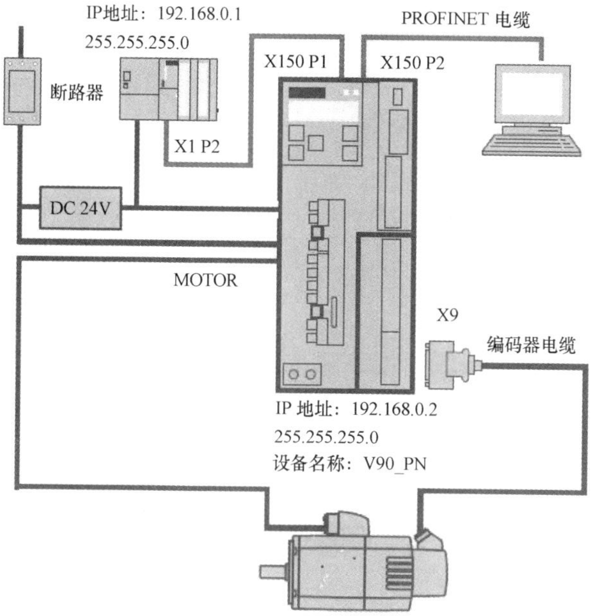

图 28-2　系统连接图

项目编程与调试

一、组态 V90 伺服

用 USB 电缆连接计算机与 V90 伺服。打开 V _ ASSISTANT 软件，对 V90 进行组态，主要设置伺服控制器的运行模式和通信报文。软件的具体组态与操作可参考项目 27。

二、新建 Portal 项目与组态网络

新建 Portal 项目，组态 S7-1500 CPU 硬件。

1. 组态网络

网络视图如图 28-3 所示，在硬件目录中 V90 搜索找到 SINAMICSV90 PN V1.0，然后将其拖入到网络视图，最后把 PLC 和 V90 的以太网口通过拖拽方式组态网络连接。

注　组态 V90 时需注意设置订货号与版本号。

2. 组态设备名称

PLC 与 V90 网络组态完成后，各自的以太网端口都会自动生成 IP 址和子网。V90 的以太网地址如图 28-4 所示，并自动生成 V90 伺服的设备名。

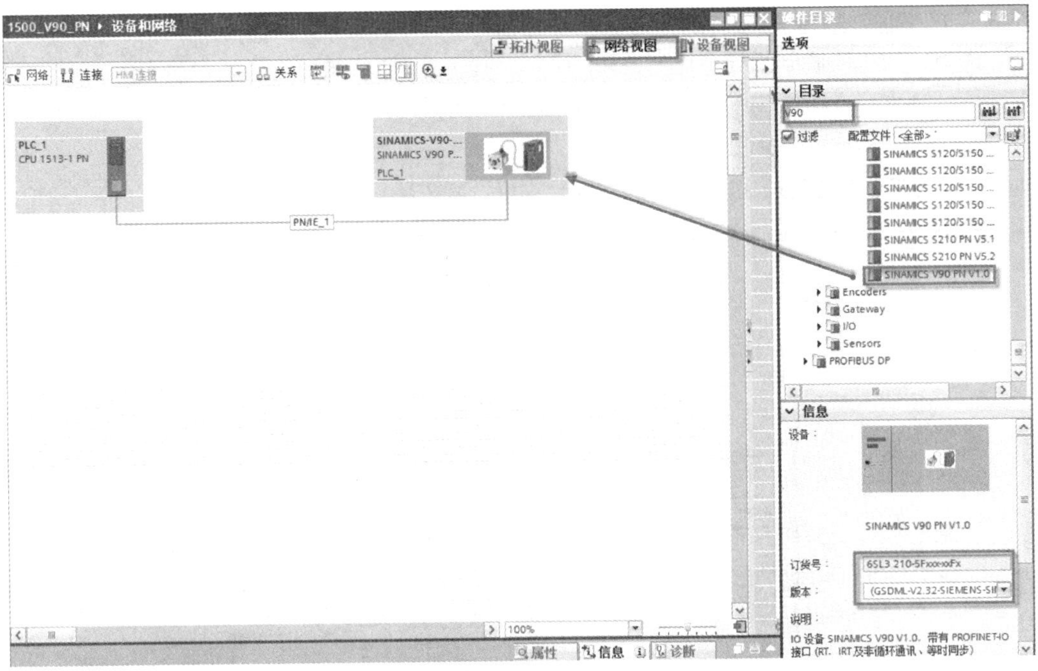

图 28-3　组态网络

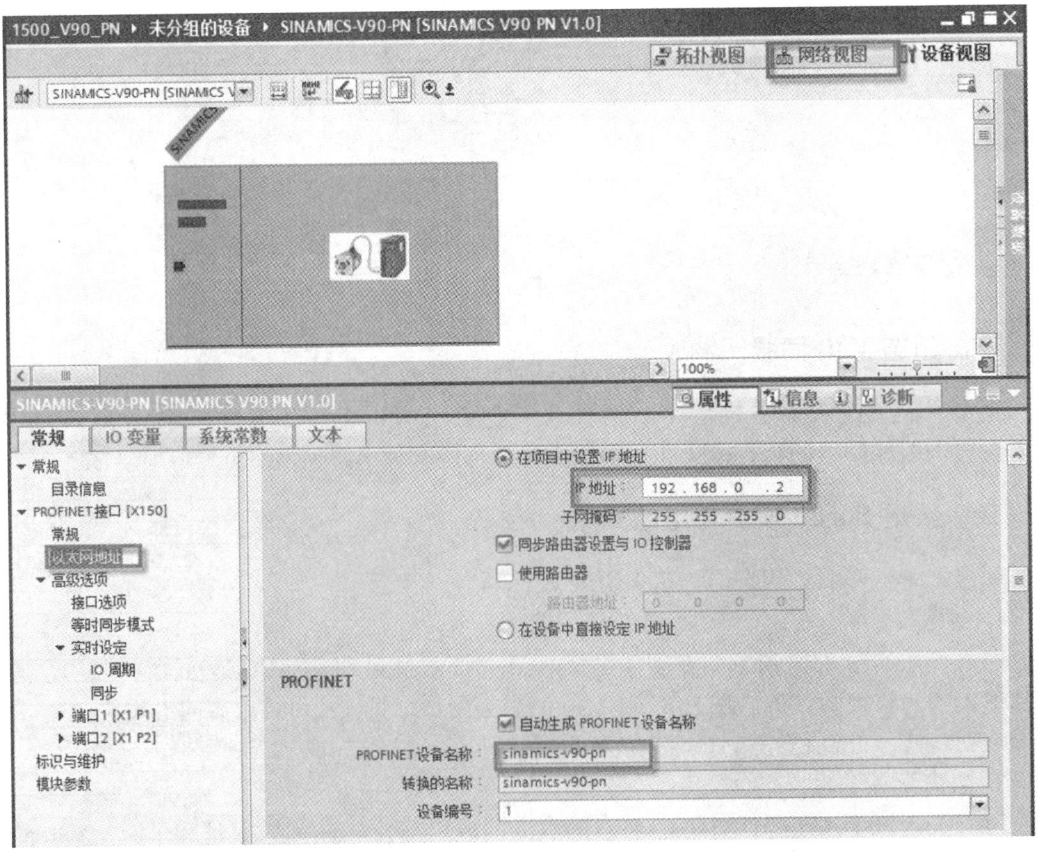

图 28-4　V90 属性

V90 设备名称必须要与 V90 硬件的名称相同（即 V _ ASSISTANT 设置的名称），如图 28-5 所示，可在与硬件连接的情况下，右击 V90 执行“分配设备名称”，进入分配设备名称界面如图 28-6 所示。单击“更新列表”按钮，软件可读出在线的设备，然后在表中选中具

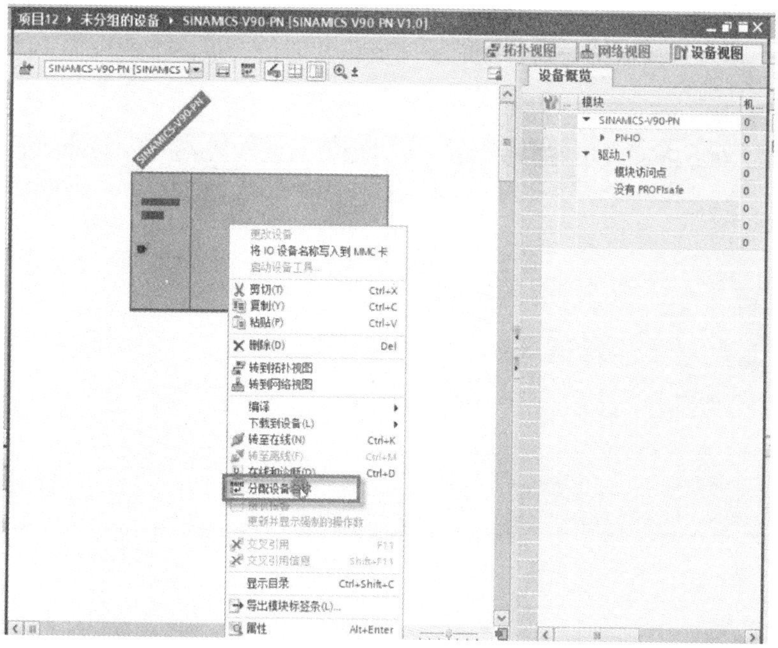

图 28-5　分配 V90 设备名称

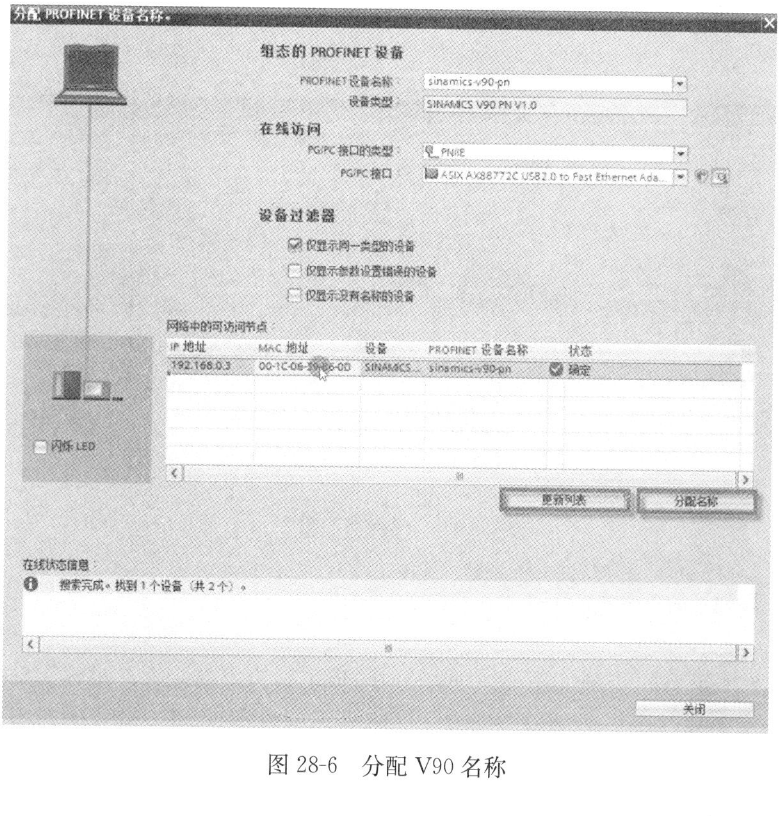

图 28-6　分配 V90 名称

体硬件，再单击“分配名称”按钮，即可把当前硬件的名称分配给项目中 V90，以保证项目中名称与实际硬件设备名称一致。

3. 创建拓扑连接

打开“拓扑视图”，如图 28-7 所示，组态拓扑视图如图 28-7 所示。拓扑视图下的网络连接必须与实际硬件连接保持一致，才能够完成正常通信连接。本例中为 PLC 的 X1 P2 连接 V90 PN 的 X150 P2。

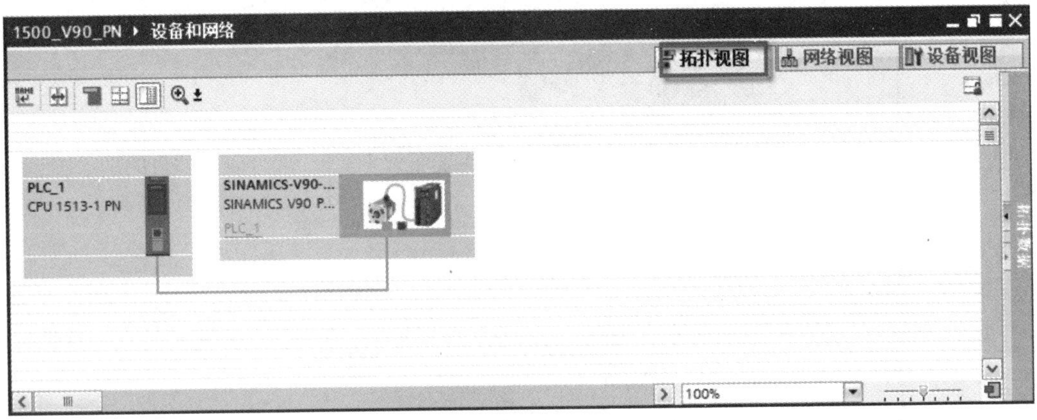

图 28-7 组态拓扑连接

4. 组态报文

打开 V90 的设置数据，在设备概览表中添加通信报文（标准报文 102），如图 28-8 所示。在报文中可到报文配置的 I 和 Q 地址。

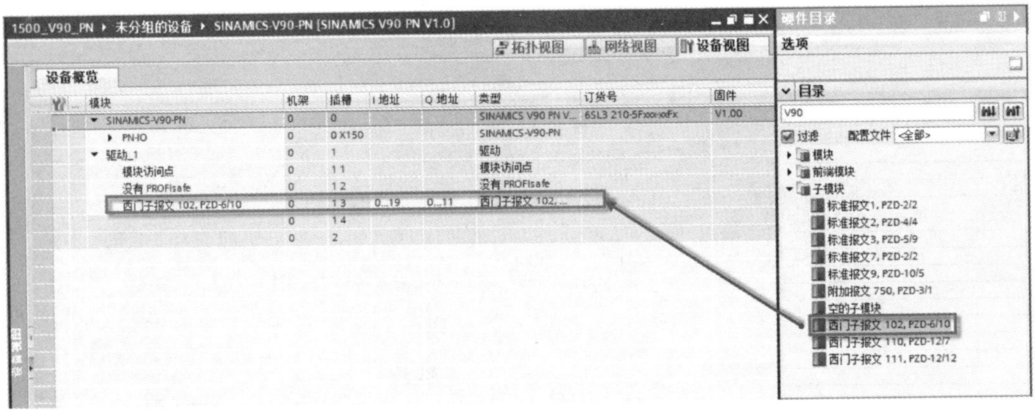

图 28-8 添加通信报文

注 通读 I/O 地址的功能可在 V90 组态软件中查看。

5. 组态同步

在网络视图中组态同步域如图 28-9 所示，同步主站为 PLC _ 1，即 S7-1500 CPU。

在 V90 的设备属性中设置 IRT，如图 28-10 所示。在等时同步模式中对报文 102 设置为等时同步模块，如图 28-11 所示。

图 28-9 组态同步域

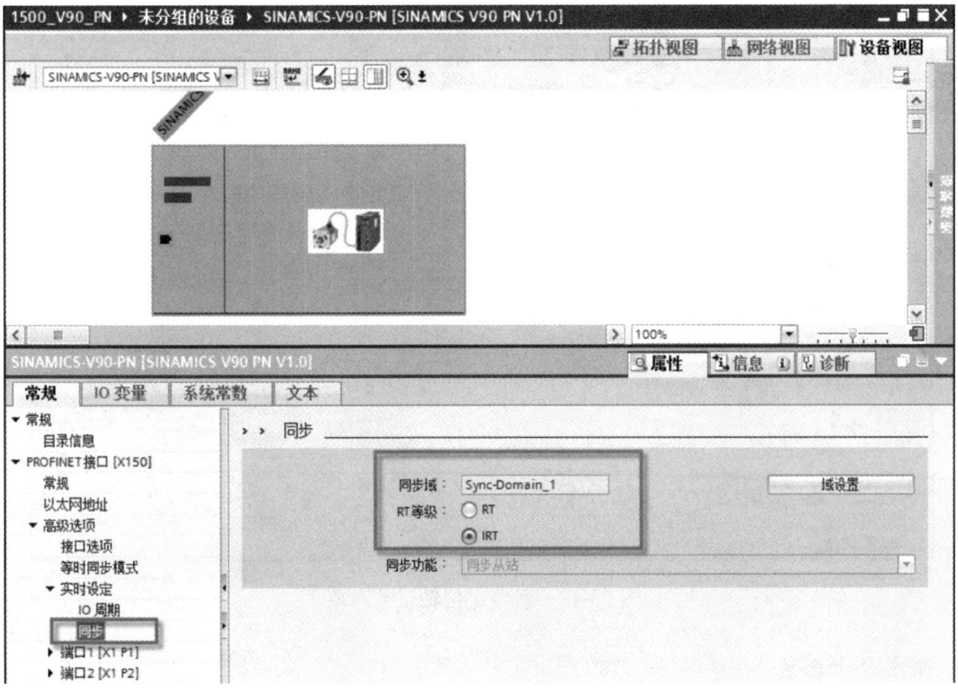

图 28-10 组态等时同步 IRT

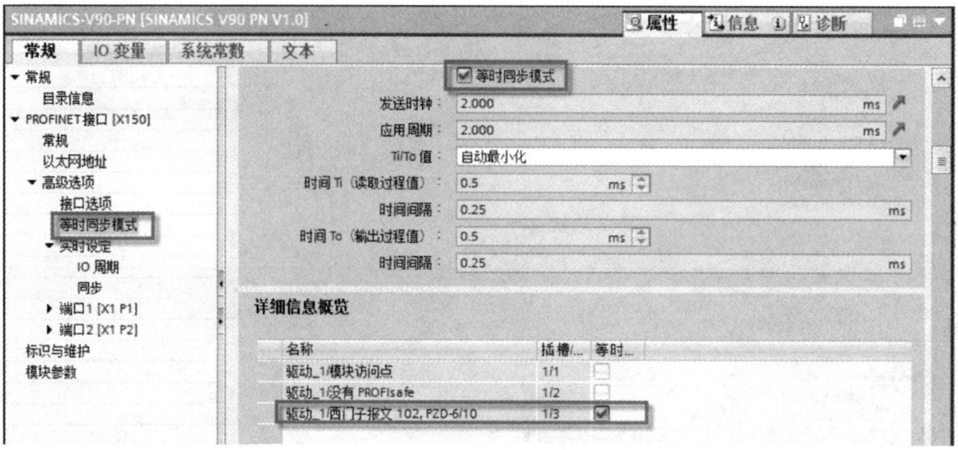

图 28-11　将报文 102 设置为等时同步模块

三、组态定位轴工艺对象

新增定位轴工艺对象 PO _ PositioningAxis，如图 28-12 所示，然后对运动轴工艺对象进行组态。

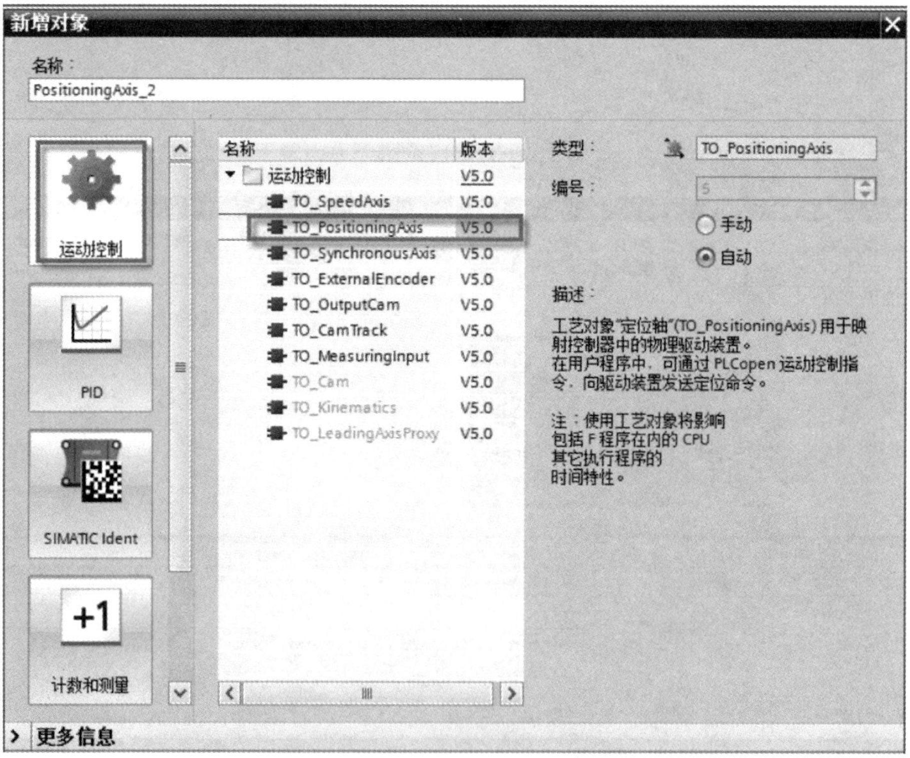

图 28-12　新增定位轴工艺对象

1. 组态基本参数

组态基本参数如图 28-13 所示。如果 PLC 连接了 V90 真实硬件，可不选择激活仿真，如果未连接，可选用仿真。

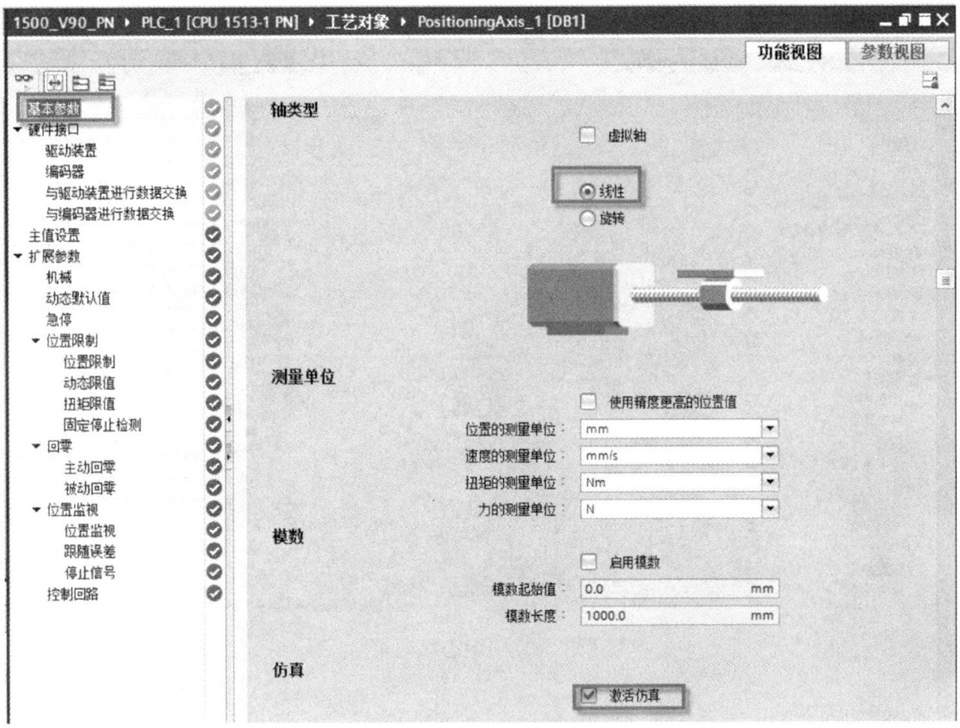

图 28-13　基本参数

2. 组态驱动器

组态驱动器如图 28-14 所示，驱动器类型选择为 PROFIdrive，并选择数据连接和驱动装置。

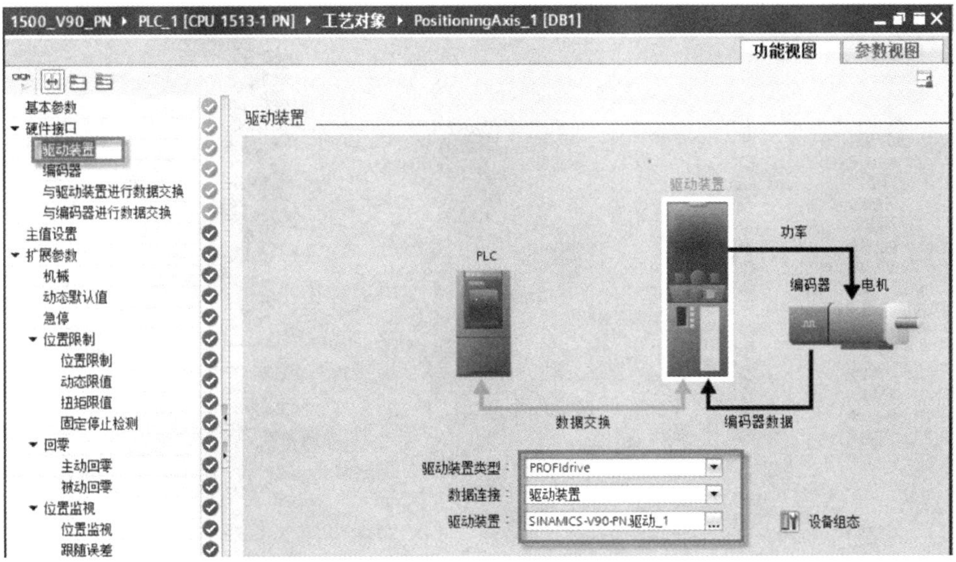

图 28-14　组态驱动器

3. 组态编码器

组态编码器如图 28-15 所示。

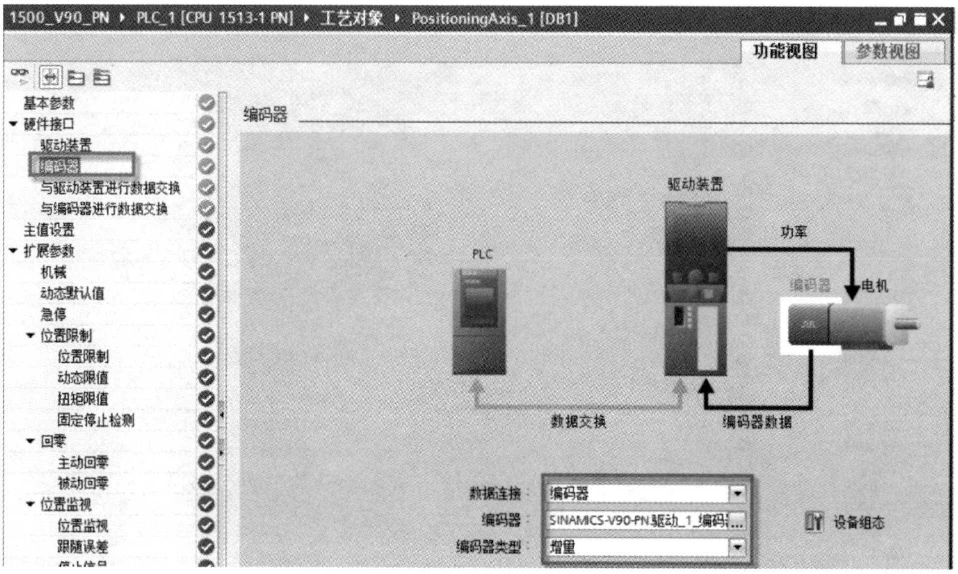

图 28-15　组态编码器

4. 组态与驱动装置进行数据交换

组态与驱动装置进行数据交换如图 28-16 所示，选择报文 102。

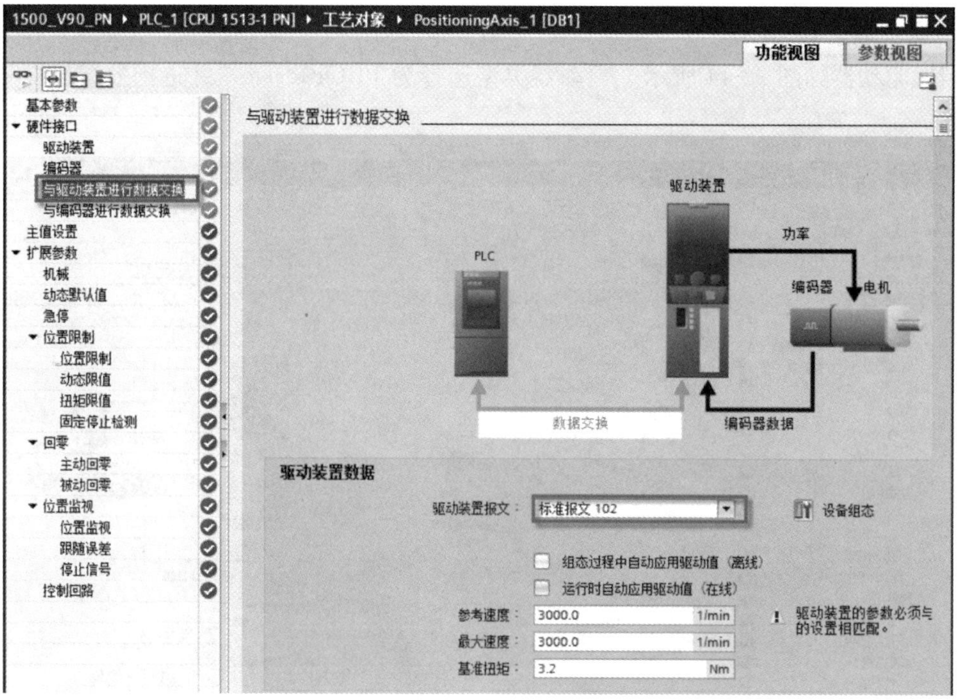

图 28-16　组态与驱动装置进行数据交换

5. 组态与编码器进行数据交换

组态与编码器进行数据交换如图28-17所示，选择报文102，其他参数选默认值。

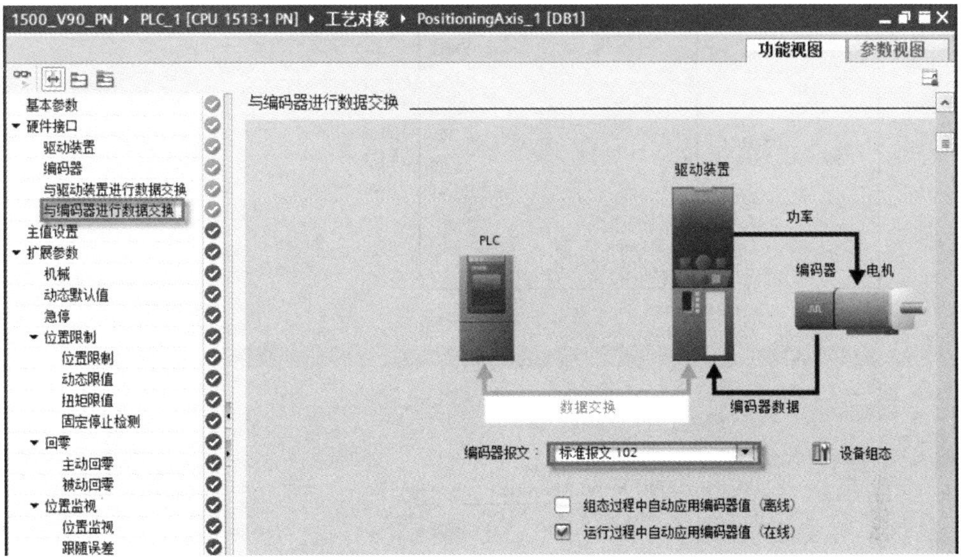

图28-17　与编码器进行数据交换

四、创建全局数据块D［DB4］

创建全局数据块D［DB4］，如图28-18所示，包含变量位移Distance、速度velocity、加速度Acc和减速度Dec。

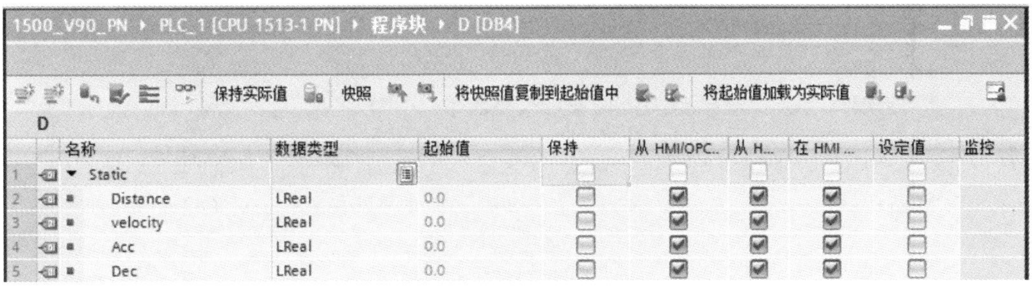

	名称	数据类型	起始值	保持	从HMI/OPC..	从H...	在HMI...	设定值	监控
1	▾ Static								
2	■ Distance	LReal	0.0	☐	☑	☑	☑	☐	
3	■ velocity	LReal	0.0	☐	☑	☑	☑	☐	
4	■ Acc	LReal	0.0	☐	☑	☑	☑	☐	
5	■ Dec	LReal	0.0	☐	☑	☑	☑	☐	

图28-18　数据块DB4

五、编写OB1程序

OB1程序如图28-19所示，在程序中调用运动控制指令。本程序中只编写了轴使能和轴相对运动控制指令。另外，类似S7-1200 PLC，根据需要还可编写回原点、绝对运动控制、速度控制、点动、停止等运动控制。

【项目运行与调试】

把项目下载到PLC，PLC与V90伺服用网线连接并上电，传动设备运行。调试步骤如下：

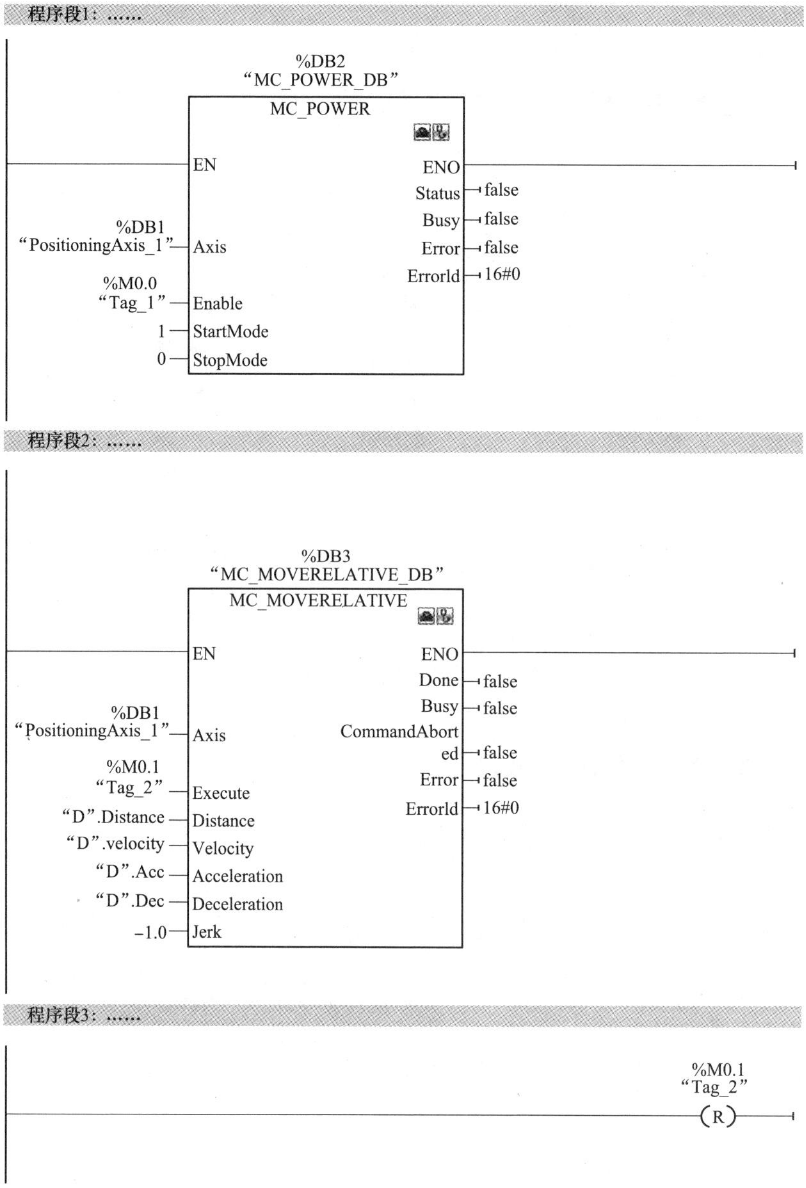

图 28-19　OB 1 主程序

（1）把 M0.0 置位，使能轴；

（2）赋值相对运动指令的位移、速度、加速度、减速度等变量值，然后把 M0.1 置位，测试相对定位控制；

（3）可在 OB1 中加入其他运动指令，测试其他运动控制功能。

注　在运行与调试过程中，可打开 DB1 数据块，对位置和速度进行监控。

小　结

S7-1500 PLC 与 V90 伺服通过 PN 总线连接，控制丝杠传动设备运行，项目设计需注重以下知识点：

（1）V90组态软件的使用；

（2）PLC与V90的网络组态；

（3）Portal软件中V90报文的组态；

（4）等时实时IRT的组态；

（5）Portal软件中V90设备名称与实际硬件需相同；

（6）组态定位轴时，选用Profidrive；

（7）定位轴组态完后，可用调试面板进行调试。

练习与提高

S7-1500 PLC通过PN总线控制V90伺服，控制电动机转动角度范围0～360°，可实现相对定位、绝对定位等控制。

项目 29

定 长 切 割 控 制

知识点　PLC 与 V90 伺服的综合应用。

本项目是 S7-1200 PLC 与 V90 伺服的综合典型应用，用 S7-1200 PLC 与 V90 伺服控制和驱动定长切割装置。

一、任务要求

用西门子 S7-1200 PLC 与 V90 伺服，控制和驱动定长切割装置。定长切割要求可按用户需求设定切割速度、切割长度及切割数量，且可以统计该批次已切割个数。

定长切割装置如图 29-1 所示，其结构由伺服控制器、伺服电动机、胶带盘、传动轮组、电磁线圈、切刀等组成。装置由 V90 _ PN 伺服系统驱动，电动机每转动一圈可输出 5.5mm 长的胶带。输出胶带可由额定电压为 AC 220V 的电磁铁驱动切刀动作进行切割。

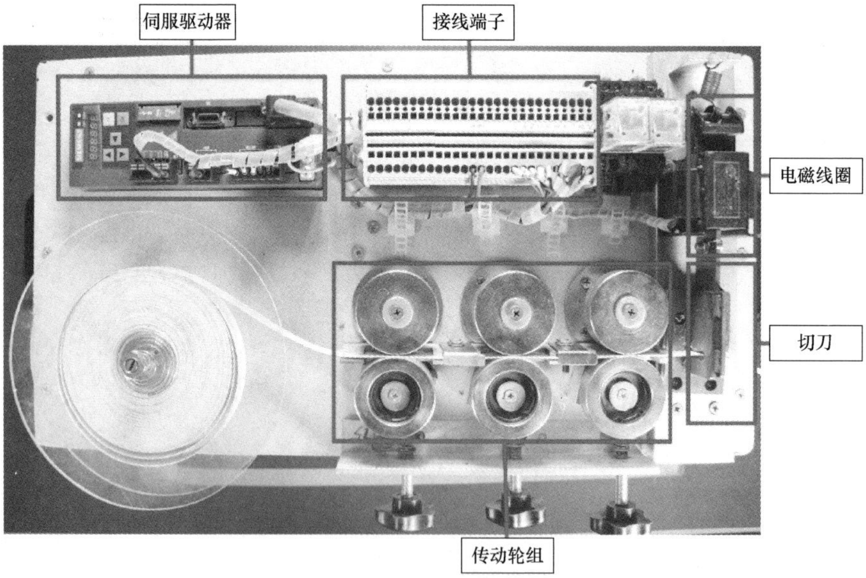

图 29-1　切长切割装置

二、项目分析

1. 设备清单

设备清单见表 29-1。

表 29-1　　设备清单

序号	设备名称	型　号	备注
1	S7-1200 PLC	CPU1214 DC/DC/DC	1个
2	切长切割装置	DCQG-1	1台
3	V90 伺服	6SL3 210-5FB10-1UF0	1个
4	V90 伺服电动机	1FL6022-2AF21-1AA1	1个

2. 控制系统接设计

PLC 与伺服控制器之间用工业以太网进行连接，示意图如图 29-2 所示。V90 伺服主电路电源为 AC 220V，控制回路电源为 DC 24V，PLC 工作电源为 DC 24V。PLC、编程电脑的以太网接口可分别接至伺服驱动器的 P1 和 P2 接口进行组网。

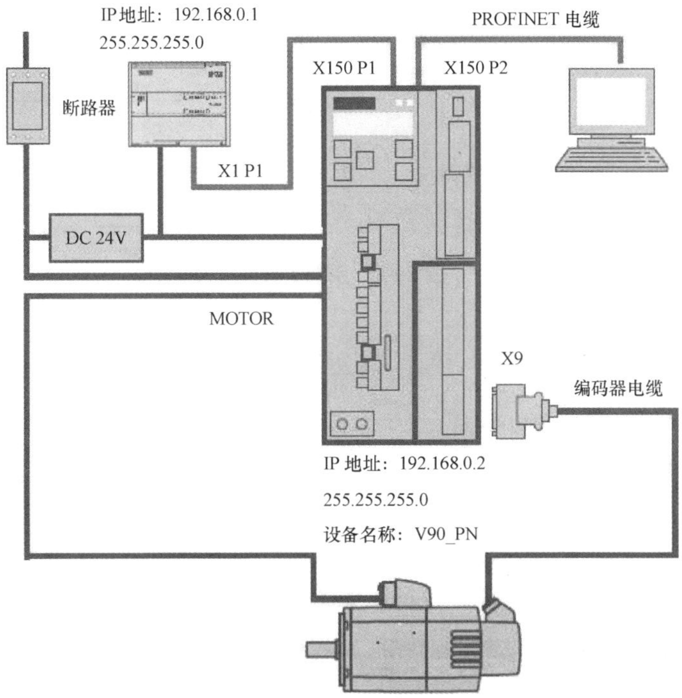

图 29-2　网络连接示意图

系统的电路图如图 29-3 所示，PLC 数字量输出 Q0.0 经一个中间继电器控制切割刀具进行切割控制。系统的输入信号假设用触摸屏上按钮或开关实现，在 PLC 程序块中建全局数据块即可，对于触摸屏的组态设计，在本项目中不加描述，读者可在学触摸屏部分的内容自行设计。

三、项目编程与调试

编程之前，首先需对 V90 伺服用软件 V-ASSITANT 进行设置，设置控制模式为“速度控制模式”，并设置 PROFIDRIVE 报文为报文 3，设置方法可参考项目 23。

用 Portal 软件进行编程与调试，项目编程与调试步骤如下：

（1）新建项目，添加 CPU 设备；

（2）组态通信网络，在设备视图中，添加 V90 伺服，并与 PLC 连网组态；

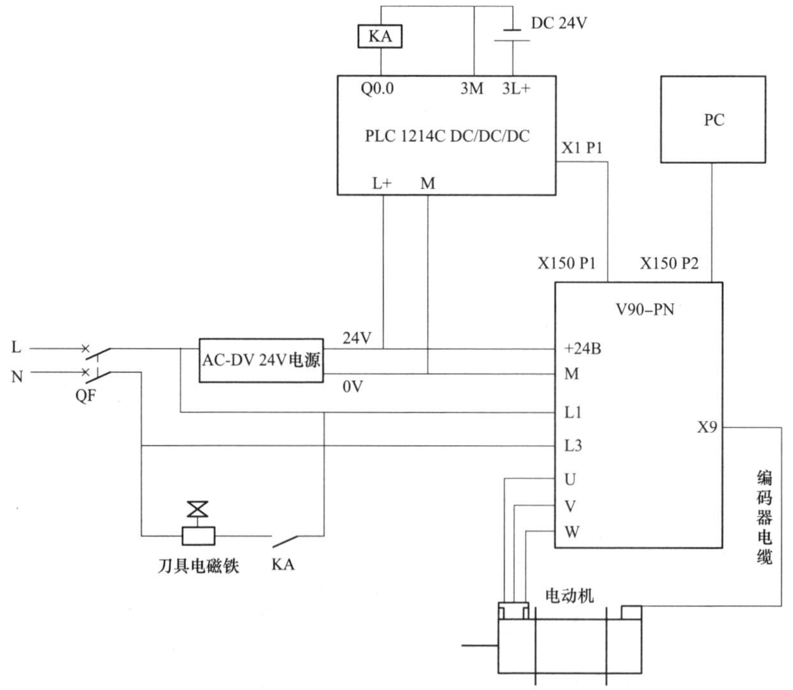

图 29-3　系统电路图

（3）为 V90 伺服添加报文；

（4）组态轴工艺对象；

（5）设置 OB91 的循环时间为 4ms；

（6）在 OB1 中编写控制程序；

（7）程序运行调试。

1. 新建项目

新建项目，并添加 S7-1200 PLC 设备，如图 29-4 所示。并在 CPU 属性中设置系统存储

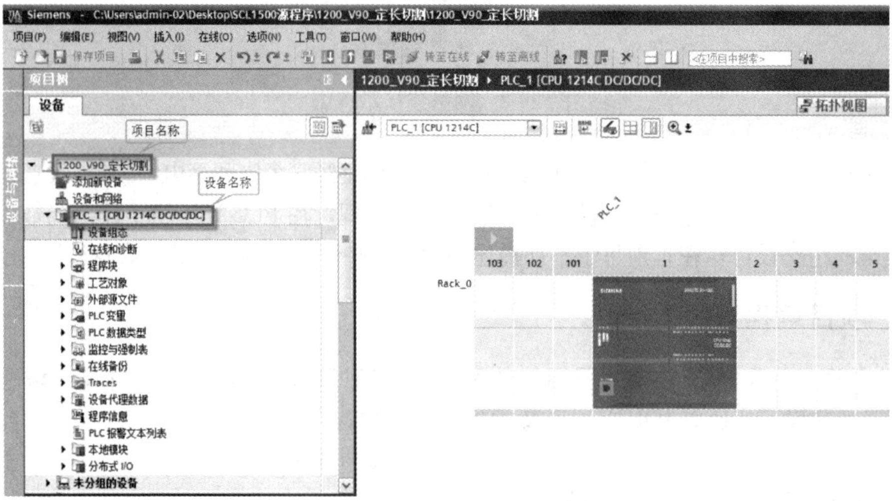

图 29-4　新建项目

器 MB1 和时钟存储器 MB0。编程时会用到 AlwaysTRUE M1.2。

2. 组态通信网络

在网络视图，如图 29-5 所示。首先在硬件目录中搜索 V90，然后把 SINAMICS V90PN/V1.0 拖拽到网络视图中。用鼠标左键点住 PLC 的以太网口，连接至 V90 的以太网口再松开鼠标左键，组态完成两者的通信连接。

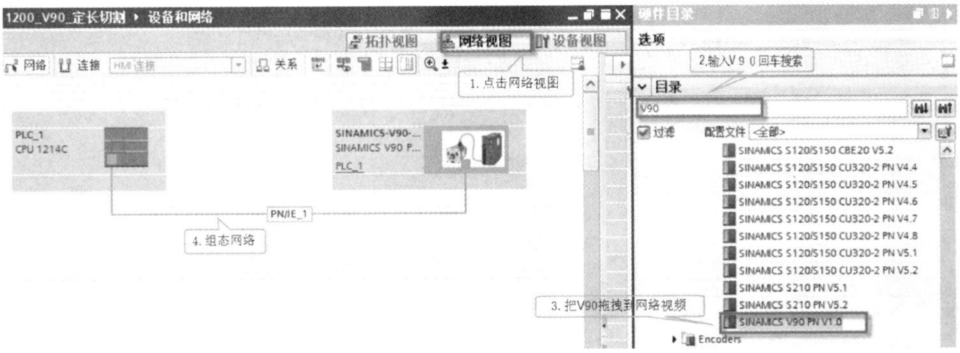

图 29-5　组态 PLC 与 V90 的网络连接

网络连接组态完成后，PLC 和 V90 伺服的以太网口会自动产生相应的子网和 IP 地址。

3. 组态通信报文

在网络视频中双击 V90，进入 V90 伺服的设备视图中，如图 29-6 所示。在图 29-4 中单击右侧的向左三角形图标，打开其设备数据表，如图 29-7 所示，把"标准报文 3"拖拽到设备数据表中。

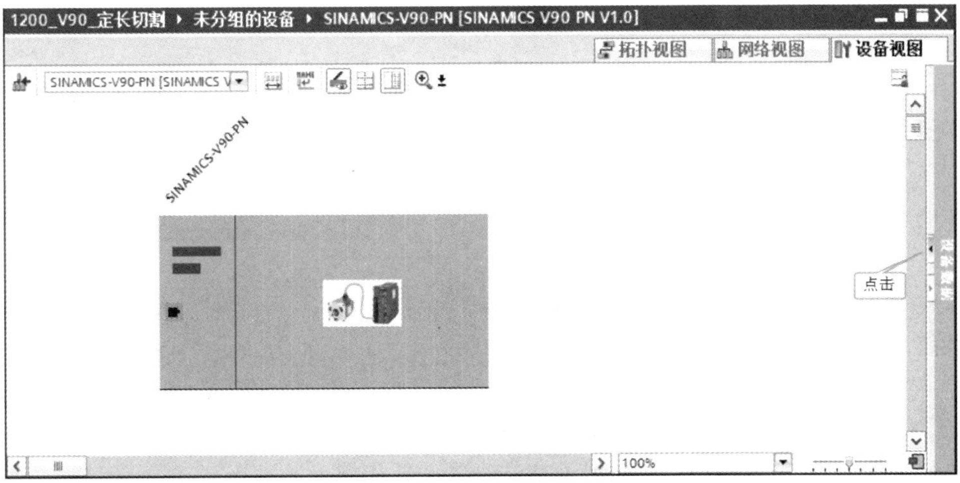

图 29-6　V90 伺服设备视图

4. 组态工艺轴

如图 29-8 所示，在项目树下新增工艺对象，名称默认为"轴_1"，选择"运动控制"下的"TO_PositioningAxis"，然后单击"确定"按钮。

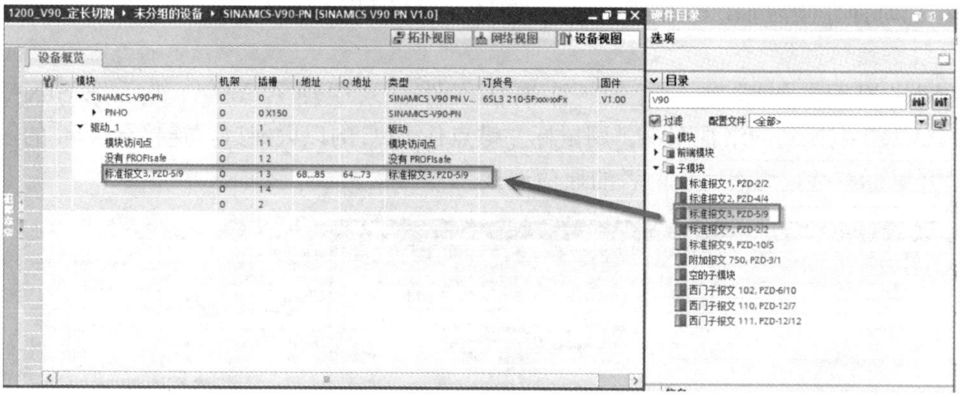

图 29-7　添加通信报文

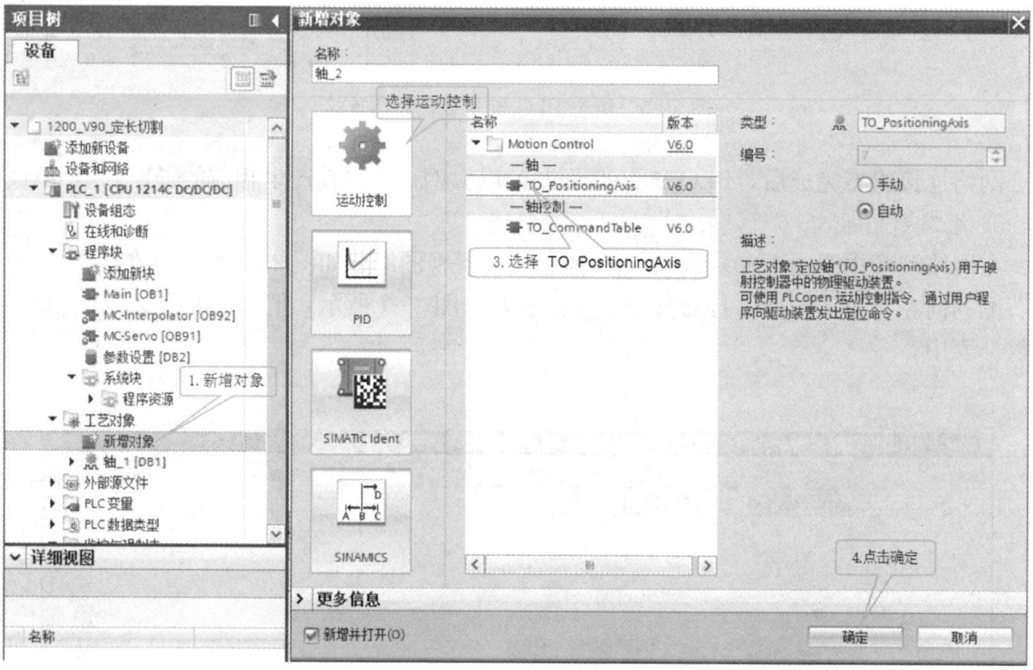

图 29-8　新增轴工艺对象

下面对打开的轴工艺对象进行设置。

(1)“基本参数>常规”参数。如图 29-9 所示，在“基本参数>常规”参数中，设置驱动器为“PROFIdrive”，位置单位设置为“mm”，如果 PLC 连接了实际的物理伺服，则设置为“不仿真”，如果未连接，则设置为“仿真驱动器和编码器”。

(2)“基本参数>驱动器”参数。如图 29-10 所示，在“基本参数>驱动器”参数中，设置数据连接和报文，报文选择之前组态的报文 3。

(3)“基本参数>编码器”参数。如图 29-11 所示，在“基本参数>编码器”参数中，编码器的连接选择为“PROFINET 上的编码器”。

(4)“扩展参数>机械”参数。如图 29-12 所示，在“扩展参数>机械”参数中，设置

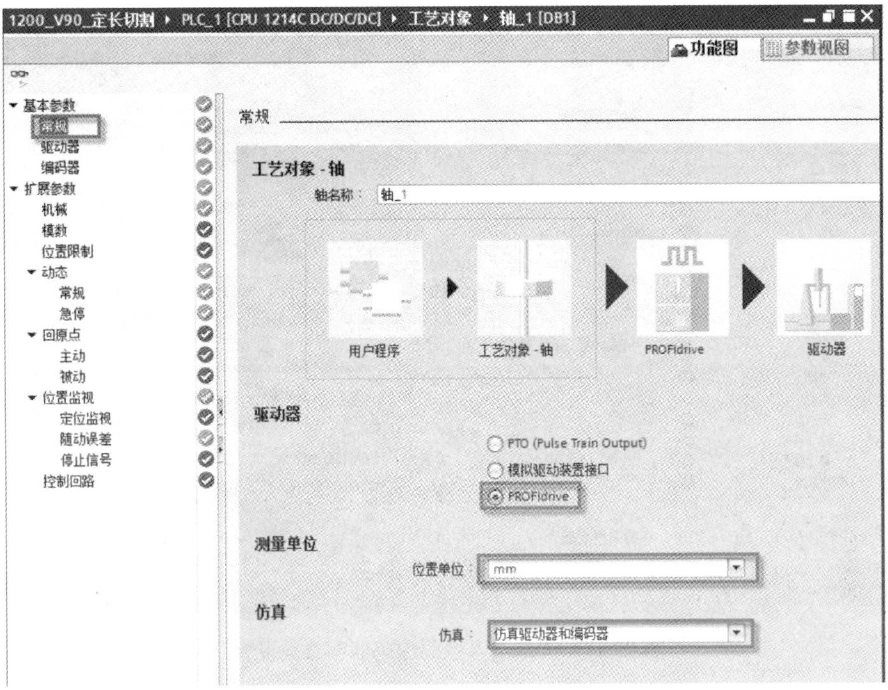

图 29-9　“基本参数>常规”参数设置

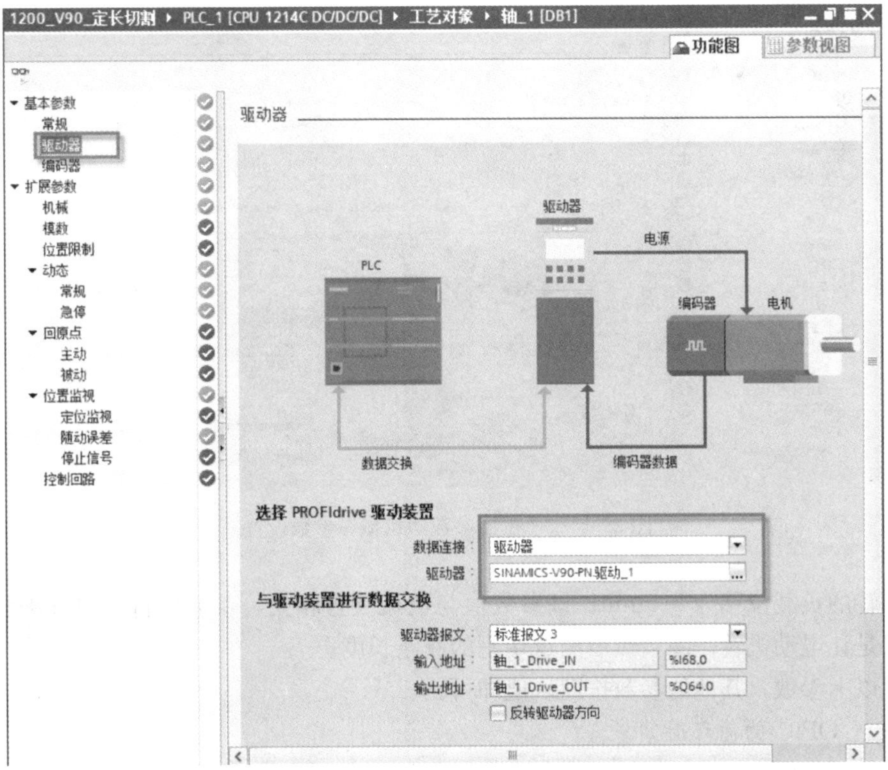

图 29-10　“基本参数>驱动器”参数设置

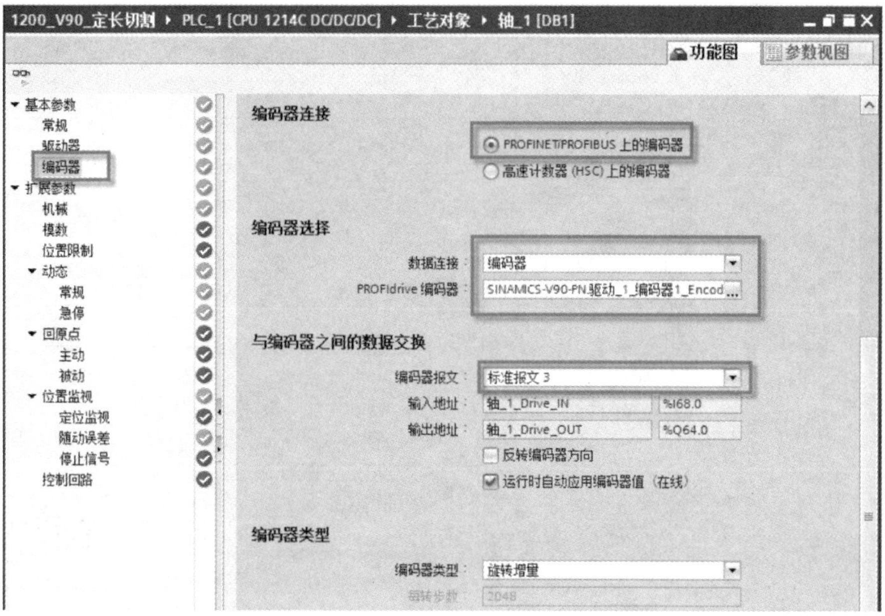

图 29-11 “基本参数>编码器”参数设置

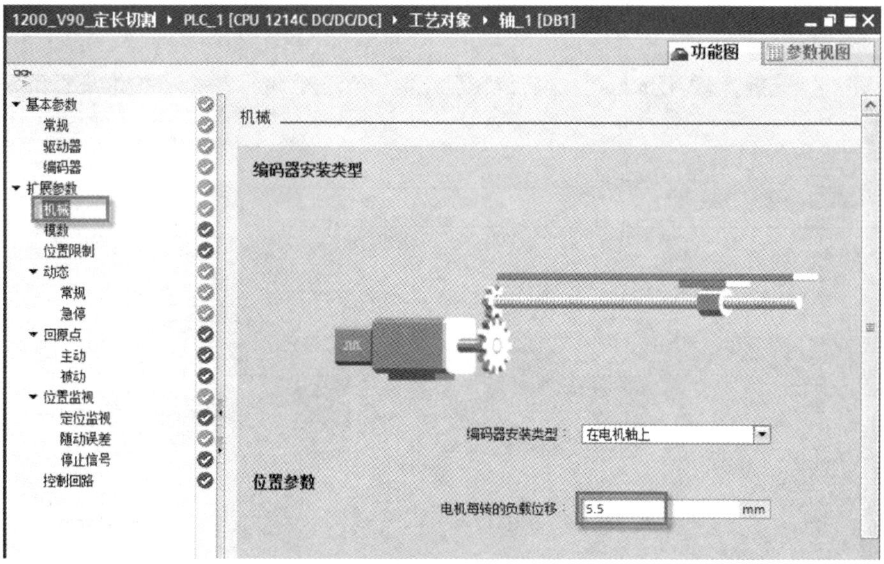

图 29-12 “扩展参数>机械”参数设置

电动机每转的负载位移为 5.5mm。该参数值与机械装置相关，参数可自行另外编程调试测量，方法是让电动机转一圈，然后测量切割的胶条长度。

设置以上参数，其他的参数按默认值即可。

5. 设置 OB91 的循环时间

S7-1200 CPU 在创建闭环运动控制工艺对象时，会自动地创建用于执行工艺对象的组织块，其中 MC-Servo［OB91］用于位置控制器的计算，MC-Interpolator［OB92］用于生成设定值、评估运动控制指令和位置监控功能。这两个组织块彼此之间出现的频率关系始终为1∶1，MC-Servo［OB91］总是在MC-Interpolator［OB92］之前执行。可以根据控制质量和系统负载需求，指定MC-Servo［OB91］的应用循环周期性调用时间，如果循环时间过短，则可能造成CPU发生溢出，造成CPU停机。鼠标右键OB91组织块，在弹出的OB91属性对话框中可以修改其循环时间。

可根据所使用的轴数量设置运动控制应用循环时间，标准是：

运动控制应用循环时间＝2ms＋（位置控制轴的数量×2ms）

OB91的循环时间的更改操作如图29-13所示。

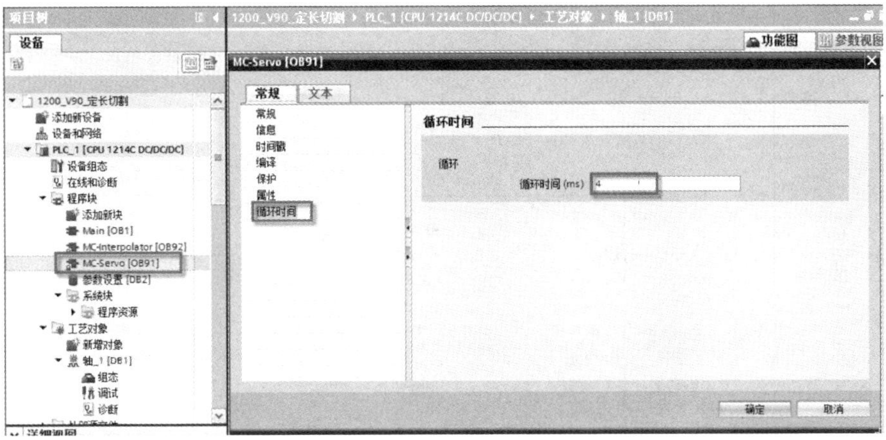

图29-13　更改OB91的循环时间

6. 编程

（1）编写全局数据块“参数设置［DB2］”。添加新的全局数据块“参数设置［DB2］”，如图29-14所示，在数据块中定义需要设置的相关参数。

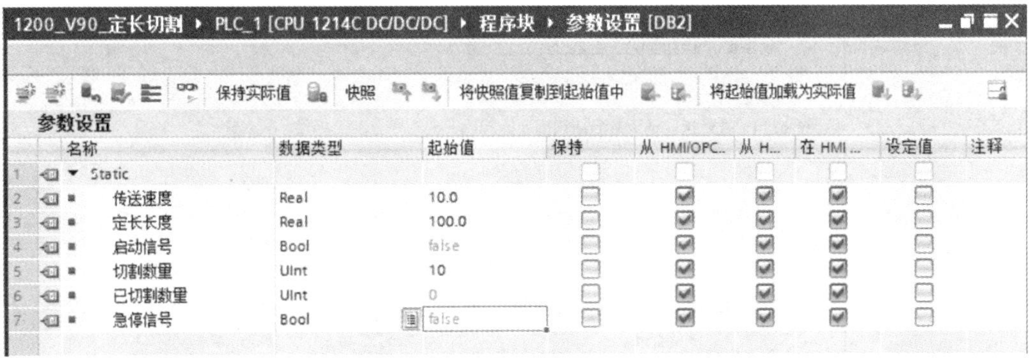
1200_V90_定长切割 ▸ PLC_1 [CPU 1214C DC/DC/DC] ▸ 程序块 ▸ 参数设置 [DB2]

参数设置

	名称	数据类型	起始值	保持	从 HMI/OPC...	从 H...	在 HMI ...	设定值	注释
1	▼ Static			☐	☐	☐	☐	☐	
2	▪ 传送速度	Real	10.0	☐	☑	☑	☑	☐	
3	▪ 定长长度	Real	100.0	☐	☑	☑	☑	☐	
4	▪ 启动信号	Bool	false	☐	☑	☑	☑	☐	
5	▪ 切割数量	UInt	10	☐	☑	☑	☑	☐	
6	▪ 已切割数量	UInt	0	☐	☑	☑	☑	☐	
7	▪ 急停信号	Bool	false	☐	☑	☑	☑	☐	

图29-14　参数设置［DB2］

（2）编写OB1程序。在OB1中编写控制程序如图29-15所示，在程序中调用了运动控制指令“MC_Power”“MC_MoveRelative”和“MC_Halt”，调用时配相应的背景数据块。

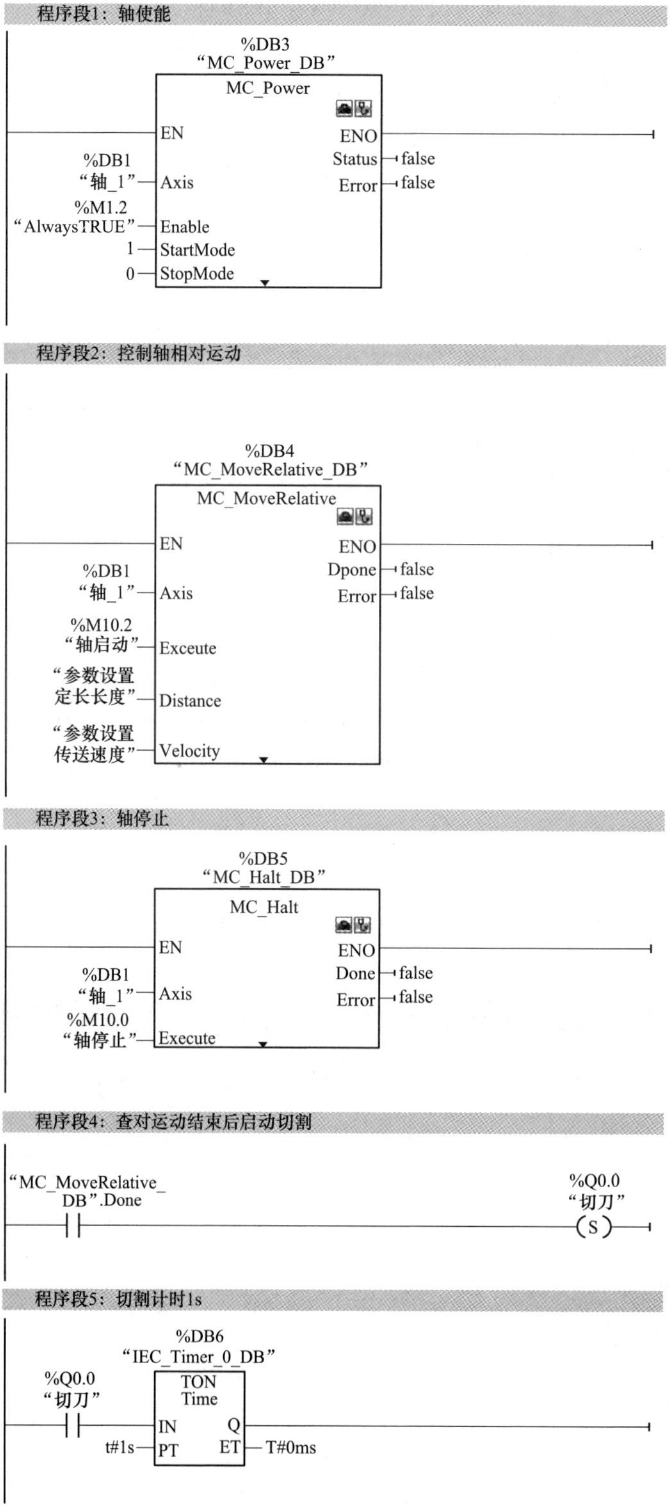

图 29-15　OB1 主程序

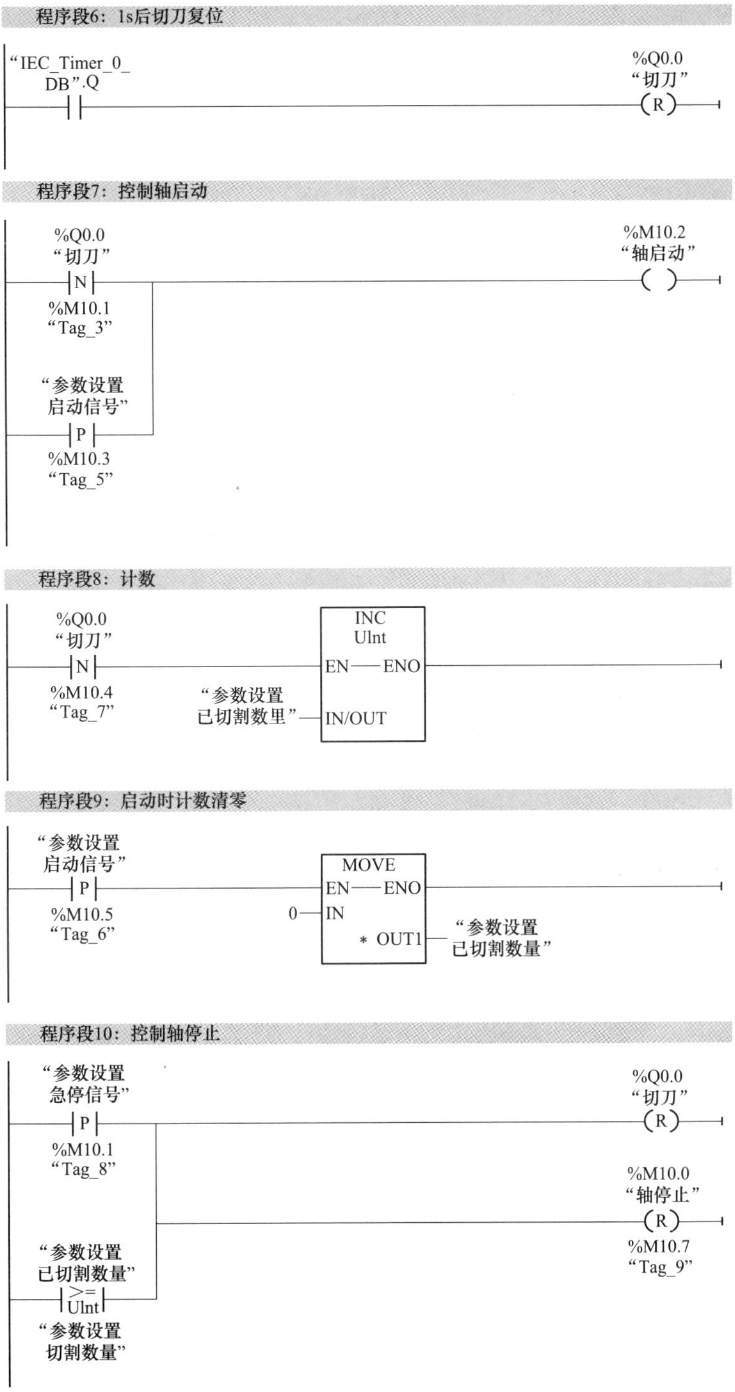

图 29-15 OB1 主程序（续）

7. 程序运行调试

新建监控表如图 29-16 所示，把需要操作和设置的变量拖入监控表中。

调试与测试步骤如下：

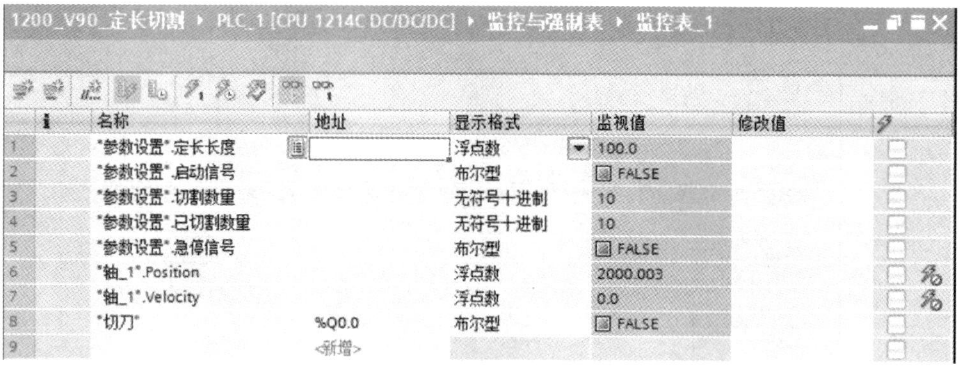

	i	名称	地址	显示格式	监视值	修改值	
1		"参数设置".定长长度		浮点数	100.0		
2		"参数设置".启动信号		布尔型	FALSE		
3		"参数设置".切割数量		无符号十进制	10		
4		"参数设置".已切割数量		无符号十进制	10		
5		"参数设置".急停信号		布尔型	FALSE		
6		"轴_1".Position		浮点数	2000.003		
7		"轴_1".Velocity		浮点数	0.0		
8		"切刀"	%Q0.0	布尔型	FALSE		
9			<新增>				

图 29-16　监控表

（1）先设置好定长长度、切割数量，然后置位“启动信号”为 1，再复位为 0。

（2）观察验证已切割数量、轴位置“轴 _ 1”. Position、轴速度“轴 _ 1”. Velocity、切刀等变量的变化是否达到程序运行的要求。

（3）多次启动运行测试。

（4）测试急停信号。

四、小结

本项目用到的知识点包括 S7-1200 PLC 与 V90 伺服的通信及运动控制，PLC 运动控制的典型应用。

五、练习与提高

1. 在定长切割的控制项目中，监控如图 29-16 中的变量“轴 _ 1”. Position，会发现该值是运行累加，如要改进为每次切割后数据清零，请编程实现。

提示：需用到模式 0 的回原点方式。

2. 编程调试定长切割装置，测量电动机每转一圈胶带运行的位移参数。

项目 30

基于 S7-1500 PLC 的简易机械手控制

知识点　顺序控制编程。

项目要求

项目名称：基于 S7-1500 PLC 的简易机械手控制。

设计控制系统，如图 30-1 所示，用 S7-1500 PLC 控制将工件的机械手物料搬运，其控制要求如下：

（1）手动操作。切换到手动操作模式，按下对应的按钮，各部件能够正常运行，机械手左右移动达到限位后应停止运行。

（2）自动操作。切换到自动操作模式，按下启动按钮，若在原点则启动系统，若不在原点则先进行回原点操作。启动系统后，机械手从按图 30-1 所示，连续工作一个周期，一个周期的工作过程是：原点→下降→吸紧（1s）→上升→右移→下降→放松（1s）→上升→左移到原点。

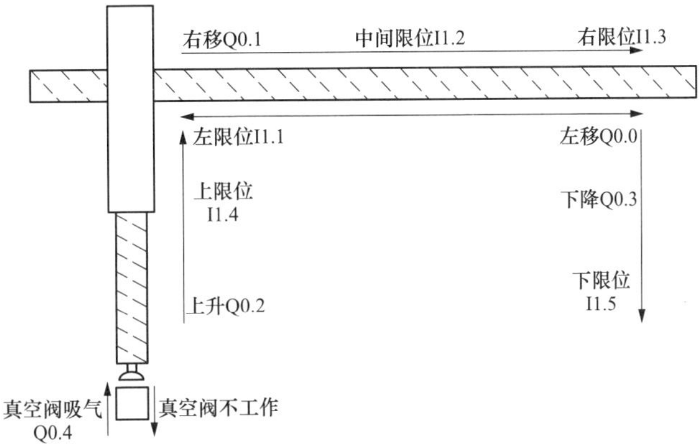

图 30-1　简易机械手

（3）停止功能。按下停止按钮时，系统马上停止运行。

（4）回原点功能。气缸缩回，吸盘停止吸气，机械手回到左边原点端。

项目分析

一、设备选型

S7-1500 PLC 模块选型如下：

（1）CPU 模块 CPU1513-3PN/DP 一个；

（2）DI 模块 DI32X24V(DC) HF，1 个；

（3）DO 模块 DO32X24V(DC)/0.5AHF，1 个。

二、PLC 的 I/O 原理图

PLC 的 I/O 分配及原理图如图 30-2 所示。

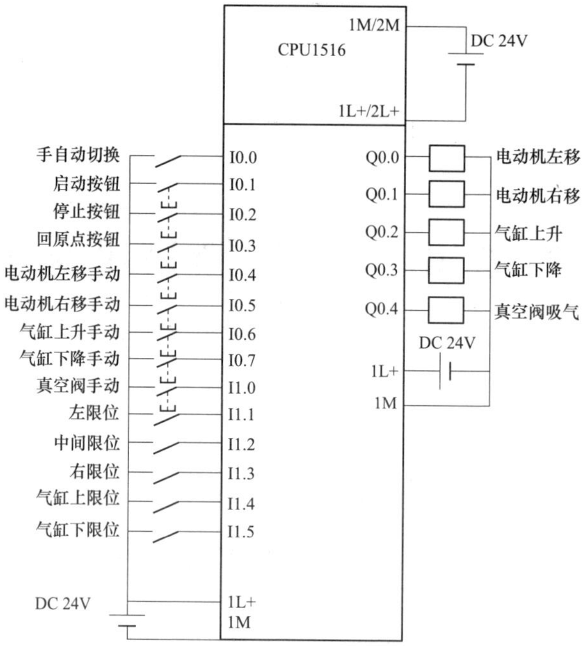

图 30-2　I/O 原理图

项目编程与调试

一、新建项目

新建项目，并组态 PLC 硬件模块，并查看 DI 和 DO 模块的 I/O 地址分配如图 30-3 所示。

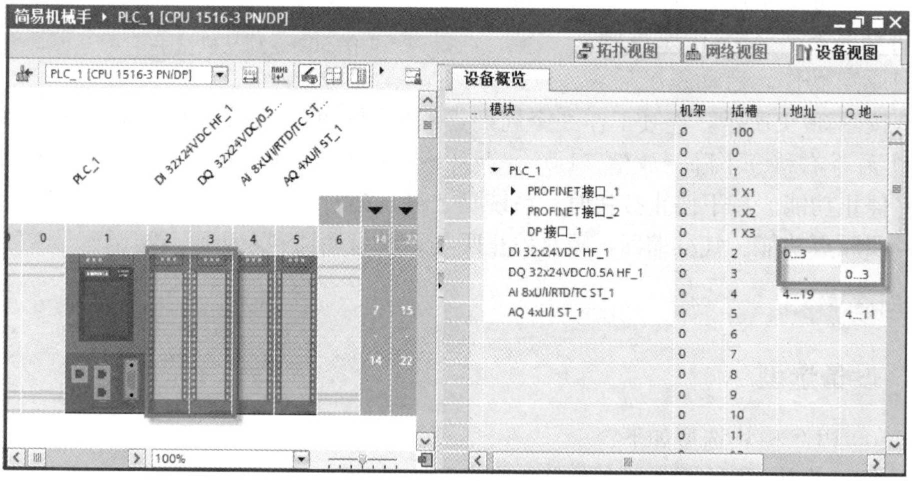

图 30-3　组态 PLC 硬件

二、组态变量表

根据编程需要，创建变量表如图 30-4 所示。

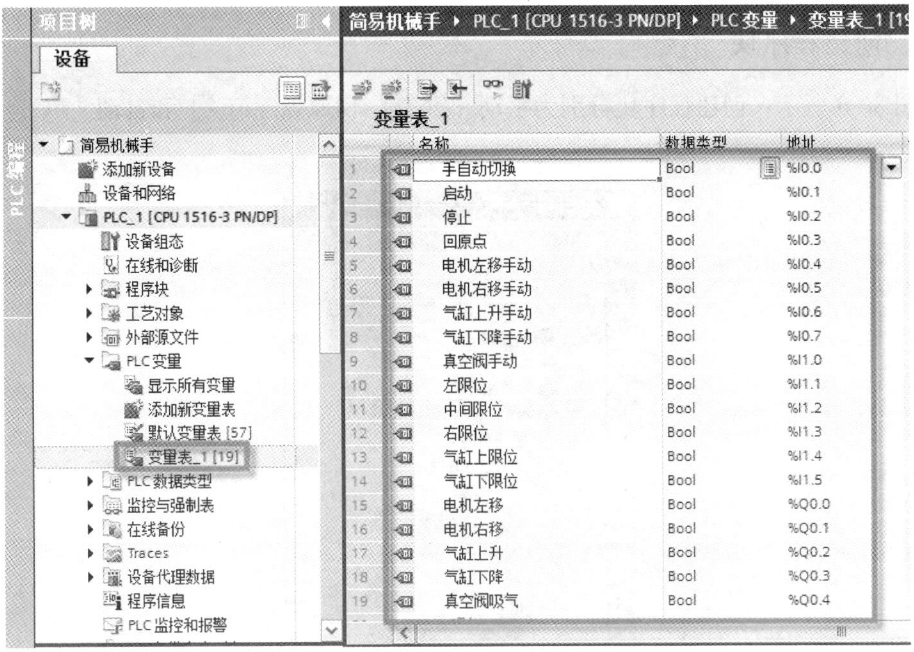

图 30-4　变量表

三、创建 DB 块

根据需要，创建两个类型为 IEC _ TIMER 的 DB 数据块，如图 30-5 所示。

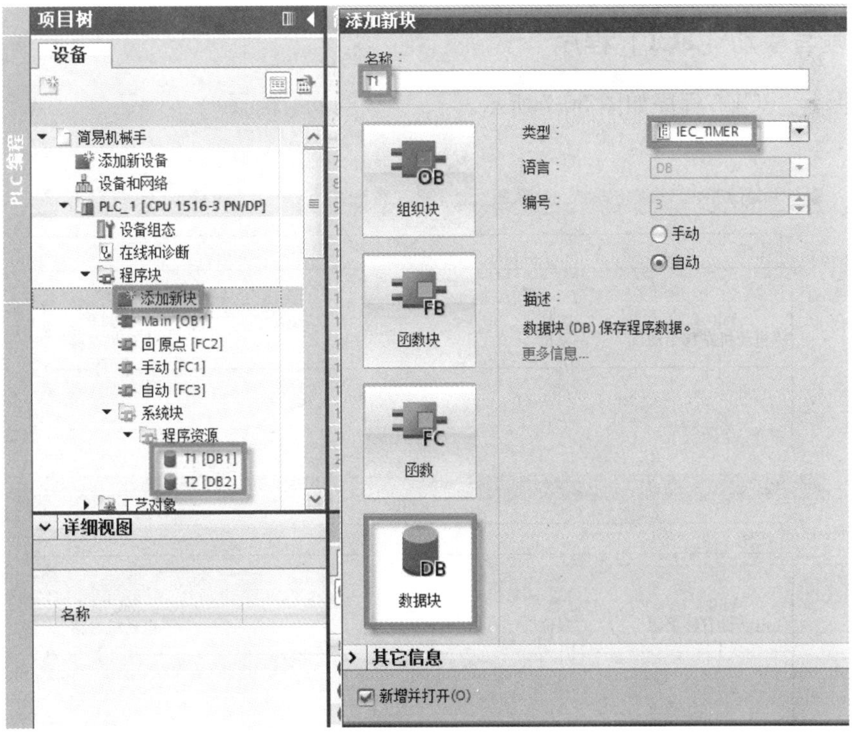

图 30-5　数据块

四、创建程序块

如图 30-6 所示，创建程序块分别为手动［FC1］、回原点［FC2］和自动［FC3］。

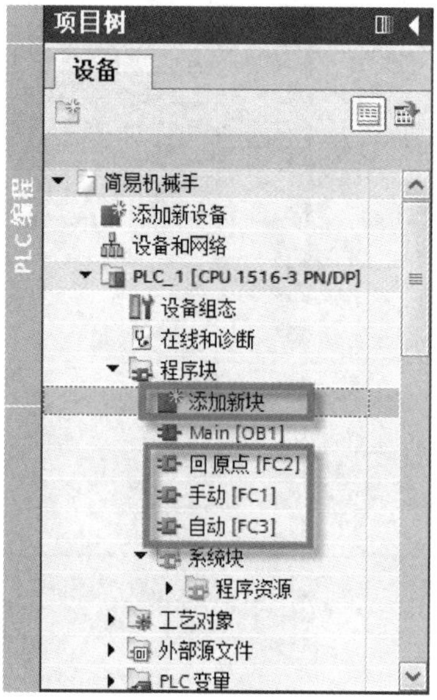

图 30-6　创建 FC

五、编写手动［FC1］程序

编写手动［FC1］程序如图 30-7 所示。

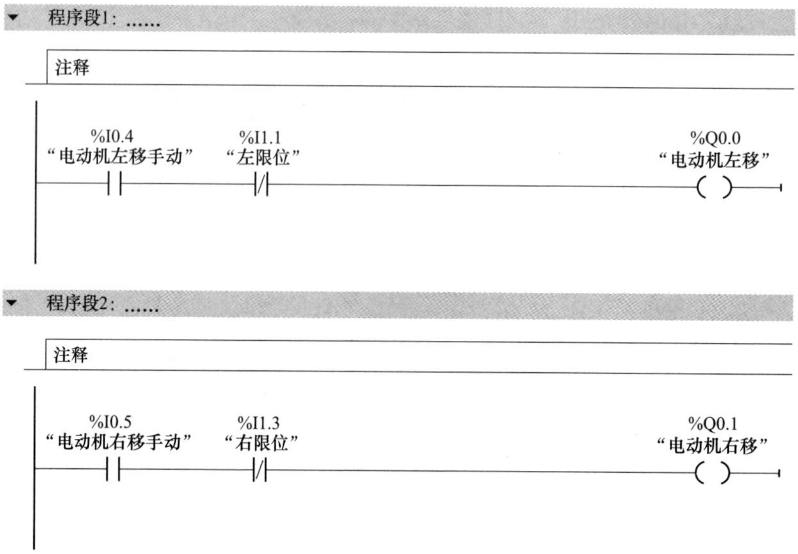

图 30-7　手动［FC1］程序

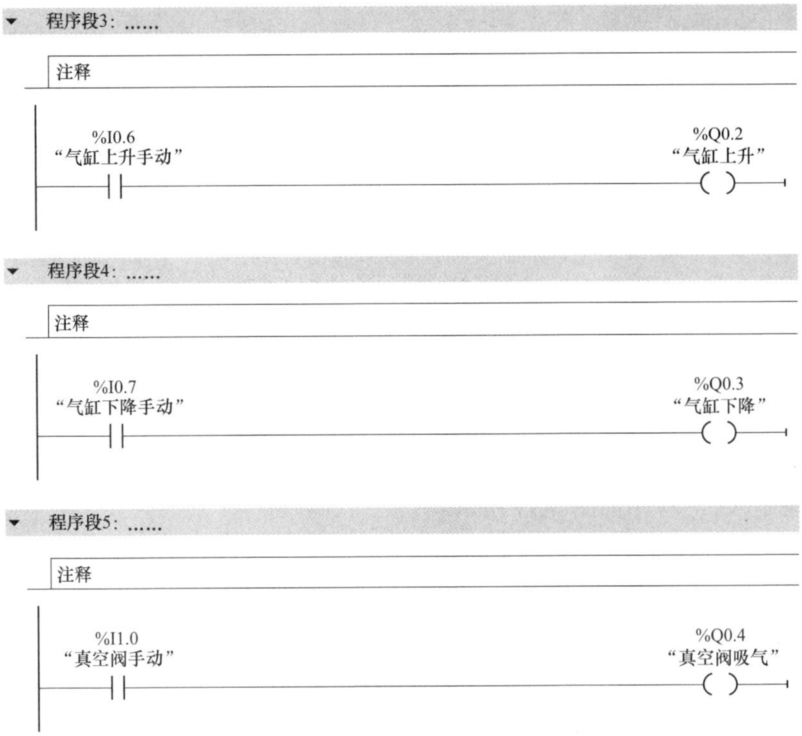

图 30-7 手动［FC1］程序（续）

六、编写回原点［FC2］程序

编写回原点［FC2］程序如图 30-8 所示。

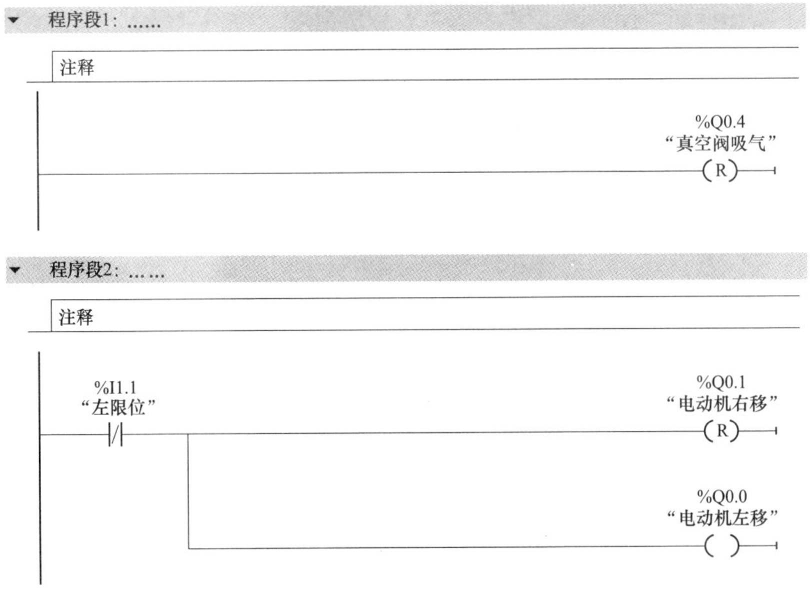

图 30-8 回原点［FC2］程序

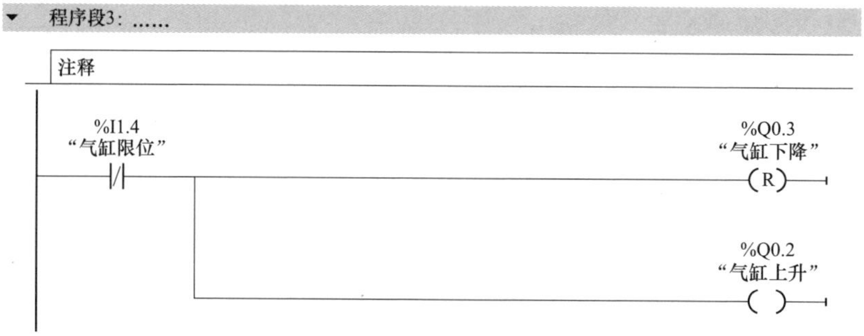

图 30-8 回原点［FC2］程序（续）

七、编写自动［FC3］程序

编写自动［FC3］程序如图 30-9 所示。

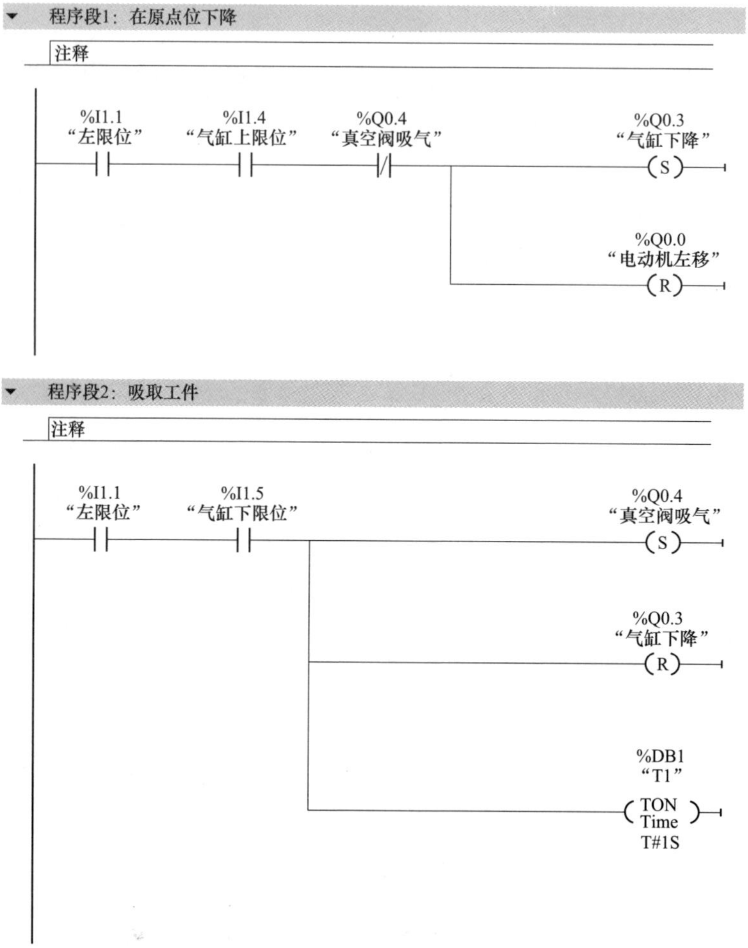

图 30-9 自动［FC3］程序

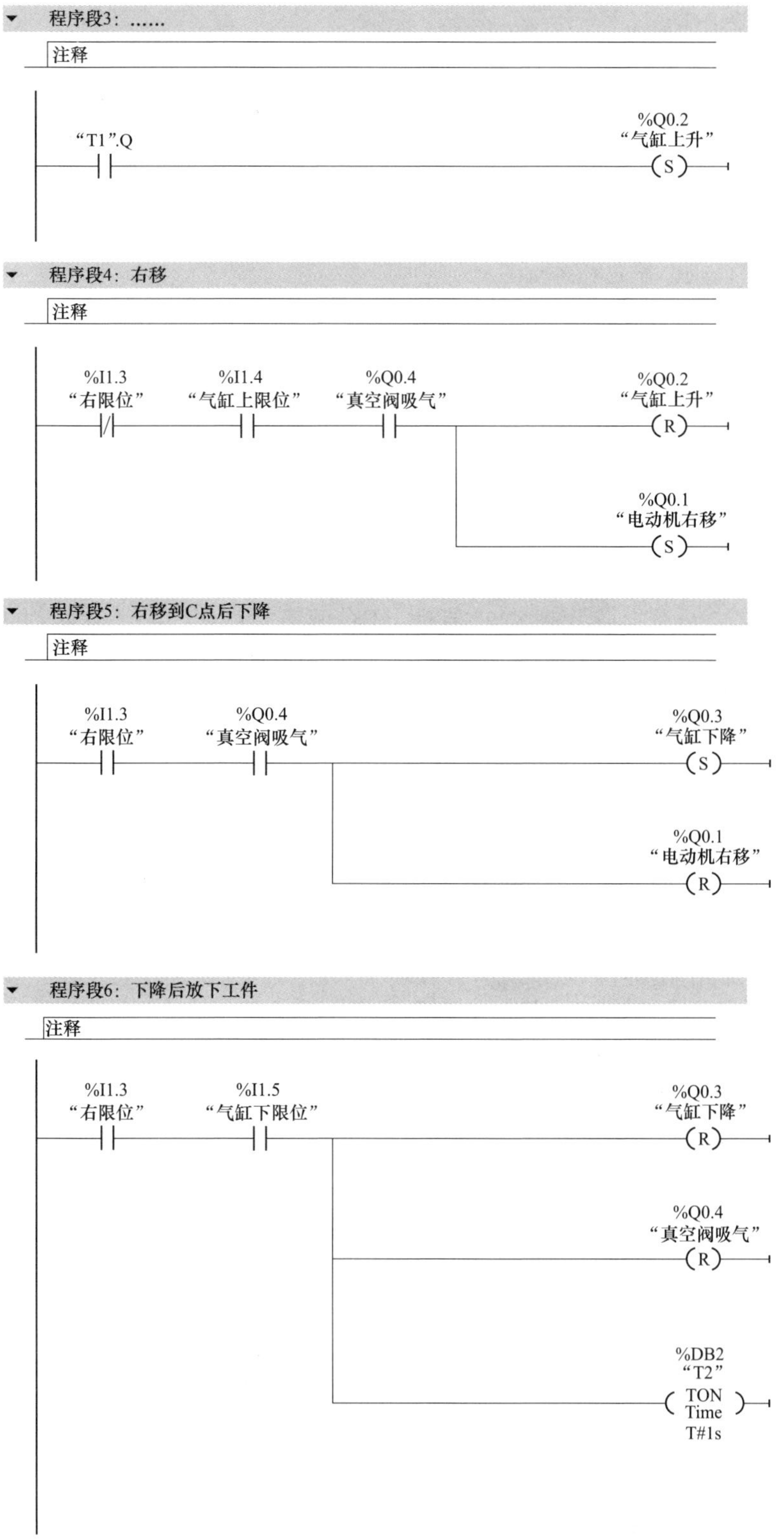

图30-9　自动［FC3］程序（续）

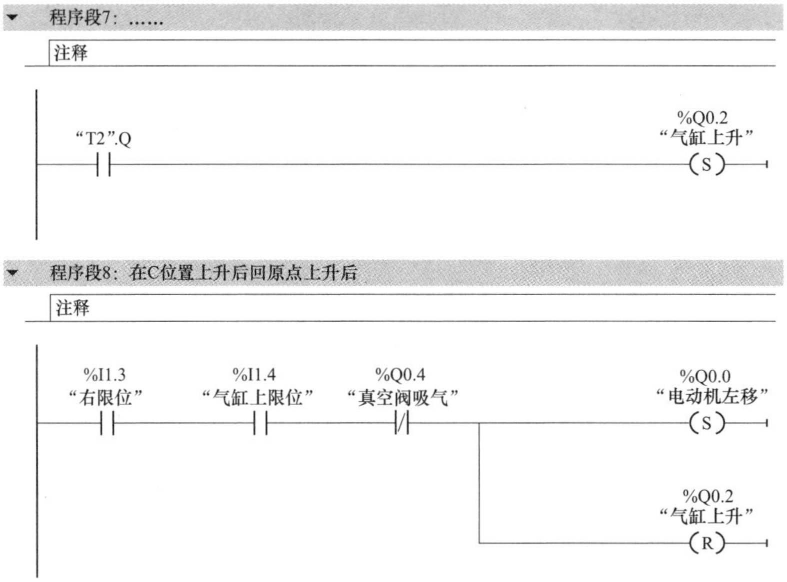

图 30-9　自动［FC3］程序（续）

八、编写 OB1 主程序

编写 OB1 主程序如图 30-10 所示，在主程序实现对手动程序块、回原点程序块、自动程序块的调用。

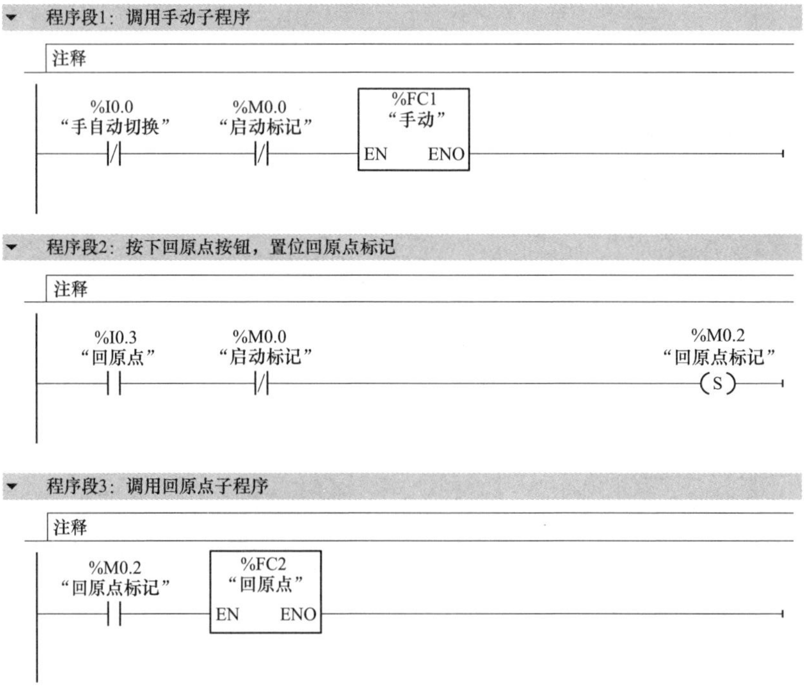

图 30-10　OB1 主程序

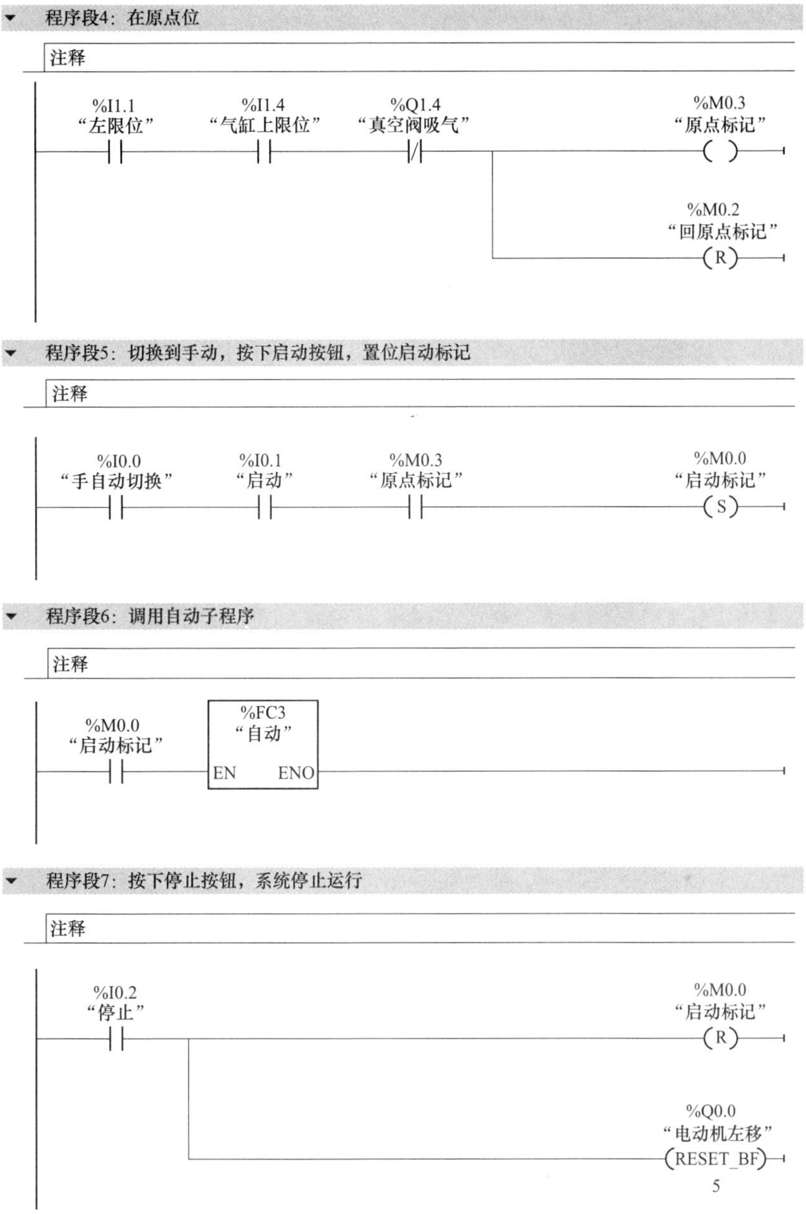

图30-10　OB1主程序（续）

九、项目运行与调试

对项目进行编译与下载。项目下载完成后即可进行项目调试，调试步骤如下：

（1）系统上电时，将手/自动切换按钮切换到手动，检查各部件手动是否正常。

（2）将手/自动切换按钮切换到自动，若系统不在原点位，按下启动按钮无反应。按下回原点按钮，系统各部件回原点位。按下自动启动按钮，系统按照以下流程循环运行：原点→下降→吸紧（1s）→上升→右移→下降→放松（1s）→上升→左移到原点。

（3）按下停止按钮，系统马上停止工作。

小　结

用 S7-1500 PLC 控制简易机械手，分别编写手动、回原点，以及自动子程序块，然后在 OB1 中实现对各子程序块的调用。

练习与提高

在本项目中，修改自动控制要求。自动启动后，系统能重复搬运；自动操作模式下，按下停止按钮，系统能完成该次搬运后回到原点停止。

项目 31

基于 S7-1500 PLC 的物料分拣控制

知识点 顺序控制、变频调速。

项目任务

物料分拣装置如图 31-1 所示，物料（圆形工件）由推料台推出，经传输带传输，不同颜色的塑料工件被推入不同的仓位。金属工件抵达皮带末端后，由机械手将工件抓到指定的仓位，完工件的分拣。系统的整体功能要求如下：

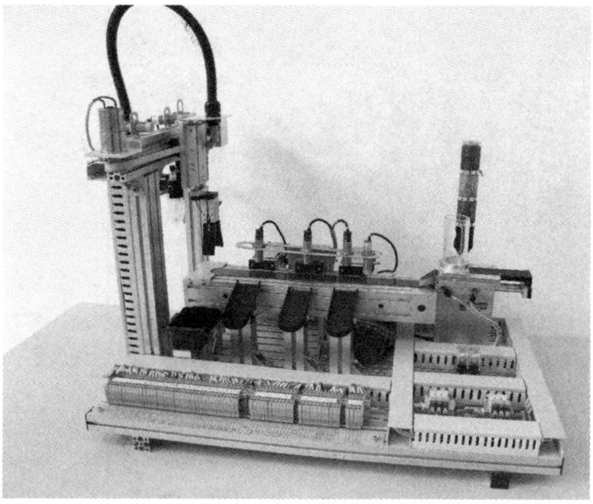

图 31-1 物料分拣设备

(1) 系统上电后，红灯亮，绿灯灭。

(2) 切换到手动，按下对应的按钮，各部件能够正常运行，机械手左右移动达到限位后应停止运行。

(3) 切换到自动，按下启动按钮，若在原点则启动系统，若不在原点则先进行回原点操作。

(4) 回原点操作时黄灯亮，红、绿灯灭，回原点完成后红灯亮，绿、黄灯灭；启动时绿灯亮，红、黄灯灭。

(5) 启动系统后推出工件，启动传输带，若是白色、蓝色、黑色塑料工件，则分别被推入仓位一、二、三；若是金属工件，则由机械手抓取到仓位四，完成一个工件的分拣后推出下一个工件，如此循环工作。

(6) 停止功能，按下停止按钮时，系统处理完在线工件后自动停止运行；红灯亮、绿灯灭。

(7) 急停功能，按下急停按钮，系统无条件全部停止（工件不脱落），红灯闪烁、绿灯灭。

(8) 回原点功能：所有气缸缩回，电动机停止，机械手回到中间原点端。

项目分析

一、设备选型

S7-1500 PLC 模块选型如下：

（1）CPU 模块 CPU1513-3PN/DP 一个；
（2）DI 模块 DI32X24V(DC)HF，1 个；
（3）DO 模块 DO32X24V(DC)/0.5AHF，1 个；
（4）传送带调速选西门子 G120 变频器控制单元 CU250S-2。

二、PLC 的 I/O 原理图

PLC 的 I/O 分配及原理图如图 31-2 所示。其中 Q1.3 控制继电器 KA1 线圈，再用 KA1

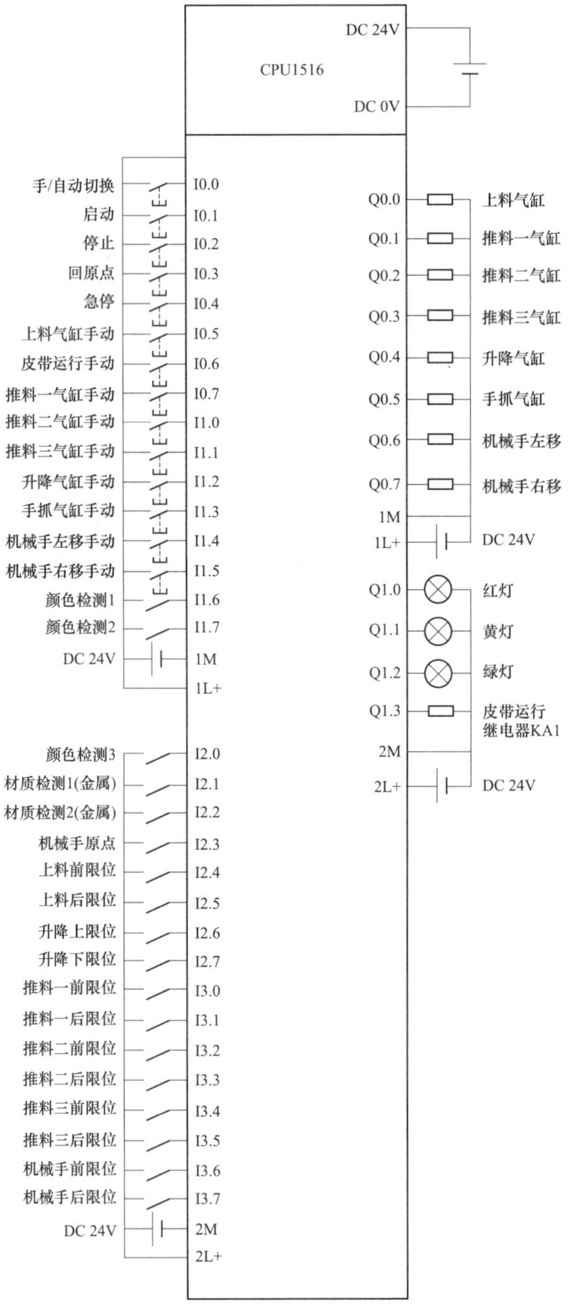

图 31-2　I/O 原理图

的触点控制变频器，变频器的接线如图31-3所示。

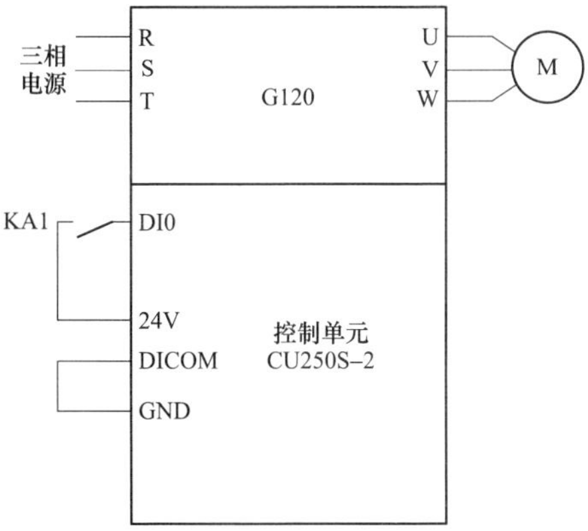

图31-3 变频器接线

三、变频器参数设置

设置变频器参数前，建议先恢复出厂设置，然后根据控制要求以及电动机铭牌参数按顺序设置变频器参数见表31-1。

表31-1 设置变频器参数

参数地址	说 明	参 数
P15	变频器宏程序	15
P304	电动机额定电压	380V
P305	电动机额定电流	0.16A
P307	电动机额定功率	0.12kW
P310	电动机额定频率	50Hz
P311	电动机额定转速	1650r/min
P10	驱动调试参数筛选	0

变频器运行若出错，请检查电动机与功率单元的功率比是否合适，功率单元与电动机额定电流的比例应当在0.5～4之间。当出现P307错误时，应该适当提升变频器的设置功率与电流以消除错误，或选择更加合适的电动机。

项目编程与调试

创建多个程序块用于编写各部分的控制程序，然后在Main主程序中进行调用，调用关系如图31-4所示。

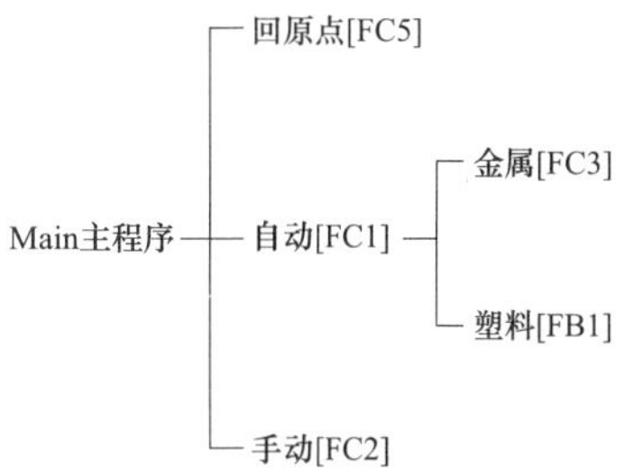

图31-4 程序调用关系

一、新建项目

新建项目，并组态S7-1500 PLC模块，并查看DI、DO模块的I/O地址如图31-5所示。

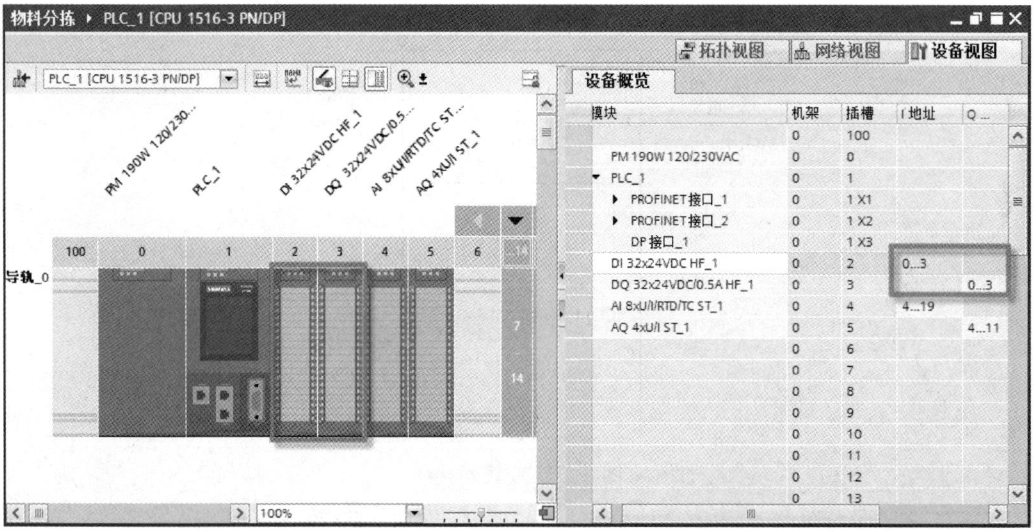

图 31-5　组态 PLC 硬件

二、组态变量表

根据编程需要的变量，创建变量表如图 31-6 和图 31-7 所示。

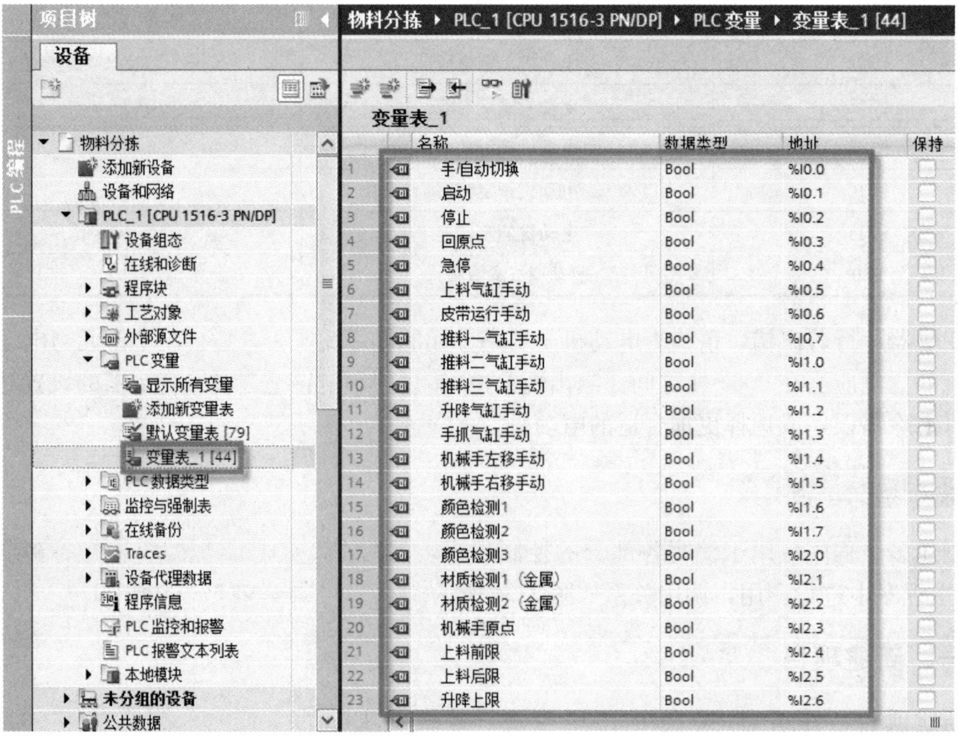

图 31-6　变量表

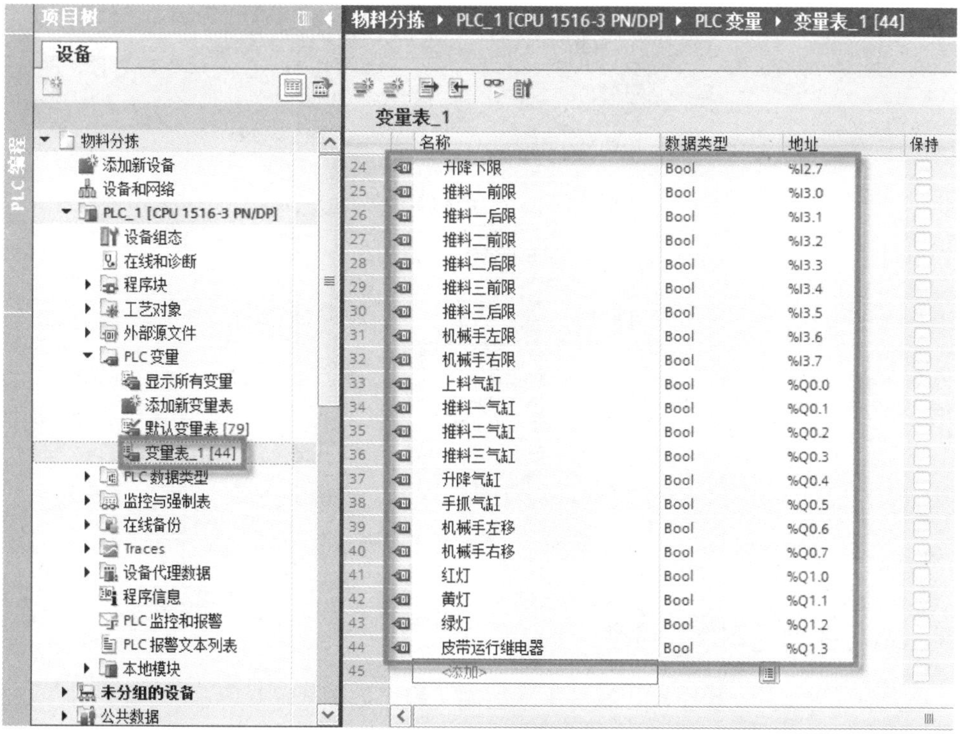

图 31-7　变量表

三、创建 DB 块

创建全局数据块 T［DB3］。在数据块里创建 3 个数据类型为 IEC _ TIMERDE 的变量，如图 31-8 所示。

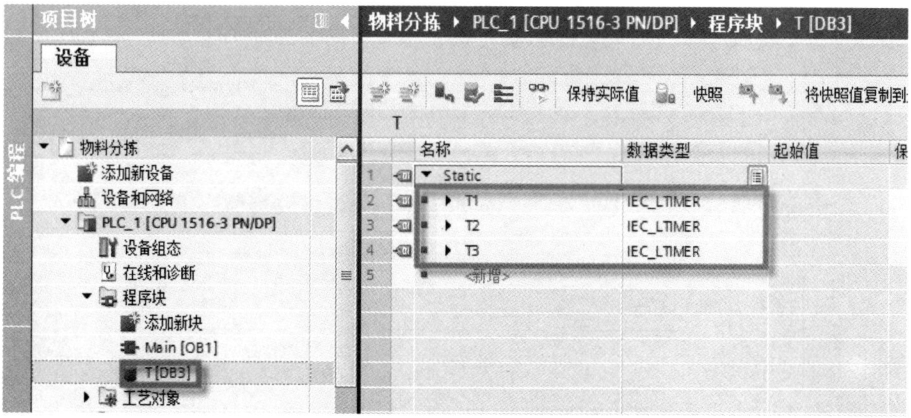

图 31-8　创建数据块 T［DB3］

四、创建程序块

如图 31-9 所示，创建程序块分别为塑料［FB1］、自动［FC1］、手动［FC2］、金属［FC3］、回原点［FC5］。

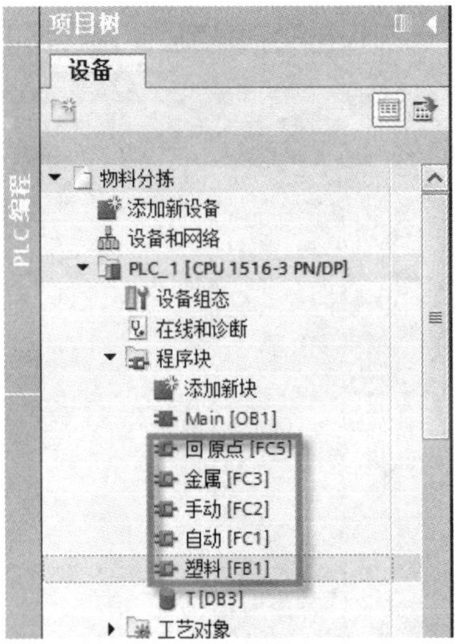

图 31-9　添加新程序块

五、编写手动［FC2］程序

打开手动［FC2］子程序块，编写手动控制子程序如图 31-10 所示。

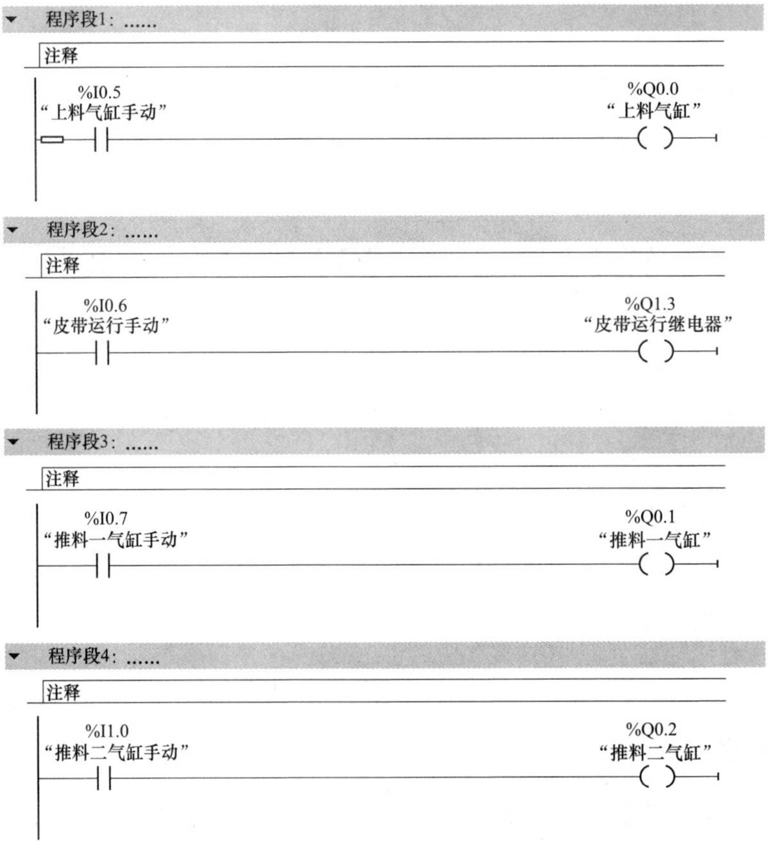

图 31-10　手动［FC2］程序

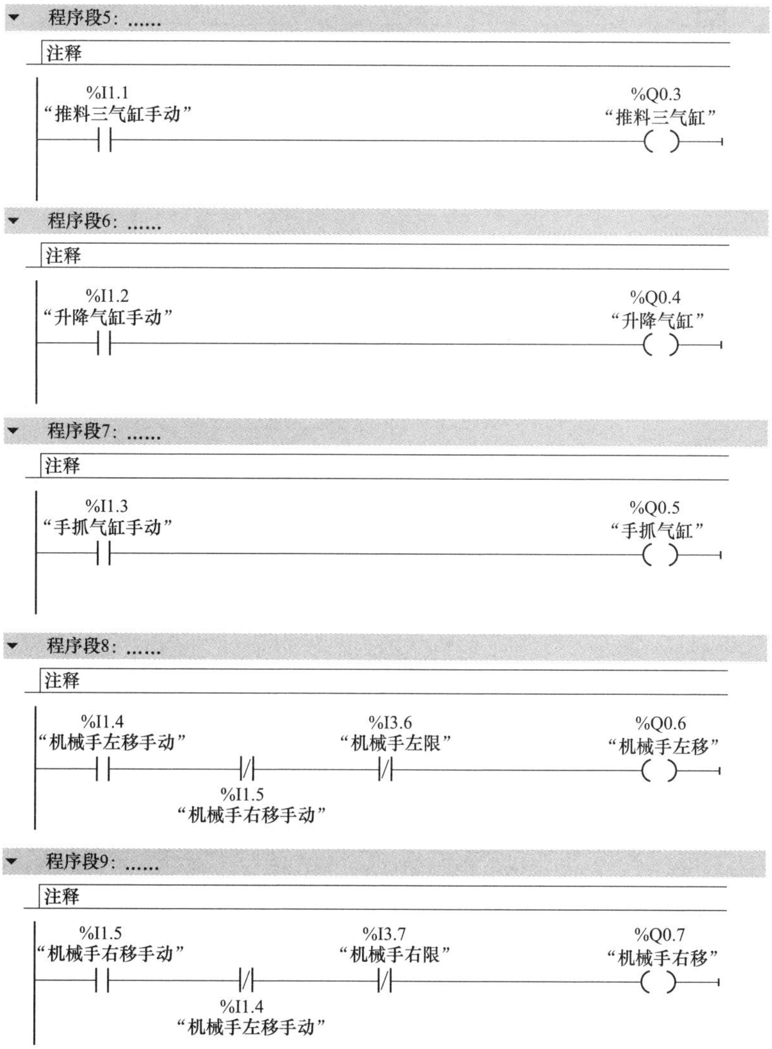

图31-10　手动［FC2］程序（续）

六、编写回原点［FC5］程序

编写回原点［FC5］程序如图31-11所示。

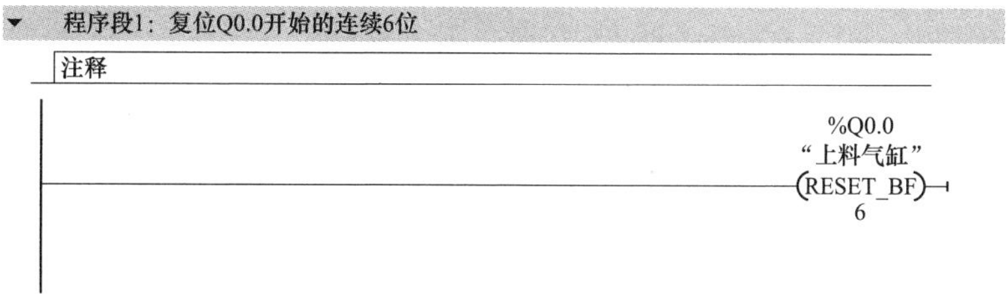

图31-11　回原点［FC5］程序

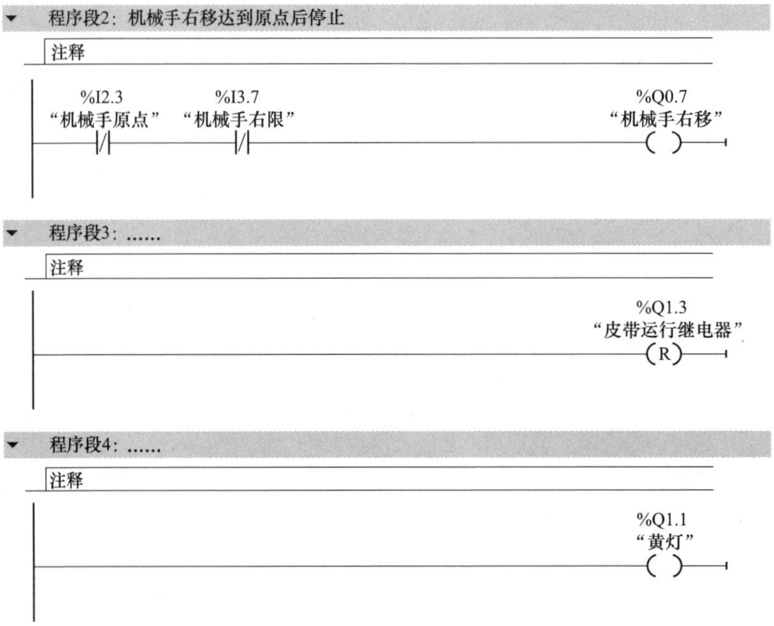

图 31-11　回原点［FC5］程序（续）

七、编写金属［FC3］程序

编写金属［FC3］程序如图 31-12 所示。

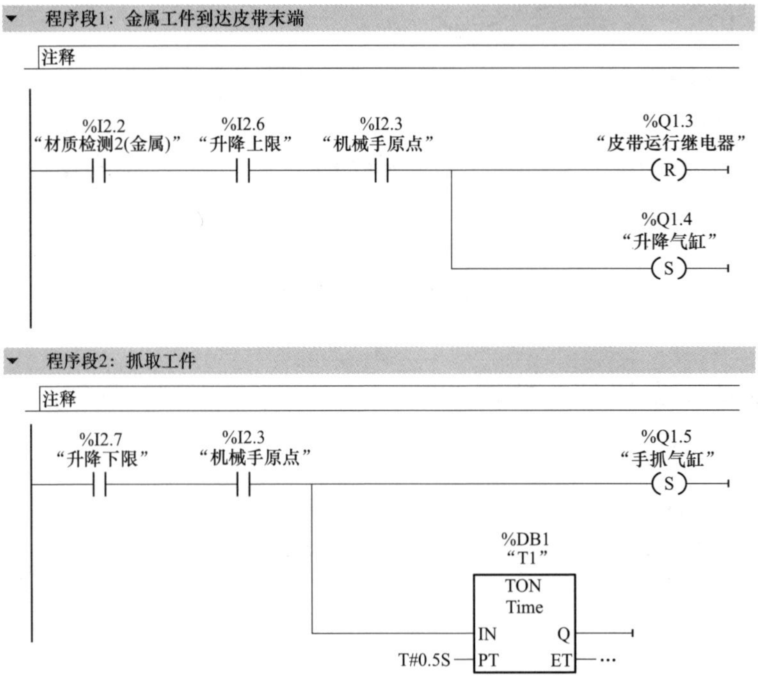

图 31-12　金属［FC3］程序

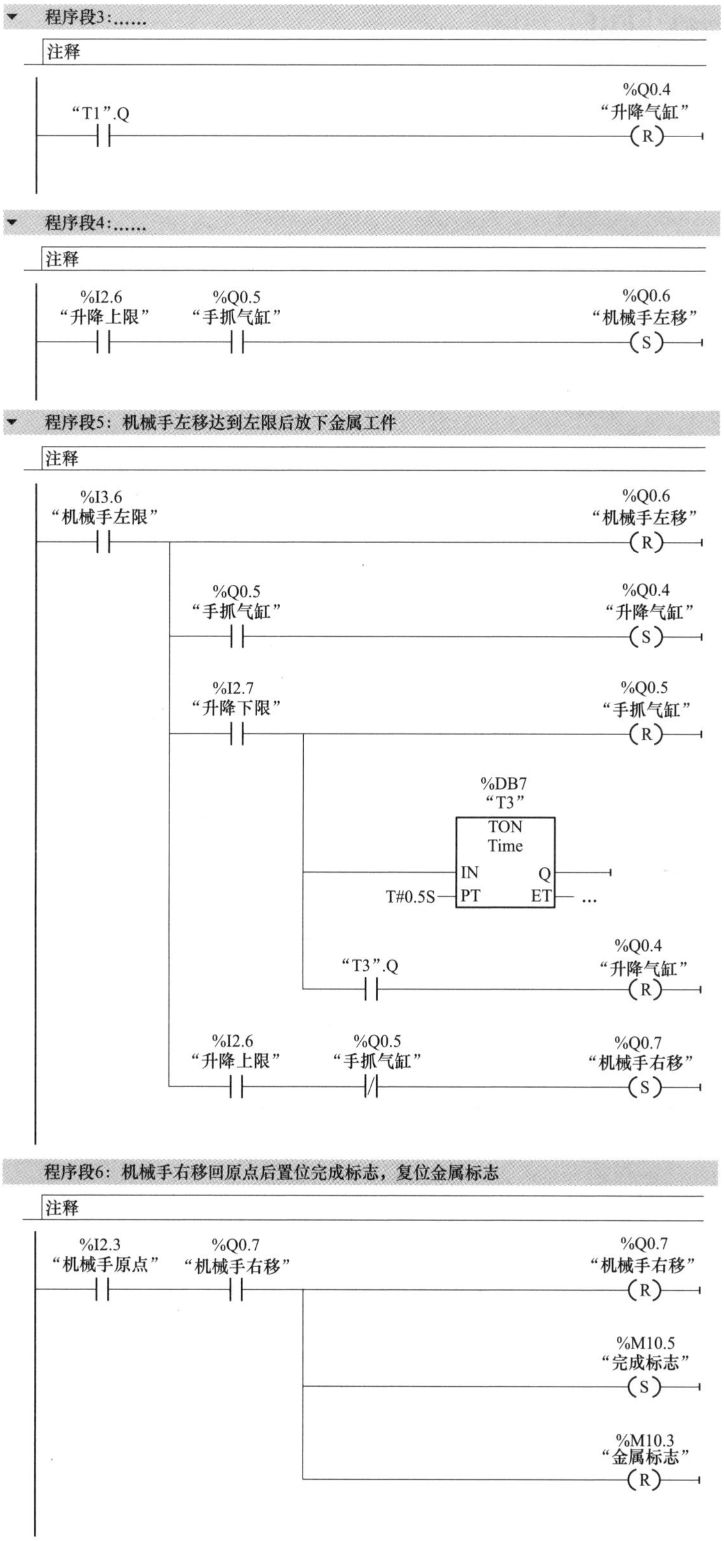

图31-12　金属［FC3］程序（续）

八、编写塑料［FB1］程序

打开塑料［FB1］程序块，定义块接口创建 Input、Output 与 InOut 变量，如图 31-13 所示，编写塑料工件控制程序如图 31-14 所示。

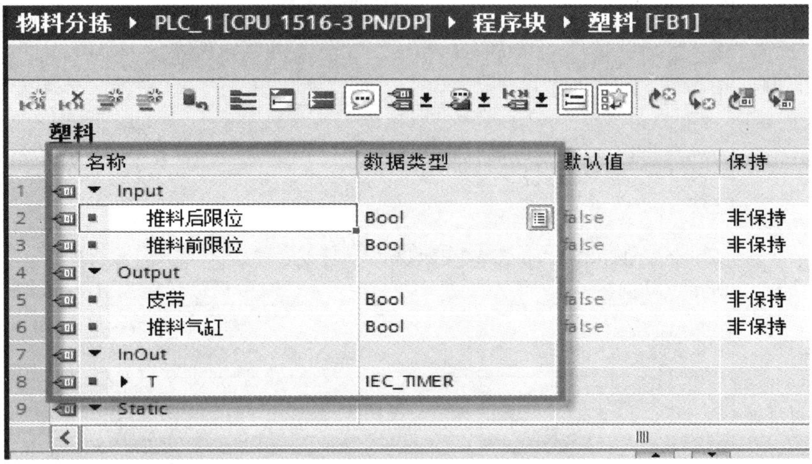

图 31-13　块接口

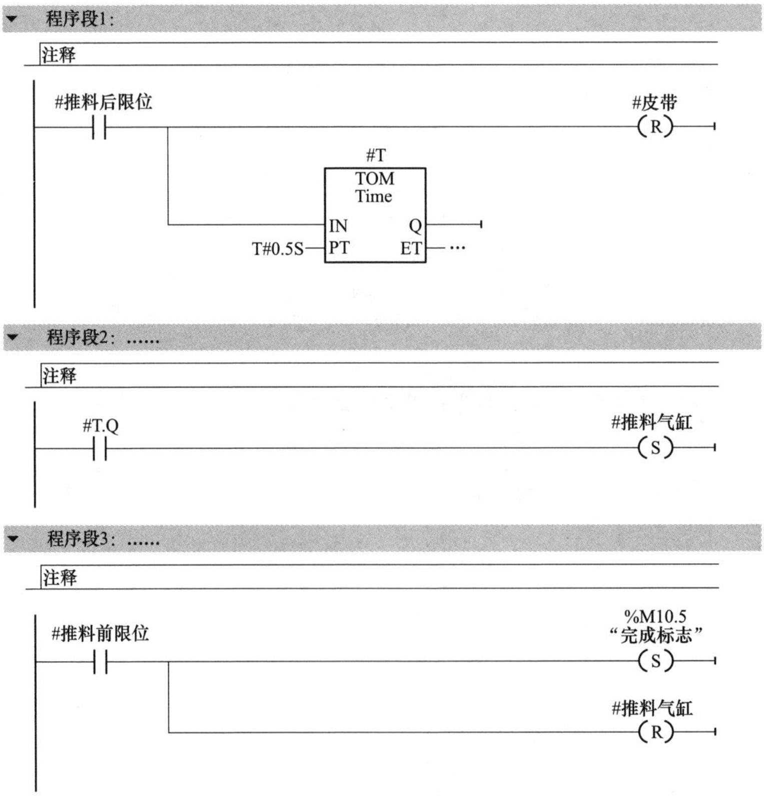

图 31-14　塑料［FB1］程序

九、编写自动［FC1］程序

编写自动［FC1］程序如图 31-15 所示。在调用塑料［FB1］程序块时，不用颜色的塑料分配不同的背景数据块，分别为 DB4、DB5 和 DB6。图 31-16 所示为“白色塑料 _ DB［DB4］”背景数据块。

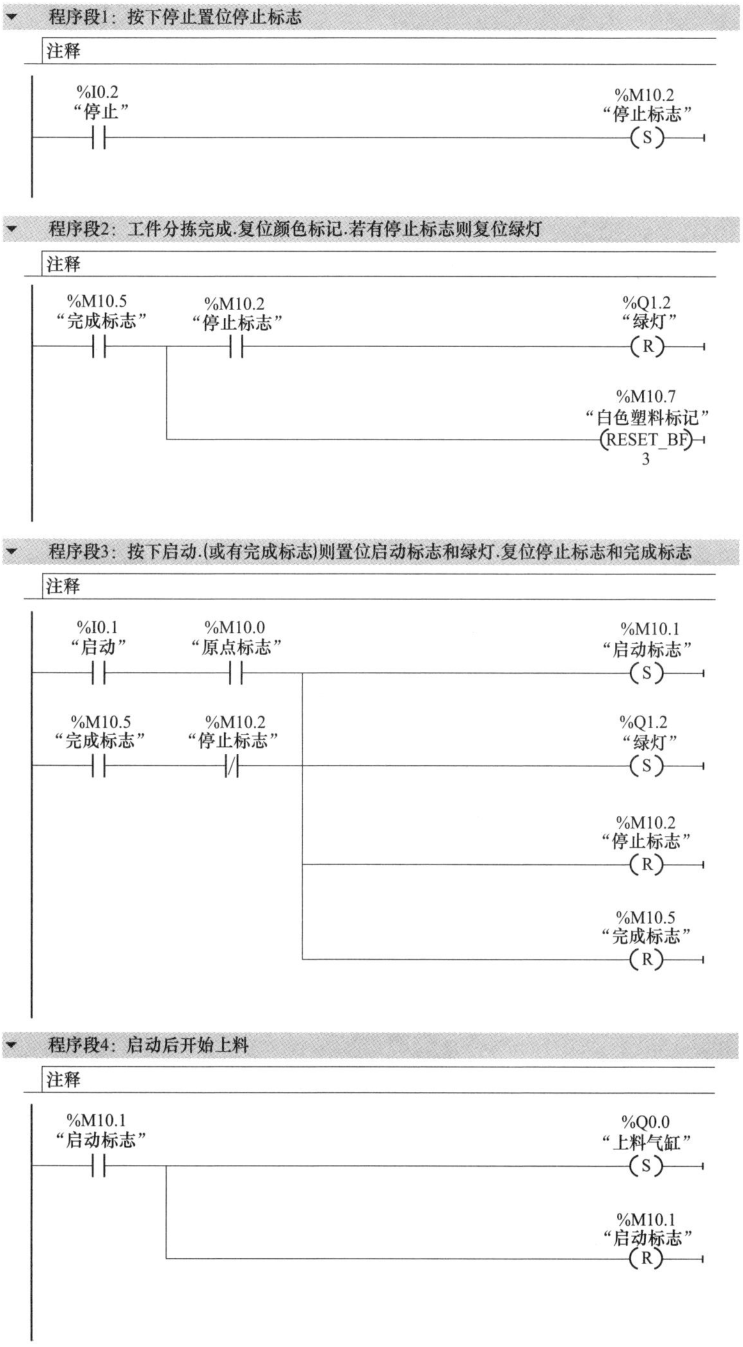

图 31-15　自动［FC1］程序

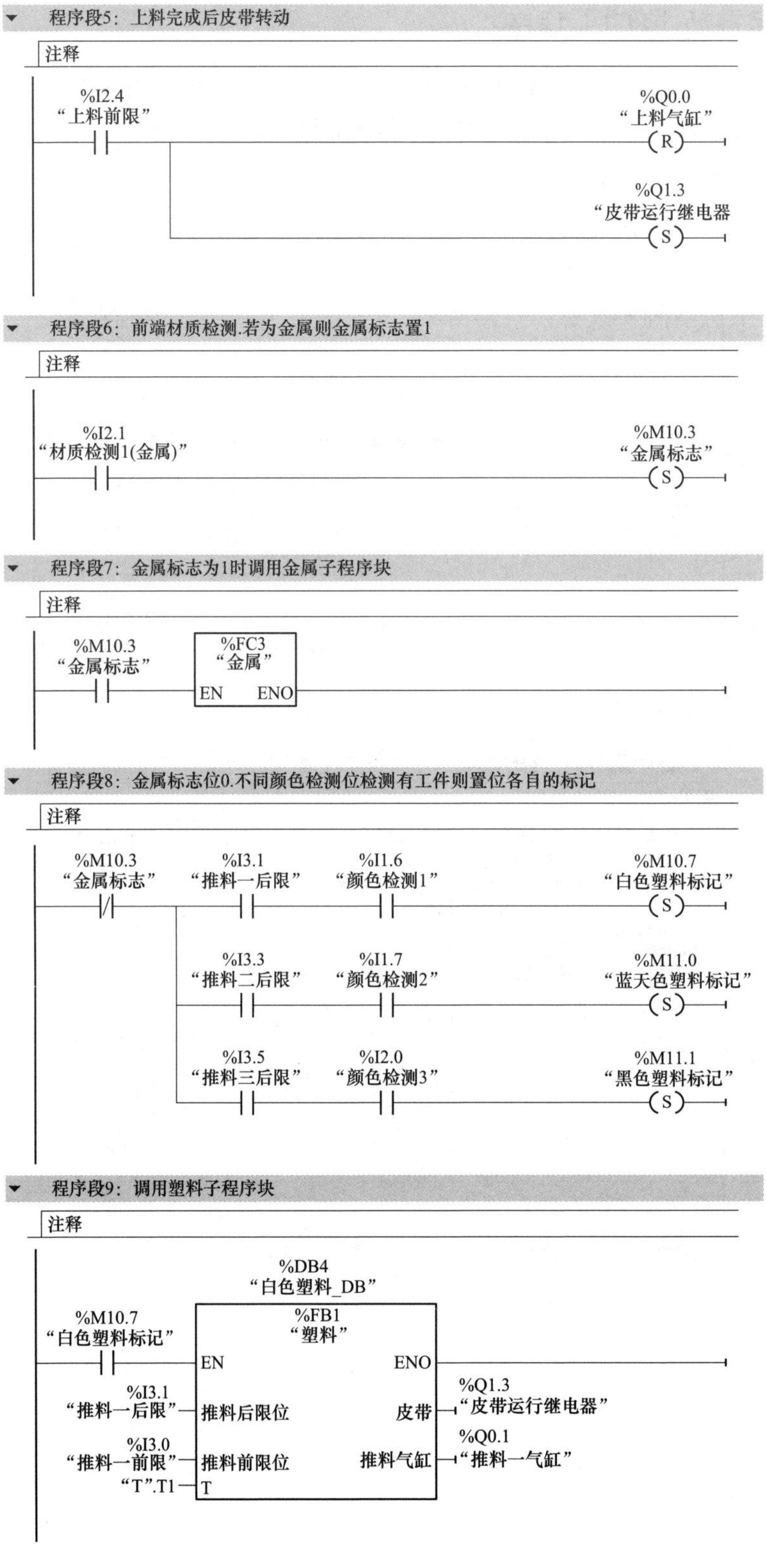

图 31-15　自动［FC1］程序（续）

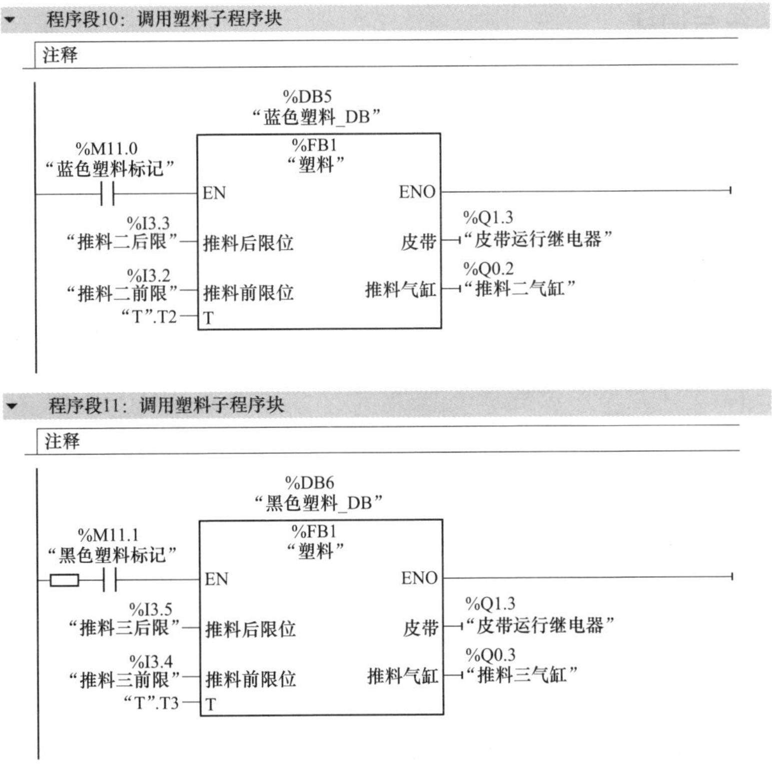

图31-15　自动［FC1］程序（续）

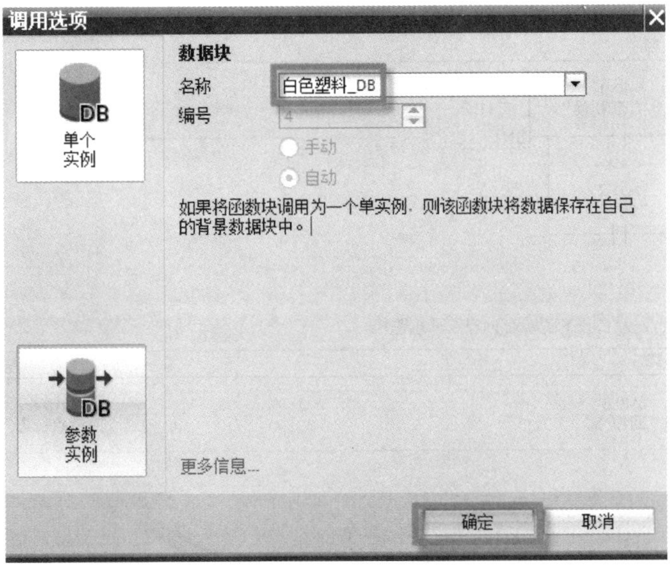

图31-16　调用背景数据块

十、编写OB1主程序

打开Main［OB1］程序块，编写程序如图31-17所示。

十一、运行与调试

把项目下载到 PLC，对项目进行运行与调试，调试步骤如下：

（1）系统上电时，红灯亮，将手/自动切换按钮切换到手动，检查各部件手动是否正常。

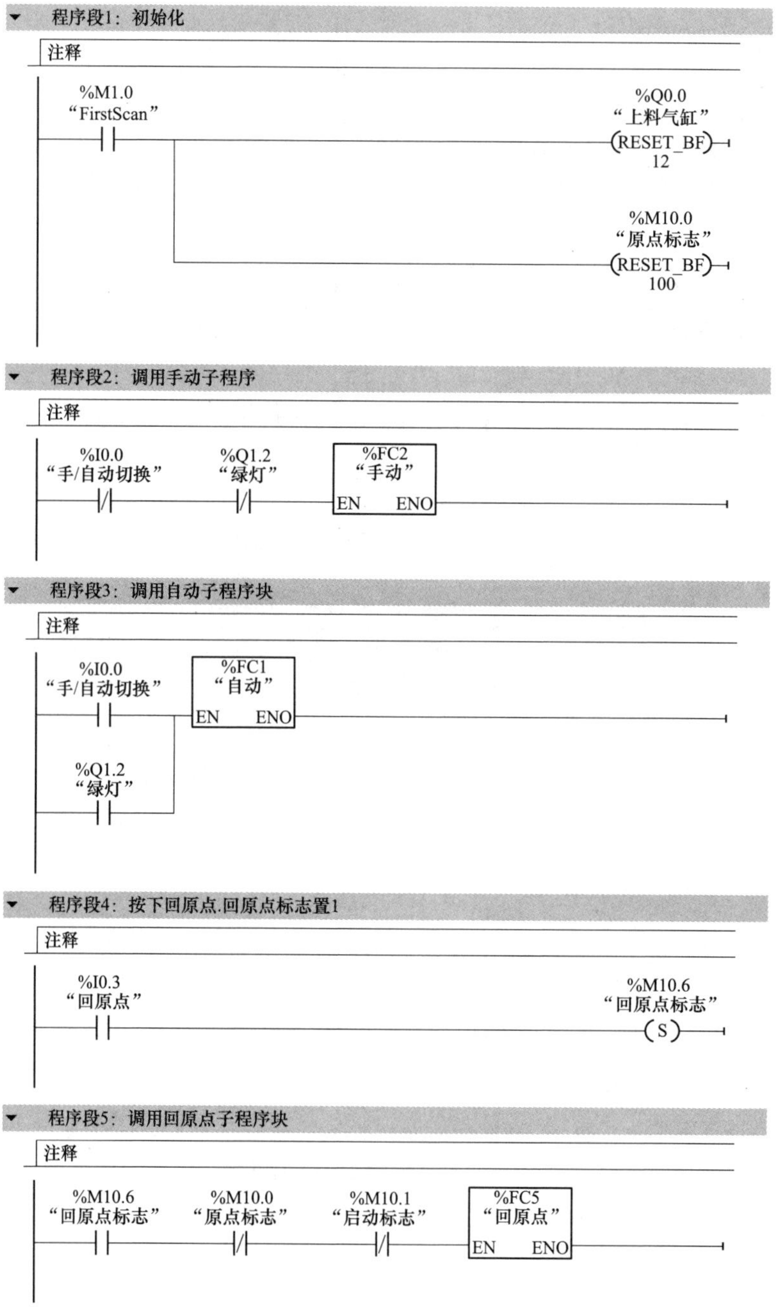

图 31-17　OB1 主程序

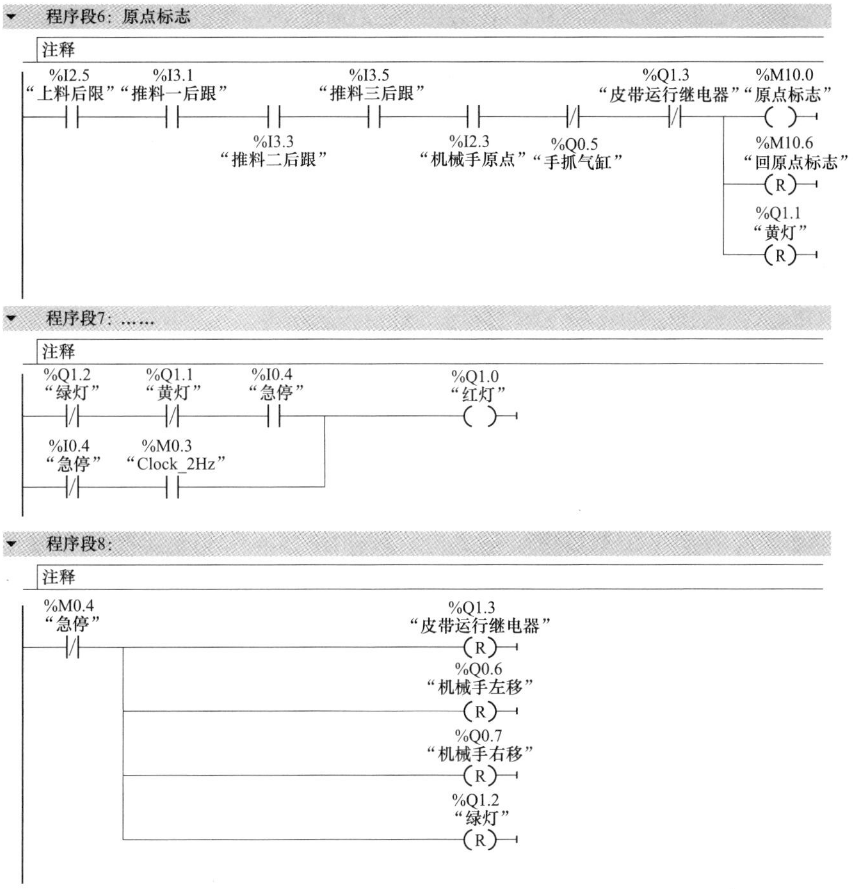

图 31-17　OB1 主程序（续）

（2）将手/自动切换按钮切换到自动，若系统不在原点位，按下启动按钮无反应。按下回原点按钮，红灯灭，黄灯亮，系统各部件回原点位，复位完成后黄灯灭，红灯亮。按下启动按钮，红灯灭，绿灯亮，上料气缸推出工件，经传输带传输，不同颜色的塑料工件被推入不同的仓位。金属工件抵达皮带末端后，由机械手将工件抓到指定的仓位，完工件的分拣。

（3）运行中按下停止按钮，系统完成当前正在分拣的工件后停止工作，绿灯灭，红灯亮。

（4）运行中按下急停按钮，系统马上停止工作，绿灯灭，红灯闪烁，抓取的工件不掉落，释放急停按钮系统不自行启动。

小　结

通过使用 S7-1500 PLC，编写 FC、FB 等程序块，实现对物料不同颜色、是否金属的分拣控制。

练习与提高

使用 PLC 硬件和物料分拣装置，按 I/O 原理图接线，编写控制程序，实现系统的手动和自动控制。

项目 32

基于 S7-1200 PLC 和触摸屏的液位控制

知识点 触摸屏组态应用技术。

项目任务

用 S7-1200 PLC 控制水箱液位恒定，水箱装置如图 32-1 所示。水箱装置分两层，控制上层水箱液水，装置上配有液位传感器、水泵等。

系统要求如下：

（1）编写 PLC 控制程序，控制水箱上层液位保持恒定，用触摸屏实现对系统的监控。

（2）HMI 组态欢迎画面，在画面中显示“欢迎使用液位控制系统”，各画面之间能互相切换，如图 32-2 所示。

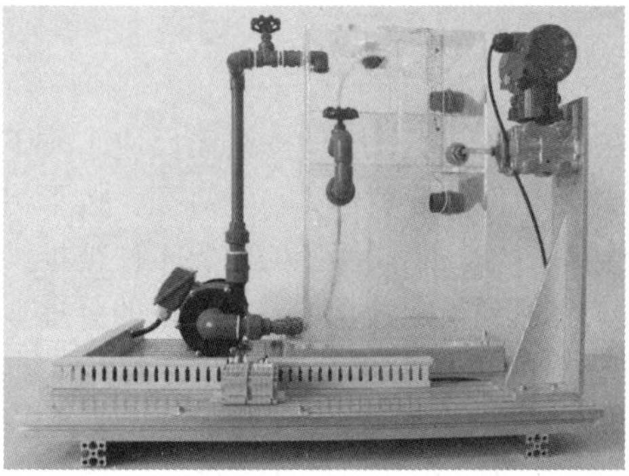

图 32-1　水箱装置

图 32-2　欢迎画面

（3）组态控制系统画面，在系统画面中制作出水箱的系统图，如图 32-3 所示。

（4）通过 HMI 可对液位实现手动和自动控制。手动控制时，可以设置水泵运行的频率，按下启动水泵按钮，水泵按照设定的频率运行；按下停止水泵按钮，水泵停止运行。切换到自动控制时，在液位设定值下输入需要控制的液位高度，按下启动按钮，系统进行液位 PID 调节；按下停止按钮，系统停止运行。

（5）容器中的液体高度可动画显示，并显示水箱液位当前值。

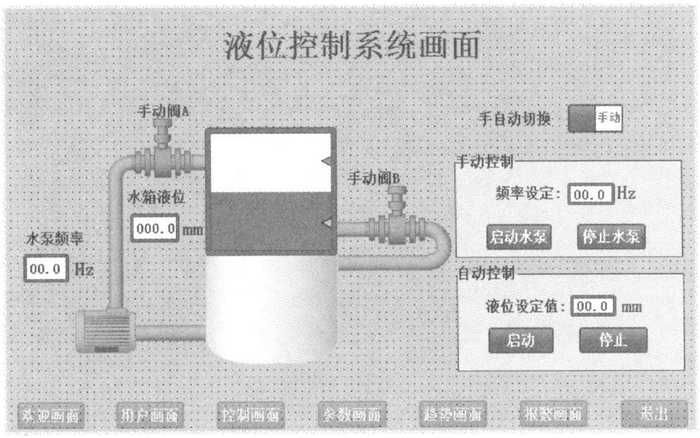

图 32-3　系统画面

（6）组态一个用户管理画面，可以进行用户的登录与注销，能够显示当前的用户名，如图 32-4 所示。

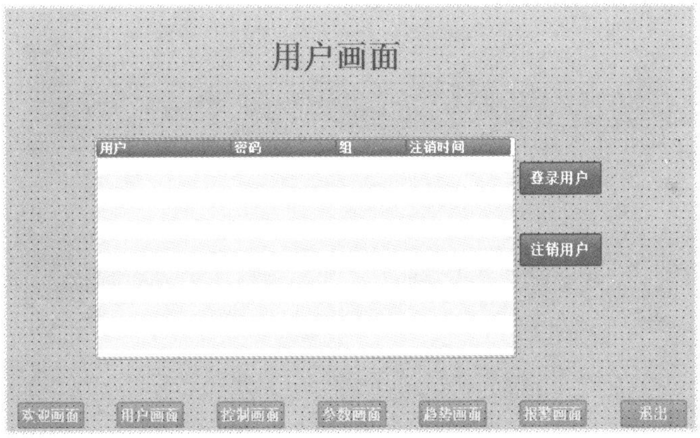

图 32-4　用户管理画面

（7）组态一个 PID 参数画面，显示 PID 控制时的各项参数，如图 32-5 所示。而且只有当有 Operate 权限的用户登录时，才可以修改参数。

（8）组态一个用户组“班组长”和一个用户名“user1”，“user1”属于“班组长”用户组，“user1”的密码为“000”，“班组长”的权限为 Operate，然后在参数画面中的各项参数设置安全权限。即一般用户只能监视参数值，而不能修改参数，用户“user1”可以进行修改。

（9）组态报警画面，当出现液位过高或过低时，可自动产生报警，如图 32-6 所示。

（10）组态若水箱中的液位若超过 95 时产生一个液位偏高的报警。

（11）组态趋势图画面，能显示水箱中液位的数据趋势曲线，如图 32-7 所示。

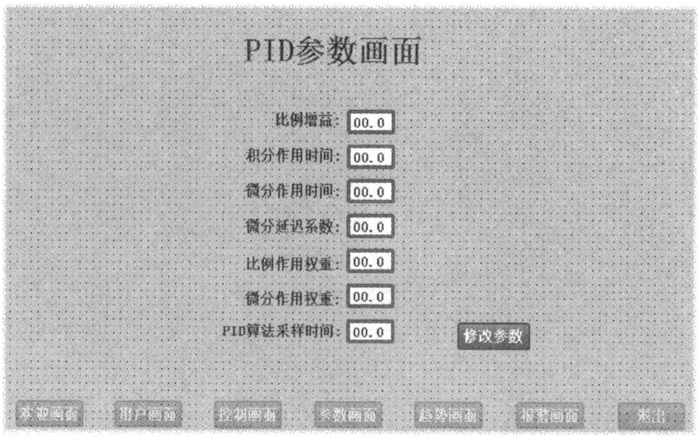

图 32-5　PID 参数画面

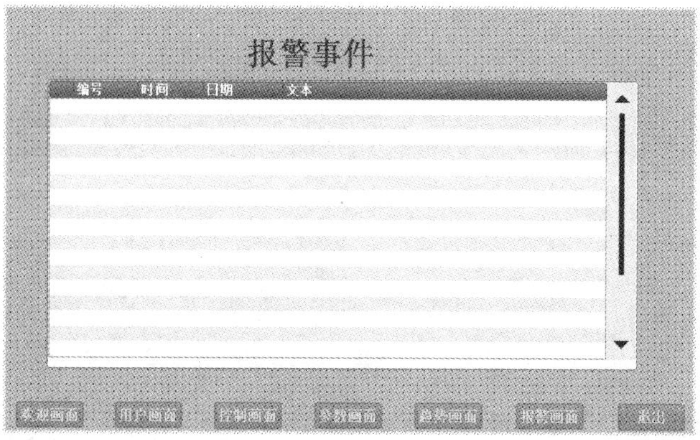

图 32-6　报警画面

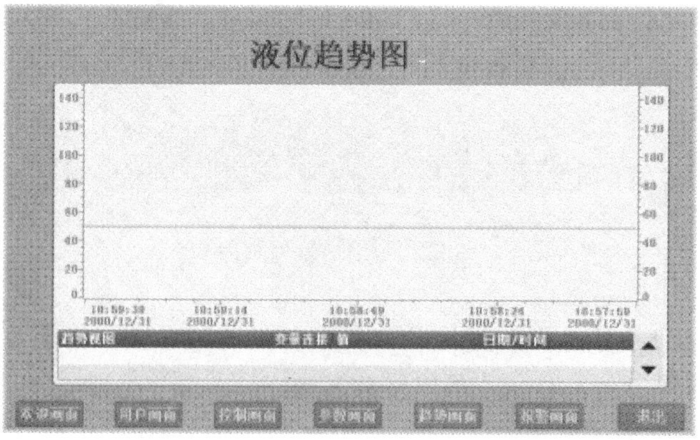

图 32-7　趋势图画面

项目分析

一、硬件选型

（1）PLC 选型 CPU1214C；

（2）变频器选择G120变频器配控制单元CU250S-2。

二、PLC的I/O接线

PLC的I/O接线如图32-8所示。液位传感器输出4～20mA信号接至PLC的AI0（注：并电阻转换成电压信号），PLC的模拟量输出AQ0信号送到变频器进行水泵电动机调速。

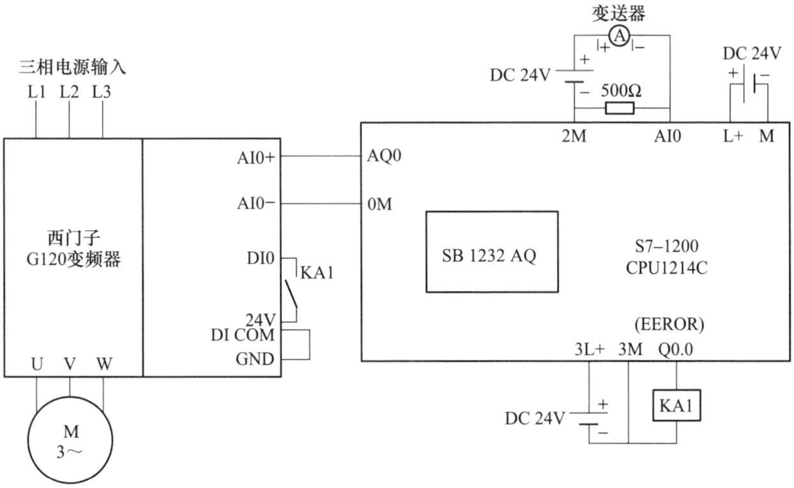

图32-8　PLC接线图

三、变频器参数设置

设置变频器参数前，建议先恢复出厂设置，然后根据控制要求，以及电动机铭牌参数按顺序设置变频器参数，见表32-1。

表32-1　　变频器参数设置

参数地址	说　明	参　数
P15	变频器宏程序	12
P304	电动机额定电压	380V
P305	电动机额定电流	0.65A
P307	电动机额定功率	0.09kW
P310	电动机额定频率	50Hz
P311	电动机额定转速	2850r/min
P756［0］	输入信号选择	0
P10	驱动调试参数筛选	0

如果变频器运行出错，请检查电动机与功率单元的功率比是否合适，功率单元与电动机额定电流的比例应当在0.5～4之间。当出现P307错误时，应该适当提升变频器的设置功率与电流，以消除错误，或选择更加合适的电动机。

项目编程与调试

一、新建项目

新建项目，组态S7-1200 PLC硬件，并查看硬件I/O地址如图32-9所示。

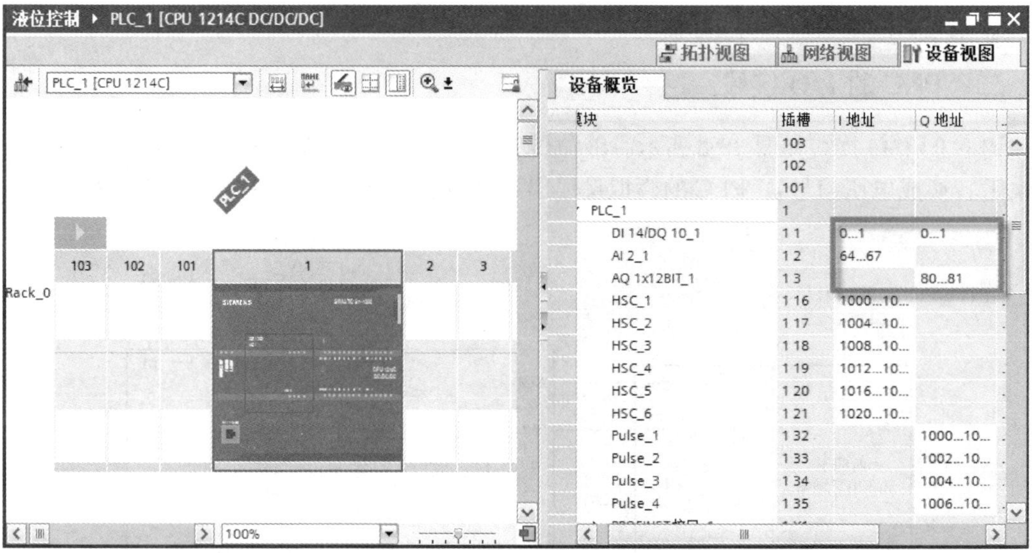

图 32-9　组态硬件与 I/O 地址

如图 32-10 所示，在 CPU 模块属性的常规选项下，可以看到模拟量输入通道 0 的测量类型为电压，而该项目中使用的变送器输出为 4～20mA 电流型，所以要在变送器两端并联一个 500Ω 电阻，将电流信号转化为电压信号。

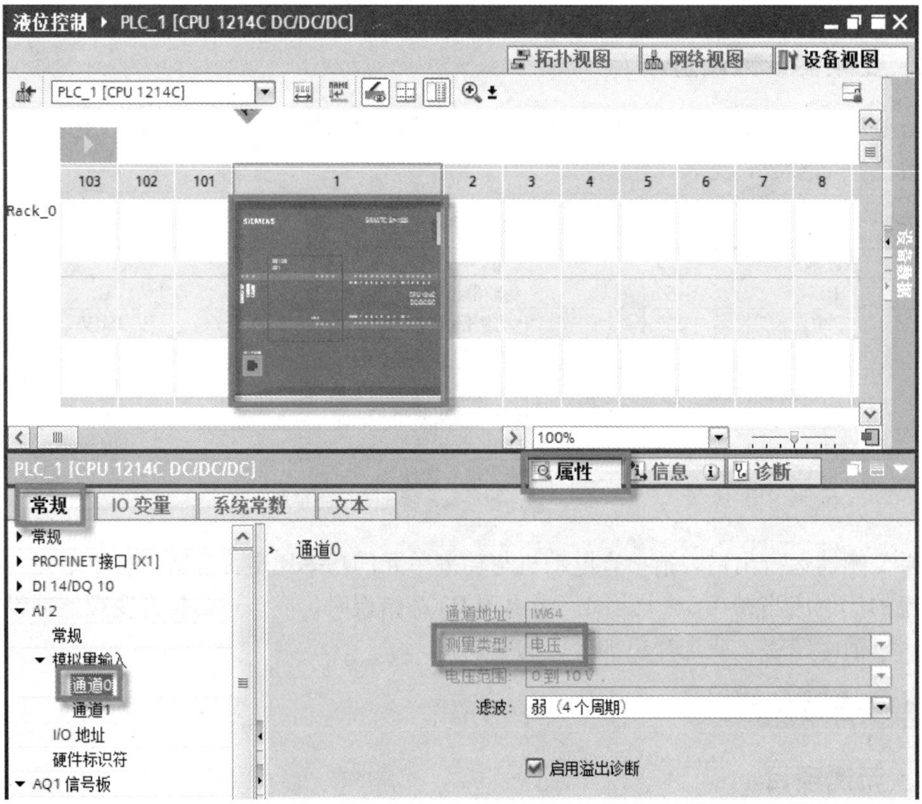

图 32-10　常规项属性

二、创建PID工艺对象

在项目树下选择“工艺对象”，双击“新增对象”，按步骤新增一个名称为“PID _ Compact _ 1”的PID工艺对象。设置控制器类型如图32-11所示，组态Input/Output参数如图32-12所示，过程值设置如图32-13所示，其他参数默认。

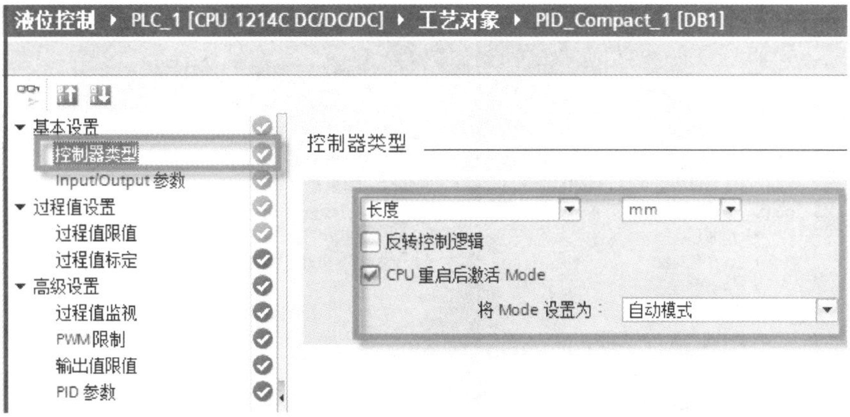

图32-11　组态控制器类型

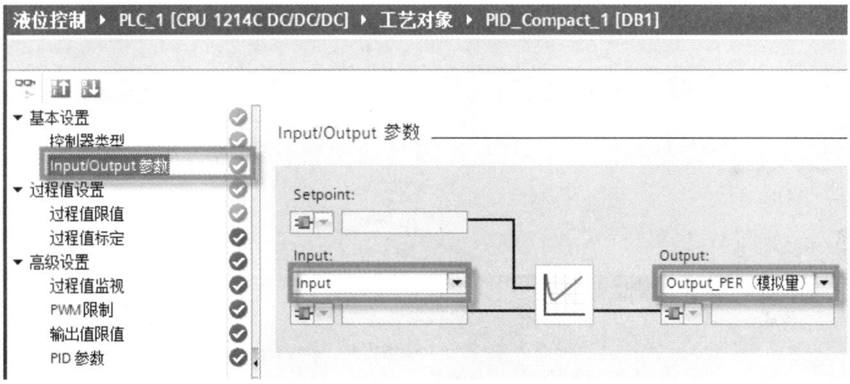

图32-12　组态Input/Output参数

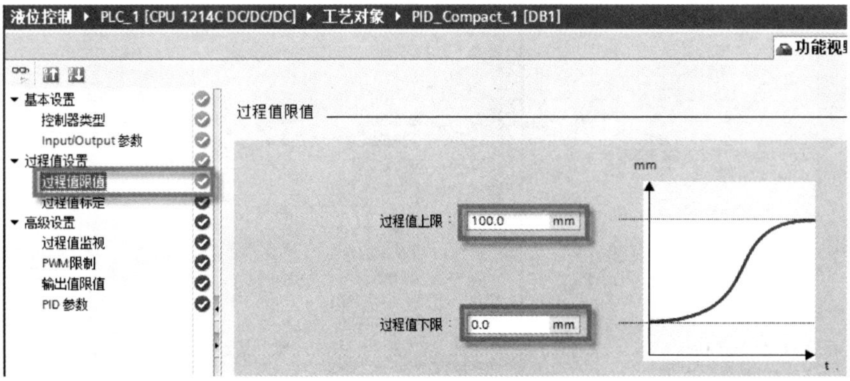

图32-13　过程值设置

三、变量表

在变量表中建立如图 32-14 所示变量。

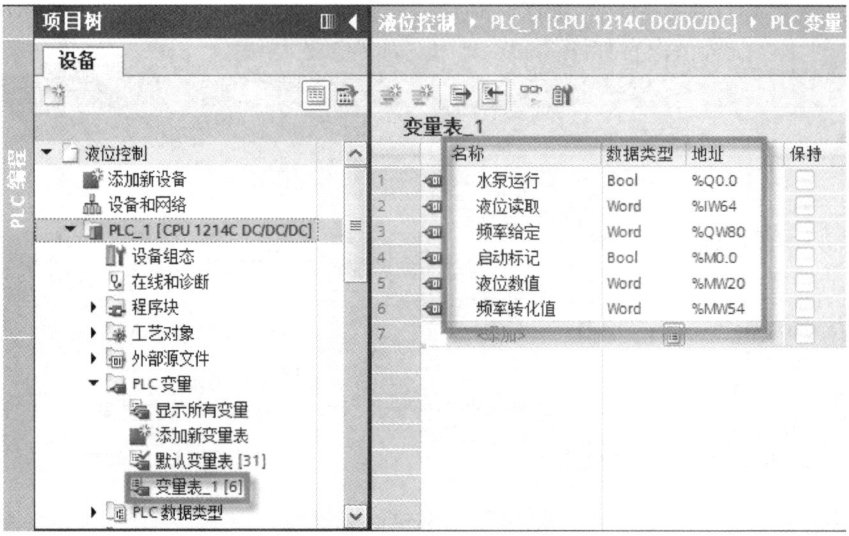

图 32-14　变量表

四、添加全局数据块 HMI 变量［DB2］

添加全局数据块 HMI 变量［DB2］，该数据块中的变量均与触摸屏关联，如图 32-15 所示。

图 32-15　添加数据块 DB2

五、编写OB30组织块程序

添加循环时间为100ms的循环中断组织块“Cyclic interrupt［OB30］”，程序如图32-16所示。

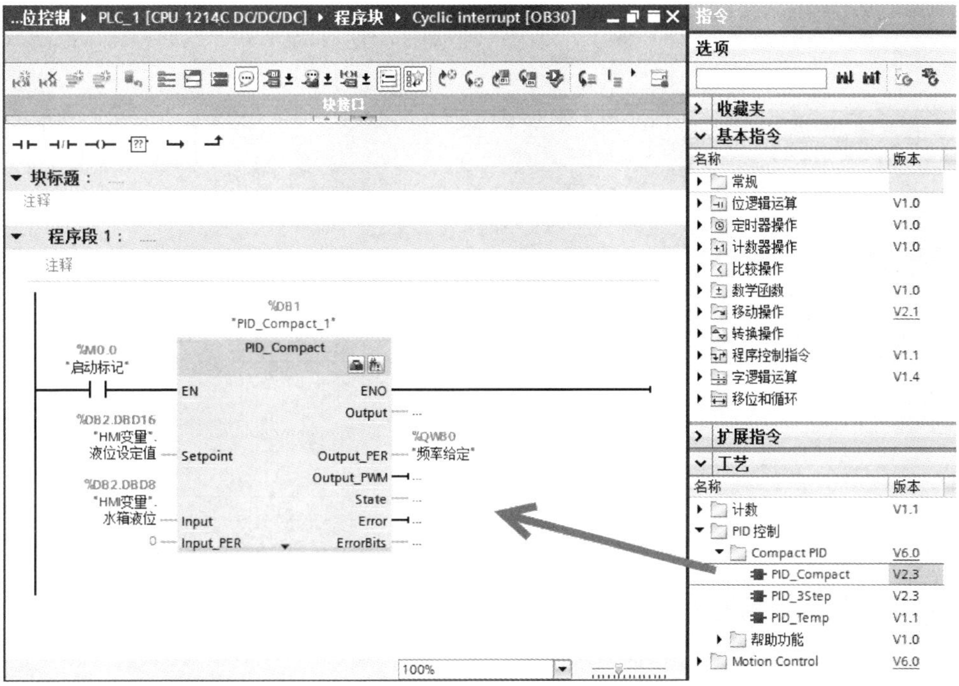

图32-16　OB30程序

六、编写OB1主程序

编写OB1主程序如图32-17所示。

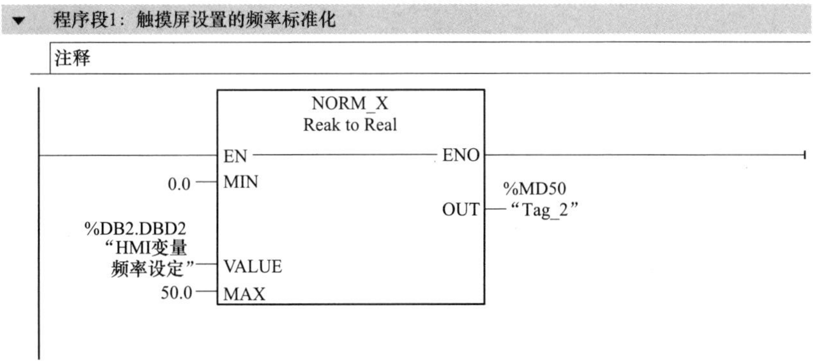

图32-17　OB1主程序

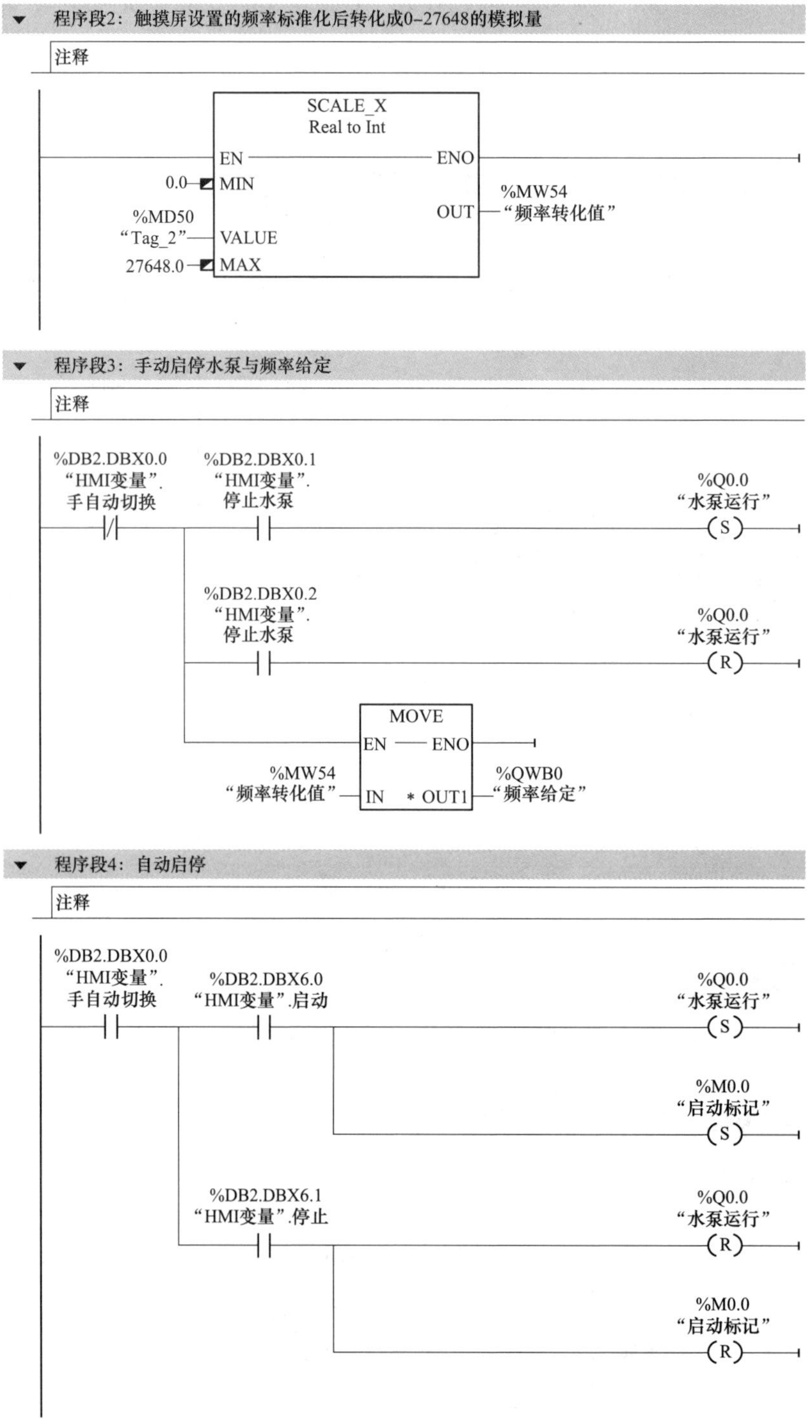

图 32-17　OB1 主程序（续）

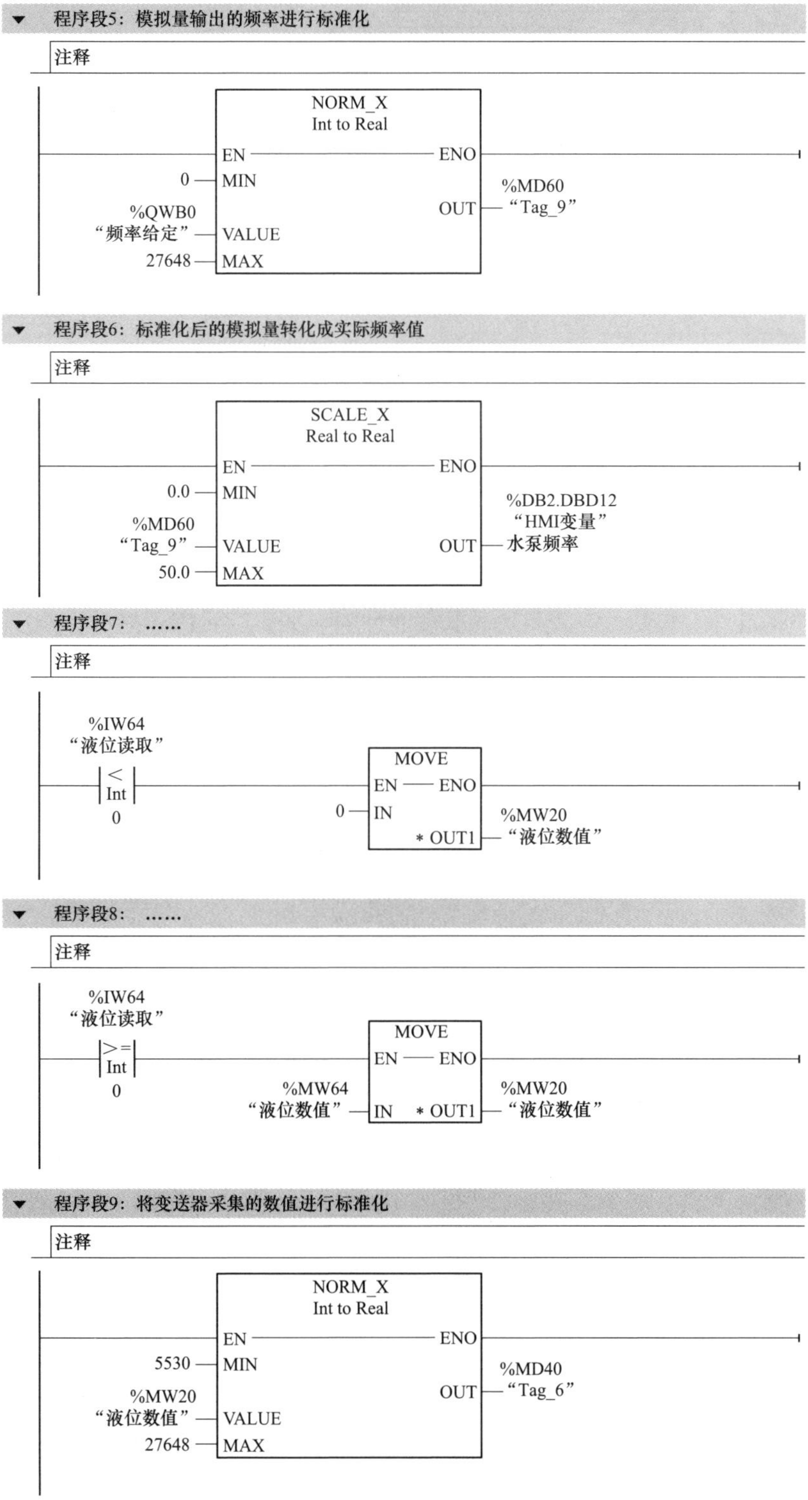

图 32-17　OB1 主程序（续）

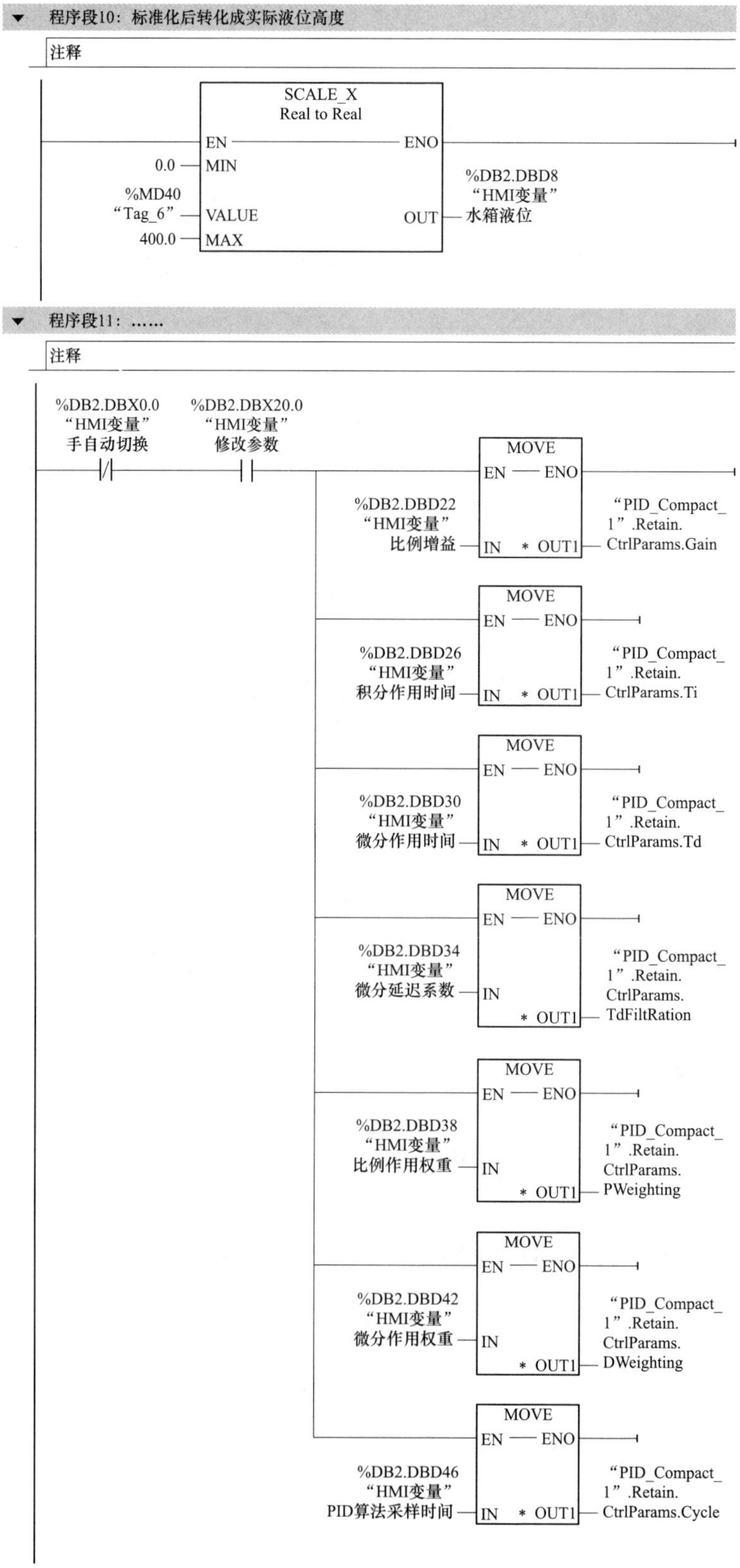

图 32-17　OB1 主程序（续）

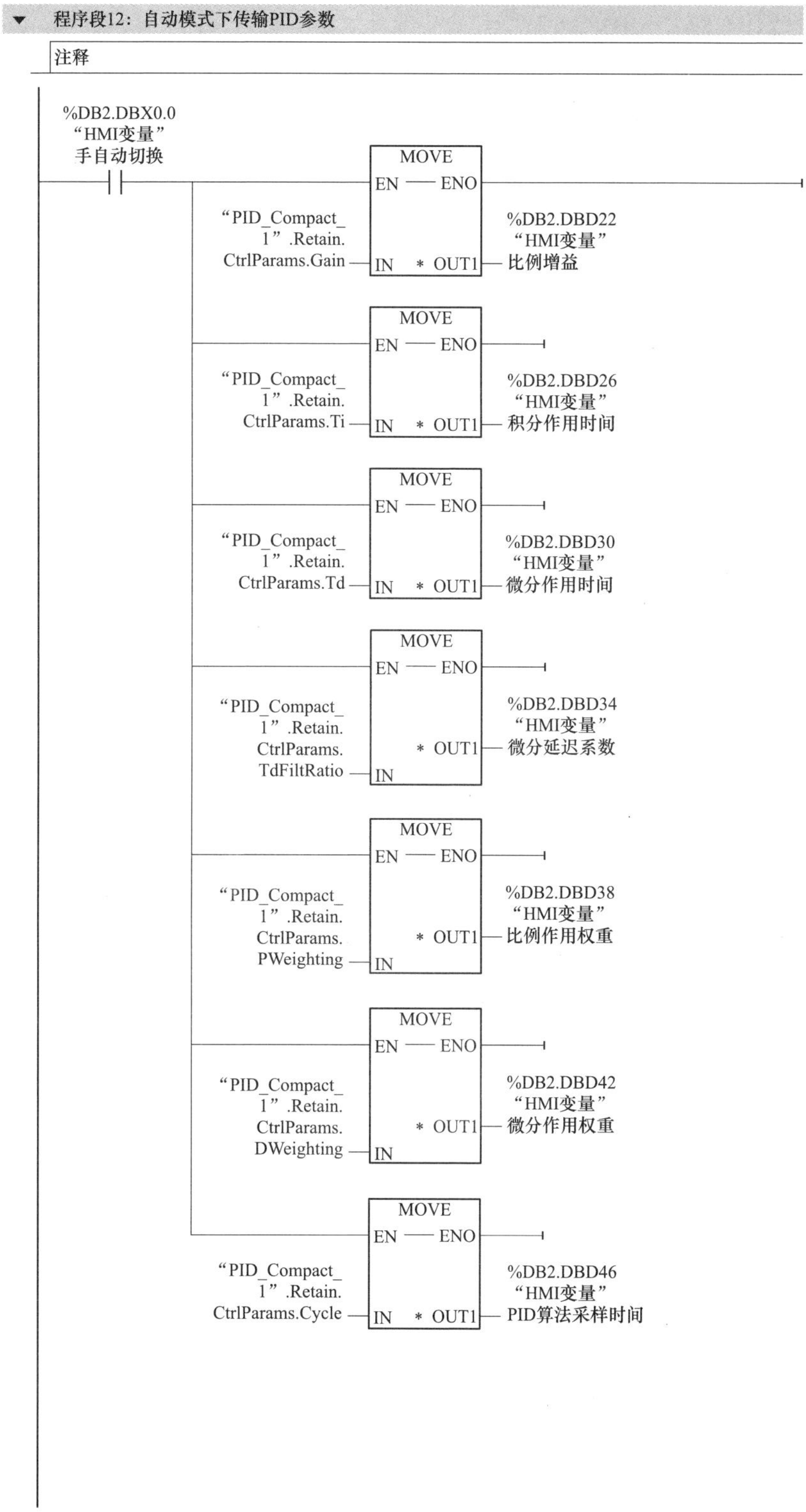

图 32-17　OB1 主程序（续）

七、触摸屏组态

1. 添加新设备

如图 32-18 所示，双击“添加新设备”，选择 HMI 型号，在 PLC 连接中选择要连接的 PLC，如图 32-19 所示，其他选项按系统默认设置触摸屏。

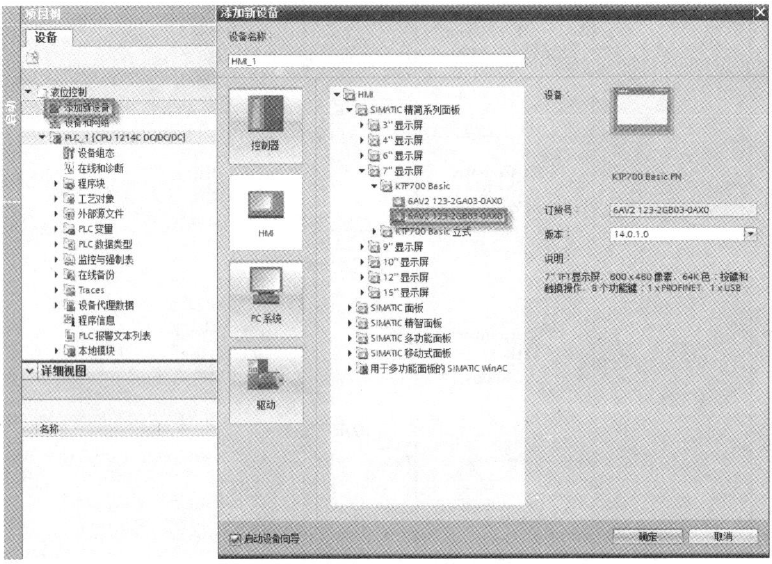

图 32-18　添加 HMI 设备

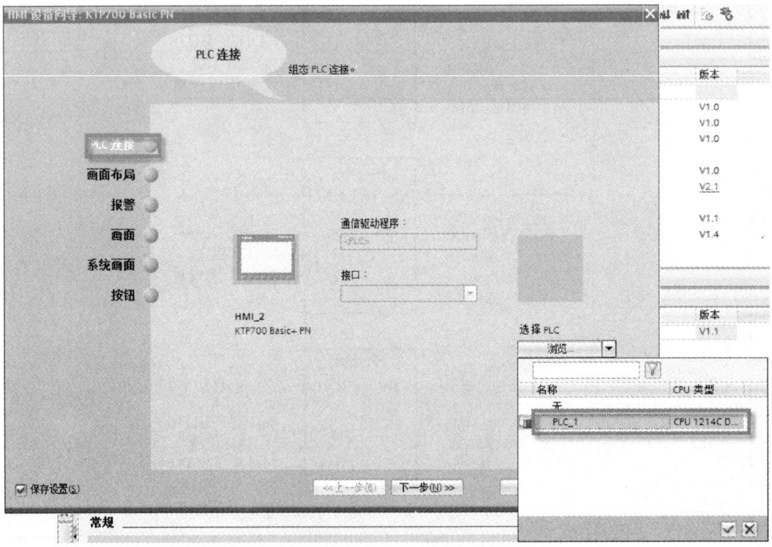

图 32-19　连接 PLC

2. 添加新画面

如图 32-20 所示，双击“添加新画面”，添加六个画面并依次重命名为欢迎画面、用户画面、控制画面、参数画面、趋势画面、报警画面。

3. 创建模板画面

创建一个名称为“模板 _ 1”的模板画面，这样就不需要在每个画面添加画面切换按钮，如图 32-21 所示。打开模板画面，在模板画面添加六个画面切换按钮，分别命名为欢迎画面、用户画面、控制画面、参数画面、趋势画面、报警画面和退出，如图 32-22 所示。

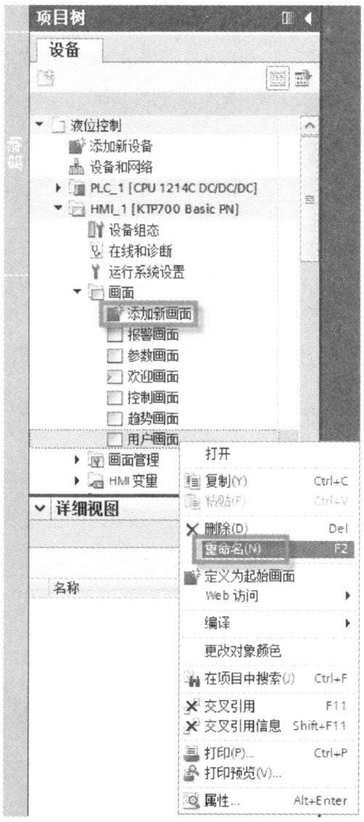

图 32-20　添加新画面

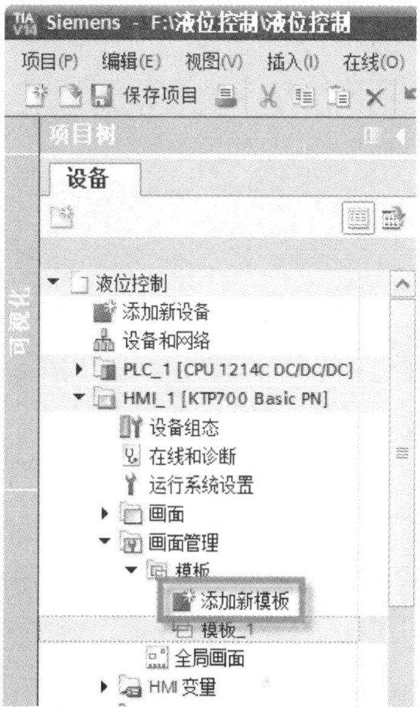

图 32-21　添加新模板

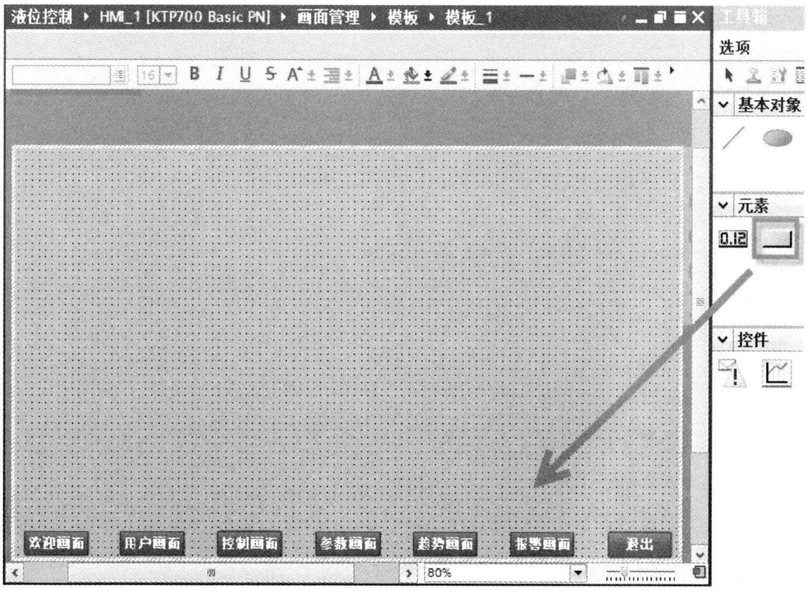

图 32-22　组态画按钮

单击欢迎画面切换按钮，在属性事件中设置“按下”时选择“激活屏幕”函数，然后选择画面名称为“欢迎画面”，操作如图 32-23 所示。其他五个画面切换按钮的组态方法参照第一个按钮的组态。

退出切换按钮的组态方法如图 32-24 所示，在事件的按下中选择“停止运行系统”函数。

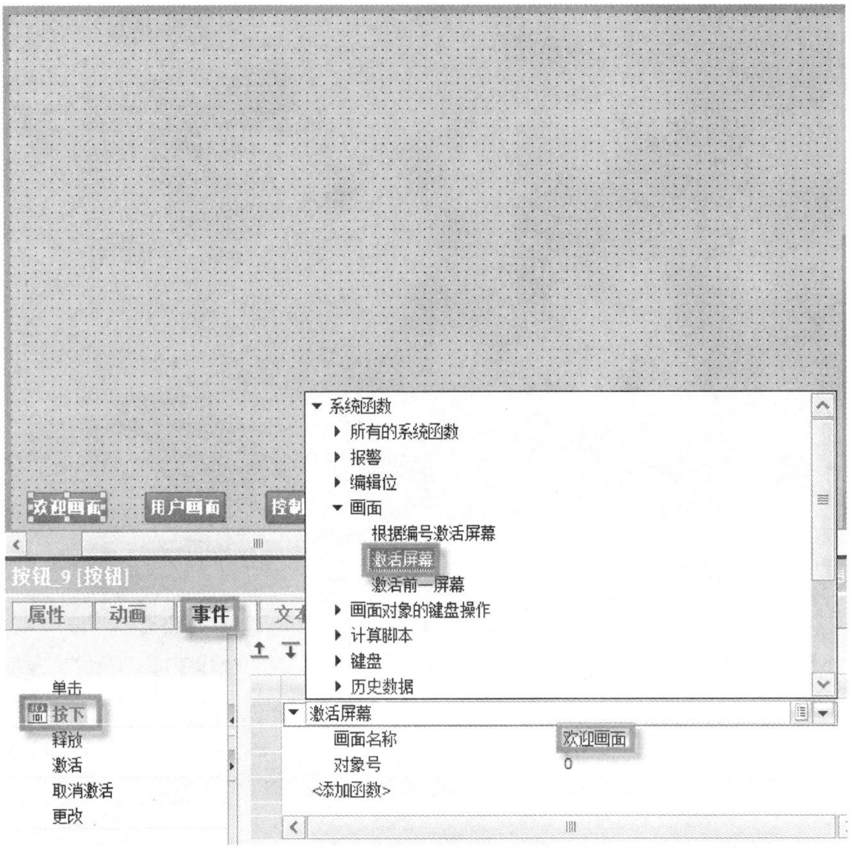

图 32-23　调用激活画面函数

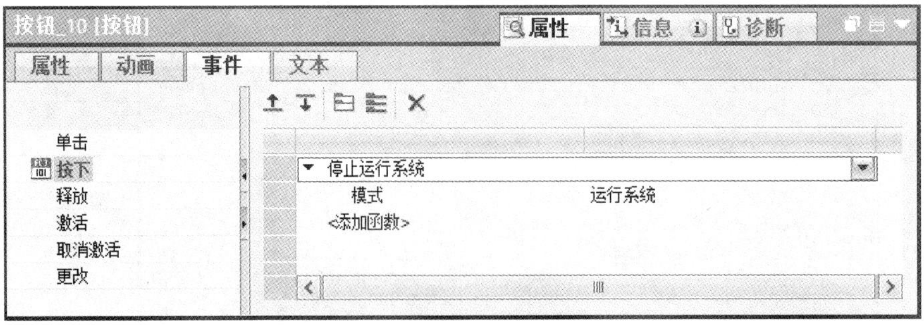

图 32-24　调用停止函数

4. 组态欢迎画面

打开欢迎画面，单击工具箱的“文本域”，在欢迎画面中输入文本域“欢迎使用液位控制系统”“设计单位：深圳职业技术学院”和“设计日期：2018 年 4 月 17 日”，如图 32-25 所示。

单击画面中的空白处，在画面属性的常规项中选择模板 _ 1，这样模板 _ 1 画面所组态的画面切换按钮就被应用到该画面中，如图 32-26 所示。

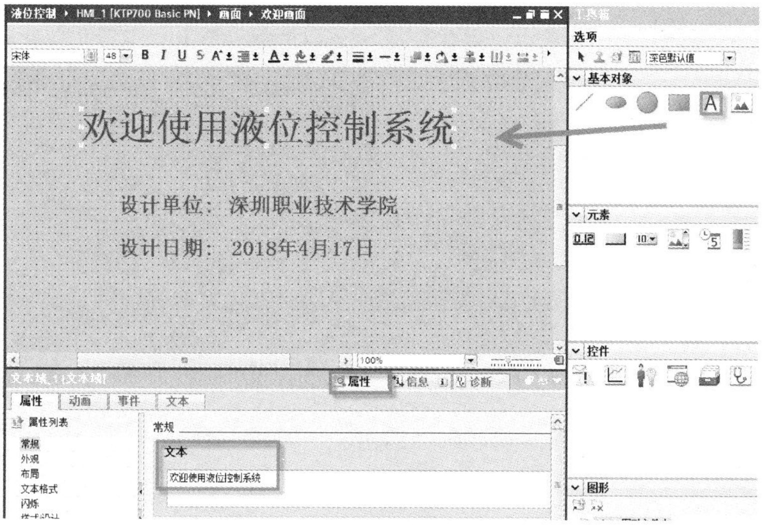

图 32-25　组态文本

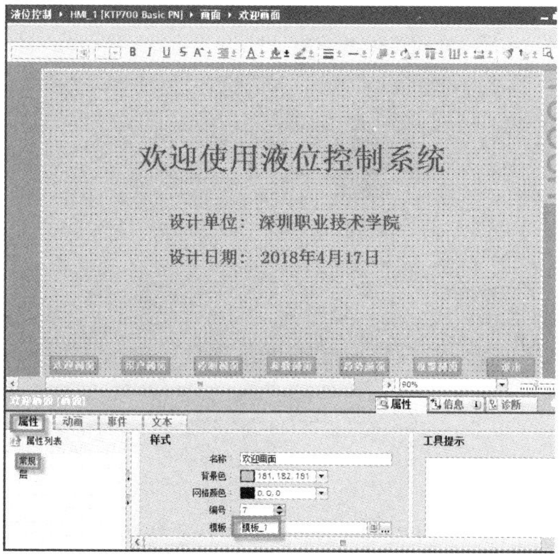

图 32-26　选择模板

5. 组态用户画面与用户管理

（1）组态用户画面。打开用户画面，在用户画面中输入文本域“用户画面”，并添加一个用户视图控件，如图 32-27 所示。

在画面中组态两个按钮，分别为登录用户与注销用户。组态登录用户按钮，如图 32-28 所示，选择“单击”时调用“显示登录对话框”函数。组态注销用户按钮，如图 32-29 所示，选择“单击”时调用“注销”函数。

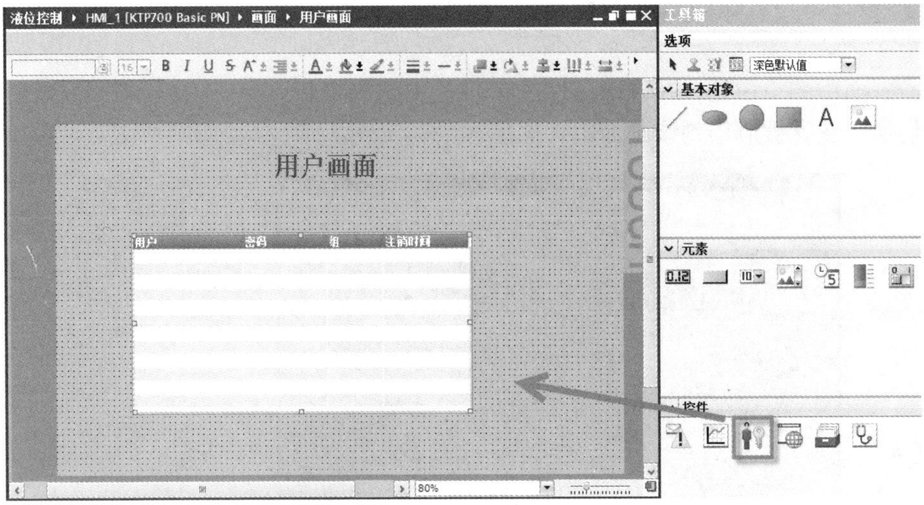

图 32-27　添加用户视图控件

添加模板画面，组态方法参照欢迎画面的组态。

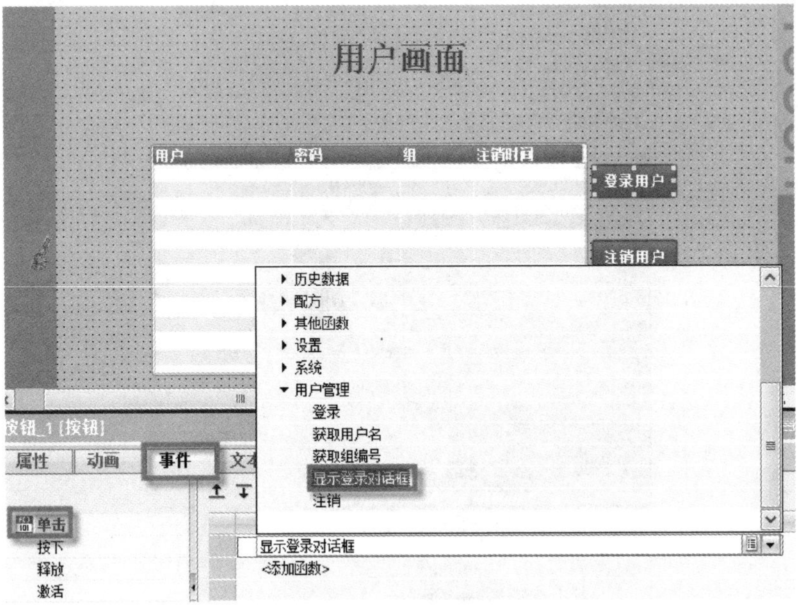

图 32-28　组态用户登录按钮

（2）用户管理。西门子 HMI 的用户权限由用户组决定，同一用户组的用户具有相同的权限。

组态一个用户组“班组长”和一个用户名“user1”，“user1”属于“班组长”用户组，“user1”的密码为“000”，“班组长”的权限为 Operate，如果对象在运行系统安全性设置 Operate 了，那么一般用户只能监视参数值，而不能修改参数，而用户“user1”可以进行修改。

如图 32-30 所示，双击用户管理，在用户组下面添加一个名为“班组长”的组，权限为

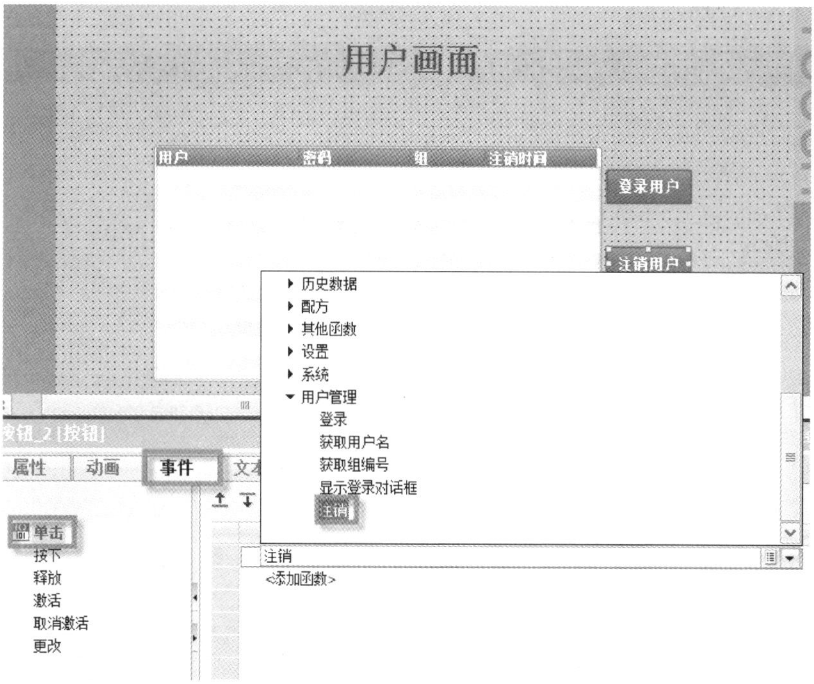

图 32-29　组态用户注销按钮

Operate。然后单击用户管理中的用户，新建一个名为“user1”的用户，密码设为“000”，并设置该成员属于用户组“班组长”，如图 32-31 所示。

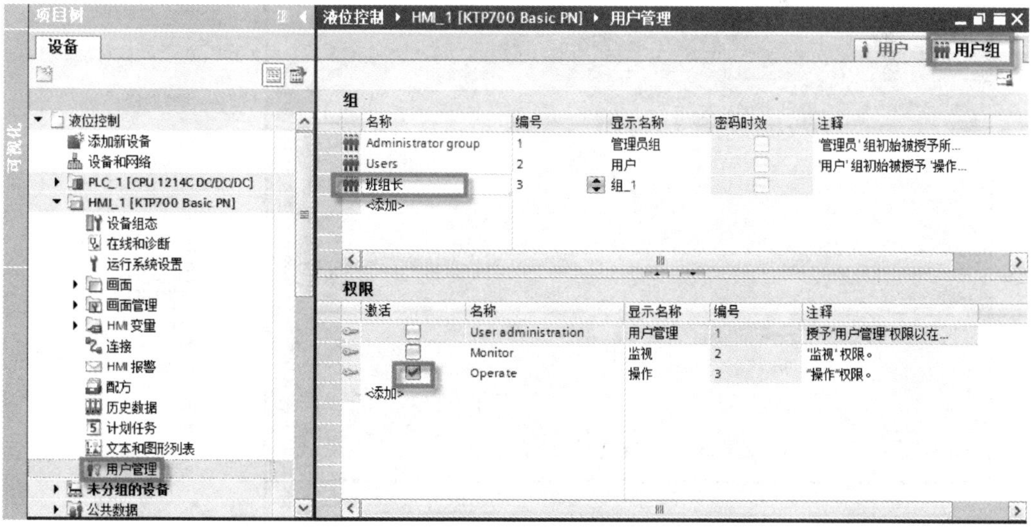

图 32-30　组态用户组及权限

6. 组态控制画面

(1) 水箱组态。在控制画面中，打开工具箱中的图形，单击 WinCC 图形文件夹的“Motors”，拖动一个电动机到控制画面中，如图 32-32 所示；按照以上方法组态水箱、阀门、管道如图 32-33 所示。

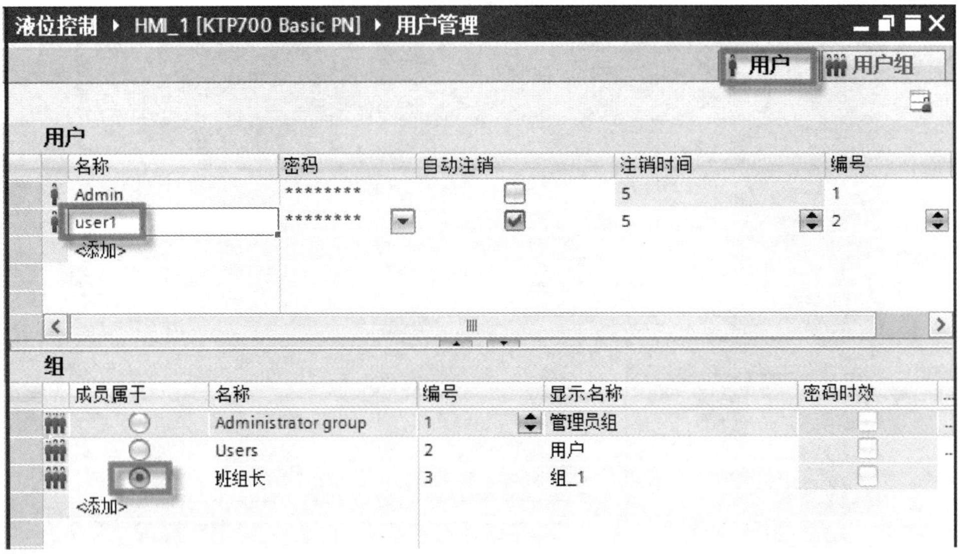

图 32-31　组态用户

图 32-32　组态电动机

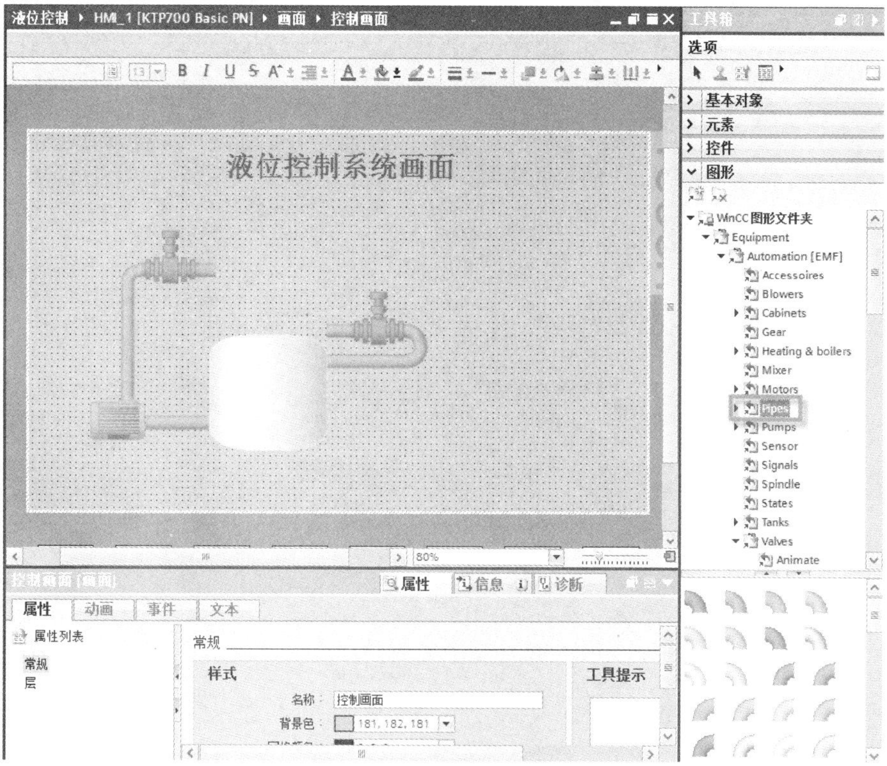

图 32-33　组态电动机、管道、阀门

（2）棒图组态。单击工具箱中元素里的“棒图”，将其拖动到控制面中，将“棒图”与“HMI 变量［DB2］”中的变量“水箱液位”绑定，并设置棒图的“最大刻度值”为 120、“最小刻度值”为 0，如图 32-34 所示。接着选择“棒图”里的“刻度”，将“显示刻度”去掉，不显示刻度。

（3）文本域与 I/O 域组态。建立 4 文本域为手动阀 A、手动阀 B、水箱液位、水泵频率。并建立两个 I/O 域，分别实时显示水泵频率与水箱液位。单击水泵频率 I/O 域，将其与“HMI 变量［DB2］”中的变量“水泵频率”绑定，设置类型为输出，显示格式为十进制，格式样式为 99.9，如图 32-35 所示。用同样的方法设置水箱液位 I/O 域。

组态如图 32-36 所示的文本域，分别为手自动切换、手动控制、频率设定、自动控制、液位设定值，并建立一个手自动切换开关和 4 个按钮。将频率设定 I/O 域和液位设定值 I/O 域分别与“HMI 变量［DB2］”中的变量“频率设定”和“液位设定值”绑定。

最后添加模板画面，组态后控制画面如图 32-37 所示。

7. 组态参数画面

打开参数画面，建立如图 32-38 所示的文本域。

在以上 PID 参数的文本域右侧组态 7 个 I/O 域。分别对应“HMI 变量［DB2］”中的相关变量。显示格式为十进制，格式样式为 99.9，如图 32-39 所示。并组态设置 I/O 域的属性安全，设置运行系统安全性为“Operate”，如图 32-40 所示。设置完成后只有在拥有该权限的用户才有资格修改设定值。

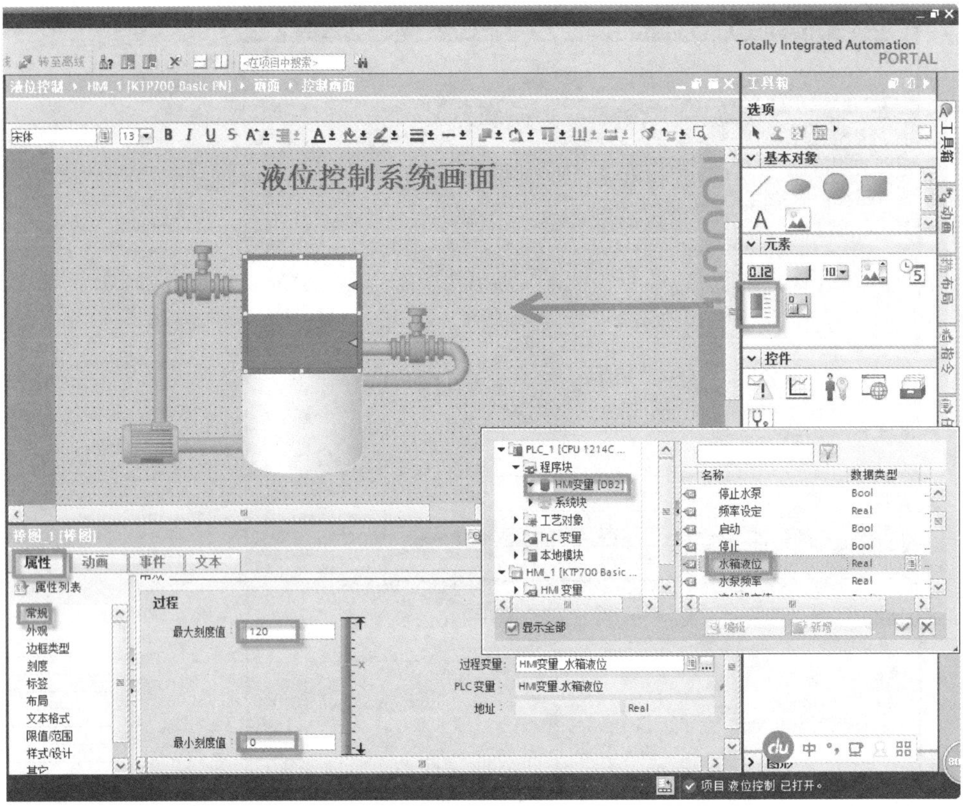

图 32-34　棒图组态

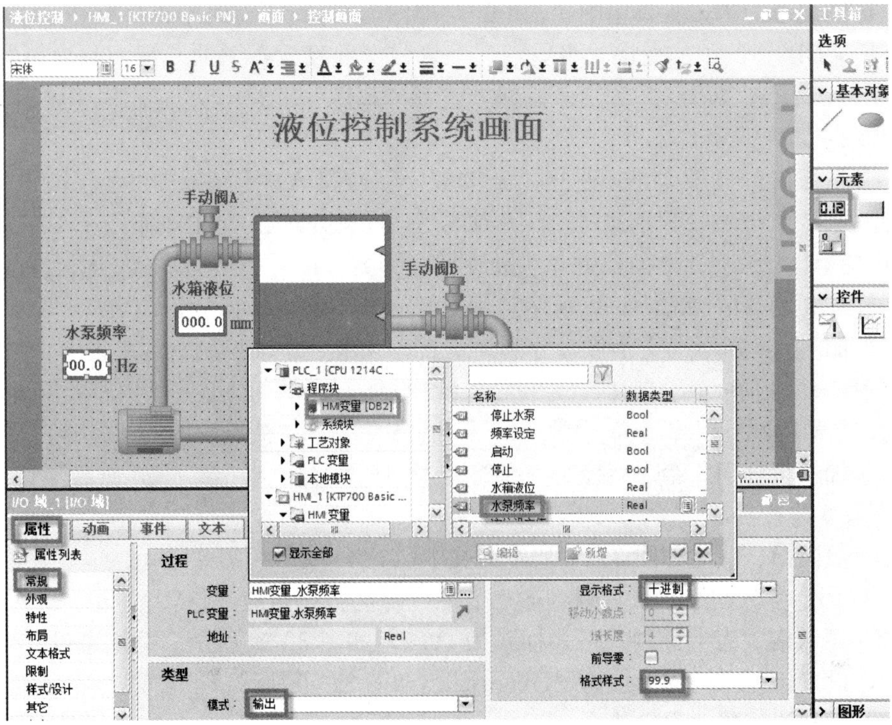

图 32-35　组态 I/O 域

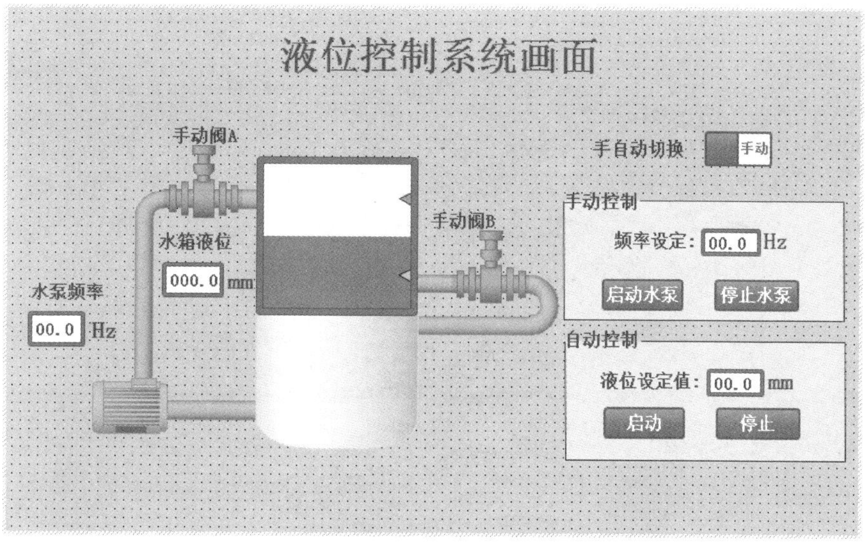

图 32-36　组态文本域和 I/O 域

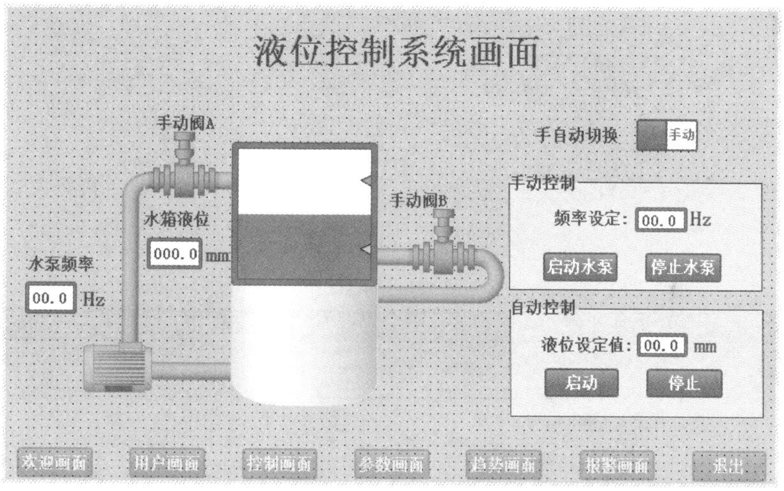

图 32-37　控制画面

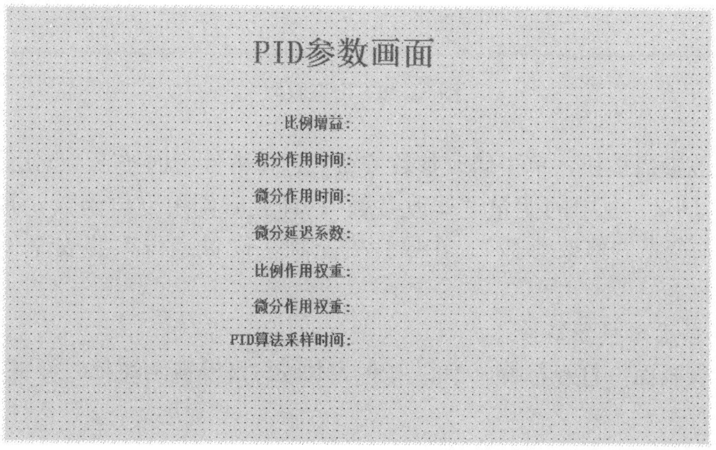

图 32-38　组态文本域

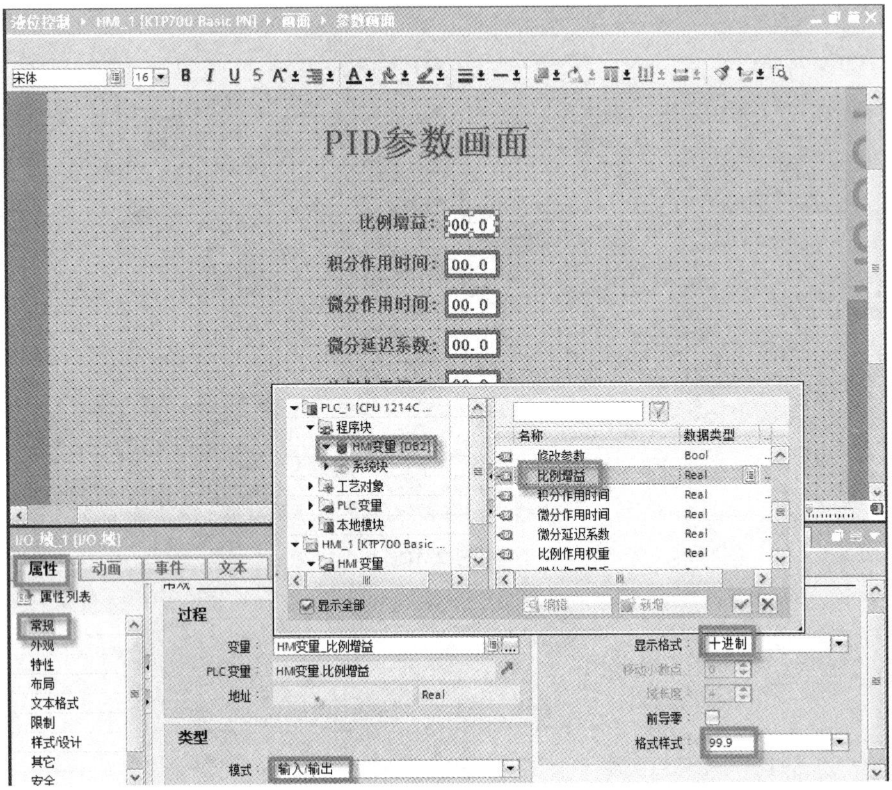

图 32-39　组态 I/O 域

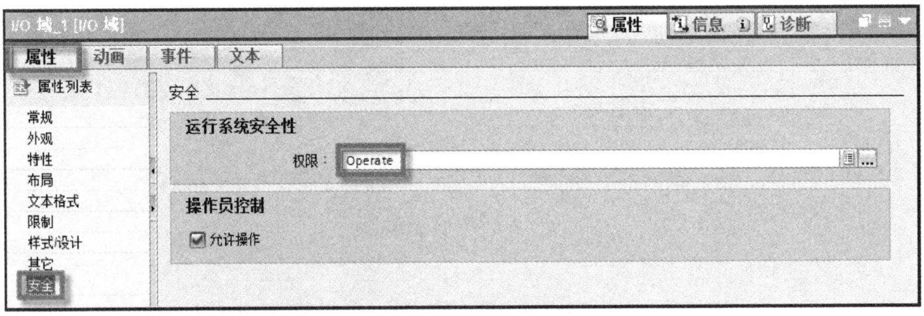

图 32-40　组态权限

添加一个修改参数按钮，单击修改参数按钮，选择事件中的按下，调用置位函数，并选择“HMI 变量［DB2］”中的变量“修改参数”；释放时调用复位函数，并选择“HMI 变量［DB2］”中的变量“修改参数”；在属性安全项，设置运行系统安全性为“Operate”，如图 32-41 所示。

8. 组态报警画面与报警事件

(1) 组态报警画面。打开报警画面，组态文本域与报警视图控件，并选择画面模板 _ 1，如图 32-42 所示。

(2) 组态报警事件。如图 32-43 所示，双击 HMI 报警，在模拟量报警下面添加两个报

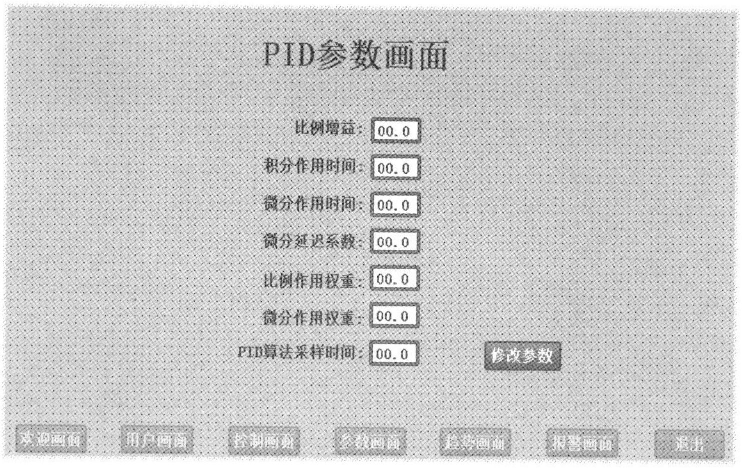

图 32-41　组态修改参数按钮

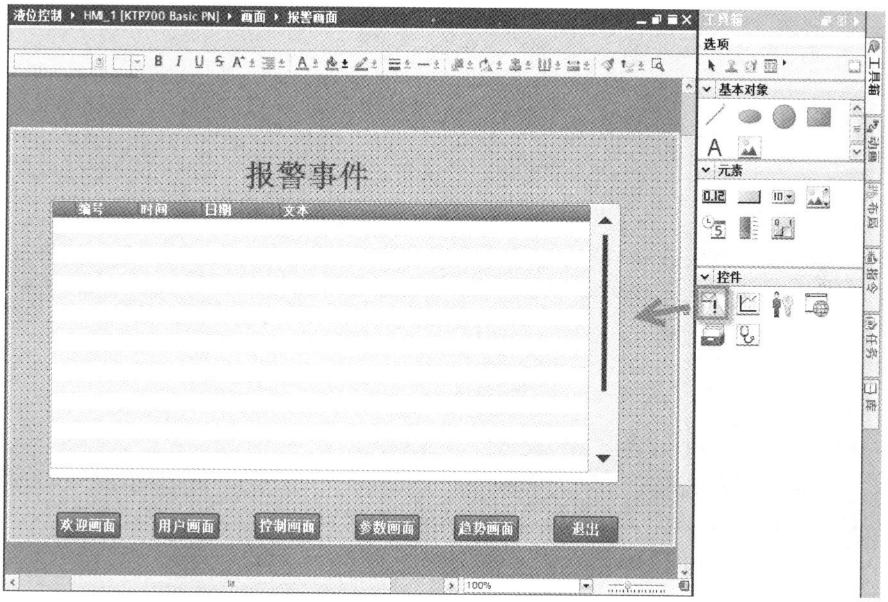

图 32-42　组态报警视图控件

警事件。一个为水箱液位偏高报警和一个水箱液位偏低报警。

9. 组态趋势画面

打开趋势画面，组态一个文本域和一个趋势视图控件，并添加画面面模板_1，如图 32-44 所示。

单击趋势图控件，在属性的趋势项中添加两条趋势，源设置分别与“HMI 变量[DB2]”中的变量“水箱液位”“液位设定值”绑定，如图 32-45 所示。可在属性中设置外观与左、右侧轴值为 0～150。

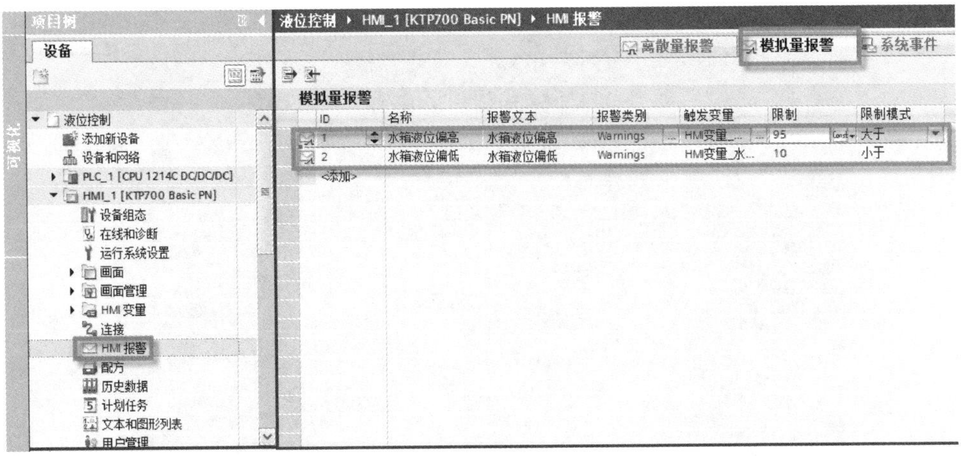

图 32-43　组态报警

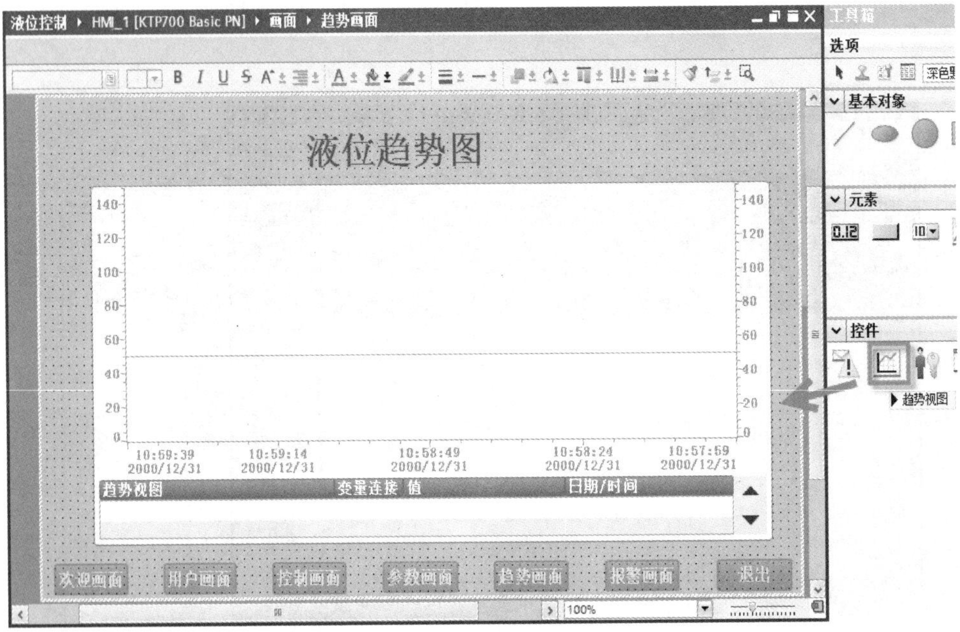

图 32-44　组态趋势视图

八、项目运行与调试

把 PLC 项目下载 PLC 或仿真器 PLCSIM，触摸屏项目可用仿真或下载到真实硬件中运行。项目运行与调试步骤如下：

（1）在 PID 调试面板中对 PID 参数自整定，然后上传 PID 参数；

（2）运行 HMI，在参数画面中可对 PID 参数进行修改，注意需用户登录，有权限的用户可修改参数值；

（3）手动操作调试；

（4）报警测试；

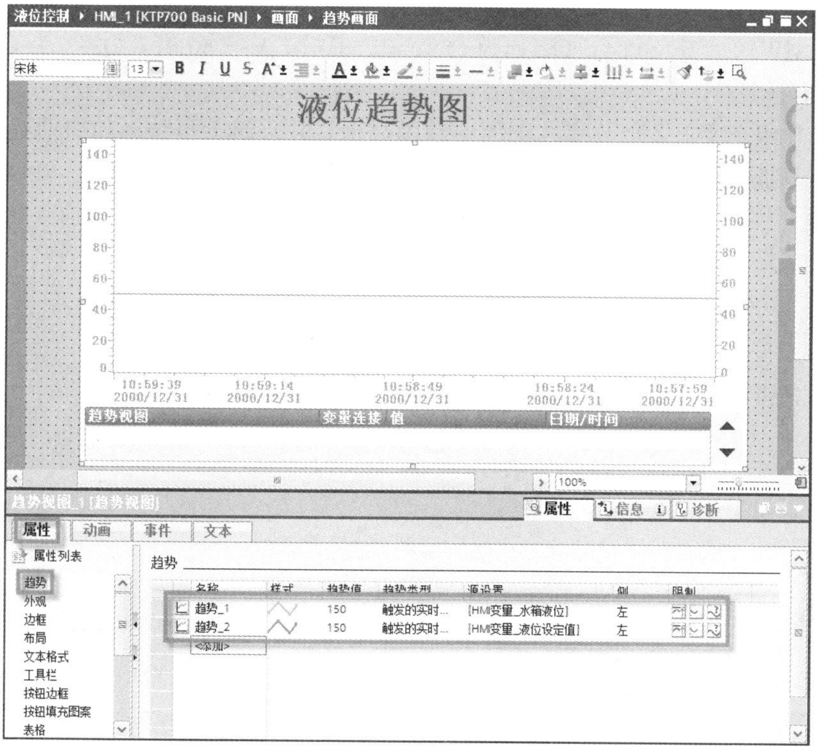

图 32-45　组态趋势曲线

（5）趋势曲线测试。

小　结

本项目通过用 PLC 控制水箱液体，用触摸屏对项目进行监控，学习和掌握以下知识点：

（1）HMI 与 PLC 的组态连接；

（2）画面组态；

（3）模板组态；

（4）文本组态、I/O 域组态、按钮组态；

（5）报警组态；

（6）用户管理组态；

（7）趋势曲线组态。

练习与提高

用 PLC 控制两位七段数码管，并用触摸屏进行监控。控制要求如下：

（1）用 PLC 控制把 0～99 的 2 位数（MW10）用 2 位 7 段数码管显示，2 个数码管分别接于 QB0 和 QB1。

（2）手自动控制要求：M2.0 为手自动切换信号，OFF 为手动，ON 为自动；手动时，可手动输入 MW10 的值（范围 0～99 范围内设定）；自动模式下，MW10 从 0 开始，每隔 1s 加 1；当加到 A（在 0～99 范围内设定，初始值为 30）后，过 1s 回到 0，然后每隔 1s 继续加 1 并循环。

(3) 当 MW10 小于 20 时，Q2.0 为 ON；当 MW10 大于 80 时，Q2.1 为 ON；以上两种情况都产生报警。

(4) HMI 组态要求 2 个数字在画面中动画显示，并且组态报警、趋势曲线、用户管理与权限设置等功能。